人生论美学的中国话语

金雅美学思想评论集

主　编　刘广新　莫小不
副主编　李祎罡　田　瑞　张贵君

中国社会科学出版社

图书在版编目(CIP)数据

人生论美学的中国话语:金雅美学思想评论集/刘广新,莫小不主编.
—北京:中国社会科学出版社,2022.7
ISBN 978-7-5227-0204-9

Ⅰ.①人… Ⅱ.①刘…②莫… Ⅲ.①美学思想—研究—中国
Ⅳ.①B83-092

中国版本图书馆 CIP 数据核字(2022)第 079478 号

出版人 赵剑英
责任编辑 郭晓鸿
特约编辑 杜若佳
责任校对 师敏革
责任印制 戴 宽

出 版 中国社会科学出版社
社 址 北京鼓楼西大街甲 158 号
邮 编 100720
网 址 http://www.csspw.cn
发 行 部 010-84083685
门 市 部 010-84029450
经 销 新华书店及其他书店

印刷装订 北京君升印刷有限公司
版 次 2022 年 7 月第 1 版
印 次 2022 年 7 月第 1 次印刷

开 本 710×1000 1/16
印 张 40.25
字 数 639 千字
定 价 238.00 元

目　录

寄　语

学术概貌

报刊书评

思想研析

审美人生

著述年表

编　后

寄　语

◎人生论美学正是深深植根于中华传统文化、极富中国特色的一种美学理论。

——汝信（中国社会科学院学部委员）

◎今天的美学，要超越美在“物”还是在“心”的讨论。人生论美学，是一个有益的尝试。

——高建平（中国社会科学院研究员）

◎“人生论美学”昭示了中华传统美学实现“创造性转化与创新性发展”的一条正确路径。

——仲呈祥（中央文史研究馆馆员）

◎“人生论美学”这样的一个提法，我觉得非常好。它正符合我们今天对于人生的追问；对于我们今天人生的存在价值，正需要一种系统的美学理论来进行解释定位。

——陈振濂（浙江大学教授）

◎近年，中国学者开辟了一个新的研究领域：人生论美学。新者，并非劈空而出；实则它是中国传统文化和传统美学的当代继承、当代发展、当代创造和当代表现。

——杜书瀛（中国社会科学院研究员）

◎我认为，当代美学无论怎么进行创新建构，最终都应该落实到人生实践中去，都应该与人生论美学相连通、相链接。

——朱立元（复旦大学教授）

◎人生论美学可以从方法论上为美学研究开辟新的路径。

——王廷信（中国传媒大学研究员）

◎人生论美学，我认为是继承了中国20世纪美学非常优良的传统，又能结合新的时代，做了新的思考，新的开拓。

——李心峰（中国艺术研究院研究员）

学术概貌

金雅教授美学传略

田　瑞

一　美学的召唤

浙江台州，依山傍海，山水秀丽，物产丰富，素有“走遍苏杭、不如温黄”之称。同时，地据东海之滨、坐拥天台雁荡二山的台州，历史悠久，人文底蕴深厚，又是浙东唐诗之路的重镇，佛教天台宗的诞生地，下汤文化的发祥地。李白、杜甫、白居易等300多位文人墨客，曾来此纵览河山，追慕先人，留下了1500多首脍炙人口的诗篇，为台州带来了艺术和美感的精神陶染。

俗语言，一方山水养一方人。据说台州人的性格里有“四气”：海的大气、山的硬气、水的灵气、人的和气。务实创新的台州精神特征、灵动大气的台州文化品质、热情诗情的台州性情写照，在每一个台州人身上烙下了印记。

1965年春夏之交，金雅教授出生于台州黄岩。天台宗“止观并重”的佛理精神与唐诗之路的诗性传统，不仅氤氲在金雅教授骨子里的“四气”中，更深刻影响了她的人生之旅和美学之路。1991年12月，金雅教授在《杭州大学学报》（哲学社会科学版）当年第4期上，发表了其首篇美学研究专题论文《庄子美学本体观释论》，由此正式开启了她三十多年持续不懈的美学探索与开疆拓土。

金雅教授的美学研究和美学思想，始终坚持理论叩问实践、介入实践、引领实践的价值取向，她聚焦梁启超美学思想、中国现代美学家群体及思想思潮、中华美学（育）精神、人生论美学等领域，进行了扎实深入的探研和一系列开拓性的创构，率先提出了“梁启超趣味美学思想体系”、“人生论美学的民族精神”、“艺术学理论的民族学理”，以及“美情”、“情感力”、“不有之为”、“远功利而入世”、“审美艺术人生动态统一”、“真善美张力贯通”、“物我有无出入诗性交融”、“诗意共舞”等特色鲜明的美学概念和理论命题。金雅教授的美学之路，以人生论美学统领之。人生论美学是其一以贯之的思想追求、理论表述和精神标识，是其美学版图上最为重要、最富涵摄性，也最具个人特点的理论创构。她对人生论美学的“审美艺术人生相统一”“真善美相贯通”“物我有无出入相交融”之理论逻辑的话语建构，和“大美”“美情”“美境”等理论命题的学术探掘，显示出视野的前瞻、思想的锋芒、理论的水准和诗意的情怀，不仅产生了重要的学术影响，也赢得了良好的社会口碑。

2000 年，时年 35 岁已为人母的金雅教授，进入浙江大学，师从著名文艺理论家王元骧先生攻读文艺学博士学位。2000—2001 年，金雅教授聚焦于女性文学与小说美学的多篇评论文章陆续发表，体现出从哲学、社会、文化、心理、审美的多元角度考察文学审美的研究视野，以及人生情怀、思想激情、批判锋芒相交融的话语特点。其中刊发于《文艺报》的《女性命运的文学风标》一文，由《复印报刊资料·中国现代、当代文学研究》2002 年第 2 期全文转载。2001 年，金雅教授首部学术专著《诗意共舞——迈向文学至境》由时代文艺出版社出版，该著围绕文学的文本审美、形象审美、活动审美的诗意性，进行了探讨论述。值得注意的是，该著明确提出了文学审美的“情感力”命题，以及文学价值的“至境”观、文学活动的“共舞”观，初步体现出人生论美学的理论路向。

梁启超美学思想研究是金雅教授博士学位论文的研究选题。2001 年，金雅教授发表于《杭州师范学院学报》的《梁启超小说思想的建构与启迪》一文，由《复印报刊资料·文艺理论》2001 年第 12 期全文转载。2003 年，金雅教授主持的“梁启超美学思想研究”获国家社会科学基金青年项目立项，作为该项目结项成果的专著《梁启超美学思想研究》于 2005 年由商务印书馆出版。该著明确提出了这样的结论：

“梁启超美学思想以趣味、情感、力、移人为主要范畴，建构起一个极具个性的人生论美学思想体系，集中体现了不有之为的趣味美理想。”[①]《梁启超美学思想研究》是“人生论美学”这一理论术语在金雅教授学术论著中的首次公开亮相，该著的出版也正式开启了金雅教授在人生论美学研究道路上的开掘与创构。

《梁启超美学思想研究》的出版，填补了中外学界之前在梁启超美学思想系统研究上长期的空白。该著对梁启超的趣味美论和人生论美学精神的发掘提炼，受到了学界的广泛关注和好评。《人民日报》《光明日报》《中国社会科学院院报》《文艺报》等多家重要报刊相继刊发书评，该著在2005年出版当年登上《新京报》学术畅销书排行榜，位列李泽厚《论语今读》之后。该著修订版于2012年作为龙头书纳入金雅教授主编的《中国现代美学名家研究丛书》6卷本，由商务印书馆再版。与2005年的初版相比，修订版主要新增了“梁启超与中国现代美学精神”一章，该章通过梁启超与王国维、朱光潜、宗白华等另三位中国现代美学家精神意趣的比较，体现出金雅教授在中国现代美学精神认识上的进一步拓展和深化。这一包括对梁启超、王国维、蔡元培、朱光潜、宗白华、丰子恺六位美学大家思想研究在内的《研究丛书》的出版，标志着金雅教授的美学视野从以梁启超为标志的个案，拓展到中国现代美学家群体。该《丛书》与此前金雅教授主编的《中国现代美学名家文丛》（6卷本，浙江大学出版社2009年版）相呼应，成为21世纪以来中国现代美学研究的重要代表成果。金雅教授和聂振斌研究员合作撰写的《丛书·序论》，明确提出了中华美学具有“以审美艺术人生之统一为标志的人生论美学的重要精神传统”的理论命题。[②] 至此，金雅教授的美学研究，开始逐步走向对中国现代美学资源的整体梳理和中国现代美学人生论精神的整体观照，这也为中国当代美学界带来了新视野和新意趣。

2004年，完成博士学习的金雅教授进入中国社会科学院文学研究所博士后流动站，师从著名文艺理论家钱中文先生。她从梁启超“趣

① 金雅：《梁启超美学思想研究》，商务印书馆2005年版，第15页。

② 金雅：《梁启超美学思想研究》，商务印书馆2012年版，第2页。

味”和“生活的艺术化”命题出发，对中国现代美学的“人生艺术化”资源进行了梳理辨析，提取了中国现代“人生艺术化”的理论主脉，在深入挖掘其理论内涵和民族精神特质的同时，切入观照其在当下语境中的积极意义，推动了“人生艺术化”研究的理论深化和当代实践考量。这一阶段，金雅教授对“人生艺术化”的相关研究，先后获得国家社会科学基金与中国博士后科学基金的立项。2007 年，金雅教授的博士后出站报告“人生艺术化与当代生活”顺利通过鉴定，受到钱中文、聂振斌、童庆炳、杜书瀛、党圣元等鉴定评审专家的一致好评。鉴定委员会认为，金雅教授的报告阐明了“人生艺术化”萌发于 20 世纪 20 年代，确立于 30 年代，丰富发展于 40 年代的发展脉络，这一概述颇具目力，富有新意；同时，该报告资料丰赡，语言流畅，将“人生审美化”提升为中国现代美学中的一条重要线索、一个派别，拓展了中国现代美学的传统和内涵，富有理论开拓意义，具有很高的现实价值。2013 年，金雅教授在博士后出站报告基础上充实修订的《人生艺术化与当代生活》一书由商务印书馆出版。著名美学家汝信先生在序言中评价道：“金雅教授的新著《人生艺术化与当代生活》是她继几年前出版的《梁启超美学思想研究》一书后的又一力作”；“这部著作富有创见，新意迭出”；“运用大量丰富资料，包括古今中外哲学和美学文献进行比较和辨析，可以说做到了持之有故、言之成理”。[①] 正是通过对中国现代“人生艺术化”命题的深研，金雅教授提出了“远功利而入世”的中华人生审美精神，她的学术影响和社会影响得到了进一步提升。

2007 年秋，博士后出站的金雅教授在杭州师范大学创立中国美学与文论研究中心。三年后，锐意理论探索与实践开掘相结合的金雅教授，应邀加盟以丝绸工程和时尚文化学科为特色的浙江理工大学，担任校中国美学与艺术理论研究中心主任，带领一批师生开始了该校艺术学理论学科的开创和建设。次年，浙江理工大学艺术学理论学位点获国务院学位委员会批准增列。2010 年后，跨入 45 周岁、人到中年的金雅教授，将研究重心进一步聚焦到人生论美学，进行了系统化的理论建构、话语建设、精神凝练，兼及中华美学（育）精神和民族美论的研究，

① 金雅：《人生艺术化与当代生活》，商务印书馆 2013 年版，第 1 页。

体现了敏锐前瞻的学术目光、攻坚克难的开拓勇气、深挚坚定的情怀立场。这一阶段，她由个案到整体，由资源到原理，由理论到实践，多角度多层面地展开了对人生论美学的专注研思和理论创构，发表了《人生论美学的价值维度和实践向度》（2012）、《审美人格与当代生活》（2012）、《人生论美学传统与中国美学的学理创新》（2015）、《论美情》（2016）、《中国美学须构建自己的话语体系》（2016）、《人生论美学与中国美学的学派建设》（2017）、《中华美学精神的实践旨趣及其当代意义》（2018）、《大美：中华美育精神的意趣内涵和重要向度》（2020）等一批重要论文，出版了《中华美学：民族精神与人生情怀》（2017）、《美育与当代儿童发展》（2017）、《中华美学精神的现代创化》（2019）、《中国现代人生论美学引论》（2020）、《说艺论美》（2021）等著作，主编出版了《蔡元培梁启超与中国现代美育》（2014）、《人生论美学与中华美学传统》（2015）、《中华人生论美学经典悦读书系》（2017）、《中国现代美学名家文丛》（2009，2017）、《中国现代美学名家研究丛书文丛》（2012）、《人生论美学与当代实践》（2018）等文集，合编《中国现代人生论美学文献汇编》（2017）等。这些富有开拓意义的理论成果和资料集成，大气磅礴，温雅滢澈，问题意识突出，民族立场鲜明，凝聚着深挚的人文关怀，清醒而理想，在当代中国美学发展的鸿篇画卷中留下了浓墨重彩的一笔。

回眸1985年，时年20岁风华正茂的金雅教授，登上了高校讲台，自此与学术结缘。她数十年如一日，淡泊名利，勤思精研，探索开掘，呈现了一个真学者的思想睿识和志趣情怀。她宁怀静笃，孜孜不倦，板凳甘坐十年冷，在校园中阅读、思考、教学、写作，但她的目光从未离开火热的时代，她的心从未远离社会与众生。她信仰美的温度和力度，从三尺讲台走向公共图书馆，走入企业读书会，走上各种学术研讨和学术活动的讲坛。她和学术团队、学界同人，多次在美丽的杭州，共同发起召开关于中华美学、美育、人生论美学等主题的全国性学术会议和活动，吸引了诸多学界、文化界、新闻界和社会人士的参加。她用自己理性而灵动的文字，用自己饱满的情感，用自己坚定的信念，向美、立美、弘美，一往情深地传播美的知识、思想、情怀、意趣，也用自己的身体力行、心无旁骛传播美的力量。金雅教授的学术志行和美学成就，赢得了学界同人、社会大众、师友学生、报刊媒体的广泛共识、赞誉、关注。

二　初遇梁启超

金雅教授的美学之路，留下深刻烙印的第一步肇始于梁启超。

中国现代美学（19世纪末20世纪初至中华人民共和国成立前）是中国美学发展版图中熠熠生辉的重要部分，具有不可替代的贯通中西、承前启后的重要意义。从王国维等由域外引入美学，正式拉开中国现代美学的序幕开始，梁启超、蔡元培、宗白华、朱光潜、丰子恺、邓以蛰、吕澂等相继引进译介西方美学资源，传承光大民族美学的精神意趣，提出了一系列具有开创意义的思想命题，展现出中国现代美学学科建构与理论创构的重要探索，体现了中国现代美学以美为镜直面社会、以美入心关怀人生的思想锋芒和深挚情怀。但长期以来，受制于种种因素，中国当代美学对中国现代美学的研究一直较为滞后，理论探究零散浅显，少有重要成果面世，致使许多优秀的思想理论资源未能得到充分的发掘和运用。早在21世纪初博士就读期间，金雅教授就将研究目光瞄准了中国现代美学这片思想理论富矿。在2005年金雅教授的《梁启超美学思想研究》出版之前，国内外还尚未有该领域的研究专著问世。《梁启超美学思想研究》是金雅教授的学术成名作，该著跳出了学界一直以来关于梁启超美学思想的体系性、功利性、变异性等问题的论争，首次对梁启超趣味主义的人生论美学思想体系进行了系统建构和深入挖掘。金雅教授在该著中详细勾勒了梁启超美学思想发展演化的逻辑脉络。她一反学界流行的以功利主义与非功利主义区分梁启超美学思想前后期发展、总结其内核旨趣的方法立场，认为“梁启超后期以‘趣味’（‘情感’）为中心的美学思想正是其前期以‘移人’（‘力’）为中心的文学思想的丰富、发展、深化与完善”,[①] 梁启超对于美的问题的思考具有“变而非变”的演化特征，呈现出“不有之为”的人生论精神风貌。她首次提炼了梁启超美学思想“趣味”“情感”“力”

---

① 金雅：《梁启超美学思想研究》，商务印书馆2012年版，第61页。

“移人”的四大理论范畴，对其理论特征、理论内涵、逻辑关联、理论意义等进行了精辟论析。金雅教授认为，“趣味”是梁启超美学思想的核心范畴，是其美学本体论和价值论建构的重要内核，“趣味”美论最终走向“趣味”教育，回到“生活的艺术化”，回到人自身。“情感”是“趣味”达成的重要条件，审美欣赏与审美创造都离不开主体情感的激扬与迸发。“力”强调了审美对象的艺术感染力与审美作用力，“熏”“浸”“刺”“提”之“四力”是美的重要作用机制。“移人”既是主体对客体的审美改造，也是主体自我的审美革新，由此和“力”“情感”“趣味”完成了逻辑的勾连，成为梁启超美学思想功能论和价值论的落脚点。该著也对梁启超的文艺思想与艺术美论的内涵、特点等进行了阐释总结。特别是旗帜鲜明地对“体系性”“功利性”“变异性”这三个梁启超美学思想研究中重要而存在普遍争议的问题，明确而令人信服地给予了有理有据的分析解答。著作以扎实的资料、精到的分析、深刻的见地、有力的论证，揭示了梁启超美学思想的理论内涵、逻辑构架、学术价值、思想意义、民族特质等。该著附有《梁启超美学思想及相关研究主要论著简目》和《梁启超美学文化言论辑录》两个资料辑录，为梁启超美学研究、中国现代美学研究、中华美学（育）研究等，提供了重要的资料参考。特别值得一提的是《梁启超美学文化言论辑录》，分为“哲学文化总论”“美论”“艺术论”“美育论”四个部分，精选了梁启超相关各部分的重要观点言论，这种编排的思路和丰富翔实的资料，有力地烘托了梁氏美学不局限于小美小艺的人生论美学理路。该著正式出版之前，金雅教授已在《文学评论》《学术月刊》《浙江学刊》《文艺报》等发表梁启超美学思想研究论文十余篇，多篇为《复印报刊资料》《中国社会科学文摘》等转载或摘编，相关成果也多次荣膺各类科研奖项。金雅教授对梁启超美学研究的关键性开拓和推进，赢得学界同行的交口称赞。如中国近现代美学研究权威专家聂振斌研究员认为，该著“弥补了这一研究领域的欠缺”，[①] 是“我所见到的最为系统而有理论深度的一部专著，在这一研究领域，可谓独树一帜，

① 聂振斌：《梁启超美学思想的价值——评〈梁启超美学思想研究〉》，《人民日报》2006 年 6 月 4 日第 8 版。

自成一家言”。[1] 著名文艺理论家杜书瀛先生指出，该著“首次对梁启超的美学思想作出了富有创新意义的逻辑梳理，也对梁氏美学思想的理论特质予以了深刻独到的挖掘”。[2]

2012 年，金雅教授的《梁启超美学思想研究》修订版由商务印书馆出版，成为金雅教授主编的 6 卷本《中国现代美学名家研究丛书》的龙头书，与《王国维美学思想研究》《蔡元培美学思想研究》《朱光潜美学思想研究》《宗白华美学思想研究》《丰子恺美学思想研究》一起，共同组成了中国现代美学的多彩画卷，凸显出中国现代美学在整个中华美学历史进程中的关键地位与重要价值。在《梁启超美学思想研究》修订版中，金雅教授新增“梁启超与中国现代美学精神”一章，以梁启超的“趣味”范畴为聚焦，同王国维的“境界”、朱光潜的“情趣”、宗白华的“情调”等范畴，进行了对比辨析。金雅教授认为，王国维以“境界说”与“悲剧说”体现了“无我”的审美旨趣，与梁启超以“趣味说”和“迸合说”所体现的“化我”的审美旨趣，同中有异，王国维从痛苦入，由悲伤出，最终陷入了人生悲郁之苦无法自拔。故此，王国维虽在理论上信奉美的救赎，但并未真正切入信仰的层面，所以最终连他自己都无法以美超拔。金雅教授更为欣赏的是梁启超式的“趣味”主义的张力美，是以“小我”生命之“迸合”来达成的美的生命大化之“春意”。她指出，与梁启超“趣味”美论的积极人生践履相比，朱光潜的“情趣”美论更关注“玩索”式的审美观照，更强调以艺术精神观审人生的省思态度，是一种有异于梁氏“动入”美的“静出”美；而宗白华的“情调”美论，极富诗意性，与梁启超的“趣味”美论都有着积极的人生意向，但梁启超更偏重于美善相济的诗意高度，宗白华更倾心于真美相连的诗意深度。《梁启超美学思想研究》修订版对该章内容的增加，不仅可以进一步“观照辨析梁启超在中国现代美学精神传统孕生化衍中的独特意义”，也可进一步“从一个视角梳理考量中国现代美学精

---

① 聂振斌：《梁启超美学思想研究·序三》，载金雅《梁启超美学思想研究》，商务印书馆 2005 年版，第 10 页。

② 杜书瀛：《突破性的学术成果——评金雅教授〈梁启超美学思想研究〉》，《艺术百家》2014 年第 1 期。

神传统发展演化的历史图谱”,[①] 以更好地深掘辨析梁启超美学思想的精神特质及其与中国现代人生论美学的核心旨趣的关联。《梁启超美学思想研究》修订版的问世，标志着金雅教授的美学目光，投向了更加广阔的中国现代美学家群体及其精神异同，为其对中华美学民族精神内核的深掘，积聚了更为丰富的典范资源。

金雅教授在《梁启超美学思想研究》中对梁氏美学的系统梳理、理论提炼、精神发掘，她所提出、阐发、总结的“趣味”“不有之为”“生活的艺术化”“大美”“人生论美学”等范畴、术语、命题、精神等，奠定了其美学研究的民族化立场和人生论美学的耕掘方向。金雅教授正是以梁氏美学为典范个案，以梁氏美学的范畴提炼与理论建构为经，以梁启超与王国维、朱光潜、宗白华、丰子恺等美学思想的比较研究为纬，探掘了一条显具个人风格的人生论美学的研究理路。她对梁启超“生活的艺术化”命题的提取，成为其延展至中国现代美学“人生的艺术化”命题的重要契机。金雅教授明确表示，“梁启超在中国现代美学史上第一个明确开启了融哲思与意趣为一体的趣味生活的实践方向，由此也奠定了中国现代人生艺术化精神的核心旨趣”。[②] 稍后，她的“人生艺术化”研究既是她对中国现代美学研究的重要拓展推进，也是其在梁启超美学思想研究版图上的持续深化。更重要的是，正是在《梁启超美学思想研究》中，金雅教授第一次明确使用了“人生论美学”的理论术语，她明确将梁氏美学的性质界定为“人生论美学”，强调这种“趣味”美论体系“是一个极具个性的人生论美学思想体系”[③]、“是一种人生大美学”[④]。概之，《梁启超美学思想研究》体现出极高的学术开拓性和显著的理论原创性，在金雅教授的美学学术图谱中，有着不可忽视的基础和关键的突出意义。

---

① 金雅：《梁启超美学思想研究》，商务印书馆 2012 年版，第 213 页。

② 金雅：《人生艺术化与当代生活》，商务印书馆 2013 年版，第 3 页。

③ 金雅：《梁启超美学思想研究》，商务印书馆 2005 年版，第 15 页。

④ 金雅：《梁启超美学思想研究》，商务印书馆 2005 年版，第 5 页。

三　重提人生艺术化

中国现代美学中的“人生艺术化”概念命题，在金雅教授之前，已有学者论及。但这些成果，多从单个人物研究入手，缺乏整体性的梳理和原理性的提炼，更缺乏深入其里的比较辨析。金雅教授通过对梁启超与其他中国现代美学大家的比较研究，发现了中国现代“人生艺术化”理论的思想脉络、内部流派、精神特质、当代意义，她深入辨析梳理各家各派的思想内涵和意趣异同，进行了整体的挖掘与富有创见的重构。2012 年，金雅教授发表了《为什么重提“人生艺术化”》一文，提出了“人生艺术化”的当代重构命题，认为“人生艺术化”的当代重构，不仅“是对世俗物欲与功利主义的一种反动，也是对工具理性与机械理性的一种省思”,[①]“是时代给予我们的课题与挑战，也是生命和人性追寻美之必然”。[②] 正是在对当代现实的观审和回应中，金雅教授对中国现代“人生艺术化”思潮的理论资源、发展脉络、核心精神、民族特质等，首次系统地予以了梳理总结，考辨了中西古今相关思潮的异同，对中国现代“人生艺术化”思潮的理论主脉及其当代意义，进行了辩证考论，提出了在当代语境中重构“人生艺术化”的理论命题和实践课题。

2007 年至 2013 年前后，金雅教授在《文学评论》《文艺争鸣》《社会科学战线》《天津社会科学》《浙江社会科学》《光明日报》《文艺报》等报刊，相继发表了关于“人生艺术化”研究的系列论文近 10 篇。2013 年，商务印书馆出版了金雅教授的专著《人生艺术化与当代生活》。专著出版后，多位著名学者撰文对该书的特点和价值，予以了肯定褒扬。如著名美学家汝信先生认为，《人生艺术化与当代生活》“对中国现代人生艺术化理论与精神的界定、发掘、辨析、提炼，是对中国现代美学思潮研究的重要推进”。[③] 著名美学家凌继尧先生认为，

---

① 金雅：《为什么重提“人生艺术化”》，《艺术百家》2012 年第 6 期。

② 金雅：《为什么重提“人生艺术化”》，《艺术百家》2012 年第 6 期。

③ 汝信：《中国现代“人生艺术化”探究——评〈人生艺术化与当代生活〉》，《光明日报》2013 年 10 月 27 日第 5 版。

“从《梁启超美学思想研究》到《人生艺术化与当代生活》，不仅是金雅教授学术研究思路的一种延伸，而且表明她在学术造诣上也上了一个新的台阶”。[1] 而从金雅教授个人的学术历程看，《人生艺术化与当代生活》标示着她的研究重心从微观个案走向中观思潮，并开始向人生论美学的宏观基础原理研究推进。重提重构“人生艺术化”，也彰显了金雅教授所标举的美之意趣，那种深味一时一物又超拔翱翔千里的美情诗性。重提重构“人生艺术化”，既推进了理论命题本身的当代发展，挖掘了其积极意蕴，也推动了金雅教授人生论美学思考的丰富和深入。

金雅教授将中国现代“人生艺术化”思潮的理论主脉，概括为“以田汉、宗白华等开其端绪，梁启超奠定核心精神指向，朱光潜确立理论表述予以系统建构，丰子恺、宗白华等共同丰富发展的思想理论”。[2] 认为其既汲取了中国古典美学关怀人生、关注人格的人文传统，也吸纳了康德的“审美无利害”、柏格森的生命美学、尼采的“酒神”“日神”以及欧洲浪漫主义诗学等西方资源，[3] 是中西古今思想融会和合在20世纪上半叶中国历史文化语境中的特有产物。无论是梁启超不有之为的趣味人生，宗白华生生超旷的哲诗人生，还是朱光潜艺术化玩索的情趣人生，丰子恺童趣、同情兼备的真率人生，都是将审美与艺术贯通而直抵人生之深，以艺术精神照亮生活，以审美精神超拔人生。

值得注意的是，金雅教授的“人生艺术化”研究，正如她的梁启超美学思想研究，既深入资源切实观照，又超越资源、超拔当下。她从来不是“照着说”，也不是卖弄、炫耀知识史识，而是从问题出发，从未来回望，以史为鉴，吸纳创化，为当下“接着说”，向未来“继续说”，体现出鲜明强烈的理论自觉性、开拓性、建设性。

在《人生艺术化与当代生活》中，金雅教授将人类对艺术性（美）的理解及其相关的生活中的艺术化追求，总结为三类。第一类是把艺术性主要理解为形式性因素。[4] 这种将美与形式等同的观点，在西方可追溯至古希腊，如视外在形式的规整统一为最完美的审美理想。19世纪

---

① 凌继尧：《中国式“人生艺术化”精神的发现与建构》，《文艺报》2013年8月26日第2版。
② 金雅：《“人生艺术化”的中国现代命题及其当代意义》，《文艺争鸣》2008年第1期。
③ 金雅：《为什么重提“人生艺术化”》，《艺术百家》2012年第6期。
④ 金雅：《人生艺术化与当代生活》，商务印书馆2013年版，第254页。

欧洲的唯美主义思潮，将其蔓延为对生活的形式美感和身体快感的感性追逐。唯美主义斩断审美与实用和道德的一切关系，主张“为艺术而艺术”，倡导美与艺术的绝对独立，追求审美活动的感官快适，鼓吹以纯形式之美改造现实生活。这种唯美主义的做派，建立在将美与作为纯粹观照的形式绝对挂钩的理论立场上，可能导致极端关注装饰性与感官性的慵靡颓废之风，悬搁审美活动的情感性与精神性内涵。金雅教授指出：“崇尚形式和感官的这一类艺术化（性）生活实践，一方面是日常生活水平提升与审美需求强化的一种现实，另一方面也吁求着我们对此保持一种警醒，持有一种合宜的分寸与尺度。”①

第二类是把艺术性主要理解为艺术创造、艺术表现的具体技巧与方法。② 这一类主要表现为对生活技巧、方法、社会关系的艺术化（性）追求，以美为生存技巧、人际关系的调和辅助。中国传统文化讲阴阳平衡、中庸合度，体现了对处世技巧的忖度。中国古典美学中的坐忘逍遥，越任自然，既有传统文人士大夫对“艺术化”生活的向往，也可能是仕途失意、寄情山水、抒发郁闷、逃避政治的“内在的精英主义意识和实际上被边缘化事实的一种调和方式”。③ 以艺术化的生活方式彰显自己的闲情雅致，将生活中的审美活动与艺术品视为身份地位的象征，这种选择事实上充斥着圆滑、中庸的消极色彩，也有“两耳不闻天下事”的享乐主义、躺平主义、个人主义的消极取向。金雅教授认为，这两类艺术化，都是对美与艺术精神的外在化、表面化、浅层化的理解，不是她所倡导的当代“人生艺术化”重构的方向。

第三类则把艺术性理解为艺术美的内在精神和整体品格。④ 这是金雅教授提炼肯定的中国现代“人生艺术化”的思潮主脉。这种艺术化的美感取向，是以美的艺术精神来涵养心灵与人格，追求“远功利而入世”的生命超拔。金雅教授指出，这类“人生艺术化”，是对“以艺术化人格和心灵为核心的整体生命境界和生活状态”的追寻，“是整个生命过程、

① 金雅：《人生艺术化与当代生活》，商务印书馆 2013 年版，第 260 页。
② 金雅：《人生艺术化与当代生活》，商务印书馆 2013 年版，第 260 页。
③ 金雅：《人生论美学的价值维度与实践向度》，《学术月刊》2010 年第 4 期。
④ 金雅：《人生艺术化与当代生活》，商务印书馆 2013 年版，第 270 页。

生存状态和人格心灵的美化”。①

金雅教授所倡导的“人生艺术化”，并不摒弃感官的悦乐，而是以对“艺术‘双刃剑’”的反思批判，坚守了审美、艺术、人生的张力贯通。她用人生为艺术美立基，既引导审美主体沉入生活、体验生活，又呼吁警惕当下迷醉人生、疏离人生的奢靡、肤浅之艺术流风。她钟情感性与诗情和融的人生，呼吁感性与理性融通的人生，信仰脚踏实地而仰望星空的人生，倡扬拥抱生活而心怀高逸的人生。不弃实存而深耕理想，是金雅教授解读和重提的“人生艺术化”的民族精神。

金雅教授强调，重构人生艺术化，是“要求主体践履审美、艺术、人生之统一，追求建构以无为精神来创构体味有为生活的审美化人生旨趣，其实质是崇尚超越小我纵身大化的审美人格情韵和生命过程的诗性自由升华”。② 可以说，金雅教授理论话语中的“人生艺术化”，不仅是她抓取的中国现代美学的重要命题之一，也是其人生论美学的一个重要组成，与其建构的人生论美学的“大美”“美情”“美境”的理论逻辑和精神意趣是内在相契的。

四　创构人生论美学

人生论美学的倡构，是金雅教授美学之路上又一浓墨重彩之笔，也是提摄其整个美学思想脉络之关键。

著名美学家聂振斌先生在《人生论美学释义》中指出：“‘人生论美学’是金雅教授近年提出的，她在近年出版的《梁启超美学思想研究》和《人生艺术化与当代生活》两本专著里有系统而深入的论述。笔者认为，‘人生论美学’的提出，是中国现代美学研究的创新之点，也是与中国古代美学密切相联的传承之点，对于探讨中国美学思想的民族特色很有意义，值得重视和讨论。”③

金雅教授认为，人生论美学扎根于中华文化土壤，自 20 世纪上半

① 金雅：《人生艺术化与当代生活》，商务印书馆 2013 年版，第 274 页。

② 金雅：《为什么重提“人生艺术化”》，《艺术百家》2012 年第 6 期。

③ 聂振斌：《人生论美学释义》，《湖州师范学院学报》2015 年第 5 期。

叶开启现代精神孕萌，代表人物有梁启超、王国维、朱光潜、宗白华、丰子恺、方东美等。金雅教授主要以中国现代美学的人生论话语资源为依托，开掘自己的当代人生论美学话语建设、理论建构、精神淬炼。她在2005年出版的《梁启超美学思想研究》中，明确提出梁启超美学思想是一个“人生论美学思想体系”的观点。[①] 2010年后，她接连发表了《人生论美学的价值维度和实践向度》（2010）、《人生论美学传统与中国美学的学理创新》（2015）、《人生论美学与中国学派》（2017）、《人生论美学与中华美学精神》（2017）、《朱光潜对中华人生论美学精神的传承创化及其当代意义》（2018）等系列论文，从历史和原理两个维度，提出了人生论美学的概念，挖掘人生论美学的民族资源，建构人生论美学的当代话语。其中发表于2016年的《论美情》，是金雅教授人生论美学思想的代表性论文之一，该文聚焦其人生论美学思想的核心范畴“美情”，予以纵向源流梳理和基础学理建构。2020年，金雅教授带领团队成员历时6年多，完成出版专著《中国现代人生论美学引论》。该著首次从人生论美学角度对中国现代相关典范资源予以整合、挖掘、梳理、阐释、总结，着重提炼、探研了以趣味、境界、情趣、哲诗、真率、生生等为重要标识的中国现代人生论美学思想的民族化范畴命题，聚焦其在20世纪上半叶传承、化合中西古今的风范意趣，探掘其对中华美学民族精神的传承创化及其当代意义。该著各章的尾节，例选了中国现代诸家美典，以生动明晰的文字予以了精要鉴析，呈示了各家理论与思想、学术与人生相融相洽的人生论美典风貌。金雅教授还带领团队先后编选出版了《中华人生论美学经典悦读书系》（2018）、《中国现代人生论美学文献汇编》（2017）等人生论美学的基础文献。

何谓人生论美学？金雅教授在《人生论美学的价值维度和实践向度》一文中谈道：“所谓人生论美学。我个人的见解就是将审美与人生相统一，以美的情韵与精神来体味创化人生的境界。也就是在具体的生命活动与人生实践之中，追求、实现、享受生命与人生之美化。因此，人生论美学不仅仅是一种理论上的建构，它必然也是一种价值上的信仰和实践中的践履。它要解决的不仅是审美的学理问题，也是人生的状态

① 金雅：《梁启超美学思想研究》，商务印书馆2005年版，第15页。

与意义问题，追求的是生命的诗化和向美攀升。”① 在《人生论美学传统与中国美学的学理创新》一文中，她明确提出了“审美艺术人生动态统一的大审美观是人生论美学的理论基础”、“真善美张力贯通的美情观是人生论美学的理论核心”、“物我有无出入诗性交融的审美境界观是人生论美学的理论指向”等基本理论主张，构架了其人生论美学以“大美观”“美情观”“美境观”为内核，以实践立基，以人生弘旨，由美学达致美育的人生论美学的基本思想逻辑。② 她认为，人生审美精神是中国现代美学传统的突出标识之一，也是中华哲学和文化的重要传统之一。仲呈祥先生认为，金雅教授的《人生论美学传统与中国美学的学理创新》一文，“读后颇感其分量之重、意义之深。她以大美观、美情观、美境观三维立体构架，深入总结阐发了中华人生论美学的学理特质和精神传统，对于过去简单‘援西入中’和‘援古入今’的中国美学建设思路予以了反思，既不回避民族美学话语和民族审美精神建构所面临的某些令人担忧的现状，也逻辑地揭示了人生论美学的中华精神传统的深厚根基及其发掘推进对于人类美学发展的独特意义”。③ 在《论美情》中，金雅教授进一步聚焦其人生论美学理论架构的核心——“美情”的概念命题，并展开讨论深掘。“美情”的概念不是金雅教授第一个使用，但她是第一个明确、系统、深入地展开对“美情”的历史溯源和理论建设的。她不仅首先从美学基本原理的层面，明确提出和使用“美情”的概念，还提出和确立了“粹情”“常情”两个与“美情”对照的理论概念，使“美情”的命题得以学理化、深化。她认为：“‘美情’特指在审美实践中产生的，不同于人的日常生活情感的，贯通真善、涵融物我、创化有无的富有创造性的诗性情感。‘美情’中的‘美’字既是形容词，也是动词，是过程、状态、结果的统一。‘美情’既是不同于‘常情’的美的情感，也是对‘常情’的诗性建构与审美创化。‘美情’的概念突出了审美活动所产生的情感的新质。‘美情’的价值不在于它在生活中是否发生过，或有无可能发生，而在于它观

---

① 金雅：《人生论美学的价值维度与实践向度》，《学术月刊》2010 年第 4 期。

② 金雅：《人生论美学传统与中国美学的学理创新》，《社会科学战线》2015 年第 2 期。

③ 仲呈祥：《推荐一本论美学的好书——〈序人生论美学与中华美学传统〉》，《中国艺术报》2015 年 6 月 10 日第 8 版。

照、体验、反思、批判、超拔‘常情’的诗性向度，在于它不同于‘常情’的诗性品质。‘美情’揭示了审美情感的诗性特质，强调了审美主体对情感的加工、改造、提升、完善、表达、处理的能动性与创造性。”① 该文还指出，西方经典理论美学是建立在“情”的绝对独立的“粹情”观之上，主要偏于审美的一维，更多呈现为静态的观审的美学，突出表现为认识论的美学和心理学的美学。文章提出，真善美贯通、创美审美统一是中华美学的核心精神，当代美学应该大力推进实践的、行动的人文的美学，这是人生论美学的基本价值取向，也是美学应有的现实使命和人类使命。论文对美情的挚、慧、大、趣等美质特征，也做了具体而有重点的探讨。在《人生论美学与中国美学的学派建设》一文中，金雅教授指出，20 世纪以来的中国美学思潮，受到西方哲学和文化的广泛影响，如认识论美学、实践论美学、生命美学、身体美学等，而意象美学、人生论美学等较多体现出民族文化和民族哲学的渊源。而其中值得注意的复杂状貌是，中国当代美学各派与人生论美学呈现出诸多交集。如当代实践美学的代表人物之一蒋孔阳先生，本人并未提及人生论美学的概念，但其弟子郑元者、张玉能等均将蒋氏美学思想概括为一种“人生论美学”，认为这是蒋氏实践美学在当代中国的进一步发展。② 新时期审美反映论的重要代表王元骧先生，在 21 世纪初体现出自觉的人生论美学的话语探研，其弟子李茂叶、苏宏斌等也陆续发文研讨了王元骧美学思想的人生论转向。③

2020 年 10 月，由金雅教授领衔的《中国现代人生论美学引论》由中国社会科学出版社出版。本书作为首部公开出版的人生论美学的理论著作，是金雅教授及其团队在人生论美学研究领域的一项重要成果。《引论》以梁启超、王国维、朱光潜、宗白华、丰子恺、方东美等六位中国现代美学家为典型个案，进行由点而面的理论探究。有学者认为：“《引论》以‘人生论美学’为中心，集中提炼出这些美学家关于人生

① 金雅：《论美情》，《社会科学战线》2016 年第 12 期。

② 郑元者：《美的探寻与人生觉醒——蒋孔阳人生论美学思想述评》，《文学评论》1999 年第 1 期。

③ 参见苏宏斌《试论王元骧文艺思想的人生论转向》，李茂叶《关于王元骧“人生论美学”的哲学思考》，载《文艺学的守正与创新》，浙江大学出版社 2014 年版。

论美学的思想，显见是意在以‘讲史’来‘立论’。”① 它“有力充实了中华人生论美学的思想宝库，提升了人生论美学民族精神的自觉发掘和理论建构”。② 可以说，《中国现代人生论美学引论》为我们铺陈了一部恢宏壮丽的中国现代人生论美学思想的脉络谱系图和话语精神图。

金雅教授于人生论美学方面取得的开拓性成就，赢得了学界同人的广泛称誉。江西师范大学陶水平教授认为，“王元骧与金雅等人的人生论美学是中西两大美学研究系统的融合”，“使我国传统美学思想可与西方平等对话”，“搭建起中西方美学思想交流的平台”。③ 鲁迅美术学院张伟教授认为，金雅教授“从中国现代美学切入，提炼出了中华美学的人生论精神，并对其作出了深入的阐发和理论建构”。④ 中央文史馆员仲呈祥先生更是用“登高一呼，应者云集，成果累累，已成气候”这十六字，概括褒扬金雅教授及其团队在人生论美学领域的重要开掘和贡献。他认为：“‘人生论美学’传承和弘扬了中华传统美学精神”，“昭示了中华传统美学实现‘创造性转化与创新性发展’的一条正确路径”，“为创建中国现当代美学美育理论体系和话语体系、创建中国美学学派，开通了一条充满希望和生气的大道”。⑤

金雅教授的人生论美学思想以人生立基，以“大美”“美情”“美境”为核心范畴，将理论思辨和实践践行相统一，反对粹美、唯美的自我闭环，也不以伦理或道德来置换美的尺度。她主张美向人生的鲜活敞开，倡扬创美审美的张力贯通，追求知情意行和融的大美生命境界与诗性生命创化。

“人生论美学”一词，非金雅教授第一个使用。在金雅教授之前，有皮朝纲、郑元者等，在研究中国古典美学、蒋孔阳美学思想时，先后

---

① 马滏漳：《深入发掘现代中国人生论美学资源——评金雅新著〈中国现代人生论美学引论〉》，《中国艺术报》2021 年 4 月 28 日第 8 版。

② 胡海、李祎罡：《深入挖掘中华人生论美学精神——评〈中国现代人生论美学引论〉》，《文艺报》2021 年 5 月 7 日第 2 版。

③ 陶水平、张学文：《王元骧与人生论美学的当代发展》，《宜春学院学报》2018 年第 11 期。

④ 张伟：《百年耕耘、中国气派与当代繁荣——百年中国美学发展的历史回望与当下反思》，《艺术百家》2021 年第 1 期。

⑤ 仲呈祥：《“人生论美学”有利于实现中华传统美学的“两创”》，《中国艺术报》2017 年 7 月 21 日第 3 版。

提出“中国古典美学乃是一种人生论美学”,[①] 和蒋孔阳先生的美学思想是“人生论美学”的观点,[②] 但他们讨论的重心，主要还是中国古典美学的体验论问题和当代美学的实践论问题，同时均未在“人生论美学”的理论建设上持续系统深入。金雅教授第一个明确区别于中国当代诸多美学思潮倚重西学的哲学根基，确立了“人生论美学”的民族文化精神立场，并在中华美学的学理话语和美学精神的探索上，系统使用了这个概念，持续地展开了立体多维的资源掘发和话语建构。金雅教授的人生论美学研掘和创构，以系列卓有开拓和创见的学术成果，探索了一条具有民族韵味、时代特色、现实关怀的美学理路，为人生论美学当代民族话语的建构和民族精神的弘扬，开疆拓土。

人生论美学植根人生沃土，追求美情高趣至境的生命创化。由此，它必然走向审美教育，使美学和美育相贯通。2017 年，金雅教授和郑玉明博士合作的《美育与当代儿童发展》出版。该著以“大美育观”为依托，确立了人生论美育的价值视野，首次对儿童美育的理论建构、思想资源、实践方法等展开系统研究。该著紧抓美育与儿童的生理、认知、道德等要素的内在联系，尝试建构以自然美育、艺术美育、生命美育等为立体架构，以情感美化、趣味提升、创造激发、个性涵育、人性和谐等为重要内涵，以全面、和谐、自由的生命发展为核心目标，以生动、愉悦、幸福的生命体验为核心价值的当代儿童美育理论新体系。该著也反思了当下种种以技能训练和艺术考级为目标的实用儿童美育观，反思探研了当代家庭儿童美育、学校儿童美育、社会儿童美育所存在的问题和可行的方法，提出了美育与当代儿童发展的现实目标和长远目标、科学指标和人文指标、实践维度和价值维度的关系问题。《美育与当代儿童发展》是金雅教授在其人生论美学研究道路上，对儿童美育问题的新思考。著名文艺理论家杜书瀛先生认为该著“将作者一贯主张的人生论美学和人生论美育具体化在儿童美育之中，开阔了人生论美学和人生论美育的理论视野，也丰富深化了人生论美学和人生论美育的

---

① 皮朝纲:《论“味”——中国古代饮食文化与中国古代美学的本质特征》,《西南民族学院学报》(哲学社会科学版) 1991 年第 1 期。

② 郑元者:《美的探寻与人生觉醒——蒋孔阳人生论美学思想述评》,《文学评论》1999 年第 1 期。

具体探研”。[①] 也有学者认为本书“首次立体构建了人生论儿童美育的理论体系”，“突出强调了以人生论美学思想为根基的儿童美育的人文情怀和人性关怀”；[②] “在儿童美育领域，至今缺少一部系统化、真正有学理高度和现实针对性的专著，由金雅、郑玉明合著的《美育与当代儿童发展》填补了这一空白”。[③]

人生论美育的提出和倡导，为当代美育建设提供了新的理论向度和实践方向，进一步夯实了人生论美学的实践导范性与现实践履性，使人生论美学的生命旨趣、实践指向、人文情怀得到了更加丰富、深入的建设和弘扬。

金雅教授在人生论美学领域所呈现的自信和笃定，不仅来自其长期对相关资源的孜孜发掘和深入考量，也来自其宏阔的学术视野、敏锐的学术眼光、深挚的人文情怀，来自她无畏纯粹的开拓勇气，来自她的挚性诗情。人生论美学的情韵意趣，是金雅教授学术个性与精神气质的最好写照。

五　叩问中华审美心灵

从严格意义上来说，“美学”是由西入中的“舶来品”。20 世纪以来的中国现当代美学，深受西方美学的影响，以致有学者发出了“西方美学在中国”的慨叹。金雅教授的美学视野，几乎从一开始就投向了中国人自己的美学话语和中华民族的审美精神。这从她的第一篇专题美学论文《庄子美学本体观释论》始，就已初露端倪。[④] 该文以庄子美学为个案，讨论了庄子美学的“大美”境界观与“真人”审美理想观等，呈现出以民族美学资源和民族审美心灵为研究对象的学术理路。

---

① 杜书瀛：《开掘儿童美育基础理论》，《中国社会科学报》2017 年 9 月 7 日第 7 版。

② 莫小不：《立体构建当代儿童美育理论新体系——评〈美育与当代儿童发展〉》，《文艺报》2017 年 10 月 9 日第 3 版。

③ 王泉：《儿童发展的人生美育透视——评〈美育与当代儿童发展〉》，《中国艺术报》2017 年 7 月 3 日第 3 版。

④ 金雅：《庄子美学本体观释论》，《杭州大学学报》1991 年第 4 期。

金雅教授指出："传承和弘扬中华美学精神，首先是要推进中华美学和艺术精神的理论自觉。"[①] 她强调，要自觉开展中华民族自己的美学理论话语建设。2016 年，金雅教授在《人民日报》刊文《中国美学须构建自己的话语体系》。她表示，推动中国美学理论自觉的首要工作，是构建自己的美学学术话语体系。要确立中华美学的基本范畴、建构中华美学的命题学说、形成中华美学的方法思维，进而弘扬民族美学精神，这是传承和弘扬中华美学精神的必经之路。在着眼于中华美学理论话语建构的同时，金雅教授也对中华美学的民族精神和心灵特质，进行了深入的挖掘提炼。她提出，中华美学精神和审美心灵，"主张形神兼备，不唯形式至上"，"重视情理交融，崇尚蕴藉隽永"，"标举生生之美，弘扬诗性品格"；[②] 崇尚审美艺术人生有机统一的"大美观"、真善美张力贯通的"美情观"、物我有无出入之诗性交融的"审美境界观"、"远功利而入世的" 审美价值观等。[③]

金雅教授特别强调，中华美学精神具有突出的人生论传统，"有别于西方经典美学的学理特质，是中国美学最具特色和价值的部分之一"。[④] 她认为，与西方美学精神突出的理论旨趣相比，中华人生论美学精神最为突出的特点，就是其"鲜明而强烈的实践旨趣"，[⑤] "崇扬知情意行合一、创美审美兼济"，[⑥] 将美学思想、艺术理论、人生践履相交融，追求审美与人生的张力贯通，关注审美心灵的孕化创构，彰显出鲜明的人文意趣、美情意趣、诗性意趣。

"大美"，是金雅教授对中华审美心灵的聚焦之一。她在庄子美学、梁启超美学、人生艺术化等专题研究中，都重点论及了中华美学（育）的大美意趣。"大美" 的命题，也是其人生论美学思想中与"美情" "美境" 并举的三大基本命题。同时，这三个命题，在金雅的美学话语体系中，有着密不可分的内在联系，仲呈祥先生将其称为"三维立体

---

① 金雅：《推进中华美学和艺术精神的理论自觉》，《中国艺术报》2015 年 12 月 9 日第 3 版。

② 金雅：《中华美学精神的价值意义》，《浙江日报》2015 年 6 月 26 日第 14 版。

③ 金雅：《以中华美学精神提升当代批评实践》，《文艺报》2015 年 4 月 20 日第 3 版。

④ 金雅：《人生论美学传统与中国美学的学理创新》，《社会科学战线》2015 年第 2 期。

⑤ 金雅：《中华美学精神的实践旨趣及其当代意义》，《社会科学辑刊》2018 年第 6 期。

⑥ 金雅：《中华美学精神的实践旨趣及其当代意义》，《社会科学辑刊》2018 年第 6 期。

构架”。2020 年，金雅教授发表了《大美：中华美育精神的意趣内涵和重要向度》一文，对中华民族审美心灵传统和精神气质，进行了学理探讨和实践考量。她认为，“大美”是中华美育的关键词之一，这与“和谐”的意趣并不矛盾。“大美”是“对天地物我、小我大我之关系的诗性超拔及其阳刚健进的大无畏、大涵融、大自由之美”,① 凸显了中华美育精神的道德向度、崇高向度、自由向度，是中华审美心灵的突出标识。

2017 年，金雅教授个人文集《中华美学：民族精神与人生情怀》出版。这是国内第一部研究中华美学精神的个人美学文选。该著以“中华美学精神”为贯穿始终的核心问题，收录了自 21 世纪以来的 34 篇重要文章，集中展现了其在深掘、提炼、阐发中华美学精神传统和中华审美心灵特质上的理论成果，其中诸多论点颇有创见。金雅教授认为，中华美学精神以人生论传统为内核，拥有审美、艺术、人生相统一的理论视野，追求蕴真、涵善、立美为主色调的美情意趣，崇尚现实践履与诗性超越的张力统一，弘扬“美情”与“大美”的心灵升华和生命创化，流溢着既热烈执着又高远旷逸的情怀韵致。

创构中华审美心灵，弘扬中华美学精神，非一朝一夕之事。需要更多的美学学者和社会大众参与其中，做好中华美学精神的传道者、赏悦者、践行者。也需要更多的美学学术，放下身段，面向生活，走向大众，把论文写在大地上，把美的意趣精神传递给每一个鲜活生存着的人。2014 年 10 月，习近平总书记在文艺工作座谈会上的讲话中指出，要结合新的时代条件，传承和弘扬中华优秀传统文化，传承和弘扬中华美学精神。② 2018 年 8 月，习近平总书记在给中央美术学院八位老教授的回信中强调：要做好美育工作，坚持立德树人，扎根时代生活，弘扬中华美育精神。③ 研究梳理、弘扬创新中华美学精神，推动美德、美学、美文相结合，展现当代中国审美风范，已经写进《中共中央关于

---

① 金雅：《大美：中华美育精神的意趣内涵和重要向度》，《中国文艺评论》2020 年第 8 期。

② 参见中共中央宣传部《习近平总书记在文艺工作座谈会上的重要讲话学习读本》，学习出版社 2015 年版。

③ 习近平：《做好美育工作　弘扬中华美育精神》，《人民日报》2018 年 8 月 31 日第 1 版。

繁荣发展社会主义文艺的意见》。①

正如金雅教授在《中国现代人生论美学引论·后记》中所说：“进入21世纪以来，民族文化自信自强的整体氛围，已日渐浓厚。中华美学的民族资源、民族话语、民族精神的发掘弘扬，仍任重道远。”② 金雅教授作为重要的先行者，为我们徐徐展开的民族审美心灵和民族美学精神的精彩画卷，需要更多的后继者精研赏会、泼墨挥毫。

六　走在美学前沿

2017年6月，经金雅教授及其学术团队发起，由中华美学学会、浙江理工大学、中国文联文艺评论中心、《社会科学战线》杂志社联合主办，浙江理工大学中国美学与艺术理论研究中心、浙江省一流学科“艺术学理论”（浙江理工大学）承办，东南大学艺术学院、《艺术百家》杂志社、《中国文艺评论》杂志协办的“‘人生论美学与当代实践’全国高层论坛”在浙江杭州召开，国内众多顶尖美学家、艺术理论家、文艺理论家与来自全国三十余所高校的近百位学者汇聚一堂，共同围绕推进人生论美学与当代人生实践、生活实践、美育实践、艺术实践等的深入融合，展开学术讨论与对话交流。作为继金雅教授及其团队于2014年在杭州发起举办的“‘人生论美学与中华美学传统’全国高层论坛”的进一步推进，论坛沿袭了前次会议建设人生论美学的民族话语、传承弘扬中华美学精神的核心话题，并将对人生论美学的研讨引向当代实践，使民族美学资源的发掘和美学基础理论的建设呈现出生气活力。论坛同期举办了金雅教授主编、中国文联出版社出版的《中国现代美学名家文丛》（6卷本）新版的发布仪式。论坛的成功召开，成为当代中国人生论美学建设的又一标志性事件。著名美学家朱立元先生在致本次论坛的贺信中说：“当代美学无论怎么进行创新建构，最终都应该落实到人生实践中去，都应该与人生论美学相连通、相链接。”③

① 《中共中央关于繁荣发展社会主义文艺的意见》，《人民日报》2015年10月20日第2版。

② 金雅等：《中国现代人生论美学引论》，中国社会科学出版社2020年版，第364页。

③ 金雅、聂振斌主编：《人生论美学与当代实践：“人生论美学与当代实践”全国高层论坛论文选集》，中国社会科学出版社2018年版，第519页。

著名文艺美学家杜书瀛先生的贺信也表示："传统美学精神的重要因素之一就是人生美学，或曰人生的审美化——从实践层说，即是人生与审美的融汇、统一；而人生美学的理论表现就是人生论美学。"[①] 这些观点都鲜明地指向了这样一个事实——审美与人生的深度交融与现实践履，不仅是人生论美学的内在理论要求，也是任何一种美学理论走向成熟与落地繁荣的必经之路。金雅教授一再强调，美学理论必须要走向实践、走向生活、走向人自身，而她的美学思想理论，正关切于此，立足于此。在理论深研之外，金雅教授始终关切美学思考与生活实践、艺术实践、美育实践、文化实践等的交融及引领，积极带领团队发起组织各种美学学术活动，开展参与各类美育、艺术、文化实践活动，带领师生走出校门，传播美文美论，身体力行地用实际行动践行她的人生论美学思想主张。

金雅教授谈道，人生论美学的话语建设经历了20世纪上半叶成果丰硕、20世纪下半叶略显泥滞、21世纪第一个十年后逐步回暖并渐受学界关注的起伏历程。[②] 作为当代人生论美学的主要倡导者，金雅教授在推进21世纪中国人生论美学的当代创构与理论建设方面，做出了不可忽视的重要贡献，她几乎参与和见证了21世纪以来人生论美学建设的所有重要事件，是重要的参与者、发起者、组织者、思想贡献者、理论建构者、精神开掘者。2010年第4期的《学术月刊》，率先推出了国内学术期刊首个关于"人生论美学"的专题研讨，以"人生论美学初探"为题，收录了浙江大学王元骧教授的《美：让人快乐、幸福》、上海师范大学王建疆教授的《建立在审美形态学基础上的人生美学》以及金雅教授的《人生论美学的价值维度与实践向度》3篇论文，并专门加了编者按。其中谈道：以人生论视角审思美学问题是中国古典美学的重要特点，而"在当代意义上重新探讨人生论美学的价值、形态和意义，对发扬中国现代美学的优良传统，建设符合我们时代所需的美学学科，具有重要的意义"。[③] 这组文章是中国当代人生论美学建设中，具

① 金雅、聂振斌主编：《人生论美学与当代实践："人生论美学与当代实践"全国高层论坛论文选集》，中国社会科学出版社2018年版，第518页。

② 金雅：《人生论美学与中国美学的学派建设》，《社会科学战线》2017年第10期。

③ 《"人生论美学初探"·编者按》，《学术月刊》2010年第4期。

有奠基性和引领性的一次重要探索和开启。此后，在金雅教授的倡议组织下，多家刊物相继推出了人生论美学的研究专题。2011 年第 1 期的《社会科学辑刊》，在“美学与人生”专题下，刊登了包括中国社会科学院聂振斌研究员的《艺术与人生的现代美学阐释》、浙江工业大学郑玉明副教授的《人生苦难与审美拯救》、浙江工商大学朱鹏飞教授的《美学伦理化与“人生论美学”的两个路向》和金雅教授的《梁启超趣味人生思想与人生美学精神》在内的 4 篇文章。该组专题的名称虽未直接使用“人生论美学”的概念，但这些文章所论的核心问题，显然都属于人生论美学的范畴。2017 年 9 月，《学术界》杂志开设了“人生论美学研究专题”，刊发了朱鹏飞的《王国维“大文学”观的人生论美学意义及当代启示》、郑玉明与刘广新的《朱光潜“情趣说”的人生论美学内涵及其当代美育实践启示》、李梅与金雅的《丰子恺的“真率”人生论美学思想与当代艺术实践》等 3 篇文章。专题编者表示，“人生论美学是中国当代学者提出的一个民族化的美学学理概念”，[①] 人生论美学“明显有别于以科学论和认识论为主要方法立场的西方经典美学的核心主张，对于当代中国美学与艺术理论、审美与艺术实践具有重要的引领意义”。[②] 此外，《社会科学战线》杂志聚焦人生论美学的理论建设，持续予以鼎力支持。该刊于 2015 年第 2 期、2017 年第 10 期、2018 年第 4 期，先后三次推出“人生论美学”专栏，相继刊发了金雅教授的《人生论美学传统与中国美学的学理创新》《人生论美学与中国美学的学派建设》《朱光潜对中华人生论美学精神的传承创化及其当代意义》等重要文章，还刊载了马建辉的《人生论美学与审美教育》、陈望衡的《趣味与人生：人生论美学的一种维度》、聂振斌的《人生理想与美感——艺术教育》等文。2016 年，《社会科学战线》第 12 期刊发金雅教授的《论美情》，该文和金雅教授的《人生论美学传统与中国美学的学理创新》两文，均为《新华文摘》全文转摘。

金雅教授对人生论美学的聚焦关注和思考建构，对中国现代美学的资源发掘和理论研究，均使她走在当代中国美学研究的前沿。2008 年 4

---

① 《“人生论美学研究专题”·编者按》，《学术界》2017 年第 9 期。

② 《“人生论美学研究专题”·编者按》，《学术界》2017 年第 9 期。

月，由金雅教授发起，中华美学学会、中国中外文论学会与杭州师范大学主办，杭州师范大学中国美学与文论研究中心承办的“‘中国现代美学、文论与梁启超’全国学术研讨会”在浙江杭州召开。这是国内学界首次举办的以梁启超美学和文艺思想为主题的全国性学术研讨会，来自全国各地的近百位学者围绕梁启超美学与文论思想的整体脉络、重要范畴、比较研究、系统评价等问题，进行了深入的探讨。《文学评论》《哲学研究》《中国社会科学报》等报刊相继刊登了本次会议的综述文章。作为21世纪以来致力于梁启超美学思想研究的重要学者之一，金雅教授在大会发言中，对梁启超美学思想的发展脉络、理论特征与核心精神进行了系统深刻的概括总结。她明确指出，梁启超美学思想是“以‘趣味主义’和‘生活的艺术化’为核心的富有特色的人生论美学思想”,[①] 深刻影响了中国现代美学和美育的理论走向。2009年，金雅教授主编的《中国现代美学与文论的发动——“中国现代美学、文论与梁启超”全国学术研讨会论文选集》由天津人民出版社出版，集中展示了该领域的最新进展与学术成果。2010年，由金雅教授发起，杭州师范大学中国美学与文论研究中心承办，中华美学学会、杭州师范大学、浙江省社科联、浙江大学出版社、《社会科学报》等单位联合主办的“‘中国现代美学的资源与实践’全国高层论坛暨《中国现代美学名家文丛》首发式”在浙江杭州召开。论坛对中国现代美学的理论特点、历史地位、现实意义等进行了深入探讨。金雅教授在大会发言中，将中国现代美学的理论特征概括为突出的人生精神、内在的诗性情怀和强烈的文化批判意识，认为中国现代美学所具有的突出的人生论美学精神在当下社会具有重要的现实意义。论坛召开期间，举行了由金雅教授主编、汝信先生和聂振斌先生担任专家委员会主任、浙江大学出版社出版的《中国现代美学名家文丛》（六卷本）的首发仪式，受到了国内美学界、媒体、社会的广泛关注。梁启超先生的小儿子、中国科学院院士梁思礼先生和中国社会科学院学部委员、时任中华美学学会会长汝信先生亲赴杭州参加论坛，汝信先生向梁思礼先生赠送了全套《文丛》。2012年11月，由金雅教授发起，中华美学学会、中国中外文艺理论学会、商务印书馆和浙江理工大学联合主

---

① 金雅：《梁启超美学思想及其价值启示》，《文艺争鸣》2008年第3期。

办，浙江理工大学中国美学与艺术理论研究中心承办，东南大学艺术学院协办的"'蔡元培梁启超美育艺术教育思想与当代文化建设'全国学术研讨会"在浙江杭州召开。金雅教授及其团队组织的这场学术研讨会，系国内学界首次聚焦蔡元培、梁启超美育艺术教育思想的全国性学术会议，与会学者对蔡元培与梁启超的美育、艺术教育思想的理论内涵、文化价值、人生精神等进行了专题研讨。在金雅教授、聂振斌研究员主编的《蔡元培梁启超与中国现代美育："蔡元培梁启超美育艺术教育思想与当代文化建设"全国学术研讨会论文选集》序言中，著名美学家汝信先生谈道："现在研究蔡元培和梁启超的美育思想不仅具有美学史的价值，而且具有重大现实意义。他们的一些真知灼见，是我们今天大力开展美育时需要继承和发展的珍贵的思想遗产。"① 会上同期举办了金雅教授主编、汝信先生和聂振斌先生担任专家委员会主任、商务印书馆出版的《中国现代美学名家研究丛书》（六卷本）首发式。《丛书》是与之前出版的《文丛》相呼应的对六位中国现代美学大家的研究专著系列。两套书系集结了国内中国现代美学研究的顶尖专家，从资料整理与思想研究两个方面，作出了系统、深入的梳理、开掘。特别值得注意的是，两套书系都以人生论美学精神为核心理念，立场鲜明，观点聚焦，体现了思想的前瞻性和理论的高度，引领了当代中国美学界对中国现代美学和中华美学精神传统的发掘研究。2014 年 11 月，由金雅教授发起，中华美学学会和浙江理工大学联合主办，浙江理工大学中国美学与艺术理论研究中心承办的"'人生论美学与中华美学传统'全国高层论坛"在浙江杭州举办，系国内首次专注于人生论美学主题的全国性学术会议。《光明日报》刊发了论坛报道，指出论坛的核心议题为"明确人生论美学的理论概念，提出和进行基本学理建构"；"发掘中国现代美学名家的人生论思想学说，梳理人生论美学的现代民族资源"；"整理中国和西方的人生论美学思想资源，发掘其对当下人生论美学建构的启示"。② 2015 年 10 月，金雅、聂振斌共同主编的《人生论美学与中华美学传

① 金雅、聂振斌主编：《蔡元培梁启超与中国现代美育："蔡元培梁启超美育艺术教育思想与当代文化建设"全国学术研讨会论文选集》，中国言实出版社 2014 年版，第 2 页。

② 潘玲妮、郝赫：《人生论美学与中华美学传统》，《光明日报》2014 年 11 月 19 日第 15 版。

统——“人生论美学与中华美学传统”全国高层论坛论文选集》出版，成为“迄今第一部公开出版的以‘人生论美学’命名的专题文集”。[①]新华社、《中国社会科学报》等主流媒体也相继报道了论坛盛况。论坛吸引了一批富有实力和朝气的中青年学者参加，使中国当代人生论美学研究进一步呈现出欣欣向荣的生气活力。

相较于中国古代美学与西方美学研究的丰硕成果，国内学界对于中国现代美学的研究，在资源整理和理论研讨上，一直都是较为薄弱的环节，与中国现代美学在中国美学历史进程中的重要地位和贡献成果不相匹配。金雅教授力主对中国现代美学资源进行系统挖掘整理，以发掘发现中国现代美学在中国美学演进历程中承上启下、汇融中西、开拓创化的重要学术价值和历史意义，贯通中华美学发展演化的精神文脉，这也成为其当代人生论美学创构的重要思想根基。2009 年，金雅教授牵头主编的《中国现代美学名家文丛》（六卷本）由浙江大学出版社出版。《丛书》是国内较早针对中国现代美学代表性名家名作的大型文献整理，更首次将丰子恺纳入了中国现代重要美学家的行列，对其在中国现代美育与艺术教育领域做出的重要贡献给予了客观呈现。《丛书》体现了人生论美学的观念立场，上编主要为各家的人生美学文献，下编则为各家的艺术美学文献。中国社会科学院杜书瀛研究员认为《丛书》“是一项值得称道的学术工程”，展现出了“编选者严肃认真的学术态度、高明的学术眼光和深厚的学术功底，这是他们学术实力的一次展示”。[②] 中南民族大学彭修银教授认为《丛书》“紧紧抓住了中国现代美学审美与人生相统一的主脉”，“为一直以来冷寂的中国现代美学研究增添了鲜活的气息”。[③]《中国现代美学名家文丛》（六卷本）一经出版，即受到社会各界的广泛关注，成为国内美学学者关于中国现代美学研究的重要参考书籍。2017 年 6 月，《丛书》新版由中国文联出版社出版，同年即第 2 次印刷，登上德国法兰克福书展，成为国内学界中国现代美学研究成果在世界舞台的一次亮相。2012 年，《中国现代美学名家文丛》（六卷本）的

---

① 金雅：《人生论美学与中国美学的学派建设》，《社会科学战线》2017 年第 10 期。

② 杜书瀛：《颇有特色的现代美学文献选编》，《文艺报》2009 年 4 月 11 日第 3 版。

③ 彭修银、刘毅青：《中国现代美学传统之发掘》，《中国图书评论》2010 年第 2 期。

“姊妹篇”《中国现代美学名家研究丛书》（六卷本）由商务印书馆出版。该套丛书集中了中国现代美学相关领域研究的顶尖学者，对梁启超、王国维、蔡元培、朱光潜、宗白华、丰子恺的美学思想进行了集中研究，概括梳理了各家思想形成历程，总结研讨了各家具有代表性的思想观点，重点论析提炼了各家融会中西古今的思想特质和对中华美学民族精神的现代创化。华中师范大学张永健教授认为《丛书》“对中国现代美学传统的发掘和民族学派的梳理，高瞻远瞩，意义深远”。[①] 中国社会科学院刘悦笛研究员认为《丛书》“在总结中华民族美学的代表成果、发掘中华民族美学的精神传统、梳理中华民族美学的血脉学派上作出了切实的开掘”。[②] 2017 年，金雅教授与刘广新副教授合作编选的《中国现代人生论美学文献汇编》出版，这是国内外首次出版的人生论美学的专题文献资料集。这些文献不仅是深入理解人生论美学的重要资料，亦是陶冶情操与美化心灵的人文读物，兼备学术性、科普性与审美性。2018 年，金雅教授领衔主编的《中华人生论美学经典悦读书系》（四卷本）出版，含《朱光潜情趣人生论美学文萃》《丰子恺真率人生论美学文萃》《宗白华哲诗人生论美学文萃》《梁启超趣味人生论美学文萃》，《书系》精选四家关涉人生论美学意趣的重要篇目，并在每篇文章之后附有“精彩一句”和选家“品鉴”，体现出学术引领和美学普及的兼融理念，既体现出选家的学术眼光与美学趣味，更彰显出美学研究的人文关怀和精神底蕴。

金雅教授及其团队立基人生论美学立场，对中国现代美学资源的整理研究，颇有“拨开云雾见月明”的眼光魄力，这些重要文献的发现和研究成果的诞生，为推进中国现代美学研究做出了卓绝的学术贡献，也是中华美学民族精神研究的代表性成果，显示了独到的学术眼光、严谨的学术态度、扎实的学术功底。学界同人认为，金雅教授“是继聂振斌先生之后，对 20 世纪中国现代美学研究作出重要贡献的代表学者之一”。[③]

金雅教授躬身力行，积极普及美学，宣讲美学，传播美育。她除了

---

① 张永健、刘茂华：《中国现代美学传统的发掘和重释》，《文艺报》2013 年 1 月 18 日第 2 版。

② 刘悦笛：《中国现代美学名家思想的深入研究》，《中国图书评论》2013 年第 6 期。

③ 张伟：《百年耕耘、中国气派与当代繁荣——百年中国美学发展的历史回望与当下反思》，《艺术百家》2021 年第 1 期。

专业性理论论著，也应《人民日报》《光明日报》《中国社会科学报》《文艺报》《中国艺术报》《文汇报》《中国纪检监察报》《浙江日报》等约稿，发表了几十篇美学短文。这些文章短小精悍，明晰质朴，结合和针对现实问题，以大众读者为主要受众，体现出推动美学走向现实、走向大众、走向生活的用意用心。2019 年 3 月，金雅教授应北京大学美学与美育研究中心“美学散步文化沙龙”的邀请，在北京大学燕南园 56 号作了题为“梁启超、朱光潜与中华美学精神”的专题讲座。“美学散步文化沙龙”是北大在社会美育领域的重要平台，不仅面向北大师生，也向校外公众开放。讲座中，金雅教授与校园内外的听众互动，答疑解惑，使讲座成为一堂面向社会的美育公开课。2019 年 8 月，金雅教授应浙江图书馆“中华传统美学欣赏系列”讲座的邀请，在浙江图书馆文澜厅演讲“梁启超朱光潜与中华美学的‘趣’精神”，讲座气氛热烈，听众年龄分布广，行业背景多样，金雅教授与热情参与的广大听众进行了深入交流，并向浙江图书馆和讲座听众赠送了个人及团队著作数十册。金雅教授还先后走入大学、中学校园开设讲座，带领学生走进企业分享美文美论。她组织指导学生演绎的中华美学经典诵读，受到了向往美、热爱美的社会大众的欢迎，成为美育社会普及与大众传播的积极尝试和重要桥梁。

七　思辨与信仰的统一

“学高为师，身正为范。”陶行知先生的名言，强调了教师的学术造诣和人格境界，这也是每一位优秀教师的生动写照。从 1985 年登上三尺讲台始，在三十多年的教学生涯和学问之旅中，金雅教授始终以此为座右铭，叩问学术真谛，春风化雨育人，呈现了思辨与信仰统一的学术风范和人格魅力。

通览金雅教授的美学成果，您会惊叹她对中国现代美学、中华美学精神、人生论美学等专注持续、卓有建树的开疆拓土，也会感佩于她在学术研究上敢“啃硬骨头”的无畏、纯粹的精神，更可能惊叹于人生论美学这样一个既宏大深邃又贴切人生现实的美学命题，其当代扛鼎者中有这样一位个子娇小、温婉明润的江南女子。在学术研究中，自圆其说或非最难，但能自圆其说又有真正建树，广获同行和社会认可，实非人人可达。金雅教授的美学历程，之所以广受关注赞许，除其成果所达致的学理价值与实践价值外，也同金雅教授求真务实、以理论照亮人生的学术取向密不可分，和其贯穿始终的思辨与信仰统一的学术精神与人生行止密不可分。金雅教授曾经说，要“深入地了解梁启超这个人”，“唯有其自己界定的趣味主义才能予以最恰当的诠释与展现”。[①] 而对于金雅教授，如果不了解她的人生论美学，不了解她对“大美”“美情”“美境”的创构，不了解她对“诗意共舞”和“诗性超拔”的诠释，不了解她所界定的“不有之为”和“远功利而入世”的意趣精神，也是不可能把捉她的思想精髓和理论个性的。可以说，美的理想也正是金雅教授的人生理想。唯此，她心无旁骛，亦无坚可难。

金雅教授的美学开掘和丰硕成果，几令每一个接触到、了解到的人慨叹！

她的《梁启超美学思想研究》是该领域第一部公开出版的系统研究专著，提出了梁启超的“趣味美”论思想体系。她的《人生艺术化与当代生活》是该领域第一部公开出版的流派式梳理研究专著，提出了“中国式人生艺术化精神”的理论命题。她的《中国现代人生论美学引论》是该领域第一部公开出版的研究专著，从当代视野提炼总结了中华人生论美学的现代典范资源和核心命题精神，并在理论著作中探索了美典例鉴的阐释模态。她的《美育与当代儿童发展》是第一部公开出版的立足人生论美育立场，系统研讨当代儿童发展的美育专著。她的《中华美学：民族精神和人生情怀》，以中华美学的话语建设、学理创新、精神淬炼为主旨，宏观微观结合，既有开掘，又有深研，突出聚焦了中华美学的人生论品格。她的《中华美学精神的现代创化》，主题集中，聚焦长期熟悉精研的领域，集中探研了中华美学精神的现代演进、人生论品格及其实践意趣，屡有开新之论。她的《说艺论美》，聚焦“今天的美育，育什么”的现实话题，以“大美”“成人”为美育的核心目标，体现了一个美学学者的理论睿识和美育倡导者的信仰情怀。

她主编的《中国现代美学名家文丛》（六卷）是该领域第一套大型

① 金雅：《梁启超美学思想研究》，商务印书馆2005年版，第5页。

文献集成，提出了中国现代美学的精神传统命题。她主编的《中国现代美学名家研究丛书》（六卷）是与《文丛》相呼应的该领域第一套大型研究专著丛书，进一步总结明晰了中国现代美学的人生论传统。她主编的《中华人生论美学经典悦读书系》（四卷）以经典理论原著和专业学者的理论鉴析相结合，探索经典美学文献和普通人文读物贯通的编选传播形态。她主编的《中国现代美学与文论的发动》《蔡元培梁启超与中国现代美育》《人生论美学与中华美学传统》《人生论美学与当代实践》等会议文集，所涉论题无不是相关领域的前沿论题和开掘之作。她还合编了《中国现代人生论美学文献汇编》，也是该领域第一部公开出版的文献资料。

金雅教授的研究和整理，具有显著的史论特征。但她讲“史”，显为立“论”。她对学术资源的挖掘梳理，并不是文献的简单罗列，而是以鲜明的问题意识与自觉的理论导向，汲取营养、接着说、继续说、说自己的话。这种由史带论的学术路径，避免了空泛自话。其论著材料丰富、理论稳健、观点明晰、说理洞彻、文风稳健而富有活力，展现了高超的理论能力与宏远的学术视野。特别是金雅教授每有新的研究论题，总是以文献资源的挖掘梳理先行，这种铺路者的辛勤专注，需要敬畏学术的情怀和信仰。

作为一个从事基础理论研究的学者，金雅教授不是闭门造车，坐而论道，两耳不闻窗外事。她的美学思考，深深地关切于现实，关切于人及其生活，关切于人的生命和生存。实践是她美学探究的出发点，也是其思想理论最终的归宿。她的美学理路不是纯粹思辨的体系建构，而是实践—理论—实践，是从实践中发现问题，结合实践思考问题，从中西古今汲取资源，特别是从位于中国美学古今中西交会点上的中国现代美学代表资源中汲取、反思、辨析、总结，再回到实践，创化新论。这是一个理论创构的否定之否定，也是理论与实践具体结合融会的新掘，她走出了美学“纯书斋式”“纯思辨”“纯学理逻辑”的方法论，也走出了陷溺个体感性、放大感官享乐、推崇无意识直觉、悬搁主体能动等偏至观念，关注物与我、感性与理性、个体与社会、人与宇宙、创造与欣赏、有与无、出与入、情与知意、美与真善等多元要素的动态张力，坚持美学（育）理论的现实关注、人文关怀、理想信仰的统一，强调美学理论的实践攀升和审美信仰的人生践履之统一。这种理论思辨和审美信仰的实践统一，显然不同于唯美主义“为艺术而艺术”的形式追逐，也不同于传统文人寄情山水隐逸避世的中庸逍遥。这种人生论的美学立场和价值信仰，是吁求美的理想精神的落地，是对个体生命的诗性超拔的高扬。若从美的精神来论，无疑是阳刚健进的，崇高大美的。

金雅教授反复强调，美学的研究需要一种精神情致、生命境界、审美人格的基底。超然绝对的遗世独立，庸俗媚俗的狂欢享乐，都有悖于金雅教授淬炼的“不有之为”和“远功利而入世”的诗性美趣。这种浸润深刻于金雅教授生命骨血和灵魂深处的精神志趣，正是其人生论美学的理论所指和实践所向。金雅教授广涉美之知识，推崇美的智慧，她细致阐发美的诗性和张力，崇扬美的温度和超拔。“超拔”是“超越”，也是“攀升”，是扎根实存而心怀星空，是物我有无出入的诗性交融，是个体小我在美的创造和赏悦中，无我、化我而成就真我、大我。美是温暖的，是有情味、有力量的。美的涵成，是真善美的贯通，亦是蕴真涵善而立美。

金雅教授的美学实践观，张扬了美学的“第二种实践”力量，凝聚了人生论美学的诗性智慧。她在美的理论思辨中，独立思考、探究真理、心存信仰、建构话语、自信自觉。她始终将美学的人文关怀、社会关切、信仰精神，置于重要的位置。她主持的浙江理工大学中国美学与艺术理论研究中心，挂有这样一副楹联——“求真向善涵情立美，勤谨弘博团结创新”。她在工作、教学、团队建设中，最常说的一句话就是——做人做事做学问。她的活力、真纯、无畏、大气，她的坚忍、坚守、坚持，感染了身边的很多人，也使她的学术研究和学术组织，能够屡屡攻坚克难，赢得了学界和社会无数人的倾力支持。梁启超先生子、中国科学院院士、国际宇航科学院院士梁思礼先生不仅亲赴杭州参加活动，还先后几次给金雅教授组织的会议发来贺信。在 2008 年 4 月 7 日给“中国现代美学、文论与梁启超”全国学术研讨会的贺信中，梁思礼院士写道：“我对美学没有做过研究，不过很感兴趣。一个高尚人格的培养就是要‘求真、求善、求美’”；“在我的身上存在着父亲梁启超的爱国主义和趣味主义的基因。我也认为没有审美、求美的沙漠生活、石缝中的生活要来何用”；“梁启超的趣味主义中包含着‘情感、生命活力、创造自由’三个要素。而我们航天人正是以我们对祖国的深厚感情、以我们不认输、不怕苦的生命活力，发挥着团队协同战斗的创造精神，用尖端科技铸就了保卫祖国、为国争光的‘大美’”。在2012年11月9日给“蔡元培梁启超美育艺术教育与当代文化建设”全国学术研讨会暨《中国现代美学名家文丛》首发式的贺信中，梁思礼院士又写道：“党的十八大号召加强文化建设。美育是文化建设的重要支柱之一。我国于2020年将达到小康社会，不仅要有强大的物质基础，同时也应具有现代化的精神文明。现代化的中国需要由大量的德智体美全面发展的公民组成。他们应该是以追求‘真、善、美’为己任者。‘美’的反义词是‘丑’。经过三十多年的改革开放，中国已成为全世界第二大经济体，同时也带来众多深层的问题。利己主义、金钱至上，在部分人群中泛滥，道德缺失，贪腐事件层出不穷。因此，加强德育、美育是当务之急。在实践过程中，美育有着巨大的发展空间”。2015年12月，时年91周岁的梁思礼院士专门给金雅教授题写了“以美育人　以文化人”八字，勉励金雅教授把中华美学和美育研究持续做下去，推动当前文化建设和育人实践的发展。

金雅教授的美学探索，始于“求真”，根于“向善”，通于“涵情”，终于“立美”，饱蕴着温度、暖意、挚性、深情。2021年3月，金雅教授的最新著作《说艺论美》由南京大学出版社出版。在该著中，金雅教授用“艺”“美”两字，概括了她三十多年来以人生论美学为聚焦的美学研究历程。她说：“说艺论美，其中一个核心和关键的问题还是美育的问题，是以艺涵人、以美化人的问题，这是中华文化的基本精神和中华美学的悠久传统，集中体现了中华审美和中华文化所追求的美、艺、人相统一的富有民族标识的价值向度和实践品格。”[①] 可以说，人生论美学，是金雅教授思想不辍、笔耕不息的学术沃土，也是她数十年如一日躬身践履的人生信仰。如果说美国学者加纳罗的理想是——“艺术：让人成为人”，[②] 那么金雅教授的理想就是——美：让人成为更

① 金雅：《说艺论美》，南京大学出版社2021年版，第344页。

② 参见［美］理查德·加纳罗、特尔玛·阿特休勒《艺术：让人成为人》，舒予译，北京大学出版社2007年版。

好的人！美之真谛，让人跳脱一时一地、一事一物、小我小情之所扰所困，以无我、化我之真我、大我，抵达大美至美。而这，或许就是金雅教授的美学思想和理论话语，在学术开掘之外，对于生活中每一个普通人的意义所在。

作者单位：上海师范大学

金雅人生论美学思想的孕萌衍化与理论特点

李祎罡

人生论美学是当代中国美学话语建设的重要组成部分。金雅是当代人生论美学的主要倡导者、建设者和代表人物之一，她对人生论美学的民族资源挖掘、理论话语建构、精神旨趣阐发等，作出了重要而突出的贡献。20 世纪 80 年代以来，西方文化和美学思潮引入，激活了中国当代美学的新生，实践美学、认识论美学、本体论美学、意象美学、生态美学、生命美学、生活美学、身体美学等思潮，多姿纷呈。人生论美学自 20 世纪末始，从中华文化的古典人生情韵、现代人生意趣一脉而下，呈现出话语自觉和理论自觉的新势态，特别是从 21 世纪初始，自觉开启了学理建设和理论建构的新阶段，它和中华美学民族精神的重新发现和理论阐释相结合，成为中华美学话语建设和精神弘扬的重要领域。

金雅人生论美学思想的发展，从 1991 年发表美学专题论文，提出中国美学的人生品格迄今，已逾 30 年。我们大致可以将其思想发展过程分为既有联系又有各自特点的三个阶段：即 1991—2006 年的积淀孕萌，2007—2014 年的发展推进，2015 年至今的成型深化。积淀孕萌的阶段，金雅主要将研究对象聚焦于庄子、梁启超等典型个案，初步形成了美学与人生相贯通的基本学术视野，尤其是对梁启超“不有之为”的“趣味”美论及其精神意趣的提炼开掘，为其人生论美学思想的理论创构和精神凝练，奠定了必要的基础。发展推进的阶段，金雅将目光主要投向“人生艺术化”的中国现代群体资源并结合当代语境予以思潮辨析和理论重构，从“人生艺术化”的理论主脉切入，进一步确立了以艺术美为标杆贯通审美与人生、激扬生命意趣、弘扬诗性超拔的人生论美学的基本视野和价值立场。她从梁启超的“趣味”美衍伸至朱光潜的“情趣”美、丰子恺的“真率”美、宗白华的“哲诗”美等一系列重要人生论美学命题，提炼阐发了“远功利而入世”的“人生艺术化”的民族审美精神，为其人生论美学话语的系统建设和精神深掘，做出了重要的推进。成型深化的阶段，金雅深入人生论美学的学理建设和话语建构，提出了以“美情”“大美”“美境”为中心，以实践为根基和路向，以中华审美心灵的涵构为终极指向的人生论美学的基本理论框架。她探掘阐释真善美统一的民族美论精神，推进了人生论美学建设与中华美学精神阐发的融会，对中华美学的民族话语建设与民族精神意趣予以了掘发提引。金雅的人生论美学思想始终坚持审美、艺术、人生贯通的学术视野，既重真善美统一的理论建构，又重知情意行合一的实践介入与引领，突出体现了中华美学着意叩问“美何为”的精神立场。金雅的人生论美学思想，不是从理论到理论的闭环思辨，而是从现实审美实践和人生实践中生成问题，从实践中来，回到实践中去；她将“大美”视野、“美情”品格、“美境”追求之“三维”与实践导向相勾连，以实践立基，以人生弘旨，形成自己“三维一基一旨”的基本理论构架和主要特征风貌。金雅的人生论美学思想，追求科学精神与人文情怀的统一、历史意识与现实关怀的统一、民族立场与世界视野的统一、理论品格与实践导向的统一，彰显了其以诗性超拔和张力和谐为内核的精神旨趣，是审美超越性和人文实践性的深度统一。

一　积淀孕萌

金雅人生论美学思想发展的第一个阶段约为1991—2006年，是其人生论美学思想的积淀孕萌期。这一阶段，金雅的美学研究主要聚焦于中国美学人物个案以及相关文学审美理论问题，探讨了庄子的美学本体观、文学审美与人生关系等问题，以及在其美学研究中占有突出位置的梁启超美学思想，奠定了其美学与人生相贯通的学术研究视野。此阶段，金雅提出了诸多具有人生美学意义的命题，如“大美”“真人”“情感力”“真善美统一”“趣味”“移人”“诗意共舞”等，提炼总结了梁启超美学思想“不有之为”的精神特质，形成了自己基本的人生论美学价值取向。

1991 年 12 月，金雅发表《庄子美学本体观释论》，这是金雅发表的首篇美学论文。在阐释庄子美学本体观时，金雅自觉将庄子美学与人生相勾连，从“真、善、美统一”的立场来观照辨析庄子美学。文章开篇，金雅提出“庄子的学说是关于人的生存的哲学”，并指出庄子的“美学本体观”是“有关人的生存审美化本体性思考”。[①] 她认为，庄子哲学的核心是“道”，“道”是“隐藏在万物的外形之下的内在的真，生命的活的真”。[②] “真”有两方面含义，即“自然本真”生命与“主体真诚”情感，二者契合构成了“尊重物性、因任自然”的“大美”境界，“‘大美’的境界和美的‘真人’是庄子理想人生、理想人格的写照”，[③] 而这种理想人生、理想人格能引领主体致达生命之“真”，享受人生之“美”，通向至高至上的“善”。在此基础上，金雅将庄子美学本体观总结为“以‘道’为核心，真、善、美相统一的美学本体观”。[④] 在文中，她提出了“大美”“真诚”“真人”“生命之真”“人生之美”等一系列体现人生论意趣的美学命题。同时，她辩证地指出，庄子的美学本体观“既表现了对审美的艺术人生的执着追求，又表现了对伦理功利与逻辑理性的全面拒斥”。[⑤] 该文是金雅将美学问题与人生问题相贯通进行的初次尝试，虽然庄子美学并非她理想的资源依托，但庄子无疑是启发她的人生论美学思考的第一个重要触媒。

2001 年，金雅出版了第一部个人著作《诗意共舞——迈向文学至境》。该著从文学入题，聚焦文学的诗意性，讨论了文学的文本审美、形象审美、活动审美及其诗意，落脚于文学至境的诗性创化和生命意义。在书里，她谈道：“审美是诗意生存的重要途径。文学审美是通过文学活动（创作与接受）感染人，丰富生命的内涵与形态，完善生命的意义，追寻生命的价值，使人在现实生存中，拥有一份诗意生存的美

① 金雅：《庄子美学本体观释论》，《杭州大学学报》（哲学社会科学版）1991 年第 4 期。
② 金雅：《庄子美学本体观释论》，《杭州大学学报》（哲学社会科学版）1991 年第 4 期。
③ 金雅：《庄子美学本体观释论》，《杭州大学学报》（哲学社会科学版）1991 年第 4 期。
④ 金雅：《庄子美学本体观释论》，《杭州大学学报》（哲学社会科学版）1991 年第 4 期。
⑤ 金雅：《庄子美学本体观释论》，《杭州大学学报》（哲学社会科学版）1991 年第 4 期。

丽空间，从而迈向生命的最高境界——自由自觉的理想境界的一种创造性活动”。[①] 该著肯定了文学审美通达人生、陶染生命的积极作用，意在建构文学审美与人生的勾连；由此出发，她将对文学审美的探掘导向生命实践，提出了文学活动和生命活动“诗意共舞”的核心命题。特别值得注意的是，该著明确提出了“情感力”的重要概念，并予探研建构，初步体现出其对审美情感命题的重点关注，是其人生论美学思想以“美情”为核心聚焦和关键枢纽的理路初萌。

2003 年 1 月，金雅发表了《文学审美的情感功能》一文，延续了《诗意共舞》对审美情感的关注，她跳出文本情感的封闭讨论，将文学情感功能回向人自身，指出文学审美的情感功能可以“丰富主体的情感体验”“加深主体的情感认知”“补偿主体的情感需求”“提升主体的情感品质”“提高主体的情感技能”。[②] 该文是金雅人生论美学“美情”思想的早期体现。

金雅的博士论文，选择了梁启超，这是其美学思想发展的一个重要节点。2004 年 3 月，其博士论文《梁启超美学思想述评》通过答辩。2005 年 6 月，经过修订完善的博士论文以《梁启超美学思想研究》的书名由商务印书馆出版。“这大概是我国系统研究梁启超美学思想的第一部著作。”[③] 相较于其他美学家的研究论著，《梁启超美学思想研究》并不局限于对美学家具体美学观点的评述和讨论，聂振斌精辟总结该著最显著的特征在于“着重探索梁启超美学思想的内在联系和逻辑结构，发掘其真精神真价值”。[④] 在著作中，金雅提出了梁启超美学思想“变而非变”和“不有之为”两大命题，精准挖掘了梁启超美学思想的内在联系与意趣精神。关于梁启超美学思想的内在联系，金雅提出了“变而非变”的基本观点。此前学界对于梁启超美学思想的认识一直持割裂之论，认为梁启超前期是功利主义美学，后期为超功利美学。金雅精辟地指出，尽管梁启超美学思想经历了从前期更多关注审美与社会的

---

① 金雅：《诗意共舞——迈向文学至境》，时代文艺出版社 2001 年版，第 348 页。

② 金雅：《文学审美的情感功能》，《江西社会科学》2003 年第 1 期。

③ 王元骧：《开掘推进梁启超美学思想的研究——评〈梁启超美学思想研究〉》，《云梦学刊》2007 年第 1 期。

④ 聂振斌：《梁启超美学思想的价值》，《人民日报》2006 年 6 月 4 日第 8 版。

关系，到后期更多关注审美与人的关系的转变，但“其把审美视为启蒙的重要途径与人格塑造的重要工具的基本思想具有内在的一致性”，[①]“梁启超前后期美学思想共同构筑了一个以趣味为核心、以情感为基石、以力为中介、以移人为目标的人生论美学思想体系”。[②] 值得注意的是，在对梁启超美学思想性质予以界定时，金雅已经明确使用了“人生论美学”的概念。她以“不有之为”的“趣味主义”，来概括梁启超美学思想的人生论旨趣。她认为，梁启超的“趣味主义”人生论美学之关键，在于解决“为”和“不有”的关系问题，而非“为”和“不为”的关系。她指出，“为”是一种实践性范畴，包含着“破妄”与“去妄”，即破“成败之执”，去“得失之计”；“不有”是一种主体特质，是主体不计个人得失的精神姿态，也是主体直面成败与利害的人生态度。“不有之为”，即是以“不有”的根本姿态和基本原则去“为”。“不有之为”是金雅对梁启超美学思想的核心精神的凝练。她指出，梁启超“通过‘不有’和‘为’的内在张力与矛盾统一构筑了对于美的既形上又具体的追寻。这种追寻在本质上正是对充满生命活力的人生境界之追寻，是对洋溢着理想精神的审美人格之追寻。其实质便是期待通过审美来激活生命、改造主体、完善人格”。[③]“不有之为”的概括，不仅是对梁启超趣味主义美学思想理论的核心抓取，也是对梁启超人生论美学思想精神的精准提炼，简洁明晰地表述了“将积极入世与自由畅神融合为一、将理性追求与生命激扬融合为一”的梁启超式的生命美趣和“人生至境”。[④]

《梁启超美学思想研究》是金雅人生论美学思想早期奠基的关键性著作。金雅在这部著作中站在审美与人生统一的一贯立场上进行研究考量，提炼阐发了“趣味”“情感”“力”“移人”等重要人生审美范畴，发掘阐释了梁氏“趣味教育”“情感教育”“生活的艺术化”等人生美育命题。“趣味”“情感”“生活的艺术化”等范畴命题，成为其日后人生论美学理论创构的重要基础和重点内涵。梁启超的个案，也触发推动

① 金雅：《梁启超美学思想研究》，商务印书馆 2005 年版，第 63 页。
② 金雅：《梁启超美学思想研究》，商务印书馆 2005 年版，第 63 页。
③ 金雅：《梁启超美学思想研究》，商务印书馆 2005 年版，第 87 页。
④ 金雅：《梁启超美学思想研究》，商务印书馆 2005 年版，第 87 页。

了金雅美学研究的视野进而扩展至中国现代美学的群体资源和“美情”“人生艺术化”等重要命题。

综上，积淀孕萌期，金雅聚焦于庄子、梁启超等重点个案及相关文学审美基础原理研究，确立了美学与人生相贯通的基本学术取向与研究视角。同时，在这个阶段，金雅的人生论美学思想已初露风貌。通过庄子，她提出了“大美”“真诚”等命题；在《诗意共舞》中，她叩问“文学至境”与“诗意共舞”的关系；在《梁启超美学思想研究》中，她提出“不有之为”“趣味主义”“人生论美学”等关键词。这些研究、结论及其学术取向，是其人生论美学思想的积淀孕萌，也是其初步奠基。

二 发展推进

金雅人生论美学思想发展的第二个阶段约为2007—2014年，是其人生论美学思想的发展推进期。这一阶段，金雅的美学视野扩展至中国现代“人生艺术化”思想、20世纪上半叶中国现代美学思想群体资源等。此阶段，她进一步明确夯实了审美、艺术、人生相统一的理论立场，自觉展开人生论美学的论话建构。

金雅认为梁启超美学思想的最大特色，“在于他的‘趣味’范畴和相关的‘趣味美’、‘生活的艺术化’等思想”，[①] 她进而发现了从梁启超的“生活的艺术化”到朱光潜等的“人生的艺术化”这样一条“从20世纪20年代到20世纪30至40年代中国现代人生美学精神确立与发展演化的具体路径”。[②] 金雅认为，这条路径可串联梁启超、朱光潜、丰子恺、宗白华等一批现代美学、艺术、文化大家，他们的思想资源构成了中国现代“人生艺术化”思想的理论主脉与核心精神。

2007年10月，金雅发表《丰子恺的真率之趣和艺术化之真率人生》，这是她第一篇从“人生艺术化”视角切入的论文。她提炼出丰子恺“以‘童心’为本、‘绝缘’为径、‘同情’为要、‘趣味’为旨的

① 金雅：《人生艺术化与当代生活》，商务印书馆2013年版，第425页。

② 金雅：《人生艺术化与当代生活》，商务印书馆2013年版，第425页。

中国现代'人生艺术化'之真率人生的范式",[①] 阐明了丰子恺真率人生的审美内涵与主要旨趣。丰子恺不仅是一位美学家，也是一位艺术家。金雅指出，"在丰子恺的真率人生建构中，其最关键的当是艺术精神（态度）的问题。童心、绝缘、同情、趣味都是丰子恺从不同的角度对于艺术的具体阐释，其共同的目标都是指向对艺术精神的体认与建构"。[②] 对丰子恺的研究提升了金雅人生论美学思想中对艺术位置的关注，是其审美、艺术、人生相统一的美学立场形成的一篇基础文献。

2007 年 12 月 18 日，金雅在《文艺报》发表《促进"人生艺术化"》一文，首次在标题中亮出"人生艺术化"的概念。文章提出，"人生艺术化"思想的核心精神源自梁启超 20 世纪 20 年代初提出的"生活的艺术化"命题，后为朱光潜以"人生的艺术化"相表述，再到三四十年代为丰子恺、宗白华等丰富发展。她指出，"人生艺术化"更关注"艺术精神对生命与人格的提升"，"它所追求的境界就是生命的审美超越"。[③] 在该文中，金雅明确将中国现代"人生艺术化"思想的精神指向，总结为"远功利而入世的审美人生精神"。[④]

2007—2009 年间，金雅就"人生艺术化"问题发表的论文有《全球化语境与"人生艺术化"理论的当代意义》（《文学评论》2008 年第 5 期）、《"人生艺术化"的中国现代命题及其当代意义》（《文艺争鸣》2008 年第 1 期）、《"人生艺术化"的中国现代命题与"美的规律"的启示》（《天津社会科学》2009 年第 1 期）、《"人生艺术化"与人的和谐生成》（《光明日报・理论周刊》2009 年 6 月 9 日）、《促进人生艺术化》（《文艺报》2007 年 12 月 18 日）等。这些文章，发掘、梳理、辨析、提炼、总结了中国现代"人生艺术化"思想的脉络和精髓，成为其人生论美学思想理论建设的重要组成。

2009 年 11 月，金雅与聂振斌合作发表《中国现代美学的精神传

---

① 金雅：《丰子恺的真率之趣和艺术化之真率人生》，《广州大学学报》（社会科学版）2007 年第 10 期。

② 金雅：《丰子恺的真率之趣和艺术化之真率人生》，《广州大学学报》（社会科学版）2007 年第 10 期。

③ 金雅：《促进"人生艺术化"》，《文艺报》2007 年 12 月 18 日第 3 版。

④ 金雅：《促进"人生艺术化"》，《文艺报》2007 年 12 月 18 日第 3 版。

统》，该文是对中国现代美学精神传统的一次理论总结。文章指出，中国现代美学是中国美学发展中不可或缺的部分，“最为显著的标识是：它是关注现实、关怀生存的人生美学”。[①] 强调“中国现代美学的这些大家都主张通过美与艺术来涵养整个生命与人格境界，把丰富的生命、广阔的生活、整体的人生作为审美实践的对象和目的，以艺术的准则、审美的情韵来体味创化人生的境界，倡导审美、艺术、人生的统一，追求现实人生与审美超越的统一”。[②] 文章强调了“审美、艺术、人生的统一”的人生论美学基本立场，指出中国现代美学重要的精神标志之一是“鲜明的人生精神”，其重要特征有“积极的美育指向”“内在的诗性情怀”“强烈的文化批判意识”等。

2010年4月，金雅发表《人生论美学的价值维度与实践向度》一文，该文标题明确亮出了“人生论美学”的概念。文章提出，人生论美学是“将审美与人生相统一，以美的情韵与精神来体味创化人生的境界”[③]；人生论美学的价值取向是“将对审美理想的追求和对美的人格精神的追求统一起来”。[④] 金雅通过比较辨析，倡导超越仅仅停留于感官形式层面和生存技巧层面的“美”，标举美的“精神与情韵”，强调在“人生实践中注重审美人格和生命境界等的建构”。[⑤] 文章明确提出了美的价值与实践关联的问题，明确了审美人格和生命境界的创构有赖于人生审美实践的基础；指出这种实践以“丰富的生命、广阔的生活、整体的人生”为对象，从而将审美与人生之贯通导向融会于生命实践之内，倡扬审美体验从人生实践中来，审美价值到人生实践中去的生命至境创化之路径。在该文中，金雅还探讨了“生命之归真”“生命之和谐”“生命之翔舞”等人生审美的实践向度及其价值意义，强调人生论美学的“核心价值和现实维度就在于为生命的诗化和向美攀升打

---

① 金雅、聂振斌：《中国现代美学的精神传统》，《安徽大学学报》（哲学社会科学版）2009年第6期。

② 金雅、聂振斌：《中国现代美学的精神传统》，《安徽大学学报》（哲学社会科学版）2009年第6期。

③ 金雅：《人生论美学的价值维度与实践向度》，《学术月刊》2010年第4期。

④ 金雅：《人生论美学的价值维度与实践向度》，《学术月刊》2010年第4期。

⑤ 金雅：《人生论美学的价值维度与实践向度》，《学术月刊》2010年第4期。

开广阔天地”。[①]

《人生论美学的价值维度与实践向度》发表于2010年第4期的《学术月刊》，与王元骧的《美：让人快乐、幸福》、王建疆的《建立在审美形态学研究基础上的人生美学》共同组成“人生论美学初探”的专题讨论，这是国内刊物第一次正式见刊的关于“人生论美学”的专题讨论。王元骧认为，要“将美学不仅与艺术学，而且与伦理学加以融合”，[②] 由此“促进人生的诗化和艺术化”。王建疆认为，“应该从思和行两个方面展开”，[③] 主张以“自调节审美”来实现人生美学的知行合一。金雅在文章标题上正面而直接地亮出了“人生论美学”的概念，从美的生命创化和欣赏之合一的维度，倡扬其“知情意行合一”的整体价值和实践向度，它最终指向主体真我的涵成，从而实现由生命的诗性践行向真正的人攀升。金雅对人生论美学的构想，强调创美与审美的统一，美学与美育的贯通，倡导完整关注审美活动对现实人生和具体生命的切实而积极的作用。此文是金雅对“人生论美学”的初次基本学理探研，呈现出理论意识的自觉，其中初步涉及了她对人生论美学的概念含义、思想基础、价值指向、实践意义等问题的基本看法，也为其后续理论思考和话语架构的展开深化开掘了基础。

对中国现代美学人生论资源的挖掘及精神的把握，是金雅人生论美学理论建设的重要依托。2012—2013年间，金雅发表了系列重要的中国现代美学比较研究论文，主要有《趣味与情调：梁启超宗白华人生美学情致比较》（2012年5月）、《“境界”与“趣味”：王国维、梁启超人生美学旨趣比较》（2012年8月）、《“趣味”与“情趣”：梁启超朱光潜人生美学精神比较》（2013年7月）。三篇文章都亮出了“人生美学”的话题，探入中国现代美学家的代表性精神意趣。金雅将梁启超的“趣味”范畴及其美感精神，与其他三位名家的重点范畴与关联美趣进行对比，在考量各家特点的基础上，揭示了他们将美思落在人生关怀上的共同旨趣，总结了他们共同的“审美、艺术、人

---

① 金雅：《人生论美学的价值维度与实践向度》，《学术月刊》2010年第4期。

② 王元骧：《美：让人快乐、幸福》，《学术月刊》2010年第4期。

③ 王建疆：《建立在审美形态学研究基础上的人生美学》，《学术月刊》2010年第4期。

生相统一”的核心命题。“审美、艺术、人生相统一”的命题，一方面是金雅对中国现代美学思想精神的精准提炼，既是四位名家美学思想的精神取向，也是在20世纪上半叶那个风雨飘摇年代，中国现代美学群体精神的一种写照。另一方面，在展开对中国现代美学四位名家思想的梳理、对比、总结后，金雅更坚定了“审美、艺术、人生相统一”的理论取向在人生论美学理论建构中的基础意义。正如她在比较梁启超与朱光潜后指出的，两位大家的美学思想皆体现了“以远功利而入世为核心旨趣，以审美艺术人生相统一为主要路径，以关注现实、关怀生存为重要特色的人生论美学精神的基本内涵、特点与特质”。① 通过系列比较，金雅抽取了诸多具有人生论色彩的范畴命题，如“真感情”“无我”“化我”“大我”“情趣”“新生命情调”“真善美统一”等，深入挖掘了这些范畴命题潜蕴的诗性内核。如谈到王国维的“境界”，金雅指出“王国维运用‘境界’范畴引领艺术审美之眼超出自身固有领地而投向广阔人生与鲜活生命的指向”，“凸显了以‘无我’为最高理想的艺术超越指向和人生审美精神”。② 这组论文，是金雅从人生论美学的历史资源走向学理思考和原理建构的重要桥梁。这组文章，以梁启超作为比较的中心，也有力揭示了梁启超在中国现代美学精神传统衍化中的独特意义。在《梁启超美学思想研究》修订版中，该组文章以新增的第四章“梁启超与中国现代美学精神”亮相，总结中国现代美学精神“集中表现为审美艺术人生相统一、真善美相贯通的，以美的艺术精神与情韵为标杆、以诗性超越为旨趣、远功利而入世的人生美学精神”。③ 相较于该著初版，修订版体现出聚焦梁启超及其关联的中国现代美学群体资源背景，对人生论美学精神的深入考辨及其话语意识。

2013年5月，金雅与聂振斌再次合作发表《论中国现代美学的人生论传统》，对比之前发表的《中国现代美学的精神传统》一文，该文

① 金雅：《“趣味”与“情趣”：梁启超朱光潜人生美学精神比较》，《社会科学战线》2013年第7期。

② 金雅：《“境界”与“趣味”：王国维、梁启超人生美学旨趣比较》，《学术月刊》2012年第8期。

③ 金雅：《梁启超美学思想研究》，商务印书馆2012年版，第212页。

进一步明确了中国现代美学精神的人生论特质。该文紧扣“审美艺术人生相统一”的话语核心，强调了中国现代美学“艺术品鉴与人生品鉴相统一、真善美相贯通、远功利而入世”的人生审美意趣。[①] 同时，该文首次提出了“真善美相贯通的美情论”命题，辨析了中国现代美学思想中的“美情”意趣与西方现代美学中“情感”思想的异同，指出中国式的“美情”，“不仅是知、意、情中情的标举与体认，也是达知、通意、美情的生命化育与诗意升华”，由此与西方意义上的“情感独立”论相区别。[②]“真善美贯通的美情论”，成为此后金雅构建人生论美学话语体系的核心命题。金雅在该文中说，“中国现代人生美学精神集中体现为审美艺术人生相统一的大审美、大艺术、大人生的理论建构指向；以美的艺术情韵与精神体味创化人生境界的远功利而入世的诗性价值指向；注重审美与艺术教育，倡导在具体的审美活动、艺术实践、人生践履中去创造、欣赏、实现、享受生命与人生之美乐的实践超越指向”。[③] 在这里，金雅从理论建构、诗性价值、实践超越三个方面，来阐释总结中国现代人生论美学的精神传统。以“大审美、大艺术、大人生”为代表的“大美”命题，也成为金雅此后人生论美学话语体系中的重要命题。

从20世纪中国现代美学的精神传统入手，金雅对中国现代“人生艺术化”命题有了更深入的思考推进和系统总结。2013年，她在商务印书馆出版了由博士后出站报告修订的专著《人生艺术化与当代生活》。该著在金雅人生论美学思想发展中的意义，主要有四个方面：其一，积累了人生论美学的民族资源的铺垫。金雅由“人生艺术化”命题入手，将梁启超趣味人生、朱光潜情趣人生、丰子恺真率人生、宗白华哲诗人生等四家思想相关涉，把握揭示了他们“融审美与启蒙为一体，重在关注艺术之美对人的精神与人格的濡染、唤醒与提升”的共

① 金雅、聂振斌：《论中国现代美学的人生论传统》，《安徽大学学报》（哲学社会科学版）2013年第5期。

② 金雅、聂振斌：《论中国现代美学的人生论传统》，《安徽大学学报》（哲学社会科学版）2013年第5期。

③ 金雅、聂振斌：《论中国现代美学的人生论传统》，《安徽大学学报》（哲学社会科学版）2013年第5期。

同取向。[①] 其二，推进了人生论美学思想的立场态度的建构。该著考量“人生艺术化”的哲学、审美、艺术三个维度的关联，认为在哲学维度上“主要表现为对生命存在及其诗意价值的追询”；在审美维度上，“主要表现为对美的本质、理想及其价值的思考”；在艺术维度上，“主要表现为对艺术趣味（情趣）与艺术意境（境界）的标举”。[②] 三个维度的辨析，强化了其审美艺术人生统一的人生论美学思想的立足点。其三，进一步确立了艺术维度在人生论美学思想中的重要地位和标杆意义。金雅指出，艺术美在中国现代“人生艺术化”思想中构成了“关于美的判断的基本尺度”，[③] 是通往理想生命境界的审美参照系。所以，艺术教育在中国现代“人生艺术化”思想中也成为涵养美的情感、提升生命境界的重要途径。对艺术的维度的重视和深探，无疑进一步推进了其审美、艺术、人生相统一的人生论美学思想基石的成型和研究视野的确立。其四，发掘了“远功利而入世”的审美人生旨趣，充实了其人生论美学思想的诗性内涵。“远功利而入世”精神的提出，从中国现代“人生艺术化”资源提取而来，旨在思考出世与入世的诗性关系，映衬的“是一种弘扬超越个体得失与现实局限的入世哲学与情感美学”。[④] “远功利而入世”的精神总结和话语表述，是金雅人生论美学思想在这一阶段发展中具有鲜明标识的理论表述，是对梁启超美学的“不有之为”精神概括的一种延伸，或者说是对中华美学人生论精神意趣的一而二的多元化表述。

综上，发展推进期，金雅从梁启超这一核心资源延伸，重点依托中国现代“人生艺术化”和中国现代美学家群体思想资源，深研、发掘、总结中国现代美学的人生论内涵与精神意趣。金雅指出，“人生艺术化”思想的出发点是“创化和享受生命”，理论旨归是“升华与美化生命的境界”，实际上是以“大美”的态度去对待人生，是追求至美的人生境界，这为金雅人生论美学思想“大美”观的创立埋下了重要伏笔；

① 金雅：《人生艺术化与当代生活》，商务印书馆 2013 年版，第 6 页。
② 金雅：《人生艺术化与当代生活》，商务印书馆 2013 年版，第 186 页。
③ 金雅：《人生艺术化与当代生活》，商务印书馆 2013 年版，第 207 页。
④ 金雅：《人生艺术化与当代生活》，商务印书馆 2013 年版，第 208 页。

"人生艺术化""选择了以情感作为通向人的生命堂奥与精神圣地的枢纽",[①] 将情感视为"人生艺术化"创现的关键因素，这也为金雅人生论美学思想"美情"观的创立埋下了伏笔；"人生艺术化"思想重视艺术审美实践，统摄大美态度、至美境界与审美情感的关联，开掘了一条诗性践行的向美之路。这一阶段的研究，为金雅人生论美学思想"三维一基一旨"的整体建构，进一步拓展了扎实重要的资源基础，也推进了相关核心思考的发展深入。

三　成型深化

金雅人生论美学思想发展的第三个阶段约为 2015 年至今，是其人生论美学思想的成型深化期。这一阶段，金雅人生论美学思考逐渐向基本原理拓进，她正式提出了"大美""美情""美境"等核心范畴命题及其与人生实践的张力性，探索构建了其人生论美学的基本理论框架。金雅从人生论美学立场观照中华美学精神，探索人生论美学与中华美学民族精神的内在联系，创构以"美情"为核心，"大美"和"超拔"为两翼的人生论美学的民族理论话语系统。金雅的人生论美学思想始终坚守民族立场，她以赤子之心扎根民族文化，倡扬中华美学与美育精神，标举"物我有无出入诗性交融"的诗性超拔美和张力和谐美。

2015 年 2 月，金雅发表了《人生论美学传统与中国美学的学理创新》一文，系统提出了自己的人生论美学基本主张和自觉的学理建设目标。她提出，人生论美学的理论基础是"审美艺术人生动态统一的大审美观"，理论核心是"真善美张力贯通的美情观"，理论指向是"物我有无出入诗性交融的审美境界观"。[②]"大美""美情""美境"的命题及"三维"建构，最终指向人生实践，指向人本身，是"对动态的、诗性的、张力的人生审美至境的追寻，其关注生活、关切生存、关怀生命的突出品格，凸显了内在的美育指向和深沉的人文意向，必然使其走向具体的生命活动和现实的生活实践，走向审美教育与艺术教育，

---

① 金雅：《人生艺术化与当代生活》，商务印书馆 2013 年版，第 205 页。

② 金雅：《人生论美学传统与中国美学的学理创新》，《社会科学战线》2015 年第 2 期。

聚焦到人对自我的美化与涵成”。[1] 这为人生论美学在生命存在的现实层面找到了源头和落脚点，也构成了金雅人生论美学思想的坚实基础和终极旨归，即从实践来，回到实践去，从而整体上呈现了“三维一基一旨”的基本理路构架。

金雅人生论美学的“三维一基一旨”，一方面体现了其人生论美学思想关注知情意行合一的美学价值旨归，强调个体“美情高趣至境”的创化，倡扬生命价值在审美中实现诗性攀升与超拔，标举了人生论美学作为人文学科应有的理论品格和践行精神。另一方面，“三维一基一旨”也体现出金雅极富个性的学术取向和学术立场。正如她多次强调的，人生论美学关注的并非“何为美”，而是“美何为”的问题。执着于判断“何为美”，容易走向美学的认识论思辨和纯粹理论探讨，而抛弃美学应向人开放关怀人、关爱人的本质特征，失去美与真善之间的张力关系和逻辑衔接。以康德为代表的西方近代认识论美学，“错误的根源在于把知识的内容与形式割裂开来”，[2] 使“美”在知性层面的形式主义和理性层面的“道德主义”间摇摆不定，横起“美”与“真善”之间一道不可逾越的鸿沟。而金雅人生论美学关注的“美何为”，开启了“美”朝向“真善”的跨越和融合，其中既有对“美”的学理奥义的求索，又有对“美”与现实生命存在的勾连与关怀。这种研究方法、学术取向、理论视野、思想维度，形成了极具特色的民族化学理特征，也彰显了金雅人生论美学思想的逐步成型。

2014 年 10 月 15 日，习近平总书记在文艺工作座谈会上提出要“传承和弘扬中华美学精神”，如何挖掘、梳理、构建、丰富中华美学精神成为当下中国美学的重要课题。金雅的人生论美学探索，深度切入了中华美学精神的论题，着意探索构建中华民族的美论话语，呈现出丰富的理论内涵和高逸的精神意趣。

2015 年至 2016 年，金雅连续在《人民日报》《光明日报》《文艺报》等发表系列文章，阐发对中华美学精神的理解，倡导建构中华美学的民族话语。2015 年 3 月 18 日，金雅在《光明日报》发表《论中华

① 金雅：《人生论美学传统与中国美学的学理创新》，《社会科学战线》2015 年第 2 期。

② 朱光潜：《西方美学史》，人民文学出版社 1979 年版，第 399 页。

人生审美精神》，旗帜鲜明地提出了中华美学的人生精神之论题，重申中华人生审美精神“突出表现为审美艺术人生相统一的大审美观、真善美相贯通的美情观、远功利而入世的审美价值观”。① 2015 年 4 月 20 日，金雅在《文艺报》发表《以中华美学精神提升当代批评实践》。该文再次强调了中华美学的人生论精神“主要体现为审美艺术人生相统一的宏阔人生审美视野、真善美相贯通的深沉人生审美情怀、物我有无出入相交融的高逸人生审美境界”，② 认为“民族美学精神更是艺术批评不可或缺的内在根基”。③ 2016 年 1 月 18 日，金雅在《人民日报》发表《中国美学须构建自己的话语体系》，该文从确立基本范畴、构建命题学说、形成方法思维、弘扬民族美学精神四个方面，提出了构建民族美学体系话语需要面对和解决的关键问题，立场观点鲜明，极具前瞻视野。文章提出，“审美本身就是人类情感多元、价值多样的诗化呈现”，④ 因此美学的发展绝不应该以西方美学为统一标准，我们应该建构属于中华民族自己的美学话语体系。她指出，“中国美学丰富的人文底蕴、鲜明的人生向度、突出的实践指向、浓郁的理想情怀，对于现实有着重要的反思功能和批判功能”。⑤ 这组系列文章是金雅打通人生论美学思考和艺术实践引领中华美学精神观照的积极尝试，进一步拓深了其人生论美学思想的理论内涵和精神意趣。

这一阶段，“美情”的命题是金雅人生论美学思想建设中的核心问题之一。2016 年 12 月，金雅发表《论美情》一文，予以系统的探研。该文直接提出了“美情”的论题，对其概念的发展、真善美的关系、美情与审美创美的关联、美情的美质特征等问题展开讨论。她将“美情”置于人生论美学立场和中华美学精神的整体框架下来考察，提出了“美情”与“粹情”、“常情”的比照辨析。她认为，“美情”是在“常情”之上、超拔于“常情”的“贯通真善、涵容物我、创化有无的富有创造性的诗性情感”，体现了“审美主体对情感的加工、改造、提

① 金雅：《论中华人生审美精神》，《光明日报》2015 年 3 月 18 日第 14 版。
② 金雅：《以中华美学精神提升当代批评实践》，《文艺报》2015 年 4 月 20 日第 3 版。
③ 金雅：《以中华美学精神提升当代批评实践》，《文艺报》2015 年 4 月 20 日第 3 版。
④ 金雅：《中国美学须构建自己的话语体系》，《人民日报》2016 年 1 月 18 日第 16 版。
⑤ 金雅：《中国美学须构建自己的话语体系》，《人民日报》2016 年 1 月 18 日第 16 版。

升、完善、表达、处理等的能动性与创造性”。[①] “美情”是实践的情感，不是思辨的“粹情”，它是人文的，也是诗性的，是与人的生命价值和精神世界相联系的，内蕴了“真善美贯通、创美审美统一的民族美学的核心精神”。[②] 她具体剖析了“美情”的“挚”“慧”“大”“趣”等美质特征，挖掘了其与民族文化品格和人生美学精神相勾连的内核精髓。《论美情》是对中华美学精神和人生论美学关键命题的研讨，聚焦了不同于西方经典认识论美论的中华人生论美论何以可能的问题。该文为《新华文摘》全文转摘，列为封面文章，并先后获得多个奖项。

2018 年 5 月，金雅发表《“美情”与当代艺术理论批评的反思》一文，进一步对“美情”问题予以阐发。她指出“中华美学的神髓之一就在于对美情的倡扬”，[③] 并强调要以民族美学的美情意趣指导当下艺术理论批评，倡导理论家批评家要“回到艺术”，“回到作品”，“要有胸纳宇宙的人生，涵养高逸的情趣情怀”。[④] 她积极探索“美情”对艺术活动及其审美实践的积极效用和人文价值，以“美情”为中心深化人生论美学的思想内涵和话语基石。

与“美情”命题相联系，金雅跟进了“大美”命题的探研。金雅对“大美”命题的关注最早可以追溯到 1991 年发表的《庄子美学本体观释论》。在《释论》一文中，金雅指出“大美”是“尊重物性、因任自然”的境界，这个境界既包括自然生命的本真，也包括主体情感的本真。她指出，庄子的“大美”思想就是庄子对理想人生的向往和追求。在《梁启超美学思想研究》中，金雅指出，“梁启超的趣味人生学说是一种融人生、艺术、美为一体的大美学观、人生美学观”。[⑤] “大美”的命题，在金雅这里，体现出面向人生的宏阔开放的审美视野和价值取向。在人生论美学的话语建构和对中华美学精神的探索研究中，金雅提出了“审美艺术人生动态统一的大审美观”，强调“中华美学精

① 金雅：《论美情》，《社会科学战线》2016 年第 12 期。
② 金雅：《论美情》，《社会科学战线》2016 年第 12 期。
③ 金雅：《“美情”与当代艺术理论批评的反思》，《中国文艺评论》2018 年第 5 期。
④ 金雅：《“美情”与当代艺术理论批评的反思》，《中国文艺评论》2018 年第 5 期。
⑤ 金雅：《梁启超趣味人生思想与人生美学精神》，《社会科学辑刊》2011 年第 1 期。

神崇尚审美艺术人生的有机统一，不仅将多样的艺术纳入自己的视野，也将广阔的人生纳入自己的视域，由此构筑了极富民族特色的大美观”。[①] 这个阶段，金雅还将“大美”命题与“美育”命题相结合。2017 年 5 月，她与郑玉明合著的《美育与当代儿童发展》一书出版。这本著作“以大美育观为依托，依据以人为本的儿童发展观，结合儿童发展的客观阶段和具体目标，研究和论析美育的人生向度及其对当代儿童发展的现实意义和人文价值”。[②] 著作提出以“人生论美育”的理论视野来观照儿童美育问题，通过自然美育、艺术美育、生命美育的立体建构，来考察推进当代儿童美育的发展建设。应该说，“大美育观”和“人生论美育”的思想核心是一致的，都旨在突破单纯知识传授和技能训练的异化美育模式，将人的生命涵养和人生化育提上美育的本然日程。在这本著作中，金雅将“大美”联系美育进行考察，拓深了其人生论美学思想中的美育含义，也发掘了“大美”命题更深层的内容和价值。

2020 年，金雅发表了《大美：中华美育精神的意趣内涵和重要向度》。她明确标举了“大美”的意趣内涵和重要向度，阐发了“大美”以“诗性超拔”为内核，以“大人（我）”人格为指向，以突出的道德向度、崇高向度、自由向度为特点的中华美育的精神特征。文章从美学精神、主体生命、美育向度三个方面来论述“大美”。金雅指出，“中华之大美，既是对象的刚健超旷之美，也是主体超越小我之束缚、与天地宇宙精神往还和合的诗性美”。[③]“大”不同于西方现代美学所说的力或数量的之巨大。在中华文化中，“大”具有“诗性化成”的特点，更着意事物内部的有机融合与张力和谐。金雅认为，“大”是一种“大无畏、大涵容、大自由之美”，[④] 它通过物与我、我与他、小我与大我之审美关系的生成，实现主体生命的“对天地物我、小我大我之关系的诗性超拔”。[⑤] 结合中华“大美”话语的美育意趣，金雅提出了“大人

① 金雅：《以中华美学精神提升当代批评实践》，《文艺报》2015 年 4 月 20 日第 3 版。

② 金雅、郑玉明：《美育与当代儿童发展》，浙江少年儿童出版社 2017 年版，第 7 页。

③ 金雅：《大美：中华美育精神的意趣内涵和重要向度》，《中国文艺评论》2020 年第 8 期。

④ 金雅：《大美：中华美育精神的意趣内涵和重要向度》，《中国文艺评论》2020 年第 8 期。

⑤ 金雅：《大美：中华美育精神的意趣内涵和重要向度》，《中国文艺评论》2020 年第 8 期。

（我）”的审美人格生成的问题。她强调中华美育“大美”的目标始终指向人，它“不局限于唯艺术而艺术的小美唯美，而是通向人的美化和人生的美育”。[①]“大人（我）”的审美人格命题使以“诗性超拔”为内核的“大美”精神有了切实的实践指向，成为金雅人生论美学思想的终极追求和理想涵成。金雅通过“大美”走向“美育”，“‘大美’阐发聚焦主体人格刚健、精神浩然、生命正大等美趣意向，突出了美育的道德向度、崇高向度、自由向度等”。[②]“大美”使主体共情能力得到激发、锤炼与升华，主体生命在“大美”精神陶染下，走向诗性超拔，创化出“大人（我）”的至高人格美境。同时，金雅将大美意趣与当今文艺实践相结合，发掘“大美”意趣对当代文艺实践的启示与引领。她指出“弘扬大美，是对艺术风骨精神的呼唤，是对旖靡媚俗、追名逐利、形式至上的反拨、超越、深思”。[③]

在人生论美学思想的开掘中，金雅非常重视美学实践向度的思考。美学作为一门人文学科，应该彰显出美化人、涵育人、提升人的实践价值，人生论美学更应如此。考察金雅的美学之路，她从未抛弃对实践的观照。2016 年 2 月，金雅发表《加强中华美学精神与艺术实践的深度交融》一文。她感叹，“审美、艺术、人生的有机交融，使得中国美学和艺术精神崇尚大美，追求真善美的统一，以境界为高，讲美情，识美趣，崇美格，将生命的涵育与人性的升华，深深地契入了审美与艺术的鲜活实践中”。[④]金雅认为，中华美学精神蕴含着鲜明的实践向度和人文品格。她指出，“20 世纪以来，美学在中国不仅具有学术建设的意义，也一直肩负着思想启蒙的使命”。[⑤]金雅强调，当代批评实践要扎根中华美学精神，在发掘传承、开拓创新、中西化合、融会贯通的基础上，充实思想内涵，提升精神风骨，凝练民族品格。该文是金雅第一篇将中华美学精神与“实践”命题直接相结合的专门理论研讨，体现了她强烈的学术敏感性和人文知识分子一以贯之的价值情怀。2018 年 6

① 金雅：《大美：中华美育精神的意趣内涵和重要向度》，《中国文艺评论》2020 年第 8 期。
② 金雅：《大美：中华美育精神的意趣内涵和重要向度》，《中国文艺评论》2020 年第 8 期。
③ 金雅：《大美：中华美育精神的意趣内涵和重要向度》，《中国文艺评论》2020 年第 8 期。
④ 金雅：《加强中华美学精神与艺术实践的深度交融》，《艺术百家》2016 年第 2 期。
⑤ 金雅：《以中华美学精神提升当代批评实践》，《文艺报》2015 年 4 月 20 日第 3 版。

月，金雅发表《中华美学精神的实践旨趣及其当代意义》一文，系统探讨中华美学精神及其实践命题。金雅指出，中华美学具有理论与实践紧密勾连的特性，“从学理通达人生，在知（真）、情（美）、意（善）的三维构架上凸显了行之指向”，认为中华美学精神的突出特点是“以人文意趣、美情意趣、诗性意趣等为内核的实践旨趣”。[①] 她探入中华美学精神实践旨趣的内核，指出中华美学精神实践旨趣的精髓是“知情意行合一、创美审美兼济”，认为这一实践精神的实质是“以美（艺术）引领生命实践提升生存境界”。[②] 金雅始终强调，中华美学精神的实践命题一直以来聚焦人文向度，关爱生命、关切生存、关怀人生。研读该文，可以清晰看到金雅在实践命题上的发展深化。

在人生论美学研究中，金雅意识到一个基本的也是一直以来存在不同见解的问题，即中国古代没有现代西方学科意义上的美学，是否就可以判定我们没有自己的美学了？为此，金雅强烈呼吁“中国美学自我意识的觉醒”，她指出“这种觉醒，其意义不只在美学的民族学术话语层面，还意味着对美学的民族学派的呼唤”。[③] 这个问题关乎中国美学建设的深层问题，也关乎中华美学在世界美学之林中的平等对话、互鉴交流。

2017 年 10 月，金雅发表了《人生论美学与中国美学的学派建设》一文。她指出，“中国美学学派的自觉建设，始自 20 世纪初启幕的现代美学，初呈于 20 世纪后期迄今，影响较大的，主要有认识论美学、实践论美学、生命美学、生态美学。此外，现象学、本体论、存在论、形式论、主体论等西方思潮，在中国当代美学中也开枝散叶，产生了诸多影响”。[④] 她敏锐而深刻地指出：“这些学派或思潮，具体的观点、立场各异，但它们有一个共同的特点，就是其哲学基础主要来自西方。”[⑤] 金雅强调，“中华文化的根基，既非认识论，也非实践论，而是人生

① 金雅：《中华美学精神的实践旨趣及其当代意义》，《社会科学辑刊》2018 年第 6 期。
② 金雅：《中华美学精神的实践旨趣及其当代意义》，《社会科学辑刊》2018 年第 6 期。
③ 金雅：《人生论美学与中国美学的学派建设》，《社会科学战线》2017 年第 10 期。
④ 金雅：《人生论美学与中国美学的学派建设》，《社会科学战线》2017 年第 10 期。
⑤ 金雅：《人生论美学与中国美学的学派建设》，《社会科学战线》2017 年第 10 期。

论”,[1] 人生论美学源自中华民族文化的精神内核。文章肯定了人生论美学从古典情韵到现代话语的历史脉络，回顾了20世纪初中国第一代人生论美学家融会中西、化成新说的理论贡献和精神高度，重点梳理了21世纪以来人生论美学的重构发展和新局面。金雅指出，人生论美学“对于当代中国美学建设的意义，突出表现为人文性、开放性、实践性、诗意性等可拓展的维度”,[2] 彰显出鲜明的民族理论自信，标举了对中华美学精神的传承弘扬。

2020年，金雅出版专著《中国现代人生论美学引论》。该著是第一部公开出版的系统梳理总结中国现代人生论美学话语资源和思想精神的理论专著。著作从梁启超、王国维、朱光潜、宗白华、丰子恺、方东美等典范个案和“趣味”“境界”“情趣”“哲诗”“真率”“生生”等核心范畴切入，梳理观照中国现代人生论美学理论话语和思想精神的开掘、拓展、丰富的发展脉络，总结提炼人生论美学的中国风貌、话语谱系、精神意趣。其中呈现的自信和笃定，来自对对象长期全面深入的研究，来自对对象细致精深的掘发，来自视野的宏阔和思想的敏锐，也来自一种纯粹的精神、情怀和勇气。可以说，它也是一部中国现代人生论美学思想精神的学派谱系图和话语理路图。

综上，成型深化期，金雅确立了“大美”“美情”“美境”以及与人生实践相勾连的人生论美学的基本学理术语、话语逻辑和理论框架，致力于从人生论美学切入，观照掘发中华美学精神，探索构建人生论美学与民族美论的有机融合。她倾力于传承民族人生美论精神、构建民族人生美论话语、丰富民族人生美论内涵、拓展民族人生美论价值，使其“三维一基一旨”的人生论美学话语渐趋成型，强烈体现了其浓厚的理论热忱和“板凳甘坐十年冷”的学术真诚。

四　主要特点

聂振斌认为：“‘人生论美学’是金雅教授近年提出的，她在近年

① 金雅：《人生论美学与中国美学的学派建设》，《社会科学战线》2017年第10期。
② 金雅：《人生论美学与中国美学的学派建设》，《社会科学战线》2017年第10期。

出版的《梁启超美学思想研究》和《人生艺术化与当代生活》两本专著里有系统而深入的论述。笔者认为，‘人生论美学’的提出，是中国现代美学研究的创新之点，也是与中国古代美学密切联系的传承之点，对于探讨中国美学思想的民族特色很有意义，值得重视和讨论。”① 陶水平、张学文认为：“王元骧与金雅等人的人生论美学不仅是中国传统人生论美学的创新发展，而且在对人的理解上显示出对西方人文主义美学的某种超越。”② 张伟教授指出：“金雅教授是继聂振斌先生之后，对20世纪中国现代美学研究作出重要贡献的代表学者之一”，“她从中国现代美学切入，提炼出了中华美学的人生论精神，并对其作出了深入的阐发和理论建构”。③ 可以说，金雅始终坚守中华美学的民族立场，聚焦中国现代美学资源，开掘建构当代人生论美学的中国话语，探索美学关怀人、涵养人、升华人的人学意义和人文价值。她的人生论美学理论创构，体现出以下主要特点。

其一，民族立场与人类视野的统一。

金雅的人生论美学思想，始终扎根中华文化，以民族美学资源为立论根基，承接中华美学优秀传统，吸纳人类多元优秀文化，面向人类生存的共同语境。她对中国现代美学人生论资源及其精神传统的开掘提炼，起到了开疆拓土的关键作用，大大充实了民族美学的思想内涵和精神宝库。她主编的《中国现代美学名家文丛》《中国现代美学名家研究丛书》《中华人生论美学经典悦读书系》，以及撰写的《梁启超美学思想研究》《人生艺术化与当代生活》《中华美学：民族精神与人生情怀》等著作，合编的《中国现代人生论美学文献汇编》等，都是从人生论美学的角度进行资源挖掘和理论探研。如张永健、刘茂华认为：《中国现代美学名家研究丛书》的出版“可以说是有力地展示了中国美学也有自己的传统，这个传统不是闭门造车、自我封闭而来的，而是在向西方开放、向一切优秀文化开放基础上的传承创化，《丛书》所揭示的各

① 聂振斌：《人生论美学释义》，《湖州师范学院学报》2015年第5期。

② 陶水平、张学文：《王元骧与人生论美学的当代发展》，《宜春学院学报》2018年第11期。

③ 张伟：《百年耕耘、中国气派与当代繁荣——百年中国美学发展的历史回望与当下反思》，《艺术百家》2021年第1期。

家的具体成就及其共同的人生论审美精神就是这种创化的最好例证”。[①]

金雅的人生论美学思想，明确意识到中华美学应走向更广阔的世界美学之林。她说，只有说清楚中华美学有什么，才能拥有和世界美学对话的基础、和世界美学互鉴的自信。金雅强调，“我国美学要进一步发展，亟须构建自己的话语体系”，“只有真正构建自己的话语体系，才能在世界美学之林拥有自己的一席之地，真正实现与西方美学平等深度的对话”。[②] 以西为尊，援西入中，无法解决当代中国美学的发展建设问题，也无法为自己赢得自信与尊严。只有探掘、传承、推进、发扬中华美学的优秀精神，在当下历史语境中创化、开辟与人类美学对话互鉴的、面向人类共同价值的中华美学新内涵、建构中华美学的当代话语，才能真正实现中华传统美学的创新性发展和创造性转化，实现中华美学的传承和创构。

金雅的人生论美学思想，视野宏阔，情深意笃，含纳了对当代人类生存、生命安放的诗意考度。她善于将美学命题与当下社会问题相联系，致力于发掘美学对当代人类生存的关切与意义。例如在“人生艺术化”命题的研究中，金雅指出，在当下以经济与技术为重心的语境中，更应重视“在改造外部物质世界和发展塑造主体自我相统一”，重视“实现人生艺术化与人生科学化的统一，实现人性完整和谐的生成，实现自我生命与外部自然、与众生宇宙和谐诗意的共舞”的问题。[③] 孕生发展于20世纪上半叶的中国现代“人生艺术化”命题，在金雅的美学视野中，开掘出了面向当代社会的独特内涵与价值，这种站在民族美学立场、面向人类共同境遇的研究视野，贯穿了金雅人生论美学思想发展的始终。

将民族立场与人类视野相统一，既有探研民族美学的一往情深，又有关切人类生存的高瞻远瞩，才能完成人生论美学的理论使命和价值使命。这是金雅人生论美学思想创构的基本特点之一。

其二，科学精神与人文情怀的统一。

金雅的人生论美学思想，坚持以科学精神看待美学、艺术、人生的

① 张永健、刘茂华：《中国现代美学传统的发掘和重释》，《文艺报》2013年1月18日第2版。

② 金雅：《中国美学须构建自己的话语体系》，《人民日报》2016年1月18日第16版。

③ 金雅：《“人生艺术化”与人的和谐生成》，《光明日报》2009年6月9日第11版。

关系问题，始终秉持实事求是、求真务实的理性精神。正是这种纯粹无畏的科学精神，使金雅从其美学研究之始，就以学术之真为至高准则。金雅对梁启超美学思想的研究，就力排众议，还原对象实际，揭示了梁启超“变而非变”的纵向衍化和“不有之为”的精神内核。聂振斌评价金雅“对梁启超早期的文学思想，突破了以往那种社会政治的观察角度而进行美学批评与论述，并与后期美学思想逻辑地联系起来，整合为一有机整体，重新揭示和评估了梁启超美学思想的价值”。[①] 这种实事求是、披沙拣金的研究态度和方法，充分体现了金雅学术研究的科学精神。同时，金雅学术研究中的科学精神也贯穿了开拓创新的鲜明特点。她从梁启超，到“人生艺术化”、到中华美学（育）精神、到人生论美学，几乎每一次研究对象的演绎，都是一次走在前沿的学术开掘，是一次富有创新意义的开疆拓土。

如果说科学精神是一切学者理应具备的基本特质，那么在科学精神中融入人文情怀，则是金雅人生论美学思想所彰显的独特品格。金雅的人生论美学不仅以严谨的学术态度积累资料、发现问题、分析论证，进行逻辑严密的学理探研和理论建设。同时，她也关切于人的生命、生活、生存的人生命题，叩问如何由美通向生命的美化涵育和人生的价值涵成。她提炼创构的“美情”“大美”“不有之为”“远功利而入世”等范畴命题，都真切体现了向人生开放、关怀人生的人文情怀。早在《梁启超美学思想研究》中，金雅美学思想这种科学精神与人文情怀的统一已经体现。金雅开创性地发现和提出的梁启超趣味主义人生论美学思想体系，既是基于梁启超美学思想的完整事实，也是对梁启超美学思想特质的深度体认。她认为梁启超美学思想具有“追求理论与思想、求是与致用的统一”的美学品格。[②] 毋庸置疑，金雅的这种学术目光，是精准且深刻的，打破了对梁启超美学的功利主义和非功利主义的简单划分，重新回归美学作为人文学科的本义与使命。金雅指出，在美学领域中，“应该弘扬的并不是不食人间烟火的纯学术，而应是以人生为终极关怀的人文学术。这种学术指向……应该在坚持学术规律的基础上体

① 聂振斌：《梁启超美学思想的价值》，《人民日报》2006 年 6 月 4 日第 8 版。

② 金雅：《梁启超美学思想研究》，商务印书馆 2012 年版，第 334 页。

现人文关怀与人生指向”。[1]

金雅美学思想中的人文情怀，建基于科学理性的研究态度，正是因为这种根基及其统一性，她才能敏锐地把捉住梁启超美学思想前后期的一致性和“求是与致用统一”的内在品格，也才能准确把握梁启超美学思想面向人生、关怀人生的核心精神。在金雅的美学思想和研究方法中，科学精神和人文情怀是始终统一、无法割裂的。

其三，历史意识与现实关怀的统一。

金雅的人生论美学思想，扎根于中华美学资源，扎根于中华美学的历史发展。她主要依托中国现代美学经典，但不故步自封，而是往前打通古典，往后勾连当下，以历史眼光观照现实，将理论突破、思想考辨、实践考量相关联。她主编的多套中国现代美学丛书，都是这种思想立场的体现。以其《中华人生论美学经典悦读书系》为例，其核心资源对象是四位中国现代美学大家的经典人生论美学文献，丛书创新性地在理论书籍中增加了“精彩一句”的鉴析栏目，参仿古典诗词画论的品鉴体例，对各篇理论文献中遴选出的精彩一句加以理论观点、思想立场、精神意趣等品鉴，形成了“××品鉴”的独特理论文献的分析鉴读体例。她多次提到，之所以选择中国现代美学资源为切入重点，既是对中国现代美学突出成就的发掘，也是对中国美学界长期以来隔绝古典和当代的一种反拨。她认为，不认真梳理研究中国现代美学资源与状况，就无法真正贯通中国美学由古典到当下的整体血脉。而美学不走向大众，不面向现实，就只是闭门造车、坐而论道、自娱自乐的小学问。《中国现代美学名家文丛》《中华人生论美学经典悦读书系》《中国现代人生论美学文献汇编》等，都是金雅及其团队奉献给万千大众的精神食粮，也是其人生论美学思想的现实关怀的显昭。

2021年3月，金雅出版《说艺论美》一书。《说艺论美》收录了金雅三十多年的过往文章和回忆访谈，体现出金雅学术历程中始终聚焦的“以艺涵人”与“以美化人”的研究取向。书中发表时间最早的为1985年8月的《古诗文今译为何不如原文有味》，最近的为2020年8月的《大美：中华美育精神的意趣内涵和重要向度》。整整三十五年的时间

① 金雅：《梁启超美学思想研究》，商务印书馆2012年版，第334页。

跨度，向读者展示了金雅学术历程中文学、艺术、审美、人生交融的学术视野及其演进过程。这个进程不仅是学术轨迹的发展，研究视野的深拓，也是其对自我生命的叩问，对生命意义的追寻，对人生价值的沉思。她的文字，闪烁着鲜活挚诚的人生情怀和人文情韵，生动真切地向读者呈现了其思想中关注生命、涵育生命的精神内核。

在《诗意共舞》的后记中，金雅说，“对于文学的热爱是我自小的癖好”。[①] 在《说艺论美》的后记中，她又说，“很庆幸，这辈子与美与艺相伴!”[②] 从对“自小”的回望，到“这辈子”的叩思，生命中的春意，思想中的情韵，何尝不是金雅人生论美学思想的历史意识与现实关怀之统一特质的彰显呢?!

其四，理论品格与实践导向的统一。

金雅的人生论美学思想，积极将理论问题与实践问题相勾连。理论品格和实践导向构成其思想的双翼，指向诗性超拔的共同目标。从理论层面来看，金雅系统探研人生论美学的范畴命题、态度旨归、情感实践、路径方法等，着力予以开掘、深化和升华，体现出很强的自觉的理论意识和理论能力。从实践层面来看，金雅将理论研究的成果贯通切入，关联人的生命、生活、生存。

理论品格与实践导向的统一，贯穿在金雅人生论美学思想发展的始终，体现在“大美”“美情”“美境”等系列范畴命题的构建及其系统理论构架，也体现在她对梁启超、对人生艺术化的聚焦研究中。如王德胜认为，《梁启超美学思想研究》始终强调“既坚守学理性又重视实践性的人文学术研究理路，倡导美学研究从学理出发切入人的生存现实和文化现实。这样的研究具体实证、脚踏实地，而又富有理论意义和人文忧思”。[③]

理论品格与实践导向的统一，将金雅的人生论美学与其他学派，如以西方康德为代表的认识论美学、中国以李泽厚为代表的实践美学等思想特点区别开来。康德美学具有突出的认识论特点，他站在先验理性主

① 金雅：《诗意共舞——迈向文学至境》，时代文艺出版社 2001 年版，第 350 页。

② 金雅：《说艺论美》，南京大学出版社 2021 年版，第 348 页。

③ 王德胜：《世纪学术转型与民族美学思想资源的新开掘——评金雅新著〈梁启超美学思想研究〉》，《中国图书评论》2006 年第 6 期。

义的视角下探讨审美能力的问题，抛离感性经验的基础，失去了将审美与感性实践经验勾连的维度。虽然在谈到理想美时指向人的道德精神，但并没有解决理想美如何在具体的人的实践层面实现道德美的路径问题，实际上还是未能将审美与实践统一起来。康德对人的先验理性认识能力的知、情、意划分，使美成为孤立的、单一的抽象概念，割裂了美与真善之间的张力关系，使审美研究最终走向静止绝对的认识闭环。金雅的人生论美学思想，给予美以动态的、发展的、开放的、汇融的轨道，打通了审美与实践的张力重塑，以实践为审美与人生的连接纽带，重新标举美学的人学向度，使美的理论更落地、更具人文性，也更具诗性。实践美学是当代中国美学发展的重要一脉，主流派以李泽厚为代表。实践美学将实践作为美学研究的出发点，从人类社会历史实践的角度探讨美学问题，更多关注“何为美”，本质上还是以认识论为基本方法的理论美学的立场。朱立元曾经指出，以李泽厚为主流派的实践美学“在一些重要的基本问题上还存在主客二分的认识论思考方式的痕迹，仍然脱离审美关系和审美活动，把美学理论聚焦在对实体化的客观的美的本质，以及作为对美的反映和认识的美感本质的探求上”。① 以李泽厚为代表的实践美学的“实践”，从本质来说，仍然是停留在理论中的实践，未能真正走向具体鲜活的生活、生命与人生。金雅人生论美学思想的关注焦点是“美何为”。人生论美学将实践作为根柢，用实践来打通美学与人生的通衢，实践是切入人生的能动性活动，最终是对人的生命的审美超拔，即不仅是实践意义上的美的创造，也不仅是认识论意义上的美的观审，而是通过实践勾连美的创造与欣赏，在美的活动中既创化主体生命，也体味主体生命，是由人生实践的生命主体来成就生命自我的创造和欣赏，涵成生命的价值和意义。以人生论立场观照美，美学问题才生成了人生意义，美才具有诗性超拔之意义，实践也才具有现实人文之品格，这是人生论美学根本的意义和独特的价值。由此，美学和美育也才能无缝对接。而这，正是人生论美学和中华美学最具特色和价值的民族特性所在。诸多当代美学学派，或在审美的诗性超越性上，或在实践的人文品格性上，有所疏失。如生活美学，侧重于审美实践的外

① 朱立元：《关于实践美学发展的构想》，《河北学刊》2007 年第 1 期。

在形式和感官享受，如何沟通涵育人格、美化人生、安放生命的人文价值和诗性精神，犹须考量。

五 结语

金雅的人生论美学思想，经三十余年，积微成大，陟遐自迩，从积淀孕萌，到发展推进，到成型深化，不断走向丰富、走向深刻、走向高远，呈现出极具个人品格的审美超拔性与人文实践性相统一的独特意趣和核心特质。金雅的美学视野既务实，又超拔。如她提出的“大美”“美情”的命题，无一不是超越“唯美”“粹情”的论调；她描构的“美趣”“美境”，旨“在温暖具体的人事世情和艺术活动中实现审美超越”。[①] 这种美学研究的视野、立场、方法，涵成了金雅人生论美学以人生为旨归、以美情为基石、以大美为目标的追求审美超拔的思想特质。马克思主义哲学认为，实践是指人能动地改造客观世界的物质活动，是人所特有的对象性活动。值得注意的是，金雅人生论美学思想的实践指向，始终在于人对物的主体能动和人与物的积极互动，而不是简单在人，或单向向物。正是在这种美的、实践的能动互动中，金雅凸显了人的生命美的创构、人格美的涵育、境界美的攀升。这种价值取向使金雅人生论美学思想具有鲜明的实践向度，同时这种实践向度潜蕴着独特的人文内质，是在尊重人、关怀人、关爱人的基础上的美的创造、观审、呵护、滋涵、攀升，是一切以人的自我美化为终极旨趣的知行合一的人文实践性。金雅强调美学实践的对象，是身为具体实践活动中的主体的人，这个人是具体的、鲜活的、生成的、能动的、创化的。以人立旨，以人弘旨，从人生实践来，到人生实践去，这种理论的探索、创构、阐发、倡导、践行的终极目的，就是要将美的光亮照进人的现实生存，照进人的鲜活生命，照进散发着烟火味的人的当下生活。

金雅人生论美学的这种矢志创新，是在全球化的科技时代和效益社会的当代语境中，一种审美超拔性和人文实践性的统一。审美超拔性与人文实践性的统一，也是金雅人生论美学的学术理路与价值旨趣的统

---

① 金雅：《人生论美学传统与中国美学的学理创新》，《社会科学战线》2015 年第 2 期。

一。金雅的人生论美学，不仅要探求人对艺术、生命、世界的审美观照，更强调美对人的现实生存和人类场域的滋涵、创化、提携，是要真正切入人的当下生存。这种统一的意向，也使金雅的人生论美学创向高远宏阔、光风霁月的精神趣境，使其彰显出美学作为人文学科独有的深刻、深沉、深远的独特魅力。

金雅人生论美学的思想活力、思想创造力、思想生命力，是具有现实意义和时空穿透力的，相信它会被传承下去，丰富起来，不断发展。正如汝信所说："人生论美学正是深深植根于中华传统文化、极富中国特色的一种美学理论，这一理论近年来经金雅教授等人提出并作了理论探讨和系统论述后，得到我国不少美学研究者的响应和赞同，目前这方面的研究探讨还在继续深入进行。这一美学理论很有进一步拓展和发展的前景。"① 仲呈祥说：金雅教授的《人生论美学传统与中国美学的学理创新》一文，自己"读后颇感其分量之重，意义之深。她以大美观、美情观、美境观三维立体构架，深入总结阐发了中华人生论美学的学理特质和精神传统，对于过去简单'援西入中'和'援古入今'的中国美学建设思路予以了反思，既不回避民族美学话语和民族美学精神建构所面临的某些令人担忧的现状，也逻辑地揭示了人生论美学的中华精神传统的深厚根基及其发掘推进对于人类美学发展的独特意义"。② 汝信期待，人生论美学可以在"大力构建有中国特色的美学理论体系和话语体系"上，在"有关我国社会主义精神文明建设和加强广大人民文化自信"上，"做出自己的贡献"。③ 仲呈祥认为："'人生'者，涵盖了人与他人、人与社会、人与自然、人与自我的以人为本的整个生态，因此举起'人生论美学'旗帜"比单一地从生命、生态、意象等角度去考察，"更为全面、更为确当"。跟认识论、实践论等思潮相比，它"既上承中华传统美学精神，又更富时代特色和中国风格"，更"统而

---

① 汝信：《人生论美学与中华美学传统·序一》，载金雅《人生论美学与中华美学传统》，中国言实出版社 2015 年版，第 1 页。

② 仲呈祥：《人生论美学与中华美学传统·序二》，载金雅《人生论美学与中华美学传统》，中国言实出版社 2015 年版，第 4 页。

③ 汝信：《人生论美学与当代实践·序一》，载金雅主编《人生论美学与当代实践》，中国社会科学出版社 2018 年版，第 1 页。

全之”，“更趋科学、精准”。他还特别强调：“‘人生论美学’还有力地把美学美育研究从过去的书斋里彻底解放到现实鲜活的‘人生’海洋里来，解放到人民群众的审美创造、鉴赏实践和艺术教育活动中来，解放到当今文学艺术创作与鉴赏的百花齐放的人生中来。‘问渠那得清如许？为有源头活水来。’这就为当代中国美学美育理论研究和实践注入了强劲的活力”，① 从而“为引领中华民族驾驭‘人生’的精神修养和审美素质作出独特贡献”。②

作者单位：浙江理工大学

① 仲呈祥：《人生论美学与当代实践·序二》，载金雅主编《人生论美学与当代实践》，中国社会科学出版社 2018 年版，第 3—4 页。

② 仲呈祥：《人生论美学与当代实践·序二》，载金雅主编《人生论美学与当代实践》，中国社会科学出版社 2018 年版，第 5 页。

报刊书评

“人生论美学”与时俱进

汝　信

近年来，关于人生论美学的探讨与研究日益引起我国美学界的兴趣与关注，由金雅教授发起组织，在杭州举行了多次学术研讨会，发表了不少值得重视的文章和著作。金雅、聂振斌共同主编的《人生论美学与当代实践》，即将由中国社会科学出版社出版，从中可以看到目前我国美学工作者关于人生论美学研究的深度和最新成果。

人生论美学的基本精神自觉始于20世纪初的旧中国，中华人民共和国成立后一度沉寂，它在21世纪重新崛起和发展，取得了引人注目的成就，这并非偶然，而是顺应了时代需要。当前，我国美学研究面临的最重大任务，是要大力构建有中国特色的美学理论体系和话语体系，这是有关我国社会主义精神文明建设和加强广大人民文化自信的一个重要环节，而人生论美学在这方面可以作出自己的贡献。我们能从人生论美学近年来的成长发展中，得到以下一些有益启示。

首先，构建中国特色美学理论体系和话语体系，必须从中国实际出发，深深扎根于中国文化沃土，紧密联系现实社会生活，从中华民族悠久的优秀历史文化传统和丰富的文学艺术实践中汲取丰富营养，才能茁壮成长，开花结果。人生论美学之所以具有强壮的生命力，就是因为它不仅与中国传统哲学精神密切关联，又与千百年来的中国文化精神和艺术精神深度交融，富有民族特质，可以为中国特色美学理论的构建添砖加瓦，增强发展动力。

其次，人生论美学努力弘扬中华传统美学精神，绝不意味着主张

“复旧”，原封不动地照搬过去旧时代盛行的那一套理论和话语。历史告诉我们，人生论美学的产生在某种意义上也是“西学东渐”的结果，这一理论的首创者和开拓者从王国维、梁启超到朱光潜、宗白华、丰子恺等大师，无一不是既具有深厚的中国传统文化修养，又是我国最早接触和深入研究外国美学的学者。因此，他们能够吸收和借鉴国外美学研究的成果，与中国传统思想相结合，从而超越前人窠臼，创造出一系列新理论、新观点、新概念、新方法，使我国美学研究面貌为之一新。今天，我们需要以马克思主义为指导，批判地继承传统美学遗产，取其精华，去其糟粕，弘扬优秀的中华美学精神，同时要以世界视野批判地吸收和借鉴全人类美学研究的一切积极成果，以创建中国特色美学理论。在这一过程中，以往的人生论美学也将在新的条件下获得创造性转化和创新性发展。

最后，极其重要的是，与其他理论一样，人生论美学如要继续发展也必须与时俱进。近百年来，中国已经发生翻天覆地的变化，特别是当前中国社会历史发展到了全面建成小康社会的决胜阶段，中国特色社会主义进入了新时代。新时代有新气象、新作为，生活在这伟大新时代的中国人民是幸福的，他们过的是丰衣足食的小康生活，有新的理想、愿景和追求，有新的人生和价值，有新的审美需求、趣味和审美活动。要深刻理解和解决新时代出现的美学问题，就需要学习和运用习近平新时代中国特色社会主义思想。因此，怎样使人生论美学适应于新时代并得到进一步健康发展，真正成为一种中国化、时代化和大众化的美学理论，这是我们面临的一项新的重要研究课题。

原刊《中国社会科学报》2018 年 2 月 8 日第 7 版。作者单位：中国社会科学院

“人生论美学”有利于实现中华传统美学的“两创”

仲呈祥

浙江理工大学金雅教授寄来即将付梓的《“人生论美学与当代实践”全国高层论坛论文集》书稿，并嘱我为之作序。这着实令我汗颜。此次论坛，我本拟与会学习，不料公务缠身，未能遂愿。书稿到手，爱不释手，喜读收入其中的论坛文稿50篇，才扎扎实实地补了课，获益匪浅，感触良多，信笔记下自己的肤浅体会。

近十余年来，金雅教授为领军人物的学术团队锲而不舍地高举起“人生论美学”的旗帜，可谓登高一呼，应者云集，成果累累，已成气候。我是“人生论美学”的赞成者、信奉者。理由如次——

其一，“人生论美学”传承和弘扬了中华传统美学精神。习近平总书记在著名的“四个讲清楚”中首要便强调每个国家、每个民族都必须讲清楚自己独特的历史传统、文化积淀、基本国情，因而都有其特色的发展道路。建构民族美学和开展民族美育，也必须首先讲清楚中华美学的历史传统、学术积淀、基本国情，才能坚定地走有中国特色的美学、美育发展道路。应当承认，美学是20世纪初才从域外引进的现代理论学科，但这并不能说中华文化传统中此前就没有美学与美育。从儒家的“尽善尽美”到道家的“天地大美”，从代代相传、丰富多彩的各种文论、书论、乐论、画论到戏论，其间追求的人生伦理与自然伦理和谐交融的大美境界，其间聚焦于真善美张力贯通的大美情韵，其间蕴含的审美艺术人生的动态统一的大美诗意，都为“人生论美学”所承接并提供了重要的思想学术资源。因此，“人生论美学”既植根于中华传统文化和中华传统美学精神的沃土，又接续进入20世纪以来中国现代美学呈现出的如梁启超的“趣味说”、王国维的“境界说”、朱光潜的“情趣说”、宗白华的“情调说”、丰子恺的“真率说”等富有人生价值取向的学术积淀，是有中国特色、中国精神、中国风格、中国气派的美学美育理论主张和发展道路。

其二，“人生论美学”昭示了中华传统美学实现“创造性转化与创新性发展”的一条正确路径。习近平总书记在中国文联十大、中国作协九大开幕式上的讲话中，强调要坚持以人民为中心的创作导向，坚持为人民服务、为社会主义服务，坚持“百花齐放、百家争鸣”，坚持实现创造性转化与创新性发展。这足见能否实现创造性转化与创新性发展是攸关当代文化建设的方向、道路、方针的一个重要问题。美学美育的当代构建也必须实现对中华传统美学的创造性转化与创新性发展。而真正实现“两创”，前提是必须对中华传统美学做到“两有”：有鉴别地对待，有扬弃地继承；并进而做到“两相”：与当代文化相适应，与现代社会相协调。这“两有”“两相”到“两创”的正确路径都离不开“人生”。所以，在我看来，20世纪五六十年代在我国开展的那场关于美学的大讨论，聚焦于“美是什么”“美的本质”，总在形而上的概念层面思辨争论，并未跳出认识论美学的框架，当然也是有益的，于学术发展也有贡献，但承接的主要还是西方美学的研究路径和思维方式。之后，尤其是历史进入新时期以来，东西方文化八面来风，中国又相继问世了实践美学、新实践美学、生命美学、生态美学及女性美学等学派，都从不同重点和侧面丰富和深化了对中国当代美学美育的研究，都是需要的，都功不可没。但是，比较起来，我以为“人生论美学”的提出，有利于令中国特色的当代美学美育研究和建构对中华传统美学美育精神实现“两有”“两相”并进而实现“两创”，是既更具统领全局的宏观眼光，又更能紧密联系实现“两个一百年”的宏伟目标、实现中华民族伟大复兴的中国梦、促进人的自由而全面发展的人生实践的。其现实意义与深远意义都不可低估。

其三，“人生论美学”紧扣“人生”，即以人为本、以人生为对象的美学研究贯彻了以人民为中心的工作导向和为人民服务、为社会主义服务的方向，因而具有强大坚实的研究对象和服务对象、具有广阔的研究天地和用武之地，前途未有限量。“人生”者，涵盖了人与他人、人与社会、人与自然的以人为本的整个生态，因此举起“人生论美学”旗帜就比单一地提“生命美学”“生态美学”“意象美学”更为全面、更为确当。而“认识论美学”和“实践论美学”都对，都有存在之必要，其“认识”和“实践”的主体皆为“人”，而“认识”和“实践”的都是主体与他人、与社会、与自然发生的关系即“人生”，所以，倒不如以“人生论美学”统而全之。这样，既上承中华传统美学精神，又更富时代特色和中国风格，且更趋科学、精准。不仅如此，“人生论美学”还有力地把美学美育研究从过去的书斋里彻底解放到现实鲜活的“人生”海洋里来，解放到人民群众的审美创造、鉴赏实践和艺术教育活动中来，解放到当今文学艺术创作与鉴赏的百花齐放的人生中来。“问渠那得清如许？为有源头活水来。”这就为当代中国美学美育理论研究和实践注入了强劲的活水。

其四，“人生论美学”为创建中国现当代美学美育理论和话语体系，创建中国美学学派，开通了一条充满希望和生气的大道。“人生论美学”作为中国特色哲学社会科学和中国特色美学之一脉，必然要在中华传统美学宝库里汲取丰富的营养以“各美其美”，并注重学习借鉴西方美学经典中适合中国国情的有用东西以“美人之美”，并立足中国改革开放现代化建设的现实和人民的“人生”将两者交融整合创新以达到“美美与共”，从而创建出中国特色的中国现当代美学美育理论体系和话语体系，创建出中国当代美学学派，为人类美学作出独特贡献。当然，一个真正意义上的学派的形成是需要历史和人民检验的。一是要有传承和渊源，“人生论美学”上承中华传统美学；二是要有代表性学者，“人生论美学”从孕萌于20世纪上半叶的梁启超、王国维、朱光潜、宗白华、丰子恺、方东美到自觉于20世纪末迄今的钟惦棐、聂振斌、金雅、陈望衡、马建辉等；三是要有标志性的学术成果，“人生论美学”出版了《中国现代美学名家文丛》《中国现代人生论美学文献汇编》《“人生论美学与当代实践”全国高层论坛论文集》和金雅的《中华美学：民族精神与人生情怀》等个人专著；四是要有读者群，“人生论美学”已经开始有了越来越多的关注它、传播它的读者群，尤其是青年读者群；五是要有代代相传的后继学者，且喜“人生论美学”两次学术论坛上已有越来越多的青年学者登台亮相；……所有这些，都预示着“人生论美学”学术生机勃勃，前景辉煌灿烂。习近平总书记殷殷期望我们：“既要像小鸟一样在每个枝丫上跳跃鸣叫，也要像雄鹰一样从高空翱翔俯视。”我深信：“人生论美学”既能像小鸟一样深入“人生”细节捕捉并解析思想发现和审美发现，又能像雄鹰一样以与时俱进的中国化的马克思主义历史哲学意识在高空翱翔，俯视“人生”、洞察真谛，为引领提升中华民族驾驭“人生”的精神修养和审美素质作出独特贡献！

以文化人，以艺养心，以美塑人，重在引领，贵在自觉，胜在自信。“人生论美学”作如是观。

原刊《中国艺术报》2017 年 7 月 21 日第 3 版。作者单位：中国传媒大学

梁启超美学思想研究的重要收获

——《梁启超美学思想研究》评介

钱中文

19 世纪末 20 世纪初，是我国社会发生重大变革的转型期，梁启超正是这一时期的最重要的代表人物。他的政治主张、学术思想，在当时政治、文化生活、学术进步甚至书写文体等方面发挥了重大作用，流风所及，对同时代及后来者，产生了不可估量的影响。

在梁启超去世后的 70 多年中，我国对于梁启超这份宝贵而巨大的文化遗产，未能及时地进行清理与研究，使其在现实建设中发挥应有的积极作用，原因是很复杂的。一是和我国政治生活的急剧变革和由此而产生的相应政治观、历史观有关，即认为在政治上凡是改良的都是不革命的，或者虽是革命的，却是资产阶级的，不是无产阶级的，而梁启超作为改良主义者和后期政治上的退隐者，其政治、文化、学术思想与革命派的思想自然不可同日而语，所以长期不受重视。二是 20 世纪 80 年代以后学界对于 20 世纪的我国文化学术资源开始重视。但是由于受到上述思想影响，因此梁启超虽然进入了研究者的视域，但主要肯定其早期的反封建思想的发动与呐喊，初步清理了其学术上的激进主张，而其后期的思想、学术主张仍然处于遮蔽的状态。三是梁启超著作宏富，涉及范围广泛，没有明显的思想体系式的阐述，这也增加了研究的难度。但长期不受重视，主要是前面两个原因。

金雅的专著《梁启超美学思想研究》（商务印书馆 2005 年版），在梁启超美学思想研究方面有所创新，有所突破。首先，破除了以往对于历史人物的狭隘的、片面的功利主义评价，而以历史的整体意识来评价历史人物，还历史人物以原有面貌，显示其真正的历史、现实的价值，这是这部论著取得成功的关键。其次，描述了梁启超的美学思想前后的不同特点和它的整一性，显示了梁启超美学思想的完整性。其三，从整体上描述了梁启超的“趣味美学”的思想的全貌，揭示了其独特性。趣味美学一说，虽不是梁启超的首创，但前人大多一笔带过，未有深入。该书认为，这是一个以“趣味”为核心，以“情感”为基石，以“力”为中介，以“移人”为目标的趣味主义人生论美学思想体系，体现了“不有之为”的美学理想。这一定位与阐述十分确切、得体，既符合梁启超的前后期学术思想的实际情况，也使梁启超的开辟一个时代的美学思想获得了明晰化的阐发。这方面的深入，无疑把梁启超美学思想的研究向前推进了一步，同时也丰富了我国20世纪美学思想的研究。其四，书稿对梁启超美学思想中的局限性也做了中肯的检讨。

综上所述，笔者以为，这部著作是梁启超美学思想研究中的重要收获，对于我们弘扬优秀文化遗产，为当代美学的建设提供思想资料，具有不容置疑的现实意义和理论价值。

原刊《中国社会科学院院报》2005年12月1日第2版。作者单位：中国社会科学院

开掘推进梁启超美学思想的研究

——评《梁启超美学思想研究》

王元骧

金雅的《梁启超美学思想研究》已由商务印书馆出版。这部专著对梁启超美学思想作出了全面系统的梳理，把梁启超前后期的美学思想作为一个整体来研究，潜心发掘其内在的思想脉络与逻辑联系，对于梁启超美学思想中的许多重要成果作了深入的开掘与阐发，对于学界所存在的有争议的问题发表了自己中肯、有创见、有说服力的见解，且文风严谨、见解独到、分析透彻、文字晓畅，达到了相当高的学术水平。依我所见，这大概是我国系统研究梁启超美学思想的第一部著作。它的出版，不仅是对梁启超美学思想研究的一大推进，也丰富了我国近现代美学思想史的研究，是我国近现代美学思想史研究上的一项可喜的收获。

在中国近现代美学思想史上，梁启超无疑是可以与王国维比肩的大家。但在当今我国学界，比起王国维来，对梁启超似乎显得有些冷落了。即使有所介绍，也主要着眼于他的前期。原因可能有二：一是梁启超后期的美学思想缺乏集中的专题论文，不易引起关注；二是随着梁启超后期在政治思想上从改良主义走向反对革命，认为他的美学思想也由积极转向消极。而实际上，在我看来，梁启超后期的美学思想在理论创新和理论建树上都远远超过了前期。因为在梁启超美学思想中，我以为最有建树、最有贡献的是他对趣味美学思想的阐释，是他的趣味人生的精神。梁启超的“趣味”显然不同于英文 Taste 和德文 Gesehmaek 一词的中译（通常译为“趣味”，即“鉴赏力”），主要是指一种人生态度，一种生活的兴味，是精神生命的一种活跃与激扬的状态。金雅在书中概括为“生命意趣”，我觉得这一概括是十分准确的。梁启超把趣味看作生活的“原动力”，认为人在生活中第一要有“责任心”，有责任心才会“敬业”，但是“敬业”不是强迫自己去做事，因此，还要“乐业”。这样就能做到心无旁骛，抛却“成败”之忧和“得失”之计，将个人全身心投入进去，和众生和宇宙运化迸合为一，自得其乐，乐在其中，这才能真正进入趣味的境界，这样，就“使人做事的自由大大的解放了”。这不仅是做好一切事情的前提和条件，同时，也使生活变成艺术。这种趣味境界就是一种审美的境界，也是人生的最高境界。而趣味作为一种内心的情感体验和情感取向，总是在对外界事物的感知过程中培养和发展起来的，是主客交互作用的产物。而在梁启超看来，在外界事物中，最能诱发人趣味的则莫过于艺术。所以他把艺术看作进行情感和趣味教育的最佳利器，认为通过美的艺术教育不仅可以培养人的敏锐感觉，激活人的情感，而且还能将趣味引向高尚、深入。“一个人麻木，那人便成了没趣的人。一民族麻木，那民族便成了没趣的民族。”所以，美和艺术绝不是像有些人所说的是一种“奢侈品”，而是像“布帛菽粟”一样，是“生活必需品之一”。它对于个人生命力的激发，对于造就个人和民族的健康向上的生活有着不可缺少的价值。这无疑是梁启超后期美学思想的一大亮点和一大贡献！当然，“趣味人生”和“趣味美学”的思想非梁启超首创，而是吸纳融会我国传统哲学“乐生”的思想、康德美学“游戏”的思想乃至柏格森生命“创化”的思想等中西哲学和美学理论资源中的合理成分，并从20世纪之交的民族现实出发而提出来的，他把他的趣味人生观融之于审美领域，而将审美论与人生论融会一体所作出的阐释是极为独到而富有创见的。他提出的“生活的艺术化”的口号，对于朱光潜、宗白华等人的美学思想以及20世纪三四十年代我国的美学研究都产生过十分深刻的影响。梁启超的趣味美学思想自然不免带有一种“审美救世主义”的倾向，因为当时中华民族所面临的问题是社会变革，制度的问题是不可能凭审美所能解决的。但是梁启超所认为的真正标志国家民族存亡的，不是“社稷、宗庙、正朔、服色”的存亡，而是“国民性”的存亡，所强调的国民精神与国家民族发展存亡的关系具有决定性意义的思想却是一个颠扑不破的真理。所以我非常赞同金雅在书中所指出的：梁启超提倡“趣味人生”，希图通过“趣味教育”造就“趣味的人”，“它指向的就是20世纪中国几代思想家所关注的中国国民性的问题。……‘趣味’的终极目标也就是‘移人’”，为了“新民”，为了国家和民族的富强。因而，在我看来，这种无所为而无所不为的“趣味”理论的价值，不仅没有随着社会的发展而丧失，而且在今天更显得突出。这些年来，我们的物质生活虽然有了极大的提高，但精神生活并没有比物质匮乏的年代来得充实而丰盈。人倒反而被物支配了。对一些人来说，他的活动除了受物欲所驱使以外，已找不到其他的精神源泉和动力了。吃、穿、玩、乐几乎成了人生存的全部内容，看不到物质生活之外还有一个物质生活之上的世界。这实在是一种生命的消退，也是“趣味”的沦丧。这样的生活，必然陷于干枯、乏味、平庸、空虚，这也是导致各种社会问题滋生的一个重要原因。所以我觉得今天我们提倡“趣味主义”就比任何时代都有更现实而迫切的意义。

在人生态度方面，我自己就是一个“趣味主义”者。我平时往往凭趣味行事，并且希望即使在没有理性告诫、“责任心”的驱使下，仅凭着趣味，也能尽心尽责把事情做好，并在工作中虽苦不觉其苦，不会有目前“打工族”中所较为普遍存在的那种倦怠的情绪。在美学和文艺理论研究方面，我深感当前“跟风赶潮”、“追新逐异”、盲目追随西方思潮的不良倾向对我国美学、文艺理论的发展与建设所造成的危害，认为要使我国的美学和文艺理论有所发展、有所创新、有所建树，应该立足于我国实际，根据现实需要，在有批判地吸取中西理论优秀成果的基础上，走中西融会的道路，务求对人的全面发展、社会的全面进步起到有益的作用。我觉得在融会中西文化的方面，梁启超不仅是一个先行者，而且是一个成绩卓著的实践者，他足可成为我们的榜样，他的成功经验是非常值得我们总结和学习的。出于上述考虑，当金雅到我们这里读博士不久，在谈起今后的研究方向时，我就建议她不妨研究研究梁启超。她也非常乐意接受我的建议。在学习期间，她不仅细心研读了梁启超的全部著作，而且翻遍了一切所能收集到的研究梁启超的资料。在深入钻研、周密分析的基础上，根据自己的体会，对梁启超关于美与艺术的诸多分散的论述作出了精到的梳理和归纳，提出：“梁启超美学思想构筑了一个以趣味为核心、情感为基石、力为中介、移人为目标的人生论美学思想体系，具有变而非变的纵向演化轨迹”；从中可以看出梁启超“从前期更多的关注审美（艺术）与社会（政治）的关系到后期更多的关注审美与人（人生）的关系，不管研究视野、研究重点、具体观点有哪些变化，其把审美视为启蒙的重要途径与人格塑造的重要工具的基本思想始终具有内在的一致性。终其一生，梁启超都不能算是一个唯美的美学家”。可以说，这是一个很有见地的结论。再如，她认为虽然梁启超前期着眼于启蒙主义的教化论，后期着眼于趣味主义的人生论，前期审美观尚有几分倾向于他律论，后期则完全转向自律论，但通过分析、揭示“移人”和“趣味”两者理论取向上的一致性，指出“‘趣味’使‘移人’的内涵具体化、人文化，使‘移人’有了具体的落脚点”，目的都是为了“新民”，从而解决了理解梁启超美学思想内在统一性的一个关键性问题。类似有见地的分析和结论，书中还有不少，相信大家读后自会发现。此外，金雅同志还从当今现实语境出发，努力发掘出梁启超美学思想中许多对于我们今天仍富有理论价值和现实意义的思想精华，读来也颇能给人以感发和启悟。

原刊《云梦学刊》2007 年第 1 期。作者单位：浙江大学

梁启超美学思想的价值

——评《梁启超美学思想研究》

聂振斌

金雅的《梁启超美学思想研究》已由商务印书馆出版。我国学术界，对梁启超美学思想进行研究者相对较少，金雅的《梁启超美学思想研究》是出版的第一部专著。这部学术专著不同于一般的历史描述和思想述评，而是着重探索梁启超美学思想的内在联系和逻辑结构，发掘其真精神真价值。

作者从哲学的观察角度出发，知人论世，对于文本进行全面而系统的研读、梳理，从而对于梁启超其人、其思想以及其思想的各种表现形态有一个整体把握，避免断章取义、以偏概全（这种情况在梁启超文学、美学研究中是存在的），在此基础上，作者抓住梁启超美学思想中几个重要范畴和命题进行深入的分析、联系、比较，从而探索其本质关系，不停留于事物的表面，不作泛泛而论。例如常为人们所忽略的梁启超后期美学思想，是本书研究的重点之一，作者搜索开掘、分析剖判，可谓细致深入，有力地揭示了梁启超美学思想的重要内涵与价值。再如对梁启超早期的文学思想，突破了以往那种社会政治的观察角度而进行美学批评与论述，并与后期美学思想逻辑地联系起来，整合为一有机整体，重新揭示和评估了梁启超美学思想的价值。

梁启超是中国近现代史上一位叱咤风云的政治家、革新家，也是大名鼎鼎的学者、教育家。从19世纪后期至20世纪20年代，他的言行，他的思想，在政界、学界、文化教育界都产生了巨大的影响。梁启超是一位开风气之先的人物。他的这些思想，通过他的激扬流畅的文笔，影响了一代人。鲁迅、郭沫若等人弃医从文，正是接受了梁启超的思想影响。20世纪20年代之后，梁启超退出政治舞台而从事教育和学术研究，发表了一系列有深度、有激情、有广泛影响的美学论著和演讲，同样培育了一代人。梁启超的为学做人、道德文章是令人崇敬的，值得大大弘扬。然而，说来惭愧，我们对这样一位伟大人物的研究和估价是很不够的。在一个很长的历史时期，人们习惯于从狭隘的政治观点出发，对于他为祖国、为民族的献身精神和历史功绩，有意无意地加以遮蔽和曲解，产生了广泛的消极影响。至今仍有一些人看不到梁启超的人格精神和道德文章的真实价值，看不到梁启超美学思想的真正意义。20世纪80年代，我在研究这一段美学史时，本打算对蔡元培、王国维、梁启超三位先生的美学思想各以专著的形式加以论述。但在写完蔡、王两人之后，由于种种原因，梁启超的一本至今未写成，此事一直耿耿于怀。现在读了《梁启超美学思想研究》，此种遗憾与愧疚，终于得到了一定的消解。因为一部我想看到的梁启超美学思想的专著，终于写成并且出版，从而弥补了这一研究领域的欠缺。商务印书馆出版发行这一研究成果，以便产生普遍而积极的社会影响，是很有意义的。

原刊《人民日报》2006年6月4日第8版。作者单位：中国社会科学院

突破性的学术成果

——评金雅教授《梁启超美学思想研究》

杜书瀛

19、20 世纪之交，中华民族之思想文化乃至社会体制，在中西古今大碰撞、大交融的剧烈动荡之中，由古典向现代转型。在这三千年未有之历史巨变中，造就了一批伟大人物，梁启超乃其一。梁启超不但是一位伟人，而且是一位奇人，他极富个性、独树一帜，是一位革命家型的政治家，政治家型的思想家，思想家型的学问家。像他这样对中国历史文化做出多方面贡献的人实不多见，他值得历史的尊敬。近年来，人们对他进行多方面的研究，取得了许多重要成果，然而其美学思想的研究却是弱项。近读商务印书馆 2012 年版金雅教授《梁启超美学思想研究》，欣喜之情油然而生——这是一部具有突破性的学术著作。其突破，主要表现在三个方面。

突破之一：金雅挖掘出梁启超后期美学思想的独特价值，并将其前后两期美学思想作为一个有机整体呈现于历史面前。

梁启超前期美学思想的代表作品是 1902 年的《论小说与群治之关系》，以及这前后的《译印政治小说序》《惟心》《饮冰室诗话》《夏威夷游记》《告小说家》等，主要以“移人”和“力”两个范畴为中心，突出艺术的审美功能，提出小说界革命、诗界革命、文界革命的口号，强调审美和艺术对道德、宗教、政治、风俗、学艺乃至人心、人格的改造具有重要的意义，认为“欲改良群治，必自小说界革命始；欲新民，必自新小说始”。以往的研究者主要关注的是梁启超前期的这些思想。

这当然是应该的，但却远远不够。金雅指出，梁启超前期美学思想是重要的，他首次在中国文学与美学史上以现代理论思维模式概括了小说的审美特性，并明确宣称“小说为文学之最上乘”，而从根本上改变了中国传统文化关于小说“小道”“稗史”的价值定位，从理论上将小说由文学的边缘导向了中心。这使梁启超成为中国小说思想由古典向现代转换的关键人物之一。但必须看到，前期思想只是他整个美学思想的萌芽，更值得关注的是他后期的美学思想，这才是其美学思想的成熟形态和精华所在，具有更加重要的学术意义和理论贡献。但是这些精华部分却被许多研究者忽略了——他们或者没有予以关注，或者虽然略微提及而论之未详。金雅独具慧眼，揭示出梁启超由于一生复杂而坎坷的社会践履和生活遭际，至后期更加丰富和深化了他的大脑，参透了人生真谛，其美学思想亦日臻成熟，精彩纷呈。她细致而深入地考察和研究了梁启超后期的美学著作，如《“知不可而为”主义与“为而不有”主义》（1921）、《中国韵文里头所表现的情感》（1922）、《美术与生活》（1922）、《趣味教育与教育趣味》（1922）、《学问之趣味》（1922）、《为学与做人》（1922）、《敬业与乐业》（1922）、《人生观与科学》（1923）、《中国之美文及其历史》（1924）等，准确抓住了梁启超美学的核心范畴“趣味”予以阐发，指出梁启超从不同的侧面阐述了趣味的本质、特征、实践途径及其在人生中的意蕴。金雅强调，“趣味”在梁启超美学思想中具有本体论与价值论的双重意蕴，是其美学思想的根本标识。梁启超构筑了一个以趣味为核心、情感为基石、力为中介、移人为目标的人生论美学思想体系。在梁启超这里，趣味既是一个审美的范畴，又不是一个纯审美的范畴。他将趣味视为生命的本质和生活的意义，是一种特定的生命精神和据以实现的具体生命境界。趣味境界由情感、生命、创造所熔铸而成，是一种审美状态，也是独特而富有魅力的主客会通的特定生命状态。在趣味之境中，感性个体的自由创化与众生、宇宙之整体运化融为一体。主体因为与客体的完美契合而使个体生命（情感与创造）获得了最佳状态的释放，从而进入充满意趣的精神自由之境，体味酣畅淋漓之生命“春意”。趣味的范畴集中体现了梁启超对美的哲理思索与价值探寻，也体现了梁启超对于人生的理想构想。梁启超后期美学思想以“趣味”这个核心范畴为纽结，将趣味的人生哲学层面与情感的艺术实践层面相联系，一方面延续并丰富了前期审美、艺术、人生三位一体的思想走向，同时也实现了对前期以美的功能为中心的美学观念的丰富、发展与升华。梁启超后期美学思想是其整个美学思想的高峰，以美提升生命、塑造人格，充满远功利而入世的艺术化人生审美情怀与审美精神。

突破之二：金雅给予梁启超美学以独特的定位——人生论美学。

美并非不食人间烟火。在严峻的时代、痛苦的现实、萎靡的人性面前，谈美恰恰是为了更好地激活生命、提升生命、体味人生，是为了更好地创造并追求生命的美境——趣味的自由至境。金雅精辟地指出，这就是梁启超美学的出发点与归宿。乐生与爱美的统一，趣味与自由的相谐，构筑了梁启超美学的基本精神特征。西方哲学、美学中康德、柏格森等人的情感立场、生命理念等，中国古典哲学、文化中儒家的乐生精神、道家的自由理想等，以及佛家的禅趣、西方的“移情”等，都被梁启超拿来，兼收并蓄，为我所用，构筑了一个趣味主义的人生理想与美学理想。梁启超倡导实行“不有之为”的趣味主义，主张建构“知不可而为”与“为而不有”相统一的趣味主义的人格精神。趣味主义是一种艺术化的审美态度和人生态度。他的美学意向是为人生的。金雅强调，梁启超是生命的实践家。他以为，对于整个人类来说，无穷无尽的宇宙运化长途，就是人类历史的现实。因此，个人所“为”，相对于众生所成，相对于宇宙运化，总是不圆满的。在这个意义上，就要学孔夫子的“知不可而为”和老子的“为而不有”。这样就超越了个体的成败之执和得失之忧，而在更为宏阔的众生视域、宇宙视域上来认识事理。这“为”，就融进了众生、宇宙的整体运化中，从而使个体之“为”成为众生、成为宇宙运化的富有意义的阶梯，由此也可能使自身之“为”成就为“有味的”生命活动。金雅认为，梁启超所追求的人生至境就是“知不可而为”和“为而不有”相统一的“无所为而为”的艺术化、审美化生命境界。为了与王国维、朱光潜等中国现代其他美学家所说的“无所为而为”的表述区别开来，金雅将梁启超的这种非倡不为、实重不有的艺术化审美人生精神概括为“不有之为”。这个概括体现了金雅对梁启超美学思想认识的深度和理论概括的能力。“不有之为”就是“为劳动而劳动，为生活而生活”，这样才“可以说是劳动的艺术化、生活的艺术化”，才是“有味”的生活，才值得生活。人须纵情众生运化与宇宙大化，由此获得生命的自由与解放、激扬与超越，使个体生命实现大化化我的自由境界。这样，人生实践与审美追求就现实地统一起来了。梁启超说：“‘美’是人类生活一要素——或者还是各种要素中之最要者，倘若在生活全内容中把‘美’的成分抽出，恐怕便活得不自在甚至活不成！”美与自由的终极归宿对梁启超来说，不在彼岸，即在每个人的趣味化生命活动及其艺术化现实践履中。由此，梁启超也具体到生活、工作、学习、艺术等各领域，来探索趣味生成和涵育的问题。可以说，这是梁启超美学思想的精华，也是对于我们今天特别富有积极意义的养分。同时，也是《梁启超美学思想研究》一书论析与阐述的重中之重。

《梁启超美学思想研究》不仅首次对梁启超的美学思想作出了富有创新意义的逻辑梳理，也对梁氏美学思想的理论特质予以了深刻独到的挖掘，指出梁启超的美学是融审美、艺术、人生为一体的大美学，是融趣味、生命、审美为一体的人生论美学。从而，不仅很有说服力地辨析了长期以来对梁启超美学思想逻辑面貌的种种误读，也深刻地揭示了梁启超美学思想的理论核心和精神取向。

突破之三：在中西古今比较中鉴定中国现代美学的独特性质与梁启超美学的学术价值。

由梁启超人生论美学这一定位生发开去，金雅联系王国维、朱光潜、宗白华等中国现代其他几位代表美学家的思想特点，并同中国古典美学和西方美学进行比较，成功探寻了中国现代美学的理论特质——实践精神和超越情怀合一的人生论美学。金雅认为，一方面，中国现代美学借鉴和吸收了康德、黑格尔、叔本华等西方现代美学的优秀学术成果，但又与之不同，它不是如西方那样单纯学科意义上的理论美学，而是以关注现实、关怀生存为自己显著的标识，直面现实中人的生存及其意义。中国现代美学既试图去解决美学理论的问题，也试图去解决生命实践的问题；既追求回答审美知识的问题，也崇尚解决人生信仰的问题。中国现代美学具有鲜明的人生精神、积极的美育指向、内在的诗性情怀和强烈的文化批判意识，追求通过审美与艺术来涵养整个生命与人生。当然，以梁启超等为代表的中国现代美学，相较于中国古典美学也有明显不同，特别是在学科意识、思想理论、观念方法、术语范畴、话语方式、学科形态诸方面，体现出相当的自觉性与积极建设的理论意向，从而打通了与西方美学对话的学术渠道。

在中西古今比较的宏阔视野中，金雅对梁启超美学思想的理论特质、学术贡献、思想局限等进行了客观的梳理和科学的总结，得出了富有新意又令人信服的结论。特别是从梁启超与王国维、朱光潜、宗白华等的比较中，来梳理探讨梁启超在中国现代人生论审美精神发生、发展中的独特性、地位、意义，不仅更加深入、深刻地探析了梁启超美学思想的价值，也在过去我们较多看到的20世纪以来西方文论的显在影响外，挖掘了更深层次的中华文论的内在根脉，发掘了中华民族审美精神与西方美学理论交会后，以梁启超等为代表的努力和实际面貌，从而为当下民族美学思想的发展和实践推进提供了积极的启思。

该著还对梁启超的美学论点进行了爬梳整理，使梁氏相对分散的美学言论能以较为系统清晰的面貌呈现在读者面前。这个文献的工作看似简单，但梁启超的文字多达1400多万，因此，这个工作不仅耗时耗力，也呈现了作者对研究对象的认真与熟悉程度、把握与抽绎能力。

原刊《艺术百家》2014年第1期。作者单位：中国社会科学院

世纪学术转型与民族美学思想资源的新开掘

——评金雅新著《梁启超美学思想研究》

王德胜

19、20世纪之交，正是中国学术文化发生转型的特殊历史时期。在这个中西思想撞击、古今交替的文化转型期，中国美学思想界诞生了王国维、蔡元培和梁启超这三位重要的开拓者。他们在美学史上的意义乃至在整个民族学术与文化演进上的意义，正日渐引起学界的关注。王国维和蔡元培二人，20世纪八九十年代已有相关美学研究专著问世。而三巨头中的梁启超，虽不乏单篇研究论文以及专著教材中的部分章节，但关于其美学思想研究的专著，却一直未有问世。金雅教授的这部《梁启超美学思想研究》（商务印书馆2005年版，以下简称《研究》）在21世纪的帷幕逐渐拉开之时，在学界急切呼唤民族学术文化、深入思考中西关系并寻求自身涅槃蚕蜕之际问世可谓正当其时。这是一部学风严谨、文字晓畅、具有很好的理论深入性与创新精神的专著，它填补了梁启超美学思想系统研究的空白，也为中华民族美学思想资源的开掘作出了成功的新探索。

梁启超是个话语鲜明而思想复杂，生命短暂而经历不凡的人物。长期以来，他的政治身份与履历或多或少地遮蔽了他的文化身份与业绩，这一点在对其美学思想的研究评价上也是极为突出的。《研究》首先就是从学理的角度去还原与认识对象的面貌与特质，从而使这个长期以来让人们颇感芜杂的对象呈现出了较为清晰的面貌，揭示了其深层的特点。关于梁启超美学思想的学理研讨，必然涉及对其思想逻辑的爬梳。该书首章即提出了梁启超美学思想的逻辑脉络问题。《研究》不将逻辑问题简单地与西方现代学科体系特征相比附，而是从对象的话语实际出发，潜心发掘话语背后的内在思想关系，从而从纵横两个方面阐释揭示了梁启超美学思想的发展演化特点与内在逻辑关联。这部专著首次系统地、较为全面地构筑了梁氏以“趣味”为核心范畴，以“移人”为旨归的人生论美学思想体系，并对其前后期美学思想“变而非变”的内在特征作出了具有说服力的论析。《研究》在学理上的重要实绩还表现在对梁氏“趣味”美思想的发掘与论析上。该书提出“趣味”是梁氏美学思想的核心理论范畴，体现了梁氏对美的本体建构和价值思考。通过对梁氏“趣味”范畴的理论内涵与美学意趣的论析，专著有力地揭示了梁氏美学人生论的基本立场和根本精神。《研究》对梁氏“趣味”美思想的整体描述和理论提炼，体现了作者的理论眼光与理论功力，对梁氏美学学术价值的发掘，具有重要的意义。有了逻辑脉络和核心范畴的清理，《研究》对梁氏文艺思想与艺术美论的论析就水到渠成了。由于作者确立了自己坚实而富有新意的理论根基与视角，故在对梁氏具体文艺命题的探讨中也屡见新意。如对“三界革命”的探讨体现出前所未有的清新的理论眼光，“三大作家批评”、女性文学审美等也是作者从梁启超美学资源中开掘出的新财富。

《研究》的另一重要特点是从内在精神上去思考与发掘对象的当下价值。全书第四章首先对梁氏美学思想研究领域中，学界所存在的有争议的问题进行了讨论。作者主要就梁氏美学思想的理论特征首次概括出体系性、变异性、功利性三大核心理论问题，并给出了自己有创见、有说服力的回答。在对这三个理论问题的回答中，作者实际上也摆出了自己考察论析梁氏美学思想价值的基本立场与方法。首先，作者以科学的态度与客观的精神来还原与认识对象的面貌，总结了梁氏美学思想在新的美学意识的萌芽与新的美学范式的创构方面的学术史意义，以及梁氏美学思想在理论上的主要不足。但是，《研究》不局限于还原。作者在力求把握客观的基础上，追求以理论的意识来超越具体的观点而切入对象的内在精神。在对对象精神品格与方法特征的解读上，《研究》既在探讨美学学术建设问题，也在探讨民族文化创构问题。从而，作者对梁氏美学在19世纪至20世纪之交中西古今交会的独特历史文化背景下的创构之路的思考，就有了深广的意义。这种宏阔的研究视域和鲜明的当下意识，使全书有了一个更高的立足点。那就是不将梁氏美学研究局限于一事一究的个案性，而是将其与20世纪初的中国美学发生发展与中国文化建设，与当前新的世纪的民族美学建设与文化建设相关联，从而有力地张扬了梁氏美学的特殊贡献，并为当下的民族美学与文化建设提供了考量。

《研究》贯穿了深切的民族责任感与文化忧思。这一点在阅读全书的过程中，亦时时可以感触到。由于作者的这种价值立场和研究意识，使其在解读文本时，也往往有独到的新发现。如对《中国韵文里头所表现的情感》一文的研究，一般都着重于其对中国传统表情方法的总结。但《研究》一书则指出该文的重要潜台词是通过对中国传统文学温柔敦厚、含蓄蕴藉的主要表情方法的总结，呼唤艺术风格的多样化和传统文学审美特征的变革。作者抓住了文本中很少为人所注意的文字，如“这种情感的这种表情法（指奔迸法，笔者注），西洋文学里头恐怕很多，我们中国却太少了。我希望今后的文学家，努力从这方面开拓境界”。这样的解读，应该是鞭辟入里的。全书序言中，作者概括提出了梁启超关于民族文化建设的“三论”即“结婚论”、“化合（冶）论”、“系统论”以及梁启超关于物质文明建设与精神文明建设的关系问题的基本观点，从而把梁启超关于美的建设问题的思考放在民族文化与民族人格建设的大背景上，这一研究的方法视域既切合了梁启超美学思想自身的特点，也凸显了作者的文化立场与民族立场。在全书中，作者始终强调一种开放而又富有民族根基的学术文化理念，强调既坚守学理性又重视实践性的人文学术研究理路，倡导美学研究从学理出发切入人的生存现实和文化现实。这样的研究具体实证、脚踏实地，而又富有理论意义和人文忧思。

“五四”时期，胡适先生曾提倡多研究些问题。《研究》一书虽是对梁氏美学思想的系统爬梳，但却贯穿了鲜明的问题意识，并给出了作者自己的答案。这部厚实而有理论深度的专著是梁氏美学和民族学术文化研究的重要收获。拿来主义和观古鉴今都是为了民族文化的新创。在当前新的世纪转型时，我们期待有更多的优秀民族文化资源得以开掘，也期待有更多的人文学者以自觉强烈的精神使命感来关注现实与民生。

原刊《中国图书评论》2006年第6期。作者单位：首都师范大学

转型时期美学思想研究的学术启示

——评金雅《梁启超美学思想研究》

孙伟科

梁启超是19、20世纪中国历史文化交变之际所孕生的伟大人物之一。梁启超不能被忽视，不仅是政治意义上的，而且还是学术意义上的。人们潜意识中普遍认为他的学术研究不过是他政治隐退后的避难策略，因此不予重视，不愿深入研究。但是，当你阅读了金雅博士的《梁启超美学思想研究》（商务印书馆2005年版）之后，你就会知道这种误解是怎样地障人耳目、遗珠憾人了。

在介绍梁启超的美学思想的主干时，金雅抓住了四个概念，即梁启超所说的“趣味”“情感”“力”“移人”。这四个概念实际上是梁启超在整个艺术美学论中所锁定的美学范畴。趣味是核心，是审美活动区别于其他活动主要是科学认识活动和道德判断活动的主要标志，即艺术活动主要是一种直觉活动，是一种生命意趣的活动，而不是一种纯理性活动和目的性活动；情感则是基石，即艺术在本质上是由“情感”构成的，艺术的思想性和教育价值均附丽于此；“力”则是艺术与社会发生联系的中介，因此艺术才有社会效能；“移人”则是艺术的目的，而同时艺术不能推卸的一个责任则是“新民”。梁启超的这四个范畴所构成的对艺术的完整见解，拿来和我们今天的艺术教科书比较，可以说梁启超的观点和观念不落后，甚至是超前的。曾经一个时期，即20世纪70年代末80年代初，我们在文学理论界拨乱反正，所追求的正确观念不是在这里已经存在了吗？

研究历史人物，必须有鲜明的目的意识。但是目的意识不应该遮蔽自己的广阔视野，而是应该让它能够帮助我们寻找到研究对象的当代价值。金雅的目的意识十分明确，就是将梁启超美学思想的真正价值充分彰显出来。金雅博士的研究策略是梳理梁启超的美学范畴，勾画范畴之间的逻辑关系，进而指出他在社会转型时期的理论价值。其实，这也是我们如何面对所有美学遗产的问题，是让它们如散沙一样原生态地呈现，还是让它们成为一个思维的果实，变为一个可以对话的对象。如果是前者，那无疑是一种俭省精力的做法，但却会使思想遗产流失；如果是后者，那将是一件吃力的事情，但必然会给人们带来思想的启迪与润泽。金雅选择了后者，她阅读了梁启超的全部著述，并对相关研究进行了全面整理和爬梳，也就是钱中文先生在该书“序”中所说的“整一性”研究，因而她能有力地驳斥那些将梁启超美学思想说成功利主义的闲言碎语的说法，还梁启超一个严正的学者形象。

不管是前期梁启超更关心艺术与政治的关系，还是后期更关心艺术与人生的关系，这种变化在金雅看来是“变而不变”。这一评价无疑是具有相当见地的。为什么这样说呢？两种观点在梁启超那里之所以不矛盾，是因为不管强调艺术的政治论，还是强调艺术的人生论，在梁启超看来，它们的目的都是一致的，即理论是对现实的掌握，理所当然地应该在现实中找到置根处和生长点，理论应该对现实提问、对时代需求做出回答、给予满足。所以金雅总结说：“围绕着启蒙新民、学用相谐的学术宗旨，梁启超的美学思想始终表现为求是与致用、尚实与理想相统一的学术取向。”（第 234 页）我们可以在学理诉求和服务意识、逻辑建构和实证分析的交互作用中寻绎出梁启超那严肃而执着的学术追求。

“今天，中国社会正处于传统农业社会向现代商品社会过渡转型的时期，转型期特有的社会特点向我们迫切地提出了价值重建的问题。这也是当代美学的基本使命。”（第 281 页）美学在近二十年里退出了思潮的前沿，退居到了时代帷幕背后，一方面是因为美学日益倾力于自身的学科建构，深化、细化研究与广大读者的兴趣无关；另一方面也是因为美学对于时代的关注、对于人生的呵护在弱化，即美学的学科性遮蔽了它的意识形态性和人文性，所以存在着自我边缘化的倾向。美学能否恢复它曾经拥有的学术风采和思想风采，要看它在这个转型期如何确定自我、展示自我、发展自我。就此而言，金雅总结梁启超的美学思想说，“他的美学思想是一种人生大美学”。（第5页）有相当的启示意义。

原刊《广州大学学报》（社会科学版）2007年第11期。作者单位：中国艺术研究院

中国近现代美学研究的可喜收获

——读《梁启超美学思想研究》

陈定家

《梁启超美学思想研究》是金雅承担的国家社科基金青年项目“梁启超美学思想研究”的结项成果。第一眼看到这本由商务印书馆出版的著作时，首先感到这是一部有点姗姗来迟的专著。想一想中国美学、文艺学现代转换的历程，我们不难发现，中国现代美学与文艺学的基本观念及其理论范式的创建，可以说是从梁启超、王国维这两位先辈大胆探索的理论成果的基础上发展起来的。基于这样的认识，文艺理论界几乎一直是把梁启超放在与王国维一样重要的文论宗师的重要位置上。因此，关于梁启超文艺思想的研究一直颇受学界关注。从金雅辑录的参考文献中不难看出，近些年来，这方面的研究真可谓是硕果充盈，人才济济。但在金雅的著作出版之前，有关“梁启超美学思想的研究”居然没有一本学术专著。

由于梁启超兴趣广泛，学识渊博，在文学、史学、哲学、佛学等诸多领域，都有较深的造诣。一生著述，凡 1400 万字，吞吐八荒，包罗万象，显示了一种“百科全书”式的博学风范。但从美学思想的角度切入，较系统地整理资料，予以较全面的研究，在金著问世之前，“似少有人做过”。如今，金雅作为系统开掘梁启超美学思想的探索者，在这个领域挖出了“第一桶金”，这无疑是一个令人欣喜的开端。正是从这个意义上讲，金雅的著作弥补了梁启超美学研究相对薄弱的学术缺憾，填补了近代美学研究中一项本不该遗留至今的空白。

由于梁启超一生著述宏浩广博，包罗万有。研究者首要遇到的难题就是要对一手文献资料进行淘金式的文本细读和论点爬梳，从有关“美”的篇章中遴选出可供使用的“富矿”，然后通过现代理论的改造加工，使梁启超美学思想在当代化过程中焕发新的光彩。如作者所言，这一“工艺流程”看似简单，做起来却颇费时间和精力。梁启超的美学思想很少在一文一书中集中表述，大量的是散见于著述、演讲稿、书信等各色文本中，并且很大程度上是与哲学、文化、教育、生活、艺术等问题交缠在一起。因此，资料的发掘与整理工作，不仅需要巨大的热情与耐心，而且需要贯穿中西的学术眼光和打通古今的理论勇气。此外，由于梁启超的美学思想繁芜纷杂，如漫地散落的珍珠，缺乏一线相贯的联系，且其论点前后多有自相矛盾的地方，因此，要对其美学思想进行学理化梳理，并结合理解解读其内在思想特质与逻辑脉络，寻串珠之线，举张目之纲，绝不是件容易的事情。仅仅是一手资料的挖掘整合工作就得阅读上千万字的文献，更不用说对既有资料的重新阐释和价值重估以及对巨量研究文献的解读、接受与消化了。因此，研究者必须首先直面的就是这样一个足以令常人望而却步的浩大文字工程。金雅集数年之心血，以过人的毅力与耐心完成了这项研究。

纵览全书，不难发现作者没有按照生平、思想、影响、评述这样的套路设计各章的写作顺序。作者首先从探询梁启超美学思想逻辑脉络出发，以现代艺术理论研究的新成果为参照，对梁启超美学思想的“四大范畴”（“趣味”“情感”“力”“移人”）进行了学理化的深度阐释，在对梁启超美学思想的核心观念进行聚焦式透彻解析之后，作者从容不迫地把研究视野放宽到梁启超文艺思想与艺术美论，梁启超美学思想的价值与启迪、贡献与局限以及当代启示等问题上来。章节之间的巧妙安排，给人以不事雕凿而又环环紧扣之感，这种新颖别致又不失稳重的基本构架，使一个凝重的论题获得了鲜活的气象。仅从这一个侧面，我们就不难看出作者的创新精神和厚实学养。

读完全书，我觉得这项成果具有较高的学术含量。它不仅可以说是梁启超美学思想研究的力作，而且也可以说是近代美学研究的力作。作者对既有成果作出了超越综述式的总结，对一些有争议的问题有深刻的分析和明确的评断。其中探索“梁启超美学思想逻辑脉络”的章节尤见功力，特别是以“变而非变”来描述梁启超美学思想发展分期与演化，以“不有之为”来概括梁启超美学思想的潜在逻辑，看似漫不经心的信手拈来，实则收到了画龙点睛的奇妙效果。作者对“梁启超美学思想的四大范畴”的阐释和评介，旁征博引，新见迭出。例如，作者发现梁启超前期着眼于启蒙主义的教化观，其审美倾向有明显他律论色彩，后期着眼于趣味主义的人生论，其美学观念也随之转向自律论，但通过分析“移人”和“趣味”两者理论取向上的一致性，认为“‘趣味’使‘移人’的内涵具体化、人文化，使‘移人’有了具体的落脚点”，其目的都是为了“新民”。这一结论，可以说是金雅对梁启超美学思想内在统一性问题的创新与突破。

关于“创新与突破”，金著有以下四个方面的贡献值得关注：“一，破除了以往对于历史人物的狭隘的、片面的功利主义评价，而以历史的整体意识来评价历史人物，还历史人物以原有面貌，显示其真正的历史、现实的价值，这是这部论著取得成功的关键。二，大量阅读，披沙拣金，集平凡而发大义，描述了梁启超的美学思想前后的不同特点和它的整一性，显示了梁启超美学思想的完整性。三，从整体上描述了梁启超的‘趣味美学’的思想的全貌，揭示了其独特性。这方面的深入，无疑把梁启超美学思想的研究向前推进了一步，同时也丰富了我国20世纪美学思想的研究。四，书稿对梁启超美学思想中的局限性也做了中肯的检讨”（文论家钱中文的话）。仅从以上几个方面来说，阅读这部著作，便如同成行一次“充满愉悦的思想之旅”。

原刊《文艺报》2005年11月10日第6版。作者单位：中国社会科学院

梁启超美学研究的拓荒之作

欧阳文风

梁启超是我国近代文化史上的一座学术昆仑。二十多年来，已有不少研究者开始对他进行研究，但真正能够走近梁氏的却并不多见。尤其是梁启超美学思想，更是一直处于被遮蔽、忽略的状态，几乎是梁启超研究的一个空白。金雅的新著《梁启超美学思想研究》知难而进，从发展脉络、主要范畴、文艺美论和价值与启迪等四个方面对梁启超美学思想进行了比较全面深入的阐释，揭示了梁启超在中国近代美学史上的地位和贡献，从一定意义上完成了梁启超美学思想的完整建构。金雅的一这研究成果，得到了同行权威专家的高度评价，认为是“我国系统研究梁启超美学思想的第一部著作”（王元骧序）。

综观全书，该书对梁启超美学思想的研究具有以下几个鲜明的特色。

其一，整体观照的研究方法。对一个历史人物的研究，最忌断章取义。既往对梁启超学术思想的爬梳，由于受政治因素的影响，论者大多只注意梁氏前期的比较激进的思想，而且主要是对梁氏文学思想进行研究，梁启超后期的思想被人为地遮蔽，驳杂丰厚的梁启超学术思想也被简单化了。金雅的梁启超研究则有意识地运用一种整体观照的方法，她自始至终把梁启超前后期作为一个生命整体来考察，对梁启超美学思想发展的来龙去脉特别是其前后期思想演变的内在逻辑作了系统的梳理。整个研究虽然侧重的是梁启超美学思想，但她也并没有把梁氏美学理论和他的其他学术思想孤立开来，而是很好地探讨了梁氏美学与其哲学观、文学观、历史观、教育观乃至政治观的内在关联。最为关键的是，金雅还力图把梁启超美学思想这棵参天大树还原到它所生成的近代文化土壤中去，激活其生命本性。对梁氏美学的评价，也是在整个中国美学史的视野中尤其是在古今中西文化传承与交会的大环境中去进行言说。这种整体观照的方法，无疑有助于对梁启超美学思想的深入理解和诠释，更有助于对梁启超美学思想的理论价值和当代意义特别是理论局限的清楚认识与辩证分析。

其二，勇于拓荒的研究气魄。如前所述，梁启超去世几十年来，梁启超美学思想一直是一块无人开垦的处女地。这个中原因，固然是与我国长期以来形成的以政治倾向取代学术研究的学术风气有关。然而，还有一个不可忽视的原因，那就是由于梁氏是近代学术史上一位百科全书式的人物，在政治、历史、文学、哲学、教育等诸多领域均有涉猎，著述有1400多万字，而梁氏美学思想大多是散落在这些纷繁复杂，且极不成体系的学术著述之中，倘若要对梁启超美学思想进行研究，非得披沙拣金，目光如炬，这可能也是导致研究者们要么望而却步，要么浅尝辄止的一个主要原因。金雅则有一种勇于拓荒的研究气魄，她历时数载，精研细读梁启超的所有著述，从纵向、横向两个维度，把梁启超美学整合成一个以“趣味”为核心，以“情感”为基石，以“力”为中介，以“移人”为目标的趣味主义人生论美学思想体系，第一次系统地将丰富芜杂的梁启超美学思想进行了完整的勾勒。虽然她的研究中肯定还存在着各种不足，比如对梁启超与同时期其他美学家的比较不是很多等，但其这种敢于在学术研究中攻坚的勇气及其所取得的研究实绩，却是为不少同行专家所公认的。

其三，立足当下的研究思路。我们对美学历史资源的挖掘爬梳，最后的目的都是为当下美学发展提供借鉴和启思。金雅对梁启超美学思想的研究，绝非仅仅为了研究而研究，她有一种鲜明的当下意识。全书凡四章的篇幅，前三章从纵向梳理、横向阐释和文艺美论重点解读三个方面，对梁启超美学进行了点面结合的具体阐述，至此，梁启超美学已经轮廓毕现，独成体系了。在此基础上，该著的第四章《梁启超美学思想的价值与启迪》又专门探讨了梁启超美学思想对21世纪美学发展的意义也即梁启超美学研究的现实意义，指出了梁启超美学理论的贡献与局限及其当代启示。观今宜鉴古，鉴古也是为了观今，我们对史料进行爬梳的最终目的，就是要深入揭示其现代意义。金雅的这种研究思路值得称道。

曾有学者指出，中国美学研究现在正处于一个自我深化的新阶段，其具体途径有：化宏观为微观，走出通史情结，重新回到具体、实证的专题研究，重新做断代史、专题史的研究工作，等等。金雅教授的《梁启超美学思想研究》就是一种比较成功的微观的、具体的、实证的专题研究。目前，我国美学研究不容乐观，过于注重对西方美学理论的借鉴，理论研究脱离生活实际和艺术创作实践，美学理论过于抽象玄奥，缺乏原创等等，要从根本上改变这一状况，就需要我们广大美学研究者都具有一种脚踏实地、立足当下的研究作风和深入挖掘民族美学资源、实现中西融会的人文精神。

原刊《光明日报》2006年4月16日第7版。作者单位：湖南省委宣传部

中国现代“人生艺术化”探究

——评《人生艺术化与当代生活》

汝 信

《人生艺术化与当代生活》是金雅继几年前出版《梁启超美学思想研究》一书后的又一力作。两部专著的主题都是有关20世纪近现代中国美学的产生与发展，只是后者是对梁启超美学思想的系统研究和评析，而前者的内容更宽广，视野更开阔。它以20世纪前半期中国美学的一个主要思潮即人生艺术化作为研究对象，对其理论和倡导的理论价值进行了深入分析探讨，涉及包括梁启超在内的一批为近现代中国美学作出贡献的著名学者，对这些学术前辈在美学研究上完成的光辉业绩做了充分而又恰当的估价。本书在探索中国美学思潮的思想渊源时，运用大量古今中外哲学和美学文献资料进行比较和辨析，可以说做到了持之有故、言之有理。

中国美学思想的渊源非常古老，可一直追溯到先秦时期。在先秦诸子留下的典籍中，就包含着许多关于审美和文艺的精彩论述，这一传统在以后延续的两千多年中从未中断，在世界历史上实属罕见。应该说，近代意义上的美学学科是20世纪初才在中国诞生的，它基本上是当时“西学东渐”的产物。美学在中国发端以后，发展相当迅速，至20世纪40年代末已大体上实现美学的中国化，形成了一系列有中国特色的美学理论，产生了不同的美学学派。中华人民共和国成立后，美学研究进入了新的大发展时期，几度出现“美学热”，学术界对美学问题也多次展开热烈讨论，出版了大量美学论文与专著，呈现出空前繁荣的景象。但是，考察和回顾一百多年来中国美学的发展历程，应该说20世纪前半期是启蒙、开拓和奠基的时期，对以后美学的发展具有关键性意义。如果没有王国维、梁启超、蔡元培、宗白华、朱光潜等大师以筚路蓝缕的开创精神在美学园地上的辛勤耕耘，很难想象以后的中国美学研究会有如此蓬勃的发展和丰盛的收获。值得庆幸的是，20世纪前半期中国美学的重要意义和价值近年来越来越为人们所认识，引起学术界很大的兴趣和关注。本书正是这方面研究的最新成果，其对中国现代人生化艺术理论与精神的界定、发掘、辨析、提炼，是对中国现代美学思潮研究的重要推进。

阅读本书可以获得一些有益的启示，对美学学科建设也颇有参考价值。首先，中国美学要发展必须从中国的实际出发，深深地扎根于中国的土壤，从中华民族优秀的历史文化传统和文学艺术实践中吸取丰富的营养，才能开花结果。本书探讨的“人生艺术化”美学思潮及其理论创造，便是一个很好的例证。当然，从社会存在决定社会意识的观点去看，它也必然受当时中国社会环境的制约而带有时代的烙印，因此需要作马克思主义的具体分析。

其次，近现代中国美学的茁壮成长，也是由于它利用和借鉴了外国哲学和美学思想的积极成果。正如蔡元培所说，“综观历史，凡不同的文化互相接触，必能产生一种新文化”。20世纪前半期中国的审美文化，正是中西文化接触和融会而产生的新文化。特别是在当今全球化的时代，中国美学绝不能闭关自守，必须面向世界，加强对外交流和对话，吸取人类文明中一切优秀美学思想成果为我所用，创造出有中国特色的美学理论，方能在世界美学中取得应有的一席之地。

最后，历史的经验告诉我们，美学的繁荣和发展需要有良好的学术环境和氛围，使学术界勇于探索和创新的精神得以充分发扬。像对于人生与艺术、生活与美学这样一些重大问题，人们必然会有各种不同的理解和看法，过去是这样，现在仍然如此，近年来我国美学界关于“生活审美化”的热烈论争即是证明。这是关系中国美学健康发展的好现象。只有坚决贯彻“百花齐放，百家争鸣”的方针，大力提倡学术民主，开展自由的学术讨论，才能把美学研究提高到新的、更高的水平。

原刊《光明日报》2013年10月27日第5版。作者单位：中国社会科学院

“人生艺术化”的现代价值

钱中文

中国现代美学研究中既有对单个美学家的评述，也有美学思想史式的著作，但流派式的研究尚待进一步探讨。《人生艺术化与当代生活》（商务印书馆2013年版）一书以梁启超后期提出的“趣味美”与“生活的艺术化”思想为主线，经过汰选与分析，深入朱光潜“人生的艺术化”、宗白华“诗哲人生”与丰子恺“真率人生”等美学家的思想与主张。

该书对四位美学家的美学思想进行梳理与综合，将“人生艺术化”定为这一派别的中心范畴，在理论上进行界定，并且阐明了这一美学派别的萌发期、确立期与丰富发展期。这四位美学家根据自己的积学渊源、人生体验与人生感悟，将一种生存的自由、童心、率真、情趣、生命，圆满、完整地融合到人生境界中，目的在于通过“人生艺术化”这一独特的美学思想，提升民族素养与人格素养，使人既能享受审美人生，又能成为精神高尚的人。这一美学思想的出现，自然无法直接介入当时尖锐的民族斗争，但一旦时过境迁，它就立刻会彰显其积极含义。该书将“人生艺术化”与过去流行一时的“生活艺术化”区别开来，将“人生艺术化”与现在流行的搁置意义、价值，一味追求感性、物欲享受，使人走向平庸的人的“日常生活审美化”区别开来，具有积极意义。

原刊《中国社会科学报》2013年9月18日第5版。作者单位：中国社会科学院

中国式“人生艺术化”精神的发现与建构

凌继尧

金雅教授的《人生艺术化与当代生活》（商务印书馆 2013 年版）是她在商务印书馆出版的第二部专著。此著沿袭了作者在《梁启超美学思想研究》（商务印书馆 2005 年版）一书中体现出来的认真严谨、一丝不苟的治学态度，并加以发扬光大。

从《梁启超美学思想研究》到《人生艺术化与当代生活》，不仅是金雅教授学术研究思路的一种延伸，而且表明她在学术造诣上也上了一个新的台阶。在《梁启超美学思想研究》一书中，金雅深刻地揭示了梁启超的美学体系：以“趣味”为核心、以“情感”为基石、以“力”为中介、以“移人”为目标的趣味主义人生论美学。在《人生艺术化与当代生活》一书中，金雅进一步把梁启超的趣味美学摆在 20 世纪上半叶中国现代美学精神的确立和发展的背景中来考察，对中国现代“人生艺术化”理论资源进行深入的发掘和系统的梳理，梳理总结了由梁启超的“生活的艺术化”到朱光潜的“人生的艺术化”，以及包括宗白华、丰子恺等在内的民族审美人生理论及其精神传统的演进轨迹。

《人生艺术化与当代生活》一书首次提出了中国式“人生艺术化”精神，提炼、总结、阐发了中国式“人生艺术化”精神的特质。作者透辟地指出，20 世纪 20 年代，梁启超提出了“生活的艺术化”的命题，并将其精神明确定位为不有之为的“趣味主义”，在中国现代美学史上第一个明确开启了融哲思与意趣为一体的趣味生活的实践方向，由此也奠定了中国现代人生艺术化精神的核心旨趣。而“人生艺术化”

命题的理论表述成型于朱光潜。20 世纪 30 年代，朱光潜较为集中而具体地发挥、丰富了有为无为的对立统一命题及其审美超越精神，并第一次明确将这一命题表述为“人生的艺术化”，这一提法日后产生了广泛的影响并逐渐定型为中国现代美学与文艺思想中的一个重要命题。20 世纪 30 年代至 40 年代，包括丰子恺、宗白华等在内，一批中国现代美学家、文艺思想家等，从不同侧面不同程度地涉及了这一命题，并共同丰富拓深了这一命题的理论内涵与精神特质。专著深刻地指出，这种融审美与人生为一体、强调有为与无为的对立统一及其超越的远功利而入世的人生艺术化精神是中国现代美学最具特色的精神传统之一。

“人生艺术化”不仅是一个理论问题，更是一个实践问题。《人生艺术化与当代生活》一书将“人生艺术化”的民族理论资源的梳理、民族审美精神的提炼与当代生活实践相联系，在宏阔的视野上深入辨析了中西古今种种审美化生活理论与思潮，从而在比较中进一步突出了中国式“人生艺术化”精神的民族特质，为当代生活实践中如何真正践履“人生艺术化”确立了明确的理论坐标和价值导向。该著层层深入，从划分艺术性的三个层面切入，区分了历史上艺术化生活实践的三种类型，从而不仅敏锐地洞见了它们的差别，也深刻地指出了各种艺术性的关联及其在生活实践中贯通交融而通向至美的问题。该著在对中国当代生活景象审美观照的现实背景下，反思、辨析了以“无我”和“化我”为代表的中国式诗性建构的两种现代传统，倡导从绝对超越走向张力超越的诗性之路。

《人生艺术化与当代生活》一书体现了宏观把握与微观论证、资料梳理与观点提炼、理论建构与实践导向的结合，既视野宏阔、旁征博引，又中心突出、深入严谨，特别是在民族理论资源发掘和民族审美实践观照的基础上，提出了民族美学自己的问题，挖掘了民族美学自身的传统，在提炼、推进、建构民族化审美人生理论上作出了可贵的探索与开掘，在中国式人生审美精神的发现与建构上取得了可喜的成绩。

原刊《文艺报》2013 年 8 月 26 日第 2 版。作者单位：东南大学

生命诗性的建构

——评金雅《人生艺术化与当代生活》

欧阳文风

我一直认为，中国现代史颇有些类似于魏晋史，虽时局动荡，战乱频仍，但在战争的后方或废墟上却产生了一批名人雅士，他们以饱满的精神风骨和超然于世的人生态度，从一定程度上补充和丰富了当时的文化底色和学术品位，使现代学术史不至于完全重合于政治史或战争史，而是具有了某种独特的生命蕴藉和人生趣味。虽然，这群文化人的种种处世态度和理论主张，与当时救亡图存的历史语境有些隔膜，颇为不合时宜，但当历史的风云逐渐散去，我们再去对他们的学术思想进行回顾、清理和审视时，却还是不难考察出其作为一种文化存在的合理性及其对当代文化演进的影响。金雅教授的《人生艺术化与当代生活》（商务印书馆2013年版）便是着意于对这些思想的研究，她从“人生艺术化”这一命题入手，系统地梳理了梁启超、朱光潜、丰子恺、宗白华等为代表的中国现代关于“人生艺术化”命题所产生的观念和思想，并将之与当代生活联系起来，阐释其当代意义，深入追寻那条在巨大的现实忧患中现代学人所进行的生命诗性建构的精神致思之路。

近年来，学界对现代学术史上“人生艺术化”的问题也时有论述，但纵观既往的研究，大多仅就某一点作具体开掘，且主要集中在朱光潜等少数学者身上，就笔者有限的视野，能够对现代文化史上关于“人生艺术化”命题和思想进行系统的梳理和整合的几乎没有，《人生艺术化与当代生活》堪为这方面的拓荒之作。

该著集中系统地对梁、朱、丰、宗四家的相关思想进行了分门别类的整理——把梁启超的概括为“趣味人生”，朱光潜的概括为“情趣人生”，丰子恺的概括为“真率人生”，宗白华的概括为“哲诗人生”，并对“人生艺术化”思想的孕生和特质进行了深入剖析，指出在现代那种内忧外患的语境下，上述学人的理论主张并非弄花吟月、逃避现实，而是选择了“人生艺术化”作为一种精神武器来对现实发言，将目光直指人心、人格的涵养，直指个体生命和民族精神的重振，虽然“都有视艺术为最高的美、试图从艺术中寻找精神自由、超越现实痛苦的价值取向”，但“又都非常真诚地把‘人生艺术化’的理路与民族命运、国家前途，与民族的自救自强联系在一起”，“在问题讨论的过程中，他们的目光实际上也越出了当时中国所直接面对的诸种现实问题，叩问了人类所共同面临或将会共同面临的某些困境”，鲜明地呈现出反思、批判和启蒙的立场。

我们知道，“人生艺术化”与“生活艺术化”以及“日常生活审美化”是一组似是而非的概念，特别是“日常生活审美化”这个命题，在2004年前后还一度成为我国美学和文艺学领域一个极其热门的话题。那么，它们之间的关系如何，区别何在，该著不惜篇幅对此进行了深入的辨析和厘定。作者认为，唯美主义“生活艺术化”的逻辑起点是对庸俗现实的否定，但却以对形式和感官的唯美追逐而由批判与反抗走向逃避与解脱；“日常生活审美化”则是对现实生活的普遍认同，是以经济目的与消费主义为核心，以现代科技和大众文化为根基，践行的是彻底的感性悦乐和欲望原则；而中国现代的“人生艺术化”理论则追求的主要是形而上的价值，是人生的整体诗性境界与人格的诗性精神，试图超越的是“我”的物欲性和功利性，在本质上潜藏着某种内在的崇高意向，坚持的是艺术和美来源于生活又提升生活的实践方向。这种辨析细致入微，持之有故，言之成理，不但从很大程度上凸显了“人生艺术化”论题的价值，而且，也使整个论述丰满充沛，并富有理论张力。

该著以宏阔的视野、丰富的材料，对中国现代“人生艺术化”理论的典型个案进行了具体精当的阐释，从纵向上对其理论主脉进行了流派式的梳理，从横向上将其与中西古今相关思潮进行了比较辨析，并以理论上对艺术性的不同层面的区分、界定、总结为依托，提炼了“人生艺术化”审美精神的民族特质，指出“人生艺术化”是民族美学精神、艺术品格、文化传统在20世纪上半叶现代中国的一种创造性建构，其实质就是一种远功利而入世的审美人生精神，是一种现世的诗意超越，是启蒙主义、人文主义、审美主义的糅合，是以启蒙主义对抗封建伦理，以人文主义对抗工具理性，以审美主义对抗实用哲学。作者清醒地指出：“人生艺术化”这份独特而宝贵的民族文化遗产，既具有重要的理论价值和思想意义，也具有一定的时代局限和浓郁的乌托邦色彩，需要我们以批判继承的理性态度和积极重构的现实精神去对待。全书点面结合，纵横交错，层层深入，体现出严谨扎实的研究风格、缜密思辨的理论方法和稳健突出的研究能力。

最值得肯定的是，该著作为美学理论著作，却并没有凌空蹈虚，作无根的理论空谈，而是把论述的落脚点指向现实人生、指向中国当代生活实践，尝试着重构现实生活中的“人生艺术化”图景。我觉得这是非常难得的。我一直认为，任何学术研究，不论是纯粹的理论研究还是应用研究，是自然科学研究还是哲学社会科学研究，都不能只作不着边际的理论阐述，而必须有一个明确的现实指向，要能够解决现实中的问题，具有现实关怀的品格，于现实无补的所谓学术研究是没有意义的。然而，一段时间以来，学术研究的这一原初目的并没有得到很好的弘扬，不少学者特别是人文社会科学方面的学者，躲进书斋，不问世事，不了解社会现实的真实状况，向壁虚构，炮制出了大量与现实隔膜的成果，违背了学术研究的真正精神。在这种浮躁的学术氛围下，《人生艺术化与当代生活》能够有效地避免这一治学时弊，在前面两编《资源：中国现代“人生艺术化”四家》《观照：中国现代“人生艺术化”三论》进行了充分的理论阐述的基础上，后面又专门开辟了一编《重构：人生艺术化与当代生活》，将“人生艺术化”理论与当代生活联系起来，论述这一理论对当下生活的价值与影响，使理论之根深深地扎在现实生活的土壤之中。之所以能够有如此理论觉识，是因为作者对社会现实有一个清醒的认识：“20世纪下半叶以来，我们所直接面临的社会问题已经发生了巨大的变化，……虽然我们的经济和社会基础还远未达到发达国家的水平，但随着全球化的进程，西方资本文化的商业原则、大众口味、科技指征等正随着现代商业运作模式和资本机制迅速扩散，人的生命情趣和格调、人的生存方式和姿态正在大幅度地被改造。……与此相伴随的种种物质主义、技术主义、个体主义、游世主义等生活思潮，以及衍生的种种欲望追逐、感官享乐、讲求实用、追求自我、消解意义等价值导向，构建出中国当代生活中颇具代表性的种种新景象，也使得人性中的某些低、俗、粗、丑的欲望获得了滋长放纵的土壤”。正是基于这一现实背景，情感、理想、诗意的出场，艺术、美的出场，就具有了新的重要而独特的意义；也正是基于这样的生存场景和生活现实，“人生艺术化”的命题与思想就具有了别样的阐释价值和重构之必要。由于《人生艺术化与当代生活》能够站在这一时代高度上来立论全篇，具有鲜明的现实情怀和当下意识，其学术意义立马就获得了升华，它不再仅仅是在进行一种简单的现代思想史的清理和整合，而是在真真切切地建构一种生命充盈的生活诗学和人生哲学。

要而言之，系统性、思辨性和对现实的深度关切，使《人生艺术化与当代生活》不至于迅速湮没无闻。在未来的日子里，在我们对诗性生命、和谐人生、本真自我的不断追逐中，其价值还将会更加彰显。

原刊《武陵学刊》2014 年第 5 期。作者单位：湖南省委宣传部

深入发掘现代中国人生论美学资源

——评金雅新著《中国现代人生论美学引论》

马淦漳

近十余年来，浙江理工大学中国美学与艺术理论研究中心主任金雅学术团队致力于人生论美学研究，并在两个方面耕耘尤勤，一是中国现代人生论美学研究，深入发掘现代中国人生论美学资源；二是中国当代人生论美学构建，结合时代悉心阐发当代中国人生论美学思想。两个方面相得益彰，为弘扬中华传统美学精神、建设新时代民族美学，作出了积极贡献。近期由金雅等合著的《中国现代人生论美学引论》（以下简称《引论》）是这个学术团队推出的又一人生论美学研究力作。

《引论》集中探讨了梁启超的趣味人生论美学、王国维的境界人生论美学、朱光潜的情趣人生论美学、宗白华的哲诗人生论美学、丰子恺的真率人生论美学、方东美的生生人生论美学，多面向呈现了中国现代人生论美学的高远、宏壮、丰赡、深邃。其中，梁启超的趣味人生论美学具有标识性，其以趣味的理路，来解决“如何既承担起国家民族的命运重担，又获得个体精神的自由超拔”问题；主张将孔子的“知不可而为”和老子的“为而不有”相结合、“责任心”与“趣味”相统一，以“无所为而为”的“趣味”精神投身社会生活实践，不执着一时之成败，不忧虑一己之得失；提倡人应该自由而愉快地承担起民族义务和国家责任，以推动国家和民族的变革、富强。梁启超的这个思想折中孔老，言近旨远，可以说是打开中国现代人生论美学奥秘的一把钥匙。

朱光潜在人生观上主张“绝我而不绝世”，也是这样。“绝我”，即

“把涉及我的一切忧苦欢乐的观念一刀斩断”，摆脱超越个体利益的束缚；而“不绝世”，“其目的在改造，在革命，在把现在的世界换过面孔，使罪恶苦痛，无自而生”。这个“不绝世”，实际上是“立世”，和鲁迅的“立人”观念是一致的。在这些中国现代人生论美学家那里，他们的人生视野不是狭隘的个体，而是对个体的超越，特别是对个体功利欲望的超越，他们的人生观所关怀的是通过“立人”来“立世”，或通过“立世”来“立人”。他们倡导的是从艺术、从美通向人生，或从人生通向艺术、通向美。这些美学思想是现世人生发出的火光，也是引导人生前途的灯火。在这些人生论美学核心概念的背后，都隐藏着一个理想或者说旨趣，那就是美学家们对未来的或理想的“人”和“世”的憧憬与想象。这个憧憬与想象发自人生，也引领人生。

正如《引论》所提出的，由于通往人生或发自人生，梁启超的“趣味”、王国维的“境界”、朱光潜的“情趣”、宗白华的“哲诗”、丰子恺的“真率”、方东美的“生生”等人生论美学核心概念，都鲜明体现出了“大美”的取向。在梁启超等现代人生论美学家那里，无论是趣味、境界、情趣，还是真率、哲诗、生生，其要义大都是超越一己功利，超越个体成败之执与得失之忧，以高远与宏壮的旨趣来充实人生，使人生突破世俗的羁绊而散发出自由灵魂和高洁人格的光彩。在我看来，这也是中华美学精神的一个重要内核。

应该说，《引论》对中国现代人生论美学家及其思想的这些把握和提炼是准确而深刻的，这是实现中华传统美学“创造性转化与创新性发展”的一个前提和关键。《引论》一层意思是在“讲史”，另一层意思是在“立论”。著作中这些美学家的思想无疑是丰富的和多面向的，《引论》以“人生论美学”为中心，集中提炼出这些美学家关于人生论美学的思想，显见是意在以“讲史”来“立论”。金雅在后记中说，“从中国现代人生论美学重要资源的发掘整理切入，主要以人物为纬，范畴命题为经，提炼阐发其理论内涵和精神特质，结合当下中国美学的话语建构、学理建设、实践开掘之考量，思考探研其当代传承发展，是本著的聚焦点”。这种取精用宏、返本开新的研究方法，无疑使中华传统美学“创造性转化”和“创新性发展”有了坚实的基础，同时，这也为当代学术研究如何传承和弘扬中华优秀传统文化带来了方法论上的启示。

当代美学家汝信指出，“人生论美学的基本精神自觉始于20世纪初的旧中国，新中国成立后一度沉寂，它在21世纪重新崛起和发展，取得了引人瞩目的成就，这并非偶然，而是顺应了时代需要”。确乎如此。一年前开始持续至今的中华大地上的抗疫斗争又一次印证了人生论美学在当代中国构建和践履的必要。而这次在党领导下以武汉人民为中心的全中国人民的抗疫壮举，从美学的意义上看，为人生论美学的崛起提供了一次契机。武汉封城之后，那些始终坚守的市民，那些来自中华大地四面八方的“逆行者”，那些捐菜的菜农、送餐的外卖小哥、没日没夜劳作着的环卫工人，那些活跃在社区拖着疲惫而坚毅的身影的志愿者，那些长时间戴口罩面庞上被勒出血痕的医生和护士……这一抗疫群像结构而成的救生图景就是人生论美学主张的现实写照，它赋予了这一抗疫群像在人生审美上的特殊的价值和意味。在灾难面前，在承受苦难中，激起的不是利己主义的冰水浪花，而是成就“大我”和“化我”、成就“大美”和“圣美”的弘毅人格。可以说，这既是社会生活、人生实践呈现出的人生论美学精神，也是人生论美学精神在社会生活、人生实践中的伸张。抗疫壮举体现出来的新时代人生价值取向，必将成为这场疫情留给人们的一份宝贵精神遗产、美学遗产，助力中华民族更加坚定、更加从容地走向伟大复兴。

为此，我要格外推崇人生论美学，郑重推荐金雅等学人新著的《中国现代人生论美学引论》。

原刊《中国艺术报》2021年4月28日第8版。作者单位：全国毛泽东文学思想研究会

深入挖掘中华人生论美学精神

——评《中国现代人生论美学引论》

胡　海　李祎罡

中国材料、中国思想、中国概念、中国精神的美学话语，是与西方美学对话互鉴的重要前提，也是中国美学可以贡献给全球学术共同体的重要资源。长期以来，我国美学界在学习西方美学的过程中，也在一定程度上出现了奉西方思想为圭臬的倾向。伴随中华民族伟大复兴的时代号角吹响，发掘中华优秀资源，振奋民族精神，为人类整体文明发展添砖加瓦，已成时代共识。金雅教授及其带领的团队长期致力于中华民族美学思想资源的整理和中华民族美学精神的开掘。日前，由中国社会科学出版社出版的《中国现代人生论美学引论》，就是他们最新的探索成果。这本著作集中聚焦了梁启超、王国维、朱光潜、宗白华、丰子恺、方东美六位中国现代美学大家的人生论思想，精准提炼和阐发了其中蕴含的人生论美学精神，为我们展现出一幅绚丽而富有中国气息的人生论美学画卷。

20 世纪以来，中国现代美学的建构受到了西方美学的直接影响，但梁启超、王国维、朱光潜等都有深厚的国学素养和鲜明的民族立场，具有温厚而深挚的人文情怀。他们生活的时代，新旧交替、中西碰撞，各种思想纷纭复杂，如何准确地把握他们的思想主脉及其精神底蕴，提炼出清晰的思想脉络和精神特质，是颇具挑战性的课题。金雅等学者从中国传统文化人生论的核心特质出发，通过长期深入的研究，紧紧围绕“人生论”这一“中国哲学之中心部分”，取精用宏。在该书写作中，从纵向上将中国现代人生论美学思想的发展脉络概括为开掘、拓展、丰富三个阶段，横向上提炼为“趣味人生论美学”（梁启超）、“境界人生论美学”（王国维）、“情趣人生论美学”（朱光潜）、“哲诗人生论美学”（宗白华）、“真率人生论美学”（丰子恺）、“生生人生论美学”（方东美）等六个既具个性又意趣相通的话语范型，共同展现了审美艺术人生相统一、真善美相贯通、物我有无出入相交融的人生论美学画卷。这样的梳理、提炼、总结、诠释，纵横勾连，点面结合，切中肯綮，彰显出中华文化和中华美学一脉相承、绵延创化的民族情怀和人生情韵。从该著梳理提炼的核心范畴命题出发，全书也提取诠释了系列相关联的范畴命题。这是一项既具基础性又具建设性、既富挑战性又具创造性的工作。专著的出版，为中国现代美学范畴命题的系统化梳理，以及揭示这些范畴命题的衍化发展，进行了重要而有益的开掘。

书中各章，有分有合，笔墨恣肆，既有理论文字的清晰逻辑，又流溢着美学艺术的生动气息，严谨而明晰地向读者展示了中华人生论美学精神的现代化之路。而在资源展示和逻辑梳理的基础上，贯穿其中的是金雅教授长期以来对中华人生论美学精神的深入理解和敏锐捕捉。在提炼各美学家思想的核心要义、区分近似内容方面，该著下了很大功夫，几乎每一章节都提炼出了精要而能统摄的关键词作为标题。以梁启超为例，全著提取“趣味”来统之。梁启超的“趣味”，既吸纳又突破了中国传统艺术论和西方现代审美论的视野。他的宇宙观统摄芸芸万物，也广含人的生命、精神。梁启超认为宇宙人生是不可分的。人生存于大地之间，本身就是一件乐事。尽管前行之路充满艰难险阻，但生而为人，就应该以“知不可而为”的无畏精神和“为而不有”的宽广胸怀，来对待劳动、生活、游戏、艺术等人生活动，来探索自然、社会、艺术、科学和人自身，不执成败，不忧得失，进入“劳动的艺术化”和“生活的艺术化”的美趣境界。因此，梁启超的趣味实质上倡扬的是一种以整体人生为对象的大美之趣，一种入世而超拔的“大我”情怀。这种大美之趣味，也正是中华文化几千年来追求的天地有大美之鹄的。梁氏虽已作古近百年，但通过金雅教授的提炼诠释，他的趣味人生论美学精神，仍具有切实的针对性和深博的普遍性，因为它本质上就是讨论如何做人、如何直面困难和生死、如何达成超拔并追寻意义的根本问题。

再如方东美，该著以“生生”统之。方东美强调以时空来观宇宙，着力去体味宇宙绵绵不息的生命力。他认为，这是一个生生不息的现实世界，中国文化有对超越的追求，但都不离大地，与人间相牵绊。这就是万物含生、天地含情的宇宙世界，既是艺术的善的，也是十分美的。生生和谐，大化运行，万物各得其所，从而奏响了一首光辉而至美的生生交响乐。细品书中描绘的方东美的生生人生论美学思想，既激发我们去探寻中华文化的深情奥义，也提引我们在现实生活中践行一条美丽有为的人生之路。

弘扬“中华美学精神”“中华美育精神”，这不仅是当代中国精神文明建设和坚定民族文化自信的应有之义，也是中国文化走向国际舞台和提高自身软实力的重要课题。对于中华美学民族资源的整理、民族话语的建构、民族精神的发掘，仍然是当前中国美学研究的重要任务。中华人民共和国成立以来，美学研究或偏于西方，或偏于中国古典，或偏于中国当代，使汇融古今中西、有着承前启后意义的中国现代美学，长期逸于主流视野之外。这种局限也使中华人生论美学的丰富资源和独特精神，长期未能得到充分的挖掘、提炼。事实上，中国现代美学传承开拓、继往开来的独特作用，是中国当代美学建设无法回避的历史阶梯，其中涌现出来的名家和成果，也是中国当代美学建设无法绕开的历史资源。《中国现代人生论美学引论》通过观照中国现代美学名家的话语资源，来考察其人生论思想精神的传承创化之路，既是一种历史的梳理，也着眼于将人生论美学话语进行当下的转化。金雅在书中说，“我们的民族美学有什么，这是我们应该回答的基本问题”。“我们的回答，应该是从自身实际出发，而不是先入为主，以其他既成的理论范式来框范与对号。”

《中国现代人生论美学引论》的探索和努力，有力充实了中华人生论美学的思想宝库，提升了人生论美学民族精神的自觉发掘和理论建构。各章尾节的“美典例鉴”，下沉到诸美学家的具体文献，不仅具体展示了这些名家人生论美学思想的翔实可靠的依据来源，也增强了理论著作的可读性，诠释了人生论美学文本不同于其他美学文本的独特魅力。通读全书，可清楚地看到金雅教授及其团队在内容、材料、结构、文字等各方面的用心。在人生论美学这一共同维度下，著作考辨的六位美学家，难免有一些大同小异的表述。例如，梁启超、王国维都用到“无所为而为”，还有梁启超的“趣味”和朱光潜的“情趣”。面对这些相似表述，作者进行了严格辨析，尽量让每一个概念都更加符合美学家的个性和美学的实践。

金雅教授及其团队的研究，既注重学术性也强调研究的时代感和现实感。人生论美学的理论维度，也容易让人联想起闲适和逍遥。但读完此著，这些疑惑就会豁然而解。因为金雅教授所提炼诠释的中华人生论美学的民族精神，不是逃世避世，而是通过人生美的创化体味，来倡扬一种入世和超拔相统一的人生实践的张力美，从而更好地创造和抒写人生实践的美丽篇章。这也是本书给予人启迪的一个重要方面。

原刊《文艺报》2021年5月7日第2版。作者单位：河北大学

弘扬构建中华美学的民族资源与话语体系

——评金雅《中华美学：民族精神与人生情怀》

朱鹏飞　孟群星

20世纪初以来，中国美学既面临着西方美学的冲击影响，也面临着古典美学的转化更新，简单的“援西入中”和“援古入今”都不能从根本上解决问题，中国美学亟须构建自己的民族精神和民族话语，回应美学理论和实践发展的挑战。在这本《中华美学：民族精神与人生情怀》中，可以清晰见出金雅教授对相关问题的前瞻和洞见。全书分上、中、下三编，收入作者研究上述问题的论文34篇。上编为作者对中华美学基本原理和核心精神的研究，集中研讨发掘了民族美学的人生论精神，提出和阐发了“美情”“人生艺术化”等概念命题，试图挖掘、提炼、阐发民族美学的学理特质和精神传统。中编为对梁启超美学思想的具体研究，涉及趣味、情感、力、移人、生活的艺术化、三大作家批评、崇高美、文学革命、女性文学等重要概念和命题，以及梁氏美学思想的发展分期、基本特征和体系性、变异性、功利性等颇具争议的问题。下编主要展开了对梁启超和中国现代其他三位重要美学家王国维、朱光潜、宗白华的比较研究，以及对王国维、宗白华、丰子恺的个案研究。全书视野开阔，有着极强的问题意识，所涉论题既有宏观的也有微观的，几乎每篇论文都在相关领域有所开掘，且言之有物，论有所据，逻辑严密，语言流畅，读来颇多启发。

一

对人生论美学的精神阐发和理论建设，是全书颇具创新性的主要内容之一，也是全书最为重要的理论贡献之一。作者对人生论美学的民族资源、核心范畴、重要命题、理论精神等进行了具有开拓意义的发掘和梳理。金雅教授认为，中华美学有着深厚的人生论传统，在20世纪初吸纳了西学资源后，逐渐形成一种自觉的精神追求和理论创构。她将梁启超的“趣味”、王国维的“境界”、朱光潜的“情趣”、宗白华的“情调”、丰子恺的“真率”等串连成一条线，逻辑地勾勒出人生论美学精神在中国现代美学思想中的主要脉络和基本风貌，深入挖掘了中国现代美学的人生论理论资源，并且结合当代语境，具有开拓性地建构、提炼了人生论美学的民族学理特质与核心理论精神，有力地推动了人生论美学的学理和学派建设的理论自觉。金雅教授以大美观、美情观、美境观三维来架构人生论美学的基本理论内涵。她认为，大美观即审美艺术人生的动态统一，是人生论美学的理论基础；美情观即真善美的张力贯通，是人生论美学的理论核心；美境观即物我有无出入的诗性交融，是人生论美学的理论指向。全书强调超越传统美学的善美论和西方经典美学的真美论，走向真善美的贯通，达成创美、审美统一的美的实践，真正切入鲜活的生活和生存，是人生论美学也是当代美学发展的共同方向，在这个问题上，中华美学具有自己鲜明的优势和特色，需要进一步予以理论上的系统建设，在与世界美学的深入对话中推进和发展。

二

“美情”概念的提出及其阐释建构，是本书的另一大亮点，也是金雅教授的原创性理论贡献之一。在《论美情》一文中，金雅教授首次从美学理论上明确提出了“美情”的概念，并予以了基本的学理建构与辨析。论文认为，“美情”是中华美学源远流长的思想传统与精神特质之一。它与西方经典美学的“粹情”构成了两种不同的理论向度和学理品格。“美情”作为对“常情”的诗性建构与审美创化，集中聚焦为真善美贯通、创美审美统一等核心美学精神，具体呈现为挚、慧、大、趣等美质特征，也凸显了审美活动的人学向度。对民族美学“美情”思想的梳理研究和“美情”理论的自觉建设，是推动中华美学精神当代传承弘扬的重要课题之一，也是中华美学贡献于世界美学和人类精神宝库的重要财富之一。

《论美情》分为“问题的提出”“概念与可能”“美与真善”“审美与创美”“从‘常情’到‘美情’”等五个部分。第一部分“问题的提出”，主要探讨了西方经典美学的学理特质，即粹美（情）的问题。认为这种研究存在着认识与价值、理想与现实、理论与实践的深刻矛盾。第二部分“概念与可能”，主要探讨了中华文化与中华美学的诗性特质，梳理了“美情”概念的民族典籍资源和历史流变，着重总结了中国现代美学对“美情”理论建设的重要贡献，认为“美情”的命题及其展开是中华美学对世界美学的独特贡献之一。第三部分“美与真善”，着重探讨了“美情”概念的民族学理内核，认为其与康德为代表的西方经典美学的最大区别，在于突出了真（知）善（意）美（情）的贯通与勾连。第四部分“审美与创美”，认为西方式的“粹美”更多侧重于独立的静态的观照，偏于审美一维；“美情”的概念由真善美的贯通勾连而突出了审美的实践向度和人学意义，从而将审美与创美相连接，探入了知与行、出与入等的有机联系。第五部分“从‘常情’到‘美情’”，着重探讨了“美情”的基本美学特征，认为“美情”既区别于“粹情”，又是“常情”的美学提升，并总结了“美情”的重要美质特征。这篇文章逻辑缜密，思路清晰，行文流畅，虽是理论文章，但读来令人舒心畅意，是全书中笔者印象最为深刻的一篇。

美学离不开对情感问题的研究。“美情”的提出和建构阐发，对于人生论美学和中华美学精神的建设，都具有关键的意义，相信随着时间的推移，随着当代中国美学建设的进展，其价值必将更加凸显。

三

全书对梁启超的美学思想、对中国现代重要美学家的比较、对中国美学如何构建自己的话语体系等研究和见解，都颇见功力，体现了作者较强的理论思维能力、宏阔的理论视野、严谨的研究态度，及其对问题把握的精准和深度。如书中对梁启超美学思想研究的系列论文，几乎都是迎难而上。如《梁启超“趣味”美学思想的理论特质及其价值》《论梁启超美学思想发展分期与衍化特征》《体系性·变异性·功利性：梁启超美学思想研究中的三个问题》，均抓住了梁氏美学思想研究中的关键问题，解决了学界长期存在的一些争议。而《“境界”与“趣味”：王国维、梁启超人生美学旨趣比较》《“趣味”与“情趣”：梁启超朱光潜人生美学精神比较》《趣味与情调：梁启超宗白华人生美学情致比较》三篇，则将四位中国现代美学大家的核心美学概念予以比较辨析，不仅揭示了他们之间的异同，也体现了对民族美学精神的深入挖掘。相信该著作对中华美学精神的研究，中国美学史、美学基本原理、中国现代美学的研究，都将产生积极的作用。

原刊《中国艺术报》2018年5月28日第3版。作者单位：浙江工商大学

聚焦中华美学的学理建构

——评金雅教授《中华美学：民族精神与人生情怀》

郑玉明

金雅教授的文集《中华美学：民族精神与人生情怀》是其进入21世纪以来从事美学研究的成果总结，全书从中国现代美学的典型个案和比较研究出发，聚焦中华美学的学理建构，关注民族美学的人生论特质，以其创新的、深刻的、现实性极强的理论思考，对当下民族美学理论建设和社会现实问题进行了敏锐的回应，实现了美学理论的创新研究、思想深度与社会问题的现实观照之结合，是一部富有开拓、学理严谨、内容厚重的学术著作，隐隐呈现出打通古今中西美学及建构中国美学学术范型的大家气象。

全书共收论文34篇，根据论题的不同分为上、中、下三编。上编以美学基本原理研究为中心，突出了民族美学学理和民族美学话语的建构，收文13篇。中编从各个角度集中透析梁启超美学思想，收文14篇。下编比较探讨中国现代美学的几位名家，共收7篇论文。全书直指当下中国美学研究的学理创新，立意高远，内容丰赡深刻。作者在文集中所呈现的理论创新性、深刻性、现实性，很值得关注。

文集整体上呈现出极强的理论创新性和深刻性。“中华美学精神”这一概念是习近平总书记在2014年文艺工作座谈会上的讲话中明确提出来的。这一概念的提出，一方面是中华文化世界影响力提升的需要，另一方面也与国家发展所带来的民族自信心增强相关联。文集第一编立足于美学研究中的前沿话题——中华美学精神阐释和民族美学话语建构的中心论题，聚焦于人生论美学的民族精神传统，特别是提出了“美情”这一富有原创性的理论概念，体现了高度的理论创新、提炼、建构、阐释的能力。

文集立足美学学术前沿，直接引领推动了当代我国多个美学研究具体问题的发展深化。如中编集中探讨的梁启超美学思想，是金雅教授最早做出较大理论突破和贡献的，引发了学界广泛的关注。长期以来，把梁启超的美学思想归于“功利主义美学”，这个观点在许多人的头脑里留下了根深蒂固的印象。梁启超前期提倡诗界、文界、小说界的“三界革命”，强调文艺新民，注重文艺审美的社会功利作用，确实与我国古典美学中“文以载道”的观点有相近之处，被视为功利主义美学在一定程度上是可以理解的。但众所周知，梁启越强调文艺新民时也并不忽视文艺创作“传世”的永恒性追求。更为重要的是，梁启超 1917 年后集中阐发的趣味主义美学思想早已超越了早期偏重文艺功能的观念。他强调，任何人生活动都应追求彻底的趣味精神，即以趣味始、以趣味终。肯定这种趣味精神和建构相关思想理论，是对我国传统人生美学情韵的现代转化，对之进行深入的挖掘，对梁启超前后期美学思想的内在逻辑进行深入探研，是金雅教授做出的极为重要的理论突破和贡献之一。自然，金雅教授的这种理论创新也引发了一些学者的不同意见。这一方面与有些学者对梁启超美学思想缺乏整体了解有关，另一方面是不能越出西方美学的樊篱来具体看待民族美学思想自身的特点。特别是受康德、黑格尔美学思想的影响，追求所谓的纯美、纯艺术，不能打通美与人生的关联。如此，不仅梁启超的趣味美论，朱光潜的人生艺术化等思想，恐怕也都要排除在美学研究之外。再如金雅教授对中华人生论美学精神的总结提炼和深入阐发，直探问题之关键，体现了突出的理论引领能力。她第一个对人生论美学学理进行了总体建构，提出了以审美艺术人生相统一的大美论、真善美相贯通的美情论、物我有无出入相交融的美境论为基础的人生论美学基本理论框架，具有深刻的理论张力、厚重的理论深度、丰富的理论内涵。作者将这种理论主张运用于具体个案，观照研讨了中国现代美学诸多代表思想家，挖掘了丰富的一手资源，夯实了相关观点的理论支撑。

文集注重比较研究，有效拓展了理论的深度和高度。王国维、梁启超、宗白华、朱光潜、丰子恺等中国现代美学大师，都是学贯中西、学养深厚，在中西融会创构中形成了自己富有特色的美学观点和艺术观念。金雅教授的论文广涉梁启超、王国维、朱光潜、宗白华、丰子恺诸家，既分别把握了各人的思想特色，又总结了这些大家们的内在相通点，从而形成了自己对于中国现代美学精神传统的精准把握。她的这部分研究主要集中在文集中、下编，可谓材料丰富，言之有据，立论坚实，其深度和高度引领推动了以往对这些人物的一般研究。

文集密切关注当代实践，体现出强烈清醒的现实意识、反思精神、人文情怀。作者将自己的理论观点结合于艺术实践、理论批评、生活实践，舒展自如，文笔生动，读来不仅是理论的启迪，也常常是人生之启思，让人屡生大家手笔之慨。如《审美人格与当代生活》一文，探讨人生论美学所提倡的审美人格对当代生活所具有的超拔、丰富、充实的现实意义。文章篇幅不长，深入浅出，精要又明晰地呈示了一个深刻的美学理论问题的现实向度，简洁明白。《以中华美学精神提升当代批评实践》《加强中华美学精神与艺术实践的深度交融》等文亦是如此，体现了对当代艺术实践、理论批评的反思和引领。对社会现实发展、对美学和艺术理论发展的高度敏感和自觉责任感，使金雅教授的理论研究始终站在实践发展之前沿，达到了理论、思想、实践的贯通。

原刊《文艺报》2018年1月15日第3版。作者单位：浙江工业大学

溯民族美学之根　立中华美学之言

——评金雅教授《中华美学：民族精神与人生情怀》

胡　海　张　森

金雅教授的《中华美学：民族精神与人生情怀》，我们可以认为它是一部应运而生的著作。首先，中国日益强大，我们越来越有底气在世界舞台拥有话语权，在美学领域，我们有深厚的美学传统，我们确实有能力和实力去构建自己的美学话语体系；其次，我们的精神文明与物质文明要协调发展，就亟须发扬优秀民族文化精神，培养人生审美情怀。在这本论文集中，金雅教授对这些重要问题，做出了深入、透彻、精细、稳健而富有开拓和引领意义的建构和论证。

金雅教授文集的首要贡献，是开拓引领了中华美学民族话语体系的建构。

20世纪80年代，西学再次大规模涌入，给当时“僵硬”的中国学界注入了新鲜血液。一些学者不加判断地盲目接受和追捧，不仅使西方美学理论在接受过程中出现种种简单化甚至误读的现象，也使中华传统美学惨遭冷遇，大有在西方美学话语体系的强大倾轧下无奈挣扎的境地。以人之长补己之短对于创新发展一国文化是有益的，但前提是我们不失自己的根基和高度的鉴别力。一些学者唯西学马首是瞻的做法，也是改革开放之初文化不够自信的表现。现在中国的发展日新月异，越来越多的外国人想要了解和探究中国文化的内涵，外国留学生数量不断增加，孔子学院在世界各地办得风生水起。我们逐渐有了更多的实力和自信，让中华文化包括美学话语，在世界舞台上亮相。

金雅教授在文集中提出要发掘中华美学的优秀资源和精神传统，建立中华美学的民族话语体系，与世界美学互学共鉴、交流对话，不仅推动民族美学的传承创新，也为人类美学发展做出独特的贡献。在这个方面，文集中的许多文章，都发人之先，具先见之识，在概念提炼、命题建构、观点阐发上，都很具远见卓识，且论证严密稳健。

金雅教授文集的另一突出贡献，是“人生论美学”概念的明确化和相关理论体系的创构。

和曾繁仁教授以“中和之美”来概括中国美学精神与杜卫教授以“心性”来概括中国美学特征不同，金雅教授从“美情”“人生艺术化”等一系列概念、命题中，构建起会通古今中西美学的“人生论美学”话语体系，这具有重要的理论开拓意义。

金雅教授的人生论美学体系，主要继承了20世纪中国新文化大师们的丰富资源，突出了真善美统一、审美与创美统一等核心命题，强调人格趣味和人生境界的美学建构，主张将审美艺术与人生相贯通。这种建构不仅涵盖了20世纪中国百年美学话语建设的主流方向，发掘了相关传统思想资源，还在多个层面与西方美学相会通，体现了其宏阔的理论视野和高度的理论能力。如“人生论美学”的核心概念之一“美情”，金雅教授一直追溯到《郭店楚简》的《性自命出》一文，指出“美情”首先具有伦理学意义，至20世纪初王国维和范寿康等，在现代美学意义上都有提及，但都没有作为一个术语予以界说。金雅教授则以深湛的理论学养，对这个概念进行了历史的梳理和逻辑的建构，确立了这个概念的基本美学学理维度和美学理论内涵，在理论开拓中体现了精到稳健的学理风范。再如“人生艺术化”这个命题，一般人都认为出自朱光潜的《谈美》，但金雅教授以令人信服的一手资料，将其溯源自梁启超，指出其核心精神源自梁启超的“生活的艺术化”命题，从而不仅与西方唯美主义的类似表述相区别，也辨析了中国现代美学在这个命题上的不同派别，有力推进了这个命题的理论深化和“人生论美学”的理论建设。

金雅教授文集的再一突出贡献，是对梁启超美学思想的全新观照和开拓研究。

金雅教授将梁启超美学思想研究作为重要的逻辑起点，继之就王国维、朱光潜、宗白华、丰子恺等展开个案研究，由此将视野扩展到整个中华美学。从梁启超的趣味论、情感论、生活艺术化、人生艺术化到人生论美学话语建构，是一个逻辑的循序渐进的过程。即使今天来看，梁启超作为中国古典美学向现代美学转型的关键人物，也是一个很前卫的思想家和美学家。他的小说"新民"思想、"趣味"美育思想等，在今天仍然很有启示。梁启超的美论包含了"趣味""情感""力""移人""生活艺术化"等概念和命题，既有中国古典美学思想的根基，又有西方美学因子的注入。他将西方现代美学的一些概念与中国传统美学的意蕴相融合，使其成为具有新鲜活力的中国化概念。其美论不仅增强了中国现代美学的精神底蕴，还导引了中国现代美学的方向，对朱光潜、宗白华、丰子恺等人的美论、诗论、画论等，产生了重要的影响。从这个角度说，对梁启超美学的研究，确实是中国现代美学研究的一个绝佳切入点。

金雅教授一改学界视梁启超美学为功利主义美学的看法，将其定位为"人生论美学"。她对这个问题进行了相当透彻的论证：在公众的视野中，梁启超首先是一个政治人物，他起初是以政治领袖的身份介入学术的。迫于时势，他将学术视为新民的工具。然而，这并不能代表一切都是为了政治。梁启超始终将关注点放在人生和社会上，无论政治还是学术，都是他关注社会、关注人生的一种方式，他的落脚点从未偏离社会、人生这一轨道。

金雅教授的文集，还给人带来了一个极富价值的启发，就是在当代生活中，我们如何培养民族精神和人生情怀的问题。

今天我们的存在，深层依凭的是什么？是否会产生一种家在这里，心在别处的感觉？现代化的都市，车水马龙的街道，飞快的脚步，闪亮的霓虹灯，碎片化的信息，无一不充斥着我们的头脑，剥蚀着我们的精神感受。我们一边享受经济发展带来的物质成果，一边又陷入科技发展所围建的牢笼。经济水平提高了，可我们的内心却日益枯燥和浮躁。今天我们缺失了什么？从根本上说，是信仰，是民族精神。金雅教授提出的"人生论美学"，从理论上看，是极富民族文化特色的一种美学理论学说；从实践上看，则具有切实的针对性和强烈的现实意义。她所提炼和阐发的大美、美情、美境的人生论美学的三大理论根基，对于当代生活中生命、人性、人格的滋养，对于我们人生情怀的涵育，都具有极为深刻的启迪，是中华文明在美学之树上开出的璀璨花朵，也将对人类文明产生深刻而持久的影响。

原刊《艺术百家》2018 年第 6 期。作者单位：河北大学

开掘儿童美育基础理论

杜书瀛

人才是需要精心培育的。中华民族历来重视教育，孔子就是伟大的教育圣人，他设置“六艺”教育学生，推出他那个时代“德智体美”全面发展的主张。当然，他主要还是以道德培育为要。近代以来，蔡元培、王国维、梁启超、丰子恺等也提倡美育，强调儿童的艺术教育、审美教育，并提出一些具体方案力图实行，但总体看，终未成气候。相当长一段时间，我们的教育还是侧重德智体，近年来虽然加上了美，但实施起来并不那么顺畅。尤其值得警惕的是，一些艺术教育、审美教育明显出现跑偏的现象，成为考级、升学等的敲门砖，从而走向儿童美育的异化。

许多有识之士已经看到了问题症结，试图努力改变儿童美育不“美”的现状。《美育与当代儿童发展》（金雅、郑玉明著，浙江少年儿童出版社 2017 年版）在这方面作出了努力。在这本书中，作者表现出美学理论的大眼光，以大美育观为依托，秉承以人为本的儿童发展观，结合儿童发展的客观阶段和具体目标，研究和论析了美育的人生向度及其对当代儿童发展的现实意义和人文价值。全书为儿童教育增添了美学理论的深厚蕴涵。

儿童美育是什么？它绝不是简单的唱唱歌、跳跳舞、画幅画，也不仅是领孩子游戏和玩耍。儿童美育是人生教育不可或缺的一个方面，通过它来培养全面和谐发展的人。席勒在《美育书简》中说：“有促进健康的教育，有促进认识的教育，有促进道德的教育，还有促进鉴赏力和美的教育。这最后一种教育的目的在于，培养完美的感性和精神力量的整体达到尽可能的和谐。”借鉴席勒的这个思想，我们更坚定这样的信念：美育同德育、智育、体育同等重要甚至更加重要。儿童美育，就是要使他得以全面和谐发展，成为理想的人、完美的人。

该书提出了儿童美育“立体建构”的思想，强调美育的深层意义是通过建构以自然美育、艺术美育、生命美育为重心的立体审美教育网络，引领当代儿童主体性、创新性、感受力、想象力及人格、人性等的和谐发展。著作详细论述了儿童美育须以自然教育、艺术教育、生命教育等为重要载体；以情感美化、趣味提升、创造激发、个性涵育、人性和谐等为重要内涵；以儿童生命主体的全面、和谐、自由发展为核心目标；以儿童生命主体的愉悦、幸福的感受体验为核心价值的系统理念。全书以人生论为基点，综合认识论、实践论、本体论等方法，对美育与儿童发展问题进行了立体辩证综合的深度考察；注重理论创新建构与具体实践问题的结合，宏观研究与微观研究的结合，体现了以理论观念创新为目标、以具体实践问题为指向的研究导向。这就将作者一贯主张的人生论美学和人生论美育具体化在儿童美育之中，开阔了人生论美学和人生论美育的理论视野，也丰富深化了人生论美学和人生论美育的具体探研。

全书具有很强的现实针对性，作者对当前儿童美育中存在的具体问题进行了归纳总结，展开了反思辨析，并借鉴中西优秀理论资源来观照，可读性强。

原刊《中国社会科学报》2017 年 9 月 7 日第 7 版。作者单位：中国社会科学院

立体构建当代儿童美育理论新体系

——评《美育与当代儿童发展》

莫小不

爱美是人类的天性。美育对于生命提升、人性完善的涵育意义不是可有可无的，而是必不可少的。梁任公曾说过，今日的中国，一方面要多出些供给美术的美术家，一方面要普及养成享用美术的美术人。但长期以来，我们对美育的重视远远不够，缺乏学理性强、问题意识突出、富有民族特色的系统化理论，缺乏关注现实、切中时弊、卓有实效的实践探索。在儿童美育领域，针对儿童特点特性、富有引领意义的理论开拓、探索、建构，更是寥若晨星。

金雅、郑玉明所著《美育与当代儿童发展》一书，是当代儿童美育理论研究的一大创获，在儿童美育基础理论建构上具有重要开拓意义，其对中西资源的吸纳创化、对当下实践的引领反思亦具重要价值。

首先，该著将美育与当代儿童发展相联系，以现实问题为导向，以大美育观为依托，首次立体构建了人生论儿童美育的理论体系。著作将儿童美育放在儿童整体生命成长的广阔视域中，提出儿童美育应以自然美育、艺术美育、生命美育为重要载体，以情感美化、趣味提升、创造激发、个性涵育、人性和谐为重要内涵，以儿童生命主体的全面、和谐、自由的发展为核心目标，以儿童生命主体的愉悦、幸福的感受体验为核心价值，系统建构相应的具体、生动、丰富、独特的儿童美育途径与方法。该著既重视儿童的特殊性和具体特点，又不把儿童从整体生活中切割出去，强调美育应奠定儿童热爱生命、融入生活、发展自我的基本追求与和谐发展、融入社会、幸福生活的基础目标。著作全面分析了美育对于当代儿童发展的基础、独特、深层的意义，突出强调了以人生论美学思想为根基的儿童美育的人文情怀和人性关怀。著作对儿童美育理论体系的立体建构和人生论美育的价值定位，具有重要的理论开拓意义。

其次，该著理论视野宏阔，广泛借鉴吸纳了中西儿童美育思想的优秀资源。书中专辟一章，对中国现代儿童美育思想资源及西方现代儿童美育思想资源，予以重点介绍阐发，广涉梁启超、丰子恺、雷家骏、朱允宗、陈鹤琴及卢梭、裴斯泰洛齐、福禄培尔、杜威、罗恩菲尔德、加德纳等，这些针对中西优秀儿童美育思想资源的梳理和辨析，为进一步研究拓深儿童美育的视野与方向提供了重要的借鉴，也为儿童教育工作者和儿童家长提供了很好的阅读资源。

此外，该著体现了强烈的时代感、现实针对性和反思意识。该著始终直面当代儿童美育的现实问题，反思了种种实用儿童美育观的短视和弊病，深刻地提出，需要结合当下实际，深入思考并切实处理好美育在引领当代儿童发展中的现实目标与长远目标、科学指标与人文指标、实践维度与价值维度的辩证关系，从而真正实现儿童美育的丰富价值和独特效能。著作在理论建构阐发的同时，注重实践分析和引领，具有很强的针对性。

著作高屋建瓴，体现了理论创新建构与具体实践问题相结合、宏观研究与微观研究相结合，力求从历史切入当下、以理论贯通实践的研究方法。作者在美学领域卓有建树，理论功底扎实深厚，全书文字晓畅，配合精到生动的例证，为专业研究者、教育工作者、儿童家长等，提供了一本不可多得的儿童美育创新性理论专著。

原刊《文艺报》2017年10月9日第3版。作者单位：杭州师范大学

儿童发展的人生美育透视

——评《美育与当代儿童发展》

王　泉

近代以来，伴随着西学东渐，一些具有胆识的知识精英开始对传统的儿童教育观发出质疑之声。从梁启超的《少年中国说》到周作人的《儿童的文学》，都发出了肯定儿童、尊重儿童、重视儿童的呼声。但是，在儿童美育领域，至今缺少一部系统化、真正有学理高度和现实针对性的专著，由金雅、郑玉明合著的《美育与当代儿童发展》填补了这一空白。该著以大美育观为依托，以人生论美育理论为基石，立体构建了当代儿童美育新体系，具有重要的理论创新意义和现实指导意义。

立足儿童本位的人生美育视野

作为儿童美育，对象的特殊性决定了其不同于一般的美育。《美育与当代儿童发展》从儿童的生命成长和社会化过程出发，将自然美育、艺术美育、生命美育放在儿童发展的广阔人生视野下，抓住了儿童美育与儿童生命成长的同构性。

该著认为，自然美育可以唤醒儿童的生命主体意识，这无疑从美的自然属性出发，抓住了儿童喜爱大自然的特点。美国哲学家爱默生在《论自然》中指出："每一种自然的过程都是一篇道德箴言。道德法则存在于大自然的核心之中，它向外辐射，照耀四周。它是一切物质、一切联系、一切过程的精髓部分。我们日常接触的事物，无不向我们默默地宣讲道义。”可见自然界的万物都有其活力，时刻都在影响着人类。一朵小花，在儿童眼里是一片天地；一头小鹿，在儿童眼里，更是神奇的世界。许多作家笔下的童话世界都离不开自然，安徒生笔下的“豌豆公主”和“美人鱼”，查尔斯·金斯利笔下的“水孩子”，都是大自然的精灵，一旦进入儿童的视野，就会产生愉悦的情绪体验，激发他们绚烂的想象，这是自然美散发出的感染力。作者遵循自然的法则去构建其自然美育的体系，显得既自然，又很得体，凸显了美学研究取之于自然又回归自然的路径。

艺术教育是儿童美育的中心，它能让儿童在自得其乐中获得艺术的想象，给自己的情感注入自由的活力，成为审美的主体。一些儿童诗人和儿童艺术家的诞生都无不得益于成功的艺术教育。作者从大量的艺术实践中总结出艺术教育的规律，彰显了儿童艺术教育的核心特点，即突出艺术教育的情感性和主体性特征，分析了儿童在艺术创作过程中的主体性与个性化，凸显出儿童艺术教育应该关注的中心问题。

关于生命美育，作者从儿童的生活实际出发，继而研究它与儿童的人格培养、人性涵养以及挫折教育的关系，实际上突出了生命的哲学内涵。儿童的生命成长具有可塑性，懂得生命的价值和意义，培育可贵的生命意识，单靠科学知识的传送不一定能真正抵达他们的心灵。生命美育却能够以春风化雨般的潜移默化引导儿童对于生命的认知与提升，达到事半功倍的效果。作者认为，“生命美育是一种情趣高尚、情理合一的生命情感涵养和生命精神教育”，这无疑将生命教育上升到了建构人类精神家园的哲学高度。儿童最初对生命的好奇乃至盲目模仿，都不足为奇，只要进行适度的引导，他们就会因为感受到生命的多姿多彩而精神振奋，成为有益于社会和他人的人才。生命美育对于培养儿童高尚的情操是多么重要。

彰显中华儿童美育的民族特性和文化意义

人类追求美的历程表明，为人生是审美教育的核心内涵。作者金雅在近二十多年的学术研究中，始终秉承人生论的美学理念，成果丰硕，该著也是其在儿童美育方面的第一桶金。同以往的研究一样，作者善于从中外思想和理论史中汲取营养，使自己的美育研究有了坚固的基石。如她从梁启超的“趣味教育”说和“情感教育”说出发探讨趣味和情感在儿童美育中的重要性，打开了激发儿童想象力的大门，把握了儿童快乐成长与健康成长的本质。从丰子恺的“童心”说出发，探讨艺术教育对于儿童人格的修炼之要义，突出了只有保持一颗童心才能独立于世俗之外的品性。从卢梭的“回归自然”中提炼出儿童美育的启示，解放儿童长期以来被传统观念束缚的天性。这道出了儿童美育的出发点，只有充分尊重儿童的天性，才能实现成人与儿童的有效对话，达到美育的目的。还从罗恩菲尔德关于艺术教育的治疗功能中思考了美育对儿童心智的开拓性。这样的研究不仅体现了其开阔的学术视野，而且在中外美育的比较中彰显了中华儿童美育的民族特性：既与西方的儿童美育有一定的共同性，又根植于中国文化和哲学的人生论沃土，有利于塑造中国儿童的民族性格。

儿童美育是从儿童的现实生活出发的，不可能停留在单纯的理论上，其实践意义不可小看。随着市场经济的快速发展，一些成人的教育模式开始蚕食儿童美育这片净土，为追求升学率，儿童艺术考级相应推出。一些广告公司为了追逐产品利润，也使用儿童明星做代言人。在浓重的商业化氛围之中，儿童美育不乏畸形发展的趋势。同时，国内一些中小学以单一的道德教育取代了艺术教育，使儿童的天性无法得到自由发展，制约了儿童的创造力。基于这样的现状，作者提出了相应的解决之道，如在家庭美育中强调开展自主的游戏活动，在学校美育中要突出课内外的结合，在社会儿童美育中营造全社会的审美氛围。这样的研究无疑把美的传播与儿童的接受相结合，凸显了儿童美育的文化社会学意义。

原刊《中国艺术报》2017 年 7 月 3 日第 3 版。作者单位：湖南城市学院

推荐一本论美学的好书

——序《人生论美学与中华美学传统》

仲呈祥

有幸收到金雅教授寄来的校样稿，得以先睹她和聂振斌教授主编的论文集《人生论美学与中华美学传统》，受益匪浅，感慨良多。要我作序，愧不敢当。但却之不恭，只好从实招来自己的粗浅感悟，权且充序。

习近平总书记在文艺工作座谈会上深刻指出："中华优秀传统文化是中华民族的精神命脉，是涵养社会主义核心价值观的重要源泉，也是我们在世界文化激荡中站稳脚跟的坚实根基。要结合新的时代条件传承和弘扬中华优秀传统文化，传承和弘扬中华美学精神。"可以说，本书是学习、领悟、践行这一重要指示精神的学术成果。两位主编和浙江理工大学的中国美学与艺术理论研究中心多年来力倡"人生论美学"，正切中了中华优秀传统文化和中华美学精神的精髓。书中从"基础研究"到"专题研究"再到"相关研究"，许多篇什中都彰显出作者对中华优秀传统文化和中华美学精神的高度自觉和充分自信，都闪烁着吸吮中华优秀传统文化和中华美学精神的智慧光芒，都表现了作者可贵的历史责任和时代担当。这再次证明：高等学校和科研机构，理应成为民族思维的先锋阵地；高等学校的艺术与美学科研机构，理应成为民族艺术思维与美学思维的先锋阵地。

中国共产党人从来不是历史虚无主义者，也不是文化虚无主义者。中国共产党人始终是中华优秀传统文化的忠实传承者和弘扬者。唯其如此，针对学界自近代以来从学习西方"坚船利炮"的主张，到20世纪初期崇尚“德先生”“赛先生”的思潮，再到改革开放新时期对西方“现代主义理论”“后现代文化”的引进，既是先进知识分子打开国门、为我所用的体现，也蔓延着一股“以西方之标准为标准、以西方之是非为是非”的思维逻辑，坚持马克思主义哲学与方法论、信奉唯物史观和辩证法的学者，旗帜鲜明地发出了在艺术理论与美学理论的研究中必须反对“惟西是瞻”的片面倾向，以高度的文化自觉与文化自信发出了“强化民族学理”、建构“民族学派”的呐喊。金雅教授便是其中年轻而有为的一位。后生可畏，我对她充满敬意，她近年主编出版的《中国现代美学名家文丛》（6 卷本）和《中国现代美学名家研究丛书》（6 卷本），组织了全国该领域的重要专家共同攻关，是中国现代美学领域第一次大型文献汇编和第一套系列名家研究专著。关键是，她不是一般的选编和泛泛的研究，而是以“人生论美学”的民族审美精神为定位与聚焦，对文献进行了有针对性的汰选编排，对我们熟悉的王国维、梁启超、蔡元培、朱光潜、宗白华、丰子恺六家进行了有重点的新的解读，集中而有力地挖掘呈现了中国现代美学的人生论精神传统。她的专著《人生艺术化与当代生活》寄赠于我，让我很感动。她从梁启超、朱光潜、丰子恺，一直到宗白华，逐一研究，梳理总结了“人生艺术化”理论的中国现代脉络，辨析了其内部派别立场，并与西方现代“唯美主义”思潮、后现代“日常生活审美化”思潮予以辨析，结合中国当代生活中种种价值消解、理想迷失的现状予以反思，确立了以提升生存境界、升华生命情怀为主脉的“中国式人生艺术化精神”。本文集中她的《人生论美学传统与中国美学的学理创新》一文，与上述各著一脉相承，读后颇感其分量之重，意义之深。她以大美观、美情观、美境观三维立体构架，深入总结阐发了中华人生论美学的学理特质和精神传统，对于过去简单“援西入中”和“援古入今”的中国美学建设思路予以了反思，既不回避民族美学话语和民族审美精神建构所面临的某些令人担忧的现状，也逻辑地揭示了人生论美学的中华精神传统的深厚根基及其发掘推进对于人类美学发展的独特意义。

读罢书稿，掩卷凝思，我不禁想起了前辈学者。一是费孝通先生，他年过九旬，总结一生从事文化研究之经验，提出了“各美其美，美人之美，美美与共，天下大同”的 16 字的“文化自觉”论，此乃箴言。“各美其美”是基础，没有“各美其美”，就谈不上“美人之美”，一味“美人之美”，忘却首先要“各美其美”，则根本谈不上“美美与共”，而必然堕入“数典忘祖”，更何谈“天下大同”？二是张世英先生。他原本专攻西方哲学，近年反复强调要取长补短，融中华哲学之“天人合一”与西方哲学之“主客二分”于一体，创建中华民族的当代精神建构，并呼吁“当代美学应升华境界”，“当代美学研究和审美活动应‘面向现实、超越现实’。当今时代的‘美’，应是以超越现实功利的高远精神境界为本质的美”。三是叶朗先生。他组织百余位大学专家、学者，历时数年，精心编撰了洋洋16卷1400余万字的《中国历代美学文库》，为我们传承和弘扬中华美学精神奠定了厚实而重要的文献基础。令人高兴的是，叶朗先生的《中国历代美学文库》与金雅教授的《中国现代美学名家文丛》，可谓相映成辉，前者从先秦到晚清，后者从晚清到中华人民共和国成立，正好串联了中国美学从古代到现代的脉络，展现了中国美学从发生、发展到现代转型的演变轨迹，是中华美学精神发生、发展的丰富沃土和具体体现。

恩格斯指出：“一个民族要想站在科学的最高峰，就一刻也不能没有理论思维。”美学与艺术研究，应该关注艺术、生活的实践，关注人自身的教育与美化。既要兼容并包中西古今各种有益的学说与思想，又应有坚定的民族立场和深厚的民族情怀。既要肯定与感性相联系的美感享受，又要真善美相贯通，从感性宣泄升华为审美悦乐。中华美学在审美意识、审美思维、审美心理、艺术形象、美感效应等方面都有自己的特点。与西方美学较重主客二分的认识论方法、思辨演绎推理特征、科学实证品格不同，中国美学更重天人合一的和谐包容理念、既入世又出世的人间情怀和营造意象的写意品格。另一位学者刘士林教授曾把中华优秀文化概括为“诗性文化”，认为“自近代以来，中国在文化上的创造越来越少；从人文思想资源这种形而上的道，到生产工具这些形而下的器物，基本上都是从西方引进的。这个过程与中国诗性文化的衰亡是同步的”。这见解发人深思。他所谓的“诗性文化”，其实换个说法，亦即中华美学精神。确实，伴随着博大精深、丰富多彩的积淀在悠长历史中的文论、乐论、诗论、书论、园林论、建筑论等诸种文献典籍里的中华美学精神被淡忘、被搁置、被消解颠覆，还有中华民族的独特的审美的精神机能与生命本体，包括中华民族独特的审美感官、直觉、思维、心理与创造力，结果令我们在文明上与西方日益趋同，越来越淡化了自己的独特风格与民族特质，进而忽视了中西文化与美学的差异，尤其是隐藏在文化与美学深层次下的政治与经济的利益冲突，甚至忘却了如何捍卫处于弱势的中华文化的尊严与价值安全。正是从这种战略意义上，我充分肯定与高度评价《人生论美学与中华美学传统》。

力倡“人生论美学”，正是以高度的文化自觉与文化自信，着意于提高全民族精神素质和人生修养，珍视中华民族优秀的至今仍有生命力的文化基因和美学基因，传承和弘扬中华优秀传统文化和中华美学精神，为涵养社会主义核心价值观提供重要源泉。

原刊《中国艺术报》2015年6月10日第8版。作者单位：中国传媒大学

颇有特色的现代美学文献选编

杜书瀛

杭州师范大学中国美学与文论研究中心与浙江大学出版社合作，编选出版了《中国现代美学名家文丛》（六卷本），这实在是一项值得称道的学术工程。该“文丛”所遴选的是六位最具代表性的中国现代美学家，其中梁启超、王国维、蔡元培是中国现代思想的启蒙者和中国现代美学、文艺学的拓荒者，他们引进西方学术思想资源，努力与中国国情结合，筚路蓝缕，拉开中国现代美学和文艺学的帷幕；而宗白华、朱光潜、丰子恺则是中国现代美学与文艺学的推进者、建设者和实践者，他们著书立说，教书育人，播撒和培育现代美学和文艺学的种子，立下汗马功劳。中国现代美学（19 世纪与 20 世纪之交至 1949 年中华人民共和国成立前）在短短五十余年的发展历程中，出现了一批具有开创性意义的美学论著，一些著名高等学府还开设美学课程，培养了一批美学学术精英，初步形成了具有中华民族特色的“中国美学”学科，可谓成果丰硕。应该说，中国现代美学是中国美学历史发展图谱中光彩夺目的重要组成部分，而且有自己的独特地位。这个阶段的中国美学，既有学科建构与理论建设的探索，也有直面人生与关注时代的激情，并由此构筑凸显了自己的某些特点、特征。

中国现代美学至今仍有广泛影响，当代许多美学和文艺学学者都亲身感受到现代美学思想成果所给予的滋养与启迪。近年来，一些美学研究者也对中国现代美学的代表人物分别进行研究，取得许多重要成绩，可是像“文丛”编者这样将中国现代美学成就卓著的名家进行集中的文献整理，迄今可能还是第一次。我为“文丛”的出版叫好，它功在当代，利在千秋。无疑，它为加强中国现代美学资源的发掘与整理，推进中国现代美学的研究，提炼和弘扬中国美学的民族传统与民族精神，将发挥重要作用。

我之肯定和赞许《中国现代美学名家文丛》的编选和出版，还在于它的编选者严肃认真的学术态度、高明的学术眼光和深厚的学术功底，这是他们学术实力的一次展示。

首先，他们是认认真真把“文丛”的编选作为一项“学术事业”来做的，因为所定六位选主都堪当其位，所选作品也经过认真甄别而堪称精华，读者能够从这些作品中找到中国现代美学之精义所在。

其次，编选者对中国现代美学之特点、性质有精准的把握。正如“文丛”主编在全书《序论》中所言：中国现代美学不是单纯学科意义上的理论美学，它不仅试图去解决美学的学科与理论问题，更是直面现实中人的生存及其意义的问题。在学科意识与理论形态上，中国现代美学区别于中国古代美学，体现出一定的自觉性与积极建设的意向，从而在话语方式、学科形态上构筑了与西方美学、与现代学科对话的某种基础。而作为关注现实、关怀生存的人生美学，中国现代美学也凸显出鲜明的人生精神、积极的美育指向、内在的诗性情怀和强烈的文化批判意识，这也正是中国现代美学传承发扬民族美学固有的精神传统，并融会创化中西美学、文化、艺术思想的精华而形成的重要特征与品格。

再次，“文丛”主编和编选者都是中国现代美学研究的专家，在这之前，他们都对自己的选主有精深的研究，并且都有这方面的学术专著。譬如，“文丛”主编、杭州师范大学中国美学与文论研究中心主任金雅教授（负责“梁启超卷”）就出版过中国第一部《梁启超美学思想研究》；聂振斌研究员（负责“王国维卷”和“蔡元培卷”）、王德胜教授（负责“宗白华卷”）、宛小平教授（负责“朱光潜卷”）、余连祥教授（负责“丰子恺卷”）都对被编选者有独到的研究并有多部专著问世。正因为“文丛”主编和编选者都是专家，所以他们所撰写的全书序论和每部书的导读，都是一篇篇十分精彩的高质量的学术论文。他们不但把长年积累的学术心得和思想成果浓缩在短短万字左右的序论和导读之中，而且文笔生动，可读性强，读者执卷，可益智怡神，仅此也足以使整个“文丛”生辉。

原刊《文艺报》2009年4月11日第3版。作者单位：中国社会科学院

中国现代美学名家思想的深入研究

刘悦笛

由汝信先生和聂振斌先生担任学术委员会主任，金雅教授主编的《中国现代美学名家研究丛书》共计6卷由商务印书馆正式出版，这也是中国美学界2012年的重要成果。这套丛书包括《王国维美学思想研究》（聂振斌著）、《蔡元培美学思想研究》（聂振斌著）、《梁启超美学思想研究》（金雅著）、《宗白华美学思想研究》（王德胜著）、《朱光潜美学思想研究》（宛小平、张泽鸿著）、《丰子恺美学思想研究》（余连祥著）6本专著。

丛书深入研讨了6位中国现代美学家的重要思想，特别是在总结中华民族美学的代表成果、发掘中华民族美学的精神传统、梳理中华民族美学的血脉学派上作出了切实的开掘，取得了可喜的成果。相信丛书的出版，将会有力地推动中国美学研究的发展与繁荣。

丛书是继1987年辽宁人民出版社出版的《当代中国美学思想研究丛书》共计7卷后的又一20世纪中国美学家研究的大型力作。辽宁丛书的研究视野从20世纪中叶到80年代末，商务这套丛书研究的重点则主要是20世纪前半叶。其中朱光潜、宗白华跨越了现当代两个发展阶段为两套丛书共同关注。而丰子恺过去一般只把他作为艺术家或艺术教育家来研究，商务丛书却独具慧眼从其艺术思想学说切入了美学的层面，发掘了其作为美学家的成果与贡献。如果说辽宁丛书在对20世纪中国美学思想家的研究上还具有某种拓荒性质的话，那么商务丛书则是在国内学者深入研究相关美学家思想的坚实基础之上的提升之作。

2009年，由汝信先生和聂振斌先生担任学术委员会主任，金雅教授组织主编了《中国现代美学名家文丛》6卷，在浙江大学出版社出版，是中国现代美学领域第一套大型文献汇编。现在这套丛书不仅是在编辑出版《中国现代美学名家文丛》的学术资料整理的基础上完成的，更是各位学者在中国现代美学研究领域长期学术积累的结果。丛书各位作者均为相关名家研究的专家，有丰富的相关成果问世。两套丛书对中国现代美学的研究由资料整理到深入开掘，特别是对中国现代美学的人生论精神传统的梳理阐发，既体现了学术研究的严谨与敏锐，也体现了对该领域研究的深刻把握、思想高度和理论水平。

在6位撰写者当中，聂振斌先生老骥伏枥、志在千里，1984年版的《蔡元培及其美学思想》、1986年版的《王国维美学思想述评》都是相关领域的开拓之作。1984年版的《蔡元培及其美学思想》，其中蔡元培的美学思想只是书中一个部分，现在的《蔡元培美学思想研究》则对蔡元培美学思想进行了系统研究，对其思想成因、美的哲学、艺术美学、美育思想等进行了发掘梳理，总结探讨了蔡元培美学思想的特点，深入研讨了其对中国当代美学与文化建设的意义。

金雅女士从组织编撰《中国现代美学名家文丛》到主编《中国现代美学名家研究丛书》，的确是功不可没的。她的《梁启超美学思想研究》初版于2005年由商务印书馆出版，不仅填补了国内专著上对梁启超美学思想系统研究的空白，而且首次提炼了梁启超美学思想的潜逻辑体系和趣味美学精神，解决了梁启超美学思想研究领域长期困扰学界的若干重要问题。现在的修订版又新增了"梁启超与中国现代美学精神"一章，通过梁启超与王国维、朱光潜、宗白华等大家间的比较与影响研究，深入探讨了梁启超在中国美学民族精神传统形成上的重要作用与独特意义，相信这对梁启超美学研究和整个20世纪中国美学研究都将是一个重要的推进。而且，由她所组织举办的几次重要的中国现代美学学术会议的召开，都切实提升了中国现代美学家研究的水平与层次。

王德胜先生是宗白华研究的重要学者，他也积极致力于20世纪中国美学的整体观照和当代中国审美文化的深入拓展。《宗白华美学思想研究》对宗白华的人生经历与思想概貌、文化思想渊源、艺术与人生审美理论、美与美感理论、中西美学与艺术比较思想等进行了梳理总结，深入揭示了宗白华美学思想的总体特征与学术意义。

宛小平先生作为朱光潜先生的嫡孙，一直致力于朱先生思想的弘扬。经他编辑出版的新版《朱光潜全集》刚刚由中华书局出版前 10 卷，而且他关于新儒家美学思想的研究同样相当深入。收入商务的这本《朱光潜美学思想研究》是他和张泽鸿博士国家社科基金项目的合作成果，鉴定等级为优秀。专著从 46 万字毅然删减到 20 多万字，并在体例结构上作了调整，从而与全套丛书的定位保持了一致，有力地支持了丛书的出版。专著对朱光潜的美学思想体系、与中西文化的关系、前期人生美学思想、前后期美学思想的逻辑关系等进行了梳理，揭示阐发了朱光潜美学的整体风貌与重要特色。

余连祥先生是丰子恺研究的专家，他曾以《丰子恺的审美世界》填补了丰子恺美学研究的空白，过去更多把丰子恺视为艺术家或者艺术教育家，而且这次丛书收入丰子恺先生也是从美学的角度给予了丰子恺先生以思想上的肯定。《丰子恺美学思想研究》论述了丰子恺美学思想的特色以及“绝缘说”、“童心说”、“苦闷说”和“情趣说”等几种主要学说，阐发了其审美教育思想和形式多样的审美教育实践。

丛书以“人生论美学传统”为中国现代美学定位，体现了编者的目光与考量。可以说，“人生论美学”或者说是“人生的艺术化”的确是中国现代美学的核心命题之一，而且也是在中西学术与文化交流的宏阔视野中，最能代表中国现代美学基本精神的核心思想之一。在中国，美学始终是与外在的社会发展、内在的生命安顿相联系的。人生论美学作为启蒙主义的“生活美学”，从王国维时代就已开始，其中，启蒙的两个面向：社会的进步与心灵的培育，在中国美学与文化发展中扮演了极为重要的角色。深入研究和发掘总结“人生论美学”，阐发和倡导“人生艺术化”，对于当代中国美学建构与文化建设而言，都具有重大的意义。从这个方面来说，丛书的出版和其学术上的定位，恰逢其时，意义深远。

应该说，从王国维的“意境的生存论”、梁启超的“趣味人生观”、蔡元培的“美育代宗教”、朱光潜的“人生的艺术化”、宗白华的“艺术的人生观”到丰子恺的“同情的艺术教育”，的确都围绕着人生论的这个主题展开。但还要指出的是：其一，随着人生观与科学观论辩的展开，这些美学家内部也是有具体差异的，比如朱光潜先生深受欧洲科学主义传统的影响，他的美学观交缠着科学主义与人文主义的复杂因素。其二，现代中国美学界的“人生论美学”，倡导“人生艺术化”与“生命审美化”，实质上是一种启蒙意义上的现代“生活美学”，它既是对于中国传统生活审美化的继承，也是在吸纳了西方同时代思想成果基础上的本土创建。这对于当代中国美学研究而言，可以说是指明了一种基本方向，也就是说，当代中国美学也要在中西视界融合的道路上继续前行，并要继承中国美学“关注人生”的历史传统。

这套丛书的出版，对于我们当代中国美学建设最重要的价值就在于：如何看待人生论美学的基本精神？哪些中国现代美学家的成果是需要发扬光大的，哪些是需要批判继承的？特别是在当今的社会历史语境中，人生论美学的价值需要更加被彰显出来，这对于当代中国艺术的建设也具有积极的启示。

原刊《中国图书评论》2013年第6期。作者单位：中国社会科学院

中国现代美学传统之发掘

彭修银　刘毅青

虽然都冠之以现代，但是相比较于中国现代文学研究，中国现代美学研究似乎不那么吸引人，也不如西方美学研究那么热闹。总的说来，中国现代美学的研究在学术日显繁荣的今天，就显得有些冷寂。事实上，中国现代美学研究的冷寂和中国现代美学的代表人物及其思想学说在中国美学史、思想史中的影响与地位是不相称的。

《中国现代美学名家文丛》的编选出版，首先为一直以来冷寂的中国现代美学研究增添了鲜活的气息。这套6卷本的大型文献，是继叶朗先生主编的20卷大型《中国历代美学文库》问世以来的又一套上规模的美学资料文库。《中国历代美学文库》的重点在中国古代美学，一直编到近代为止。《文丛》的重点在现代，其中有些选主的学术活动上衍近代，下跨当代，《文丛》对其重要作品也有所涉及。这样一套中国现代美学文丛的出版，切实填补了中国现代美学研究资料整理的空白。

尤其值得注意的是，《中国现代美学名家文丛》在编选上具有明确的学术追求与问题意识。《文丛》紧紧抓住了中国现代美学审美与人生相统一的主脉，在文章遴选、体例编排等方面有机地予以了突出表现。

中国现代美学是中国新文化运动的重要成果之一。19、20世纪之交，随着中西古今思想文化的大撞击、大交会，民族的危局与国民性改造的问题一起成为进步文化人士、学者、思想家、政治家关注的焦点之一。也正是在这个时期，西方美学及其学科术语开始被引入。中国现代美学的开创者们一方面积极吸纳西方美学的学科术语、理论范式、思想观念，另一方面也没有抛弃中国古典美学的人生传统，他们面对时代的新命题、新现实对中国古代美学思想进行了积极的改造更新，以直面人生与关注时代的激情，构筑了既不同于西方经典美学，也不同于晚清以前的中国古代美学和中华人民共和国成立以后的中国当代美学的中国现代美学传统。中国现代美学的人生精神既吸纳了以儒道释等为代表的中国传统哲学的人生精神，同时也吸纳了西方现代生命哲学、情感学说、艺术美学等的资源。传统美学的伦理色彩、消极取向有所淡化，而对审美与艺术中的生命、情感、个性等因素的重视得到了强化。

中国现代美学并不倡导艺术局限于作品本身的技能与作家自身的悲喜。王国维、梁启超、宗白华等大家都主张通过审美、艺术来涵养人的整体生命与人格境界。由此，也诞生了以王国维“境界说”、梁启超“趣味说”、朱光潜的“情趣说”等为代表的美学思想学说。这些思想与学说的共同特征就是主张要把整个生活与生命创造为“大艺术品”。从这种思想指向出发，中国现代美学非常注重美育实践，倡导育人，即美学上的改造国民性。王国维第一个把“美育”的概念引进来。他认为健全的教育应是体智德美全面发展。蔡元培在中国教育史上第一次把美育确立为国家教育方针之一。梁启超明确提出了“情感教育”与“趣味教育”的美育指向。朱光潜以《谈美》向年轻人普及美育，产生了广泛的社会影响。中国现代美学明确了美育的宗旨是情感教育，美育的主要途径与形式是艺术教育，至此，美育在教育体系中具有了自己独立的地位，与其他教育方式区分开来，尤其是从与传统美育和伦理教化相纠结的状态中独立出来。

作为新文化运动的重要成果之一，中国现代美学不仅是学科思想、意识自身的发展史，也是为时代大潮所激荡的文化更新史与思想更新史。中国现代美学的学术话语中也渗透着启蒙、反思、批判的理性精神。可以说，中国现代美学史上有影响与成就的这些大家不仅是美学学者，也是思想家、文化学者与批判者。如梁启超所倡扬的文学情感与个性的两大艺术审美准则，实际上是对传统文学与封建文化长期以来钳制情感、压抑生命的批判。朱光潜提出谈美就是因为中国人急需“免俗”，亟须对那些“俗人”与“伪君子”予以批判与警醒。宗白华则深刻地提出了“中国文化的美丽精神”的问题，他把艺术、审美与人的灵魂境界相联系，强调艺术与生命意义、文化意义甚至国魂的联系。由此，中国现代美学也成为中国现代文化批判与建构的一个重要方面。

《中国现代美学名家文丛》的告竣发行，为我们重新反思作为新文化运动重要成果之一的中国现代美学，提供了一套高质量的基础资料，同时也为我们重新审视中国现代思想的转型提供了一个机缘。

原刊《中国图书评论》2010 年第 2 期。作者单位：中南民族大学

文献整理与学术开拓的统一

郑玉明

《中国现代美学名家文丛》（浙江大学出版社2009年版）是中国现代美学研究基础文献工作的一大进展，它首次对中国现代美学包括王国维、梁启超、蔡元培、宗白华、丰子恺和朱光潜等六位名家的美学著作进行了集中文献整理。20世纪八九十年代《朱光潜全集》和《宗白华全集》的整理出版曾引起学界的巨大关注，但是对中国现代美学的这些大家在同一层面上进行集中的文献编选却从未有过。而且特别值得称道的是，这套文丛不是简单地将文章放在一起，而是具有自己明确的学术定位与学术识见，并以此为核心来遴选与编排文章。这样富有追求的大型学术文献编选，迄今似不多见。“文丛”的编选出版确实做了一次很有意义的尝试与开拓。

首先，金雅教授和聂振斌研究员撰写的《文丛·序论》清醒地阐明了编选者的学术追求，即总结呈现中国现代美学的精神传统，以在新的语境中传承发展这一精神传统，从而推动当下的美学研究和人文建设。编选者把中国现代美学定位为“关注现实关怀生存的人生美学”，应该说是准确地把握了中国现代美学的核心精神的。19世纪末至20世纪40年代的50余年间，正是中华民族苦难深重的年代，也是民众生活极为动荡不安的时期。这个阶段的中国美学既有学科建构与理论建设的探索，也有直面人生与关注时代的激情，中国现代美学不只是单纯学科意义上的理论美学，它不仅试图去解决美学的学科与理论问题，更要直面现实中人的生存及其意义的问题。中国现代美学名家们或者着眼于人对于自己的社会历史责任的自由承担，或者着眼于人对于自己的生命自由理想的渴望而进行的美学探索，是中国美学宝库中极有理论价值和人文情韵的宝贵遗产。

当前市场经济的推进与发展所带来的人的世俗化、功利化，心灵的枯竭、精神的枯萎和生活的单调，面对着人的这种单向度发展所带来的生活意义迷失和日常生活表面的“时尚审美”追求，我们的美学研究应该适当保持启蒙理性立场，认真发掘、整理包括中国现代美学在内的人生美学遗产，以发挥审美对当今人的生活的重要现实意义。王国维的境界说、梁启超的趣味说、朱光潜的情趣说和丰子恺的真率论等，都是应该深入研究、认真汲取的。“文丛”在各位名家的美学著作编选中，以他们的人生美论为编选重心，不仅反映了当下中国现代美学研究的最新发展，也体现了编选者的人文情怀与现实忧思。

其次，“文丛”各选本的篇目编排科学地体现了中国现代美学的人生美学特色。相对于西方经典美学和中国当代美学的学科意识和理论特征，中国现代美学就不那么明显与强烈。即使是像朱光潜这样的直接在德国留学的美学博士，因为他的人生美学立场，所以也并不是专门谈美学问题的著作才是美学思想著作，他早期的《给青年的十二封信》《谈修养》等，在谈人生问题的同时，实际上也是在进行关于美的思考。“文丛”选主的这一特点，无疑给丛书的编选增加了困难。

这套“文丛”在编排上采用了上、下编的体例。上编主要为选主对美与艺术的基本观念的文字与相关论著，包括与美、艺术关系密切的哲学、人生、文化、教育、伦理、生活等方面的文字，以及关于美与艺术的基本性质、价值等方面的文字。下编则主要为选主对审美、艺术等问题的具体见解的文字。这种编排体例，首先将所选的具体文章做了总体的分类，使我们对选主人生美学与艺术美学相结合的总体特征有了宏观的把握。同时，各卷上下编的具体文章也不似通常的以时间为序，而是主要依据所论思想或问题的性质、内在逻辑等为序。这样的安排既尊重了各选主美学思想的内在逻辑及其特点，又体现了编选者对各篇论著的深入认识与评价，其学术性更强、思想性更鲜明。各位编选者对各选主的宏观把握和微观体察都充分体现在这种编排中。

最后，“文丛”每卷的编选者都是中国现代美学研究领域术有专攻、眼光独到、学养深厚的专家，他们在长期的学术研究中对其负责编选的各位选主以及中国现代美学的整体发展都有深入的认识。如聂振斌先生是我国近现代美学研究的早期开拓者，他曾著有《中国近代美学思想史》《蔡元培及其美学思想》《王国维美学思想述评》等学术专著。金雅教授对梁启超后期趣味美学的深入研究，对梁启超前后期美学思想的整体性把握填补了国内梁启超美学思想研究的空白。王德胜教授多年来追踪宗白华的生平及美学思想的研究，颇多创树。宛小平教授作为朱光潜先生的嫡孙，对朱先生的美学也有独到的体会。余连祥教授可能是国内目前对丰子恺的审美世界做系统研究并公开出版专著的第一人。他们都有多年的学术积累，也都著有产生过相当影响的专著。总之，这一堪称豪华的专家型编选队伍充分保障了“文丛”各卷的编选质量。而且编选者还在每卷著作的开头，根据自己对每位大家美学成就的深入认识进行了精到的概括，这不仅对普通读者深入了解其美学思想有着重要的裨益，而且对其他中国现代美学的研究者也都有着重要的启发。

总之，中国现代美学研究的资料整理这一基础工作是比较难做的，这是长期以来现代美学研究与古典美学研究相比一直略显薄弱的原因之一。比如梁启超先生一生著作多达1400余万字，涉及的学科领域非常广，要想在其卷帙浩繁、内容繁富的著作中，精到地选出相对重要的美学思想著述并非易事。而安徽教育出版社20世纪80年代出版的《朱光潜全集》，收集的朱光潜先生美学著译也多达20卷。对这些美学大家的相关论著进行披沙拣金的择取，没有相当的美学识见是很困难的。此次，金雅教授组织了一批学者，一起对自己长期以来非常熟悉的研究对象的相关著述进行了精心遴选与概要述介，编辑、出版了这套“中国现代美学名家文丛”。可以说，“文丛”的学术定位与编排特色也基本上反映了当前中国现代美学领域学术资料整理与学术研究发展所达到的水平。

原刊《中华读书报》2009年9月16日第16版。作者单位：浙江工业大学

中国现代美学传统的发掘和重释

张永健　刘茂华

《中国现代美学名家研究丛书》（金雅主编，商务印书馆 2012 年版）的出版为我们厘清整个中国美学的历程、提炼民族美学的特质、反思当代美学的发展，提供了重要的启益。《丛书》汇聚了全国长期从事该领域研究的重要学者，遴选了王国维、梁启超、蔡元培、朱光潜、宗白华、丰子恺等六位中国现代美学领域最具代表性的大家，从个案切入，既具体揭示了各家的思想学说风采，又集中提炼了他们共同的审美精神品格，从而不仅以点见面地展示了中国现代美学的整体成就与风貌，也有力地发掘了中国现代美学的精神传统与特质，切实推进了对中国美学民族学派的提炼与总结。具体来看，《丛书》特别在以下三方面取得了重要的实绩。

首先，《丛书》对所涉各家的研究完整精到，又有对各家共同的思想倾向和审美精神的分析揭示。《丛书》对六位中国现代美学发端与发展期的代表人物的生平轨迹、思想面貌、文化渊源等作出了简洁而精当的梳理，并附录了这些名家美学思想的相关研究论著简目和他们关于美学与文化的重要言论辑录，从而为读者准确理解这些名家的美学思想提供了必要的基础和宝贵的一手资料。《丛书》把重点放在对各家美学思想的范畴命题、发展演化、特质特色、影响启示等问题的研讨上，特别是对重要的范畴、学说、命题进行了深入的论析，对各家思想的特色特点予以了深入的发掘。

其次，《丛书》以人生论美学为核心，对所涉各家的美学精神和中国现代美学的民族传统予以了深入的总结与阐发，不仅有力地推动了对各家美学思想研究的深化，也有力地推进了对中国美学民族学派的提炼总结和深入研究。美学从学科的意义上说源自西方，中国美学的发展也长期借鉴西方。对于民族美学传统的深入发掘和科学总结，对于整个中国美学的未来发展意义深远。因为中国美学传承创化中西而形成的自身传统，正是中国美学自己的成绩所在，也是中国美学可以立足于世界美学之林的最为重要的根脉。《丛书》各册对各家融会中西而创化的具有民族特色的范畴、学说、命题、精神等着力予以发掘，这方面的研究尤为可贵，不仅显示了各位研究者的实力和眼光，也为民族美学传统的发掘与发扬、民族学派的提炼与总结、当代美学的建设与发展，作出了重要的理论开掘。《丛书・序论》以“中国现代美学的人生论传统”为题，鲜明地亮出了自己的观点，对中国现代美学区别于中国古典伦理美学与西方现代理论美学的人生论审美品格与精神特质作出了深刻的论析。指出：中国现代美学是关注现实、关怀生存的人生美学，强调审美艺术人生的统一和真善美的贯通，追求理论建构指向、诗性价值指向和实践超越指向的统一。《丛书》对“境界（意境）”、“趣味（情趣）”、“情调（韵律）”、“大艺术”、“美术人”、“人生（生活）的艺术化”等民族化范畴命题，展开了具体的研讨，着重发掘其独特的民族情韵和精神特质，对其创化中西古今而孕成的民族传统予以了精到的阐发。如果说，长期以来，我们已经习惯了中国现当代美学就是“西方美学在中国”，那么这套《丛书》的出版可以说是有力地展示了中国美学也有自己的传统，这个传统不是闭门造车、自我封闭而来的，而是在向西方开放、向一切优秀文化开放基础上的传承创化，《丛书》所揭示的各家的具体成就及其共同的人生论审美精神就是这种创化的最好例证。可以说，《丛书》对中国现代美学的人生论传统的提炼，既是对中国现代美学传统的发掘，也是对中国现代美学传统的重释。这一发掘与重释为中国美学民族学派的提炼总结打下了坚实的基础。

再次，《丛书》在当代背景下反思中国现代美学名家们的探索与努力，着力发掘他们对今天的美学发展和人文实践的启迪与意义，体现了学术思考与人文关怀的统一。20 世纪以来，美学曾经深深地影响过国人的生活，“美学热”也影响过几代人，许多美学家的名字和他们的著作国人耳熟能详。曾几何时，美学退回大学讲坛、研究机构，成为象牙塔内自娱和少数人把玩的学问。美学与生活的关系渐渐疏离，逐渐失去了现实的关怀，失去了理论的温情和热度，成为抽象、高深、冰冷的学问。《丛书》的主编金雅教授曾于2009年编选出版了《中国现代美学名家文丛》(6卷，浙江大学出版社2009年版)。两套丛书都共同突出了学术建设与人文关怀并举的理念，既注重学术探索，又重视人文阐释，使丛书既成为相关领域专题研究的重要成果，也是大众读者的人文读本。

综观这套丛书，对六位大家的美学思想作出了系统的梳理总结和有理论深度的阐释评价，并从学理与实践两个方位对一系列重要问题展开了深入独到的研讨。尤其是对中国现代美学传统的发掘和民族学派的梳理，高瞻远瞩，意义深远。同时丛书的资料附录和理论论证互为呼应，显示了踏实严谨的学风。可以预期，这套丛书的问世对中国美学思想的研究、民族文化资源的发掘、新世纪人文理想的建构等，特别是对于推进民族美学的健康发展和民族美学学派的建设，促进民族美学在世界美学之林中占有自己的一席之地，将产生积极而重要的作用。

原刊《文艺报》2013年1月18日第2版。作者单位：华中师范大学

思想研析

从金雅“人生论美学”研究说起

——兼论世界三大美学类型

杜书瀛

有人说，好的文学作品都是有灵魂的。的确是这样。我想，好的理论著作亦如是，它们也都是有灵魂的。摆在我面前的是新近出版的金雅等著《中国现代人生论美学引论》（中国社会科学出版社2020年版），它所研究的，是中国现代学术发轫期一批大师级学者如梁启超、王国维、朱光潜、宗白华、丰子恺、方东美等人有灵魂的理论著作。你读一读这些距今一百年前后的理论著作吧，你仍然会感受到其中火热的灵魂。这是在那个“三千年未有之大变局”时期所迸发出来的灵魂火花，今天仍放射着光芒。而这部《中国现代人生论美学引论》，以及金雅教授多年来所倡导并倾心研究的人生论美学，自然而然也沾染上了“灵气”，散发着“灵光”。金雅的“人生论美学”研究和她本人的“审美人生”历史，都是发着“灵气”“灵光”的，都是有光彩的。

2004年3月，金雅从浙江大学王元骧教授那里获得博士学位，博士论文题目是《梁启超美学思想述评》；2004年10月，金雅到中国社会科学院文学研究所做博士后，她的合作导师是我的同事钱中文教授。2007年10月，金雅完成博士后研究项目，顺利出站。虽然她博士后研究期间，我们接触不多，但她博士后出站，我是审查组成员和鉴定委员会委员。一看她近30万言的出站报告，我有些吃惊：短短两三年时间，她竟完成了如此出色的论著！出站报告是博士论文的深化，题为《人生艺术化与当代生活》，论据、论点都有新见。她从梁启超的“趣味”美论和“生活的艺术化”命题出发，梳理了中国现代“人生艺术化”的思想理论脉络。当时，鉴定委员会的结论认为：金雅的报告阐明了“人生艺术化”“这一美学思想萌发于20世纪20年代，确立于30年代，丰富发展于40年代。这一概述，颇具目力，富有新意”；“报告资料丰赡，语言流畅，将‘人生审美化’提升为现代美学中的一条重要线索，一个派别，富有理论开拓意义，拓展了现代美学的传统和内涵，具有很高的现实价值”。而我认为，她在梁启超美学研究上，也有两项突破。突破之一：挖掘出梁启超后期美学思想的独特价值，并将其前后期美学思想作为一个有机整体呈现于历史面前。突破之二：给予梁启超美学以独特的定位——人生论美学。

很快，她的博士论文充实完善后，以《梁启超美学思想研究》的书名由商务印书馆出版，受到学界好评。2005年出版当年，《梁启超美学思想研究》还登上了《新京报》学术畅销书排行榜，位列李泽厚《论语今读》后。之后，她就以此为起点，研究中国现代美学发轫期的几位大家的美学思想，而以他们的“审美人生”思想为重点。她还与中国社会科学院哲学研究所聂振斌教授合作，主编了《中国现代美学名家文丛》（六卷本）、《蔡元培梁启超与中国现代美育》、《人生论美学与中华美学传统》、《人生论美学与当代实践》等；她自己还主编了《中国现代美学名家研究丛书》（六册）、《中华人生论美学经典悦读书系》（四册）、《中国现代美学与文论的发动》；并组织主办了“中国现代美学、文论与梁启超”全国学术研讨会、“中国现代美学的资源与实践”全国高层论坛、“蔡元培梁启超美育艺术教育思想与当代文化建设”全国学术研讨会、“人生论美学与中华美学传统”全国高层论坛、“人生论美学与当代实践”全国高层论坛等有关“人生论美学”“审美人生”的各项美学活动，开展得有声有色，风起云涌。从此，学界同人不能不以热情关切和赞赏的眼光，看待这位颇具学术潜力的年轻女教授了。

金雅长期研究“审美人生”理论，其核心，就是中国传统思想宝库中的人生论和由此生发出来的人生论美学。

大家知道，西方传统哲学以“求真”为其突出特征，它最感兴趣的是要探寻人们面对的这个世界的本质“是什么”；而中国传统哲学则以“求善”为其突出特征，它最感兴趣的是要探寻在这个世界上生活着的人们的本性“怎么样”。这几乎成为人文学者的共识。

对于中国传统哲学来说，人的生命怎么样，是第一位的；它最关心的是人，是人生。《论语·乡党》：“厩焚。子退朝，曰：‘伤人乎?’不问马。”马棚烧了，孔子首先想到的是：“伤人了吗?”

有人说，中国传统哲学是落实于行动中的哲学，是关于生命的学问，是心性之学，中国哲学的修身和实践主要在于道德方面。有人干脆说中国传统哲学根本上是道德哲学或伦理哲学。这些说法不能说没有道理。伦理道德，归根结底是讲做人的思想行为准则，是讲人的本性和人生的根本道理。

既然中国传统哲学最感兴趣的是要探寻世界上生活着的人们的本性“怎么样”，那么，我们是否可以把中国传统哲学说成人生论哲学，即关于人的生命和生活的哲学呢？我想，从中国数千年的思想史、哲学史的基本事实看，这个说法基本成立。

譬如儒家思想学说（用现代观念说即儒家哲学），根本上是讲人与人的关系，讲人生和人性。孔子讲“仁”，最广为人知的具有代表性的话就是“己所不欲，勿施于人”，即人与人如何相处，用什么样的原则处理他们之间的关系，并且从这种关系的处理中，见出人之本性，见出人生的根本道理。孟子讲“性善”、“四端”（“恻隐之心，仁之端也；羞恶之心，义之端也；辞让之心，礼之端也；是非之心，智之端也”）、“民为贵，社稷次之，君为轻”，等等，也是讲人与人的关系。这些都是中国传统哲学最基本的表现。儒家之外的其他学派，例如道家和后来传入中国的佛家，似乎“出世”（超脱于人世）的味道很浓，但究其底里，根子上仍然脱离不开人，从内里说它们所关心的依然是人生，是人的生生不息。譬如《老子》四十二章所谓“道生一，一生二，二生三，三生万物。万物负阴而抱阳，冲气以为和。人之所恶，惟孤寡不穀，而王公以为称。故物或损之而益，或益之而损。人之所教，我亦教之。强梁者不得其死，吾将以为教父”——其根本的着眼点，还是人生。佛家主张众生皆有佛性，众生皆能成佛，众生平等，善必有善报，恶必有恶报，因缘成熟，报应必来，诸恶莫作，众善奉行，自净其意，等等，这些讲的其实都是做人的原则。《六祖坛经》中，禅宗六祖大师惠能阐述人在家如何修行：“心平何劳持戒，行直何用修禅。恩则孝养父母，义则上下相怜。让则尊卑和睦，忍则众恶无喧。若能钻木出火，淤泥定生红莲。苦口的是良药，逆耳必是忠言。改过必生智慧，护短心内非贤。日用常行饶益，成道非由施钱。菩提只向心觅，何劳向外求玄。听说依此修行，西方只在目前”。人们一看就明白，里面讲的也都是人生道理。即如当代人们很熟悉的星云大师，他是出家人，但他的许多演讲，讲的多是人们的“家务事”，甚至讲人们应该如何处理婚姻关系、夫妻关系，充满温情脉脉的人情。

唐代的儒家李翱开始“融佛”，宋明新儒学，援道援佛入儒（许多理学家如二程、朱熹等虽嘴上骂佛家、骂道家，实际上还是受到佛与道的启发和影响，吸收了佛家思想和道家思想的许多因素，或以它们作参照），出现了儒道释合流的迹象，尤其是王阳明，最为典型。《传习录拾遗》第45条有一段问答：

张元冲在舟中问：“二氏与圣人之学所差毫厘，谓其皆有得于性命也，但二氏于性命中着些私利，便谬千里矣。今观二氏作用，亦有功于吾身者，不知亦须兼取否?”先生曰：“说兼取便不是。圣人尽性至命，何物不具？何待兼取？二氏之用，皆我之用。即吾尽性至命中完养此身，谓之仙；即吾尽性至命中不染世累，谓之佛。但后世儒者不见圣学之全，故与二氏成二见耳。譬之厅堂，三间共为一厅。儒者不知皆我所用，见佛氏则割左边一间与之，见老氏则割右边一间与之，而己则自处中间，皆举一而废百也。圣人与天地民物同体，儒、佛、老、庄皆吾之用，是之谓大道。二氏自私其身，是之谓小道。”①

总之，中国传统哲学，其根本指向，还是人生论。这个传统，如长江、黄河，从涓涓细流发展为洪涛巨流，源远流长，延续到梁启超们的时代，以至今天。

在人生论哲学基础上发展起来的，就是人生论美学（人生美学）——它的特色，最“民族”、最“中国”——它是中华民族的美

① 王阳明：《传习录》，长江文艺出版社2015年版，第279页。

学。人生论美学（人生美学）的基本内容，我将在后面阐述。

说到这里，我想，我们不妨把视野放得宽一些、远一些，从更加广阔的时空背景下来申说目前我们所讨论的话题，通过对比，会把事情看得更清楚些。

宏观地说，我认为古今中外的美学可分为这样几种基本类型：哲学美学、艺术美学、心理学美学、符号学美学、人生论美学（人生美学）、生命美学、身体美学等。其中最重要的，是哲学美学、艺术美学、人生论美学（人生美学）。下面我着重说说这三大类型的美学。

首先谈哲学美学。它可以康德美学为代表。哲学美学的根本的兴趣在从纯粹哲学理论上探讨纯粹的“美”（在康德那里其实是“审美”）本身，这完全是个高在云端的极为抽象的哲学问题。在康德的《判断力批判》中，他从质、量、关系、方式四个方面来界定“美”（“审美”）是什么：“美”（“审美”）是一种无利害的快感；“美”（“审美”）具有不涉及概念的普遍性；“美”（“审美”）具有主观合目的性；“美”（“审美”）具有不借助概念的必然性，等等。康德只沉浸在他的哲思中，满怀着钟爱执着地论述抽象的“美”（“审美”）是什么，并不联系现实生活中的“美”（“审美”）的事实，基本上不联系艺术中的审美实践——有人说，康德的艺术鉴赏力实在一般，当他偶尔涉及艺术时，怕要露怯。追寻纯粹的“美”（“审美”）是什么，美学的这个基本类型——哲学美学，其源头也许可以追溯到柏拉图那里——柏拉图要追寻的就是“美本身”。在《大希庇阿斯篇》里，柏拉图写了他的老师苏格拉底与希庇阿斯的一系列对话。苏格拉底问希庇阿斯：能替美下个定义吗？请告诉我什么是美。希庇阿斯说：一个年轻小姐是美的。苏格拉底不满意，他说，我要问的是：什么是美？而不是问：谁是美的，什么东西是美的？在这篇对话里，柏拉图借苏格拉底的口说：“美本身”（即“什么是美”）不是“美的事物”（即“什么东西是美的”），例如不是“美的小姐”“美的母马”“美的竖琴”“美的汤罐”，也不是使事物显得美的质料或形式，不是某种物质上或精神上的满足，不是恰当、有用、有益等价值，不是由视觉或听觉引起的快感……这些都不是“美本身”。但是，“美本身”究竟是什么？柏拉图（苏格拉底）找不到答案，最后，无果而终，只好说："美是难的"。[①] 后来的许多美学家也专门在寻求"美本身"（"美"或"审美"）上下功夫，寻求了一两千年，到康德，达到极致，但也离老百姓活生生的人生越来越远，几乎走到了不食普通百姓生活烟火的地步。请读者不要误解，我这里只是说哲学美学的特点，并不是全面评价哲学美学，更不是否定哲学美学（特别是康德美学）在美学史上的价值和地位。

其次谈艺术美学——专门关注艺术问题的美学。细分，它可以包括艺术哲学（以哲学美学为基础）、艺术心理学（以心理学美学为基础）、艺术符号学（以符号学美学为基础），等等。这里，我着重谈艺术哲学，它是从哲学上说明艺术的种种问题，可以黑格尔美学为代表。黑格尔给自己的美学定名为"艺术哲学"。黑格尔三大部《美学》巨著，根本的兴趣在探索艺术的哲学本质。黑格尔把艺术纳入他的抽象的三段论哲学体系之中，从他的哲学体系上说明艺术是什么。那么，在黑格尔看来艺术是什么呢？这可以从两个方面来把握：首先，从"逻辑"上看，黑格尔说"美是理念的感性显现"——请注意：黑格尔的"美"只是艺术美，他认为只有艺术中才有美，艺术之外无美，他不承认自然美。其次，从"历史"上看，艺术的历史发展历程经过三个阶段：第一阶段是象征型艺术，第二阶段是古典型艺术，第三阶段是浪漫型艺术。黑格尔《美学》的翻译者朱光潜先生对这三个艺术类型曾经做过通俗易懂的解说。在朱先生的启发下，我在一篇文章中曾对黑格尔的艺术哲学进行过粗浅的描述：在黑格尔构想得非常"精致"的体系里，文学艺术向前发展的过程中，最初是物质的因素占上风，后来物质的因素渐渐下降而精神的因素渐渐上升，由此而形成"象征艺术"→"古典艺术"→"浪漫艺术"这样一种发展轨迹。"象征艺术"是物质（感性形象）胜于精神（理念内容），"古典艺术"是物质（感性形象）与精神（理念内容）相互平衡，"浪漫艺术"是精神（理念内容）超过物质（感性形象）。上述三种艺术类型不过是精神（理念内容）和物质（感性形象）之间的各种不同的关系。黑格尔认为，理想的文学艺术是以富有"生

---

① 参见《柏拉图文艺对话集》之《大希庇阿斯篇》《斐德诺篇》《会饮篇》等，朱光潜译，人民文学出版社 1963 年版。

气”的“感性”形式来完满而充分地“显现”理念，他说：“艺术兴趣和艺术创作通常所更需要的却是一种生气，在这种生气之中，普遍的东西不是作为规则和规箴而存在，而是与心境和情感契合为一体而发生效用”。[①] 所谓“生气”者，总是同感性的、有生命的、有感情的、具体生动的东西联系在一起，这种富有生气、以感性“显现”理念、“与心境和情感契合为一体”的艺术，就是“理念的感性显现”。这是黑格尔的“古典艺术”，是艺术的理想状态，这个时候，也是艺术的黄金时代。但是，在黑格尔体系中，“理念”（绝对精神）再往前发展，理想艺术之感性与理性的均衡被打破，抽象的理性渐强而具象的感性渐弱，即由“古典艺术”变为“浪漫艺术”，再往后，抽象的东西作为表现形式将取代感性的东西，于是“浪漫艺术”将走向“终结”。“浪漫艺术”的典型形式是诗，黑格尔自己明确说：“到了诗，艺术本身就开始解体”。[②] 为什么“到了诗，艺术本身就开始解体”呢？因为诗“拆散了精神内容和现实客观存在的统一，以至于开始违反艺术的本来原则，走到了脱离感性事物的领域，而完全迷失在精神领域的这种危险境地”。[③] 由诗，艺术走向了宗教和哲学，也消失于宗教和哲学。在黑格尔那里，诗是向艺术告别的一种形式。

西方的许多美学家（或者说绝大多数美学家），尽管哲学立场有所差异，总的说，他们都可以说是不同形态的艺术哲学家。

再次谈人生论美学（人生美学）。它可以说是我们中华民族的传统美学的代表。西方的一些美学家如法国的柏格森也讲生命美学，提倡超理性的审美直觉，虽有“生命”二字，但与中华民族的人生论美学（人生美学）是两回事（近年中国的一位美学家也讲生命美学，我看与传统的人生美学有某种联系但也不是一回事）；美国的杜威讲“艺术即经验”，我的同事和好友高建平已经把《艺术即经验》译为中文（商务印书馆 2006 年版），他的美学有自己的特定含义，虽然某些地方与我们的人生美学有相通之处，但根柢究竟不同。近年来更有所谓日常生活审

① 黑格尔：《美学》第 1 卷，朱光潜译，商务印书馆 1979 年版，第 14 页。
② 黑格尔：《美学》第 3 卷，朱光潜译，商务印书馆 1979 年版，第 12 页。
③ 黑格尔：《美学》第 3 卷，朱光潜译，商务印书馆 1979 年版，第 13 页。

美化（费塞斯通、韦尔施、鲍德里亚等）和身体美学（舒斯特曼等），与我国的人生美学有部分接壤之处，但根本上说也不一样。这些问题需要专门研究，兹不赘。

人生论美学（人生美学）的兴趣不像哲学美学那样探索抽象的美是什么，也不像艺术哲学那样从抽象的哲学理念出发探讨所谓艺术的本质，也不像艺术心理学或艺术符号学专门从心理学美学或符号学美学的角度探讨艺术的种种特征，它的根本兴趣在说明美与人的关系，美与人的生命的关系，美与人的日常生活的关系，总之，美与人生的关系。譬如，儒家常讲“孔颜之乐”——这个概念是从《论语》而来，细分，又可分为“孔乐”和“颜乐”。所谓“颜乐”，是从孔子赞扬颜回的那段话生发出来的：“贤哉！回也。一箪食，一瓢饮，在陋巷。人不堪其忧，回也不改其乐。贤哉！回也”。[①] 还有“孔乐”：“子曰：饭疏食饮水，曲肱而枕之，乐亦在其中矣。不义而富且贵，于我如浮云。”[②] 这里的“乐”，都是从人性之善中生发出来的，是人性善所生发出来的快乐。中国的人生哲学和人生美学，总是美善合一的，常常是：善即美，美即善。颜回那种“一箪食，一瓢饮，在陋巷。人不堪其忧，回也不改其乐”；还有孔子本人的“饭疏食饮水，曲肱而枕之，乐亦在其中矣”，它们都是说人性的光辉、善的光辉、美的光辉所生发的快乐。高洁的人性之中有美，或者说高洁的人性、人格，即是美。

孔子之后，孟子讲“充实之谓美”，[③] 是把人的固有的善良之本性“扩而充之”，从而贯注满盈，如此，才美。如何得到“充实”？孟子的办法是“养气”。孟子与公孙丑有这样一段对话（公孙丑问曰）：“敢问夫子恶乎长？”曰：“我知言，我善养吾浩然之气。”“敢问何谓浩然之气？”曰：“难言也。其为气也，至大至刚，以直养而无害，则塞于天地之间。其为气也，配义与道；无是，馁也。是集义所生者，非义袭而取之也。”[④] 人有了“浩然之气”，那就“充实”了，也就“美”了。这里没有讲什么美的定义，不从哲学上阐发美是什么，也没有涉及艺术

① 张燕婴译注：《论语》，中华书局 2007 年版，第 75 页。
② 张燕婴译注：《论语》，中华书局 2007 年版，第 92 页。
③ 杨伯峻、杨逢彬注译：《孟子》，岳麓书社 2000 年版，第 255 页。
④ 杨伯峻、杨逢彬注译：《孟子》，岳麓书社 2000 年版，第 47 页。

与美的关系。它认为美在人生之中，美在善良的人性之中，美在高尚的人格之中。它赞扬和阐发的，是人性的美、人格的美。

孔孟的上述美学思想以及其他学派的美学思想，在我们中国，从古至今，从平民到高官、从士绅（知识分子）到广大的老百姓，不间断地被继承、发扬，当然，也在许多文艺作品中不断被写作、被创造。中国历史上的英雄人物，像屈原、岳飞、文天祥、林则徐……以及文艺作品中的诸葛亮、关羽，现代作品中的许云峰、江姐……哪一个不是充满人性的光辉？这就是美。仅举一个例子：林则徐。他有一副总督府题书的堂联：上联为“海纳百川，有容乃大”；下联为“壁立千仞，无欲则刚”。还有他《赴戍登程口占示家人二首》中的两句诗：“苟利国家生死以，岂因祸福避趋之。”联系到他为官时的伟大历史业绩，可以看到这是多么光辉的人格！这就是美。

中国历代思想家、美学家、文学家、诗人，不断用人生实践、用理论著述、用语言文字，建构着、丰富着这种人生论美学（人生美学）。东汉末年许劭与其从兄许靖喜欢品评当代人物，常在每月的初一，发表对当时人物的品评，故称“月旦品”“月旦评”。例如许劭评曹操是“子治世之能臣，乱世之奸雄”，开品评人物之风气——主要从人格、人性的角度评价人物。南朝刘义庆《世说新语》中就有许多赞扬人格、人性之美的文字，例如《容止》，写裴令公：“见裴叔，如玉山上行，光映照人”。《言语》中有一段话：“谢太傅问诸子侄：‘子弟亦何预人事，而正欲使其佳?’诸人莫有言者。车骑答曰：‘譬如芝兰玉树，欲使其生于阶庭耳。’”后以“玉树”称美佳子弟。刘义庆更多是对人道德、人格的品评，赞扬率真、亲情、友情，赞扬人情、人性之美，这样的例子几乎俯拾即是，不胜枚举。中国历代的文论和美学著作，在评论作家作品时，也非常注重人性美、人格美的论述。

历史发展到“三千年未有之大变局”的那个时期，出现了一批新形势下的现代人生论美学家。所谓“大变局”，是说社会基本结构的大变动、大转型，古老的中华帝国在戊戌变法、辛亥革命、五四运动等“社会地震”接连不断的冲击下，整个社会翻江倒海、地动山摇，政治、思想、文化发生巨变，而美学领域里也从传统的“人生美学”向现代“人生论美学”转换，其特点是新思与旧见相克相生，中学与西学相交相融，熙熙攘攘，层出不穷，场面煞是好看。梁启超、王国维、蔡元培、胡适、李大钊、陈独秀，以及《中国现代人生论美学引论》一书中说的其他几位学者朱光潜、宗白华、丰子恺、方东美等，就是其中的优秀代表。

所谓现代的新的“人生论美学”，是说它具有不同于以往传统人生美学的新特点。譬如，这个时期的学者都不同程度地借鉴和吸收了西方许多哲学思想、美学思想，给中国原有的传统人生美学注入新血液。上面提到的那些学者，大多有留学西洋或留学东洋的经历，或深或浅受到外国学术思想特别是哲学思想美学思想的熏陶。在他们所倡导的新的人生论美学中，不断闪现着外国各色美学因素和思想文化因素，他们所提倡的“趣味”“境界”“美术人”“大艺术”“人生（生活）的艺术化”“心借物的形象来表现情趣”等，都有着中西哲学思想和美学思想碰撞融合的味道。譬如梁启超在《美术与生活》一文中提出：“‘美’是人类生活一要素——或者还是各种要素中之最要者，倘若在生活全内容中把‘美’的成分抽出，恐怕便活得不自在甚至活不成。”这是在外来美学思想影响下对中华民族人生美学的新阐述。尤其典型的是王国维，在20世纪初的一二十年间，王国维写了《红楼梦评论》《文学小言》《人间词话》《论叔本华之哲学及其教育学说》《叔本华与尼采》《论哲学家与美术家之天职》《屈子文学之精神》《古雅之在美学上之位置》等一系列美学文章，表现出新的人生论美学气息，吸收和运用西方学术思想、哲学思想、美学思想观察中国的人生现实和审美现实，并与中华民族的传统的美学思想相结合，为现代中国的人生美学开了新生面。前述《红楼梦评论》在中国文论史和美学史上第一次阐发了《红楼梦》的悲剧美学意义，强调《红楼梦》的价值在于它创造了典型的悲剧美。王国维借鉴叔本华的理论，把悲剧分为三种：“第一种之悲剧，由极恶之人极其所有之能力以交构之者；第二种之悲剧，由于盲目的运命者；第三种之悲剧，由于剧中之人物之位置及关系而不得不然者，非必有蛇蝎之性质与意外之变故也，但由普通之人物、普通之境遇逼之，不得不如是。彼等明知其害，交施之而交受之，各以加力而各不任其咎。此种悲剧，其感人贤于前二者远甚。何则？彼示人生最大之不幸，非例外之事，而人生之所固有故也”。《红楼梦》的悲剧是最高等的悲剧。

不用多引了。读者诸君翻一翻20世纪初那些大师级美学家们的著作，一看即明。

正如金雅在《中国现代人生论美学引论》一书中所总结的：中国现代人生论美学自觉地将审美、艺术、人生相统一，将审美活动、艺术活动、人生实践相勾连，将审美活动引向广阔的人生。它不像西方经典理论美学那样以美论美，追求理论自洽，而是鲜明地体现出向人生开放的思想，通过美的实践完善人格、人性，提升生命境界。人生论美学对人生大美的终极追求，使它的美学视野和审美尺度中的艺术美，不仅以形式美为最高准则，也不片面地追求艺术活动中的纯感性宣泄，而是强调艺术作品真善之内质。人生论美学这种既热烈执着于人生又高逸超拔于人生的美学精神，是中华民族优秀文化精神的诗性呈现。

金雅教授对人生论美学研究的专注投入和开疆拓土，不仅为人生论美学的当代理论建设和话语建构作出了重要的开掘，也为当代中国美学研究注入了新的活力，有力拓展了当下美学与生活的深度关联。在新时代，继承和发扬中华民族的人生论美学的优秀传统，正是今天中国知识分子和广大百姓的历史责任。

2021年中伏酷暑，写于北京安华桥蜗居

作者单位：中国社会科学院

对当下中国美学研究的一种探索反思和创构
——读金雅两部“人生论美学”论著

金丹元

中国美学由古典向现代转型，实际上与现代哲学、政治学、经济学、文学以及现代数、理、化学一样，都是西学东渐后的产物，同时也说明近现代中国知识分子对西方现代性的认同与自觉靠拢。中华人民共和国成立后，我国的美学研究先后历经了20世纪50年代的各家争鸣、思想碰撞，最终达成以马克思主义美学观为指导，建设有中国民族特色的社会主义美学的研究方向。至“文革”结束，20世纪80年代的解放思想，破除迷信，群英荟萃，各抒己见，特别是李泽厚《美的历程》的问世，又一次掀起了史所罕见的全国性的“美学热”，并由此形成了众所周知的几大流派。21世纪以来，新一代理论研究者继往开来，人才辈出，美学研究硕果累累。但也应看到，随着市场经济的深入人心，泛美学化现象日渐扩大，似已有成引领时尚之势。近三十年来，美学研究看似“热闹”“繁荣”，相关著作和论文如雨后春笋，不计其数，然而，圈内人士都不难发现，实际上已经出现瓶颈，甚至可以说在某些方面已经暴露出后继乏人的危机。

美学研究不外乎这么几个方面：美学理论（包括原理、元美学）、美学史、美学批评、比较美学研究、门类美学研究等。但总的说来，可归结为史与论两大类。而如今重复的或大同小异的美学史不少，有些甚至是张冠李戴的，或有抄袭之嫌的。理论方面的老调重谈也不鲜见，如不断推出几十年前就已争论不休、时至今日也不会有统一意见的“什么是美”“何为美的本质”。或者将一些本来已很清楚也很简单的术语、概念拿来重新炒作，如不断争论什么是“审美”一类的常识性概念，把简单的术语复杂化，故弄玄虚，甚至还讲错了。有些所谓的创新，令人啼笑皆非，如从“美学地板”“美学咖啡”，到讨论“审美”与“审丑”的同一性，最近看到一篇题为《法西斯美学的诱惑——崇高感、归属感、自豪感》的推介文章，其中提到了苏姗·桑塔格对“法西斯美学”的论述，墨索里尼的名言“所谓法西斯主义，首先是一种美”等等，继而有人又反向推导出崇高感、自豪感中就存在着“法西斯美学”。这种混淆概念的论述，再加上泛美学化现象已渗透至日常生活的各个层面，不少专家学者也在迎合这种趋势，无非是想成为“学术网红”等。这些状貌，使当下美学研究可以说既陷入困境，十分尴尬，又面临重建，任重道远。

金雅教授近年出版的两部著作——《中华美学：民族精神与人生情怀》《中国现代人生论美学引论》，力图从人生论美学的角度来构建自己的话语体系，我觉得，不失为是对当下中国美学研究的一种有益探索和补救。首先，“人生论美学”与中国传统文化及其传承相吻合，而且从中国文化、中国美学的角度去讨论人生命题，就会发现“中华文化关怀人、关注生存、关爱生命，具有浓郁的人生情怀和人文情韵”。①所以，她引用张岱年先生之说法“人生论是中国哲学之中心部分”，②是很贴切的。中国先贤所强调的“性命”说，依今天的讲法也就是合于本性的生命哲学，而且中国的儒、道、佛等诸家思想都从不同的立场对此有过论述。如，孔子认为：“天何言哉？四时行焉，百物生焉？”（《论语·阳货》），一切生物都在感知着四时的变化，都在本能地追求着生的自由，但人又应以“仁”来规范自己的言行举止，所谓“仁者人也”（《礼记·中庸》），“人而不仁，如乐何？”（《论语·八佾》）。老庄哲学是最看重性命学的，重性命，不仅是看重生命，也包含着要遵循自然、返璞归真的意思，所以老子才会说：“人法地，地法天，天法自然”（《老子·第二十五章》），提倡“复归于婴儿”（《老子·第二十八

① 金雅等：《中国现代人生论美学引论》，中国社会科学出版社 2020 年版，第 1 页。
② 金雅等：《中国现代人生论美学引论》，中国社会科学出版社 2020 年版，第 1 页。

章》）。而庄子则从养生说开去，所谓“吾生也有涯，而知也无涯。以有涯随无涯，殆已！已而为知者，殆而已矣！”（《庄子·养生主》）中国佛学，从某种程度讲，几乎就是一种专论本性，倡导觉悟到本性的哲学。所谓“本性是佛，离性无别佛”“无念为宗”“无往为本”的目的就是要“识得本性去”。

人生论美学，必定会涉及人文、人道、人性、人情等各种范畴。《论语》中的“质胜文则野，文胜质则史”（《论语·雍也》）。不仅是对人的修养而言的一种辩证解说，而且还包含有治国理政之道。如说：“周监于二代，郁郁乎文哉！吾从周。”（《论语·八佾》）孔子认为周代的文化比夏商两代更完美、丰赡，是一种理想的社会体制下的文化。所以人生论中的人文精神是对家、国及个人三方面都有相同意义的。齐家、治国、平天下，既是人格生成的必经之途，也是王者成其霸业的发展之路。中国文化中的家国情怀、家国同构理念，就此可见一斑。与此同时，人道与天道又是互通的。“天人合一”之所以会成为一种至高的审美境界，恰恰印证了“天”“人”是可以相通的，也正因为此，冯友兰先生才会将自己对中国哲学的认识起点设定在“天命之谓性，率性之谓道，修道之谓教”的纲领上。①

金雅的论文选集《中华美学：民族精神与人生情怀》分上、中、下三编。上编从各个不同的视角和维度，对人生论美学的若干基本观念作出理论上的分析和阐释。中编主要以梁启超美学思想为个案，涉及他的趣味说、崇高美理念、“三大作家批评”、梁启超小说思想的建构、对中国女性文学的贡献以及他在中国美学的现代转型中的重要地位等，都颇具新意和说服力，重点聚焦了梁启超以大美和趣味为标识的人生论美学精神。下编，将梁启超同王国维、朱光潜、宗白华等作比较研究，可见其在梁启超美学研究方面确实是下了功夫的，作了许多深入细致的考量和反省，使我们对梁启超美学思想的特点、思维、功绩及其与众不同处有了更全面、更丰富的了解。但我觉得，金雅该文集中最有意味，也是最能给人以启迪的是她“上编”中所阐释的一些基本理念、审美

① 尹大贻：《天人合一说和冯友兰的新理学》，载《中西文化与20世纪中国哲学》，学林出版社1998年版，第142页。

范畴、研究思路，如“人生论美学传统与中国美学的学理创新”“以中华美学精神提升当代批评实践”等。我觉得尤其应引起重视和有她创新之处的是，金雅提出了“美情”这一概念，并与“常情”“粹情”相对照。她从康德关于人的“知、情、意”的三维理论框架说起，强调了“美情”与“常情”、“粹情”的区别，认为：“粹情”是康德为代表的西方经典理论美学中思辨性的情感命题，它的意义在于对美感独立性的理论追求；“常情”的价值在于它的真实性，“即日常生活实践中真实发生的人的情感”，是美感的生活源泉；“美情”则“特指审美实践中产生的……富有创造性的诗性情感”，把“美情”视为美的实践中的具有特定规定性的鲜活情感样态。她进一步认为：“从整个世界美学来看，中华美学是最为注重审美活动中情的要素的美学理论之一。”① 在讨论梁启超、朱光潜、宗白华等的美学思想时，金雅也不断地强化着中国美学中重情的突出特征，不管是对“移情”“情趣”的中国式阐发，还是对“情调”“诗情”的现代性理解。审美和艺术中的“情”，进而也就是“美情”，始终是中国式人生论美学的一个重要亮点和基本因素。由此，金雅又重提了“人生艺术化”的命题。“人生艺术化”也就是艺术化了的人生，这是一种审美化、理想化的人生观和人生诗境。在中国古典美学中，早就有“游于艺”的说法，“游”是指自由自在地活着，活在艺术的审美化了的人生的大海中。20 世纪二三十年代的中国，一方面是西风东渐，西洋文化不断冲击着中国传统文化，另一方面列强欺凌，民生凋敝，整个中华民族处于危难之中。如是，“人生艺术化”就成为一种启蒙主义和审美主义相糅合的学说应运而生了，“从而为 20 世纪上半叶苦难中的国人提供了一贴温暖独特的精神药方和心灵鸡汤”。② 而这一学说的精神奠基者，正是钟情于变法的梁启超先生。我曾提出过，在中国古代艺术创造中就深刻地潜藏着一种“雅”与“和”相融合的特殊的艺术思维气质。无论是现实生活中所说之“雅好”“雅道”“雅致”“雅述”“高雅”“优雅”“风雅”等，还是艺术论中所推举之“典雅”“雅正”“大雅”“雅乐”“雅言”等，乃至于

① 金雅：《中华美学：民族精神与人生情怀》，中国社会科学出版社 2017 年版，第 30—31 页。
② 金雅：《中华美学：民族精神与人生情怀》，中国社会科学出版社 2017 年版，第 115 页。

"敏而好学，雅量豁然"（《晋书·李寿载记》）、"函雅故，通古今"（《汉书·叙传下》）等说法，都说明"雅"是中国古代士大夫们一种审美感觉和审美享受的需要，而"'雅'作为艺术思维的特殊气质，其主要表现形式正是我们通常所说的中国古典美学中的'和'"。① "中国文人的艺术思维中处处都自觉不自觉地流露出圆通尽妙彻，身可与竹化的'和'。这种物我交融，与天地并生的'中和'又滋养着中国文人心地的雅正，胸襟的雅量，以致使中国艺术家即便两袖清风，穷酸潦倒，也照样清高自诩，儒雅不俗，甚至不为五斗米折腰。"② 因此，当看到金雅提出"人生论美学追求审美、艺术、人生动态统一的大美观，它将艺术和人生一并纳入了美的视域"时，③ 我是完全赞同的。

在《中国现代人生论美学引论》一书中，金雅以自己的人生论美学观为主线，以现代美学史上几位重要的大家，梁启超、王国维、朱光潜、宗白华、丰子恺、方东美等为典范个案，"尝试对中国现代人生论美学的主要思想风貌和民族精神特点予以概观阐发"，④ 并展示出中国向现代性自觉靠拢和力图与西方接轨时，美学家们对具有中国特色的民族精神和人生情怀的看法的一致性或表现为某种共同的审美取向。在具体阐释中，金雅等紧扣每一位不同美学家的主要观点、基本立场，结合对人生论的认识，将他们的美学思想一一作了新的解读和分析。如，将梁启超概括为"趣味人生论美学"，突出了其审美、艺术、人生统一的大美视域，注重"个性"和"至诚"之美情，倡导"生活的艺术化"；梁启超所讲的"美术人"，实际上也就是今日所说之懂美、爱美、会审美的人，他的目标是"养成享用美术的美术人"。将王国维概括为"境界人生论美学"，是对王国维"境界"说的一种拓展，即从艺术境界推及人生境界，从中又可见出王国维把艺术与人生相沟通，又将审美糅合其间，并就此而推出了"境界"与"真"、"真味"的内在联系，"境界"与"气象"的关联，"境界"与自我，也就是与人的品相、层次、审美情趣直接挂钩，不仅把"有我之境""无我之境"引申至中国现代

① 金丹元：《中国艺术思维史》，上海文化出版社 2005 年版，第 39 页。
② 金丹元：《中国艺术思维史》，上海文化出版社 2005 年版，第 42 页。
③ 金雅等：《中国现代人生论美学引论》，中国社会科学出版社 2020 年版，第 4 页。
④ 金雅等：《中国现代人生论美学引论》，中国社会科学出版社 2020 年版，第 362 页。

文化物我同化、天人合一的境界，并由此而使之与“人格”相融，把“人生三境界”提升至“人格境界”论，进而引出了王国维最赏识的那种与“大境界”相吻合的“大词人”与“豪杰之士”。又如，把朱光潜的美学与“情趣”联结在一起，概括为“情趣人生论美学”，论述了“情趣的意象化”“人生的艺术化”等命题，都颇耐人寻味。认为朱光潜对“隔”与“不隔”的理解与王国维不同，他把“隔”与“不隔”与艺术表现中的“显与隐”联系起来。朱光潜极力推崇陶渊明，认为陶诗“不平不奇，不枯不腴，不质不绮”，“这是艺术的最高境界，可以说是‘化境’”①。这些分析都合情合理，也有自己的心得体会。该著的第四章，将宗白华美学概括为“哲诗人生论美学”，也很值得咀嚼。著作认为宗白华的人生论美学是以真启美，以诗证真，追求的是哲、诗、真、美之圆成。宗白华“指出古希腊最高的人生理想在于人生与宇宙的结合”。“在这种宇宙意识观照之下，宗白华对人生的思考，是希望用一种新人格来创造一个新社会，新人格与新社会的合一即‘少年中国’。”② 在这一章里，所谈之“空灵与充实”和“散步的隐喻”尤为值得一读，认为宗白华所言之“空灵”即“静照”，是一种“看”世界的方式，而以散步来作隐喻，即是强调自由自在，无拘无束的人生艺术化。在讨论“‘一往情深’的晋人典范”时，特别指出了宗白华的创新之处，如“认为晋人的艺术人格的核心是‘发现’的能力”。③“‘一往情深’的实践表现，不仅是建立一种艺术境界，更重要的是建立一种真性情有生命力的道德态度。”④ 凡此种种，皆体现出著者的发现的能力和悟性。第五章，将丰子恺的美学概括为“真率人生论美学”，也是实事求是，切中肯綮的。从丰子恺的出生地江南水乡的殷实、富足，石门湾既是商贸集聚之地，又风景秀丽，富有诗情画意起笔，写到中西文化碰撞对丰子恺的影响，他对真、善、美合一的理想人格的追求，诚如他自己所言：“圆满的人格好比一个鼎，‘真、善、美’

① 金雅等：《中国现代人生论美学引论》，中国社会科学出版社 2020 年版，第 155 页。
② 金雅等：《中国现代人生论美学引论》，中国社会科学出版社 2020 年版，第 187 页。
③ 金雅等：《中国现代人生论美学引论》，中国社会科学出版社 2020 年版，第 216 页。
④ 金雅等：《中国现代人生论美学引论》，中国社会科学出版社 2020 年版，第 217 页。

好比鼎的三足，缺了一足，鼎就站不住……。”[①] 丰子恺一生都呵护“童心”和“趣味”，为艺为人都努力执着于纯净美好的善念，他以“同情的眼光”，儒家仁德之“温润的心境”去体察世界和人间世，因此，在他的审美中能看到“文心”与“佛心”的相融相交，他不仅受李叔同的影响很深，而且，他绘制的《护生画集》也由弘一法师题字作诗。护生即护心，画品显人品，他认为“艺术应该是活的，所谓活的艺术，就是能活用于万事，而与人生密切关联的艺术”。[②] 由此可见，丰子恺是集审美、艺术、人生于一体的真正的实践者，既是画家，也是一个美学家。此书的第六章，将方东美美学提炼为“生生人生论美学”。方东美也是一位学贯中西的哲人，同时也深谙艺术之道，倡导将哲学与艺术打通，他活用《周易》中讲的“生生之谓易”，且以诗人的眼光打量天地万物，认为万物含理，天地含情，这就得出了所谓“万物有生论”。他于 38 岁时发表的其思想奠基之作《中国人生哲学概要》，就已将“人生”概念，直接嵌入了对中国哲学的阐述中，后来出版的《中国人生哲学》《科学哲学与人生》又不断将“大美”、“至美”与人的奋斗不息，成就人生伟业等串联起来，并且，也同样强调诗意、化境，提倡“挚情入幻”“积健为雄”，认为前者是“中国艺术的根本特性”，后者则应和着《周易》所言“天行健，君子以自强不息”。方东美将形而上与形而下捏在一起来讨论人生的三个层次：自然层次、超越层次、“深玄奥妙”之境界。在他的“生生”哲学中，人文意识非常强烈，所以才会出现“形而上的世界”“形而上的人”这些说法。以上种种分析、论述也都紧扣方东美的主要思想和他对人生的看法与理解。

《中国现代人生论美学引论》由绪论开篇，全书共分六章，每一章论述和评析一位中国现代美学家，每一章的第四节为“美典例鉴”。即拿每位被评析的美学家之有代表性的论著、作品再作具体的分析与解读，有说服力地例证了每章前三节的评判，也加深了对每位现代美学家更全面的了解。如对梁启超的“美典例鉴”中，举《“知不可而为”主义与“为而不有”主义》《中国韵文里头所表现的情感》《美术与生

① 金雅等：《中国现代人生论美学引论》，中国社会科学出版社 2020 年版，第 234 页。
② 金雅等：《中国现代人生论美学引论》，中国社会科学出版社 2020 年版，第 265 页。

活》《趣味教育与教育趣味》等经典作品来解读他的哲学观、美学观、艺术思想；在对王国维的“美典例鉴”中，拿《人间词话》《古雅之在美学上之位置》《红楼梦评论》《孔子之美育主义》等再作更细腻的阐释。对朱光潜的“美典例鉴”中举例是《慢慢走，欣赏啊！》《看戏与演戏——两种人生理想》，以及《文学与人生》《文学的趣味》等既饶有趣味又平实易懂的作品来解剖朱光潜先生的“情趣的意象化”“人生的艺术化”之内在的思想和审美之纹理。对其他几位的“美典例鉴”也同样如此，如谈及宗白华时，“美典例鉴”的是《新人生观问题的我见》《论〈世说新语〉和晋人的美》《中国艺术意境之诞生》《艺术与中国社会》；讲到丰子恺时，“美典例鉴”的是《美与同情》《桂林艺术讲话之一》《精神的粮食》《我与弘一法师》，而介绍方东美时，“美典例鉴”的则是其《宇宙论的精义》《广大和谐的生命精神》《艺术理想》《中国哲学对未来世界的影响》。所有这些“美典例鉴”都既是美学的，同时又与人生、人格、生活、艺术直接相连。是他们的代表作品，寄寓着各位美学家的主要思想、哲学观点、美学观点和个性特征。有些命题和亮点，一直传承至今，是每一代爱好美学与艺术的学子必经细读之精典或范文。

总之，金雅教授的这两部论著，即论文选集《中华美学：民族精神与人生情怀》、专著《中国现代人生论美学引论》，围绕人生论美学的理论建设，从各个不同的层面、各位不同美学家之主要观点，对富有中国民族特色的人生论美学展开深入而又具体的研究探讨。她的论著加深了对人生论美学的多个维度，以及相关的中国现代资源的自觉认识。毫无疑问，金雅及其团队在这方面是下了很大功夫的，作出了积极有益的探索、反思、建设，对现代中国美学史上的几位大家进行了有理论深度和创新思考的分析、评议和论述，对当前美学研究中的某些误区和不良风习也起到了反正的作用。其理论价值有目共睹。

人生论美学的研究和自觉建设，目前可以说尚是起步阶段。我觉得，需要在研究之范围、广度、深度和力度上，再作拓展深化，也需要更多的人来加入这个有意义、有价值的研究。我个人认为，可从以下几个方面进行更为深入的探讨和开掘。

首先，关于人生问题的思考和讨论，中国自古就有，不仅只是在现代，先秦美学中所出现的完全不同于西方的民本思想，所谓“敬天保民”“生生之谓易”等，都涉及了人及人生的命题。而且，中国的人生论美学也都与“天人合一”相通。董仲舒所谓“人之美者在于天，天，仁也”。（《春秋繁露·王道通三》）“人气调和，而天地之化美。”（《春秋繁露·如天之为》）这种关于人、人生、人世间的叩问，在中国最具代表性的传统文化思想儒、道、佛中都占有相当大的比例。所以，完全可以把人生论作为中国美学和美学史演进中之一翼，来作系统的整理和研探。如，可以在目前已有的《中国美学史》中专门列出“一编”，从古至今地叙述人生论美学的发生、发展和进化的历程，又可从人生论美学的角度，写一部与众不同的美学史，将中国历朝历代的人生论之美哲学理论作为一种有理有节的补充，来丰富和完善中国美学史。我认为，从“人生论”视域来重写“中国美学史”也不是不可能的。

其次，人生论美学的相关思想，中西方都有，因为人生的问题是全世界任何人都无法回避的。西方自古希腊、古罗马起就有过许多关于人生论方面的探索，进入近现代后，现象学、存在主义美学、精神分析学和后现代美学中也都有不少涉及人与人际关系的争辩、讨论和阐发。如“存在主义”的提出，直接就触及人生的根本问题。何为“存在”？何以“存在”？“存在”的变化和发展等，提出了“此在”与“存在”的差别，“就存在者存在着这回事寻求存在者的根据”云云。[①] 而弗洛伊德、荣格等人在提出“原我”“自我”“超我”，一再强调“无意识”的内在作用后，又把各种精神现象与人生观联系起来加以考量。为此，完全可以，也应该从“人生论美学”的层面进行中西、中外比较。从比较中见出中西美学在人生论方面的异与同，拓展人生论美学的研究视域和理论深度。

再次，众所周知，20 世纪 80 年代国门再次洞开后，西方的各种主义、理论、思想争相涌入国内，特别是市场经济逐步深入国内的各个阶层和方面后，传统从被颠覆到消解，新的各种思潮强烈地冲击着中国人的思想和观念。今天，传统的、现代的、后现代的各种说法和表现共存，

---

① ［德］海德格尔：《形而上学导论》，转引自陈嘉映《海德格尔哲学概论》，上海三联书店 1995 年版，第 55 页。

特别是一切都被商业化和游戏化后，人的思想和世界观既是开放的、多元的，也是混乱的、较难统一的。我觉得，是否可以将人生论美学更世俗化、通俗化地传递给大众，引起某种社会层面的关注，引发大众一起参与讨论，这应该也是当下美学学人的课题之一。当然，这是有相当难度的，需要政府、学校行政部门一起参与，大力支持。不过也可以先从小处着手，如增设某些人生论方面的公开课，召开一些小、中型的研讨会，参与的人可以是学者，也可以是一般大众，至少中小学老师可以参与进来，一起组织研探，联系实际，开展社会问题调研，做一些心理教育工作等。

最后，将有一定普适性的人生论美学命题，介入当下艺术创作和艺术理论的建设中。当下的艺术创作，特别是影像艺术、装置艺术、街舞等，无论是从内容还是形式上看都存在着观念上的或技巧上的问题或漏洞。十年前就提出过的“电影不如电视剧更耐看，更有现实意义”的说法，至今仍然存在。不是说影像艺术都要搞成煽情的新一轮的“高大上”，但体现具有普适价值的正能量，满足人们对全人类都认同的真、善、美的审美需求，还是不错的吧！魔幻、仙幻类的影视作品当然可以出现，但“幻”的意义何在？“穿越”也是可以的，问题是为什么要“穿越”？“穿越”也好，“魔幻”也罢，究竟在剧中起到了什么样的关键作用？如无从答起，不知所云，其结果不仅是作品显得莫名其妙，也搞乱了人的价值判断，降低和弱化了大众的审美情趣。所以，“人生论美学”的积极介入，直接参与诸如影评、书画论一类的活动，不仅可以影响当下的艺术创作，甚至也能起到引导的作用，并将这种有中华特色的理论潜移默化地影响到世界各地，从而将中国的“人生论美学”话语，从“在地化”到向外扩散、渗透，让它逐渐成为“全球化”的有机组成。

人生论美学的当代建设与发展推进，尚需花大力气，需要有一批志同道合的同人，持之以恒地共同奋斗，才能逐步丰满完善并独标一格，成为当代中国美学学派建设的重要一脉。很高兴，近年来，由金雅教授发起，在杭州组织的人生论美学的两次全国性学术会议，先后召开。人生论美学的相关成果，也逐渐丰富起来。相信玉汝于成，中国美学的春天，正在逐渐绽放。

作者单位：上海大学

“真我”之问

——金雅教授的学术追求

冯毓云

二十年前，在一次学术会议上，与著名学者王元骧先生相遇时，偶然初识了他的大弟子——金雅博士。金雅给我的最初印象是，一张散发着青春气息而又优雅的江南女子的脸庞，梳着“五四”女青年似的齐耳短发。这种发型似乎标识着她集传统与现代、守成与开放、端庄与优雅于一身的学者特质和人格身份。后来的岁月，几乎在每隔一两年的文艺学和美学的学术会议上，都能捕捉到她的身影。和她能够成为忘年之交，还得益于我院文艺学在哈尔滨举办的几次大型会议和她特意邀请我到杭州参加的“蔡元培梁启超美育艺术教育思想与当代文化建设”和“人生论美学与中华美学传统”两次学术研讨会。尤其是开完“人生论美学与中华美学传统”学术研讨会不久，金雅教授给我邮来她和聂振斌先生主编的《蔡元培梁启超与中国现代美育》和《人生论美学与中华美学传统》论文选集；她自己主编的《中国现代美学名家文丛·梁启超卷》；她独立撰写的《中华美学：民族精神与人生情怀》和《人生艺术化与当代生活》两本专著。这些著作，每一本至少 30 万字以上，厚厚一大摞，摆放在案头，让我对金雅刮目相看的同时，心中油然升起了一股强烈的赞叹之情、敬慕之情。二十多年来，中国文艺学和美学领域风云际会、狂飙突进、英才辈出、星汉灿烂，金雅便是这英才辈出、星汉灿烂中分外耀眼的一颗恒星！

将她比喻为英才辈出、星汉灿烂中分外耀眼的一颗恒星，是想寓意着金雅教授选定和确立了"真我之问"的学术目标，二十年如一日，在学术征途上探索，无所畏惧，执着诉求的精神。金雅教授在她的专著《人生艺术化与当代生活》后记中，深情地坦露心声："学问与生命相契，是我非常憧憬的一种美好境界。记得2001年，我在个人的第一本小书的后记中写道：'我很欣慰我的职业包容了我的爱好。在有限的生命时空中，能做一点自己喜欢做的事。对于人生，未尝不是一种怡境。'这句话，当初轻轻说出，如今感慨万千。窗外，叶翠花绚，天空净远。生命，经历了许许多多，我尚在寻觅那个安放我心灵的所在"。①

安放金雅教授心灵的所在是什么呢？是她孜孜不倦追问和探索的"人生艺术化"的"真我"之问。她坚信"人生艺术化不仅是一种理论的思考与学术的探索，也是生命与人生的感思与期冀"。② 金雅教授攻读博士学位时，选择研究的课题既不是风靡一时的令学术界瞩目的西方各种各样的文论思潮和流派，亦不是老掉牙的传统议题，而是20世纪初，中国近现代美学和美育思想的创建。在中国的历史长河中，近现代是一个告别传统、开启现代的关键时期，现代性的启蒙和奠基是这一时期政治、经济和文化的重中之重。一时间风云变幻，巨变陡生，补偏救弊、改弦易辙、骁勇创新、新说勇立的思潮迭起，革命之举如日中天。一大批学贯中西的仁人志士率先肩负起现代性启蒙和奠基的重任，其中梁启超则是现代性启蒙的大师和文化奠基的巨匠。金雅的博士论文选题，一是切准了中国现代美学建构的时期，即19世纪末20世纪初，中国近现代的时代转型和巨变期，在现代性启蒙和奠基的历史语境中，去观照中国现代美学建构的鲜明的时代性、现代性和现实功能性的特质，体现出金雅开放的现代视野。二是金雅的博士研究课题是以中国近现代文化史上具有划时代特点的思想家梁启超为个案研究，颇有见地地挖掘出梁启超美学和美育思想的精髓和不可替代的时代价值，即"中国现代美学思想与美育思想紧密联结在一起"的人生艺术化的中国式特点和中国话语的美学基质。二十年前，金雅在攻读博士学位时，就专注去

---

① 金雅：《人生艺术化与当代生活·后记》，商务印书馆2013年版，第427页。

② 金雅：《人生艺术化与当代生活·后记》，商务印书馆2013年版，第427页。

研究中国现代美学的开创时期具有的中国式特点和中国话语的基质；二十年后的今天，当“中国化”的学术建构导向付诸实践之时，再来审视其博士论文的学术价值，不得不佩服当时作为博士的金雅思维的敏锐性、洞悉问题的预见性。山东大学的学者高迎刚评价金雅学术选题的价值时说：“金雅女士在《梁启超与中国美学的现代转型》一文中认为：梁启超美学思想蕴含了新的美学意识的萌芽，体现了新的美学范式的创构，其发展演化的轨迹典型地浓缩了中国主流美学思想在19、20世纪之交演进的基本规律特点。”① 三是金雅教授的博士论文选题的确定和创新式的研究成果表明，在当时，西学成风，中学滞后，尤其是对于中国近现代的学术成果，少有人问津。但她不受时代潮流的牵制，敢于剑走偏锋，另辟蹊径，化蛹成蝶，破茧新生，足见她“真我之问”的勇气和胆识。尽管当时她才30岁左右，却褪去了追求时尚的青春色彩，而在心灵深处种下“真我之问”的火种。

二十年前，在金雅心灵深处播下的火种，虽然只是一个小小的火苗，时隐时现，时强时弱，但一直没有湮灭。二十年后的今天，这个“真我之问”的火种已具燎原之势，如日中天。金雅博士对梁启超这位学贯中西的中国近现代美学开山鼻祖的趣味主义美学、以“新民说”为核心的美育思想和“生活艺术化”审美境界的独到研究开启了她的“真我之问”的学术历程，积塑成她的学术宗旨，那就是：“中国现代美学的进程，突出表现为理论上对独立学科体系建设的学理追求，和精神上对人格美化人生关怀的价值追求。这一特点使得中国现代美学思想与美育思想紧密联结在一起，美学探索与美育实践紧密联结在一起”。② 一言以蔽之，中国现代美学追求的是“人生艺术化”的“真我之问”、“人生艺术化”的至高美学境界、“人生艺术化”的普适价值。金雅教授二十余年的学术追求，在“真我之问”之火的炼铸下，外师造化，中得心源。她在中西学术思想的交融和比较中，系统地研究了中国近现代一批永载史册的美学大家的美学思想，如朱光潜的“人生的艺术

① 金雅、聂振斌主编：《蔡元培梁启超与中国现代美育》，中国言实出版社2014年版，第178页。

② 金雅、聂振斌主编：《蔡元培梁启超与中国现代美育》，中国言实出版社2014年版，第143页。

化”、宗白华的“哲诗人生”、丰子恺的“真率人生”的美学美育思想。这些大家的思想令金雅教授扼腕喟叹，更使她如醍醐灌顶，大彻大悟，圆了“人生艺术化”的“真我之问”的学术梦想。金雅教授的专著《人生艺术化与当代生活》，历经七、八年的卧薪尝胆、呕心沥血，终于问世。此专著一经出版，好评如潮，赞扬之声不绝于耳。

钱中文先生赞扬金雅教授“人生艺术化”思想的提出是“将四位美学家的美学思想，进行梳理与综合，汇集了他们美学思想的共同点，而将‘人生艺术化’定为这一派别的中心范畴，在理论上做了界定，并且阐明了这一美学派别的萌发期、确立期与丰富、发展期。这一概述颇具目力，极有新意”。①

汝信先生赞扬说：“金雅教授的著作正是这方面研究的最新成果”，“这部著作富有创见，新意迭出”。②

凌继尧先生高度评价：“《人生艺术化与当代生活》一书首次提出了‘中国式人生艺术化精神’的问题，总结了中国式‘人生艺术化’精神的特质，并对这个命题的当代实践价值作出了阐发。”③

学术界对金雅教授学术成果的高度首肯，我打心眼儿里赞同，诚挚地表示祝贺。但是，相比学术成果，我更赞许和看重的是她“真我之问”的人生品格。正像我在这篇随笔开头写的那样：她的头上梳着“五四”女青年似的齐耳短发。这种发型似乎标识着她集传统与现代、守成与开放、端庄与优雅于一身的学者和人格身份。相识之初，这“五四”女青年似的齐耳短发给我太深的印象；而二十多年过去，金雅教授始终保留着这“五四”女青年似的齐耳短发，仍然将传统与现代、守成与开放、端庄与优雅的品格集于一身。郭沫若先生曾经说过“服饰是文化的象征”，金雅教授在学术品格和人格修养上，始终不跟风媚俗，独立无羁；博文雅士，直言求真；执着诉求，笔耕不辍；有循于旧

① 钱中文：《人生艺术化与当代生活·序二》，载金雅《人生艺术化与当代生活》，商务印书馆2013年版，第4页。

② 汝信：《人生艺术化与当代生活·序一》，载金雅《人生艺术化与当代生活》，商务印书馆2013年版，第2—3页。

③ 凌继尧：《人生艺术化与当代生活·序三》，载金雅《人生艺术化与当代生活》，商务印书馆2013年版，第8页。

名，有作于新名。我期待她在“真我之问”的学术品格和人格修养上，通达“学问与生命相契”的人生艺术化的至美境界！

作者单位：哈尔滨师范大学

当代中华的生命美感曲

——印象论美说艺的金雅教授

梁　玖

不仅学者之德是毕现“独闻独见”之格，[①] 更重要的是当代中国到了应该不断产生自己学术思想、成型学理、助力人类更加美好的时代。在览读浙江理工大学中国美学与艺术理论研究中心教授、温情于中华人生论美学的金雅女士的多卷本美学和艺术学著作之后，“有自己”的观念更加明确。这些年来，金雅教授可谓谱写了一部当代中华的生命美感曲大作。同时，也赞叹和欣赏金雅教授的个体生命渺小却壮美的人生志乐实在论思想。

无论将金雅教授的“当代中华生命美感曲”称为组曲或套曲，其结构内涵或乐章都是丰富的，尤以思考如何实施美育而倒推揭示美学、中华美学之根本何在之学理建构的研究理路是一个基本特征。因此，提出面向思考美育本体的命题、尝试回归中华美学特质的探寻、圆融合力养成“活生生的美的人”之人生论美学建构，就成为“金雅生命美感学知识体系”的核心内涵。

一　面向美育本体的思考命题

从系统和整体的角度看，不难发现在金雅的学术建构体系中，一方

① 陈曦译注：《六韬》，中华书局2016年版，第92页。

面，她的美学研究是根源于时代语境、自主责任和学术历程三个实在因素。这既反映了她认识研究的动态性特点，也揭示了她研究的主题阶段构成性特征。另一方面，从美育切入领略和理解其美学研究历程和成果是一个有效认识方法。金雅在2021年出版的自己第3部文集中说，“说艺论美，其中一个核心和关键的问题还是美育的问题”，[①] 这反映了她研究的内外关系互动性和系统性特色。

学问研究的重要方法，是研究者要能够基于学科和专业洞见，提出自己着力关注和讨论的专深学术命题。无学科立场、无专业视点、无自己的专题学术关注和独立的洞见性知识生产，是做不好学术的、是对学科无益的、是成不了真正的学者的。幸运的是，我们能明确看到主张和践行“建构自己的命题学说”观念是金雅的重要学术思想之一。她在《中华美学：民族精神与人生情怀》一书中明确提出：既要“叩问中国美学的话语体系构建，也要叩问有没有自己的命题学说。命题和学说的建构，是一门学科确立的主要血肉”。[②] “叩问有没有自己的命题学说”，的确是道出了置身学科专业中研究者的学术行为取向本质，于此也就容易回答金雅的学术著述为什么丰厚，她的研究历程为什么呈现动态性、系统性、阶段性、互动性和高光性特点的内在缘由与事件意义。

在观照金雅的整个学术生态的时候，尤要注重她的各个研究主题的内在关联和互动性，讨论美育不单纯只是在美育的问题上活动，讨论美学不仅是在美学本体上窄化思维边界。事实上，金雅在主张“叩问如何弘扬民族美学精神”的时候，[③] 就已经预设了对美育的研究主题。

可以说金雅关于美育研究的所有议题、视点、主张和观点、知识、学理的形成，都是在追问“今天的美育，育什么”的命题过程中完成的。[④] 一方面，她以三大高位之思——叩问美育本体、拓展取向到人文大空间、终极人生价值关怀——问询美育之理法。另一方面，生命美感思想成为其核心的美育观。金雅在其《说艺论美》著作中，明确界定

① 金雅：《说艺论美》，南京大学出版社2021年版，第334页。
② 金雅：《中华美学：民族精神与人生情怀》，中国社会科学出版社2017年版，第5页。
③ 金雅：《中华美学：民族精神与人生情怀》，中国社会科学出版社2017年版，第7页。
④ 金雅：《说艺论美》，南京大学出版社2021年版，第1页。

美育是“对人的生命的整体美感陶冶”。[①] 此论不仅是正确的，是符合学科学理逻辑的判断与结论，更是清晰地反映了其美育的学术主张和观点，奠定了她美育研究与实践的基础。

长期以来，业界内外对美育本体的认识、美育与艺术教育的关系等内容，既缺乏区分性认识与实践，也遮盖了彼此的功能与价值，这都是由于对美育欠缺本质性和取向专有性的明确认知所导致的。界定美育是“对人的生命的整体美感陶冶”之意义重大，既直接宣示了美育的本真，也有效区分了美育与其他教育的区别。美育的主体不是技术性取向的单一教育活动，而是关涉生命品质的情意教养活动。情意教养是美育的逻辑起点。“情意教养，乃指生成高尚感情的境界品质。经过美育教化的人，既要形成具有‘心眼高妙’之格，又要有‘心灵不凡’之象，在自己一生中展现‘从容雅步在庭除，浩荡闲心存万里’生活状态，以及人所未到气已吞的气象。否则，美育就仅仅限于了一种知识教育。”[②] 的确，金雅“让人成为人，是美育的第一要旨”的主张，[③] 以及将中华美育精神的核心意趣内涵和重要向度定格为“大美”——“大美之根本，在于对中华民族生生不息、与天地大化浩然同流的生命气韵与精神气象的激扬赏会”，[④] 是提出了校准当下美育错位的重要思想。如果以“插花”这个生活意义事件来分析美育的内容结构和步骤，一是，可以理解美育的情意教养主旨与目标之观念确立形态。美育是要诉求培养帮助人在自己一生的生活中，随时能萌生买花回家插入花瓶装扮生活空间、生成情趣生活的意识、思维和观念，避免出现把生活浪漫定义为浪费钱的状态，可见，美育是形成情意教养的观念教育。二是，可以理解美育与艺术教育的区别所在。在“插花”的程序中，有了“插花”观念，还需要有实现“插花”的技术手段，这个技术手段就需要借用美术、设计等艺术观念和艺术技术了。所以，认识到美育是“对人的生命的整体美感陶冶”，对正确有效推进各类型与多层面的美育活动意义重大。

---

① 金雅：《说艺论美》，南京大学出版社 2021 年版，第 1 页。

② 梁玖：《艺术学理论视野的美育之论》，《艺术教育》2021 年第 5 期。

③ 金雅：《说艺论美》，南京大学出版社 2021 年版，第 2 页。

④ 金雅：《说艺论美》，南京大学出版社 2021 年版，第 10 页。

总之，金雅主张美育之“生命美感思想”，及其主张建构“立体审美教育网络，引领当代儿童主体性、创新性、感受力、想象力及其人格、人性等的和谐发展”之方法论，[①] 是构成当代中国美育知识体系的重要内容，具有不可忽视的引领和充实价值。诚如金雅在《美育与当代儿童发展》一书中所说，“我们的愿望是把自己对美学和美育问题的最新理论思考，融入儿童美育研究，起到一定的观念引领、问题探讨、实践介入的作用”。[②]

二　回归中华的美学深入之问

尝试回归中华美学的探寻与建构，可谓构成金雅当代中华生命美感曲的重要乐章。无论是她发表在《人民日报》（2016 年 1 月 18 日）上的主题文章《中国美学须构建自己的话语体系》，还是她的第一部论文选集《中华美学：民族精神与人生情怀》，都体现了她以个案至原理、至体系的研究方式，探寻中华美学知识与精神的主题。

在认识金雅的尝试回归中华美学的探寻与建构主题时，可以明确地发现她有三大支持力量与方法。一是，自我、自觉、自为的学术主体性体现。金雅是一个学术执着和勤奋的人，这是强烈主体意识和主体责任感的体现，否则不可能去费心尽力地讨论宏大的中国现代美学和中华美学精神的议题。人生中的何路无痛与何路无意都是主体性及其价值的反映。金雅在 2021 年初春，回望自己的心路历程与学术历程时曾非常动情地说：“今天，重读这些或远或近的文字，回望那些曾经的酸甜苦辣，是对自己的一种存照、审察、反思、叩问。……很庆幸，这辈子可以与美与艺相伴！”[③] 从金雅界定自己的意义事件来看，无论是定义自己的酸甜苦辣生活，还是对自己学术的存照、审察、反思、叩问，没有一样是可以缺失个体之主体性的行为与结果。二是，以自我系列“叩问”研究思想和方法得以学术实存。在统观金雅学术研究方法中，发

---

① 金雅、郑玉明：《美育与当代儿童发展》，浙江少年儿童出版社 2017 年版，第 2 页。

② 金雅、郑玉明：《美育与当代儿童发展》，浙江少年儿童出版社 2017 年版，第 227 页。

③ 金雅：《说艺论美》，南京大学出版社 2021 年版，第 347—348 页。

现她有四大研究中华美学的叩问结构方法。在围绕主张“建构自己的命题学说”中，提出“叩问有没有自己的基本范畴”“叩问有没有自己的命题学说”“叩问中国美学的方法思维”“叩问如何弘扬民族美学精神”。“叩问有没有自己的命题学说”，也再次证明了金雅学术厚重的主体性思想。其实，叩问主题结构方法，可视为金雅的学术研究方法论。三是，取向基于中国现代美学学术史谱系的自我学术生成实践。诚如她总结自己学术历程时所说，对美学的学术观照“时间跨度自 21 世纪初迄今，较早的一批文章是关于梁启超美学思想的研究，然后是由梁启超拓展到中国现代其他美学家，再是对中国现代美学特点和中华美学精神的一些基本的、基础的问题的思考”和结论——揭示中华美学的学理特质、理论精神、知识体系。金雅对中国当代的美学研究生态、知识谱系是熟悉的，基于学术史的建构是有生长的和新增贡献的，这是每一个学人梦寐以求的理想，幸运的是金雅都实现了。

金雅的中华美学研究是有根的、是有生长的、是积厚丰富了中华美学新知识生态的。无论是讨论庄子美学本体、王国维的境界、梁启超的趣味、丰子恺的真率等主题，还是独立揭示定格的中华美学和美育精神之“美情”和“大美”观念，都是探寻中华美学的根、守候贯通民族美学发展血脉之本土意识、建构和确信中华美学的反映与成果，这既是中国当代学术应有之策、之路、之法，也是当代中国美学学派生成与拓展的生命时空，更是当代中国学术自我知识体系形成的根本出路。

面对金雅的中华美学研究，还有三个不可忽视的站位高度和取向，一是将中华美学研究定位在引领人类的“人文精神前行”的坐标上。二是将中华美学研究定位在“共同推进人类美学发展”的目标上。三是将中华美学研究定位在“不断升华民族美学精神”的规格上,① 正因为有了她研究的站位高度和取向精度，才寻找和开辟了持续深耕中华美学的学术时空。的确，“高洁的精神是照亮人类前行之路的明灯”,② 金雅的这一原理性主张，既成型了自己的学术行为规格论，也形成了自己的学术高光。

① 金雅：《中华美学：民族精神与人生情怀》，中国社会科学出版社 2017 年版，第 8 页。

② 金雅：《中华美学：民族精神与人生情怀》，中国社会科学出版社 2017 年版，第 7 页。

三　合力养成“活生生的美的人”

金雅是中国的人生论美学家，这一点是不容置疑的。尽管作为术语和具体概念的“人生论美学”不是金雅原创提出来的。但是，从学科建构立场、从时间跨度观照角度、从学术实践成效看，执着进行学理定位、进行系统知识体系探寻，并卓有学理洞见建构者应该是非金雅莫属。正如她所说，“人生论美学理论意识的自觉、民族资源的整理、话语体系的建构，在今天仍有许多基础工作要做，甚至可以说，真正从理论上自觉和系统地建设，还仅是启幕”。[①] 换句话说，有了金雅主体自觉的基于“启幕”后的持续推进研究，诉求“合力养成‘活生生的美的人’”之生命感美学是会有新的晋级性生长。

金雅在论析美育方法和终极目标的时候说，“可以建构起美育的立体网络，通过美育与智育、德育、体育的关联渗透，以美促进人的认知、道德、生理的发展。……美育的最高追求，是涵育活生生的美的人”，[②] 以及“我一直认为，美与艺术的理论考辨，应该与实践与生命与人生相勾连，以此夯实它们的出发点和落脚点”。[③] 金雅等此类的洞见，最终形成了自己的“人生论美学”思想——“合力养成‘活生生的美的人’”观念，这至少在两个维度上揭示了其内在的价值，一个是实现方法论的“合力养成”取向与实践，另一个是目标反映论的“活生生的美的人”愿景与实现。

从阅读金雅文献的最本真感知和体悟结论来讲，我愿把金雅“活生生的美的人”之“人生论美学”思想，称之为生命美感思想，或生命感美学。这是因为，一方面，从存在论视角思考人生论美学，于人而言，生命是人存在的决定因素；于学说而言，生命是核心介质与唯一的载体，它构架和维系着人生与生活这两端存在，并不断运动活化出意义之实在。另一方面，从金雅系列关注和论析人生论美学的事实思考，依

---

① 金雅：《说艺论美》，南京大学出版社 2021 年版，第 53 页。
② 金雅：《说艺论美》，南京大学出版社 2021 年版，第 2 页。
③ 金雅：《说艺论美》，南京大学出版社 2021 年版，第 347 页。

据观照生命、守候生命、揭示生命的美学解码与学理建构实在来看，其见解更直接、更系统、更丰富。金雅在《试论人生论美学的价值维度和实践向度》一文中说，“所谓人生论美学，我个人的见解就是将审美与人生相统一，以美的情韵与精神来体味创化人生的境界。也就是在具体的生命活动与人生实践之中，追求、实现、享受生命与人生之美化。……它要解决的不仅是审美的学理问题，也是人生的状态与意义的问题，追求的是生命的诗化和向美攀升”。[①] 主张“创化人生的境界”与“生命的诗化和向美攀升”，在本质上都是要落实尊贵生命之为。尊贵生命，就是让生命美的品质化。不尊贵生命，一切的所谓美，皆为虚伪之物。所以，于金雅学说而言，生命感美学更具实存性与中华美学文化特性。

深度地想美育凭借什么能够“涵育活生生的美的人”呢？从寻求本质认识和定格意义来看，必须是要依凭生命意义物才能“涵育活生生的美的人”。生命，是圆融肉身（生理）与灵魂（精气）的唯一性实在。人生论美学不能忽视生命对自身的本质性意义与决定性价值。“生命实在与生命感意义”，是人生论美学的精气与主题，没有生命力支撑的人生论美学，只是一个无理念的形式空壳。本质地看，生命感美学内涵，是由观照和解析人之生命、美之生命、艺术生命、生活之命运、历史生命之本质与互动内涵后，生成的自在知识体系，这在金雅一系列的美学论题、命题、解析和结论中，都可以发现和认识到。比如，她认为“审美乃生命之归真”，[②] 人生论美学是“圆成”于“知情意的贯通在人的生命的美的践行中”。[③] 在金雅的学术意识自觉、观念自觉和知识自觉中，认为人生论美学有两个基本观照和实践取向，一是“要超越一切孤立方法”研究美学。[④] 这符合存在复数式实在原理。二是要向着“超拔生命生存”情韵建构美学，[⑤] 由此彰显了她与其他人生论美学研究的区分度与专有价值，以及生命感美学的特质。诚如金雅界定人生论

① 金雅：《中华美学：民族精神与人生情怀》，中国社会科学出版社 2017 年版，第 54 页。
② 金雅：《中华美学：民族精神与人生情怀》，中国社会科学出版社 2017 年版，第 64 页。
③ 金雅：《说艺论美》，南京大学出版社 2021 年版，第 57 页。
④ 金雅：《说艺论美》，南京大学出版社 2021 年版，第 53 页。
⑤ 金雅：《说艺论美》，南京大学出版社 2021 年版，第 57 页。

美学“在当下，是生成态，而非成熟态、更非完成态”的实在一样，她的当代中华生命美感曲，也还在继续拓展创编中。不过，有基于学术自觉、学科建设、丰厚民族学理的人生论美学体系初心，有诉求对美、美学、中华美学、美育的本体性、建构性和价值性认识着力点和运动空间，有已经确定的生命美感学的好听主旋律，其继续的编曲配器和深化工作，仅是属于随岁月变迁更完善和丰富的事情了。

总之，不管从哪个角度讲，金雅的生命美感思想，可以说都是她在整体系统的思考借鉴中，智慧性整合出的属于自己洞见性的知识学理，这既体现了她独有的学术眼光和学术素养，也体现了她的当代学术责任和学术价值。

结　语

其实，起初特别想把本文的标题称为“活生生的美的人”，原因有三个：其一，其乃金雅教授自己讲的话。其二，真实写照了实在的金雅教授本人。其三，其乃金雅教授美学的核心观点。但从学理上看，其表达的本质是揭示了她的“人的生命美感学”体系思想，故让后者代替了前者为最终的论题，但这并不减弱其思想的灵动性。总之，一方面，金雅教授可谓执着彰显中华“大·情”的当代中国美学家。另一方面，当代中国的人生论美学必将有更加光明的前途和组织空间。最后，遗憾自己对金雅教授的著述读得不全，理解不深，体悟不透，所言仅是一孔之见，还请金雅教授和业界方家斧正之。

二〇二一年十月二十日于北京

作者单位：北京师范大学

金雅人生论美学的三个维度

吴志翔

人生论美学在中国现当代文化场域中的“显赫”在场，并不是出于哪一位学者的突发奇想或大力揄扬，而是中华传统文明中最精髓、最灿烂的部分，在西方异元文化的参照和激发下，形成的记忆追溯、自我发现和理论自觉。作为一名多年“深耕”中国近现代美学的学者，金雅清楚地认识到：“人生论美学扎根于中国哲学的人生情怀和中华文化的诗性情韵，吸纳了西方现代哲学与文化的情感理论、生命学说等”。①“中国现代美学既传承了民族美学的精神，也吸纳了西方美学的滋养，将美善的两维关联拓展到真善美的三维关系。”② 的确，人生论美学的思想植根于中华文明沃土，生长在华夏民族的生命机体上，赓续在全体中国人的血脉中，也见诸日常生活的方方面面，可以这么说，无论是“道”“气”“有”“无”“虚”“实”“韵”“味”“象”“境”“格”等一系列“感性理性交汇、不着美而言美的民族化概念群”，还是“尽善尽美、大美不言”“气韵生动”“趣味”“养气”“虚静”“生活（人生）艺术化”等民族化的命题学说，③ 对于我们来说几乎都是不言自明，是无须借助于过多阐释即可指认并且“整体把握和直觉体悟”的东西，这些概念和命题积淀着包括欲望、梦想在内的诗性力量，是让人们心灵得到栖息和安适的精神巢穴。但人生论美学作为一种学说形

① 金雅：《中华美学：民族精神与人生情怀》，中国社会科学出版社 2017 年版，第 12 页。

② 金雅：《中华美学精神的现代创化》，中国社会科学出版社 2019 年版，第 19 页。

③ 金雅：《中华美学：民族精神与人生情怀》，中国社会科学出版社 2017 年版，第 4—5 页。

态出现，则离不开如金雅所说的“中华美学精神的现代创化”。以梁启超、蔡元培、王国维、朱光潜、宗白华、丰子恺等“人生论美学家”为代表的中国现代美学言说，是中华传统美学精神的民族话语得以系统化呈现的重要元素，也是人生论美学思想经络最密集、最丰富的一座富矿。

在对传统美学精神既有传承，又有发展的中国现代美学这个“富矿”里，金雅发现了中国现代美学之于民族美学的“四个传承”（传承了民族美学的“人文情怀”“辩证思维”“诗性品格”“艺教传统”）和“四个拓展”（拓展了民族美学的“人生视野”“理性精神”“崇高意趣”“实践向度”），[①] 挖掘了“中华人生审美精神”（“审美艺术人生相统一的大审美观”“真善美相贯通的美情观”“远功利而入世的审美价值观”），[②] 提炼了人生论美学的“三个向度”：“鲜明的人生向度”“浓郁的诗性向度”“突出的实践向度”。[③] 从方法论的意义上，金雅因为对中国现代美学的研究，发掘梳理了既与古典融通、续接文化传统，又深具现代性和当代意义的人生论美学命题，并形成了自己既有诗意韵味，又有理性内核的人生论美学的话语表达体系。“真善美贯通的美情观（或大美观）”被金雅视为中华美学的基本品格和人生论美学的核心基础，而其中凸显现代性的就是“真”这个维度——不但是认识论上的突破，使系统化阐述成为可能，而且使一切关于美善的言说都能找到更坚实的科学基础，从而使人生论美学成为现代学科意义上的一种理论话语，而不仅仅是“自明”的存在，在这一点上说，金雅的人生论美学思想言说是从传统通向当代的新创构。正如中国现代美学对传统美学既有传承，又有发展一样，金雅在对中国现代人生论美学思想的解读阐释过程中，也是既有“跟着说”，又有“接着说”。中华美学与人类美学处于同一个“融会与创化”的过程中，立足于人生论美学，金雅也在更大、更切近当下的理论视野和现实语境里追求“学理创新”，追求理论的自信和话语的自信。她提出：“审美艺术人生动态统一的大审美观

① 金雅：《中华美学精神的现代创化》，中国社会科学出版社 2019 年版，第 1—11 页。

② 金雅：《中华美学：民族精神与人生情怀》，中国社会科学出版社 2017 年版，第 49—52 页。

③ 金雅等：《中国现代人生论美学引论》，中国社会科学出版社 2020 年版，第 348—354 页。

是人生论美学的理论基础”“真善美张力贯通的美情观是人生论美学的理论核心”“物我有无出入诗性交融的审美境界观是人生论美学的理论指向”。[①] 在我粗浅的理解中，金雅所强调的“大审美观”、“美情观”和“审美境界观”大体上分别指向人生实践的三个维度：其一是指向个体生命人格完善的功能性，美善统一，既“立人”又“立美”；其二是指向个体生命适性得意的自在性，美情一体，从“趣味”到“创美”；其三是指向个体生命本体追求的自由感，天人合一，因“境界”而“审美”。此三者大体可以对应于金雅所总结的“立足人生、关怀人生、升华人生的立美创美审美相融、思辨践行相洽的民族美学精神”。[②] 她对现代人生论美学家尤其是梁启超做过持续深入的研究，认为“力”与“移人”是梁启超美学思想中的两个重要范畴，以“力”来界定美的作用机制，以“移人”来界定美的作用效能。[③]

立美：活出“生命的动态能量”

人生论美学之所以成立，首先是它必然地立足于现实人生，执着于人生实践，而不向幽冥境界寻求皈依，所以金雅一次次强调人生论美学的“实践向度”“人生向度”“思辨践行相洽”。中华美学中本就有“尽善尽美”“比德”等彰显美善统一的命题，但金雅认识到，中国古典美学不能涵盖或等同于整个中国美学，正是在中西古今美学的交会撞击中，才可能“创化发展出以人生论美学为标识的中国现代美学传统”。[④] 梁启超在前期更多的用到“力”“移人”这两个概念，后期则将之与“趣味”“情感”相统一，从而使“力”“移人”等概念具有了与传统哲学美学不完全一样的现代性。比如，孔孟庄讲“知命”“安命”等，而梁启超则以“立”即主观意志与之相抗衡。金雅还敏锐地认识到，“梁启超美学思想中的‘力’既不是指人的主观意志力，也不是指作品形象的风格。梁启超的‘力’在本质上是指一种‘energy’，

① 金雅：《中华美学：民族精神与人生情怀》，中国社会科学出版社 2017 年版，第 12—22 页。
② 金雅：《中华美学：民族精神与人生情怀》，中国社会科学出版社 2017 年版，第 7 页。
③ 金雅：《中华美学：民族精神与人生情怀》，中国社会科学出版社 2017 年版，第 11 页。
④ 金雅：《中华美学：民族精神与人生情怀》，中国社会科学出版社 2017 年版，第 176 页。

即生命的动态能量”。[1] 这样的理解是颇为深刻的。正如“天行健，君子以自强不息”这个命题中，“健”“自强不息”都不是意志论意义上的“应该”，而是本体论意义上的一种“本来”，生命本来就是如此的，我们只是不要去遮蔽它、扭曲它、壅塞它、污染它就可以了。它是一种生命力自然的盛放。这样的“力”其实是“心力”，它不是囿于伦理范畴的，而是体现出一种审美性的人格追求。“‘力’是美通向人与人心、通向人类社会与现实生活的重要途径。”[2]

人心之“力”、艺术之“力”通向的是人的生成、人的完善、人的大美（“大审美观”）。即如金雅所述，“美的作用效能”的体现就是“移人”，就是“立人”。这是一个在个体身上发生美学的“移情”作用（金雅对“移人”说与西方的“移情”说作了较详尽的甄别分析），从而实现生命激活、个体自由，进而实现群体和谐的过程。人生论美学的社会意义得到充分显现，而这并不意味着审美不再是自由的心灵活动，变得服从于群体性、功利性目的了。对梁启超、王国维等人生论美学家来说，这样的目的是真实存在的，但他们通过“大诗人”“大文学家”“大人”等命题，将其由“强制”转化为“自洽”，倡导个体与众生、宇宙的化合和谐。由此，审美并不是工具性的，它自身就是目的。如果说在社会效能上有所实现，那也是类似于“东风无一事，妆出万重花”（张惠言诗句）的那一种，是没有“私意”的，是借助于“熏”“浸”“刺”“提”这样的方式的浸润、融化、滋养、迸合，是一种“化育”和“化成”，是一种康德所说的“无目的的合目的性”。人生论美学所追求的，是“远功利而入世”，就是要让人活出自身的极限，活出感性的灿烂，活出人格的光辉，活出自身的energy，即“生命的动态能量”，活出“求是与致用的相洽性、个体与社会的统一性、美与人生的统一性”。[3] 当做到这些时，社会性的“群治”和个体的使命担当之统一，也就自然而然达成了。不过，金雅清醒地认识到，也不必过分夸大美学的“救世”意义。梁启超先生激情澎湃，“他的热血，常常保持沸度”，

① 金雅：《中华美学：民族精神与人生情怀》，中国社会科学出版社2017年版，第177页。
② 金雅：《中华美学：民族精神与人生情怀》，中国社会科学出版社2017年版，第181页。
③ 金雅：《中华美学：民族精神与人生情怀》，中国社会科学出版社2017年版，第189页。

容易夸大审美的作用与效能。哪怕如蔡元培这样的长者，也会在生命的最后一刻还用含混的声音喃喃自语："美育救国"。不过这样的夸张并非不可理解：中国现代美学家们生逢家国危亡图存之际，皆有一颗济时拯世之心，面对深重的民族危机和国人萎靡的精神状态，难免对美学美育寄望过多，将其价值无限上扬，其中的苦衷和拳拳之心，又何尝不让人动容！

"若有欲求真自由者乎，其必自除心中之奴隶始。"梁启超在《新民说》里反复申说的"除心奴"，"除心中之奴隶"，体现的就是"生命的动态能量"。应该说，"力"本身也构成"美"，但它"峻而不和"，是区别于传统儒家中庸的"和"的美学理想的。在理论上，一个脱离社会实践的人似乎也能"养勇""养吾浩然之气"，澄怀观道，游心太玄，从静观中汲取宇宙间生生不息的大生命力，但事实上，一个无法做到与外界沟通、颉颃、深度交融的人，心灵被锁闭于"精神的密室"，其内在的精神是不可能得到充分发育的，自我会不断萎缩。人的精神只有在实践中砥砺、淬火，才能有强度。金雅立足于人生实践的"立美"之说，源自中华传统美学的根源性记忆，但同时又拥有了现代品格。

其实，坚持在社会维度、实践向度行"化育"之功的人生论美学，不但在近现代有着强大的合理性，而且在今天也同样具有不可轻视的意义。李泽厚先生曾预言，21 世纪将是教育学的世纪。"立德树人"是教育的根本任务，"立人""立美"是人生论美学的重要旨归，美学尤其是人生论美学与教育学原本就有着高度的亲缘。从一定意义上说，旨在"立人""立美"的人生论美学与美育的襟怀抱负是极其一致的，正如金雅所说："美育的人生向度在根本上就是以关注人为中心，注重美育与生命完善、生活美化的联系，追求生命的丰富、丰满、多彩、幸福，追求人生的趣味化、情趣化、审美化"。[①] 人生论美学与美育一道，开启的都是一个既智性又感性的召唤结构，焕发的都是既向上又向美的"生命动态能量"。

① 金雅、郑玉明：《美育与当代儿童发展》，浙江少年儿童出版社 2017 年版，第 21 页。

创美：活出“广义的生命意趣”

谈到人生论美学，如果只作泛泛的理解，人们很容易将之等同于一种浮于表面的艺术化人生态度的系统性表达，也就是“生活的艺术化”以及近年来影响颇广的“日常生活的审美化”。但金雅恰恰不满足于将人生论美学的注意力投放到那种对生活形式的艺术化追求，使美学成为所谓生活品味与情趣的理论注脚，认为此类“生活之艺术”，“实质上已偏向了对生活技巧与生活形式的艺术性把握，其突出的个人主义、享乐主义、中庸主义的精神旨趣与以梁启超、朱光潜为代表的中国现代‘人生艺术化’精神一脉有着显著的差异”。① 哪怕传统士大夫所醉心的精致优雅、闲适洒脱的艺术化生活情趣，“有时也不免蜕化为弱小的个体为了在强大的现实前寻求自保而实践的某种生存技巧”。② 这样的美感旨趣并不是直面人生的，而是侧避甚至背对人生的，金雅不想要这样的“援古入今”。她同样不满意于当今“日常生活审美化”的后现代景观，过分注重身体权利和感官享乐、极力标榜设计感和形式感乃至阶层感的所谓“审美化”，其背后的支撑乃消费主义至上的商业逻辑。金雅借用沃尔夫冈·韦尔施的说法，称迷恋于“日常生活审美化”的拥趸们是“美学人”，是“自恋主义者”，在这样的语境中，“艺术超越于生活的内在诗意早已消弭于滚滚的生活洪流之中”。③ 这样的旨趣并不是建构审美的，而是有意无意地曲解甚至消解审美精神的，金雅也不想要这样的“援西入中”。

金雅推崇或曰“重构”的“人生艺术化”，是“以美的艺术精神来涵养人格与心灵，促使生命的审美建构与人生的诗性创化”，“本质上是一种远功利而入世的审美人生精神”。④ 毫无疑问，她将此命题的学术源头回溯到了梁启超、朱光潜等重构现代美学家身上。对梁启超阐发最多的是他的“趣味”论，而对朱光潜、宗白华和丰子恺等的“情趣”

① 金雅：《中华美学：民族精神与人生情怀》，中国社会科学出版社 2017 年版，第 110 页。
② 金雅：《中华美学：民族精神与人生情怀》，中国社会科学出版社 2017 年版，第 111 页。
③ 金雅：《中华美学：民族精神与人生情怀》，中国社会科学出版社 2017 年版，第 112 页。
④ 金雅：《中华美学：民族精神与人生情怀》，中国社会科学出版社 2017 年版，第 104 页。

"情调""艺术心"之说也满溢着喜爱。她认为，梁启超美学精神的神髓是"趣味"，朱光潜美学思想的核心是"情趣"。她指出，"趣味的实现，在梁启超这里，也是一种生命的自由舒展，是知情意的和谐，是真善美的贯通，是美情的创化，也是创造与欣赏的统一"。[①] "趣味"与"情感"又是紧密融合在一起的，梁启超视"情感"为生命的本体，是生活的原动力："人类生活，固然离不了理智；但不能说理智包括尽人类生活的全内容。此外还有极重要一部分——或者可以说是生活的原动力，就是'情感'。情感表现出来的方向很多。其中最少有两件的的确确带有神秘性，就是'爱'和'美'"。[②]

初看起来，这样的趣味之论，几乎与传统美学所青睐的悠游自得、赏物自娱的文人雅士之趣味一脉相承。重构传统的书论、画论乃至山水园林观感里，何尝不满盈着一个"趣"字？只不过从来没有像梁启超那般密集而不遗余力地极力张扬"趣味"和"情感"的价值罢了。那么，金雅又能从中解读出什么更深刻的东西呢？笔者认为，金雅至少在两个方面对梁氏"趣味"论作出了富有新意的解读。

其一，是将趣味由生活之"闲情"拓展为人生之"大事"。在传统文化的观念丛中，"趣""境""格""韵""骨"等概念都已熟滥，但更多的只是被沿用在"小艺术"的品鉴赏玩上。金雅认为梁启超的"趣味"突破了纯审美的界定，第一个将"趣味"从中国古典艺术论和西方现代美感论导向了人生论。"在梁启超这里，趣味既不是单纯的艺术品味，也不是单纯的审美判断。在本质上，梁启超的'趣味'是一种潜蕴审美精神的广义的生命意趣，具有鲜明的人生实践向度与精神理想向度。"[③] 这样的认识突破，正是因为引入了"真"的维度，将中国美学从偏于"美善两维"的古典意趣提升为"真善美贯通"的现代品格，由此开启了一种"大审美观"。对生命个体来说，"趣味"和"情感"就不再是附丽于个体生命的一个点缀、寄生于个体生命的一个衍生品，而更具有本体性（情本体）、本原性（"生活的原动力"）。金雅

① 金雅：《中华美学：民族精神与人生情怀》，中国社会科学出版社 2017 年版，第 20 页。
② 张君劢：《科学与人生观》（一），辽宁教育出版社 1998 年版，第 129 页。
③ 金雅等：《中国现代人生论美学引论》，中国社会科学出版社 2020 年版，第 17 页。

也非常认同宗白华这样的观点："情调既是个体生命的本质与核心，也是宇宙生命的最深律动。"[①] 从这样的视角出发，人们追求生活和生命的"趣味"，就不再只是耽溺于消遣性的小情小趣，不再只是无聊时的"闲情偶寄"，不再只是把玩一番的案头清供，也不再只是享受着一己乐趣的孤芳自赏。"趣味"，意味着"理想人生的基本尺度和最高至境，是一种'天地与我并生，而万物与我为一'的至美胜境"。[②] 金雅抓取了梁启超思想中的"迸合"观，唯"迸合"，而主客一体，物我无间，终而生成个体生命的至趣、高趣。也正是因为"趣味"，人生始终能保持一种不断超越"小我"，向着理想和更高境界跃迁的大美动能。

其二，是通过对"痛感"的肯定而将个体情感引向"崇高"之美。我们知道，梁启超高度张扬情感价值，实际上是对儒家"中和"的伦理价值和审美理想的突破。他酷爱屈原和杜甫两位都常作苦语、悲语，尤其是借助对屈原的赞美，表现了个体情感私语与总体性话语之间的尖锐对峙。杜甫的情感也往往是沉重压抑的。这样的情感，其实是一种"痛感"。"痛感"一般被视为一种否定性的情态，带来的不是能增进生命机能的愉悦，而是令生命产生阻遏甚至撕裂的不适感，可是，梁启超洞见了"痛感"恰恰也具有产生美感的可能："痛楚的刺激，也是快感之一"。[③] 而金雅更是从中看到了因为"刺痛"而使崇高得到弘扬的机缘，"梁启超对崇高美的弘扬，突破了中国古典美学偏尚宁静平和温柔敦厚的中和美趣，是对新的时代美学风尚的一种开掘和引领"。[④] 她认为梁启超的崇高美理念，"其终极指向是社会和艺术领域中的崇高，是人的精神境界与行为品格的崇高"，"是那种带血带泪的刺痛，是那种含笑赴死的从容"。[⑤]"他对力与悲、对哭与泪、对崇高人格的弘扬大大冲击了传统美学和谐优美的审美理念。"[⑥] 理解了梁氏这种追求崇高美的执念，我们将不至于再将他的趣味主义看成传统士大夫对闲情逸致的

① 金雅：《中华美学：民族精神与人生情怀》，中国社会科学出版社 2017 年版，第 314 页。
② 金雅等：《中国现代人生论美学引论》，中国社会科学出版社 2020 年版，第 26 页。
③ 洪治纲主编：《梁启超经典文存》，上海大学出版社 2003 年版，第 123 页。
④ 金雅等：《中国现代人生论美学引论》，中国社会科学出版社 2020 年版，第 39 页。
⑤ 金雅：《中华美学精神的现代创化》，中国社会科学出版社 2019 年版，第 112 页。
⑥ 金雅：《中华美学精神的现代创化》，中国社会科学出版社 2019 年版，第 185 页。

迷恋，将他的情感本体论看成世俗化感官享乐主义的变种。

崇高，是近现代中国的主旋律，也是当代中国的主旋律。今天随着社会生活流沙般的急剧变迁，随着生活节奏与技术迭代的深度耦合，随着消费时代感性欲望的“与狼共舞”，随着泛媒体时代审美意识的悄然嬗变，再加上未来的不确定性成为一个基本认知，人人都笼罩在一个充满解构冲动和游戏精神的话语场中，因此，建基于趣味和情感、具有崇高质感的人生论美学的当代意义，就变得尤其显豁。唯有崇高星光的照耀，才能开创美好生活——这应该也是金雅“创美”之说的根本旨归：创化“广义的生命意趣”。

审美：活出“深沉的人生况味”

中国文化和哲学具有诗化的、审美化的、人生化的内在禀赋，其中一个极具基础性的原因，是从文化源头上从一开始就建立起来的“天人合一”的博大思想。孟子认为人性乃“天之所与”；老子认为“人法地，地法天，天法道，道法自然”；庄子认为，作为身体的人是“天地之委形”，“生非汝有，是天地之委和也”。人生观与世界观、自然观原本就是一气相通的，人如何看待自然就会如何看待自身和人生。“天人合一”思想不但内在于我们的生命，也泛在于日常生活中，这也赋予了我们总是努力去追求“一种既不脱离尘世、不脱离现实而又超出尘世、超出现实世界的自由境界”。[①] 金雅也多有论述中国传统哲学思想“即世间而出世间”的这个特性。她用了大量笔墨，写王国维的“有我之境”与“无我之境”；写朱光潜的“以出世的精神，做入世的事业”和“绝我而不绝世”；[②] 写宗白华的“拿叔本华的眼睛看世界，拿歌德的精神做人”以及“和谐与秩序是宇宙的美，也是人生美的基础”；[③] 写方东美的“万物含生、天地含情”等。[④] 当然她更多的笔墨剖析和演绎的还是梁启超的概念，除了“趣味”和“情感”之外，她又提炼出

---

① 张世英：《天人之际——中西哲学的困惑与选择》，人民出版社 1995 年版，第 111 页。

② 金雅等：《中国现代人生论美学引论》，中国社会科学出版社 2020 年版，第 131 页。

③ 金雅：《中华美学精神的现代创化》，中国社会科学出版社 2019 年版，第 314 页。

④ 金雅等：《中国现代人生论美学引论》，中国社会科学出版社 2020 年版，第 288 页。

“迸合”和“春意”这两个概念。在金雅眼里，“迸合”，是自然万物生命与自我生命的“迸合”，是人类个体的思想、行为、艺术作品与自我生命的“迸合”，是人类个体生命与个体生命的“迸合”，是人类个体生命与众生、宇宙的“迸合”，唯有“迸合”，才能“打进别人的情阈”，才能“向上提挈，向里体验”，才能超越“小我”，在“化我”中“得味真趣，得享春意”。① 金雅从中国现代诸位美学家思想中生发出来的人生论美学，不但是要体认这个世界，理解自我的生命，更是要创化自我的生命，安顿我们的身心。她一如既往地赋予其人生论美学鲜明的实践品格，审美创美的统一，就不仅仅是一种超然的静观，也是一种积极奔赴的旅程。

在金雅借助于对现代美学家学说的阐释而结晶成的思想里，审美同样具有心灵解放的意义。她在研析王国维的境界说时，认真分辨了“意境”与“境界”两个范畴的渊源和差异，特别注重境界从艺术向人生场域的延伸和拓展。她认为，“‘境界’范畴实际上拥有了观照诗词艺术特点和作者精神气象的双重视界”。它既是一个本体认识范畴，也是一个价值意义范畴。“境界”这个范畴，内在地禀有“引领艺术审美之眼逸出自身固有领地而投向广阔人生与鲜活生命的指向”。② 随后她在《王国维的境界人生论美学》一章中又提出并解答了这个问题：“通过审美来获得人的身心解放何以可能？”一是审美可以让我们修身养性，二是审美可以让我们摆脱意志与欲望的束缚。人生的审美化离不开境界的追寻，历经“人生三境界”，从“有我之境”渐臻至“无我之境”，方能收获和体味人生的至美。③ 审美，不是沉迷于自怜的低回情感，不是逗留于自我的狭小天地，而是如张载之“大其心”，如朱熹之“唤醒此心”，如方东美之求“大美”“至美”“纯美”，如王国维之从“独上高楼”趋向“蓦然回首”，如梁启超之向往“解缆放船，顺风张棹”“巨浸汪洋，纵横任我”的生命自由气象——“梁启超的‘化我’趣味和王国维的‘无我’境界，都是个体生命对生命诗性的一种创化

① 金雅等：《中国现代人生论美学引论》，中国社会科学出版社 2020 年版，第 26—31 页。
② 金雅：《中华美学：民族精神与人生情怀》，中国社会科学出版社 2017 年版，第 343 页。
③ 金雅等：《中国现代人生论美学引论》，中国社会科学出版社 2020 年版，第 107—115 页。

与追寻”。[1] 而这种审美的精神，无一不是生命向着更大的格局延展，向着更高的境界攀缘，审美者、体验者、创造者可以在“参天地”“赞化育”“上下与天地同流”的形上形下交会之中，天人合一，物我两忘，心境化合，从而品悟到“深沉的人生况味”。

中国传统文化哲学并不认为在自然和现象之外，存在一个超越性、主宰性的最高存在，道就是宇宙的生命律动，就在自然万物和现实日常中，流转不息的人生就是道的生动体现和鲜活见证，落实于艺术的意境，生成于人的境界，没有“君临天下”，只有“月印万川”。正是因为这种“即事即理”“体用不二”“天人无间”的思想根基，因为不存在彼岸性的家园，才使对美学的偏好几乎成为我们的第二本能，更使蓬勃健旺的中华美学精神经由现代美学家们“汇融中西、贯通古今”的学理化之后呈现出“鲜明而强烈的实践旨趣”。金雅强调，这种实践旨趣，具有“突出的人文意趣”、“浓郁的美情意趣”、“深沉的诗性意趣”以及“知情意行合一、创美审美兼济”的特性。[2] 金雅准确地把握住了中国现代人生论美学思想经络最丰富处、情感体验最敏感处，从“立人立美”“趣味创美”“境界审美”三个维度，拓展建构了人生论美学真美善贯通的核心命题、美情一体的崇高意向、天人合一的自由心灵。她的美学思想，立足人生，关怀人性，升华人生，意在唤起人们活出“生命的动态能量”，活出“广义的生命意趣”，活出“深沉的人生况味”，既接续了传统，又接壤于现实，使人生论美学与时俱进，[3] 呈现出积极、理性、丰赡的当代意义。

作者单位：浙江教育报刊总社

① 金雅等：《中国现代人生论美学引论》，中国社会科学出版社2020年版，第353页。
② 金雅：《中华美学精神的现代创化》，中国社会科学出版社2019年版，第24—33页。
③ 汝信：《“人生论美学”与时俱进》，《中国社会科学报》2018年2月8日第7版。

简析金雅的人生论美学思想及其理论探索

朱鹏飞

一 金雅人生论美学思想的形成

金雅教授的人生论美学思想建构，发端于她的梁启超研究。在她早期的梁启超美学思想研究过程中，通过探讨梁启超的“趣味”说、“情感”说、“移人”说等，金雅教授敏锐地发现，梁启超美学思想的理论旨归，用任公自己的话说，综为一点，就是“趣味”的精神，也就是“生活的艺术化”。梁启超在《“知不可而为”主义与“为而不有”主义》一文中谈道，“我自己的人生观是拿两样事情做基础：（一）‘责任心’；（二）‘兴味’”。[①]“责任心”与“兴味”所对应的人生观，正是“知不可而为”主义与“为而不有”主义。梁启超总结说：“归并起来，可以说这两种主义是‘无所为而为’主义，也可以说是生活的艺术化，把人类计较利害的观念，变为艺术的、情感的。”[②] 金雅认为，“生活的艺术化”命题，确立了中国现代人生论美学精神的理论支点，之后朱光潜将其发展为“人生的艺术化”，“这一提法日后产生了广泛的影响并逐渐定型为中国现代美学与文艺思想中的一个重要命题”。[③] 通过研究梁启超美学思想，以梁启超“生活的艺术化”命题及其“趣味”精

① 梁启超：《“知不可而为”主义与“为而不有”主义》，载金雅主编《中国现代美学名家文丛·梁启超卷》，浙江大学出版社 2009 年版，第 3 页。

② 梁启超：《“知不可而为”主义与“为而不有”主义》，载金雅主编《中国现代美学名家文丛·梁启超卷》，浙江大学出版社 2009 年版，第 8 页。

③ 金雅：《为什么重提“人生艺术化”》，《艺术百家》2012 年第 6 期。

神为基点，金雅教授进而将视野拓展到其他现代美学家，比如王国维、朱光潜、宗白华、丰子恺等。在这些美学家身上，金雅教授发现了诸多与梁启超“趣味”和“生活的艺术化”命题相类似的学说与意趣。《“境界”与“趣味”：王国维、梁启超人生美学旨趣比较》一文，通过比较梁启超与王国维的人生美学思想，得出结论说：“作为中国现代美学最具影响的开创者与代表人物，梁启超和王国维的美学思想是中国现代美学人生论精神图谱中不可或缺的一页。梁启超的趣味说是一种融人生、艺术、美为一体的大美学观、人生美学观，而王国维的境界说也非单就艺术论艺术，同样是将人生品鉴引入了艺术的审美体验与欣赏中”。[①] 此外，金雅教授还将梁启超与朱光潜、宗白华两位学者的人生美学思想进行了对比，认为“以‘趣味’和‘情趣’为核心，梁启超、朱光潜构建了各自的人生论美学思想体系，阐释了同中有异的人生论美学学说，呈现了从‘生活艺术化’到‘人生艺术化’的中国式人生论美学思想和理想的一种重要发展脉络”[②]，“梁启超以趣味的践行突出了生命的诗意高度，宗白华以情调的构筑突出了生命的诗意深度。前者更倾心于美善的关联，后者更倾心于美真的关联。他们与王国维、朱光潜等一起，共同丰富了中国现代美学人生论精神的画卷”。[③]

以梁启超美学思想研究为基点、以其“生活的艺术化”思想为辐射，金雅教授将研究重心从梁启超个案拓展到整个中国现代美学家群体，对王国维、朱光潜、宗白华、丰子恺、方东美等现代美学家进行了广泛的研究，这一过程中，渐渐形成了其深植于中华美学土壤、具有厚重民族思想底蕴同时对21世纪当下进行审思的人生论美学思想。诚如金雅教授在与仲呈祥先生对话时所言：“传承与弘扬中华美学精神，需要我们认真梳理中华美学的丰富资源，结合当下实践实现创造性转化和创新性发展。自觉、系统的理论建设，是传承弘扬中华美学精神的重要课题”，“在当下纷繁缭乱的生活景象中，在汹涌而来的西方现代文化、

① 金雅：《“境界”与“趣味”：王国维、梁启超人生美学旨趣比较》，《学术月刊》2012年第8期。

② 金雅：《“趣味”与“情趣”：梁启超朱光潜人生美学精神比较》，《社会科学战线》2013年第7期。

③ 金雅：《趣味与情调：梁启超宗白华人生美学情致比较》，《社会科学辑刊》2012年第5期。

后现代文化和本土文化的复杂交融中，美和艺术的出场，美和艺术坚守自己的精神家园和理想高度，审美理论保持足够的警醒和反思的品格，是极为重要而富有意义的”。①

金雅教授的人生论美学，奠基于民族特有理论资源，同时吸收中国现代美学的长处，有机融合西方传统美学思想，在博采众长的基础上，形成了兼顾中西、具有鲜明民族特色的审美理论。这种中西兼顾，不是时下流行的以西为主、以中为辅，更不是如某些理论那样几乎全盘西化，而是一种中西文化的有机“化合”。梁启超在一百年前游历经受过一战炮火的欧洲之后，就深感西方文化奠基于弱肉强食的达尔文规则、道德世风日颓的弊病，提出要进行中西文化间的“化合”：“把自己的文化综合起来，还拿别人的补助他，叫他起一种化合作用”，然后，“把这新系统往外扩充，叫人类全体都得着他好处。我们人数居全世界人口四分之一，我们对于人类全体的幸福，该负四分之一的责任”。②当今中国，社会高速发展，在世界经济体系中的分量举足轻重，然而在文化方面，却仍然有着深植的膜拜西方情结。中国要想成为世界大舞台上的一支重要力量，就必须强化文化软实力，产生立足于本土的中国化思想。而金雅教授提倡的人生论美学及其所做的理论探索，正是这样一种努力，她试图构建的，是于西方文化环伺、后现代主义思潮蔓延的特殊时代背景中，一套中华民族特有的面向当下、面向未来的美学理论。

二　金雅人生论美学的三大理论支点

金雅教授的人生论美学建构具有三大理论支点，也是其重要的理论特质。首先，美的终极指向是人生而不是艺术，它是审美、艺术与人生的合体，因此体现的是一种“大审美”观。其次，以人生的主体——人——为中心，突出强调了情感美化的核心意义，极注重“美情”的建构。最后，针对美的人生的建设目标，同时辐射了生命境界、人格养

① 金雅：《中华美学精神：理论与实践——与仲呈祥先生对话》，《中国艺术报》2015年9月9日第3版。

② 梁启超：《欧游心影录》，商务印书馆2014年版，第51—52页。

成、人生理想诸方面，崇尚超越性的“美境”建构。这样，倡导审美艺术人生合而为一的“大审美”观、以情感为美的生命之本的“美情”观以及辐射生命境界、人格养成、人生理想诸方面的“美境”观，构成了金雅人生论美学思想的基本框架。

首先，金雅提出，审美艺术人生动态统一的“大审美”观是人生论美学的理论基础。金雅教授认为，“审美艺术人生动态统一的大审美观，大大拓展了审美的领地，不仅将艺术也将广阔的人生纳入了审美的视域，使得审美的问题不只是理论上的自娱自乐，或单纯的艺术问题，也是关乎人、关乎生存、关乎生命、关乎生活的鲜活问题”。[①] 西方传统美学理论，重视从认识论角度去探讨美的本质与根源，比如毕达哥拉斯学派从数的视角去探讨美，柏拉图则为我们设置了一个先验的美的理念，康德认为美的本质在于通过外在形式去象征高级的理性观念，黑格尔则把康德的这一思想改造成“美是理念的感性显现”。与西方不同，中国传统美学思想更注重理性与情感、理论与实践相统一的大审美，注重将知、情、意、行四者相互融会贯通，因此，中华传统美学的大审美特征，使它具有区别于西方传统美学的鲜明的实践性特征。“突出的实践旨趣，构成了中华美学精神显著而独特的标识之一，也是其区别于西方经典美学精神的重要特质之一。从这个特质来看，我们可以把中华美学称为行动的美学，它突出了美的生成创化及人与生活的直接对接。”[②] 这种强调知、情、意、行交融贯通的“大审美”观，是金雅教授人生论美学思想的重要理论支点之一。

其次，金雅主张，真善美张力贯通的“美情”观是人生论美学的理论核心。金雅教授指出，西方经典理论美学自康德以来，确立了情感在审美活动中的核心地位，认为审美活动之所以能达到对世界本质的认知，就在于它通过情感，架起了感性认识与理性认识之间的桥梁。但西方经典美学理论所强调的情感是一种“粹情”，比如康德所谓的审美无关利害，就将情与知、意割裂开来，让情成为一种独立的存在。相比之下，中国传统美学则推崇“美情”，美总是与真、善不可分割地交融在

① 金雅：《人生论美学传统与中国美学的学理创新》，《社会科学战线》2015 年第 2 期。
② 金雅：《中华美学精神的实践旨趣及其当代意义》，《社会科学辑刊》2018 年第 6 期。

一起的，所以中国人讲究“童心”之美以及“尽善尽美”。这种融真善美于一身的“美情”，金雅教授将其特点归结为“挚情”“慧情”“大情”“趣情”，“‘美情’凸显了审美活动的人学向度，也是中华美学贡献于世界美学和人类精神宝库的独特财富之一”，[①]“特别是其以真善为美的张力内涵，为审美实践对人生实践的提升超拔奠定了内在基础，揭示了这种美情既是真实的，也是高挚的；既是个体的，也是普遍的；既是现实的，也是超越的；既是观审的，也是创化的”。[②] 作为吸纳中华传统文化精神的理论命题，“美情”观的确立，是金雅教授人生论美学思想的另一个支点。

最后，金雅强调，物我有无出入诗性交融的“美境”观是人生论美学的理论指向。金雅教授认为，中华文化具有深厚的诗性传统，它一方面扎根于熙熙攘攘之俗世，另一方面又向往超拔自由之境域，这两种情怀，同时融入中国人的血脉。“它不从纯粹思辨去寻求人生真理，也不向彼岸世界去寻求生命解脱，而是倡扬天人合一、物我交融、有无相生、出入自由，崇尚道法自然、生而不有、身与物游、自在自得，从而构筑了一种既鲜活生动又高逸超拔的生命形态，内蕴着温暖的人生情怀和深邃的诗意情韵。”[③] 老子的“道”与“德”，结合孔子的“礼”与“仁”，最终变成“从心所欲，不逾矩”，就体现了这种物我交融、出入自由的超拔境界。“物我有无出入诗性交融的审美境界观，聚焦了中华审美精神的民族特质，那就是温暖执着的入世情怀和高远超逸的出世情韵之诗性交糅。”[④] 中华文化传统中特有的“美境”观，深刻影响了后世中国人的生存哲学，发展到现代时期，朱光潜提出的“以出世的精神，做入世的事业”更成为诸多富有超越情怀的中国人的座右铭。汲取中华民族文化这种物我有无出入自由升华的诗意情怀的养分，金雅教授将其总结、拓展为人生论美学的第三个理论支点。

综合来看，金雅教授提出的人生论美学三大主张——“大审美”观、“美情”观与“美境”观，是相辅相成、互不可缺的重要组成部

① 金雅：《论美情》，《社会科学战线》2016 年第 12 期。

② 金雅：《人生论美学传统与中国美学的学理创新》，《社会科学战线》2015 年第 2 期。

③ 金雅：《人生论美学传统与中国美学的学理创新》，《社会科学战线》2015 年第 2 期。

④ 金雅：《人生论美学传统与中国美学的学理创新》，《社会科学战线》2015 年第 2 期。

分。首先，“大审美”观是其人生论美学的立论基础。人生论美学不同于许多流行美学理论的关键点，在于它强调知、情、意、行合而为一的“大审美”，而时下很多美学理论要么过于偏重理性、在一些哲学概念之间绕圈，要么过于偏重感性、沉迷于在日常生活中逍遥。其次，“美情”观是人生论美学的核心诉求。知、情、意、行如何合而为一？通过什么方式才能让它们有机结合在一起？西方的康德没能解决这个问题，虽然他试图用审美架起知与意之间的桥梁，但康德眼里的审美却是一种无关利害的情感，所以只是一种囿于静观的“粹情”，以至于通过这一“粹情”桥梁构筑的实践理性世界，常常遭到后人诟病。比如叔本华就批判康德的实践准则“为了他人利益我不得侵犯他人”其实也是自私的，因为当康德这样说的时候，其实同时表明“我也不得被侵犯”。这就是“粹情”的弊病——它无关利害所以缺乏更明确的价值导向。而金雅教授提倡的“美情”则具有更深刻的人文情怀和更宏阔超拔的价值取向，可以引领知、情、意、行得到更完美的结合。最后，“美境”观是人生论美学的终极诉求。让人生变得跟艺术世界一样澄明、一样美好，变成一种“诗意的栖居”，世界就会处处既是充满责任的发愤忘食的进取之地，又是充满趣味的乐以忘忧的桃花之源；既是充分展现自我的光辉舞台，又是静心看戏的清心雅座。因此，在一个后现代之风横行遍地、世风人心不古的特殊时代，我们不但需要“智者不惑、仁者不忧、勇者不惧”的奋进精神，也需要“但问耕耘，不问收获”的超拔情怀，才能让自己渡过物质奢靡的劫难，在物我有无出入之间自由徜徉。而人生论美学所提倡的“美境”，正是这样一个境域，它可以让我们保有拼搏和诗意的自由张力，世俗百态和绚美精神的自由张力。

三　金雅人生论美学的理论特点及其理论贡献

（一）金雅人生论美学的实践性、民族性与理想性

金雅教授的人生论美学思想，以“大审美”观、“美情”观、“美境”观为支点，试图构建的是一个奠基于民族传统文化、汲取西方思想养分、直面当代社会问题的美学理论体系。它具有三大特点：

第一，金雅教授提倡的人生论美学重知、情、意、行的会通，弘扬

“大美”，因此具有深刻的实践性。传统西方美学大多是一种形而上的理论，甚至演变为各种唯心主义的主观臆断，譬如柏拉图的理想国，虽然构筑了一个形而上的“乌托邦”，但却不能有效转化到现实中来，甚至在他眼里，现实的实践远比理想中的“乌托邦”要低级，所以他才说艺术家的创作与真理隔着三层，就算在他看来比艺术创作更高级的木工实践，也不能企及理想中的美。再譬如集西方经典美学之大成的黑格尔，这位理性主义大师虽然深谙辩证法，但涉及艺术实践问题时，辩证法就变成了跛足，他一方面认识到艺术实践是发展的，会从象征型艺术发展到古典型艺术再到浪漫型艺术，但艺术实践发展至此便完全终结，艺术最终解体，让位给哲学。这种从实践到理论的单向发展，使黑格尔美学最终囿于理论的探究而距离真正的审美实践甚远。相比之下，金雅教授的人生论美学则在汲取传统美学理论主张知、情、意、合一养分的基础上，提出知、情、意、行合一，从而使人生论美学具有了更深刻的实践性特征。人生论美学所倡导的，是“知不可而为”，用金雅教授的话来说是“不有之为”，[①] 是朱光潜所谓的要“看戏”还要“演戏”，是王国维式的以“为伊消得人憔悴”为基础的“人生三境界”，总之，人生论美学不但重审美审思，还注重审美实践，只有边“看戏”边“演戏”，才能使人生之美得到交融升华。

第二，金雅教授倡导的人生论美学重个人情感体验，将情感贯穿到审美活动的始终，赋予“美情”以特殊地位，因此具有鲜明的民族性。传统西方理性主义美学虽然也认识到情感与审美活动之间的关联，但西方学者多只承认“粹情”。中国古典美学的审美情感，或主张善美一体，或主张美真合一。孔子眼里的“尽善尽美”“文质彬彬”，就将美与善结合在一起；庄子的“游心于物之初”、李贽的“童心”说，则将美与真合为一处。发展到现代时期，梁启超之“趣味”、王国维之“境界”、朱光潜之“情趣”、丰子恺之“真率”、方东美之“生生”，褒扬的是真善美合体的“美情”。金雅教授以中国现代美学资源为核心依托，传承了区别于西方“粹情”观之真善美相生交融的传统并予拓展创化，形成了具有民族性特质的独特标识，使它成为一种植根于中华文

① 金雅：《梁启超美学思想研究》，商务印书馆2012年版，第63页。

化传统的鲜明的民族化理论。

第三，金雅教授倡导的人生论美学重生命超越，强调物我有无出入的动态生成、诗意升华，崇尚超现实而入自由的“美境”，因此具有超拔的理想性。西方现代美学，不少落入非理性主义的窠臼，要么宣扬肆意妄为的“超人”，要么悲观失意地探讨“恶心”与“畏”，及至西方后现代主义哲学，更是反中心、反理性、反宏大叙事，别说理想与超越，就是活生生的世间存在，也变得极其不堪。受现当代西方美学思潮影响，中国当代美学界也出现了许多类似理论，比如“日常生活审美化”，就把俗世存在看成审美的重要一环，而全然漠视了审美的超越维度。特别在受市场经济洗礼而让人之实践理性跌入凡尘的当下，弘扬审美的超越性维度，就显得尤为重要，诚如金雅教授所言，“大美是对绮靡媚俗的反拨”“大美是对追名逐利的超越”“大美是对形式至上的审思”，[①] 在当下的市场经济大环境中，面对国人的实践理性颓化问题，更需要一种超越性的美学理论来警醒世人，而金雅教授的人生论美学，正是这样一种具有超拔的理想性、直面现实问题的美学理论。

要之，金雅教授的人生论美学建构，既有别于西方传统的理性主义美学，也有别于西方现当代的非理性主义美学、后现代主义美学，同时又汲取了中华民族文化传统的丰富养分，在众取中外古今美学思想精华的基础上，推陈出新而成为一套独特的审美理论，具有深刻的实践性、鲜明的民族性以及超拔的理想性。

（二）金雅人生论美学的主要理论贡献

金雅教授人生论美学的创构，是在博采古今中外美学理论之基础上的推陈出新，是一种弘扬民族优秀文化传统的不懈努力。其理论贡献，至少有以下三点：

其一，金雅教授深入地挖掘了民族美学理论资源，试图在西方思想大潮占统治地位的当下，发出属于中国美学的独特声音。长期以来，中国当代美学界深受西方思想影响，推出了层出不穷的植根于西方思想的美学理论，但进入 21 世纪以后，随着经济的快速发展，中国在世界面前展现出中华民族的强大硬实力，然而中华传统文化的软实力却迟迟跟

---

① 金雅：《大美：中华美育精神的意趣内涵和重要向度》，《中国文艺评论》2020 年第 8 期。

不上经济发展的步伐，放眼当前国内美学界，植根于西方哲学基础的美学理论汗牛充栋，而发端于中华民族传统的美学理论则少之又少。从这一意义上说，金雅教授创构人生论美学是一种力图弘扬中华美学精神的艰辛、不懈而值得褒扬的努力。

其二，金雅教授博采中西美学之长，其理论建构具有异于中国传统美学的理论厚度与广度。在中国传统美学中，儒家美学的现实性与道家美学的理想性虽能合二为一，但具体到某个人身上，则是分裂的，它常常导致传统知识分子人生轨迹的突变，就像陶渊明那样突然从入世变为出世。金雅教授则汲取西方思想中通过审美将这种“二律背反”有机消弭的特长，让知、情、意三者在审美活动中做到融为一体。特别是，金雅教授提出并强调知、情、意、行四者融会贯通的“大审美”主张，使人生论美学具有了更深刻扎实的理论厚度与广度。

其三，金雅教授力主审美的超越性与理想性，在当今物质至上、道德日下的特殊时代氛围中，具有深刻的现实意义。今日中国，随着市场经济的日益发展，许多人物质富有了，但精神却愈加荒漠化，甚至美学界还出现了不少为西方现代非理性主义乃至后现代主义思潮鼓与呼的美学理论，很显然，这些迎合当代大众世俗审美品位的理论，只会加速社会的平庸化与肤浅化。相比之下，金雅教授所提倡的人生论美学则具有振聋发聩的特殊时代意义，在一个世风、道德日益堪忧的时代，我们更需要这种似乎不食人间烟火、超拔的美学理论，正如在欧洲中世纪道德日颓的背景下出现了朗吉努斯的《论崇高》，在中国“礼崩乐坏”的春秋时期出现了孔子的“君子”论，当今物质富有而道德世风堪忧的中国，更需要类似金雅教授人生论美学这样的超拔性美学理论，来给沉迷于世俗生活的国人，打一剂及时的强心针。

作者单位：浙江工商大学

金雅的中国现代人生论美学研究及价值启示

吴衍发

金雅教授是中华美学与艺术学研究领域的当代知名专家、学者。她长期致力于中华美学美育和艺术学理论的研究工作，特别是在中国现代人生论美学研究领域，辛勤耕耘二十余载，笔耕不辍，硕果累累，先后出版了《梁启超美学思想研究》《人生艺术化与当代生活》《中华美学：民族精神与人生情怀》《中华美学精神的现代创化》《美育与当代儿童发展》《中国现代人生论美学引论》等一系列美学美育著作；主编了《中国现代美学名家文丛》《中国现代美学名家研究丛书》《中华人生论美学经典悦读书系》《中国现代美学与文论的发动》《蔡元培梁启超与中国现代美育》《人生论美学与中华美学传统》《人生论美学与当代实践》等一系列美学著作；先后发起组织和举办两次"人生论美学"的全国高层学术会议；自觉倡导引领当代中华"人生论美学"的理论建设。在人生论美学研究中，她注重结合中国当代美学实践的新的历史语境，对中华古典美学的人生论传统和一批中国现代著名美学家的人生论思想成果，进行了认真的梳理、发掘、提炼、阐发和创新，自觉专注于新时期中国特色人生论美学的资源整理、学理建构、话语建设、方法探索、精神挖掘和实践引领，初步从理论上和实践上为创建具有民族特色的中国人生论美学的理论体系和话语体系奠定了基础。她团结美学学人高举"人生论美学"旗帜，重视人生论美学传统与当代实践价值的养成，重视人生论美学的理论推进和精神锤炼，在促进中国当代美学的发展及与世界美学的对话方面，产生了十分积极的影响。对于当代中国美学与民族文化建设，具有重要价值和启示。

一　金雅人生论美学研究的意义

金雅教授认为，人生论美学是中国现代美学最富代表性的理论成果和精神标志之一。20 世纪上半叶，梁启超、王国维、蔡元培、朱光潜、宗白华、丰子恺、吕澂、邓以蛰、方东美等一批中国著名学者，在中西古今交融碰撞的特定社会语境下而孕萌的人生论美学思想，虽取得了较为丰硕的成果，但缺乏系统的发掘梳理和有深度的总结提炼。然自 20 世纪下半叶以来，由于美学研究的重心转向对西方美学经验的译介和引进，包括人生论美学在内的民族资源一度不为关注。可以说，从整体上看，人生论美学迄今仍然面临着基本理论建设的艰巨任务。

1. 完美和谐的人生离不开审美和审美活动

现代社会高度发达的工业文明和科学技术在给人类带来日益丰富的物质财富的同时，也带来了自然资源的浪费、生态平衡的破坏、环境污染的加剧和人的精神生活的空虚等一系列社会问题。置身于高度物质化、技术化、功利化的世界中，人的精神世界被分割得七零八落，成为所谓“文明的碎片”。“在当今世界存在的众多问题中，有三个问题十分突出，一个是人的物质生活和精神生活的失衡，一个是人的内心生活的失衡，一个是人与自然的关系的失衡。”① 现代文明社会造成人性的“二律背反”式的内在冲突和分离，已经成为一种无法回避的严峻事实。如何克服、扬弃人性发展的矛盾，造就全面发展的和谐的人，成为当下人们普遍而深切关注的重要课题。从人类对美的起源的研究来看，审美是一种社会现象，审美活动是人类才具有的一种特殊的人类社会活动。审美作为人类特有的一种生存方式和体验方式，在现实存在中，主体受到现实关系的束缚，不能充分发展，人的天性被扭曲、异化，未能充分获得自由。但在审美活动中，人们暂时解除了现实关系的束缚，进入了自由的审美关系之中，有一种自我解放的感觉，产生了一种高度愉

① 叶朗：《胸中之竹——走向现代之中国美学》，安徽教育出版社 2002 年版，第 30 页。

悦的自由感，因而“审美带有令人解放的性质”。[①]

当前中国正处于巨大的经济社会结构转型中，在全球化、城市化、现代化、工业化过程中出现了一系列新的社会现象与社会问题。“西方资本文化的商业原则、大众口味、科技指征等正随着现代商业运作模式和资本机制迅速扩散，人的生命情趣和格调、人的生存方式和姿态正在大幅度地被改造。……物质主义、技术主义、个体主义、游世主义等生活思潮，以及衍生的种种欲望追逐、感官享乐、讲求实用、追求自我、消解意义等价值导向，构建出中国当代生活中颇具代表性的种种新景象，也使得人性中的某些低、俗、粗、丑的欲望获得了滋长放纵的土壤。”[②] 正是在这样的社会背景中，金雅在《为什么重提“人生艺术化”》《“人生艺术化”：学术路径与理论启思》《审美人格与当代生活》等一系列文章中，重新提出和阐释“人生艺术化”这一命题。所谓“人生艺术化”，在金雅看来，“就是以美的艺术精神来涵养人格与心灵，促使生命的审美建构与人生的诗性创化。本质上是一种远功利而入世的审美人生精神。它要求主体践履审美、艺术、人生之统一，追求建构以无为精神来创构体味有为生活的审美化人生旨趣，其实质是崇尚超越小我纵身大化的审美人格情韵和生命过程的诗性自由升华”。[③] 因而在一定意义上说，情感、理想、诗意的出场，艺术和美的出场，是对当下沉溺于物质功利世界不能自拔的人的精神救赎，激发人们在平凡的、普通的、日常的生活中，注重对生命意蕴的体味、感受、领悟、发掘。西方有句谚语说得好：“艺术是解放的，给人自由的。”这句话最能见出艺术（审美）的本质特征，也能见出艺术（审美）与人生的关系。“人生艺术化”命题是在20世纪30年代提出来的。这种艺术化的对诗性生命、和谐人生、本真自我的追寻，是对世俗物欲与功利主义的一种反动，也是对工具理性与机械理性的一种省思。所以金雅说：“我们今天倡导‘人生艺术化’及其价值重构，倡扬的不仅是其美与诗性的光芒，也是其对于真善的超越和本真回归的理想！它以对情的弘扬肯定了

① ［德］黑格尔：《美学》第一卷，朱光潜译，商务印书馆1979年版，第147页。

② 金雅：《中华美学：民族精神与人生情怀》，中国社会科学出版社2017年版，第116—117页。

③ 金雅：《中华美学：民族精神与人生情怀》，中国社会科学出版社2017年版，第104页。

对于生命和谐生成的期待，以对实践功利的超越肯定了对于生命诗意的追寻，并最终突出了回归、体味、践行生命最深之真美与真我的价值意向。”[①] “人生艺术化”学说主张审美、艺术、人生相统一的大艺术精神与理想，尽管在其孕生的中国现代社会背景下有着强调艺术（审美）救世、倚重精神作用的乌托邦色彩，但在现代科技日新月异、功利实用观念不断强化的当代生活中，仍不失其积极意义。

“人生艺术化”是金雅教授中国现代人生论美学研究的一个重要对象和理论内容，她将这个命题引入当下新的时代语境，深刻地提出了反思、辨析、重构的理论课题。

2. 构建中国特色美学话语体系的需要

中国现代美学学科是在西方美学直接影响下而创立的。它经历了20世纪初引入西方“美学”概念，20世纪前半叶致力于外国美学的介绍和综合，同时也结合中国人的审美和艺术实践进行阐释和发展，“形成了重视审美无功利的静观派、通过艺术促进社会进步的人生派，以及推动社会革命的马克思主义美学在中国的传播这三条线索”。[②] 20世纪后半叶，中国美学经历了50年代的“美学大讨论”、80年代的“美学热”和世纪之交的“美学的复兴”三个阶段。然而从20世纪中国美学的学科建构来看，主要以西方美学的样态作为自己建设的标准。金雅指出：“我国现代美学的西化之路，几乎全方位覆盖了范畴概念、观点学说、思维形态、方法立场等。我国美学发展的这种状况，不仅使民族美学逐渐丧失了自己的话语，也大大偏离了人文学科的多元化要求。”[③] 所以，构建新时代中国特色美学话语体系，已经成为我国美学进一步发展的迫切需要。

进入21世纪以来，中国哲学社会科学加快了理论创新、学科建设和话语体系建构的步伐，学科地位得到了提高。中国美学学科亦是如此。习近平总书记在多个场合和多次会议上强调，要加强美育建设，繁荣发展社会主义文艺。在北京文艺工作座谈会上的讲话中，习近平总书

① 金雅：《中华美学：民族精神与人生情怀》，中国社会科学出版社2017年版，第117—118页。

② 高建平：《新时代美学发展的新思路》，《文艺报》2020年6月15日第3版。

③ 金雅：《中华美学：民族精神与人生情怀》，中国社会科学出版社2017年版，第3页。

记提出，要传承和弘扬“中华美学精神”。[①] 在庆祝中国共产党成立95周年大会上的讲话中，习近平总书记提出了坚持中国特色社会主义道路自信、理论自信、制度自信、文化自信。[②] 在哲学社会科学工作座谈会上的讲话中，习近平总书记提出了“中国特色哲学社会科学”的概念，提出要着力构建中国特色哲学社会科学，在学科体系、学术体系、话语体系等方面充分体现中国特色、中国风格、中国气派。[③] 显然，这对于美学学科的发展来讲，是一个良好的契机，同时也是包括中国美学学者在内的所有学人所面临的最大课题。金雅在《中国美学须构建自己的话语体系》等文章中指出：“我国美学之所以要构建自己的话语体系，是因为美学既需要面向全人类普适性的审美价值向度，也需要形成不同的民族化审美话语。……美学既有方法论、技巧论等维度，也有情感论、价值论等维度，而且后者更富本质意义。回归美学以情感和价值等为中心的人文维度，是美学真正实现深度突破与自身价值的必由之路。对于我国美学来说，只有真正构建自己的话语体系，才能在世界美学之林拥有自己的一席之地，真正实现与西方美学平等深度的对话。我国美学话语体系的构建，既需要融西入中、化合创新，也需要援古入今、传承推进，在总结新中国成立尤其是改革开放以来我国美学发展成就的基础上，在直面民族审美的现实中，实现自己的破茧和涅槃。”[④] 然而，中国特色美学话语体系的建构需要思考一系列重要问题。金雅结合中国几千年的优秀传统美学思想和中国百年现代美学学科发展经验，从“确立自己的基本范畴，建构自己的命题学说，形成自己的方法思维，弘扬民族美学精神”等四个方面，[⑤] 阐释和回答了中国美学话语体系的构建问题。

当然，学派的形成不是一蹴而就的事情。它有几个基本的标志：“一要有自己的理论观点和理论体系，二要形成独特的治学风格，三要

① 《习近平总书记在文艺工作座谈会上的重要讲话》，《人民日报》2015 年 10 月 15 日第 1 版、第 4 版。

② 习近平：《在庆祝中国共产党成立 95 周年大会上的讲话》，人民出版社 2016 年版，第 12 页。

③ 习近平：《在哲学社会科学工作座谈会上的讲话》，人民出版社 2016 年版，第 15 页。

④ 金雅：《中华美学：民族精神与人生情怀》，中国社会科学出版社 2017 年版，第 3 页。

⑤ 金雅：《中华美学：民族精神与人生情怀》，中国社会科学出版社 2017 年版，第 4—8 页。

有创造性的学术成果，四要有一支优秀的学术队伍。”[①] 同时，它还需要几代学者的不懈努力。中国现代美学经过百年发展，在美学理论和话语体系方面已经初步构筑上承中华传统美学精神，又富时代特色和中国风格的认识论美学、实践论美学、人生论美学、意象美学、生命美学、生态美学、环境美学、生活美学等诸种形态的民族理论。

二　金雅对中国现代人生论美学民族思想渊源的认识

中华传统美学精神是中国现代“人生论美学”的思想渊源。虽然“美学”这个概念是在20世纪初才从域外引进的一种现代理论学科，但这并不能说中华文化传统中此前就没有美学思想。相反，中华优秀传统文化是一座理论的富矿，其中蕴含着十分丰富而精彩的美学思想。这些思想与中国人的生活方式、中国人对宇宙和世界的观念，与历代中国文学艺术家的创作等都结合在一起，既绵延久远，又随着时代的发展而发展，至今仍有着旺盛的生命力。

中国传统文化以礼乐精神为核心，极具人文精神和人文教养的传统，是伦理型、道德型的文化，又是审美型、艺术型的文化。因而中国传统文化重视高尚人格的塑造和理想人生境界的追求。儒、释、道三大思想传统的最根本处是做人，强调人的德性修养和人文教育，其不同处在于修身工夫的入路问题。孔子《论语》云：“兴于诗，立于礼，成于乐。”（《泰伯》）又云：“若臧武仲之知，公绰之不欲，卞庄子之勇，冉求之艺，文之以礼乐，亦可以为成人矣。”（《宪问》）“一箪食，一瓢饮，在陋巷，人不堪其忧，回也不改其乐。贤哉回也！”（《雍也》）“饭疏食饮水，曲肱而枕之，乐亦在其中矣！不义而富且贵，于我如浮云。”（《述而》）孟子云：“人之所以异于禽兽者几希，庶民去之，君子存之。”（《离娄下》）又云：“理义之悦我心，犹刍豢之悦我口。”（《告子上》）另外，孟子的“浩然之气”和“充实之谓美”等重要命题，也都明确地把个体的人格精神、道德上的善与审美愉悦的情感联系在一起。显然，儒家文化极为重视用诗、礼、乐来塑造一种高尚的人格，而

① 叶朗：《胸中之竹——走向现代之中国美学》，安徽教育出版社2002年版，第1页。

这种理想的人格的本质即在于能够超越物质功利的需求，而达于一种高尚的精神境界。所以儒家文化最本质的特点就是重视人文教养（诗教、礼教、乐教），追求一种高尚的人格修养和理想的人生境界。在道家文化中，我们可以从《老子》一书中看到老子对人民的痛苦怀有深切的同情，往往主张一种无私的为人的精神。在《庄子》一书中，“重生”“养生”“保身”是贯穿全书的基本思想，这说明人的生命的价值在庄子思想中占有崇高的地位。而且庄子还和孔子一样，追求和赞颂个体人格的主动性、独立性的发挥，竭力要把个体人格的价值扩大到无限的宇宙，达到所谓“天地与我并生，而万物与我为一”的境界。在佛家思想中，禅宗重视的是现世的内心自我解脱，注意从日常生活的细微小事中得到启示和从大自然的陶冶欣赏中获得超悟，重视体察细微、幽深玄远的清雅乐趣和宁静纯净的心的喜悦，要求人们既有对各种事物的见闻知觉，但又不为这些世俗利害、是非得失所苦恼，把外界事物看作虚幻的东西，不为外物所缚，从而获得精神的自由解脱。[①] 文化精神是一种文化最为核心的构成要素，因为它是一个民族最为根深蒂固的东西。所以，中华传统文化自古就有浓郁的人文传统与诗性品格，关怀现实生存，追求精神超越，崇尚高逸的生命境界，成为中国现代人生论美学的思想渊源。

因而，金雅说：“人生论美学的理论基础，直接源自民族文化的精神内核。中华文化的根基，既非认识论，也非实践论，而是人生论。与西方文化不同，中华文化在始源上，并不叩问于宇宙的本质，也不自命为万物之上帝，而是温情于生。这个‘生’既是最具体的人的生命、生存、生活，也是最鸿渺的天地万物。中华文化即大即小，即实即虚，即入即出。中华文化的胸怀实实在在地拥抱着生命、生存、生活，既是具体而微的生活，也是诗意超逸的人生。中华文化既倡扬爱生、护生、惜生，又倡扬大我、无我、化我，在物我、有无、出入中自在、自得、自由”。[②] 她还指出：“中华古典美学没有人生论美学的自觉理论建设，但中华古典文化有着浓郁的人生情韵，源远流长。中华古典人生审美情

① 吴衍发：《中国古代艺术情感本性观念发微》，《齐鲁艺苑》2014 年第 3 期。

② 金雅：《人生论美学与中国美学的学派建设》，《社会科学战线》2017 年第 10 期。

韵，为人生论美学的现代创化与理论建构，提供了重要的精神渊源。儒家的‘尽善尽美’和自得之乐，道家的‘天地大美’和逍遥之乐，均不尚粹美、纯美、唯美，其中所追求的社会伦理和自然伦理相洽的理想境界，潜蕴着人生审美化的内在情韵，具有中华文化独有的诗性因子，是人生论美学的重要思想渊源。”①

金雅认为，中华传统文化和中华传统美学精神成为中国现代人生论美学思想的沃土。20 世纪上半叶，在中西古今的交融碰撞中，中国现代美学传承和弘扬了中华民族文化的人生情韵与诗性传统，借鉴和吸收了西方美学的术语学说与学科范型，初步创化发展出以人生论美学精神为标识的中国现代美学传统，涌现出以梁启超、王国维、朱光潜、宗白华、丰子恺、方东美等为代表的一批人生论美学家，初步构筑引领了中国美学迈向现代进程的民族理论风范。而“作为富有民族特色的美学资源，人生论美学从中华传统文化、中国近现代美学传统一脉而下，是中国美学在现代学科意识觉醒之前提下融汇中西文化而孕育的一种独特的学术建构与人文建构。人生论美学是中国现代美学最具特色的精神传统之一”。② 今天，我们对人生论美学的民族资源予以梳理和创构，应是当下繁荣发展中国哲学社会科学、推进民族美学建设、促进当代生活实践和人的自身建设的一个重要方面。

三　金雅对中国现代人生论美学理论内涵与学理特质的掘发

所谓“人生论美学”，按金雅解释，就是“将审美与人生相统一，以美的情韵与精神来体味创化人生的境界。也就是在具体的生命活动与人生实践之中，追求、实现、享受生命与人生之美化。因此，人生论美学不仅仅是一种理论上的建构，它也必然是一种价值上的信仰和实践中的践履。它要解决的不仅是审美的学理问题，也是人生的状态与意义问题，追求的是生命的诗化和向美攀升”。③ 这是一种富有人生价值取向

① 金雅：《人生论美学与中国美学的学派建设》，《社会科学战线》2017 年第 10 期。
② 金雅：《中华美学：民族精神与人生情怀》，中国社会科学出版社 2017 年版，第 61—62 页。
③ 金雅：《中华美学：民族精神与人生情怀》，中国社会科学出版社 2017 年版，第 54 页。

的、审美理论和审美实践兼重的、具有中国特色、中国风格、中国气派的现代美学美育理论主张。这种主张，“既不同于认识论美学对真的倚重，也不同于实践美学对善的思辨，而聚焦于审美艺术人生动态统一、真善美张力贯通所创化的大美情韵和美情意趣。人生论美学也有别于生命美学的非理性维度、生态美学的自然维度，而强调知情意和谐统一、物我有无出入诗性交融所开掘的美境创化。人生论美学由纯审美和纯艺术的品鉴向着创美审美相谐的诗性美境的创化，既是对中国古典美学尽善尽美论的一种扬弃，也是对西方经典美学审美独立论的一种超越”。①

金雅在《论美情》《论中国现代美学的人生论传统》《人生论美学传统与中国美学的学理创新》等多篇文章中，对中国现代人生论美学的学理特质与精神传统予以梳理和阐发。金雅从中西美学（哲学）史出发，主要采用比较分析方法，将中西美学（哲学）的学理特质与精神传统进行对照、比较、分析，对中国人生论美学的思想根基、各时期重要的代表人物、核心范畴和基本观点等进行梳理分析，揭示出中国人生论美学的特色和价值。她将梁启超、王国维、朱光潜、宗白华等人的人生论美学的核心范畴归纳为“境界—意境”“趣味—情趣”“情调—韵律”“无我—化我”，将相关美学命题概括为“美术人”说、“大艺术”说、“出入”说、“看戏演戏”说、“生活—人生艺术化”说。正是由这些核心范畴群和核心命题群，构成了与西方经典美学有着本质区别的中国人生论美学的学理特质与精神传统。在她看来，这种学理特质与精神传统主要体现为三个方面：审美、艺术、人生动态统一的大审美观，真、善、美张力贯通的美情观，物我、有无、出入诗性交融的审美境界观。其中，大审美观构成人生论美学的理论基础，美情观构成人生论美学的理论核心，审美境界观构成人生论美学的理论指向。

1. 审美、艺术、人生三者动态统一的大审美观是人生论美学的理论基础

所谓大审美观，也就是关于宇宙、自然、人生的基本看法，它是人们的审美观、艺术观、人生观在宇宙、自然、人生上的基本体现。中国文化关注人对宇宙自然的整体感悟和生命的鲜活体验。中国哲学是重

① 金雅：《人生论美学与中国美学的学派建设》，《社会科学战线》2017 年第 10 期。

生、尊生、厚生的哲学。“人生论是中国哲学之中心部分。”① 中国哲学认为，宇宙自然的各个组成部分共同生成一种有生机的整体，重视天地万物、有情众生之生命价值，强调天地同根、万物一体，强调天、地、人、物、我之间的相互感通、和谐圆融。所以与西方哲学（美学）注重主体与客体、物质与精神的思辨精神不同，中国哲学（美学）自古就有的人文传统和中华民族长期的生存体验，决定了其对人的鲜活生命和现实生存的关切，高于对宇宙真理的探讨。

所以，金雅指出：中华文化强调知行合一，主张思想与实践的融通，体现出哲学伦理化、伦理审美化的倾向，表现在中华古典美学上，就是重视美善相济，注重体验教化，呈现出向人生开放的入世情致和试图超越现实生存的高逸情韵。审美活动、艺术实践、人生践履往往难分彼此。至20世纪初开启的中国现代美学，自觉将审美艺术人生相统一，并从西方美学引入了真的维度，从而将中华传统美学偏于美善两维提升为真善美的贯通，开启了一种壮阔高逸的大审美观。这种大审美观将“实际人生”与“美的人生”相区别、“小艺术”与“大艺术”相区别、“唯美”与“至美”相区别，确立了生命永动、艺术升华、人生超拔的大美维度。②

这种大审美观以审美的视野，将审美聚焦于整个宇宙、自然和人生，并将艺术和广阔的人生都纳入其中，审美、艺术和人生三者交融互涉、和谐统一，既大大拓展了审美的领地，又使审美的问题不只是理论上的自娱自乐，或单纯的艺术问题，也是关乎人、关乎生存、关乎生命、关乎生活的鲜活问题，从而有效提升了美学理论的思想品格和人文内涵，加深了审美对艺术和人生的深度融入，强化了审美活动的实践品性和生存关怀。

2. 真、善、美张力贯通的美情观是人生论美学的理论核心

中国传统文化本质上是礼乐文化，“美情”是中华美学源远流长的思想传统与精神特质之一。我们知道。审美活动离不开情感，它以情感活动为主，对象世界只有在主体情感的参与下才能成为鲜活的审美意

① 张岱年：《中国哲学大纲》，中国社会科学出版社1982年版，第165页。

② 金雅：《中华美学：民族精神与人生情怀》，中国社会科学出版社2017年版，第13页。

象，并使整个体验过程浸染着感情色彩。因而审美情感是人在审美状态中对审美客体的特征是否符合自己的生理和心理需要而表现出来的主观体验和态度，是对日常生活中各种经验的感受以及感情的某种方式的恰到好处的协调、综合、均衡、中和。“美情”虽然与审美情感相关涉，但它绝不是审美情感的简单缩写。“美情”同样也不同于西方的“粹情”。德国古典美学家康德指出：“鉴赏是通过不带任何利害的愉悦或不悦而对一个对象或一个表象方式作评判的能力。一个这样的愉悦的对象就叫做美。”① 康德认为：“与认识相关的是知性，与欲求相关的是理性，与情感相关的是判断力。”② 在康德那里，美是一种无目的、无利害的纯粹独立的判断力，是对对象表象的纯粹独立的静观。康德的“粹情”观是以情感独立为前提的，这是其“审美无利害”命题的基础。

金雅曾专门撰写《论美情》文章，来探讨美情的理论向度和学理品格。③ 她认为：“美情”特指在审美实践中产生的，不同于人的日常生活情感的，贯通真善、涵容物我、创化有无的富有创造性的诗性情感。“美情”的价值不在于它在生活中是否已经发生过，或有无可能发生，而在于它观照、体验、反思、批判、超拔“常情”的诗性向度，在于它不同于“常情”的诗性品质。“美情”揭示了审美情感的诗性特质，强调了审美主体对情感的加工、改造、提升、完善、表达、处理等的能动性与创造性。所以“美情”作为对“常情”的诗性建构与审美创化，集中聚焦为真善美贯通、创美审美统一等核心美学精神，具体呈现为挚、慧、大、趣等美质特征，也凸显了审美活动的人学向度。对民族美学“美情”思想的梳理研究和“美情”理论的自觉建设，是推动中华美学精神当代传承弘扬的重要课题之一，也是中华美学贡献于世界美学和人类精神宝库的重要财富之一。④ 金雅通过对王国维的“境界”美、梁启超“趣味”美、朱光潜“情趣”美、宗白华“哲诗”美、丰子恺“真率”美等的“美情”论的分析后指出：“中国现代美论的一个共同特点就是以情为基，贯通真善，体现了蕴真涵善的美情观。这种真

① ［德］康德：《判断力批判》，邓晓芒译，人民出版社 2002 年版，第 48 页。
② 蒋孔阳、朱立元：《西方美学通史》第 4 卷，上海文艺出版社 1999 年版，第 6 页。
③ 金雅：《论美情》，《社会科学战线》2016 年第 12 期。
④ 金雅：《论美情》，《社会科学战线》2016 年第 12 期。

善美相贯通的美情观，既将情感从古典伦理美学的道德前置和以善统美中剥离出来，确立了情感在审美中独立的关键地位；也扬弃了以理性作为情感规范和目标归宿的认识论方法和科学论立场，确立了审美情感的价值目标和人文向度。特别是其以真善为美的张力内涵，为审美实践对人生实践的提升超拔奠定了内在基础，揭示了这种美情既是真实的，也是高挚的；既是个体的，也是普遍的；既是现实的，也是超越的；既是观审的，也是创化的。”①

金雅对美情的分析，既强调了美情作为认识论和价值论的理论品质，也揭示了美情观在中国现代人生论美学理论中的核心地位和实践价值。美情观强调真善美三者之间的张力贯通，它不只是以情感自身为目的，而是既关注情感自身的诗性特质，也关注“情”和“知”、“意”的美学关联。这种真善美三者融贯互涉，以“情”来统领“知”、“意”，蕴“真”、涵“善”、立“美”的美情观，突出了人类情感的建构性及与其他心理机能的有机联系，昭示了人类情感提升的理想方向，既是扬弃种种贬斥情感的虚伪落后的封建伦理，也是抗衡种种现代主义、后现代主义的工具理性、实用理性、反理性、非理性的有力武器。

3. 物我、有无、出入诗性交融的审美境界观是人生论美学的理论指向

“物我有无出入诗性交融的审美境界观，作为人生论美学的理论指向，与中华文化的诗性传统密切相连。中华文化一方面深深扎根于生活的坚实土壤，一方面神往高远超逸之空灵境界。它不从纯粹思辨去寻求人生真理，也不向彼岸世界去寻求生命解脱，而是倡扬天人合一、物我交融、有无相生、出入自由，崇尚道法自然、生而不有、身与物游、自在自得，从而构筑了一种既鲜活生动又高逸超拔的生命形态，内蕴着温暖的人生情怀和深邃的诗意情韵。”② 诚然，中国现代人生论美学观，不仅是一种认识论美学，更是一种价值论美学，特别重视审美体验和审美实践的价值取向。中国文化是诗性文化，有着渊源深厚的诗性传统和博大精深的哲学智慧。“中国文化的最高境界表现在审美境界上”“柔

---

① 金雅：《中华美学：民族精神与人生情怀》，中国社会科学出版社 2017 年版，第 18—19 页。
② 金雅：《中华美学：民族精神与人生情怀》，中国社会科学出版社 2017 年版，第 19 页。

性的审美精神，是中国人精神的家园”。[①] 中国这种诗性文化传统和哲学智慧尤其表现在人生智慧与审美境界上，既重视现实人生关怀，又向往高远超逸的空灵境界。这种人生智慧和审美境界，突出表现在“物”与“我”、“有”与“无”、“出”与“入”的三种关系和三种境界上。

中国人敬畏天道天命、信仰天和天地精神，所以向往“独与天地精神相往来”的崇高精神境界。中国文化既重德性修养，又重内在超越。道家的道德论和逍遥思想，正体现了这种文化特质。老子所创立的“道”，既玄既妙、既恍既惚，又有象有物、有精有信。“道”与万物同在，无形而有形，无为而无不为。故于老子言，天下之正道，实乃万物之生德。“道”体现了中国文化的哲诗品性，是人间诗情的突出写照。这种以生命创化去体味身心怡悦和精神自由的人间诗情，呈现出哲学、伦理、审美交糅的文化特质，赋予中华审美精神以独特、丰富、深邃的滋养。所以道家文化强调空灵、逍遥、放达，重视生命自我的超拔飞越和物我之间的同体融合，主张通过超越物欲和自我而得其自由自在，而达于“万物与我为一”的境界。儒家的天道性命之学和为己之学，是极重德性修养又重内在超越的体现。孔子说：“天何言哉？四时行焉，百物生焉，天何言哉？”（《论语·阳货》）又说：“志于道，据于德，依于仁，游于艺。”（《论语·述而》）儒家文化重视德性修养与礼乐教化，主张立己立人、成己成物、仁民爱物，强调通过修身实践而尽心知性知天。佛家文化的明心见性，见性成佛，解脱无执，悲悯怜人，也是突出强调人的内在心性的修养和超越。总之，无论是儒家的入世修为，道家的出世自在，还是佛家的修心养性，其最根本处都是对人的现实生命、生存、生活的关注和伦理建构。

所以金雅指出：“物我有无出入诗性交融的审美境界观，聚焦了中华审美精神的民族特质，那就是温暖执着的入世情怀和高远超逸的出世情韵之诗性交糅。它既非功利亦非出世，既不因超脱功利而否弃人间情味，也不因关怀生存而庸俗媚俗。这种审美品格乃创造与欣赏、感性与理性、物质与精神、个体与群体、有为与无为、有限与无限之诗意和

① 袁济喜：《承续与超越：20 世纪中国美学与传统》，首都师范大学出版社 2006 年版，第 10—11 页。

谐，不仅区别于康德意义上的无利害观审，也与宗教意义上的出世哲学划清了界限。这种诗性美境观，确立了审美主体与实践主体合一的诗性命题，它超越了审美活动的用与非用的功能问题，凸显了审美主体以无为精神来创构体味有为生活，追求生命的诗性建构和人生的诗性创化的价值问题。由此，人生论美学不仅将审美活动引向了广阔的人生、绚烂的生命、多姿的生活，也将审美活动确立为人生超拔、生命升华、生活提升之引领，从而不仅为今天民族美学的理论掘进，也为当下中国美学的实践创新，提供了辨析、反思、重构的理论根基和丰富可能。”①

总之，在金雅看来，人生论美学的大美观、美情观、美境观，体现了超越单一化、静态化、形式化的深层和谐美感意向，和对动态的、诗性的、张力的人生审美至境的追寻。其关注生活、关切生存、关怀生命的突出品格，凸显了内在的美育指向和深沉的人文意向，必然使其走向具体的生命活动和现实的生活实践，走向审美教育与艺术教育，聚焦到人对自我的美化与涵成。从而为人生论美学的中国化创构和发展奠定了坚实的理论基础和丰厚的资源基础。

四　金雅对中国现代人生论美学代表思想的提炼

金雅的中国现代人生论美学思想研究，既从中华传统文化、中华传统美学思想中的人生论一脉而下，又接续20世纪中国现代美学家的人生论思想，在此基础上有所创构。20世纪上半叶，随着中国现代美学学科的自觉建构，人生论美学伴随着民族美学的理论自觉，开始了由古典人生审美情韵向现代人生论美学思想理论的演进创化，先后涌现出梁启超、王国维、蔡元培、朱光潜、宗白华、丰子恺、邓以蛰、方东美、吕澂、王显诏、李安宅等一大批中国现代美学的重要思想家，他们在美学精神、理论话语、范畴命题、方法立场等多个方面对中华传统美学和西方美学有所拓展，取得了一系列粗具民族风范的人生论美学思想理论成果，成为迄今“中华民族美学发展的一个高峰，是中国现代美学也

① 金雅：《中华美学：民族精神与人生情怀》，中国社会科学出版社2017年版，第19页。

是中华美学最富代表性和标识性的重要成果之一”。[①] 金雅对这些代表人物的独特而深刻的人生论美学思想进行了深入发掘与分析提炼。这些论析主要见于金雅的《中国现代人生论美学引论》《中华美学精神的现代创化》《中华美学：民族精神与人生情怀》等美学著作中。在她看来，中国现代人生论美学的理论自觉，奠基于王国维、梁启超等，丰富于朱光潜、宗白华等。她对于这些代表人物的思想精神，进行了深入精要的辨析提炼。

1. 梁启超“趣味”人生论美学精神的提炼

梁启超的美学思想，可以说是金雅用功最勤、成果至精的研究领域。一方面，金雅的博士论文选题和国家社科基金项目选题都是梁启超的美学思想；另一方面，她二十年来一直致力于中国人生论美学思想的研究，其间又不断研读分析梁启超的美学思想，并与王国维、朱光潜等人的美学思想进行比较，所以创获颇丰。

“趣味”是梁启超美学思想的哲学基础与核心范畴，也是其美学的精髓。通过“趣味”范畴，梁启超完成了其美的本体建构，生发出“兴味与责任”“化我与春意”“对境与妙味”“个性与挚诚”“迸合与刺痛”“生活的艺术化”等一系列范畴命题，拓展了民族美学的人生论视域与审美意趣。趣味主义是梁启超人生哲学的核心，他把趣味视为生活的基本价值与根本动力：“趣味是生活的原动力”；[②] “（人类）只有生活于趣味之中，生活才有价值”。[③] 他还认为：“‘美’是人类生活一要素——或者还是各种要素中之最要者，倘若在生活全内容中把‘美’的成分抽出，恐怕便活得不自在甚至活不成。”[④] 因而他极力倡导“无所为而为”的“趣味”精神。[⑤] 梁启超并没有直接对趣味的内在本质进行直接界定，在他看来，趣味是生命的活力、是创造的自由，是“由内发的情感和外受的环境交媾发生出来的”。[⑥] 因而此三者便构成其趣

① 金雅等：《中国现代人生论美学引论》，中国社会科学出版社 2020 年版，第 9 页。
② 梁启超：《饮冰室合集》第 5 册，中华书局 1989 年版，第 13 页。
③ 梁启超：《饮冰室合集》第 5 册，中华书局 1989 年版，第 15 页。
④ 梁启超：《饮冰室合集》第 5 册，中华书局 1989 年版，第 22 页。
⑤ 梁启超：《饮冰室合集》第 5 册，中华书局 1989 年版，第 16 页。
⑥ 梁启超：《饮冰室合集》第 5 册，中华书局 1989 年版，第 70 页。

味的内质。金雅认为，梁启超的“趣味”本质上是“一种潜蕴审美精神的广义的生命意趣，具有鲜明的人生实践向度与精神理想向度”；[①]“是情感、生命、创造的统一所熔铸的独特而富有魅力的个体生命状态”。[②] 金雅将梁启超的人生论美学观，分为“趣味与人生论美学精神”“情·性·艺术”“生活的艺术化”三个专题进行分析，将其理论贡献概括为三个方面：一是对人生论美学“趣”命题和大美精神的开掘；二是对人生论美学理论视角和价值立场的开掘，提出“趣味”“迸合”“美术人”“趣味教育”“情感教育”“生活的艺术化”等命题；三是梁启超的人生论美学观点学说，以演讲稿、论著、书信、序跋等多种形式表达，思理相谐，表述生动，犀利畅达，是民族化美学文本的一种体现。[③]

2. 王国维“境界”人生论美学精神的提炼

“境界”是王国维人生论美学的核心范畴。其“境界”人生论美学集中体现在“境界与美”“境界与艺术”“境界与人生”三个层面，境界之美构成人生论美学的基础，艺术境界是成就审美人生的路径和桥梁，人生境界则为其终极旨归。

受康德“审美无功利”命题的影响，王国维基于“境界”与美的关系的分析，确立了境界之美的远功利而求真味的基本特点。王国维强调，境界的本质在于“真”，唯其“真”，艺术作品才有“真味”。王国维将“真味”区分为自然之真和情感之真。他认为：“美之为物，不关于吾人之利害者也”；[④]“美之性质，一言以蔽之，曰：可爱玩而不可利用者是已”。[⑤] 所以，在他看来，远离世俗功利是艺术作品产生境界的前提，艺术境界的根本特质即在于求其本真，而境界之美则是自然之真和情感之真的统一。因而，王国维把艺术作品是否有“真味”作为评判其是否有境界的基本标准。境界有大小高低之分。王国维把大境界称为有“气象”，而有“气象”的作品，“能够给予欣赏者由小及大、由个别到普遍的审美体味，这一审美过程也打通了物与物、物与我、小我

① 金雅等：《中国现代人生论美学引论》，中国社会科学出版社 2020 年版，第 17 页。

② 金雅：《趣味与情调：梁启超宗白华人生美学情致比较》，《社会科学辑刊》2012 年第 5 期。

③ 金雅等：《中国现代人生论美学引论》，中国社会科学出版社 2020 年版，第 14—15 页。

④ 王国维：《王国维文集》第 3 卷，中国文史出版社 1997 年版，第 155 页。

⑤ 王国维：《王国维文集》第 3 卷，中国文史出版社 1997 年版，第 155 页。

与大我的情感勾连和思想共鸣，达成由艺术切入人生的美感升华。因此，从某种意义上说，艺术‘气象’之美的追求，也是由小美情怀向大美情怀的提升”。[①] 王国维将“真味”境界按从低到高，区分为真情之境、古雅之境和宏壮之境三种。宏壮之美乃最高之境。

王国维以“境界”为主线，将审美、艺术和人生有机融合在一起。境界之美的本质在于真味。王国维将“真味”之美，升华为“宏壮”之美，用高尚的人格境界去统率本真生命所展现的原欲。这样，通过审美，我们就可有效提升自己的审美境界，从而达到审美与人生的完美统一。在艺术境界中，王国维强调须把“真”作为艺术创作的基本诉求，把凸显自然真味为主的境界称为“无我之境”，把凸显情感真味为主的境界称为“有我之境”，将“赤子之心”与“诗人之眼”作为衡量艺术家的根本标尺，唯其如此，方能成就最高精神风范之“大文学”作品。在人生境界中，王国维提出了为人熟知的“人生三境界”说。而对于王国维的“人生三境界”说，金雅认为：“王国维其实并不只是从人生奋斗并最终获得成功的角度，去阐释人生的三重境界的，他眼里的‘人生三境界’，其实也指的是从‘有我之境’到‘无我之境’的不断升华，唯有最终达到不为世俗万物所累的‘无我’状态，才会获得人生真正的成功，成就大事业、大学问，收获人生的至美”。[②] 通过艺术与审美而提升人生境界，涵养壮阔宏大的人格风范，这既是王国维的艺术美感取向，也是其人生论美学的意趣内核。

3. 朱光潜“情趣”人生论美学精神的提炼

“情趣”是朱光潜人生论美学的核心范畴。劳承万认为：“情趣”在朱光潜的美学体系中，“既是目的范畴，又是手段范畴，可以说，它的巨大意蕴把整个体系都提摄起来了，尤其在前期学说体系中”。[③] “情趣”是“物我交感共鸣的结果”。[④] 物我交感共鸣的关键，即在于“生命的造化”。朱光潜指出：“美不仅在物，亦不仅在心，它在心与物的关系上面”，（美不是）“在物为刺激，在心为感受”，（而是）“心借物

① 金雅等：《中国现代人生论美学引论》，中国社会科学出版社 2020 年版，第 80—81 页。
② 金雅等：《中国现代人生论美学引论》，中国社会科学出版社 2020 年版，第 114—115 页。
③ 劳承万：《朱光潜美学论纲》，安徽教育出版社 1988 年版，第 14 页。
④ 朱光潜：《朱光潜全集》第 2 卷，安徽教育出版社 1987 年版，第 91 页。

的形象来表现情趣”，因此“世间没有天生自在、俯拾皆是的美，凡是美都要经过心灵的创造”。[①] 所以朱光潜认为，美是情趣和意象的统一。在艺术中，美是化情趣为意象；在人生中，美是人生的艺术化情趣化。“离开人生便无所谓艺术，艺术是情趣的表现，而情趣的根源就在人生；反之，离开艺术也便无所谓人生，因为凡是创造和欣赏都是艺术的活动”；[②] “艺术是情趣的活动，艺术的生活也就是情趣丰富的生活。情趣愈丰富，生活也愈美满。所谓人生的艺术化就是人生的情趣化”。[③] 朱光潜建议人们像欣赏艺术一样欣赏世界和人生。凡是善于欣赏的人，他“有一双慧眼看世界，整个世界的动态便成为他的诗，他的图画，他的戏剧，让他的性情在其中‘怡养’。到了这种境界，人生便经过了艺术化”。[④]

朱光潜的人生论美学，自“情趣”入，至“人生的艺术化”出，将审美、艺术、人生三者统一起来，还将真、善、美三维贯通起来。他认为：“‘至高的善’在‘无所为而为的玩索’”“真理在离开实用而成为情趣中心时就已经是美感的对象了”。[⑤] 因此他还强调：“不但善与美是一体，真与美也并没有隔阂。”[⑥] 由审美艺术人生的关联和真善美的贯通，朱光潜的人生论美学自然触及了民族美学“物我”“有无”“出入”相交相融的诗性之核。

所以金雅指出：“朱光潜以‘情趣’范畴为中心，提出‘人生的艺术化’‘看戏与演戏’‘活的趣味’‘纯正的趣味’‘无所为而为的玩索’等命题，讨论了美与‘意象’‘距离’等的关系，拓展了由梁启超、王国维等开掘的中国现代人生论美学的理论内涵和思想精神，对于人生论美学的思想理论的丰富和民族美学精神的涵成，具有重要的意义。”[⑦]

4. 宗白华“哲诗”人生论美学精神的提炼

宗白华善于从哲学与美学的结合中生发出人生审美慧识，因而其人

---

① 朱光潜：《朱光潜全集》第 1 卷，安徽教育出版社 1987 年版，第 346—347 页。
② 朱光潜：《朱光潜全集》第 2 卷，安徽教育出版社 1987 年版，第 91 页。
③ 朱光潜：《朱光潜全集》第 2 卷，安徽教育出版社 1987 年版，第 96 页。
④ 朱光潜：《朱光潜全集》第 4 卷，安徽教育出版社 1987 年版，第 163 页。
⑤ 朱光潜：《朱光潜全集》第 2 卷，安徽教育出版社 1987 年版，第 96 页。
⑥ 朱光潜：《朱光潜全集》第 2 卷，安徽教育出版社 1987 年版，第 96 页。
⑦ 金雅等：《中国现代人生论美学引论》，中国社会科学出版社 2020 年版，第 128 页。

生论美学彰显了哲诗美的理论特色，突出表现为以真启美、以诗证真的哲学诗韵，追求“哲诗真美”的境界圆成。所以金雅将其人生论美学称为“哲诗”人生论美学。

宗白华融合中西哲学智慧建构了“生生而条理”的生命本体论，形成了在生命本体论统摄下的艺术人生观。他认为，自然是生命化的，也是一切生命之源。自然的律动本质是创造，而创造构成了生命的基础。生命就是创造，创造才是生命。自然、艺术和美都源自一个根源，亦即源自“创造的活力”。在这种生命本体论观照下，宗白华思考“新人生观”的创造，他希望用科学的人生观和艺术的人生观来改造人生。他认为人生与艺术具有“同构性”，因而人类生命的创造与艺术创造是相通的。他肯定艺术的人生境界所具有的功能：“艺术的境界，既使心灵和宇宙净化，又使心灵和宇宙深化，使人在超脱胸襟里体味到宇宙的深境。”① 宗白华的人生论美学，就是以对美与艺术的思考为核心展开的。

宗白华的生命本体论所建构的宇宙意识，是由互相映照的世界、生命和艺术意境三个层次组成。艺术意境是艺术家的主体意识、生命情调和客观世界高度融合的结果。他认为艺术意境有三个层次：第一层次是“直观感相的摹写”，第二层次是“活跃生命的传达”，第三层次是“最高境界的启示”。这种观点是对中国传统诗学“情景交融”说的拓展。在宗白华看来，艺术家禀赋的诗心，映射着天地的诗心。“诗心”亦即“道的节奏。天地宇宙与诗人、画家同具“诗心”，都是创化灵动的。他说：“中国哲学是就‘生命本身’体悟‘道’的节奏”。‘道’具象于生活、礼乐制度。‘道’尤表象于‘艺’。灿烂的‘艺’赋予‘道’以形象和生命，‘道’给予‘艺’以深度和灵魂。”② 宗白华认为“道”即真理，尤其体现在艺术中。道艺一体，互为体用，是“哲诗真美”在人生中圆成的基石。

宗白华的哲诗人生论美学既有形而上的观念建构，也有指向实践的人生品格。所以金雅指出：“宗白华美学思想的核心是对中国艺术意境

① 宗白华：《宗白华全集》第2卷，安徽教育出版社1994年版，第358页。
② 宗白华：《宗白华全集》第2卷，安徽教育出版社1994年版，第364页。

的建构与阐发，涉及艺术的内容、特征、观物方式、生命形态、实践向度等内容，其中人生论指向是其根本的贯穿脉络”;[①]“宗白华的人生论美学思想所具有的实践品格，指向的是现实人生的建构。他以历代优秀艺术为镜像，观审人生的意义与价值。艺术与人生的互构及典型性人格，成为他注目的对象”。[②]

五　金雅中国现代人生论美学研究的重要价值

金雅的中国现代人生论美学研究及其理论成果，从中华传统美学一脉而下，上承中国古代美学的人文传统和人生情韵，接续中国现代人生论美学观，在此基础上有所创新发展，对新时期中国当代美学美育的建设与发展，有着重要的价值。具体表现在以下四个方面：一是对中国美学学派建设的重要启示作用；二是对传承发展中华传统美学的重要促进作用；三是对中国当代艺术实践与批评的重要引领作用；四是对当代生活实践和生命境界建构的重要导向作用。

1. 对中国美学学派建设的重要启示

叶朗在《中国美学史大纲》中指出：“中国美学和西方美学分属两个不同的系统”“西方美学不能包括中国美学”。[③] 所以，从百年中国美学建设发展的历史来看，如果我们简单套用西方美学学说，或者用西方美学的价值立场、概念范畴、理论方法、话语形态等来嫁接中国美学，这种简单“援西入中”的方法，必然会造成削足适履之痛。然而，中华传统美学也不能涵盖或等同于整个中国美学，所以，简单援古入今，也不适合当代中国美学发展的历史需要和时代语境，可能造成遗珠之憾。

金雅认为，孕萌于20世纪上半叶的中国现代人生论美学，渊源于中华传统文化和中华传统美学精神，学习借鉴西方美学经典中适合中国国情的有用的东西，在长期的探索中所形成的学理特质、精神传统、致

① 金雅等：《中国现代人生论美学引论》，中国社会科学出版社2020年版，第194—195页。
② 金雅等：《中国现代人生论美学引论》，中国社会科学出版社2020年版，第207页。
③ 叶朗：《中国美学史大纲》，上海人民出版社1985年版，第2页。

思路径、理论内涵、范畴体系、方法立场等，对新时代建设具有中国特色话语体系的，具有中国精神、中国风格和中国气派的中国美学，有着重要启示作用。即如金雅指出的中国现代人生论美学："其理论基础，直接源自民族文化的诗性内核。其理论创化，吸纳融汇了中西古今之滋养。其思想精神，聚焦于审美艺术人生、真善美、物我有无出入、审美创美诸关系的张力统一和诗性交融所创化的大美情韵、美情意趣、美境创构。"① 这些特质奠定了人生论美学的核心精神品格和基本理论视野，使其极富中华民族特色和标识。因其广泛的人文性、开放性、实践性、诗意性而呈现出极强的理论成长空间和现实针对性，因而金雅对中国现代人生论美学资源的自觉学理建构和话语体系建设，是当代中国美学学派建设的重要课题之一。

在全世界的经济和文化已经融为一体并得到充分交流、交融的新的历史语境下，在我国实现中华民族伟大复兴的新的历史条件下，中国当代美学学者更需要有高度的历史自觉性和时代使命感，致力于中国美学的本土化建设，"要坚持古为今用、洋为中用的立场，充分吸收中国古代美学中有益的资源，吸收西方古代美学中有价值的营养，坚持通过开放与当代包括西方美学在内的各国美学进行同步对话，从而实现自主创新，为社会主义建设服务，也让多元的世界美学中增添我们这一元"。② 人生论美学是颇具中华文化特质的美学学说之一。中国古代美学思想和中国现代美学中有着丰富的人生论美学传统，在新时代建设美学，发展美学基础理论，需要学者们在继承传统的基础上，对人生论美学等民族理论进行深入梳理、发掘、阐释、创新、发展，为建立中国美学话语体系奠定理论基础。

2. 对传承发展中华传统美学的重要促进

中国现代"人生论美学"的基因，源自中华传统美学。汝信在给金雅教授的书评中指出："人生论美学之所以具有强壮的生命力，就是因为它不仅与中国传统哲学精神密切关联，又与千百年来的中国文化精

① 金雅：《人生论美学与中国美学的学派建设》，《社会科学战线》2017 年第 10 期。

② 高建平：《新时代美学发展的新思路》，《文艺报》2020 年 6 月 15 日第 3 版。

神和艺术精神深度交融。”[①] 仲呈祥在评价金雅教授的人生论美学理论时，也指出人生论美学是中华传统美学实现“创造性转化与创新性发展”的一条正确路径：“美学美育的当代构建也必须实现对中华传统美学的创造性转化与创新性发展。而真正实现‘两创’，前提是必须对中华传统美学做到‘两有’：有鉴别地对待，有扬弃地继承；并进而做到‘两相’：与当代文化相适应，与现代社会相协调。这‘两有’‘两相’到‘两创’的正确路径都离不开‘人生’”。“‘人生论美学’的提出，有利于令中国特色的当代美学美育研究和建构对中华传统美学美育精神实现‘两有’‘两相’并进而实现‘两创’。”[②] 高建平强调，中国传统美学思想对于中国美学走向世界的重要性，“一是要传承，不能把传统弄丢了；二是要发掘和提炼，使之获得现代形态。两点都是不可或缺的，一点也不能少”。[③]

金雅的中国现代人生论美学研究，为中华美学从古典走向当下架设了一座坚实的桥梁。她指出，中国现代人生论美学传承了中华传统美学的人文情怀、辩证思维、诗性品格、艺教传统等精神因子，同时也对中华传统美学的人生视野、理性精神、崇高意趣、实践向度等精神要素有所拓展。她认为：“观照中国美学由古典到现代的发展历程，如果我们不是简单地以西方美学作为唯一的理论模态和衡量尺度，而是从中国美学自身的实际出发，就会发现我们的民族资源中，有着许多尚未发掘而值得发掘的财富。”[④]

金雅教授的研究，为更好地传承、发掘中华传统美学的资源宝库，建设发展当代人生论美学，提供了重要的借鉴，对传承发展中华传统美学具有重要的促进作用。

3. 对中国当代艺术实践与批评的重要引领

习近平总书记在文艺工作座谈会上的重要讲话中，对当今的文艺乱象和文艺批评乱象提出批评。习近平总书记指出：“在文艺创作方面，

---

① 金雅、聂振斌：《人生论美学与当代实践》，中国社会科学出版社 2018 年版，第 2 页。

② 仲呈祥：《“人生论美学”有利于实现中华传统美学的“两创”》，《中国艺术报》2017 年 7 月 21 日第 3 版。

③ 高建平：《关于中华美学精神建设的思考》，《社会科学战线》2017 年第 2 期。

④ 金雅等：《中国现代人生论美学引论》，中国社会科学出版社 2020 年版，第 348 页。

也存在着有数量缺质量、有‘高原’缺‘高峰’的现象，存在着抄袭模仿、千篇一律的问题，存在着机械化生产、快餐式消费的问题。在有些作品中，有的调侃崇高、扭曲经典、颠覆历史，丑化人民群众和英雄人物；有的是非不分、善恶不辨、以丑为美，过度渲染社会阴暗面；有的搜奇猎艳、一味媚俗、低级趣味，把作品当作追逐利益的‘摇钱树’，当作感官刺激的‘摇头丸’；有的胡编乱写、粗制滥造、牵强附会，制造了一些文化‘垃圾’；有的追求奢华、过度包装、炫富摆阔，形式大于内容；还有的热衷于所谓‘为艺术而艺术’，只写一己悲欢、杯水风波，脱离大众、脱离现实。凡此种种都警示我们，文艺不能在市场经济大潮中迷失方向，不能在为什么人的问题上发生偏差，否则文艺就没有生命力。”“文艺批评要的就是批评，不能都是表扬甚至庸俗吹捧、阿谀奉承，不能套用西方理论来剪裁中国人的审美，更不能用简单的商业标准取代艺术标准，把文艺作品完全等同于普通商品，信奉‘红包厚度等于评论高度’。”① 当下中国艺术实践与批评中的种种乱象，从根本上说，是因为我们的部分艺术实践活动缺失了内在的精神引领，对人民大众的情感情趣体验不切，对民族独特的情感、情趣理解不深，对高尚高洁的情感情趣把握不力，从而在市场经济大潮和世界文化激荡中迷失了方向，随波逐流，误以种种泛情、庸情、糜情等迎合市场口味的随性宣泄为美。

如何回应、解决当下民族艺术实践与批评中的种种乱象？金雅教授认为，追求真善美是文艺的永恒价值，美学精神是艺术精神的重要引领，它对艺术理想的建构、艺术情怀的提升、艺术标准的确立，都具有关键的意义。所以，挖掘、发展民族美学和艺术的美情意趣与理论传统，对于当下的艺术实践与批评具有重要的针对性。中华美学精神具有自己独特的内涵和特质，其对艺术实践的深度融入，是当代艺术实践健康发展的重要推力。所以，当前中国艺术实践的发展，迫切需要优秀民族美学精神的价值引领和深度融入。审美、艺术、人生的有机交融，使中国美学和艺术精神崇尚大美，追求真善美的统一，以境界为高，讲美

① 《习近平总书记在文艺工作座谈会上的重要讲话》，《人民日报》2015年10月15日第1版、第4版。

情，识美趣，崇美格，将生命的涵育与人性的升华，深深地契入了审美与艺术的鲜活实践中，不仅具有突出的民族特质，也推动了审美实践和艺术实践的理想维度和诗性向度。因此，金雅指出："理论家批评家如果没有涵育、高逸、超旷的情趣情怀，光有对于情感技巧、技能的知识积累，或者对于情感内涵的客观分析，是难以真正洞悉优秀艺术作品的情感气象的，也是难以深刻把捉伟大作品撼动人心的情感美质的"。①

金雅的中国现代人生论美学研究，紧扣"人生"，强调以人为本、以人生为对象的美学研究，贯彻了以人民为中心的工作导向和为人民服务、为社会主义服务的方向，在抵御当代艺术实践欲望化、低俗化、市场化、形式化、功利化等偏畸上，具有深刻的针对性和重要的引领意义。

4. 对当代生活实践和生命境界建构的重要导向

审美体验是当代人的生活实践和人生践履的重要途径。金雅教授认为，远功利而入世、融小我入大化的审美人格是当代人格理想的目标和追求。审美的终极价值是一种终极关怀。所谓终极关怀，就是对存在的意义、对生和死的问题的关怀。在现代科技日新月异、功利实用观念不断强化的当代生活中，审美人格正日益凸显其独特的人性尺度指向和生命标杆指向。

现实世界尽管不是虚幻的，却是一种非本真的生存体验方式。生命的短暂、现实的无奈、成长的痛苦、世俗的重压、物质欲望的追逐、理性技术的崇拜、个人追求与社会责任的冲突，等等，因而超越现实的种种困境和无奈，就成为个体感性生命的深层心理渴求。个体感性生命通过审美体验这一途径，把现实世界升华为审美的世界。在这一世界里，个体生命有了安全感和终极的归属感，获得了终极关怀。同时，审美活动使人超越了现实世界的有限性，领悟了人生的最高价值，明白了什么是人生应该追求的目标，懂得了人生的意义，从而创造了至善。

金雅强调，中国现代人生论美学具有突出的实践向度，有着鲜明的人生实践品格，强调审美、创美的统一和以知、情、意的和谐为基础的美对实践的介入。金雅指出：人生论美学"自觉地将审美、艺术、人

① 金雅：《"美情"与当代艺术理论批评的反思》，《中国文艺评论》2018年第5期。

生相统一，审美活动、艺术活动、人生实践相勾连，要求以美的艺术为人生之标杆，着意将审美活动引向广阔的人生、多彩的生命、多姿的生活”。“追求真善美之贯通和物我、有无、出入之交融。它聚焦为美情、美趣、至境的追求，要求通过美的实践来完善人格人性，提升生命境界，从而建构以整个人生为创美、审美之对象的大美观。”① 另外，“‘人生论美学’还有力地把美学美育研究从过去的书斋里彻底解放到现实鲜活的‘人生’海洋里来，解放到人民群众的审美创造、鉴赏实践和艺术教育活动中来，解放到当今文学艺术创作与鉴赏的百花齐放的人生中来”。②

金雅强调要把丰富的生命和广阔的人生纳入研究与实践的视野，为观照与提升自我提供一条独特的路径。在当下这个讲求物质、金钱、享乐的社会中，人生论美学是对现代文化工具理性指征的一种人文反思，也是对后现代文化放逐意义价值的一种人文守护，同时也是对美丽人格与美好人性的一种永恒人文追寻。所以金雅指出：“人生论美学这种既热烈执着于人生又高逸超拔于人生的美学精神，是中华民族优秀传统文化的诗性呈现，对于当下科技和经济高速发展的时代中，种种技术人、工具人、物质人、欲望人等人的异化、单面化现象，具有重要的现实针对性和反思批判锋芒。”③ 因此，金雅中国现代人生论美学研究，也为当代中国美学美育理论研究和实践注入了源头活水。

作者单位：安徽财经大学

① 金雅等：《中国现代人生论美学引论》，中国社会科学出版社 2020 年版，第 354 页。
② 仲呈祥：《关于人生论美学的思考》，《艺术百家》2017 年第 4 期。
③ 金雅等：《中国现代人生论美学引论》，中国社会科学出版社 2020 年版，第 354 页。

回到美育：当代人生论美学的致思路向

——以金雅先生的学术探索为例

林　玮

金雅是人生论美学的民族创化在当代学理探索中卓然一家的学者。她相当敏锐地观测到，西方美学东渐后，中国美学开始了由古典至现代的转型历程，“古典人生审美情韵”正在向“现代人生论美学思想理论”演进创化。① 这种转化与经历了实践论美学、认识论、创造论美学的蒋孔阳、王元骧等学者，形成了一种跨代的呼应。金雅把这种呼应建立在了严谨的精神回望和学理新构的基础上。纵观她的论著，主要围绕梁启超、朱光潜、丰子恺、宗白华等几位具有节点意义的大家展开，兼及王国维、方东美、庄子等。可以说，她的回望和新构，已经形成了当代中国美学研究中的重要分支，在21世纪头十年至20年代间，产生了一批具有影响力的著述。②

我理解，作为理论概念提出的“人生论美学”，主要是为了区别“古代人生论美学”和“现代人生论美学”。因为在古代，“人生论”几乎是中国美学的底色，而现代以来，在作为学科的“美学西来”的语

① 金雅等：《中国现代人生论美学引论》，中国社会科学出版社2020年版，第1页。

② 2010年、2011年、2015年、2017年，学界重要刊物《学术月刊》《社会科学辑刊》《社会科学战线》《学术界》等均有专题讨论人生论美学。2014年和2017年，中华美学学会与中国文联文艺评论中心等，在杭州召开了两次人生论美学的全国高层论坛，相关论文结集为《人生论美学与中华美学传统》《人生论美学与当代实践》出版，金雅、聂振斌主编，汝信等作序。金雅更是先后选编了《中国现代人生论美学文献汇编》和《中华人生论美学经典悦读书系》出版，使相关研究的推进有了扎实的文献基础。

境中，中国古代美学被赋予了一种逻辑化和对抗性色彩。这突出表现在“现代人生论美学”对现代工业社会技术理性或工具理性的因应与解脱之中。可以说，正是在现代工业社会中，“现代人生论美学”获得了它的合法价值与学术地位。这种合法价值是以“人”的完整性为最终呈现的。而“人的完整性”又是以情感与情感的瞬间化（情趣）为呈现的。美学的目的是使人之为人，“人生论美学”更是如此，它要引导和提示出在工具理性的世界中，人何以为人的路径、方法与可能。金雅深耕现代人生论美学，又接着现代人生论美学讲，对这一问题做出了精准而全面、深刻又有序的分析，并始终结合当下语境和当代生活把美对人的化育功能放在重要位置。

可以说，她在分析和研究“现代人生论美学”的同时，潜在地提出了一个“当代人生论美学”的范型。这种范型根植于古代人生论美学，又直接脱胎于现代人生论美学，并以对人生与诗性的叠加式描述，形成了一种以美育为终极指向的致思路径。就我的阅读而言，这一致思路径可以分四个阶段，最终指向完整人的生成。

以情为基础:“美情”的诞生

在人生论美学中，情感始终是基础和核心。在现代人生论美学看来，“情感是不受进化法则支配的”。[①]“不受支配”，就是说其意味着人之为人的本质，它并不会随着社会的进步、文明的增长而被掩盖。在某种意义上，所谓“文明”其实意味着对情感（性）的遮蔽，荀子言“化性起伪”即此谓也。而人生论美学则是要恢复情感（性）的意义，避免“伪”对人性过分的扼杀，从而使人之为人的根本在现代社会中有更多的艺术化呈现。对此，作为专业艺术家的丰子恺说得更为直接：“纯粹的知识和道德全是枯燥的法则的纲。这纲愈加繁多，人生愈加狭隘”。[②] 这一美学中看来自洽、合理、毫无挂碍的思路，在当代社会中，

① 梁启超:《情圣杜甫》，载《饮冰室合集》第5册，中华书局1989年版，第22页。

② 丰子恺:《关于学校中的艺术科》，载《丰子恺文集》第2卷，浙江文艺出版社、浙江教育出版社1990年版，第226页。

未必能够得到彻底认可。由技术官僚治理的社会，愈加倾向对知识和道德（规范）的信任。在他们的视野中，“纲”在某种程度上拓宽了人生的视野，而相对于客观的知识，偏向主观的情感往往可能误导和滞碍人们对真理和未来的想象。对此，金雅教授的处理方式是提出一种“美情”的路向。在她的论述中，“美情”是“与‘常情’相对应”的，它是一种“在审美实践中产生的，不同于人的日常生活情感的，贯通真善、涵容物我、创化有无的富有创造性的诗性情感”。[①] 这就为情感之于人的审美基础，提供了新的合法性论证。一方面，“美情”的提出并非破空而来，它在古代美学中有《郭店楚简》的“君子美其情”为渊源，近代有王国维《古雅之在美学上之位置》中所言的艺术之目的在于“唤起美情”，它是“唤起美情之最适之形式”。另一方面，“美情”又为情感在当代社会被接纳，展示了根本的合法性，那就是要凸显出与美的艺术、美的自然和美的生命密切相关的审美情感的功能、地位、价值。

“审美情感”是不是就等于“美情”（诗性情感）？在金雅的话语体系中，一般所习用的“审美情感”与“美情”不是简单等同的。金雅认为，“美情”不是中国古典美学中以善立基的情感，也不是西方理论美学中即真即美的情感，而是熔铸真善并且走入人的鲜活实践中的蕴真涵善的美的情感。这种“美情”，既是理想的情感，也是知行合一的情感，是人可能生成的最高意义上的诗性情感。金雅援引朱光潜的话，强调，在最高的意义上，美与真并没有隔阂，美与善也没有隔阂。“美情”，可以说是金雅在吸纳中华美学和文化资源的基础上，融会西方经典美学精神，而提出的一个富有学理内涵和个人意趣的美学概念。与“美情”对举，她还提出了“粹情”和“常情”的概念，强调了“美情”的实践性、能动性、建构性，从而不仅为她的“当代人生论美学”话语体系的建构打下了坚实的第一步，也为人生论美学通向美育打开了极为关键的一步。这一步的迈出，极为重要。

① 金雅：《论美情》，《社会科学战线》2016年第12期。

以趣为中介："情育"的掘展

对于人生论美学的当代新构而言，"美情"的诞生极为重要，它展示了"情"与"美"之间的相关性。不少学者都提出，美育应该界定为"情感教育"，但如何将情感、审美与教育统一起来，需要必要的中介。如苏霍姆林斯基就曾说过："我一千次确信，没有一条富有诗意的情感和审美的清泉，就不可能有学生全面的智力发展。"[①] 金雅也曾仔细讨论过梁启超的"情感教育"和"趣味教育"，认为他的"情感教育也就是人生教育，是从情感通向人生，从艺术与美通向人生"。[②] 但这些说法都过于抽象且偏重感性，并没有提供学理的分析。对此，金雅的学术发现是重新发现、高度张扬中华美学精神之"趣"，包括情趣、趣味、志趣等。

"美"激发"情"，应以"趣"为中介。在金雅对现代人生论美学的研究中，她敏锐地发现了从梁启超的"趣味"到朱光潜的"情趣"，再到丰子恺的"真趣"，都存在着一个对人生之意义的审美化表征。那就是要把自我与世界通过某种值得玩味、富有内涵，甚至具有人生价值属性的行为关联起来。

这一行为就体现为"趣"，也可以进一步具体化为艺术。金雅说，朱光潜"用'情趣'的范畴将人生、艺术、审美相勾连，从而构筑了创造与欣赏、看戏与演戏变奏和谐的大美情致"；[③] 又说，"正是通过趣味这个范畴，梁启超贯通了审美、人生、艺术的关系"，因为，"在梁启超这里，趣味由艺术、审美拓展到广阔的人生领域"。[④] 这足以说明"趣"是一种审美转化的中介，它使丰富的大千世界蕴含在一种特殊的行为或品位之中，从而激发出人的想象力、归属感与创造性。这一中介得以实现的过程，金雅用两种模式来对上述两位现代美学家的观点与认

---

① ［苏］苏霍姆林斯基：《教育的艺术》，肖勇译，湖南教育出版社1983年版，第161页。

② 金雅：《梁启超的"情感"说及其美学理论贡献》，《学术月刊》2003年第10期。

③ 金雅：《人生论美学传统与中国美学的学理创新》，《社会科学战线》2015年第2期。

④ 金雅：《"趣味"与"生活的艺术化"：梁启超美论的人生论品格及其对中国现代美学精神的影响》，《社会科学战线》2009年第9期。

识，做出了精准概括——梁启超是“提情为趣”，朱光潜则是“化情入趣”。

无论何种模式，“趣”的出现，都为审美活动贯通至审美教育提供了一个入手点。虽然美学家们认定“遵从内心，活得纯粹，乃趣味的要旨”,① 认为“把趣味提到生命本体的高度，放置到人生实践的具体境界中来认识，是梁启超趣味哲学的基本特点，也是其趣味与美融通的关键”,② 但是，对于一个个普通个体的成长来说，重要的不是整体性地提升自我，而是在每一个“趣味”中找到“美情”的生发处，从而涵养看似无用实则大用的“美趣”，来实现美育对个体情感美化的介入。

以育为目标：“人生”的关联

在“趣”为中介的基础上，人已经有了成为完整人的可能。而可能如何转化为现实？正是金雅多年来始终关切的话题。早在 1994 年，她就把斯托洛维奇“社会的美”和“人的美”的辩证关系，作为美育的重要问题。③

对于“人的美”来说，从美趣到美情的进路是比较清晰的。金雅对梁启超“移人”概念做过深入的研析。她说，“移人”就是要感染审美接受主体，使审美接受主体“完全融入审美境界之中，与审美对象浑然一体，在思想情感上受到陶染影响，从而引发心灵境界的整体变化的过程及结果”。④ 一旦个体经过了“移人”（或用朱光潜强调的“移情”）的过程，他/她的趣味就会从表面的“爱好”转化为“乐”——此即“好之者不如乐之者”之谓，也即“孔颜乐处”之“乐”。

而个体的“乐”只是“人的美”，美育还需要从个体身上转移到更加普遍的群体中去。这就是把“乐”（lè）转化为“乐”（yuè），亦即使“美”从个体行为转化为群体行为——“独乐乐不如众乐乐”。在这

① 金雅：《审美人格与当代生活》，《光明日报》2012 年 12 月 18 日第 11 版。
② 金雅：《梁启超“趣味”美学思想的理论特质及其价值》，《文学评论》2005 年第 2 期。
③ 金雅：《略论美育的本质和美育的建设》，《杭州师范学院学报》1994 年第 5 期。
④ 金雅：《论梁启超“力”与“移人”范畴的内涵与意义》，《浙江学刊》2005 年第 3 期。

里，原来立足于个体解放的“人的美”，就通过审美行为的大众协调性而变成了“社会的美”。

一旦转化为“社会的美”，审美的情感之中就需要渗入社会意涵。因此，金雅指出，“中华古典美学从整体看，更为关注美善的关联，即注重情感的道德内涵和道德向度”。① 她还敏锐地观察到，“在美论问题上，包括最早在中国使用‘美学’‘美育’的学科术语的王国维、蔡元培在内，几乎没有一个中国现代美学大家是真正主张彻底‘唯美’的，主张割裂美与真善的关联的”。② 这些说法都证明了，中华文明自古以来就是“礼”和“乐”并举，重视的是美的化育功能。

也就是说，社会要包容个体的审美自由，而个体的审美自由也要与社会的基本价值规范（公序良俗）相融合，使“人的美”能够走下神坛、走向大众，又在大众中普遍获得认可，从而具有解放大众的意味。由此，便可理解金雅所言：“今天，琴棋书画诗乐舞，不仅要从文人雅士的象牙塔中走出来，也应从考级炫技的异化中解放出来，使其成为实现人的爱美天性和完善人性的具体路径”。③ 因为美必然具有解放和自由的诉求，它可以使人变得完整起来，这一过程就是美育。而在此基础上，斯托洛维奇所言“社会的美将成为人的美的源泉，而人的美也是社会的美的源泉”，④ 也就成了一种融通自我与社会的普遍的“化”。

以化为愿景：“世界”的包容

“美育”可以分为三个层面：就个体而言，微观的美育多半是艺术教育，以及由艺术教育而带来的情感教育，其核心就是梁启超所言的“移人”；就社会来说，中观的美育就是要自我和社会两个层面都能够实现对美的认知与体会。但对宏观的“美育”来说，还需要对整个世

---

① 金雅：《论美情》，《社会科学战线》2016 年第 12 期。

② 金雅、聂振斌：《论中国现代美学的人生论传统》，《安徽大学学报》（哲学社会科学版）2013 年第 5 期。

③ 金雅：《中华美学精神的价值意义》，《浙江日报》2015 年 6 月 26 日第 14 版。

④ ［爱沙尼亚］列·斯托洛维奇：《审美价值的本质》，凌继尧译，中国社会科学出版社 1981 年版，第 158 页。

界有足够的体认。这种体认也是从个体出发的，但抵达的愿景却是要使整个世界，或曰“人类社会”实现“化”的效果。

从个体出发抵达世界，甚至宇宙，这是中国传统美学的最高境界，亦即宋人所谓“寻孔颜乐处”。到近代，这一话题再度被聚焦，如梁启超就提出“大化化我”，让自我融入众生宇宙之中去。而“中国现代‘人生艺术化’论者大都认为人与宇宙可以相通交融，即把宇宙人情化、生命化。由此，个体生命的存在和意义也就可以上升到更为宏阔高远的境界，升华出自由诗意的维度”。①

但对“现代”和“当代”的人生论美学来说，其面临一个古代人生论美学所不具有的新语境，就是强烈的全球化。这一全球化进程在现代和当代遭遇的审美化育，亦即“刺激—反应”效果，是很不相同的。在现代，面对世界，中国美学的姿态略有低微，而随着中国的崛起，这种姿态渐趋自信。这在金雅对梁启超的讨论中，可以看出一条明显的“小荣枯”的线索。梁启超最早提出的是“结婚论”，即“中国文化应‘迎娶’西方优秀文化（即‘西方美人’）为自己的文化育出‘宁馨儿’”。而后，梁启超又提出了化合论、系统论。金雅说，梁启超这种思想的演绎，其“民族立场并未改变，但对民族文化的自信却大大增强了”。②

从人生抵达世界，这一远景式的分析，在金雅构想的当代人生论美学中是不言自明的。在她看来，需要的是重新接续起中华美学传统，创化中华民族美学精神，推动中华民族美学的发展新构，特别是要贯通理论的自觉和精神的安顿。她说，20 世纪以来，中国现代人生论美学“削弱了古典传统的伦理向度”，“凸显了与西方美学和艺术精神的不同特质”，“倡导从具体鲜活的生活中去体味身心的怡悦与精神的自由，倡导在最痛苦最艰难的生活中品出人生的甘美和诗意”，“最终导向既热烈执着又高远超逸的艺术化生活和审美化生存的诗意境界”。③ 而这种强调“蕴真、涵善、立美”的美学传统，能够带给世界的，正是宏

① 金雅：《人生艺术化与当代生活》，商务印书馆 2013 年版，第 351 页。

② 金雅：《中西文化交流与梁启超美学思想的创构》，《杭州师范大学学报》2010 年第 1 期。

③ 金雅：《人生论美学传统与中国美学的学理创新》，《社会科学战线》2015 年第 2 期。

观层面的“美育”。它要让世界更加包容，更能够从多元文明中开掘“情趣”，并以此拓展自我的生命与体认。

反思与重构：审美如何介入世俗生活？

“以情为基，贯通美善。”[①] 这是当代人生论美学的基本美育路向。其支撑完备、学理精深、路径清晰，已毋庸待言。就其指向来说，人生论美学，或者金雅偶用的“人生艺术化”，追求的是“一种现世的诗意超越”，是“让生命重归于深情、高尚、生动与诗意，让生命复归于本真、从容与和谐”。[②] 它高举中华传统，重提“物我有无出入之诗性交融，由此构筑了超拔高逸的审美境界观”，[③] 目的就是“要把生命安顿提升为审美的自由升华”。[④] 金雅说：“这一民族审美和艺术的优秀传统和鲜明特质，我们似乎已经模糊甚至遗忘”，因此，亟须“从民族的文化传统中去重构民族审美和艺术的精神高度”。[⑤]

纵观她对这种精神高度的叩思和追求，是有几个节点的。一，是她以梁启超“趣味”美精神为支撑的“不有之为”的美。二，是她以“人生艺术化”为支点的“远功利而入世”的美。三，是她以“美情”为内核的“物我有无出入”的“诗性交融”的美。可以说，金雅所建构的这些美的精神，都是意图“将审美与人生相统一，以美的情韵与精神来体味创化人生的境界”的人生论美学的核心诉求。事实上，谈论审美和美育，确实容易滑向“审美救世”的迷障。这也恰恰是金雅在论著中不断提醒自己，不断叩问先哲，不断呼吁和强调的——美学的实践向度和美育的大美意趣。她先后发表《试论人生论美学的价值维度与实践向度》《中华美学精神的实践旨趣及其当代意义》《加强中华美学精神与艺术实践的深度交融》《大美：中华美育精神的意趣内涵和重要向度》《审美人格与当代生活》等文，对西方理论美学的“唯美”

① 金雅：《以中华美学精神提升当代批评实践》，《文艺报》2015 年 4 月 20 日第 3 版。
② 金雅：《为什么重提“人生艺术化”》，《艺术百家》2012 年第 6 期。
③ 金雅：《推进中华美学和艺术精神的理论自觉》，《中国艺术报》2015 年 12 月 9 日第 3 版。
④ 金雅：《试论人生论美学的价值维度和实践向度》，《学术月刊》2010 年第 4 期。
⑤ 朱光潜：《谈美》，载《朱光潜全集》第 2 卷，安徽教育出版社 1987 年版，第 6 页。

观和“粹情”论、中国古典美学的“善美”观和“德情”论，进行了反思。她直面当代社会、文化、审美语境，始终将人、生活、实践置于话语场的中心，倡导美学的美育旨趣、人文情怀、美情内核、实践意向，以激活主体生命、审美创美统一、知情意行和合为美育的目标、路径、指向，以大美之生命和人格的涵成，为美之成人的至上理想。美的人既是超拔的，又是现世的，也是鲜活的。在《人生艺术化与当代生活》一书的结语中，她提出了“艺术‘双刃剑’”的命题，强调“在当代生活中重构践行人生艺术化”，“首先就需要为人生为艺术确立大美之品格”，“也需要为艺术为生活确立动态的张力场”，[①] 由此，才不至于因为“束缚于现实”而“匍匐在地上”，也不至于因为“仰望星空”而抽离生活。

这样的人，是“不计得失，只求做事的热情”的人，是“永远津津有味，兴会淋漓”的人，[②] 也是拥有和众生宇宙“迸合”之“春意”，在浩渺无垠时空中的“无我”“大我”的人。这样的人，是世界得以存在的基础，也是个体创化世界的前提。

作者单位：浙江大学

① 金雅：《人生艺术化与当代生活》，商务印书馆2013年版，第404—407页。

② 金雅：《梁启超美育思想的范畴命题与致思路径》，《艺术百家》2013年第5期。

“人学”观念的突破与探索
——金雅人生论美学思想的内核和特色

郑玉明

金雅教授长期聚焦中华美学民族资源的挖掘和中华美学（育）精神的探究，从梁启超美学个案到中国现代美学家群体再到人生论美学的思想学理，中华美学的民族话语、民族意趣、民族风范、民族学派，始终是她关注的中心，而人生论美学更是她一以贯之的核心命题和重中之重。

金雅教授的人生论美学建构，资料丰沛扎实，理论意识强烈，民族立场突出，人文关怀深沉，思辨与激情融通，体现出鲜明的个人色彩。特别是她对“人学”观念的突破与探索，尤其值得关注。“人生论美学的中心是人，是让美回归人与人生，是让人在美的人生践行中，创化体味生活的温情和生意，涵成体味生命的诗情与超拔，达成创美和审美的交融。”[①] 金雅教授把人生论美学看作中国现代美学精神、中华美学（育）精神的特性所在，清楚地彰显了她的美学思想的“人学”向度。她强调审美、艺术、人生的统一，表现出对人的强烈肯定、尊重，重视审美主体的自我陶养；重视真善美的贯通，强调知、情、意、行的和合；关注美学的实践向度，倡导美学与美育的融通。其理论探索，始终指向美的实践的主体——作为人的人。鲜明的“人学”底蕴，本应是美学的本义，也是人生论美学的本义，是金雅教授人生论美学思想的内

① 金雅：《人生论美学与中国美学的学派建设》，《社会科学战线》2017 年第 10 期。

核和特色。认真审视金雅教授的人生论美学思想，可以清楚地发现她在美学的“人学”观念上的突破和发展。

一　重视经验人生个体的美学主体地位

重视经验人生个体的美学主体地位，是金雅教授从当下语境出发对中华人生论美学精神的新发展。金雅教授指出：“审美艺术人生动态统一的大审美观是人生论美学的理论基础。”[①] 而这一“大审美观”突破了审美和艺术上的精英主义观念，关注普通人日常生活的艺术化、审美化，对经验人生个体给予了充分尊重，从而使其美学思想呈现出鲜明的人文色彩。

受梁启超并不要求人人都做“美术家”，却主张人人都做“美术人”（用“美术”指代广义的艺术，是中国近现代时期的用语，“美术人”实际指艺术主体，包括艺术创作者和欣赏者——作者按），并把艺术与布帛菽粟等同起来看作人生必需品的思想的启发，金雅教授的人生论美学思想也把研究目光投向生活中的普通人，关注人生的审美化。她强调中华人生美学精神不同于西方美学的重要特征就是关注人，追求人生的审美超越，强调通过审美来陶冶、提升人的人格境界。“与西方美学突出美的抽象本质命题和审美心理命题不同，中华美学重在将美与人的鲜活生命、与人的现实生活相关联，不仅在哲学和艺术的层面观审省思美，也延展至生命和生活的时空来创化体味美”；“中华美学始终叩问美之于人的意义。它关注的不是美游离于人的纯粹理论问题，而是美与人、与人的现实生存、与人生存于其中的天地万物间的温情而又诗意的动态关联”。[②] 这就使金雅教授的人生论美学思想，从来不是建基于抽象的人，也不是在抽象的层面谈论人，而是从鲜活的人及其具体的个体人生经验切入，在立体、丰满、动态的生动图景中，讨论美与人的现实关系及其美的价值意义，由此也凸显了其人生论美学思想的民族文化滋养及其突出的人文向度。

① 金雅：《人生论美学传统与中国美学的学理创新》，《社会科学战线》2015 年第 2 期。

② 金雅：《中华美学精神的实践旨趣及其当代意义》，《社会科学辑刊》2018 年第 6 期。

在当今时代，社会经济的发展繁荣在极大丰富人的物质生活的同时，也加剧了生存竞争，使人的生活粗鄙化。金雅教授就是在这种现实背景下，关注人的经验人生，重释中华人生美学（育）精神，力求激活并发挥美学研究的人文价值。她认为，中华美学的突出特征就是重视美育实践，重视审美的超拔功能。她指出，中华美学"与西方理论美学以美论美的封闭特性不同，体现出向人生开放的鲜明思想——实践品格，聚焦为既热烈执着又高远超逸的审美启蒙意向和诗性生命张力。当下，面对技术人、工具人、物质人、欲望人等种种人的异化和单面化，我们应该高度重视这种富有民族特色的人生审美精神，发挥其独特的审美功能"。①

金雅教授的这一看法，准确把握了中华人生论美学的思想品格。中国古代哲人并不认为，圣俗神凡之间存在清晰的区分界限。相反，推崇在挑水砍柴的日常生活中，追求人生超越，努力把经验与超验统一起来提升人生境界，实现人生胜境，这是中华传统哲学思想的重要观点。中华人生论美学传统同样重视经验人生活动，强调审美、艺术从经验人生出发而超拔人生现实的实践功能。因此，正如禅宗大师百丈怀海所实践的"农禅并重"，"一日不作，一日不食"，以及禅宗思想主张的众生皆有佛性；庄子认为的"道在屎溺"；孟子认为的人人皆可为尧舜等。中国古代哲人总是"不拘一格"地强调人在日常生活中对世俗的超越和提升。虽然，审美经验不能等同于儒道释思想的修养、修行经验，但两者具有明显的同构重合性。儒释道各家所提倡的经验与超验相统一的人生胜境既是人们希冀、期待的修养、修行胜境，也与人生论美学所主张的大美之境趣不相悖谬。金雅教授也正是据此提出了"美情"体验超拔"常情"（日常生活因功利得失需要是否满足而形成的情感——作者按）的重要意义，同时，通过"美情"的命题，金雅教授窥见了从现实经验人生超拔到审美经验人生的可能。在金雅教授这里，哲学和美学的出发点与落脚点，都不是特别挑选出的人和事，其理想和目标就是现实经验人生和审美经验人生的具体可感的诗性和合和张力统一的生动性，既不否弃于实存，也不陷溺于实存。

---

① 金雅：《论中华人生审美精神》，《光明日报》2015年3月18日第14版。

金雅教授的这一思想，可以说，一定程度上突破了当代实践唯物主义美学的理论困境。长期以来，在近现代的传统马克思主义哲学中，认识的偏颇和局限使其对人及其实践的认识存在一定的思想抽象性。比如，在实践唯物主义美学中，生产实践推动的社会制度改造实践成为美学研究关注的中心，而受制于生活习俗的日常生活实践以及读书、就业、择偶等的人生实践，则因为由生产实践所决定而被边缘化了。与之相对应，不再是经验人生个体，而是积极推动时代变革的革命主体、生产主体才是美的创造和欣赏的主体；不再是现实人生，而是改革社会制度的革命实践才是美学关注的中心。不得不说，实践唯物主义美学坚持“劳动创造美”虽然在揭示美的劳动根源和美感的形式感“积淀”根源时，有其理论深刻性，但相对脱离审美和艺术实践的哲学抽象性也非常突出。后实践美学的理论创新就是要解决这一问题。但是，这些理论探索因为在美学研究中的非理性主义思想倾向而依旧无法真正回归经验人生个体——无论是生命美学的“生命”还是存在美学的“存在”，无论研究在“理论描述”时多么强调其理性特征，但始终无法揭示其理性特征的内在机制——以生机活跃为快乐之源何来理性特征呢？然而，经验人生个体无论如何都是理性的生命存在，因而这些后实践美学的理论探索也无法解决理论上的哲学抽象性问题。

其实，马克思主义历史唯物主义哲学的“历史合力说”已经为重视历史个体即经验人生主体的存在价值奠定了理论基础。“历史合力说”认为，历史发展规律及趋势并不是如同电影剧本规定好了电影故事的情节进展一样，确定好了历史的未来发展细节，而是由所有历史主体的历史行为甚至是完全相冲突的矛盾行为共同决定的。这样，所有历史个体的人生实践都是历史发展的影响因素，每个历史个体都有其不可或缺的历史存在价值。同时，哲学上一般与个别、必然与偶然的辩证统一中，个别、偶然与一般、必然的矛盾、冲突，作为一般、必然显现的方式同样为个别、偶然的存在意义进行了一定程度的理论辩护。个别、偶然因素并不是如以往所认为的，仅仅是一般、必然的显现机缘，而就是一般、必然的一定程度上的决定者。因此，金雅教授的人生论美学重视经验人生个体的人生实践有其理论的合理性。这种理论研究真正实践了实践唯物主义哲学从“人的感性活动和感性活动的人”出发进行研究的追求。她坚持,"人生与艺术的统一,不仅是艺术的创造与欣赏,也是人生的创造与欣赏",[①] 倡扬"个体小生命在与众生宇宙大生命之迸合中,去创化畅享生命之看戏演戏相洽、创造欣赏兼济的至美与诗意"。[②] 抓住经验人生个体开展的汇通经验与超验的美的实践活动,进而以此出发来理解、认识美的创造和欣赏的品格,可以为当今经济社会中人的灵魂净化,提供新的启蒙思路,这是从当下语境与当代实践出发,对中华人生论美学精神的新发展和重要的理论突破。

二 强调以美情为内核的审美主体能动性

倡扬以情为中心的审美主体性,是金雅教授人生论美学思想的突出特征,这集中表现在她对"大美"、"美情"和"美境"等命题的论释建构中。在金雅教授所建构的人生论美学思想体系中,"大美"观是其理论基础,"美境"观是其理论宗旨,而"真善美张力贯通的美情观是人生论美学的理论核心"。[③] 无论是"大美",还是"美境",都是以"美情"为扭结,这种立体又聚焦的思想取向,蕴含着对以"美情"为内核的审美主体能动性的高度肯定和倡扬。

哲学上,主体性原本是指人在主客体关系活动中,积极认识并运用自己对主客体关系的认识而实现自己目的的能动性,它以突出的理性意识为特征。而在人生论美学视域的审美活动中,人在审美活动的主客体关系的基础上,以情为主导去主动追求"美情高趣至境"的能动性,就是审美主体能动性的突出而独特的表现。具体来看,金雅教授对审美主体能动性的重视,主要表现为如下三个方面。

其一,金雅教授推崇追求"大美"的主体情趣和精神建构。她说:"崇扬大美,是中华文化与中华美学的重要价值旨趣。中华之大美,既是对象的刚健超旷之美,也是主体超越小我之束缚,与天地宇宙精神往还和合的诗性美。"[④] "大美"与通常所说的崇高、优美不同,尤其是与

① 金雅:《人生论美学的价值维度与实践向度》,《学术月刊》2010 年第 4 期。
② 金雅:《论美情》,《社会科学战线》2016 年第 12 期。
③ 金雅:《人生论美学传统与中国美学的学理创新》,《社会科学战线》2015 年第 2 期。
④ 金雅:《大美:中华美育精神的意趣内涵和重要向度》,《中国文艺评论》2020 年第 8 期。

柔和轻婉的优美有明显不同。“大美”的审美形态和审美风格，偏向于激扬蹈厉、阳刚勇健，与通常所说的崇高或者“阳刚美”相通。“大美”的创造和欣赏，需要突破审美主客体的二元对立，以美情激扬身心整体潜能，由具体审美对象的小世界扩展至对象以外的大世界。审美主体超越了日常生活局限于小得失、小成败的功利状态，自我精神和人格境界得到最大限度的提高，终至实现人与自然、众生、宇宙相统一的至美之境，人的主体能动性也发挥到了极致。在对崇高、优美的沉潜乐享时，人有力量超越日常生活中的功利庸碌，提升主体的生命情趣和精神建构。金雅教授通过倡扬“大美”，逻辑而诗意地通向了“美情”，聚焦了她对以情为内核的审美主体能动性的理论建设和高度重视。

其二，金雅教授高度重视“美情”的陶冶升华之生成。她指出，“美情是美的实践中生成的诗性情感。与其相对的，是常情。常情是指日常原生状态的情感。美情则突出了美的实践活动对原生日常情感的加工、改造、提升、完善、传达、处理的能动性和创造性，强调了美的实践活动中所创造的情感的新质”。[①] 日常生活中的情感主要由生活中的得失成败所制约，其性质是功利性的；美情则产生于常情的审美涵化和形式化，其性质是非功利性的。常情向美情的加工、提炼，体现着审美主体情感活动的能动性。抓住审美、艺术与日常人生实践的张力关系来理解美和艺术，是金雅教授关于人生论美学思想的重要立论基点。她肯定审美主体的“美情”追求，主张审美主体应在审美创美中不断提升自己的情感品质。金雅教授以真善美的张力贯通，来界定美情的核心特质，以之区别于西方经典理论美学认识论视域中的“粹情”观和中国古典美学理论前置视野中的“德情”观。这种真善美贯通的美情、情感在金雅教授美学思想中所彰显的审美主体能动性，以“美情”的理想向度，引领美的实践主体，涵育自我、改造主体、提升主体、美化自我。“美情”的陶冶升华，是金雅教授人生论美学思想及其美育指向得以建构和落地的关键一步。

其三，金雅教授高度重视主体的人以人生美趣为标志的人格境界及其陶冶提升。人生趣味是指人长期对某些事物有特别的稳定爱好，它形

---

① 金雅：《以情蕴真涵善育美》，《中国纪检监察报》2017年9月22日第5版。

成于人的人生实践，反映着人的人生观念，体现着人的人格境界。人生趣味因其非功利性、纯粹性而与审美、艺术相通。高雅纯粹的人生趣味往往就是审美的艺术的趣味。人生之雅趣、高趣、大趣等美趣，往往是人的审美素质和审美能力的集中体现。

不同的人因出生教育背景、成长经历等不同，在生活中往往会形成不同的人生趣味。如有人好声色犬马，有人喜华服美食，有人爱走马斗鸡等，这类人生之趣味因为偏于物质享受和个人享乐，所以并不属于高雅趣味。有些人的人生趣味则完全不同，他们或爱奇山秀水或喜舞文弄墨等，这类人生趣味因多偏重于精神享受，且带有明显的非功利性，就属于比较高雅的人生趣味，而且大都是审美趣味。不同的人拥有不同的人生趣味，正如"审美趣味无争辩"，这种趣味的差别很难去苛责，去强求一致。但面对这些趣味的性质区别和层次差异，作为具有主体能动性的人，无疑应该积极、主动地陶养自己高雅的人生趣味，而不是耽溺于低俗、庸俗、媚俗的快乐中不能自拔。人对高趣、雅趣、大趣等美趣的自觉、主动追求，就是金雅人生论美学话语中强调的人的审美主体能动性之一。金雅指出，梁启超重视趣味教育，要求把青年的人生趣味往高雅的方向去引导；朱光潜在艺术审美活动中关注"纯正趣味"的培养，认为"涉猎愈广博，则趣味愈纯正"。金雅的人生论美学思想受到梁启超、朱光潜等的启发，在审美、艺术、人生的动态关联考察中，重视人生趣味、人格境界的陶升。她崇扬"美情"和"大美"，肯定审美超拔赋予生命的重要张力，肯定以审美超拔为重要中介的生命的诗性建构和张力和谐。同时，她强调，生命的美趣建构和人格的审美陶养，不是一劳永逸的，而是始终在具体鲜活的人生实践中，现实地生成着和时时地前行着。

客观地说，金雅教授的人生论美学思想对人的审美主体能动性的高度重视，在一定程度上超越了中国古典美学的认知。在中国古人那里，同时作为审美境界的自由人生境界，其实往往也要经历比较复杂的修养提升过程，人的审美主体性同样也主要体现在这一过程中。如儒家美学思想所推崇的"随心所欲而不逾矩"，需要经过长期的礼义约束训练才能够实现；道家美学所追求的与道合一的"逍遥游"需要经过"体道"四境界——"至人、真人、神人和圣人"的不断提升才能够达成；佛教美学的“郁郁黄花无非般若，青青翠竹尽是法身”的开悟境界，也是要从“见山是山”到“见山不是山”再到“见山是山”的境界提升来实现。但无论儒释道美学思想的任何一家，其审美主体性往往偏重于伦理自觉，即属于主动追求更高人生境界的“善”的自觉，而且在审美活动中的审美对象往往并不发挥实际作用——审美客体在审美活动中好像仅仅提供了一个审美活动发生的契机，尤其在审美主体通过对各家最高哲学原则如“礼”、“道”或者“涅槃”的自觉服务和实践实现了最终的审美人生境界后，审美客体的作用更是可有可无了。这可以从一定程度上看出，中国古典美学中人的审美主体能动性其实是非常抽象的。而金雅教授的人生论美学思想则不然，审美主体性是以“情感意识”为中心的。审美对象之“真”，以及审美主客体关系背后的人生规律之“真”，都在审美体验中发挥着重要的、深入的影响。另外，金雅教授的美学思想自觉突出了对中国古典美学侧重美善关联的超越。她指出，“人生论美学也不能简单等同于伦理学的美学，它不仅要研究美与善的关系，也要研究美与真的关系。它是要超越一切孤立地对待真美关系或善美关系的美学研究方法，而将真善美的立体张力关系纳入自己的视野”。[①] 因此，在金教授的人生论美学中，审美主体性始终建基于真、善、美张力动态的现实统一中，而不是像中国古典美学中那样，更多地体现在对道德或审美的人生境界的抽象追求中。金雅教授始终主张在即时即地的人生实践活动中，生命主体自觉地、不断地、在场地、执着地向着“大美”“美情”“美境”去超拔。

事实上，金雅教授对审美主体性的高度重视，也超越了中国现当代美学的通常看法。在对审美主体性的认识上，中国现当代美学受西方近现代审美心理美学的影响，力求科学地把握审美活动中审美主体的心理活动机制，其中以精神分析心理美学的影响最为突出。而根据精神分析心理学的观点，当把审美活动与人的本能无意识联系起来后，审美主体性就成了由无意识“情结”所驱动的，而这实际上就取消了审美主体性。比如，朱光潜从弗洛伊德所揭示的内心潜意识压力的释放来理解审美的功能，认为人作为生命体其生机活力受到阻遏则会体验到苦闷，审

① 金雅：《人生论美学与中国美学的学派建设》，《社会科学战线》2017 年第 10 期。

美活动包括艺术活动其作用就在于疏解内心苦闷，释放人的生机活力。朱光潜借弗洛伊德的潜意识苦闷概念，把当时社会的动荡混乱所引发的精神苦闷容纳进来，力图借助审美愉快来改造人的精神和心灵进而影响社会存在。这种理论努力不仅存在着如林毓生在《中国意识的危机》中概括并批评“五四”一代的思想方法时所指出的“借思想文化以解决问题”的错误倾向，[①] 而且还没有充分发掘和利用审美主体性的作用。再如，中国当代美学家李泽厚受精神分析心理学派代表性学者荣格的“集体无意识心理积淀”思想的影响，从不断发展的生产实践所实现的形式感的“积淀”来理解审美的起源——人通过劳动实践改造“外在自然”时所实现的“内在自然”的人化。而具体的审美活动是从既有的审美心理期待（由积淀而形成的形式感）出发去发现、去加工创造美的对象，类似于工人从对产品的既定设计出发加工原材料生产出产品一样，李泽厚的这一看法看似强调了审美主体性——刘再复等就是由此而把李泽厚的实践唯物论美学看作文艺主体论的思想源泉的，但如果审美活动的驱动力是“无意识”的，则整个审美心理活动从性质看就已经成为由审美本能所驱动的了，审美主客体关系上的审美主体性明显就受到了限制。因此，相对于人生论美学肯定审美主体以“美情”建构和体验为中心对日常生活的超拔和提升，很难说李泽厚的美感“积淀说”充分认识了审美主体的主体能动性。总之，朱光潜、李泽厚一定程度上都是从人的“心理本能”来认识审美的功能和起源的，这虽然一定程度上有认识上的科学性和深刻性，但他们对审美主体能动性的认识还不够充分。金雅教授所提出的“美情”命题，深入把捉了审美主体能动性发挥作用的内在机理和外化路径，切实将美学理论下沉到具体的人的实践活动中，倡扬主体的人去创化陶养“美情”，建构“美趣”，并由之使自我“走向生命、走向生活、走向艺术、走向一切创造和欣赏的实践，完成和实现自身”。[②] 这种对于审美主体能动性的深刻认识，不能不说是前进了一大步。

---

① ［美］林毓生：《中国意识的危机》，穆善培译，贵州人民出版社1986年版，第43页。

② 金雅：《论美情》，《社会科学战线》2016年第12期。

三　把审美主体性理解为知、情、意、行的动态张力统一

金雅教授的人生论美学思想，特别强调美感体验的情感特性。她认为，“从整个世界美学来看，中华美学是最为注重审美活动中情的要素的美学理论之一”，[①]“情是美学的关键词之一。美情，则是中华美学的关键词之一”。[②] 情感活动是人身心全部投入的活动，它是独立的，又与知、意、行有着紧密的、内在的联系。与仅仅听凭理性命令的意志活动或者受本能驱使的生理活动相比，情感活动无疑更深刻地反映着人性的特性，闪烁着人性的光芒。金雅教授标举的“美情”，作为“常情”的升华，更是人性的标识和旗帜。从心理学上看，情感是一种对主体需要是否获得满足的个体心理反应，而“美情”则是超越了个体需要的普遍性审美意涵的满足。“美情”的提出，无疑大大凸显了美学的“人学”观念及其探索。

金雅教授的“美情”建构，也是在与西方美学的比较中展开的。她指出，“美情”是与“知”、“意”贯通且切行于“行”之中的动态鲜活的个体情感。她认为，“西方经典美学中的情是与知、意相区分的独立的心理要素，是一种粹情。中华美学中的情，则与知意相贯通，是在美的实践活动中升华和涵成之情，即美情”。[③] 美情与“意志”的紧密联系并不仅仅停留在精神领域，还直接指向超拔人生现实，使其转化为实际的美育实践。在“知、意、情、行”的贯通中理解“美情”，强调美情的认识前提、道德内蕴和情感真诚，主张美情（美育）指向现实人生的诗情超拔，金教授的这一主张与其倡导整体性张力和谐的人学观念是相一致的。她说，“审美人格的精髓是以美涵容真善，以情提领知意”；[④]“人生论美学视野中的人，是扬弃了感性与理性、生理与精神、个体与社会的分裂的活生生的完整的人”。[⑤] 在知、情、意合一的

① 金雅：《论美情》，《社会科学战线》2016 年第 12 期。

② 金雅：《以情蕴真涵善育美》，《中国纪检监察报》2017 年 9 月 22 日第 5 版。

③ 金雅：《以情蕴真涵善育美》，《中国纪检监察报》2017 年 9 月 22 日第 5 版。

④ 金雅：《审美人格与当代生活》，《光明日报》2012 年 12 月 18 日第 11 版。

⑤ 金雅：《人生论美学与中国美学的学派建设》，《社会科学战线》2017 年第 10 期。

基础上，美情与人生实践紧密勾连，形成了金雅教授“美情”论的立体向度和民族特点。

金雅教授强调美情的“知、情、意、行的动态张力统一”性，从心理学上看是科学的。这是因为，在对心理活动的认识中，我们可以在理论上把“知、情、意、行”区分开来；而在实际的心理活动和美育实践中，这四者却很难截然割裂开来。正如梁启超论美术与科学的相通时所说：“热心和冷脑相结合是创造第一流艺术品的主要条件。换个方面看来，岂又不是科学成立的主要条件吗?”① 审美情感活动需要对审美对象有一定程度的客观认识，需要对审美主客体及其所处人生“语境”的有统一性的深入认识，需要有对审美规律的深入了解和把握，这甚至是与科学研究所需要的相应认识态度和认识积累是一致的，而且审美情感活动也会产生影响人生使其艺术化的意志结果，即审美情感活动与认识活动、意志活动、美育实践之间有复杂的内在联系。所以，金雅教授强调美情是知、情、意、行的动态张力统一，这是具有科学性的看法。

从美学理论的发展上看，金雅教授强调美情的“知、情、意、行动态张力统一”的特性，这一认识源自对中华人生论美学思想发展规律的洞察和概括。在研究中国现代人生论美学传统时，金教授就注意到了中国现代美学接受西方近现代美学重视科学理性的影响而强调情理融合的特点及其区别。她说，“中国现代美学的核心命题是以情（美情）来蕴真含善。西方文化的理性启蒙在中国现代文化语境中，转换为理性与情感的双重启蒙”。②

中国现代人生论美学传统是在中国传统人生论美学的基础上发展起来的。中国传统人生论美学思想有重视“美情”的悠久传统，但由于受传统人生观念的影响而在“美情”观念上偏重于伦理方面的“以理节情”。概括地说，古人所推崇的人生自由境界在很长时间里都是要求人积极主动地自觉恪守“理”的规范的“积极自由”，最为典型的是宋明理学家们所主张的要克制个人欲望，服从“天理”，从而实现最高的

---

① 梁启超：《美术与科学》，载金雅主编《中国现代美学名家文丛·梁启超卷》，浙江大学出版社2009年版，第14页。

② 金雅、聂振斌：《论中国现代美学的人生论传统》，《安徽大学学报》（哲学社会科学版）2013年第5期。

作为“天理”化身的人生自由。直到陆王心学，特别是王学左派才对人的个体存在给予真正重视，认为“理”在个人欲望中；“人”由此才能够作为情理统一的自由生命而存在。在李贽、公安三袁等人的思想探索中，尊重个人的人生趣味，强调人的个性的思想，被大力提倡。他们的思想中甚至不乏“崇情反理”的明显倾向。像袁宏道谈人生之快活，甚至把因追求人生快乐而坑家败业以至于“托钵歌妓之院，分餐孤老之盘，往来乡亲，恬不知耻”，也视为之一，这明显已经非常偏激了。汤显祖感慨人世之事“第云理之所必无，安知情之所必有耶”，明显也把“情理对立”起来了。无论是片面地强调理，还是极端地推崇情，都没有做到情理的和谐统一，也不可能真正实现知、情、意、行的统一，如此理解人及其人生自由都不够科学。这反映在中国传统美学观念及对美感经验的认识上，就是在总体上存在着“理大于情”的偏颇和不足。

中国现代人生论美学中的“美情”思想正如金雅教授所指出的，受到了西方近现代美学重视科学理性的深刻影响开始强调科学理性与情感的融合统一。稍具体地说，西方近代哲学作为认识论哲学，其基本问题就是思维和存在的关系问题，反映在人的认识上就是生活主体的经验有限性与理性意识无限性的矛盾——人要处处受制于生活现实，但作为具有意识性的生命存在，人始终在渴望着无限完善。无限完善作为万事万物，包括人的生命存在理想，其实是价值性的，但从认识论哲学的视角来看，这种无限完善只能作为事物的理念真实通过科学的理性认识来把握——而理性认识实际上只是通过对事物发展规律（包括能够把握事物发展规律的主观认识方法）的把握来认识事物的无限完善存在。价值评价与真理认识本质上是两种完全不同的精神活动，但局限于认识论哲学的理论范式，价值评价活动包括审美价值评价只能被当作真理认识活动来把握，价值把握的客观性而不是价值把握的贴切性受到最多的关注。在这种错位的研究范式中，审美心理活动和艺术心理活动都无法得到准确的认识。比较典型的如黑格尔美学。虽然“想象”被黑格尔看作艺术家最主要的艺术才能，但想象的性质在黑格尔看来却与思辨哲学的理性认识相同——它们都是把握理念的理性认识活动。对“审美情感”的认识也一样。黑格尔明确肯定审美活动的情感性，而且认为审美“情感”从性质上看就是成功把握理念的满足感。但这实际上并没有准确地认识情感的形成原因——价值评价，而且还错误地把情感看成了认识活动的结果。西方现代美学则走向了强调审美独立性的另一个极端。因为西方现代美学在美学观念上坚持“粹美”，强调审美作为情感活动相对于认识和意志活动的独立性、纯粹性，因而审美心理和艺术心理同样也无法得到科学的认识。像叔本华认为审美静观是摆脱生命意志驱使，超越了关注质料存在而直观事物的理念的精神活动。这种看法又何曾正确地认识了审美想象和审美情感，何曾正确地揭示了审美心理的活动机制呢？

金雅教授对中华美学的“美情”思想资源及其理论发展予以了梳理、总结、重构。她指出20世纪以来的中国现代民族美学思想中存在着一方面重视审美活动作为纯粹情感活动的独立性的认知，另一方面又从人生对审美、艺术活动的根本性影响、制约出发，强调认识、意志活动对情感活动的渗透、影响以及肯定情感活动决定美育实践特点的辩证观念。这就为科学地认识和建构审美情感活动的知、情、意、行的动态张力统一性以及审美情感体验的非功利性与功利性的辩证统一性，提供了理论和实践的通道。“这种真善美相贯通的美情观，既将情感从古典伦理美学的道德前置和以善统美中剥离出来，确立了情感在审美中独立的关键地位；也扬弃了以理性作为情感规范和目标归宿的认识论方法和科学论立场，确立了审美情感的价值目标和人文向度。特别是其以真善为美的张力内涵，为审美实践对人生实践的提升超拔奠定了内在基础，揭示了这种美情既是真实的，也是高挚的；既是个体的，也是普遍的；既是现实的，也是超越的；既是观审的，也是创化的。”[①] 金雅教授人生论美学思想的这一科学的真善美相贯通同时又“知行一体”的“美情观”，清楚地表明了她在人学观念上既突破了中国古典美学局限于伦理学范围把审美主体在根本上看作伦理主体的理论偏颇，同时又突破了西方近现代理论美学局限于哲学认识论的影响把审美主体仅仅看作认知主体的理论缺陷，深刻地把审美主体看作“知、情、意、行动态张力统一”的人，在“人学”观上实现了科学的认识。知、情、意、行的

① 金雅：《人生论美学传统与中国美学的学理创新》，《社会科学战线》2015年第2期。

和合，是导引美“向现实人生的开放”，也是“倡扬天地运化之美、艺术创造之美、生命化育之美的通融无悖”。①

综观金雅教授的人生论美学思想，她把美学的目光瞄准日常生活中的经验人生个体，强调人以情感为内核的主体能动性，持有机辩证的“知、情、意、行动态张力统一”的人学观念，这些看法也许并不以理论术语或口号上的标新立异见长，但综合起来看却是独有见地，实实在在地推动了美学基础研究的发展和深化。通过简洁、生动的理论语言，金雅教授把深刻的美学原理问题阐发得极为平实、透彻，把重要的理论探索和突破表述得非常自然平静、平和，显示出她独具的学术风格和理论风貌。

作者单位：浙江工业大学

① 金雅：《大美：中华美育精神的意趣内涵和重要向度》，《中国文艺评论》2020 年第 8 期。

浅谈金雅“大美观”的精神意趣

刘广新

一

金雅教授在人生论美学领域深耕数十载，她吸纳汇融中西思想资源，从当下语境出发，立足学理，直面问题，取得了诸多宝贵的研究成果，提出了一系列前瞻深闳的思想观点。仲呈祥先生认为：“她以大美观、美情观、美境观三维立体构架，深入总结阐发了中华人生论美学的学理特质和精神传统，对于过去简单‘援西入中’和‘援古入今’的中国美学建设思路予以了反思，既不回避民族话语和民族审美精神建构所面临的某些令人堪忧的现状，也逻辑地揭示了人生论美学的中华精神传统的深厚根基及其发掘推进对于人类美学发展的独特意义。”[①] “大美”在金雅教授的人生论美学思想体系中处于核心地位，勾连起“大我”“大情”“大境”等命题，成为其美学精神旨趣的显著标识。

“大美”的论题，在金雅教授的论著中，最早见于其1991年发表的《庄子美学本体观释论》一文。[②] 庄子的“天地有大美而不言”等思想，[③] 给予了金雅教授之于“大美”的灵感与启思。她以庄子思想为依

① 仲呈祥：《推荐一本论美学的好书——序〈人生论美学与中华美学传统〉》，《中国艺术报》2015年6月10日第8版。

② 金雅：《庄子美学本体观释论》，《杭州大学学报》（哲学社会科学版）1991年第4期。

③ 陈鼓应注译：《庄子今译今注》中册，中华书局1983年版，第563页。

托，认为“大美”乃存真、纳情、通善之美，“‘大美’存在于自然无为的存真状态”，[①] 涵纳了“主体真挚信诚的情感态度”，[②] 两者契合而达“大美”之“道”（境）。“大美”之境，“尊重物性、因任自然”，是通达向“善”的基石与路径，故“大美”也即臻“善”。在对庄子思想的探讨中，金雅教授已经展露出将真、善、美统一以及与人生相勾连的“大美”意趣。此后，随着研究视域的不断开拓，金雅教授的这种思想取向一直延续并得以不断发展。

2020年，金雅教授发表《大美：中华美育精神的意趣内涵和重要向度》一文。两文前后历时二十余年。金雅教授谈道，“中华之大美，既是对象的刚健超旷之美，也是主体超越小我之束缚、与天地宇宙精神往还和合的诗性美。中华大美之意趣，究其根柢，乃‘天地与我并生，而万物与我为一’的浩然正大之美”。[③]“中华美学的大美意趣主张美向现实人生的开放，主张真善美的实践贯通，主张创美审美的动态统一，主张美学美育的知行合一，倡扬天地运化之美、艺术创造之美、生命化育之美的融通无悖。”[④] 从中可以看到，金雅教授的“大美”观，乃“天人合一”的中华文化精神的审美显现，它面向人间，面向生命，面向生活，面向人生。它体现出三个基本的精神取向。其一，就审美对象来说，金雅教授的“大美观”，主张将美的领域拓展至广阔的现实人生，将审美、艺术、人生相统一，而不局限于、封闭于唯美小艺；其二，就审美情感来说，金雅教授的“大美观”，不主张抛离“知”和“意”的“唯情”“粹情”，而是倡扬真善美贯通、知情意和融而升华提升的“美情”；其三，就审美境界来说，金雅教授的“大美观”，不只着眼于审美一维，而是主张主体在审美与创美的动态张力统一中，超拔小我，达致物我有无出入交融兼济的既能观照也能创造的诗性“美境”，从而创化和体味人生的“春意”。

在当下，随着经济、技术、资本、商品、消费等大潮冲击，社会生活中各种奢靡、庸艳等俗趣，各种非美、畸美等问题，各种“躺平”、

① 金雅：《庄子美学本体观释论》，《杭州大学学报》（哲学社会科学版）1991年第4期。
② 金雅：《庄子美学本体观释论》，《杭州大学学报》（哲学社会科学版）1991年第4期。
③ 金雅：《大美：中华美育精神的意趣内涵和重要向度》，《中国文艺评论》2020年第8期。
④ 金雅：《大美：中华美育精神的意趣内涵和重要向度》，《中国文艺评论》2020年第8期。

“游世”等现象，冲击着美的情趣、尺度、品位、精神。对“大美”的关注和研究，有着突出的现实意义和深刻的理论意义。

二

金雅教授向来反对孤立绝缘地看待美和艺术，她强调将美、艺术放置到与人、生活、自然、社会等的动态关联中，倡扬审美、艺术、人生相统一的大美视野。

金雅教授的美学研究从纵向看，大致可分三个阶段：1991—2006年，她主要着重于梁启超、庄子等个案研究；2007—2014 年，她转向中国现代美学家群体及其流派式思潮等研究；2015 年至今，她聚焦于人生论美学的学理建设和中华美学（育）精神的探究。但不管哪个阶段，“大美观”及其人生论精神意趣始终是金雅教授美学思想中的一根红线。在梁启超研究中，金雅教授指出，“梁启超美学思想以趣味、情感、力、移人为主要范畴，建构起一个极具个性的人生论美学思想体系，集中体现了不有之为的趣味美理想”；[①] 梁启超把“人生精神、美学精神、艺术精神的探讨内在地联系在一起。他的美学思想是一种人生大美学”。[②] 在庄子研究中，她认为，“‘大美’的境界和美的‘真人’是庄子理想人生、理想人格的写照，亦是庄子对芸芸众生、沉浊时世的反照”。[③] 在“人生艺术化”研究中，金雅教授以梁启超、朱光潜、宗白华、丰子恺等从“生活的艺术化”到“人生的艺术化”的思想脉络为主要对象，提炼了“远功利而入世的审美人生精神”的中国式人生艺术化精神，提出“其实质是崇尚超越小我纵身大化的审美人格情韵和生活过程的诗性自由升华”。[④] 在人生论美学研究中，金雅教授明确提出，“审美艺术人生动态统一的大审美观是人生论美学的理论基础”。[⑤] 在中华美学（育）精神研究中，金雅教授反复指出，“以整个人

---

① 金雅：《梁启超美学思想研究》，商务印书馆 2012 年版，第 14 页。
② 金雅：《梁启超美学思想研究》，商务印书馆 2012 年版，第 5 页。
③ 金雅：《庄子美学本体观释论》，《杭州大学学报》（哲学社会科学版）1991 年第 4 期。
④ 金雅：《人生艺术化与当代生活》，商务印书馆 2013 年版，第 1 页。
⑤ 金雅：《人生论美学传统与中国美学的学理创新》，《社会科学战线》2015 年第 2 期。

生为创美审美之对象，而不仅仅着眼于艺术，是中华美学尤为突出的精神品格”；[①]“中华美学和艺术精神的特质，聚焦于真善美统一的美情追求及其相呼应的人生精神、诗性情怀、美育意向等方面”，“这种美感精神取向，不尚唯美与粹美，而是主张蕴真涵善立美，强调审美与艺术的人生启蒙向度与人文关怀内涵”，“这种审美和艺术精神是一种大审美大艺术的精神”；[②]“中华美学精神崇尚审美艺术人生的有机统一，不仅将多样的艺术纳入自己的视野，也将广阔的人生纳入自己的视域，由此构筑了极富民族特色的大美观”，“它不将艺术绝缘与封闭起来，使其成为自我完善的‘小艺术’，而是将艺术引向广阔的人生，倡导艺术家去成就生命升华和人生超拔的‘大艺术’”；[③]“大美是中华美育的重要命题之一，它与和谐等命题共同构筑了中华美育精神的核心谱系”；[④]“中华美育的大美意趣，最终体现在对大美生命的涵育上，体现在真善美和融正大的人格化成上，体现在小我大我汇通迸合的自由升华上”。[⑤]

金雅教授认为，“大美”是“中华文化与中华美学的重要价值旨趣”，它“建基于中华哲学天地万物相成化生之‘大道’，深具中华文化的独特印记”，不能“简单将其等同于体积之大、数量之巨等形式化因素”。[⑥]她强调，“大美”之意趣，“既是对象的刚健超旷之美，也是主体超越小我之束缚、与天地精神往还和合的诗性美”；“是刚健正大与超旷高逸的统一，是物与我、我与他、小我与大我的诗性关联及审美生成”；“其要义是冲破一切、升华自我、直抵大道的大无畏、大涵融、大自由之美”。[⑦]

金雅教授把诗性“大我”之涵成，视为“大美”意趣之神髓，以“大情”为“大美”之主体内核，以“大境”为“大美”之主体所向。“大美”之我，“纯粹刚健而自由辉光。他向最高本体提升又践行于生

① 金雅：《中华美学：民族精神与人生情怀》，中国社会科学出版社2017年版，第80页。
② 金雅：《中华美学：民族精神与人生情怀》，中国社会科学出版社2017年版，第86—87页。
③ 金雅：《中华美学：民族精神与人生情怀》，中国社会科学出版社2017年版，第91页。
④ 金雅：《大美：中华美育精神的意趣内涵和重要向度》，《中国文艺评论》2020年第8期。
⑤ 金雅：《大美：中华美育精神的意趣内涵和重要向度》，《中国文艺评论》2020年第8期。
⑥ 金雅：《大美：中华美育精神的意趣内涵和重要向度》，《中国文艺评论》2020年第8期。
⑦ 金雅：《大美：中华美育精神的意趣内涵和重要向度》，《中国文艺评论》2020年第8期。

命自身，非彼无我，一体俱化，同情交感，至纯至善”；它“即小而即大，至实而至虚，无所不容而无所不可容”。[①] 金雅教授说，“纯粹大美的境界，也是中华文化自古以来向往的生命审美化、人生艺术化的自由境趣”；“走向大美，正是走向伟大的人生、走向生命的纯粹与自由”。[②]

三

金雅教授认为，与西方美学追问“何为美”的传统不同，中华美学浸濡了中华文化的人生关怀和诗性品格，关切于“美何为”的命题，其落脚点就是美对主体之我的涵濡。“大人（我）”，在金雅教授看来，是中华美学和美育精神的人格构像。她强调，“艺术并不是中华美学的终极归宿，中华美学最终要走向人，落到人的涵育上，贯通于主体的生命、生活、生存实践中，这就是生命的审美化、人生的艺术化。中华美学不局限于唯艺术而艺术的小美唯美，而是通向人的美化和人生的美育，由此，美学与美育密不可分”。[③] 金雅教授把美的人的涵成，视为中华美学和美育的共同终极指向，这种审美化的人就是诗性的“大我（人）”，是既能创造也能观赏的人，是知、情、意、行和融的人，“是个体小生命在与众生宇宙大生命之迸合中，去创化畅享生命之看戏演戏相洽、创造欣赏兼济的至美与诗意”的人。[④]

在金雅教授这里，“大美”最终要成就美的人生，成就“大我”。“大我”是与“小我”相对的概念。“小我”是指日常生活中计较利害得失执着功名利禄的常人状态。而“大我”则超越一己小我之欲，而与众生宇宙浩然一体。金雅教授在谈王国维的美育思想时说：“我与宇宙万物融通之大美，超越了美对于‘小我’之利害。唯此，大美与那些‘逐一己之利害而不知返者’正相反对，是超越‘有用之用’的‘无用之用’。前一个‘用’，对‘小我’言。后一个“用”，对‘无我’言。‘无我’之‘我’，也就是‘宇宙即我’之‘我’，是突破了

① 金雅：《大美：中华美育精神的意趣内涵和重要向度》，《中国文艺评论》2020 年第 8 期。
② 金雅：《大美：中华美育精神的意趣内涵和重要向度》，《中国文艺评论》2020 年第 8 期。
③ 金雅：《大美：中华美育精神的意趣内涵和重要向度》，《中国文艺评论》2020 年第 8 期。
④ 金雅：《人生论美学传统与中国美学的学理创新》，《社会科学战线》2015 年第 2 期。

个体与宇宙之对立、实现两者和合的诗性‘大我’。”[①] 成就“大我（人）”是中国人的最高追求，体现在诸多中华文化大家的思想中。金雅教授在对梁启超的研究中认为，梁启超的“趣味”精神是一种崇高纯粹的人生实践精神，是一种不执成败得失的“不有之为”的审美精神，是用艺术的美的态度创化和观照人生，与自然、宇宙不断“迸合”，层层“化我”，而终成“大我”。金雅教授对“人生艺术化”命题的观照，亦从诸家之说提炼了“远功利而入世”的中国式审美人生精神。[②] 金雅教授认为，这些中华美学的民族化范畴和命题，最终目的都是要成就中国人的最高人格理想，即涵成“大我（人）”。

“大美”如何涵成“大人（我）”？金雅教授指出，其根本在于“大情”的陶养。超拔“小情”，倡扬“大情”，是金雅教授“大美”观的重要内涵之一。金雅教授对中西情感论进行了深入的研究辨析。她将中华美学的情感范畴命名为“美情”。她说，西方美学也谈情，但和“美情”比较起来，算是一种“粹情”，康德是“粹情”说的代表人物。康德“意图要使判断力在知解力与理性之中起桥梁作用，情感（快感和不快感）在认识与实践活动（道德活动）之中起桥梁作用，审美的活动在自然界的必然与精神界的自由之间起桥梁作用”。[③] 这不同于以往对情的忽视，把情放到了一个独立位置，情从此被区分出来了，但康德只关注于情的认知理性的研究，停留在对“粹情”的思辨，将知、情、意三者割裂开来了。金雅教授挖掘吸纳了中国情感理论的民族特性，梳理了“美情”的概念及其思想发展。她提出，“‘美情’特指在审美实践中产生的，不同于人的日常生活情感的，贯通真善、涵容物我、创化有无的富有创造性的诗性情感”。[④] 她以“美情”区分于“常情”“粹情”，为“大情”的升华涵育确立了理论基础。她主张，“大美基于大爱”；“大美的生成须由主体从道德体认超向情感体认，即由道

① 金雅：《人生论美学传统与中国美学的学理创新》，《社会科学战线》2015 年第 2 期。

② 金雅：《“人生艺术化”：学术路径与理论启思》，《中山大学学报》（社会科学版）2013 年第 2 期。

③ 朱光潜：《西方美学史》，人民文学出版社 2002 年版，第 347 页。

④ 金雅：《论美情》，《社会科学战线》2016 年第 12 期。

德知性通达道德美感，而生成刚健超旷的情感认同和浩然正大的情感愉悦”。[①] 这就是“大美至情”，也是“生命爱境”。“大情”蕴“真”、涵“善”而达“美”，这也是金雅教授构建阐发的“美情”范畴的突出美质之一。美之“大情”，“在本质上是实现了个别与一般、特殊与普遍交融的一种类情感”。[②] 她认为“屈原的上下求索之慨叹，贝多芬的命运交响之激扬”等，都是“可以穿越时空，激起不同时代、不同地域、不同种族人们的共鸣”之“大情”。[③] 同时，金雅教授也指出，“大情”“不一定就是震天动地、壮怀激烈的，也可以是对细微的平凡的人、事、物、景的具体体验，其核心是能否在具体而微的情感体验、表现、传达中，呈现出人类情感共同的积极的美趣意向”。因此，只要是美之“大情”，即使是“最细微、最个人的情感”，也可以成为“人类美的共同情感的传达”。[④] 金雅教授强调了“大情”所具有的“体验观照和反思建构的美学功能”，以及它对于“常情”的提升超拔和“粹情”的诗意涵濡。[⑤] 金雅教授看到了情感的价值地位，强调情与知、意的贯通，以涵情美人而成就“大我（人）”。她说，“中华美学对于真善美三者关系的认识，是有发展变化的，但其思想的核心，不是将三者分离，不论是古典时期的美善统一观，还是现代以来的真善美统一观，唯美的、粹美的、纯美的，始终不是中华美论的主潮”。[⑥] 她指出，“中国现代美论的一个共同特点就是以情为基，贯通真善，体现了蕴真涵善的美情观。这种真善美相贯通的美情观，既将情感从古典伦理美学的道德前置和以善统美中剥离出来，确立了情感在审美中独立的关键地位，也扬弃了以理性作为情感规范和目标归宿的认识论方法和科学论立场，确立了审美情感的价值目标和人文向度”。[⑦]

金雅教授认为，“大情”是“大人（我）”的生命之核，也是创化

---

① 金雅：《大美：中华美育精神的意趣内涵和重要向度》，《中国文艺评论》2020 年第 8 期。
② 金雅：《论美情》，《社会科学战线》2016 年第 12 期。
③ 金雅：《论美情》，《社会科学战线》2016 年第 12 期。
④ 金雅：《论美情》，《社会科学战线》2016 年第 12 期。
⑤ 金雅：《论美情》，《社会科学战线》2016 年第 12 期。
⑥ 金雅：《论美情》，《社会科学战线》2016 年第 12 期。
⑦ 金雅：《大美：中华美育精神的意趣内涵和重要向度》，《中国文艺评论》2020 年第 8 期。

“大境”的必要前提，强调“大人（我）”的“大境”生命指向，由此勾连了审美主体与人生实践的内在关系。她的人生论美学思想紧密结合实践，致力于发掘美学对生命、人格、人生的切实意义。不论是她在梁启超美学思想研究中提出的“不有之为”说，还是在中国现代“人生艺术化”研究中提出的“远功利而入世”说，还是在人生论美学创构中提出的“物我有无出入诗性交融”说，都体现了美的理想旨趣叩问和美的人生境界探求的根本同一，可以说实质都是为了创构诗性超拔、物我相谐的大美人生至境。

“大境”引领主体生命走向生活，融入实践，成就美境。金雅教授认为，“在中西美学史上，梁启超第一个明确将‘趣味’的范畴导向了人生的境域，意图构筑不有之为的诗性意趣。他提出个体生命应追求‘知不可而为’主义与‘为而不有’主义的统一，去除成败之忧和得失之执，在与众生宇宙的‘迸合’中，达成大化化小我的胜境”；[①] 而王国维的境界标举“真味”、“气象”和“宏壮”，标举从“有我之境”升华到“无我之境”，“从而成就人生之大事业（美）”；[②] 方东美则从中国人的宇宙观出发，把圆融和谐的生命创进视为“大美”，认为它是中华美学和艺术精神的基本内核，它充塞天地、恢宏广大、无穷无尽、涅槃自生，从而成就“生香活意”“挈情入幻”“积健为雄”的“真善美统一的大美或曰至美、纯美的理想境界”，“这是人生存的最高境界，也是一切伟大的美的创造的前提”。[③]

四

金雅教授对“大美”的思考，从不局限于理论自身，而是积极切入实践，直面当下审美、艺术、生活之现实。金雅教授在人生艺术化研究中，曾谈道：“在当代生活中重构践行人生艺术化，首先就需要为艺术为人生确立大美之品格。即要求艺术从狭义的概念中提升起来，超越

① 金雅：《中华美学：民族精神与人生情怀》，中国社会科学出版社2017年版，第21页。

② 金雅：《“境界”与“趣味”：王国维、梁启超人生美学旨趣比较》，《学术月刊》2012年第8期。

③ 金雅：《中国现代人生论美学引论》，中国社会科学出版社2020年版，第330页。

纯粹的形式之美与琐屑的技艺之美，内蕴真善相融的人性尺度和敬畏生命的神性维度，为自己开拓广阔的人生视野和高洁的本真使命”。[①] 可见，“大美”命题之于金雅教授，是一个从理论思辨中提升起来的内蕴精神和信仰的美学尺度，它不是冷冰冰的，而是有力度、有热度的。金雅教授在中华美育精神研究中，曾谈道，“大美是对绮靡媚俗的反拨；对追名逐利的超越；对形式至上的审思”。[②] 这些论断，直指当代艺术、文化、现实中各种畸象之要害。

金雅教授的“大美”观及其精神意趣，对于当代生活具有切实而重要的意义，是回答当代社会问题的一则有效答卷，也是开启相关问题的一把钥匙。具体来看，其意义首先在于对主体人格涵育的积极导向。大美倡导了主体人格“大我”的涵育，强调了这种涵育提升的根本意义，特别是提出了在物质、经济、技术等指征迅猛发展的现代社会，人的知、情、意、行和融的大美人格及其诗性意态，所具有的迫切而现实的实际意义。其次，其意义在于对庸糜矫饰、浮夸造作、形式至上、娱乐至死等种种非美唯美倾向的反思和纠偏。她痛切于当代生活和艺术文化中的崇高审美的缺失，力呼“大美”在当代审美中的重扬。她说，“弘扬大美，是对艺术风骨精神的呼唤”。[③] 她把崇高视为当代审美的重要维度，赞同康德的崇高是“把心灵的力量提高到超出其日常的中庸，并让我们心中一种完全不同性质的抵抗能力显露出来”，[④] 赞同朱光潜的崇高这种“完全不同性质的抵抗能力”，是“人的勇气和自我尊严感”。[⑤] 金雅教授的“大美”观，在审美艺术人生统一、真善美贯通的理论基础上，强调主体人格的涵育和主体境界的攀升，卓显了审美主体的力量、勇气、智慧、尊严。其“大美”观及其精神意趣，意在唤醒主体的“人格刚健、精神浩然、生命正大”，意在使“美的艺术教育、美的知识教育、美的技能教育走向大美人格涵育和大美人生创化”，[⑥]

---

① 金雅：《人生艺术化与当代生活》，商务印书馆 2013 年版，第 404 页。

② 金雅：《大美：中华美育精神的意趣内涵和重要向度》，《中国文艺评论》2020 年第 8 期。

③ 金雅：《大美：中华美育精神的意趣内涵和重要向度》，《中国文艺评论》2020 年第 8 期。

④ ［德］康德：《判断力批判》，邓晓芒译，人民出版社 2017 年版，第 77 页。

⑤ 朱光潜：《西方美学史》，人民文学出版社 2002 年版，第 370 页。

⑥ 金雅：《大美：中华美育精神的意趣内涵和重要向度》，《中国文艺评论》2020 年第 8 期。

这无疑是给当下审美活动和艺术实践开出的一剂强心剂。

在今天中华民族迈向伟大复兴的征程上，中华文化、民族美学逐渐独放异彩！立足民族传统心理，涵育“大美”生命，陶铸“大美”情感，锻造“大我”人格，创化高逸境界，对于中华民族的伟大复兴，意义非凡！金雅教授的“大美”观及其人生论美学精神取向，呈现出对中华民族美学精神的深度发掘，以及面向新时代的独特意义！我们期待唤醒更多人对中华文化、中华美学的关注和精神倡扬！期待着中华大地上，“大美”之风吹遍每个角落，荡漾于每个中华儿女的心灵！

作者单位：浙江理工大学

"美情"·"粹情"·"常情"

——论金雅教授比较视域下的"美情"观及其民族特质

李明慧

一 "美情"的概念命题及其开掘

金雅教授首次提及"美情"的概念，是在《中山大学学报》2013年第2期上发表的《"人生艺术化"：学术路径与理论启思》一文中。论文通过对中国现代人生论美学思想中的"人生艺术化"这一学说的深刻阐释，引出了"美情"的具体内涵。她指出："美情，非纯粹之情，非无视理性的从心所欲之情，非纯任欲望的感性宣泄之情，而是情的涵育美化。境界、趣味、情趣、情调等，都是美情的艺术化形态，是艺术中内容与形式、技巧与情韵、部分与整体、形象与诗意、创造与欣赏的和谐，也是生命中感性与理性、个体与众生、小我与大我、有为与无为、入世与出世的和谐。"① 在金雅教授看来，中国现代"人生艺术化"学说的核心就是以"美情——艺术超越精神来涵育人格与人性"，因此，这种无功利的"美情"具有人生的价值指向，与康德无利害的"纯粹美"所指向的心理特性是不同的。② 可以发现，金雅教授在对中国现代"人生艺术化"学说的探究中，就已经关注到"美情"的概念

---

① 金雅：《"人生艺术化"：学术路径与理论启思》，《中山大学学报》（社会科学版）2013年第2期。

② 金雅：《"人生艺术化"：学术路径与理论启思》，《中山大学学报》（社会科学版）2013年第2期。

命题及其独特性。

金雅教授讨论“美情”问题最为重要的论文，是在《社会科学战线》2016 年第 12 期上发表的《论美情》，这篇论文首次明确提出了“美情”、“粹情”、“常情”这一组概念，并从比较的视域予以辨析、阐释、建构，具有重要的理论意义和开拓意义。金雅教授在文中指出，“美情”不同于西方经典美学建立在知情意三分基础上的科学论意义上的“粹情”，“美情”是对现实生活中“常情”的诗性建构与审美创化。“美情”观是具有审美意趣的人文情感观和诗性情感观，它源于中华美学源远流长的思想传统与精神特质。“美情”关联于真善美贯通、创美审美统一的美论精神，凸显了审美活动的人学向度，具有挚、慧、大、趣等美质特征，[①] 具有中国美学的诗性特色和民族品格。《论美情》发表后，先后为《新华文摘》和《高等学校文科学术文摘》全文转摘。

需要注意的是，金雅教授还有其他多篇涉及“美情”命题的论文。在《社会科学战线》2015 年第 2 期上发表的《人生论美学传统与中国美学的学理创新》（《新华文摘》2015 年第 11 期全文转摘）一文中，金雅教授指出“真善美张力贯通的美情观是人生论美学的理论核心”[②]，她认为“美情”不仅使情感从“以善统美”的伦理传统中获得独立的审美地位，还扬弃了以理性规范情感的认识论方法，确立了审美情感的“价值目标和人文向度”[③]。在《以情蕴真涵善育美》（《中国纪检监察报》2017 年 9 月 22 日）中，金雅教授从民族美学的美趣意向上，指出了“美情”涵育“常情”的突出意义，认为中华美学倡导“以情贯通知和意”，在生活实践中“涵美情”、“化美境”，从而引导人们成就美的艺术，实现审美的人生。[④] 在《“美情”与当代艺术理论批评的反思》（《中国文艺评论》2018 年第 5 期）中，金雅教授进一步强调“美情”“是中华美学与艺术精神的神髓之一”；认为“美情”的命题，不仅对当代艺术理论批评中存在的“非美趋向”有观照反思的意义，也对文艺理论家的情感能力和情感品格提出了更高的要求，同时，引导我们对

① 金雅：《论美情》，《社会科学战线》2016 年第 12 期。
② 金雅：《人生论美学传统与中国美学的学理创新》，《社会科学战线》2015 年第 2 期。
③ 金雅：《人生论美学传统与中国美学的学理创新》，《社会科学战线》2015 年第 2 期。
④ 金雅：《以情蕴真涵善育美》，《中国纪检监察报》2017 年 9 月 22 日第 5 版。

中华美学中"以真善美贯通为要旨的大美情韵"的传承和弘扬[①]。这些论文都从不同层面上，对"美情"的概念命题予以了分析阐释、深化丰富、提炼总结，是金雅教授以"美情观"为重要内核的人生论美学学理建设的重要内容。

金雅教授对"美情"命题的开掘和研究，引起了学界同仁的关注和肯定。有学者认为"美情"是金雅教授"人生论美学"中的重要核心概念，指出金雅教授不仅从源头上追溯了《性自命出》中"美情"的伦理学意义，还以"深湛的理论学养"对20世纪初期中国现代美学中内蕴的"美情"观念做了概念的界定和逻辑的建构，从而确立了"美情"的"基本美学学理维度和美学理论内涵"，表现出理论开拓中"精到稳健的学理风范"。[②]也有学者认为"美情"概念的提出具有"原创性"，体现了金雅教授对美学理论的"创新、提炼、建构、阐释的能力"。[③]还有学者评价金雅教授对"美情"观的建构阐发，对"人生论美学"体系和中华美学精神的建设和发展都具有重要的价值和关键性的意义。[④]

从学界对"美情"及其相关问题的以往研究来看，成果数量极少，也很少有切入美学原理层面的系统深入的探讨。从美学学理层面明确使用"美情"概念并予以系统研究的，在金雅教授之前，几为阙如。《中国社会科学报》2013年4月8日发表余开亮的《〈性自命出〉的"美情"说》一文，对《性自命出》中的"美情"思想进行了论析总结，指出《性自命出》既要求"尊重人性的自然之情，又主张对其节制"，只有"受后天教化"得到提升的"情与思、感性和理性交织的人文之情"才是"美情"。所以，《性自命出》中的"美情"说强调的是在"礼乐教化下达成君子人格之美的内在情感机制"。[⑤]因此，《性自命出》

---

① 金雅：《"美情"与当代艺术理论批评的反思》，《中国文艺评论》2018年第5期。

② 胡海、张森：《溯民族美学之根立中华美学之言——评金雅教授〈中华美学：民族精神与人生情怀〉》，《艺术百家》2018年第6期。

③ 郑玉明：《聚焦中华美学的学理建构——评金雅教授〈中华美学：民族精神与人生情怀〉》，《文艺报》2018年1月15日第3版。

④ 朱鹏飞、孟群星：《弘扬构建中华美学的民族资源与话语体系——评金雅〈中华美学：民族精神与人生情怀〉》，《中国艺术报》2018年5月28日第3版。

⑤ 余开亮：《〈性自命出〉的"美情"说》，《中国社会科学报》2013年4月8日第5版。

中的“美情”说更多地体现了儒家美善合一论下的道德情感审美。其他提到“美情”概念的研究论文，如王振复的《郭店楚简〈性自命出〉的美学意义》(《复旦学报》2003 年第 1 期)、李加武、吴婧婧的《〈性自命出〉“情”义初探》(《阜阳师范学院学报》2014 年第 1 期)、李红丽的《〈性自命出〉情感哲学研究》(《孔子研究》2016 年第 6 期) 等，也都就《性自命出》中关于性与情、情感真实与社会审美理想等问题，展开了谈论，但并未对“美情”的概念命题，进行学理上的专门系统的研究。这些成果，较早发现了《性自命出》中的“美情”思想作为现代“美情”说的源头意义，也看到了其作为人道之始和礼乐之源，在根本上道德意义多于审美意义的事实。

而“美情”作为一个中文语词，在文艺赏析、语文教学、审美教育等文章的标题中，也时有出现。如朱映红的《美文育美情》[《新课程（上)》2012 年第 5 期]、吴悦的《美情美辞美境》(《文艺报》2006 年 7 月 18 日第 2 版)、钟文的《美乐美文美情——音乐审美教育融入中学语文教学的尝试》(《江西教育》2007 年第 10 期)、俞可、沈慧俊的《沈心工：穷“良导师”之心力而夺“唤小儿之美情”之天工》(《上海教育》2020 年第 33 期) 等。这类“美情”的语词组合，“美”字主要是作为“情”字的形容修饰词使用，单纯指可以陶冶人性情的真挚的、优美的、动人的情感，并非金雅教授在美学原理意义上讨论的“美情”概念。

需要注意的是，金雅教授提出的“美情”概念，与一般美学教科书上讨论的审美情感、艺术情感，在内涵、特质上并不相同，这正是金雅教授“美情”概念的独创之处和深刻之处。在金雅教授提炼的“美情”概念中，“美”字既是形容词，也是使动词。“美情”的命题既是认识论和本体论意义上的命题，也是实践论和价值论意义上的命题。金雅教授的“美情”命题，将美与真善相贯通，将审美与创美相统一，将“常情”、“粹情”与“美情”相对举，突出彰显了中华美学的民族话语特征和民族精神意趣。

除了“美情”这个概念，在美学原理意义上使用“粹情”和“常情”的概念，在金雅教授之前，文献资料中也未有检索到。与“粹情”这一术语相接近的，多是研究康德美学时，使用“纯粹美”与“依存美"作比对。与"常情"这一术语相接近的，则多是以"一般情感"、"自然情感"、"现实情感"、"日常情感"等相关表述。明确提出"美情"、"粹情"、"常情"这一组概念，并予以理论界定和比较，以"美情"为聚焦进行系统、具体、深入的理论研究和学理阐释，金雅教授可谓开掘。

"美情"的概念命题，是金雅教授人生论美学思想的核心概念论题之一，也是中华美学民族话语和民族精神的突出标识之一，其掘发的精神旨趣、美质特征，与20世纪中国现代美学的代表性理论精神，是互为呼应的，彰显了中华美学的理论之维、实践之维、价值之维的统一。同时，"美情"的提出与建构也为世界美学的发展做了独特的贡献，表现出美学的"多元可能"性①。

二　真善美贯通的民族美论

"现代审美意识的确立，是以人对情（美）的独立认知为起点的"。② 中西古今的美学，都绕不开情感这一关键的问题，但迄今对审美情感问题的研究，仍亟待深入和突破。金雅教授通过对中华文化精神和民族美学资源的深入挖掘，特别是对20世纪上半叶中国现代美学精神的发掘和西方审美精神的考辨，提出了真善美贯通的当代中华民族"美情"论建设的重要课题。

金雅教授肯定了蕴藏在中国传统文化本源上的"美情"倾向。中国古典美学中的情感常与德性相关联，有着浓郁的伦理色彩，金雅教授将这种审美情感特征称之为"德情美"，指出这种"美善相济的德情"观从根本上呼应了中华文化以善为美的伦理传统，从源头上表现了中华民族"美情"思想的最初形态，肯定了中华美学"情性相成、以情化人"的人文特色；另一方面，"德情"观也彰显了中国古典美学以理性节制情感表达的中和之美。③ 因此，金雅教授对中国古典美学的美善统

① 金雅：《论美情》，《社会科学战线》2016年第12期。

② 金雅：《"人生艺术化"：学术路径与理论启思》，《中山大学学报》（社会科学版）2013年第2期。

③ 金雅：《以情蕴真涵善育美》，《中国纪检监察报》2017年9月22日第5版。

一的审美情感特征，是持一分为二的辩证态度的。这为她主张真善美合一的当代人生论“美情观”，奠定了重要基础。

回溯历史，中国古典美学虽强调美善相济，但不是没有对“真”的追求。老庄不仅从本体意义上把“真”与“道”相结合，还从自然之美、物性本真的角度引申到精神自由之“真”。儒家则通过对“诚”的倡导，主张表现人的内在真诚的情感。魏晋“人的觉醒”更是以“真”为人物品藻之一，确立了“真”的审美价值。明代公安派的“性灵”说、李贽的“童心”说，直接把“真”提到了至关重要的地位。20世纪初，西方美学的引入和启蒙思潮的激扬，“真”成为现代美学的重要维度。如王国维在“境界”范畴的构建中，就强调“真”和“自然”，提倡“真感情”对诗词境界的重要意义；梁启超更是强调了情感之真的艺术感染力，主张艺术创作要把握真情实感；朱光潜也提出“善与美是一体，真与美也并没有隔阂”①；宗白华提出了“由美入真”的命题，表明“艺术的里面，不只是‘美’，且饱含着‘真’”②，主张由艺术之“真情”感悟生命之“真境”；丰子恺认为“‘真、善’为‘美’的基础。‘美’是‘真’‘善’的完成”③。可见，中国美学思想无不体现了真善美相互贯通、相互统一的理想追求，这与中国文化的人文关怀的理论旨趣是相呼应的，凸显了中华美学理论的民族特质及其深远的影响。

金雅教授从中华文化传统切入，着力建构蕴真、涵善、立美的民族“美情”论，建构真善美贯通的美论理想。同时，她的“美情”论并不排斥西方美学的思想营养。她认为，康德意义上的“审美无利害”的纯粹独立的审美情感，在中国文化与现实的需求中转向为“以情为中介的真善之‘美情’”④，这种将审美情感与“生命启蒙”、人生价值相关联的“美情”观，不仅是知情意中“情的标举与体认，也是达知通

① 朱光潜：《谈美》，《朱光潜全集》第2卷，安徽教育出版社1987年版，第96页。

② 宗白华：《略谈艺术的价值结构》，《美学与意境》，人民出版社1987年版，第126页。

③ 丰子恺：《艺术与艺术家》，《丰子恺全集》第4卷，浙江文艺出版社1990年版，第401页。

④ 金雅：《“人生艺术化”：学术路径与理论启思》，《中山大学学报》（社会科学版）2013年第2期。

意美情的生命化育与诗意升华”①。基此，金雅教授进一步对“美情”的概念作出了学理上的阐释，点明了“美情”真善美张力贯通的内涵，分析了“美情”与西方哲学中知情意各自独立的区别，强调了“美情”知情意“有机动态关联”② 的民族审美特质，而这也正是中华之“美情”与西方经典美学之“粹情”的最大区别。此外，金雅教授没有仅局限于“美情”概念本身的厘定，一方面，她从人们的认知、心理和情感关系的层面，指出“审美与情感的对话”对人类文明发展的重要意义③，而“美情”观就以知情意统一的特征突出了情感在人类心理层面的建构和“与其他心理机能的有机联系，昭示了人类情感提升的理想方向”④，具有人类情感的普遍倾向性。另一方面，她从艺术实践拓展至人生实践，指出“美情”以“真善为美的张力内涵”使人格在艺术审美中得以涵育和提升，进而实现人生的超拔，揭示了“美情”特有的“观审”与“创化”、“真实”与“高挚”、“现实”与“超越”、“个体”与“普遍”⑤ 相统一的独特审美性和人生向度。

金雅教授深入挖掘了“美情”与艺术情感的内在关系，凸显了“美情”对艺术情感的导范意义，指出艺术家、理论家、批评家的情感能力对“美情”涵养的深层价值和“以审美为中心”的艺术职责与社会责任。她明确表示，“美情”“聚焦的是艺术活动中情感美化的自觉命题”，强调了艺术情感的审美内涵和人文价值，及其“挚诚”、“共通”、“超越”、“创新”等审美品格。⑥ 金雅教授对“美情”命题的深入探究不仅是当代美学思想学理上的创新，丰富了中国民族美学的话语形态，还将问题引向了“美情”之于当代艺术理论批评的反思，对当代中国美学的建设与发展有重要的意义。

金雅教授的中华“美情”论，不仅关注了情感本身“蕴真涵善立

---

① 金雅、聂振斌：《论中国现代美学的人生论传统》，《安徽大学学报》（哲学社会科学版）2013 年第 5 期。

② 金雅：《论美情》，《社会科学战线》2016 年第 12 期。

③ 金雅：《以情蕴真涵善育美》，《中国纪检监察报》2017 年 9 月 22 日第 5 版。

④ 金雅：《人生论美学传统与中国美学的学理创新》，《社会科学战线》2015 年第 2 期。

⑤ 金雅：《人生论美学传统与中国美学的学理创新》，《社会科学战线》2015 年第 2 期。

⑥ 金雅：《“美情”与当代艺术理论批评的反思》，《中国文艺评论》2018 年第 5 期。

美”的审美问题，还倡导了以情统领知意的美的实践关联及其人生指向；既立足于构建中华美论的独特民族品格，又彰显了人类向美、弘美的普遍情怀，鲜明地体现出其作为人生论美学理论家的个人色彩和理想情怀。

三　审美创美统一的民族美趣

金雅教授以西方经典美学为理论资源，总结了西方认识论美学的学理特质，提炼出“粹情”这个概念。她在对“美情”的理论建构中，以中西比较的理论视野，抓住美学的核心——情的问题，指出：“西方经典美学的核心命题是以知（理性）来照亮情（感性），实现人感性的理性完善；中华美学的核心命题则是以情来蕴真涵善，化育和成就美的人。由此，西方经典美学中的情是与知、意相区分的独立的心理要素，是一种粹情。中华美学中的情，则与知、意相贯通，是在美的实践活动中升华和涵成之情，即美情。”[①] 金雅教授通过对“美情”与“粹情”的对照辨析，研讨了两者在审美内涵、文化思维、艺术功能等方面的不同，突出表现了“美情”的民族美趣及其理论价值。

金雅教授肯定了康德美学“以情立美”的现代品格及其“粹情”、“粹美”的特点，认为这是“第一次真正赋予‘美’（‘情’）与‘真’（‘知’）与‘善’（‘意’）同样重要的独立理论地位”[②]，但“粹情”和“粹美”存在着认识与价值、理想与现实、理论与实践的矛盾。她指出，康德构建了“纯粹美（无利害、无概念、无目的的普遍愉快，即粹情）”的理论体系，把“情”单独抽取出来，对美的对象进行形式的静态纯粹观照，这就使作为审美实践主体的人的知、情、意机械割裂，“纯粹美”和“依存美”无法调和，由此，终极的美和美的人的实践生成，最终只能是“一个理论的可能和理想的假设”。[③] 从金雅教授对“粹情”局限性的分析可以看出，康德的“粹美（情）”是由纯理论抽象得出来的哲学思辨性的产物。这与西方美学所运用的经验分析、哲

---

① 金雅：《以情蕴真涵善育美》，《中国纪检监察报》2017 年 9 月 22 日第 5 版。

② 金雅：《论美情》，《社会科学战线》2016 年第 12 期。

③ 金雅：《论美情》，《社会科学战线》2016 年第 12 期。

学认识论等方法有很大关系，其"粹美""粹情"的理论主张对后面的形式主义美学、表现主义美学、现象学美学等都产生了一定的影响。

在中西比较的视域下，金雅教授进一步对西方"粹情"论及其衍生的"纯艺术"、"唯美"、"为艺术而艺术"等现代艺术审美意识予以了客观的论析。她指出，"粹情"论着重感官审美的纯粹愉悦和审美心理的分析，主要探究艺术本身的审美特质，忽视了美与现实人生的联系，缺失了美的价值导向，难以使审美情感的艺术功能和实践意义充分发挥出来，是"封闭的小艺术"①。事实上，席勒倡导的美育思想在某种意义上正是对这个问题的反拨，但受西方美学主流思想和传统理论思维方式的影响，直到海德格尔的实践哲学，才明确指出纯粹观审的审美对象和纯粹的形式从根源上脱离生活本身的局限性。金雅教授从"美情"的张力内涵出发，反观中国式的"人生艺术化"学说，明确了其与西方"粹情"纯美论的不同。她指出，"人生艺术化"是在审美、艺术与人生相互交融和统一中来讨论情感的价值意义的，倡导的是"一种大艺术的精神与理想"和"以美（情）为核心的真善美"相贯通的审美追求。② 她反复强调，"美情"应该是审美主体的"精神活象"，是"美的实践的产物"，具有"人文的价值论旨趣"。③ 所以，"美情"的意义不仅体现在艺术审美活动中，更集中体现在人生实践的积极创化中。在与西方"粹情"论本质的比较辨析中，金雅教授对中国美学中情感理论（即"美情"观）的总结，不仅认识到审美情感在理论层面的观审心理，而且深刻挖掘了情感对艺术审美实践"动态多维的人文生命创化"，也使中华美学和艺术精神富有深厚的"民族标识的美情意趣"④。中国美学注重生命体验，情感不仅融于艺术意象、意境的建构，还常发挥情感的美育功能，把人格精神、人生境界与艺术实践活动结合起来，追求宇宙与生命相融合的大情怀和人生理想，突出了"美情"

① 金雅：《"人生艺术化"：学术路径与理论启思》，《中山大学学报》（社会科学版）2013年第2期。

② 金雅：《"人生艺术化"：学术路径与理论启思》，《中山大学学报》（社会科学版）2013年第2期。

③ 金雅：《论美情》，《社会科学战线》2016年第12期。

④ 金雅：《"美情"与当代艺术理论批评的反思》，《中国文艺评论》2018年第5期。

关联艺术与人生的民族精神和品格。

金雅教授提出，应追求“美情”在审美维度与创美维度上的动态有机统一，追求“审美创美相谐、知情意行合一”的美学意趣。[①] 她借鉴中国现代美学资源，指出范寿康的“美的感情”概念，不仅是“客观自由的独立观照，也是涵情炼情的提升创化”，是“在审美实践中所体验的感情”[②]。她把梁启超的艺术情感论与“趣味主义”相联系，指出梁启超主张艺术情感不仅需要“体验”、“表现”，还要“修养”、“提挈”，使个体生命与宇宙众生“迸合为一”，揭示了情感对生命创化的奥秘和人生责任的价值，“趣味的实现，在梁启超这里，也是一种生命的自由舒展，是知情意的和谐，是真善美的贯通，是美情的创化，也是创造与欣赏的统一”。[③] 金雅教授也深刻反思了王国维对审美精神的认识，认为他在学理认知和实践伦理之间存在着明显的“纠结”，指出王国维理论上的“美的意境”，侧重强调对观审层面的“有我”与“无我”的体悟，而没有真正意识到审美创化的“有我’与“无我”的意义，因此，他最终未能实现“审美与创美”、“欣赏与创造”、“艺术与人生”的“出入之自由”，未能在人生实践中使其“生命本身创化为美境”。[④] 这个辨析也在某种程度上对王国维的自沉给予了一定的解释。由此，纯审美层面上的精神超越，无法完全解决现世人生中的问题，而需要审美主体回归到生活本身，在积极的创美审美相统一的践行中实现生命的超拔。

金雅教授“美情”观的创构是与其人生论美学思想的建构相贯通的。她把美的精神的实质理解为“主体以无为精神来创构体味有为生活”，而“美情”就是“实现出世与入世、有为与无为、感性与理性、个体与众生、物质与精神、创造与欣赏、有限与无限之相洽”[⑤] 的最重

---

① 金雅：《中国现代美学对中华美学精神的传承与发展》，《学术月刊》2018 年第 2 期。

② 金雅：《论美情》，《社会科学战线》2016 年第 12 期。

③ 金雅：《人生论美学与中华美学精神——以中国现代四位美学家为例》，《中国文艺评论》2017 年第 9 期。

④ 金雅：《论美情》，《社会科学战线》2016 年第 12 期。

⑤ 金雅、聂振斌：《论中国现代美学的人生论传统》，《安徽大学学报》（哲学社会科学版）2013 年第 5 期。

要的质素。"美情"作为金雅教授人生论美学思想体系中的核心概念命题，突出表现为"一种试图将创美与审美融为一体的价值化美学样态"①，不仅关涉认识论层面的美的观审，更在实践论层面突出了美的创化，点明了"美情"与"粹情"理论的根本不同，由此也彰显了"美情"的民族美趣特质。

四　张力超拔的民族美感

金雅教授拎出"美情"，将"美情"与"粹情"、"常情"予以对举辨析。她指出，审美创美实践活动中的情感既不是"粹情"，也不是"常情"，只能是"美情"；"美情"和"粹情"都是对"常情"美的陶冶和提升，而"美情"还富有实践的向度和人文的价值。② 金雅教授认为，只有"美情"，才能建构"远功利而入世"的"美的艺术精神"，并以此"来融真涵善，成就诗性的人格，创化人生这个大艺术品"③。"美情"以真善美贯通的张力内涵，延伸出实践向度和人文情致，是对日常生活情感即"常情"的提炼升华和诗性超拔。在金雅教授的美学论文中，可以发现，比起"超越"一词，她似乎更喜欢使用"超拔"，并以此来体现她对美之阳刚健进的民族诗性的独特理解。

金雅教授论析了"常情"与"美情"的关联与区别，她指出，"常情"是人们在日常生活中"受外物刺激时所产生的一种心理情绪状态"，即日常真实发生的情感，"事实真实性"是"常情"的价值。④ 而"美情"则特指在艺术审美实践活动中涵成创化的不同于"常情"的审美情感，它是以日常情感为"质料"创构的富有"美感形式"和"审美内蕴"的"诗化情感"⑤。可见，金雅教授提出的"美情"与"常情"是两种既有联系又不相同的情感形态。另外，她认为，"'常

① 金雅：《新时代·新文化·新美学》，《中国艺术报》2017年12月22日第3版。

② 金雅：《论美情》，《社会科学战线》2016年第12期。

③ 金雅：《"人生艺术化"：学术路径与理论启思》，《中山大学学报》（社会科学版）2013年第2期。

④ 金雅：《论美情》，《社会科学战线》2016年第12期。

⑤ 金雅：《论美情》，《社会科学战线》2016年第12期。

情'可以是真实的、丰富的、敏锐的、强烈的，但不等于'美情'"。而"'美情'不排斥真实，但不浮泛；不排斥丰富，但有条理；不排斥感受的敏锐，但不陷于纷乱；不排斥强度力度，但有节奏韵律；不追求唯形式纯形式，但有形式的创构"。[①] 因此，"常情"与"美情"虽都具有多样化的不同表现，但"美情"具有一定的审美规范性，表现为和谐平衡的情感样态，而日常生活中的情感则不然。"常情"作为人本能自然生发的、不经加工的、内在的情感体验，是自我情绪欲望的外在表现，是非理性的、即时性的，会掺杂功利色彩，有时候还会有极端化、消极化的负面情绪表达。"美情"则不同于人们在日常生活中的个人情感体验，它通过审美活动对"常情"进行了深度的加工提炼、理性的疏导节制、超越性的反思判断，最终转化为感人至深的、智慧的、愉悦的美的情感，具有一定的社会普遍性。"常情"是"美情"产生的来源和基础，而"美情"是"常情"的"诗性升华"。

金雅教授强调"美情"是一种创化性的"诗性情感"，具有"贯通真善、涵容物我、创化有无"的审美特征。"美情"的价值在于其"观照、体验、反思、批判、超拔'常情'的诗性向度"，而与它是否在生活中发生无关。[②] 而"美情"的诗性向度，与中国文化的民族特质是分不开的。曾有学者提出，"一个民族的文化（包括文论）特征的形成，取决于该民族的思维方式"[③]，西方文化的思维方式和理论形态是逻辑的、理性的、哲学思辨的，而中国的言说方式和思维样态是感悟的、直觉的、诗性审美的；我们不能"丢弃中国文化及文论的诗性传统"。[④] 其实，美学理论也是如此。中国文化的诗性精神从根源上影响着中国美论的发展走向，铸就了"美情"独特的诗性向度，诗性特征不仅是"美情"的审美本质，还是"美情"审美创化的具体表现。金雅教授指出，"'美情'是养成的，创成的，不是现成的"，"情感的原态呈现和静态展示"不是创美审美活动的目的，"能否提'常情'为'美情'"，

① 金雅：《论美情》，《社会科学战线》2016年第12期。

② 金雅：《论美情》，《社会科学战线》2016年第12期。

③ 李建中：《原始思维与中国古代文论的诗性特征》，《文艺研究》2002年第4期。

④ 李建中：《儒道释文化的诗性精神与中国古代文论的诗性特征》，《文艺理论研究》2003年第1期。

在创美审美的实践活动中"超越种种虚情、矫情、俗情、媚情、滥情，而涵情、导情、辨情、正情、提情、炼情"才是创美审美的关键。[①]"美情"对"常情"的诗性升华，正是审美活动发挥功能的关键，也是对主体情感予以改造、提升、美化、超拔的关键。

"美情"的诗性向度事实上也是人生艺术化的一种践行。"美情"将审美实践与人生实践深度关联，突出了中华美学创化生命的人生向度。"美情"的"诗性超拔"，也正是其人生美育的价值践行。金雅教授具体归纳总结了"美情"的"挚、慧、大、趣"等美质特征。她指出，"美情"虽是真实的，但不同于"一般日常的真"，这种真情是审美化了的，实为"挚情"。"诚、深、纯"是"挚情"的内质，只有具有深刻内涵的真情和"质朴自然"的"纯情"才是感染人、启迪人的关键。[②] 她说，"至诚"是"美情"的"奥义"，"'至诚'即本心之发露、挚情之呈现"，不仅是"艺术的奥义"，也是"主体内在的情感本质"。[③] 但"艺术中情感的至诚和生活中情感的真实"存在着"差异"，[④] 故不是所有的"常情"都可直接转换成"美情"的。生活中的真情有善恶美丑之分，"美情"实现的基础首先需要艺术家在审美实践中陶冶自我的情感。针对"美情"情理合一的特质和"常情""感性"的、"即事"的、"自我"的特性，金雅教授指出"美情"还是一种"慧情"，在感性中潜蕴着理性，具有对"常情"反思观审的意义。金雅教授对"挚情"、"慧情"的发掘和探研，不仅丰富了"美情"的审美内涵，还拓展了对"常情"的认知深度，突出了"美情"引导审美主体远离日常功利实用和极端化情绪的干扰，反思、提升自我的强大功能。

在金雅教授"美情"理论的话语中，对"大情"的研掘建构是其突出的神髓。她指出，"美情内蕴了人类普遍的、共通的美好情致，是

---

① 金雅：《论美情》，《社会科学战线》2016年第12期。

② 金雅：《论美情》，《社会科学战线》2016年第12期。

③ 金雅等：《中国现代人生论美学引论》，中国社会科学出版社2020年版，第34—36、38页。

④ 金雅等：《中国现代人生论美学引论》，中国社会科学出版社2020年版，第34—36、38页。

一种诗性高洁的大美情怀。”① 她强调，“美情”创造和传达的情感可以引起不同时代的人们共鸣的“大情”，是“群体大众甚至人类情感的代言”。所以，“美情”在本质上具有很强的代表性和普遍性。而“常情”是一种“以主体自我为中心”的主体体验，注重的是“一己的需要与满足”。② 很显然，金雅教授以“常情”中的“小我”“唯我”之情与“美情”中的“大我”“无我”之情相比较，突出了“广涵”宇宙、自然、人生、艺术的“大情”对一己“常情”的超拔。她进一步把“大情”与中华美学倡导的“大美”视野相关联，指出“大美”“大情”“阐发聚焦主体人格刚健、精神浩然、生命正大等美趣意向”，表达的是“刚健超旷的情感认同和浩然正大的情感愉悦”③。这种“大美”观、“大情”观将“唯美”的“小艺术”与“至美”的“大艺术”、现实的人生与审美的人生相区别，进而确立了“生命永动、艺术升华、人生超拔的大美维度”④，彰显了“以远功利而入世的诗性超越旨趣为内核的、既执着深沉又高旷超逸的独特的民族美学精神”⑤。显然，“美情”、“大美”、“大情”与“粹美（情）”、“唯美（情）”、“常情”，其关注点和思想指向是根本不同的。“大美”与“美情”相互呼应、相互交融，共同凸显了金雅教授美学思想的阳刚内质和宏阔气度，也表现了中华美学命题间的密切关联，具有独特的民族理论话语特色。

金雅教授还把“美情”视为“一种趣情”。她统观了情感在中国艺术活动中的具象表现，对梁启超“趣味”之“美情”、朱光潜“情趣”之“美情”等“趣情”理论，进行了总结和比较。她结合具体艺术和审美实践，指出中华美学“非常强调情感的精神内质和价值意趣，通过否弃种种庸情、媚情、糜情、滥情等，来提情为趣”⑥。这些研究，都体现了她对“趣情”这一中华美感内质的深刻见地，揭示了情与趣

---

① 金雅：《论美情》，《社会科学战线》2016 年第 12 期。

② 金雅：《论美情》，《社会科学战线》2016 年第 12 期。

③ 金雅：《大美：中华美育精神的意趣内涵和重要向度》，《中国文艺评论》2020 年第 8 期。

④ 金雅：《人生论美学传统与中国美学的学理创新》，《社会科学战线》2015 年第 2 期。

⑤ 金雅：《人生论美学与中华美学精神——以中国现代四位美学家为例》，《中国文艺评论》2017 年第 9 期。

⑥ 金雅：《论美情》，《社会科学战线》2016 年第 12 期。

在中华美学中的密切联系，及其“趣情”之于人生论美学的实践意义。

金雅教授话语体系中的“美情”，不仅通过体验之维对“常情”陶冶涵养，也通过评价之维引领“常情”向“美情”升华，从而提引人的生命美化和境界攀升。她说，“美情涵育的过程，也是贯通真善美而落实于行的过程，它不仅是体验，也是评价，是通过情感评判来促进情感品格提升进而化人‘移人’的过程。”① 由“移情”到“移人”，这既是审美活动的价值生成，也是金雅教授“美情”论的落脚点，即由“美情”审美创美的诗性生成，成就生命的张力超拔。不仅从美育层面凸显了“美情”对人生实践的重要价值，也表现了金雅教授融美学理论与实践相结合的学术视野和思想维度。

结　语

“美情”是金雅教授美学思想的重要聚焦。金雅教授“美情”概念的提出与命题的阐发，是在与“粹情”、“常情”的比较中，在中西古今美学精神的对照中展开的。她构建论析了真善美贯通、审美创美统一、诗性张力超拔等民族“美情”论的话语谱系，彰显了中华美学的人生论特质与民族美趣，为当代中国美学发展和世界美学互鉴提供了多维多元的话语视角与精神样态，是推动中西美学对话、推进当代中国美学建设与发展的重要论题。

原刊《大众文艺》2022 年第 5 期。作者单位：扬州大学

① 金雅：《以情蕴真涵善育美》，《中国纪检监察报》2017 年 9 月 22 日第 5 版。

金雅对“人生艺术化”命题的发掘与推进

王　蓉

朱光潜在著作《谈美》[①] 中明确提出了“人生的艺术化”这一表述，他的主要思想是将艺术与人生相联系。1989 年，李祥林[②]开始针对这一观点展开了广泛的讨论。纵览“人生艺术化”命题的学界研究，大多集中在朱光潜这一人物身上，其中尤战生[③]对朱光潜“人生的艺术化”思想进行了分析与解读；王旭晓[④]由“人生的艺术化”观照到朱光潜整个美学体系；爱箫[⑤]虽提到了梁启超、王国维、蔡元培等人，但也只是为了佐证对朱美学思想的研究。2002 年开始，学界出现了对中国现代美学领域中其他人物的探索，如浙江师范大学张静静[⑥]、方宏烨[⑦]针对丰子恺、梁实秋“人生艺术化”思想所撰写的硕士学位论文，以及杜卫的《中国现代人生艺术化思想研究》一书[⑧]也详细分析了九位中国现代人生艺术化思想家的“人生艺术化”思想。但是，大部分论著都是单个的、描述性的研究，而缺少宏观的、反思的、辨析的、理论化

---

① 朱光潜:《谈美》，安徽教育出版社 1997 年版。

② 李祥林:《朱光潜的“人生艺术化”说管窥》,《学术界》1989 年第一期。

③ 尤战生:《“人生的艺术化”: 朱光潜美育思想的核心观念》,《求是学刊》2003 年第 5 期。

④ 王旭晓:《“人生的艺术化”: 朱光潜早期美学思想所展示的美学研究目标》,《社会科学战线》2000 年第 4 期。

⑤ 爱箫:《“人生的艺术化”: 理解朱光潜早期文艺美学思想的枢机》,《天府新论》1998 年第 6 期。

⑥ 张静静:《丰子恺的“人生艺术化”理论研究》，硕士学位论文，浙江师范大学，2004 年。

⑦ 方宏烨:《梁实秋“人生艺术化”思想研究》，硕士学位论文，浙江师范大学，2005 年。

⑧ 杜卫:《中国现代人生艺术化思想研究》，上海三联书店 2007 年版。

的研究和建构。如王德胜[①]探讨了宗白华的“人生艺术化”思想，认为“人生的审美化、艺术化，是宗白华不灭的理想追求，并始终同他个人对于生命创造与生活奋斗的憧憬联系在一起。无限创造的生命欲求，催生了宗白华对于人生艺术化的热情；而艺术化的人生境界，则为生活的热情创造确立了现实的目标”，但该文对于宗白华究竟持有怎样的“人生艺术化”观念似未阐述清楚。类似地，陈恒[②]剖析了朱光潜“人生的艺术化”的内涵，认为作为朱光潜“人生的艺术化”实现的中介的“情趣”，很重要的一点是“日常生活审美化”，“欲实现人生的艺术化很重要一点是培养日常生活的审美化”，但对这个“日常生活审美化”，作者语焉不详，只是寥寥谈及在平时的生活中要培养些高雅的爱好，并未仔细辨析其中不同的精神内质。2007 年，王玥[③]注意到“人生艺术化”与“日常生活审美化”的联系，用比较的研究方法突出了“人生艺术化”的重要性。

通过梳理以往的研究可以看出，“人生艺术化”在美学界一直是被广泛讨论的命题之一，但其中不论是对单个人物“人生艺术化”思想的研究，还是对“人生艺术化”现代思潮的总结，都未形成系统性、理论性、实践性的学说建构。金雅长期从事中国现代美学思想研究，关注民族美学思想资源的发掘和民族审美精神的提炼，以及其在当代生活中的实践应用。特别是“人生艺术化”这个课题，是她美学研究的重点之一。她关于“人生艺术化”命题的研究，最早可追溯到 2007 年在《文艺报》上发表的《促进人生艺术化》一文，此后，她又在《文学评论》《光明日报》《文艺争鸣》《中山大学学报》《天津社会科学》等发表了一系列关于“人生艺术化”的论文。2013 年，《人生艺术化与当代生活》在商务印书馆出版，这部专著是金雅关于人生艺术化研究的标志性成果。本文试图梳理金雅对“人生艺术化”命题研究的过程及成

① 王德胜：《“心里深藏着一个世界”：宗白华的人生理想与实践》，《求是学刊》2002 年第 4 期。

② 陈恒：《和谐人性与人生艺术：论朱光潜“人生的艺术化”理论的思想内涵》，《浙江学刊》2006 年第 2 期。

③ 王玥：《论“人生的艺术化”和“日常生活的审美化”》，《鲁东大学学报》（哲学社会科学版）2007 年第 2 期。

果，揭示她对此命题研究的发展所做的贡献。

一　资源开掘与主脉梳理

2007年，金雅提交了以“人生艺术化与当代生活”为题的博士后出站报告，随后又用长达六年的时间精心打磨，于2013年在商务印书馆出版了同名专著，在此书的后记中，她坦言“这个选题始自我2000年开始的梁启超美学思想研究工作的一个延伸”。[①] 梁启超美学思想之精华主要集中呈现于其思想之后期，[②] 以“趣味主义”为根柢的人生态度和生活方式衍生出“生活的艺术化”思想。金雅在相关文献资料的研读中，意识到梁启超的“‘趣味’范畴及其‘生活的艺术化’思想在中国现代美学的发展演化中有着尚未为我们认识的独特价值和重要意义”。[③] 以梁启超的“趣味”精神和“生活的艺术化”命题作为“人生艺术化”思潮研究的开端，是金雅的一个新发现、新突破，也是本书的一大亮点和特色。

“趣味”是梁启超美学的关键词。他自己在《学问之趣味》中提到“我是个主张趣味主义的人：倘若用化学化分‘梁启超’这件东西，把里头所含一种原素名叫‘趣味’的抽出来，只怕所剩下的仅有个‘0’了”。[④] 梁启超的“趣味主义”是孔子“知不可而为”主义与老子“为而不有”主义的结合，他将其总结为“无所为而为”。金雅认为“‘无所为而为’并不是‘不为’而是‘不有’与‘为’的矛盾统一，准确地说，就是不有之为。”[⑤] 她将梁启超的“趣味主义”视为一种人生哲学理念，对梁氏“趣味”的阐释在其第一本专著《梁启超美学思想研究》中有详尽的探讨。在她看来，“不有之为”是“趣味”的根本原则，也是“趣味”产生的条件。通过破除成败得失之执，达到自我的完善，这也是由艺术美的陶养确立人生审美的生命意趣，建构主体面对

① 金雅：《人生艺术化与当代生活》，商务印书馆2013年版，第424页。

② 引自金雅《梁启超美学思想研究》，商务印书馆2012年版，第一章第三节相关观点。

③ 金雅：《人生艺术化与当代生活》，商务印书馆2013年版，第425页。

④ 金雅：《梁启超趣味人生论美学文萃》，中国文联出版社2017年版，第22页。

⑤ 金雅：《梁启超美学思想研究》，商务印书馆2012年版，第90页。

人生应有的审美心态，在拥有这样的人生观之后，主体才能够创化和乐享“生活的艺术化”的胜境。所以，金雅提到“在本质上，梁启超的‘趣味’是一种潜蕴审美精神的广义的生命意趣，具有鲜明的人生实践向度与精神理想向度”。[①] 也就是说“‘生活的艺术化’就是践履‘知不可而为’主义和‘为而不有’主义的统一，使生活‘变为艺术的情感的’”。[②]“生活的艺术化”最终的目的是以“趣味”精神去践行，去实践，去体验，是抱着“不有”的态度去“为”，而不是躲避责任，沉溺于游戏人生，或单纯享乐人生之中，因此，它始终主张的是积极的人生态度和对人生实践的介入。

在对梁启超“生活的艺术化”思想挖掘的基础上，金雅进而将眼光拓展到朱光潜、宗白华、丰子恺等典范个案。她指出，朱光潜明确提出了以“情趣”为内核的“人生的艺术化”的理论表述，是“人生艺术化”命题话语自觉的标志，他的思想继承了梁启超“生活的艺术化”的内在精神，主张以审美的态度欣赏人生，进行“无所为而为的玩索”，其主要观点强调“‘以出世精神做入世事业’作为自己的人生理想”。[③] 值得一提的是，金雅不惜篇幅地辨析了梁启超的“趣味”范畴与朱光潜的“情趣”范畴的异同，阐释了两者之间的承继和发展。这样的辨析不仅使“人生艺术化”思想的核心精神进一步明晰，更是丰富和深化了“人生艺术化”的思想内涵，为“人生艺术化”理论的建构提供了翔实的依据和充足的材料。同时，金雅将丰子恺的“人生艺术化”意趣提取为“真率人生”，突出了丰子恺对“真率”人格的标举，而将宗白华的“人生艺术化”意趣提取为“哲诗人生”，突出了宗白华将“意境”与个体生命和人生践行相联系所呈现的诗意品格和诗性内涵。金雅强调，这四位中国现代美学家在“人生艺术化”思想上体现出一种共同的指向，那就是借艺术审美的态度观照人生，从而更好的创化和体味人生。他们所主张的并不是得过且过、及时行乐，而是通过转变思维方式和目标导向，以大格局去面对日常琐事、困顿挫折，不

① 金雅：《人生艺术化与当代生活》，商务印书馆2013年版，第34页。

② 金雅：《梁启超美学思想研究》，商务印书馆2012年版，第83页。

③ 朱光潜：《朱光潜全集》，安徽教育出版社1993年版，第525页。

断地创造和感受人生的每一天、每一分、每一秒。这就是金雅《人生艺术化与当代生活》想要揭示和传达的“人生艺术化”的主脉及其意趣。金雅认为，“人生艺术化”的根本精神奠基于梁启超“生活的艺术化”命题，理论表述成型于朱光潜“人生的艺术化”命题，是在丰子恺和宗白华等现代诸家的共同发展推动下，成就的一个富有民族特质的集体理论成果。

当然，对于“人生艺术化”问题的关注和研究，不只金雅一家。杜卫于2007年出版了《中国现代人生艺术化思想研究》一书，他较早对中国现代“人生艺术化”思想进行了资源梳理。他选择了王国维、蔡元培、梁启超、周作人、林语堂、朱光潜、宗白华、丰子恺和梁实秋9人的“人生艺术化”思想予以描述，此书的优点在于比较全面地挖掘了与“人生艺术化”思想相关的现代人物，并对他们的相关表述进行了较为具体细致的整理，可以说对“人生艺术化”命题进行了初步探索，但该著也存在一些缺点：一是停留于对每位人物的单个研究，以描述阐释为主，缺乏整体性的总结和提炼；二是各章各自为政，多处涉及一些宏观背景资料，表述时有繁缛重复；三是全书给人感觉在各个个案上铺展，缺少辨析和深入。例如，在梁启超、朱光潜、宗白华和丰子恺这四章中，都重复展开了以“启蒙”与“救亡”为代表的“人生艺术化”思想的背景描述；在蔡元培和丰子恺两章中，都提到了二人注重美育的共同倾向，但并未二人的不同点。最重要的一点是，该著没有对这9人的思想进行深入辨析，像周作人和林语堂的“生活艺术论”与梁启超、朱光潜、蔡元培、丰子恺等的“人生艺术化”思想，存在内在的旨趣差异，是“人生艺术化”大思潮内部的精神内质的深层区别。杜卫认为“‘生活艺术论’就是一种注重人生体验的生活态度，其核心在于以审美的眼光对待人生，是一种高度崇尚感性生活，重视人生价值探寻和偏于个人化的人生哲学”。[①] 这种结论，似是而非。如林语堂在《生活的艺术》中，就曾说：“人生不一定要有目的和意义，只要能够活着，活几年也就够了”；“人生的目的除了去享受人生外，还有什么

① 杜卫：《中国现代人生艺术化思想研究》，上海三联书店2007年版，第143页。

呢?”① 从中可以清晰地看到，他偏于消极“躺平”的人生态度，好似快活一天是一天，尽快消遣完这一生。这就明显区别于梁启超等人的承担责任与行为统一、内蕴崇高积极意趣的人生艺术化的生命姿态。

二 从思想到理论

“人生艺术化”这一思想命题，一直是学界研究的热点之一。相较于以往的研究，《人生艺术化与当代生活》一书最突出的贡献，是对中国现代“人生艺术化”思想思潮的辨析梳理，和对中国式“人生艺术化”理论的系统建构及其审美精神的深掘总结。首先，该书从范畴术语、概念命题等入手，进行了“人生艺术化”理论的话语建构，如对“趣味”“情趣”“真率”“哲诗”等范畴术语的提取，对“不有之为”“生活的艺术化”“春意”“玩索”“静出”“童心”“绝缘”“同情”“艺术境界（意境）”“生命情调”“由美入真”等概念命题的阐发。其次，该书从“人生艺术化”理论的基本内涵入手，通过比较其与西方现代“生活艺术化”、后现代“日常生活审美化”思潮的内涵及实质，辨析建构了艺术化意趣的三个渐次提升的理论内蕴层以及三种艺术化生命境界。此外，该书还提出了“人生艺术化”命题的民族精神旨趣及其理论建设问题，强调其终极意向是建构积极、浪漫、崇高、趣味的审美人生境界和“生命至高，精神至上，情感为本，艺术至美”的审美人格境界。

（一）话语建构

金雅对“人生艺术化”的话语建构，主要体现在范畴术语、概念命题的提取、梳理、阐释上。

第一，在范畴术语上，她将“人生艺术化”代表人物的思想资源提取为“趣味”“情趣”“真率”“哲诗”四个核心范畴。这样的提取为“人生艺术化”理论的系统建构提供了基础内容导向，即通过这四个范畴为“人生艺术化”确立了其理论话语的基本精神。如“趣味”，更多的是以“无所为而为”的精神感受个体生命，并对生命、

① 林语堂:《生活的艺术》，安徽文艺出版社 1988 年版，第 109 页。

人生进行积极创造，其“实质上就是探讨如何创化体味生命之为的价值与意义”。[①] 而“情趣的实现最终还须领略与观赏。在艺术中是领略与观赏富有情趣美之意象。在生活中是领略与观赏富有情趣美之物象”。[②] 即说明在“体味创化生命”时，不仅需要创造力，也需要观赏力，观赏也是领略，是在贯彻生命力的同时不忘欣赏沿途风景。“真率”则更多凸显的是对审美人格的观照，金雅提出“在丰子恺的真率人生理论中，最关键的当是艺术精神（态度）的问题”。[③] 可见，“真率”范畴是对“艺术精神”，也是对应审美人格问题的导范。“哲诗”则更体现出生命、人生的最终境界，是一种诗意的人生境界，它将至高的真、善与美结合在一起，在哲理的思考中达成诗意和谐的宇宙观、生命观和人生观。

第二，在概念命题上，金雅主要针对四个范畴中的核心话语进行了阐释和解读。她将“不有之为”作为梁启超“无所为而为”精神的凝练总结，并以此作为梁启超“生活的艺术化”的前提条件。所以“生活的艺术化”的建构逻辑就是“践履‘知不可而为’与‘为而不有’的统一，使生活‘变为艺术的情感的’”。而其前提是“不有之为的趣味主义人生哲学”。[④] “春意”则是在此基础上所成就的生命境界，是“万物与我一体”的生命健化之胜境。“玩索”是“情趣”范畴中的关键，它所指的是观照、是欣赏、是领略，金雅指出“情趣人生更重在以动入与静出、创造与观照之关系的审美和谐实现超越”，[⑤] 因此“静出”展现的是一种方式，是在“动入”中“静出”，实现生命本质的进一步体悟。要想达至这些理念的践行，就需要审美心理、审美人格的介入。金雅提出审美的“童心”就是“艺术的精神就是艺术的心”，[⑥] “绝缘”则“以无功利为起点，以观照为路径”，[⑦] “同情”“更关注的

① 金雅：《人生艺术化与当代生活》，商务印书馆 2013 年版，第 70 页。
② 金雅：《人生艺术化与当代生活》，商务印书馆 2013 年版，第 77 页。
③ 金雅：《人生艺术化与当代生活》，商务印书馆 2013 年版，第 91 页。
④ 金雅：《人生艺术化与当代生活》，商务印书馆 2013 年版，第 38 页。
⑤ 金雅：《人生艺术化与当代生活》，商务印书馆 2013 年版，第 82 页。
⑥ 金雅：《人生艺术化与当代生活》，商务印书馆 2013 年版，第 95 页。
⑦ 金雅：《人生艺术化与当代生活》，商务印书馆 2013 年版，第 101 页。

是主客交融，即物我一体的生命体验”。[①] 因此，要想拥有美的“童心”，就须以“绝缘”的心态与世间万物“同情”，如此才能成就审美的人格。审美人格的最终指向是审美人生境界，在金雅看来，它应当是充满诗意的理想人生境界。其中，“生命情调”是指“宇宙生命的最深真境与最高秩序，是哲学境界与艺术境界的最后根据”。[②] “艺术境界（意境）”是对“艺术的体认，也是对艺术精神、艺术价值的把握，同时，也是对于宇宙精神和生命理想的体认与建构”。[③]“由美入真”表明“艺术启示着生命与宇宙的深意，由艺术可以通达生命与宇宙的本真”。[④] 通过对这些概念命题的梳理和阐发，可看到其中内含的真善美的统一，和对诗意人生、诗性人格的向往。

（二）学理建构

金雅对“人生艺术化”的学理建构，先是明确指出了“人生艺术化”的总思想、总指向，在此基础上，她进一步明晰出其基本理论内容。

首先，金雅归纳总结了“人生艺术化”的总的思想前提是“强调审美、艺术与人生之统一，以美的艺术精神为人生之标杆”。[⑤] 这是金雅“人生艺术化”理论建构的根本立场，也是其基本理论视野。

其次，在总的思想大前提下，金雅总结建构了“人生艺术化”的基本理论内涵，其中包括三个维度、三个层次、两个辨析和三种艺术化生命境界。其中，“人生艺术化”的三个维度，具体体现在哲学、审美、艺术三个互相联系的维度上。在哲学维度上它是对生命本质及其价值意义的叩问，它是对生命本体的追问，来自何为人、何为生命的质问，这是其理论的前提。在审美维度上，它是对美的本质和价值的思考，人本身最突出的特点就是其精神价值，人始终追求的是精神上的自由，要想达成这样的自由就需要以审美态度介入，实现美的精神成长。在艺术维度上，它是对“趣味”（“情趣”）和“意境”（境界）的标举，通过艺术中的审美态度、审美活动感受物与我、情与景的交融，以

---

① 金雅：《人生艺术化与当代生活》，商务印书馆 2013 年版，第 105 页。
② 金雅：《人生艺术化与当代生活》，商务印书馆 2013 年版，第 123 页。
③ 金雅：《人生艺术化与当代生活》，商务印书馆 2013 年版，第 135 页。
④ 金雅：《人生艺术化与当代生活》，商务印书馆 2013 年版，第 319 页。
⑤ 金雅：《人生艺术化与当代生活》，商务印书馆 2013 年版，第 185 页。

至于感受生命与宇宙的和谐共振。三个层次，是指金雅将对艺术性的理解以及对艺术化的追求划分为三类。第一类是“把艺术性主要理解为形式性因素”,[①] 这是对艺术性理解的初级阶段，是对艺术性、艺术化意趣的表层理解，把它简单归结为对艺术形式的关注，放置到生活中就是对装饰性的喜爱。第二类是“把艺术性主要理解为艺术创造、艺术表现的具体技巧与方法,”[②] 更多的是对艺术本身的关注，沉浸在艺术创造和表现的天地中，主要观照所谓纯粹的艺术，并且呈现出某种功利性的目的，即寻求艺术方法，为了艺术而艺术，放置到生活中则可能演化为过度追求技巧而缺失生活内在的意趣。第三类则是“把艺术性理解为艺术美的内在精神与整体品格”,[③] 即关注到艺术内在及其与之关联而超拔其上的精神和品格，放置到生活中则将目光最终投向了人本身。这三类或说三个层次的艺术性并非互不相容，而是互相关联而渐次提升，第三个层次包含着前两个层次，前两个层次的基础结合才能朝向第三个层次发展。两个辨析，是指“人生艺术化”思潮与西方现代“生活艺术化”、后现代“日常生活审美化”思潮的比较。金雅明确指出，“生活艺术化”更侧重于对形式层面的重视和关注，以艺术为目的，将艺术作为避风港，逃离社会的复杂和喧嚣，最终表现的是对现实生活的妥协。“日常生活审美化”则扩大了美学的范畴，对美进行了滥用，“它以经济目的与消费主义为核心，以现代科技和大众文化为根基”。[④] 其中心是为了个人的享乐和商业的效益，美其名曰“日常生活审美化”。基于此，金雅提出了中国“人生艺术化”的命题，将真正的“人生艺术化”精神界定为“更重视的是人格与心灵的艺术化建构，期待在艺术化的生命情致与人格境界中追求、实现、体味、享受生命之美”。[⑤] 金雅教授通过对比各种思潮的异趣，突出了中国式“人生艺术化”的民族特点。进而，金雅提出了三种艺术化的理想生命境界，分别为“生命之归真”“生命之和谐”和“生命之翔舞”。其中，“归真”

① 金雅：《人生艺术化与当代生活》，商务印书馆 2013 年版，第 254 页。
② 金雅：《人生艺术化与当代生活》，商务印书馆 2013 年版，第 260 页。
③ 金雅：《人生艺术化与当代生活》，商务印书馆 2013 年版，第 270 页。
④ 金雅：《人生艺术化与当代生活》，商务印书馆 2013 年版，第 243 页。
⑤ 金雅：《人生艺术化与当代生活》，商务印书馆 2013 年版，第 274 页。

就是认识自我，是走向“大我”和“无我”，是个体与宇宙众生的化合。她提出应“超越个人中心主义；超越人类中心主义；超越原始自然性；涵育人性的丰富性和成长性”，[①] 这四种方式让人真正成为人，让“我”真正成为“我”，“让生命回归大地，坚实前行”，[②] 艺术化生命归真的真正意义是让人生活在现实生活中，回归到本来的真正世界。“和谐”是指矛盾统一、多样统一的和谐，并非简单地整齐归一，其中最重要的是真善美的和谐统一。金雅指出艺术化的和谐生命应具有“丰富差别性；多样矛盾性；动态统一性；情感诗意性”，[③] 这即说明艺术化的生命和谐是在不断生成、不断发展的境遇中超越不和谐、超越矛盾冲突而实现和谐。“翔舞”是自由自在地起舞，不受枷锁镣铐的束缚，所以生命的翔舞是“要从物欲的束缚中超越出来；要从理性的强制中升华起来；要从生命大化中成就诗意涵成”，[④] 艺术化的生命翔舞是一种诗意的建构，是用情感提挈做事的意愿，从而在与宇宙的“迸合”间让生命超脱自在。

（三）精神建构

金雅在《人生艺术化与当代生活》中，明确将“人生艺术化”理论的价值旨趣聚焦为“远功利而入世”，[⑤] 这即是中国式“人生艺术化”的精神，其重点在于在“超拔”中“入世”，也就是体验生命和创化生命的统一，重视生命的昂扬而自在。中国传统文化一直强调“生”的意义，且倡导精神大于物质，注重精神生活。金雅的“人生艺术化”意趣，继承了中国传统文化的关键因子，提倡在人生践行中以审美情感的熔铸而远功利，以着重精神创造、体会生命的乐趣而入世，从而成就生命的健动“春意”。

凌继尧认为：“《人生艺术化与当代生活》一书首次提出了中国式‘人生艺术化’精神，提炼、总结、阐发了中国式‘人生艺术化’精神

① 金雅：《人生艺术化与当代生活》，商务印书馆2013年版，第304页。
② 金雅：《人生艺术化与当代生活》，商务印书馆2013年版，第309页。
③ 金雅：《人生艺术化与当代生活》，商务印书馆2013年版，第326—328页。
④ 金雅：《人生艺术化与当代生活》，商务印书馆2013年版，第348—351页。
⑤ 金雅：《人生艺术化与当代生活》，商务印书馆2013年版，第201页。

的特质。”[①] 事实上，金雅在《人生艺术化与当代生活》中，自始至终都在探讨两个问题，一个是何为审美人生境界？一个是如何孕育成人生主体的审美人格？对这两个问题的回答，也探究到了金雅所界定的中国式“人生艺术化”精神的特质。首先，“人生艺术化”理论具有批判和启蒙两个维度，它批判理性崇拜和物欲功利且“高度关注情感和德行关系”,[②] 而在启蒙维度上“它主要张扬了情感力和生命力”。[③] 这都充分展现出中国文化的传统智慧，即透过情感和生命实现人生的超越，并且把人生与人格紧密联系起来。金雅的“人生艺术化”理论精神，崇尚的审美人生境界是积极的创造、体味生活，是用情感塑造浪漫、崇高的人生，并以“趣味”精神面对世界。“在世界中，人可以‘想成为’，也应该‘想成为’。他可以在审美体验中绽放为花，飞翔为鸟，恣肆为海。”[④] 其次，金雅认为，实现积极、浪漫、崇高、趣味的审美人生境界需要审美人格的介入。审美人格要“以‘物我一体’的艺术心灵去体味日常生活”；而“‘物我一体’的生命化境使山水日月衣食住行都赋有了灵动芬芳的诗意”。[⑤] “物我一体”就是超越个体的有限存在和有限意义，使个体生命与宇宙众生生命相化合，成就生命的最高意义。金雅说，“它需要每一个个体自我穿越物质束缚、功利限定，而达宇宙创化宣示予我们的生命奥秘，浑朴纯真，热情静穆，高尚纯洁，仰俯自得”。[⑥] 同时，审美人格由精神提挈、情感引领、艺术携手，将艺术人格、艺术精神运用于人生，使人生成为一种“大艺术”，也就是“把艺术的态度活用到生活中所成就的人生宇宙的艺术气象”。[⑦] 此时，“人生的一切，生生死死，或如草木在风和日丽中开着花叶，或如草木在严霜中枯谢，当如流水行云与自然合拍运行无碍”。[⑧]

① 凌继尧：《中国式“人生艺术化”精神的发现与建构》，《文艺报》2013 年 8 月 26 日第 2 版。
② 金雅：《人生艺术化与当代生活》，商务印书馆 2013 年版，第 340 页。
③ 金雅：《人生艺术化与当代生活》，商务印书馆 2013 年版，第 344 页。
④ 金雅：《人生艺术化与当代生活》，商务印书馆 2013 年版，第 372 页。
⑤ 金雅：《人生艺术化与当代生活》，商务印书馆 2013 年版，第 352 页。
⑥ 金雅：《人生艺术化与当代生活》，商务印书馆 2013 年版，第 394 页。
⑦ 金雅：《人生艺术化与当代生活》，商务印书馆 2013 年版，第 351 页。
⑧ 金雅：《人生艺术化与当代生活》，商务印书馆 2013 年版，第 391 页。

三　从理论到实践

金雅的理论建设不是“照着讲”，而是“接着讲”，是从理论的推进新创走向实践，观照实践，引领实践。面对当代生活呈现出的复杂多元的文化思潮，尤其是随着经济全球化和科学技术的进一步发展，由物质主义、技术主义、个人主义等思潮带来的贪欲、技术崇拜、以自我为中心等一系列人性中“低、俗、粗、丑”的蔓衍。金雅作为人文学者，表达了其理论自觉和现实情怀，以“重构”的态度一方面呼吁“人生艺术化”理论的当代新创，即“挖掘其追求人生超越与精神提升的积极内涵”,[①] 实现物质与精神、理性与感性、科学与艺术、现实与理想之间的张力和谐；另一方面，呼吁人回归本真自我，实现生命和谐，创化诗意人生，超越“小我”，纵身“大化”，实现人生的艺术化，也就是实现物我、有无、出入的张力统一，在现实人生中超越“小美”，实现“大美”。

（一）批判奢靡、肤浅、颓废之流风

金雅对中国现代“人生艺术化”理论的新创“重构”，是以突出审美艺术精神为主要表现的。首先，她超越历史语境，贯通时空，切入当下，对人类共同维度下的真正的艺术性和艺术化进行辨析，并将其与所呈现出的生活实践相结合，批判了以崇尚感官享受而显露出的奢靡颓废之风和过分追求处世技巧而安于现状、不思进取、投机取巧的圆滑思维，倡导“人格与心灵的艺术性追求，关注人对于整体自我人格与生命境界的审美提升”。[②] 也就是说，她提倡一种艺术的境界和审美的境界，把人往至善、至美引领，突出生命精神的重要意义。如此，真正的审美艺术精神在生活实践中就不是沉溺于感性、物质的享受和斤斤计较的人际关系，或者过度关注别人和世俗的看法，而是发自内心地关注自我，体验、感受自我的想法、心灵以及人格境界的提升。其次，她将艺术精神与人生艺术化相关联，指出“艺术精神是人生艺术化实现的基

① 金雅：《人生艺术化与当代生活》，商务印书馆 2013 年版，第 15 页。
② 金雅：《人生艺术化与当代生活》，商务印书馆 2013 年版，第 270 页。

础”，并通过比较、辨析古往今来艺术精神的实质和内涵，得出“艺术精神始终与哲学、文化、生活与世界的变化等相伴随”的结论。也就是说，艺术精神不论在过去、现在、将来注入了何种新内涵或者扩充了何种新主张，它始终都是与人生相联系的。因此，人生艺术化最终是要通过人格和精神的艺术化来实现的。如果达到了这样的艺术化境界，不论是席勒提出的感性冲动与理性冲动的对抗，还是后现代思潮将人与社会的关系转变为人与自我的关系，抑或当代生活中理性与科技的偏至发展，我们都可以超越之而走向人与自我、与外部世界的张力和谐。因为当真正的审美艺术精神与人生艺术化的生命姿态相融通后，人就会自觉地在物质与精神、理性与感性、科学与艺术、现实与理想中，找到合适的位置。2008 年，金雅就在《全球化语境与“人生艺术化”命题的当代意义》一文中，明确指出全球化语境下的文化工业化和文化商业化，对当代文学艺术提出了尖锐的挑战。她批判了这一境状下追逐资本利益、追求感官刺激的气象，倡导用“人生艺术化”“对文化的‘西化’、‘单极化’、‘同一化’给予足够的关注，对以物质经济和工具理性为代表的价值范型的扩张所可能导致的对人情、人性的巨大冲击有着理性的前瞻与积极的应对”。①

（二）倡导生命诗性和大美境界

金雅“人生艺术化”命题的核心旨趣就是“远功利而入世”，② 既立足现实又超拔现实，既审美又创美，它最终指向了与当代生活实践关联的两个互融互通的方面：一是塑造诗性生命人格，二是走向大美人生境界。

首先，金雅在与当代生活的实践关联中，倡导的是实现生命本身的诗性化，即不被物质功利束缚，充分享受生命、生活带来的美好体验，也就是实现物与我、有与无、出与入之间的张力，从而形成一种对现实的超拔，但又不抛离现实的诗性实践意味。她在对中国当代生活景象进行审美观照的同时，提出了当下生活的四种突出表现：一是对物质欲望的盲目追求；二是对科技效率的盲目顺从；三是对西方个人主义的盲目

① 金雅：《全球化语境与“人生艺术化”命题的当代意义》，《文学评论》2008 年第 5 期。
② 金雅：《人生艺术化与当代生活》，商务印书馆 2013 年版，第 201 页。

吸收；四是对现实生命意义的盲目思考。这四种现象的凸显，既是经济发展和文化碰撞的结果，又带来了一些值得注意的新问题。在当代的现实生活中，一味追求效率仿佛已经成了人们的一种习惯，人机械性地对任何事物进行利益、效率的判断，失去了作为人本身的情味，缺少了纯粹做事的精神，一头扎进商业、效率的追逐中，注重个人的物质享受，看重生命自身之外的东西，减少甚至失去了对生命本身意义的探寻。所以，金雅说，“正是在这样的生活场景中，人自身的发展面临着不容回避的巨大挑战，情感、理想、诗意的出场，艺术、美的出场，显出了其特殊而重要的意义”。① 由此，对生命诗性的追求和审美人格的塑造，也显得格外重要和紧迫。

其次，金雅明确强调和倡导对大美人生境界的建构和探求。她明确表示要“以艺术为人生确立大美之品格”，② 通过超越艺术的“纯粹的形式之美”与“琐屑的技艺之美”，用艺术中真善美相融的人性尺度和诗意维度来滋育人生，进而以情趣的、真诚的、大爱的审美视野观照人生，涵泳生命，以实现人在最高意义上的完整。实际上，构建人生的大美品格，就是为人生开拓出大美的境界，它将人生与艺术与审美相结合，超越了表面浮华或是转瞬即逝、不可留存的小美，同时也包含了生命原本和谐统一的存在。在金雅看来，大美就是对人的异化的修正，异化乃人的价值的剥夺，人与劳动产生了分离。“单向度的人”也是异化的人，是被理性和科技割裂的机械人，失却了情感和精神自由。金雅提出的大美，是通过美的人生态度的建构，塑造不执着于物欲功利的诗性人格，完善人自身真善美的和谐，既是对人的精神的洗礼和沐浴，也是大美人生境界的追寻。

金雅所提出的这两个实践指向，是不可分割的。大美人生境界要依靠诗性生命人格来完成，诗性生命人格最后的落脚点仍然是在现实的人生实践及其境界中孕育而成的。《人生艺术化与当代生活》出版后一年，也就是 2014 年，金雅注意到了全球化语境下与新媒体紧密相连的“微时代”景象，在《微时代的审美风尚和生活的艺术化》一文中，她

① 金雅：《人生艺术化与当代生活》，商务印书馆 2013 年版，第 362 页。

② 金雅：《人生艺术化与当代生活》，商务印书馆 2013 年版，第 404 页。

敏感地分析到“新媒体时代，以显著的日常、多元、流动、平面、碎片、随意、即时、娱乐等指征，呈现了一种‘微’文化取向”。[①] 这样的“微”文化让每个人享受自由的同时也限制了自由。她使用“小人物”“小生活”“小情致”等词，呈现人更多地关注自我及其生活的景状。但真正的“人生艺术化”绝不是消解艺术和生活的边界，也不是仅仅注重浅层表面的感官享受和装饰追求，它更强调的是人本身的价值和意义，是穿透一切外饰和附丽去探寻生命本真，在艺术与生活的动态张力场中孕育成人生诗性的、和谐的、自由的大美至境。

对诗性生命张力的倡导，早在金雅2001年出版的《诗意共舞——迈向文学至境》一书中就有体现。她说：“人的生存是现实生存与诗意生存的和谐统一。审美是诗意生存的重要途径”。[②] “审美不是万能的。艺术生活不能取替现实生活。但是，为了生命的丰富与完善，为了人与世界的和谐，在现实生活中，我们应该也可以拥有一份艺术的精神与诗意的情怀。”[③] 其主张的就是出与入的和谐，达到在永恒时空中个体生命的诗意超拔和诗性张力。

四 结语

金雅《人生艺术化与当代生活》这部专著的贡献，首先就在于将“人生艺术化”命题的思想资源，往前开掘到梁启超这一关键人物，往后梳理了“人生艺术化”命题的现代资源主脉。在此基础上，从思想资源的观照辨析上升至理论的反思建构，进而推进理论对实践的切入。金雅从微观和宏观两方面的结合来观照思想资源，将理论结合实践来考量反思，突出了理论本身所具有的实践指向。她通过对西方文化思潮、中国传统文化的反思，对当代生活进行反思批判，为重构中国式“人生艺术化”的当代话语和精神旨趣注入了“新鲜血液”。最终，她鼓舞崇高的浪漫精神，用人文主义关怀来温暖人，引领人超拔人生，化

① 金雅：《微时代的审美风尚和生活的艺术化》，《艺术百家》2014年第6期。
② 金雅：《诗意共舞——迈向文学至境》，时代文艺出版社2001年版，第348页。
③ 金雅：《诗意共舞——迈向文学至境》，时代文艺出版社2001年版，第349页。

“小我”为“大我”，从而达成生命的美的胜境。可以说，金雅对“人生艺术化”理论的重构，完全是将理想与现实、感性与理性、理论与实践充分结合起来。金雅对“人生艺术化”的研究，清晰地呈现了她在学术思想上的演进脉络和内在贯通，她用功更勤地对人生论美学的开掘，正是在“人生艺术化”等研究的基础上，自身思想的发展、丰富、推进、理论化和完善升华。关于“人生艺术化”研究的成果，对她人生论美学思想的整体理论构建，起到了举足轻重的作用。

金雅对中国现代“人生艺术化”思想理论的开掘和推进，对当代美学、艺术、文化等思潮具有积极的启迪。但“人生艺术化”本质上是一个着重强调人的精神建设的理想主义观念，如何真正将理想贯彻到实践，仍然任重道远，需要进一步深入、具体的研究思考和切实、可行的实践探索。此外，对于“人生艺术化”的民族思想理论资源，还可以进一步挖掘、梳理、提炼、总结，如吕澂、范寿康、方东美等都有这方面的文献，有待进一步的研究、研讨。

作者单位：浙江理工大学

原刊《浙江理工大学学报》（社会科学版）2022 年第 3 期，与刘广新合作

金雅的女性审美批评和女性审美观

张瀚文　林　卫

金雅教授在学术研究上致力于中华民族审美精神的提炼阐发和人生论美学的理论建构。她谈道，人生论美学的理论建构“是人的一种美学情怀与风韵气象的建设”，这种情怀和气象“是人创化世界和美化自我的重要心灵之源和精神动力”。[①] 她的人生论美学关怀人、关爱人、关切人的生存，将终极旨归投向人自我的美化和涵成。在她的研究文字中，涉及女性审美的虽然数量不多，但从一个独特的角度体现了她对美、艺、人之间关系的深刻思索，以及对于女性这一性别群体的现实关怀和美学思考。

金雅教授这一部分文字集中于21世纪初，主要有发表于《当代文坛》上的系列评论《现代女性迷失何方——评〈婚姻相对论〉中的女性形象》（《当代文坛》2000年第1期）、《生命的崇高与纯真的执着——读池莉小说〈云破处〉》（《当代文坛》2000年第3期）、《阿米哲学与女性命运的反思——评王方晨小说〈毛阿米〉》（《当代文坛》2001年第6期）、《社会转型·爱情文化与女性形象——评何玉茹中篇小说〈素素〉》（《当代文坛》2002年第4期）；发表于《文艺报》上的《女性命运的文学风标——二十世纪中国文学与女性解放》（《文艺报》2001年12月15日），以及她的代表作《梁启超美学思想研究》（商务印书馆2012年版）中的第三章第三节“女性意识与女性文学审美”。

---

① 金雅：《人生论美学与中国美学的学派建设》，《社会科学战线》2017年第10期。

在这些文字中，金雅教授集中聚焦女性的生命完整性和精神独立性的问题。她强调女性解放不是外在的、局部的、形式的问题，反对女性审美意识的模糊化、非性别化，批判了女性审美中的种种极端化、庸俗化、形式化等非美肤浅的意趣，主张融生命活力和性别魅力为一体，着重从精神气度和人格气韵上观照女性之美的女性审美观，主张使女性成为真正具有生命活力与主体意识的完整独立的人。

一

金雅教授始终强调女性思想精神独立性的问题。她谈道，虽然“新中国以政府的权威、法律的形式确立了女性政治上的参政权、经济上的工作权、文化上的受教育权、婚姻上的自主权”，但“从根本上改写中国社会几千年积淀下来的男尊女卑、男强女弱、男主女从等集体无意识”仍任重道远。[①] 她遴选了一系列文学中的女性形象，生动地揭示了这一现象。《婚姻相对论》中的蔡浮萍希冀通过艾强过上美好幸福的日子，林紫淑认为没有比把赌注压在男人身上更为快捷的方法了。《素素》中的女主人公素素希望通过和“城里人”江文的爱恋，使自己能烙上“身份高贵”的标签。《毛阿米》中的女主人公毛阿米则直接用自己的身体和智慧作为武器，在男性群体中悠游自得，来换取自己想要的社会资源。金雅教授认为女性的“这种选择”，“与女性根子上的弱者意识不可分割”，“女性解放如果不从女性的灵魂深处彻底清除男尊女卑的思想观念”，那么“一切形式上的男女平等都是徒劳的，都不可能真正使女性获得幸福”。[②] 她赞赏《婚姻相对论》中的孟小湖。小说中的孟小湖也深爱艾强，但在得知她与艾强之间还有一个蔡浮萍时，便与艾强“再不往来”，甚至在满含敌意的蔡浮萍找上门来之时，也能“真诚待之，化干戈为玉帛”。孟小湖既有女性的细腻情感，也有可贵的自尊和自爱。金雅教授认为，“孟小湖的形象丰富了作品的审美内涵，也

---

① 金雅：《阿米哲学与女性命运的反思——评王方晨小说〈毛阿米〉》，《当代文坛》2001 年第 6 期。

② 金雅：《现代女性迷失何方——评〈婚姻相对论〉中的女性形象》，《当代文坛》2000 年第 1 期。

给我们沉重的心灵一份慰安”。①

金雅教授在强调、肯定女性思想精神独立性的同时，也反思纠正了一些偏狭的观点。其一，她认为，女性思想精神独立性的追求，需要从心理深层上摆脱男性话语。她敏锐地指出，某些看似强调男女平权的话语中，实质上仍然隐含着性别的缺位。她说，“这种‘无视平等中相异点存在’的‘看齐’隐含着的话语实质上仍然是：男人是女人的尺度与标准”，使“模糊了性别特征的‘铁姑娘’与‘女强人’成为女性审美的新的范本”。② 其二，金雅教授指出，在20世纪三四十年代的女性文学作品中，作者经常把“爱情与事业放在尖锐对立的两难境地”，当主人公们放弃爱情之后，“她们在事业上取得了令人瞩目的成就”，这实质上“暴露了女性对自身命运思索的某种简单化倾向”。③ 女性的爱情和事业应同时是人生中重要的组成部分，女性具有追求完整人生的权利，女性要真正追求人格中的“平等”和“自由”，真正实现生命的生气活力和生动完整。她认为，这是女性关怀的基本组成。其三，金雅教授认为，不同于西方历时漫长的女权运动，中国女性主要由“天赋女权”的形式完成的妇女解放主要“是一次自上而下、自外而内的女性主体建构”，它不是由女性通过自己的激烈斗争争取而来的，这样的变革带给女性的内心触动实质上并不深刻。金雅教授主张，女性解放一定要通过女性自己争取自己的人格自由与生命尊严，从而真正触动女性的心灵来完成。“对于女性命运的演绎，真正能够并且应该负起责任的只能是女性自己”，因此，她也毫不留情地嘲讽毛阿米的自贱行径——“如果没有毛阿米的投怀送抱，沙毛的故事就无从开演；如果没有毛阿米的及时‘配合’，毛曲的‘喜剧’也难以登场”。④

---

① 金雅：《现代女性迷失何方——评〈婚姻相对论〉中的女性形象》，《当代文坛》2000年第1期。

② 金雅：《阿米哲学与女性命运的反思——评王方晨小说〈毛阿米〉》，《当代文坛》2001年第6期。

③ 金雅：《阿米哲学与女性命运的反思——评王方晨小说〈毛阿米〉》，《当代文坛》2001年第6期。

④ 金雅：《阿米哲学与女性命运的反思——评王方晨小说〈毛阿米〉》，《当代文坛》2001年第6期。

二

金雅教授在其代表作《梁启超美学思想研究》中，专门辟出一节讨论“女性意识与女性文学审美”。她在其中对梁启超的女性审美意识进行了梳理与研究，挖掘了梁启超女性审美理念的独特价值。她指出，梁启超倡导“刚健与婀娜”“天然与高贵”相统一的女性美理想。[①] 金雅教授一方面肯定了女性之美不只是柔美的，也可以是有力量的、健康的、充满生命力的；另一方面，她也肯定了女性既有着区别于男性的独特的外在性别美感特征，也可以拥有气质、心灵、精神等深层的内在美感意涵。她认为“在近现代美学思想家中，梁启超对于女性形象的审美界定是富有个性特色与现代魅力的”。[②] 她通过分析梁启超的女性审美观，结合20世纪以来中国的时代语境，对女性审美的问题与女性解放的问题，进行了深入的辨析。

在金雅教授的女性审美批评文字中，我们可以看到，她认为，“刚健与婀娜的统一”和“天然与高贵的理想”，关涉女性的思想解放。金雅教授十分注重思想解放对于女性解放的意义，她认为思想意识的觉醒是女性解放的首要任务。在中国千百年来的封建历史中，女性地位一直处于社会的底端，被男权牢牢压制和束缚，一套又一套的“妇道”钳制着女性的活力，要求女性“三从四德”，认为“女子无才便是德”，剥夺了女性受教育、追求爱情的权利，使女性闭塞聪明，长期处于愚昧麻木的状态，不仅成为男性的玩物和生育的工具，也游离于社会历史演进的洪流。金雅教授不仅从中国社会漫长的封建历史中看到了女性的异化命运，更是深刻地认识到，女性思想意识的解放不能仅靠外在力量的施舍和推动，更为重要的是女性自我的觉醒，只有这样，女性的解放和自由才是真正可能的。她强调，女性解放是全面的、整体性的问题，是女性主体内在的精神完善与精神独立的问题，是使女性成为一个真正具有生命活力与主体意识的完整的“人格人”和“审美人”的问题。金

① 金雅：《梁启超美学思想研究》，商务印书馆2012年版，第202页。

② 金雅：《梁启超美学思想研究》，商务印书馆2012年版，第200—201页。

雅教授的女性审美观也正是建立在对这一问题深刻认识的基础上。因此，在辨析梁启超的女性审美理念时，她就着重突出了女性纯真天然，又不媚俗浮艳的气度品格的欣赏，突出了刚健与婀娜相统一的充满活力生命力的女性美的欣赏。金教授通过对梁启超女性审美观的深刻剖析，发掘了其中的人文关怀和辩证意识，提出了何为真正的女性美的思索。女性摆脱一切旧有的外来的思想桎梏，尊重自我，关爱自我，追求自我生命生成的价值和意义，将自己活成一个人，使自己向着鲜活的美的人涵成，这是金雅教授对于女性审美的基本观念，也是她在自己的批评和研究文字中，体现出来的关于女性美的基本理想。

三

“五四”以来，女性解放、男女平权已成社会共识，国家也制定了相应的国策和制度，但女性思想精神的真正独立，女性审美意识的健康提升，仍然任重道远。特别是随着商品经济和消费时代的到来，对人的价值观念产生了巨大的冲击。在消费时代的“眼球经济”下，女性的样貌、肤发、身躯等外在形体要素被凸显，消费文化强调其“被看”的功能，这也导致当今的女性为了自己的所谓“美”貌，不惜进行美容、整容，生怕被他人“超越”，沉浸于样貌的比拼当中。似乎女性生活的重心，仍然是以男性为中心的家庭、家务、妆容，而男性生活的重心，依旧是智慧、事业、成功。当代女性的存在，似乎很大程度上仍然没有摆脱衬托男性的现实。金雅教授在她的文字中，敏锐地警醒到这种女性意识向传统的复辟，在她笔下所剖析的高知女性群体中，这种根深蒂固的女性弱者思维及其深层意识尤其触人省思。如若女性被过地的商品化、物质化，必然直接导致女性人格主体的丢失，否弃了女性的才智、能力、独立等内在品性。金雅教授的女性审美观所倡导的就是人与女人的统一、社会性与个体性的统一、生理性和精神性的统一，她强调女性生命、情感、人格的独立，追求女性的生命美、气质美、品格美、精神美及其滋养提升。

金雅教授的女性审美批评和女性审美研究，既是一种文学和美学的研讨，也是对当代女性的个体生存、社会生存、文化生存、价值生存的一种思考与探索，体现了金雅教授对于中国当代社会快速转型时期显露的女性现实问题的敏锐把捉和透彻洞察，给当代女性和社会大众带来了深刻睿智而充满人文关怀的启益、启思。

作者单位：浙江理工大学

金雅的学术个性与精神追求

王潇宁

一　爱美艺之诗性精神

“水从源流树从根。”任何事情的发生都有它的起因，学术个性的塑成必然有其内在的（个性气质与兴趣偏好）和外部的（学术实践经历、学术思想倾向以及学术理想）的成因。金雅教授对文学艺术与美的热爱，始自其天性所向。她说，“对文学的热爱是我自小的癖好”。[①]“情感”即“人类一切动作的原动力”；[②]“激情、热情是人追求自己的对象的本质力量”。[③] 强烈的情感激发，引领金雅教授走向了文学与艺术之旅，令她紧握手中之笔前行。

人的职业和事业的选择，除了天性之爱好，童年经历可能是一个重要的影响因素。金雅教授的童年，正处在20世纪六七十年代物质和文化资源都极为有限的年代，但外部环境的限制并没有成为阻碍其追求所爱之事的桎梏，家人的支持更为她的兴趣提供了可贵的滋养。在金雅教授的回忆中：“当年，父母为了满足我的阅读欲，几乎想尽了所有能想的办法。”[④] 原生家庭的融洽和开明，不仅为其提供了精神充实的土壤，也是其童年幸福的生活体验。这种体验“使人充分感到童年生活的美

① 金雅：《诗意共舞——迈向文学至境》，时代文艺出版社2001年版，第350页。

② 金雅：《中国现代美学名家文丛·梁启超卷》，中国文联出版社2017年版，第123页。

③ 《马克思恩格斯全集》，人民出版社2001年版，第169页。

④ 金雅：《诗意共舞——迈向文学至境》，时代文艺出版社2001年版，第350页。

好，对未来充满无限美好的憧憬和向往”，同时也是“引发丰富性创作动机的‘动力源’”。[①] 这样环境下成长的金雅教授，对生活充满期待与热爱，对现实满怀期冀与珍惜，这一切都共同为金雅教授的美学之路铺垫下了最初的温暖而坚实的基石。

对文学和阅读的热爱，使金雅教授选择了中文系作为大学深造的专业。她在杭州大学的本科毕业论文，研究的正是中国艺术的“空白”美。1985 年，她发表了《艺术“空白”浅探》与《古诗文今译为何不如原文有“味”》两文，都可瞥见其对中国文化与中国艺术之美趣的嗜爱。1991 年，她撰写发表了《庄子美学本体观释论》一文，也体现了其对诗意人生境界的向往。庄子思想的核心概念是“道”，是对物质实用的抛却，对物存在本身的观照，可谓直通人生“大美“之境。金雅教授说，“‘大美’存在于自然无为的纯真状态中”，“尊重物性，因任自然，是庄子人生哲学的核心”，“在一定程度上揭示了美的本质”，即为对美的爱好，对人生诗性自由的观照。美是通往人生的。在美的心境里，“致达生命之‘真’，享受人生之‘美’，从而成就完美的人生”。[②] 艺术与美的召唤，指引着金雅教授走向学术之路。细腻的感知能力，开阔的思想能力，对诗性人生美境的内在向往，共同铸成了金雅教授学术个性中纯粹、温情、诗性的基调。

在《梁启超美学思想研究》后记里，金雅教授谈到自己最初是“从 20 世纪 90 年代末给中文系本科学生开设小说理论选修课接触到梁启超的小说论文”，“到 2000 年选定以梁启超美学思想作为博士论文选题”，一路走来“梁启超渐渐进入我的视野”，其美学思想“逐渐成为我研究的主要目标”。[③] 冥冥之中，可以说，金雅教授对梁启超先生美学思想研究的选择，有种磁铁相吸般的必然性。梁启超先生拥有着极具激情、胆略的性格气质，风风火火地创造和品味着人生之趣，是一个热衷于不断创造与不停活动的可爱伟人，其思想和观点是那样的强劲而具有迸发力。他自己评价自己：“启超‘学问欲’极炽，其所嗜之种类亦

① 杨立元：《创作动机论》，吉林大学出版社 2007 年版，第 178、22 页。

② 金雅：《说艺论美》，南京大学出版社 2021 年版，第 121—127 页。

③ 金雅：《梁启超美学思想研究》，商务印书馆 2005 年版，第 353 页。

繁杂；每治一业则沉溺焉，集中精力，抛尽其他。”[①] 他思想前瞻而灵活、视野开阔而包容、胸怀宽广而厚重，敢爱敢恨，犀利而勇于批判，带着一腔对国家对众生的深情大爱。他的“趣味”美论和“趣味”精神，个性独特且深烙中国印记。金雅教授与梁启超先生结下的不解之缘，本质上源于两个精神气息相通之人，跨越时代的灵魂和思想之碰撞与共鸣，也是金雅教授对“趣味”精神与“不有之为”境界的内在追求之彰显。从金雅教授的字里行间，能够感受到她对梁启超迸进的生命力与创造力的欣赏与认可。“这样的人生意境早已超越了具体的历史语境！其哲学理趣与美学意趣也将融入人类呼唤美的永恒心声中！”[②] 若不是有真切的情感投入，又如何流溢出如此打动人感染人的理论文字呢？“梁启超是一个能充分予人思想震撼和阅读快感的思想者与言说者，是一个具有旺盛的 energy 的生命永动者”；“你不能不被他洋溢在文本中的鲜明精神个性所感染。其思想的酣畅淋漓、观念的独步开新、语言的汪洋恣肆、生命的丰富率真，勾勒了一个践履趣味主义的审美人生的鲜明形象！”[③] 这是梁启超先生的伟大人格、性格气质与向着趣味人生的美境追寻，对金教授情感深处的震荡，同时她又辩证客观地观审论析梁启超的个性特点。金雅教授在《梁启超美学思想研究中》，提出：梁启超美学思想是以趣味为核心、情感为基石、力为中介、移人为目标的人生论美学思想体系；是一种人生大美学。[④] 可以说，走上梁启超美学思想研究之路，对梁启超美学思想的独到发现和深刻挖掘，也正是金雅教授的学术个性和精神追求的突出体现。

随着金雅教授美学思想逐步走向成熟，她于 2015 年提出了“美情”的范畴和命题。认为，“美情”是“中华美学的关键词之一”。[⑤] 对“美情”的发掘与建构，是金雅教授对中华文化的深刻理解与民族美学神髓的精到把捉，也是其对现实生命的关怀和诗意人生的追寻。金雅教授对“美情”的解读并不浮于表面，她结合中西文化与当下社会

---

① 梁启超：《清代学术概论》，人民出版社 2008 年版，第 62 页。

② 金雅：《梁启超美学思想研究》，商务印书馆 2012 年版，第 105 页。

③ 金雅：《梁启超美学思想研究》，商务印书馆 2005 年版，第 354 页。

④ 金雅：《梁启超美学思想研究》，商务印书馆 2012 年版，第 7 页。

⑤ 金雅：《说艺论美》，南京大学出版社 2021 年版，第 30 页。

进行了辨析论析，通过“美情”与“粹情”“常情”的比照，强调“美情”是贴近现实人生的鲜活、真切而满溢人文关怀的大情。“美情”的意趣精神，体现了金雅教授美学研究对美学与人生关系的深度考量，是在美与艺的召唤下，在人生实践的过程中，以梁启超式的“不有之为”的大美心胸，来切入和观审学术与生活，践行体悟而出的学术与人生之诗性神髓。

在梁启超美学思想研究中，金雅教授直指其“美学思想在本质上是一种大美学观，是将人生境界与审美境界相统一的人生论美学”，[①]后扩展到对中国现代美学家“大××”范畴的发现提取，如“梁启超的‘大我’、王国维的‘大词（诗）人’、丰子恺的‘大艺术家’、方东美的‘大人’等”，她进而从原理层面观照总结中华文化和美学的“大美”意趣，强烈地体现出将美、艺术、人生相贯通，将美和艺术的实践落实于人的生命审美涵育之上的人生论美学精神追求。金教授说，“中华美学最终要走向人，落到人的涵育上，贯通于主体的生命、生活、生存实践中，这就是生命的审美化、人生的艺术化”。[②]这既体现了金雅教授在学术理论层面对“大美”的深刻思考，也体现了意在将“大美”的学理内涵同人生的“大美”追求相贯通，是金雅教授身为知识分子和人文学者的理性和爱意。金雅教授的学术之路，不仅是对理论的修养和提升之路，也是向研究对象之“大人格”胸襟的一种看齐，对个人生命境界的一种提拔，是将对美与艺、对崇高之力的体悟力践力行入人生实践的一种心灵期许。

二　真学术之趣味精神

金雅教授带着天性中对美和艺术的敏感，带着对人生的热忱，在学术的进程中不断提升自己的理论能力，提挈自身的人格修养，追求学术的温度、力度、进度与深度，追求学术之真，并于求真之过程中构筑学问人生之趣味。

---

① 金雅：《梁启超美学思想研究》，商务印书馆2012年版，第72页。

② 金雅：《大美：中华美育精神的意趣内涵和重要向度》，《中国文艺评论》2020年第8期。

首先，金雅教授的美学研究，突出体现了为学术而学术的品格。她清楚美学基础理论的研究，是“不能产生物质效益的”，但她坚信自己所做之事，“对于我们走近中国现代美学、发掘民族美学成果、梳理民族美学精神、凸显民族美学风貌，相信是有意义的”。[①] 她数十年纯粹而乐此不疲地沉浸于学术之海洋中畅游。她从不人云亦云，随波逐流。她始终坚守理论自信和民族自信，开放而辩证。她富有现实关怀和问题意识，勇于开拓创新。她依托自己扎实的研究，旗帜鲜明地提出，我们“不仅应该回答中国古典美学有什么”，也“要回答中国现代美学有什么”；“应该从自身实际出发，而不是先入为主，以其他既成的理论范式来框范与对号”。[②] 她的理论建设，时刻保持着“进行时”，不预设结论，不削足适履。她总以一手资料先行，对研究对象秉持客观辩证的求真态度。在梁启超、王国维、朱光潜、宗白华、庄子等研究中，都“结合具体的史实与实际，力求做出客观、公允的考察”。[③] 如对梁启超，她不仅对其美学思想成就有充分具体的梳理和清晰的总结提炼，还指出梁启超美学思想存在“论证方式与思维上的局限”“论证内涵上的不足”等，认为梁启超关于“情感问题的认识”表述存在着与“自身关于情感本质与特征的认识相矛盾”之处。

其次，金雅教授的美学研究，是对学术真理的一次次深入与执着的叩问。金教授的学术之路并非一帆风顺。一路上，她经历了种种的磨难与困境。她在论著后记中曾提到，自己“把梁氏美学定位为人生论美学”，“一直有争议与驳难”，虽得到很多同行的支持，但课题“结项一波三折”，甚至还有“个别的激烈反对”，“其间种种酸甜苦辣，可谓欣慨交集，言难尽之”。[④] 但这重重的困难，没有成为阻碍她迎难而前进的学术步伐。她始终坚持“直面民族审美的现实问题”，“思考建构中国现代美学理论大厦”。[⑤] 她不仅对学术资源积极求真并深入挖掘，对自己的学术修养更可谓“苛刻”，对自身的理论能力标准无上限。她

① 金雅：《梁启超美学思想研究》，商务印书馆 2012 年版，第 441 页。

② 金雅等：《中国现代人生论美学引论》，中国社会科学出版社 2020 年版，第 363 页。

③ 金雅：《梁启超美学思想研究》，商务印书馆 2012 年版，第 315—316 页。

④ 金雅：《中华美学：民族精神与人生情怀》，中国社会科学出版社 2016 年版，第 446 页。

⑤ 金雅：《中国现代美学名家文丛·梁启超卷》，中国文联出版社 2017 年版，第 530 页。

说，“因为个人的水平，我只能勤以补拙，抓紧一点一滴的时间不断地阅读、不断地思考、不断地写作”。[①] 一路走来，金雅教授始终保持着学者的本色，面对困难，克服困难，并迎难而上，在不断超越又突破的过程中，感受学术真趣，真诚地享受这个磕磕绊绊的前进过程，在其中寻得人生的意义和否定之否定的“腾起”妙味。“不断的痛苦和不断的感悟，那种如抽丝剥茧般的自我否定历程，是我日渐领悟了思之魅力，思之愉悦就在思之过程中。”[②]

此外，学术素材的辨析、挖掘、选择的特点，也是一个学者学术个性的一种体现。在《人生艺术化与当代生活》一书中，金雅教授选取了梁启超、朱光潜、宗白华与丰子恺四位现代美学家作为研究对象，分析“人生艺术化”命题的中国现代建构，并对他们积极入世且富有艺术精神的人生态度与学术实践予以明确的肯定。金雅教授对于林语堂、周作人等的“生活艺术论”思想，是有审思的。林语堂在《生活的艺术》中曾表述，“人生的目的除了去享受人生外，还有什么呢?”[③]《人生艺术化与当代生活》一书，遴选典范个案时，没有跟着其他人对林语堂一度热捧，将其选作研究对象，从中也可看出金雅教授在学术素材选择上的真学术趣味。

值得注意的是，金雅教授的理论研究，突出地专注于正向建构，鲜有直接的学术论辩。她的学术话语，是明确明晰的，但不是尖锐而富有攻击性的，更不是哗众取宠的。她专注执着而真诚内敛，坚定地行进在自己的轨道上，不左顾右盼，不东张西望，而是着意于不断充实完善自身的理论话语、理论逻辑、意趣情怀，高度体现出对学问自身的热爱与信仰，即“按照自己的兴趣去学习去积累去研究，去矢志不移地解决问题”。[④] 她很具学理气息，又富实践意向，不闭门造车，不故步自封，对古今中外的文化精粹与理论文献广泛吸纳，取精用宏。如她在“人生艺术化”研究中，同西方现代“唯美主义”的“生活艺术化”命题，用西方后现代的“日常生活审美化”命题，同中国传统文人士大夫的

---

① 金雅：《梁启超美学思想研究》，商务印书馆 2005 年版，第 354 页。
② 金雅：《梁启超美学思想研究》，商务印书馆 2005 年版，第 355 页。
③ 林语堂：《生活的艺术》，安徽文艺出版社 1988 年版，第 109 页。
④ 金雅：《说艺论美》，南京大学出版社 2021 年版，第 323 页。

艺术化生活意趣，进行了辨析对比。在“美情”研究中，同“粹情”“常情”，进行了对比。金雅教授的理论建构，既是对各类资源的合理精到的发掘，也是具有自我内在逻辑的理性完善。

金雅教授坚持“人生论美学”的基本立场。她扎根中华文化和哲学的人生论精神，借鉴西方美学的理论模态与逻辑方式，进行当代中国美学的话语承创与学理探索。自其研究梁启超美学思想起，就明确提出了“人生论美学”的理论概念，明确指出，“梁启超美学思想在本质上是一种大美学观，是将人生境界与审美境界相统一的人生论美学”。[①] 厘清了长期以来将梁启超美学定义为“政治美学”的一种误判。笔者认为，将梁启超美学视为“政治美学”，是不妥当的，这是对梁启超前期活跃于政治活动行为的过分夸大，没有对一手文献进行全面的解读与深研，导致以偏概全的结论。梁启超“趣味”美论和“不有之为”的趣味精神，皆为向着人生的敞亮。金雅教授通过对梁启超美学思想的体系性、变异性、功利性三个引起广泛争议的关键问题进行深入辨析论证，对“趣味”、“情感”、“力”与“移人”四大范畴的提取阐发，对梁氏美学作出了有力、充分的新发掘，提供了令人信服的新结论，从而有力地拓展了中国现代美学研究的视野、方法、立场、观点，为中华美学优秀民族资源的挖掘整理和中华美学精神的提炼阐释，提供了成功的个案。

金雅教授数十年如一日的学术求真和专注探索，是其学术“匠人精神”的彰显，也是其学术趣味精神的践行。

三　勇开拓之创新精神

金雅教授的美学之路，突出体现出攻坚克难、勇于开拓的创新精神。自梁启超美学思想研究始，她一直走在中国当代美学发展的前沿，不断开疆拓土。她的学术建构始终都不是随大流，而是通过对中西古今资源的吸纳整合，从中发掘在学术史上、理论上、实践上有意义、有价值的问题进行深入探究，提出自己的见解观点。她既有纵向的切入发

---

① 金雅：《梁启超美学思想研究》，商务印书馆2012年版，第72页。

掘，也有横向的细致整合，注重范畴和命题的关键词提炼，从中西相关理论积淀延发，自成条理清晰的架构和论述；她打破“人云亦云”的圈级，围绕“人生论美学”的核心立场，伴随时代步伐，既站稳脚跟，又开拓创新，不断完善推进自己的理论架构。她对梁启超美学思想的观照，对“人生艺术化”精神的发掘，对“美情”与“大美”命题的建设，对“人生论美学”的建构，这些递进式的选择，展现出螺旋式上升的学术思考与人生思考的融贯。

以其对研究对象的选取为例，金雅教授学术选择的标准不是为了“蹭热度”，而是对国内外现有研究的薄弱且重要之处的敏锐捕捉，因此，她每一次的研究对象的选取，往往都具有开拓性。如对梁启超美学思想的研究。2004 年，金雅教授完成自己的博士学位论文《梁启超美学思想评述》，经修订完善于 2005 年正式出版《梁启超美学思想研究》。长期以来，关于梁启超的研究，“我国学术界”对其“文学思想的研究较早，关注的人较多，发表的论文也不少，并且有专著出版”，但是对其“美学思想进行研究者相对较少，发表的论文也不多，专著尚未见到”。[①] 金雅教授在该著中提炼聚焦了趣味、情感、力、移人等梁启超美学思想的四大范畴及其人生论美学体系和大美精神特质，对这些范畴及特点特征进行了深入的解读，发掘它们之间的内在关联，颇有说服力地呈现出梁启超美学思想的整体面貌与主要特点。这既“是我国系统研究梁启超美学思想的第一部著作”，[②] 也呈现出创新的视角与思想的深度。梁氏“没有明显的思想体系式的阐述”，显然“增加了研究的难度”。[③] 金雅教授以“啃硬骨头”的精神迎难而上，破除迷雾，令人信服地梳理出梁氏美学“内在的逻辑性”——“一个以‘趣味’为核心、‘情感’为基石、‘力’为中介、‘移人’为目标的人生论美学思想体系”。[④] 她以对理论基础、理论目标、理论范畴、理论形态、论证特征的严谨剖析，给自己的结论作出了有力的论证，从而纠正了此前

---

① 金雅：《梁启超美学思想研究》，商务印书馆 2012 年版，第 437 页。

② 金雅：《梁启超美学思想研究》，商务印书馆 2005 年版，第 4 页。

③ 钱中文：《梁启超美学思想研究的重要收获——〈梁启超美学思想研究〉评介》，《中国社会科学院院报》2005 年 12 月 1 日第 2 版。

④ 金雅：《梁启超美学思想研究》，商务印书馆 2012 年版，第 284 页。

学界所普遍认为的“梁启超虽提出了一些富有创见的观点”，但其美学思想没有“没有形成自己的体系”的误见。[①] 梁启超美学思想的开创性研究，在金雅教授的美学之路上，堪称一次成功的小试牛刀。

金雅教授的学术开拓创新，也是一种自我的更新与完善。她“不仅对学界已有的一些研究成果产生了疑惑，也屡屡推翻了自己已经形成的某些看法”。[②] 这既是学术的求真之心，也是对自身的无止境的提挈进程。不论是理论中关键词的精准巧妙之提炼，如梁启超的“趣味”、朱光潜的“情趣”、丰子恺的“真率”等，还是从关键词出发的开掘梳理，如“由梁启超‘生活的艺术化’思想到朱光潜‘人生的艺术化’理论”，切入“中国现代人生美学精神确立和发展演化的具体路径上”。[③] 由点入面，既提挈了对古今中西资源的提炼，对中国现代美学精神的聚焦，也呈现了自身学术的拓展、深化、推进。金雅教授的学术开拓，还体现在对经典资源的创新挖掘上。2009 年，她作为发起组织者和主编，联合学界多位顶尖学者，合作整理出版了《中国现代美学名家文丛》（六卷本）。2018 年，她再次发起组织，主编出版《中华人生论美学经典悦读书系》（四卷本），这些经典文献的整理，“不是简单地将文章放在一起，而是具有自己明确的学术定位与学术识见，并以此为核心来遴选与编排文章”，是“很有意义的尝试与开拓”。[④] 她以梁启超先生的话，作为自己学术与人生的座右铭，即“不断‘以今日之我，难昨日之我’，”[⑤] 金雅教授这趟永远在路上的学术求索，是不断地思考，不停地发现，步步深入，挑战自我。

金雅教授的学术开拓创新，也是其对学术与人生之贯通的美学命题的不断掘进。如她建构的“美情”命题，既内蕴中华人生论“情”的基调，又包含对积极人生向度的实践追寻；既是最贴近与温润人心的，又是令人振奋并具迸进之创造意趣的。金雅教授的创新之处在于，不仅真实地将美与艺术精神领进人生，追寻个人的理论建构与个体情感的提

① 金雅：《梁启超美学思想研究》，商务印书馆 2012 年版，第 284—286 页。

② 金雅：《梁启超美学思想研究》，商务印书馆 2005 年版，第 354 页。

③ 金雅：《人生艺术化与当代生活》，商务印书馆 2012 年版，第 425—426 页。

④ 郑玉明：《文献整理与学术开拓的统一》，《中华读书报》2009 年 9 月 16 日第 16 版。

⑤ 金雅：《中华美学：民族精神与人生情怀》，中国社会科学出版社 2016 年版，第 447 页。

挈，更是将“美情”的提挈作用实践于人生的关怀之中，这是金雅教授作为人文学者的责任感与使命感的彰显。她的文字不仅有美妙的与灵动的，也有纯挚的与逻辑的，还有犀利的、痛切的与透彻的，在鲜活个性的语言中，呈现了开拓性的思想立场和理论观点。其美学文章所涉之范围，有艺术美学理论建构的思考、基于国家文化建设发展的建议、对艺术创作与接受的引导、对当下审美教育实践的引领等，是在关注当下问题的基础上，进行理论创新建构。“任何一个艺术工作者都不可能对自己所赖以生存在其中的社会没有一个基本的看法和态度。”[①] 金雅教授既突出了正向的理论建构，也在反思中进行理论建设。她在多部（篇）论著中，都一针见血地指出当下社会中的种种陋相，及其对艺术与美的“误读”，体现了其富有开创性的批判思维。她在《“美情”与当代艺术理论批评的反思》中，指出当下艺术理论批评的弊病所存，“趣味不高，境界低俗”、“惟西是瞻，缺失根基”、“急功近利，拜金逐名”以及“自娱自乐，远离人民”。[②] 她的批评不是高高在上，而是正视问题；不光是提问批评，也积极提出解决思路。如《艺术理论批评语言的美学尺度》、《关于艺术学理论学科属性和价值维度的思考》、《加强艺术学理论民族学理的建设》以及《新时代·新文化·新美学》等文，都是金雅教授对当下美学学科与文艺发展的反思观照、理论建设及其开拓创新。她将对民族的热爱，对人类的关切，对时代精神的召唤，贯穿于自身的学术与人生实践中，漫溢披荆斩棘之开拓情怀与义无反顾之创新精神。

四　重践行之人文精神

金雅教授学术个性中，还有一个突出的方面，是“对人的关怀，对人的现实生存、鲜活生命、具体生活的关切与关爱”的人文内核，[③] 体现了将美学理论导向人，着力照亮人的生命的践行性和人间性。

---

① 吕景云、朱丰顺：《艺术心理学新论》，文化艺术出版社 2005 年版，第 178 页。

② 金雅：《说艺论美》，南京大学出版社 2021 年版，第 65—66 页。

③ 金雅：《说艺论美》，南京大学出版社 2021 年版，第 101 页。

金雅教授的理论表述，“努力贴近对象特点，努力贴近一手资源，力求明白晓畅，尽量避免艰涩”。[①] 她的理论话语追求朴实明晰，不故弄玄虚，追求贴近广大读者，但又不失学术水准。她在《美育与当代儿童发展》后记中谈道，“尽量以简洁明晰的文字来表达。既可供美学学者和中小学教师的阅读与批评，也可供包括儿童家长在内的非专业读者阅读和检讨”。[②] 在建构“美情”命题时，她开门见山地点出“首先需要解决”的问题，是“要超越对审美活动的情的问题的机械认识立场和抽象分析方法”，贯通实践与生活，保持理论的温度热度。她强调“‘美情’，不是知情意的机械割裂，而是知情意的一种特殊而有机的动态统一”。[③] 她将“美情”区分于“粹情”，认为“粹情”“偏于审美的一维，而对创美一维关注不够，使得美学更多呈现为静态的观照的学问”；并将“美情”区分于“常情”，认为两者的重要区别在于“‘美情’是养成的，创成的，不是现成的”。鲜明体现了始终贯穿其中的实践向度。[④] 她对文献的整理坚持“在尊重学术严谨的基础上，也尽量力求贴近今人的习惯，以方便今天读者的阅读”。[⑤] 金雅教授主编的《中国现代美学名家文丛》（六卷本）与《中华人生论美学经典悦读书系》（四卷本）等，既是对中华美学经典的开拓性学术资料整理，也是为了让更多人接触美学了解美学，接近这些丰富高挚的心灵。她多次表达了类似的想法，即“特别希望能够呈现美学作为人文学科的自身属性”，“不仅启益于我们的美学学科建设，也能惠益于我们的生存与生活”；[⑥] 使“美学与美育的理论研究，走向实践，走向生活，走向自身”。[⑦]

金雅教授的学术话语，寓感性于理性，融理性入感性，达至情理交至之境界，充满了个人特色。在她的逻辑架构极清晰的理论文章中，总是深刻而有条理地论述各类理论问题，分析优势与困境，探研未来之走

---

① 金雅、郑玉明：《美育与当代儿童发展》，浙江少年儿童出版社 2017 年版，第 277 页。

② 金雅、郑玉明：《美育与当代儿童发展》，浙江少年儿童出版社 2017 年版，第 277 页。

③ 金雅：《论美情》，《社会科学战线》2016 年第 12 期。

④ 金雅：《论美情》，《社会科学战线》2016 年第 12 期。

⑤ 金雅：《中国现代美学名家文丛 · 梁启超卷》，中国文联出版社 2017 年版，第 526 页。

⑥ 金雅：《梁启超美学思想研究》，商务印书馆 2012 年版，第 441 页。

⑦ 金雅、郑玉明：《美育与当代儿童发展》，浙江少年儿童出版社 2017 年版，第 277 页。

向，她的辞藻语句不乏浪漫和温润，令观者有如阅读文学作品一样的沉浸于舒畅愉悦之美的享受，同时又得到了思想上的收获和启迪。她的文字功底与理论思维的融合，几达自由巧妙之境趣，自如游走之妙味。这种理论风格的塑成，显然得益于其天性中对于文学、艺术与美的热爱与敏感。她说，“我自觉本性上是一个感性的人”。[①] 情感的丰沛使她能够敏捷呼应那些细腻而动人的美之触须，阅读她的理论文字，常常让人感到心波荡漾，对艺术和美、对人生情脉与诗意韵致的感动，仿佛要冲出胸腔。同时，金雅教授的逻辑思维毫不含糊，坚持不懈的长期理论训练，使她的论著明晰严谨，思想丰沛，充满了理论思辨和逻辑论证的理趣。她在自己第一本出版的“小书”《诗意共舞——迈向文学至境》后记里说道：“这是一次充满激情而又困难重重的精神跋涉。”[②] 理论的艰辛探索，对她而言是人文学者的无尽乐趣，“不断的痛苦和不断的感悟，那种如抽丝剥茧般的自我否定的历程，使我日渐领悟了思之魅力”。[③] 感性文风对理论内质的融构，彰显了金雅教授自成一体的美学风格，在灵动的文字中流露出真挚的人文关怀。

金雅教授学术的人文关怀，落脚于现实人生，是对当下社会与生活的真切观照。她的梁启超美学思想研究，聚焦到梁启超的“情感教育”说与“趣味教育”说，肯定了梁启超“以个体积极的人生实践来追寻、品味、创造生活之美”的“积极倡导趣味理想与情感张扬”的“内在人文品格”。她的“美情”命题，强调“人通过创美审美的活动对自身的情感品质和情感能力的独特建构提升”。[④] 在《美育与当代儿童发展》一书出版时，金雅教授就表达了“一直以来，想为孩子们做点事情”，“我们的愿望是把自己对于美学和美育问题的最新理论思考，融入儿童美育研究”的既是学者也是母亲的心愿。[⑤]

在美学之路上跋涉三十多年的金雅教授，仍然感慨地说，“我尚在

① 金雅：《说艺论美》，南京大学出版社 2021 年版，第 330 页。

② 金雅：《诗意共舞——迈向文学至境》，时代文艺出版社 2001 年版，第 350 页。

③ 金雅：《梁启超美学思想研究》，商务印书馆 2005 年版，第 355 页。

④ 金雅：《论美情》，《社会科学战线》2016 年第 12 期。

⑤ 金雅、郑玉明：《美育与当代儿童发展》，浙江少年儿童出版社 2017 年版，第 276—277 页。

寻觅那个安放我心灵的所在”。[1] 实际上，她一路追寻，早已走向想要追寻的目标了。这个进行时态的“心灵所在”，未完成、无止境。她的人生论美学创构，就是进行时，是将美与艺术的精神，领进人生，美入生命。如金教授自己所述，“学问与生命相契，是我非常憧憬的一种美好境界”，“就如人生艺术化，我深信它不仅是一种理论的思考与学术的探索，也是生命与人生的感恩与期冀”。[2] 金雅教授对中华审美心灵的深切观照，由“小我”达至“大我”，不断地对美的人生实践追寻与叩问，在理论的践行中内蕴了对中华文化和民族大众的深爱大情。

小　结

金雅教授的寻美心路，深深浅浅。她“纠结着，痛苦着，也豁然着”。[3] 她不断面对困境与挑战，从没有停止过前进的脚步。没有什么能击垮她心中的学术理想，压倒她对“人生虽渺小却壮美”的信念。在物质经济的时代，她依旧怀揣着美和艺术的精神“是对生命与现实的超拔与张力，不是逃避，不是沦溺，不是虚无”的信念。[4] 她用时间与文字，向我们证明，学术人生“是有意义的”。[5] 这也是平凡时代的一种崇高之精神。金雅教授以自身的学术人生与美学实践，彰显了这样的迸进人生之境，彰显了人生论美学的神髓，彰显了中华文化动人的内核与蓬勃。三十多年走过，金雅教授的信念依旧如最初一般纯净，深深地熔铸着对文学艺术的热爱，对美的期冀向往。“很庆幸，这辈子可以与美与艺相伴!”[6] 她的血脉与灵魂，仍然晶莹而厚重。

金雅教授为人们带来的就是一个“点醒”。一种美的距离和智慧的确立，一种对自我生命和生活的有情感有情怀的观照与创化。她怀揣着一位人文学者的使命与责任感，怀揣着对民族文化深切的痴迷和对国

---

① 金雅：《人生艺术化与当代生活》，商务印书馆 2012 年版，第 427 页。
② 金雅：《人生艺术化与当代生活》，商务印书馆 2012 年版，第 427 页。
③ 金雅：《人生艺术化与当代生活》，商务印书馆 2012 年版，第 427 页。
④ 金雅：《中华美学精神的现代创化》，中国社会科学出版社 2019 年版，第 336 页。
⑤ 金雅：《梁启超美学思想研究》，商务印书馆 2012 年版，第 441 页。
⑥ 金雅：《说艺论美》，南京大学出版社 2021 年版，第 348 页。

家、对人类的真切爱意，怀揣着对美与人生相连通的纯净而高尚的理想追求，坚定地站在人生论美学倡导和建设的第一线。在金雅教授看来，建设和倡扬人生论美学作为中华文化的根旨与对人心的温存之意义，就是对中华文化建设与国人心灵纯粹柔软之感动的最好守护。

作者单位：浙江理工大学

抟情化升　艺以成人

——读金雅《中华美学：民族精神与人生情怀》

黄永健

作为当代中国美学的重要流派之一，人生论美学融通今古，和合中西，要为中国当代本土美学理论大厦建基立脊。

当代人生论美学主要研究者金雅教授的专著《中华美学：民族精神与人生情怀》，将人生论美学进一步上升至中华美学的高度加以论释。特别是其核心命题之一——“美情”范畴的创设，起因于当下中国的社会需求和国家需求，同时回溯历史的河床，有返本开新的朴茂气象。“美情”立足在人生日常生活中，同时“美情”又从“常情”中炼情提升，在“德情”与“粹情”之间，创化思维理路，从而促成了西方认识论美学与我国道德论美学的双道并轨和化合创生，既非“援西入中”，更非“援中入西”，而是在中国哲学体用不二的智慧观照之下，将西方始自柏拉图的所谓“绝对美”“理念美”，转述为“趣味”“情趣”“哲诗”，内化为人生“美情”的本质要素。要之，金雅教授的“美情”论发端在人生日常，升华为“真、善、美”三原质的和合圆相，“美情”论的起点关联于流转迁移的“常情”，而“美情”论的鹄的在情的美感传达——通过炼情圆情沉淀艺术内容，而出之于妙合无间美轮美奂的艺术形式，升华于“大美”之“美境”。“美情”论以情会通人生，以美攀升真善，体现中华美学的务实品性，同时在文化创新层面，采西入中，立足本土，试图别开坦途，实现中国当代美学的创造性转化与创新性发展。

《中华美学：民族精神与人生情怀》全书分上编、中编和下编。上编主要从中华美学的整体论视野来进行不同层面的论述，第一篇《中国美学须构建自己的话语体系》从中华美学的整体格局立场表达了自己的观点，明确提出要建构中国美学自己的范畴体系、命题学说、思维方法。在《中华美学精神的价值意义》和《推进中华美学和艺术精神的理论自觉》这两篇文章中，作者集中阐述了中华美学精神及其在当代的实践操作意义。

金雅通过渐进性的三个国家课题的研究，特别是通过中西哲学、美学和古今本土艺术精神的对比研究，得出了关于中华美学精神的“六字真经”——“大美”“美情”“美境”。所谓“大美”，就是将审美、艺术和人生统一起来，进行宏观考量，将审美、艺术和人生三者统摄为一，在现实生活中建立宏阔的人生审美视野，抟情化升，艺以成人。所谓“美情”，即是通过对日常生活中的“常情”的提炼升华，以及通过对康德的“粹情”的实践性转化，实现炼情、提情、达情，最终达到真善美的涵泳统一。所谓“美境”，是指物我有无出入的诗性交融，从中国古典的意境论和王国维的境界论中，转化出当代人生论美学的新的趣味、情调之追求。

本著的中编，实际上是从作者多年从事的梁启超美学研究这个角度来回应她在上编中所提出的核心观点，集中呈现了作者这些年来对梁启超的趣味美学、情感说等美学范畴命题的深度阐释。下编通过比较研究，通过梁启超与王国维、朱光潜、宗白华、丰子恺的对比论释，提炼出与人生论美学密切关联的系列范畴。作者经过了三个国家社科基金研究的漫长的心路历程，三个国家社科基金项目第一个研究是梁启超美学思想研究，第二个研究是梁启超与上述几位现代美学大家的比较研究，第三个国家课题才是人生论美学研究。本著重新排序，第三个研究课题成果排第一，第一个课题成果排第二，第二个课题成果排第三。我的理解是，作者认为，通过个案研究、对比研究，通过分析创化，最后进行总结归纳所得出的中华美学整体研究的结论，正是她多年来理论研究的升华，同时也是多年探索的心得所在，所以把整体研究以及中华美学精神的研究成果放在了上编，而把梁启超个案研究和梁启超比较研究放在中、下编，这是合理的。

我发现了一个有趣的问题，即关于学术坚守的问题。金雅遭遇盲审专家激烈反对，课题难以结项，经过据理力争，挽狂澜于既倒，这份坚守的勇气来自何处？我认为，一是来自学问的自信——对研究对象的深度理解；二是作为一个真学者的人格操守——对的就是对的，错的绝不苟同。个别专家认为，梁启超不能和朱光潜相提并论，因为梁启超的美学思想不是无功利主义的而是功利主义的，如果这个观点成立的话，那么金雅的人生论美学观点都会变成空中楼阁，到了这个关口，你如何坚守你的学术立场和学问自信？经过提交答辩，金雅的基本观点为国家社科规划办和浙江省社科规划办所认可，深层原因：梁启超的美学思想确实不是简单的所谓功利主义或无功利主义的标签所可截然区分，正如金雅所说，梁启超的美学神髓是一种超拔小我、追求大美的人生论美学精神，是超越个体功利而为，即金雅所总结的“不有之为”，而不是“躺平”的“不为”，是大目的大情怀，而不是无目标无追求。本人曾经写过一篇专文讨论梁启超的学问意旨和学术人格，本人的主要观点为梁启超以一个政治家始，以学术人终，梁启超的学问意旨与他的政治诉求以及他的学问探索前后一贯，看似入世功利，实则超逸脱凡，因为在梁启超看来，立德、立功、立言三者完美实现固然重要，但是如果不能做到立德立功，通过立言——建立超越时代的学术思想影响后来者，那么作为一个个体的话，个人思想观点作为一种能量（正念），汇入人类社会的滔滔洪流也就是佛家所说的“共业”里面，并发挥了正向引领的作用，这个立言者也是一个伟大的英雄人物。

中国当代美学和艺术学由于长期受到西方理论和西方文化的笼罩，学理遮蔽，道理沦丧，金雅在这本书里面也反复提到存在于当代美学和艺术学界的这个众人见怪不怪的“怪现象”。理论迷失必然出现批评迷失，所以金雅在本著相关篇章里，重点强调要用中华美学精神来提升当代中国文艺批评的实践操作。在《加强中华美学精神与艺术实践的深度交融》这篇文章中，作者提出文艺工作者需要加强对中华文化与民族哲学的了解，一个当代文艺批评者，如果唯西方的文艺理论马首是瞻，丝毫不关注也不去了解民族的哲学传统和艺术精神，那么他就会用西方的文艺理论来肢解中国的文艺现实。换一个角度来理解，一个文艺创作者，如果对祖国的传统文化、美学精神及哲学要义视若无物，那么他就很可能会用西方的文艺思想和文艺理论来主导自己的创作，创作者以西方“神性的维度和视角”来进行创作，批评者以“神性的维度和视角”来进行评论和阐释，那么就形成了“神性的创作”和“神性的批评”的话语场，中华当代美学艺术学现场就有坍塌为西方“学术殖民地”的可能。[①] 中华文化和中华哲学最重要的不是神性的维度，而是诗性的维度。所谓神性的维度，我的理解实际上就是西方文化即从地理大发现之后，一直在向非西方进行文化延伸的维度。而所谓诗性的维度，就是我们中华民族的审美精神审美维度，这个美学维度就是“大美观”、“美情观”和“美境观”的有机统一和整合。金雅提出，中华美学和中华艺术的核心都不是他们本身的问题，而是美之化人、艺之成人的终极问题，联系到最近发生的吴亦凡、郑爽事件以及贾浅浅诗歌事件，我们认为金雅在本著中所提出的人生论美学观和价值观都具有强烈的现实针对意义。

金雅的学术写作本身就是美情用之于学术研究的一个成功案例。我们发现，金雅在她的学术写作里面，特别强调语言的美感，其文字几欲讲究到“穷究其理”而“美言灿然”的“美境”高度，其行文和论辩引而不发，对“日常生活审美化”的辩诘，点到为止，并不采取正面攻诘或辩论，其良言雅驯，犹似春风拂面，醒人脑目。

金雅认为，康德的“粹情论”美学观为西方唯美主义和形式主义的源头，今天日常生活中的时尚潮流、后现代艺术种种似都可以看作艺术的唯美主义和形式主义的当代变种，中华“美情论”作用于艺术实践操作，应与唯形式主义拉开距离，重“内情”“高境”，而不机械肤浅于艺术之形。应该说，西方当代种种后现代主义的艺术作品，不只是犯了形式主义或者形式之上的错误，也是理念艺术在“艺术”背后的作怪。西方后现代主义对于现代主义的反动，看起来好像是应和了黑格尔的艺术三阶段论理论预设，可是从文化人类学的立场上来看，它只是人类特别是西方社会的当代情感，在遭遇了现代主义的困境之后，试图往原始艺术和原始情感靠拢，但是西方的种种泛形式主义、离散性的、拼贴性的、穿越性的类似于原始情感泛滥的艺术作品，最终有一个指

---

① 胡智锋：《新文科建设背景下传媒艺术学建构的意义与价值》，《山东大学学报》2021 年第 4 期。

向，西方当代艺术包括中国本土的类后现代艺术企图通过对人类的原始情感的追溯，重新寻找新的美学方向。美情与人生、与艺术最终的统合，是艺术的美的形式，美情如果不能用美的形式加以凝定，它就不能得到有效的确认和传播，同时，美情诉诸“乖相陋形”也会在表达和传播中的过程中遭遇审美的阻力和误读，美情需要美形来加以凝定和传达，情形并美、情真意正的艺术作品，达成情意合一之实相，[①] 而从艺术欣赏和艺术传播交流的角度强化了美情的社会功能，故此，美情论并不排斥形式论。

人生论美学紧贴中国传统美学“主情论”思想文脉，同时又坚守“载道论”美学理想，知、情、意合一，真、善、美同构，超越“唯美”“粹美”，试图打通主体与客体、超越与当下的美学“鸿沟”，从主体的当下生活语境中，不拘形迹，抉发幽微，从人生的“活感性”中，触发意象，妙通理路，圆成艺术实境，从而实现主体精神的跃动和现实生活的审美升华。如何将“常情”转化为“美情”？显然是人生论美学必须回答的问题。“常情”按西方分析心理学的看法，大致相当前意识和潜意识的情绪或情感结构，尚未进入佛家唯识之情识境界，谓阿赖耶识者，阿赖耶识如如不动，圆转自照，自生自灭。老庄及孔子皆不轻视情之为物，是因为中华先贤早已觉察，人之“常情”实内藏天理，所谓天理人欲，人欲天理，而不似西哲向来蔑视“感性”和“常情”，美学创始人鲍姆嘉登宣称“感性学”乃人类低级认识论，在中国先哲看来，七情六欲貌似伧俗低下，其实不然，七情六欲后天地生，而先天性地与天地同构，因此，“常情”才有可能通过主体的审美努力，转化为“美情”，“常情”的深层结构是美妙的，“常情”的浅层结构可能昏暗无明，而通过主体的炼情节情创育生发，“常情”可望穿透浅层结构而蝶化为既“情”且“美”的表象结构——“美情”，具备形式（形象）的理式，同时天然地散发着、蒸腾着人生的情性、情绪和情欲。

中国传统礼乐文化实际是人伦道德文化，礼约束欲望情感，乐复激活平和欲望情感，乐不止音乐，包含了文学、舞蹈、戏剧等一切艺术形式，诗歌为其中荦荦大者，《诗经》来自民间，所谓桑间濮上，“风、雅、

---

① 黄永健：《美与真——艺术本体论视角》，《艺苑》2021 年第 1 期。

颂”中“雅、颂”为庙堂艺术，已从日常人伦中抽离而出，而其中的“风”——十五国风，抒发性情，雅俗共赏，若以“美情论”的美学观点加以打量，则“美情论”所提示的“挚、慧、大、趣”四情，[1] 尽在其中，真挚、理性、大关怀和趣味化，此乃《诗经》化情为美，贴近人生而又升华人生的美学秘诀。要而言之，西方美学和诗学有“从理式到理式”“为美而美”的思辨传统，发展至极致出现了瓦雷里等人的“纯诗”，而中国“为人生”的哲学和艺术始终从人生和生活出发，叩击生死两端，过去是现在的映照，未来是现实的同构，道在其中，其乐悠悠，羊大为美，不是说肥大为美，而是说集中了羊的优点者升华为普遍美，所以“美”这个字不离现实欲求而又超越现实，“美情”出自“常情”，但是又从七情六欲中观审了自我，情趣化了自我，意象化了自我，使之趋向“真我”意境，瞬间，“常情”摆脱了负累，变为涵情、正情。

“美情”之美外显于美形，内发于美情结构。古希腊客观论美学，以“数理结构”“圆”“椭圆”等为终极形式因，后来又有所谓“比例、平衡、色彩说”“格式塔整体大于部分之和说”等，中国古代文论诗论所谓“起承转合”“平仄协调”“抑扬顿挫”“对仗工整”等，也是从外在形式上对诗文的美学规定，中国哲学主张天人合一，主观与客观天人同构，宇宙间的合目的性结构与人类的情感结构一而二，二而一，诗如画，除了意境追求二者不分彼此之外，今天已经分行书写并诉诸视知觉的汉语（汉字）诗歌，必须有形，自由诗分行书写，形式上自然与散文划清了文类界限，古代汉诗主要以“句数”（一句诗的字数）与总段数确立文类准则，如七律，以七言八句确立外在形体，西方标点及分行引进之后，七言八句加分行又成为今天的视知觉习惯，今天的自由分行新诗与散文的唯一区别只剩下分行，所以写出来的文句只要加上“分行”这个外形，就成了诗，并沿着西方的文化输入路线演化成痞败不类的“口水诗”，如近年出现的“梨花体”“羊羔体”“乌青体”“咆哮体”等。

金雅教授的人生论美学主张，尚真而不唯真唯美，以情统知意，其蕴真涵善立美的美情观，突出了人类情感的建构性及与其他心理机能的

---

① 金雅：《论美情》，《新华文摘》2017 年第 5 期。

有机联系，昭示了人类情感提升的理想方向，既是扬弃种种贬斥感情的虚伪的封建伦理，又是抗拒种种现代主义后现代主义工具理性、实用理性、反理性、非理性的有力武器①。人生论美学的“人生”二字既指向生命和宇宙，同时又指向人类的现实生存境域，指向日常生活的当下，指向柴米油盐酱醋茶，指向的既是审美的标准和艺术的尺度，也是生命的价值和生存的信仰，由此它不仅对我们的审美趣味和艺术品趣产生积极的影响，也将对我们的生活实践和生命境界产生积极的引领②。因此，人生论美学既坐而论道，也起而践行，相互促成而密实无间。

人生论美学倡导美学的人生践行和生命体验，与今日正在热议的对话、体验、互动等话语相颉颃，而人生论美学的实践品性贯彻到底，不止乎个人的独善其身，更延伸至“兼济天下”，人生论美学“自觉觉他”“自美美人”，是菩萨情怀，是沂上风度。由人生践行和生命体验进一步延伸，人生论美学走向对人的教育，也即是对于人的美的教育和情的教育，以艺术之心和趣韵之美教育国民，陶养国人普遍的超脱的情感。按照梁启超的说法，人人成为“艺术家”必无可能，但是通过“趣味教育”，人人可以也应该成为生活向上并能够享用艺术的“美术人”。③ 在一个艺术化的美的国度，人们以情度理，以理约守，和平相处，美善共容，共守道德的底线，艺术和美行不言之教，艺术和美就是没有教堂的宗教，宗教就是诗韵朗朗的美的艺术。

通读本著，不无惊喜，很多材料和引证对本人的艺术学理论研究也有重要的启发意义，比如本著提及中国传统美情论最早的文献——《郭店楚简》“性自命出”这段文字，对我们建构本土艺术本体论范畴具有极其重要的参考价值。本人在相关的研究中提出了当代中国艺术本体论范畴——情意合一实相，在某种程度上，其根本意旨与本著的主要观点是一致的，因此我感觉到阅读此书有一种特别的欣慰。

作者单位：深圳大学

① 金雅：《人生论美学传统与中国美学的学理创新》，《社会科学战线》2015 年第 2 期。
② 金雅：《人生论美学传统与中国美学的学理创新》，《社会科学战线》2015 年第 2 期。
③ 金雅：《人生论美学传统与中国美学的学理创新》，《社会科学战线》2015 年第 2 期。

探索构建人生论美学的力作

——评金雅教授新著《中华美学:民族精神与人生情怀》

朱首献

晚清以降，新学迭兴，虽国力惫甚，然人心勃勃，文化昂进，各种主义学说、思潮运动、新学异见破壁垒而出，梁启超曾以“过渡时代”称之，王国维亦言“道、咸以降之学新”，凡此均说明，这是一个“摧故锋而张新军”的狂飙突进时代，中国现代美学即发动于此时代之中。复之，有清之季，国势日薄，诸夷窥伺，锋镝群起，在内忧外患夹缝中之民生，俨然如严复的“遍地荆棘”之哀叹。外狄利刃，我为釜鱼，生民苦之日甚。古今中外，没有学者能“背时代而为学”，中国现代美学诸家概莫能外。在历史的大变局中激扬人情、振奋精神、调适人生、慰藉人心是中国现代学人共有之时代心结。梁启超、王国维、宗白华、朱光潜、丰子恺等中国现代美学巨擘积极回应时代诉求，开山启林，基于人生之论，拓展了成就斐然的人生论美学的现代之维度，在安顿中国现代社会焦虑的灵魂以及昌绪中国美学的民族诗性上功莫大焉，对他们的美学贡献进行深入、系统的研究，无论对于我们精准把握中国现代美学的理论品质、创新精神，抑或对于中国当代美学的学科构建和话语建设均具有非同寻常的重要意义。金雅教授多年来专力于中国现代美学和人生论美学的研究，筚路蓝缕，格物数载，发表了一系列厚重的成果，备受学界注目。其新著《中华美学：民族精神与人生情怀》更是集多年之力，全面体现了她在中国美学研究中的可喜成就和不懈探索，可谓一部贯通中国古典至现当代美学资源与传统，系统发掘中国现代美学的人生论精神、民族主义特质，创构人生论美学的当代中国话语和民族精神的集大成之作。它的出版，对于我们系统把握中华美学的人生论精神标识、理论话语构成机制、生长演化逻辑以及民族审美心灵底蕴，无疑具有重要的价值和贡献。

任何理论都有着自己的“理论细胞”，这就是其特有的范畴和命题。任何理论也都是通过范畴和命题，才得以建构起来的。故欲知一理论，必先明其范畴和命题，这是把握任何理论的“必由之路”。金雅教授在阐释中国美学的人生论精神与人生情怀时，就异乎寻常地重视对其内在核心范畴和命题的辨析与阐绎，这构成了其新著的最大特色。王汎森在论晚清史学革命时曾使用过“概念工具”（conceptual apparatus）范畴，他认为，诸种最关键的“概念工具”在塑造、引导晚清史学浪潮中起到了关键的作用，如果没有它们，这场革命则可能会以另外的面孔呈现。他所谓的“概念工具”与我们这里所说的范畴与命题，有异曲同工之理。具体到金雅教授重点观照的中国现代美学资源来说，它也正是通过自己独有的范畴、命题或者说“概念工具”，来建构起自身并获得民族身份标识的。正是如此，金雅教授在揭示中国现代美学的人生论核心义理时，就紧扣其使用的诸种范畴、命题来展开。如著中对于梁启超的“力”“移人”“趣味”“情感”“化我”，王国维的“境界”“无我”“大词人”“真感情”，朱光潜的“情趣”“兴味”“静观”“大英雄”，丰子恺的“同情”“真率”“童心”“绝缘”“大人”，宗白华的“情调”“静照”“真境”等范畴或命题，均有着辨微知著、细密勾连的研究，成功剖析了中国现代美学坚持人生论的民族美学立场，高扬民族美学精神，从中华美学的诗性传统出发，扎根于中国哲学与文化源头，在民族性、普适性与人本性相结合的高度，创新中国美学话语的独特理论要旨。事实上，金雅教授的这种精微深邃的研究，对于我们把握中国现代美学的入世出世兼济的诗性精神，洞见民族美学的诗性魅力，确立中华美学自信等，均具有重要的学理价值和意义。

浑言之，中国现代美学有着以人生论为焦点的一体化的理论诉求，但细审之，其在内在理论进路和生成机制上，却是复杂和多向度的，这在客观上也造成了对其把握的难度，金雅教授攻坚克难，凡论一理、说一论，均注重从多种维度阐发其理论肌理，清晰地将中国现代美学人生论话语的多维复杂面相呈现出来，这充分显示出其理论学养的深厚、研究视界的宏阔、持论发见的沉着和学理建构的严谨通透。例如，在梁启超的“力”的范畴的辨析上，她就从中国传统哲学、美学的立场细致剖析了“力”以及与之对举的“命”的内涵，同时又从与“力”有密切关联的中国传统美学中的“骨”“风”“骨力”“风力”等范畴的比较中，确立了梁启超的“力”在本质上是指一种“energy”，即生命的动态能量的结论，并且进一步阐明了它来自主体，但并非中国传统哲学中那种与命相抗衡而存在的主观意志力，而是生命本身的一种本然的具体的生命能量，在艺术活动过程中，其由艺术形象自然发散出来而作用于鉴赏者的本质。在此基础上，金雅教授认为，梁启超所谓的“力”，既是艺术作品感染力的具体呈现，亦为沟通创作与鉴赏的功能机制。正是通过这种多维解析的策略，金雅教授极其成功地发掘出了梁启超的“力”在哲学、美学上的创新性内涵，而且，从“力”与生命的本然关联中，她又进一步寻找到了梁启超的“力”导向人生论美学的逻辑通道。而在对梁启超的“移人”范畴的人生论审美内涵的阐发中，金雅教授既从中国传统诗论、曲论中的“移人情”“移我情”范畴注重审美对象对审美主体改造的传统视角出发，又参以西方移情理论注重审美主体对审美对象改造的视角，在中西比照中揭示出了梁启超的“移人”范畴将审美活动由对审美主体情感的改造提升至对审美主体的人生改造的逻辑进路，抽绎出了梁启超“移人”范畴的人生论内容及其民族性蕴涵。再如，在对王国维的“境界”范畴的人生美学况味的辨析中，金雅教授从认识论、本体论与价值论，历史与逻辑，中学与西学等复杂理路矛盾统一的探讨中，得出了“境界”取代“意境”寄寓着王国维以中国传统美学精神为体，学贯中西，努力开辟审美境域的人生品格和人生精神之趋向和睿见。

邯郸学步，必失其故。晚清以降，中国现代士人中以西学挟持天下，尊奉夷说，甚至偶有所窥，即欲尽废中说而化为西人之辈者，时有所见，且不论这种“出于夷而转胜于夷”之脱离时势之弊，仅就其文化立场言之，其民族虚无主义之态度亦昭然若揭，至于其所谓的驾夷而上之的盲目，更是不值一哂。在这种意义上，中国现代美学执守人生论的民族立场，坚持化中西而著民族特色的美学努力就显得更为可贵。尤其是自20世纪下半叶至今，在中国当代美学研究中，盲从、移植、套用西方美学的现象比比皆是，这些研究把西方美学作为中国美学的标杆和鹄的，无视对于中国传统美学智慧的原创性发掘、梳理、提炼，幻想依托于西方美学的原理、学说、立场、方法以西观中、以西论中、以西证中，进而来建构中国的当代美学，这显然是一种难以兑现的美学“白日梦”。毋庸讳言，中华美学人生论的悠久传统和现代出场，与晚清经学落幕，积极入世的致用之学地位的不断抬升有着密切的关联，皓首穷经不问世事的清儒学统在“天下之变，岌岌哉”的世运面前显而易见已尽显窘迫与穷蹙。正是如此，中国现代美学以其人生论情怀和民族主义的大义展现了美学学科独特的担当精神，在民族危难之中，体现出一代美学家可贵的文化自立与民族自强精神。像梁启超那种“无所为而为”“成功里头感觉趣味，就在失败里头也感觉趣味”的趣味人生态度，固然是在时代悲剧下的一种无奈选择，但他那种大气悲壮、超越得失，刺提“探虎穴”“和天斗”“沙场死”“向天笑”的英雄主义审美精神，也分明体现着中国现代美学家希望力挽狂澜、救亡图存、奋发国人的民族大义。

当然，就现实基础言之，中国现代美学所关注的趣味、情调、情趣、机趣、兴味、静观等审美追求，在严峻的中国现代社会现实面前，未免带有一抹乌托邦的色泽。正是在这个意义上，金雅教授在著作上编的《加强中华美学精神与艺术实践的深度交融》《论中国现代美学的人生论传统》等文中，明确提出了对中国现代人生论美学传统的反思问题。她说：“中国现代人生美学精神以美为救世良方，无疑也有着过于重视精神作用的乌托邦色彩。人既是生物的人，也是文化的人。物质的解放与精神的解放于人而言均不可缺，两者互为促进。而对当代中国美学建设来说，则既要传承发扬中国现代人生美学精神的体验维度、价值维度、反思维度等优秀传统，也应重视推进实践维度、科学维度等建设，从而更好地发挥美学的理论功能和实践功能。”[①] 她客观地指出：“中国现代美学不可能已臻完善”，但“为我们留下了丰富的宝藏，包

① 金雅：《中华美学：民族精神与人生情怀》，中国社会科学出版社2017年版，第76—77页。

括它的经验、得失”。[①] 正是在重点总结现代美学资源和精神的基础上，金雅教授开展了人生论美学的当代话语建构和民族精神梳理，她结合当下语境，突出强调了人生论美学应倡扬审美与创美的统一、真善美的贯通、知情意行的合一，强调当代人生论美学建构应该重视切入实践、介入生活、引领艺术活动的现实功能，她主张美学最根本也是重要的，就是美对人的心灵建构的力量，是美的温度、力度及其赋予现实人生的诗性张力，推动人的生命的美的超拔。

金雅教授总结的中华美学的人生论精神，在中国现代语境中具有复杂的面相，既有梁启超的“趣味”论和王国维的“境界”论，亦有朱光潜的“情趣”人生和丰子恺的“真率”人生。它们之间的逻辑线路甚为错综，是一块中国现代美学研究中名副其实的“硬骨头”。金雅教授通过鞭辟入里的文本剖析和细致入微的逻辑寻绎，同中见异，异中现同，将中国现代美学诸家之说的理论机制和核心精神阐演得清晰明了，成功阐发了它们在中华美学精神建构发展的历史脉络中，各自的独特理论贡献。同时，在这种显性的话语模态下，是金雅教授贯穿其中的思想、观点、立场、信念，特别在上编《论美情》《人生论美学传统与中国美学的学理创新》《试论人生论美学的价值维度与实践向度》等文中，金雅教授主要从当下语境出发，明确进行了人生论美学的学理性建构与自己的阐发。在这种意义上，金雅教授的这部新著虽然是其多年单篇论文精品的集结，但实际上亦珠联璧合，清晰地勾画出了中华美学人生论精神的迁演路径及其脉络分明的演化机制，同时，这部著作在人生论美学的基本学理和当代话语建设上的努力，也使其若称为一部中华美学的人生论精神史论，或许更为恰切。

作者单位：浙江大学

① 金雅：《中华美学：民族精神与人生情怀》，中国社会科学出版社2017年版，第77页。

基础研究与实证研究相统一

——评《中华美学：民族精神与人生情怀》

余三定

金雅的著作《中华美学：民族精神与人生情怀》（中国社会科学出版社2017年版）是一部汇聚了著者自己独立思考、独自感悟、独特观点的高水平学术著作，值得我们好好阅读、好好品味、好好思索，值得学界予以特别关注和重视。

全书包括上、中、下三编。上编对中华美学民族精神与人生情怀的基础理论、基本观点、重要命题、发展脉络等展开多方面、全方位的深入论析；中编和下编则是著者在把握中华美学民族精神与人生情怀基本观点基础上展开的实证研究，其中中编集中研究梁启超的美学思想，下编分别展开对梁启超与王国维、梁启超与朱光潜、梁启超与宗白华等的比较研究以及丰子恺等美学思想的研究；这样全书看起来虽然是一部论文集，但实际上已经初步建立了著者关于中华美学民族精神与人生情怀的系统框架和完整体系。我认为，同时展开基础研究与实证研究，做到基础研究与实证研究相交融、相统一，是这部著作的最大特点。

我们先看其上编。上编由13篇既相对独立、又有机联系的论文组成，属于基础理论研究。《中国美学须构建自己的话语体系》一文，如标题所示，就是著者富有理性的一种提议、一种观点、一种呼吁。文中指出："我国美学之所以要构建自己的话语体系，是因为美学既需要面向全人类的普适性的审美价值向度，也需要形成不同的民族化审美话语。"接下去，著者就中国美学如何构建自己的话语体系依次提出了下面几条："确立自己的基本范畴"；"建构自己的命题学说"；"形成自己的方法思维"；"弘扬民族美学精神"。可谓抓住了最本质、最核心、最重要的几个问题。《人生论美学传统与中国美学的学理创新》一文，明确肯定，20 世纪上半叶，中国现代美学在中西古今的交会撞击中，传承古典美学的人生情韵与诗性意向，接引西方美学的术语学说与学科范型，初步创化发展出以人生论美学精神为标识的中国现代美学传统。著者在下文中对人生论美学做了如下具体的、深入浅出的概括："人生论美学扎根于中国哲学的人生情怀和中华文化的诗性情韵，吸纳了西方现代哲学与文化的情感理论、生命学说等。其理论自觉，奠基于王国维、梁启超等，丰富于朱光潜、宗白华等，构筑了以'境界—意境''趣味—情趣''情调—韵律''无我—化我'等为代表的核心范畴群，以'美术人'说、'大艺术'说、'出入'说、'看戏演戏'说、'生活—人生艺术化'说等为代表的重要命题群，聚焦为审美艺术人生动态统一的大审美观、真善美张力贯通的美情观、物我有无出入诗性交融的审美境界观，成为迄今为止中国美学发展最具特色和价值的部分之一，区别于以康德、黑格尔等为代表的西方经典美学的学理特质与精神意趣。"著者在这里将人生论美学的渊源、形成过程、代表性学者、主要命题、根本特质论析得非常清楚而深刻。《论美情》一文，富有原创性地提出了区别于西方形式主义美学和非理性主义美学的"美情"的命题，著者在展开层层深入的具体推论后，得出了如下结论性的概括："'常情'可以是真实的、丰富的、敏锐的、强烈的，但不等于'美情'。'美情'是审美活动对特定的主体情感的美化创构，它需要有内涵上的美化提升和形式上的美构传达的完美相契。'美情'不排斥真实，但不浮泛；不排斥丰富，但有条理；不排斥感受的敏锐，但不陷于纷乱；不排斥强度力度，但有节奏韵律；不追求唯形式纯形式，但有形式的创构。'美情'是把日常情感的质料，创构为富有审美内蕴及其美感形式的诗化情感。'美情'是人通过创美审美的活动对自身的情感品质和情感能力的独特建构提升。"接下去，著者还将"美情"与"常情"相对照，总结出"美情"具有挚、慧、大、趣等重要的美质特征。从上面例举的三篇文章可以看出，著者对中华美学民族精神与人生情怀所包含的理论命题、重要观点、基本特质等，进行了深入的、有系统的分析和论证，显示出著者在进行理论研究时具有原创性的特点。

我们再看其中编。中编部分包括14篇对梁启超美学思想研究的专论，属于实证研究。《梁启超“趣味”美学思想的理论特质及其价值》一文，首先从根本上肯定梁启超是中国美学思想由古典向现代转型的重要开拓者与奠基人之一，是中国美学思想近现代转型期的重要人物，梁启超对“趣味”范畴的阐释和趣味美学思想的建构，在中国美学思想发展的历史图谱中极具特色。著者在下文中这样概括梁启超“趣味”美学思想的理论特质：“把趣味提到生命本体的高度，放置到人生实践的具体境界中来认识，是梁启超趣味哲学的基本特点，也是其趣味与美融通的关键。在梁启超这里，谈趣味就是谈生活，就是谈生命，也就是谈美。”这样的概括是准确而又深刻的。著者进而这样论析梁启超“趣味”美学思想的价值：“从现实的文化建设来看，梁启超的趣味美学思想是中国近代以来特定的政治、民族、文化危机并至的具体历史条件的产物。它以人的生命活力之激发和人生趣味之实现的统一，直指腐敝的社会与浑噩的人生。审美被赋予了鲜明的启蒙特质。”这样的点评既有理论性，又有时代性，可谓切中肯綮。《梁启超的“情感”说及其美学理论贡献》一文，讨论梁启超的“情感”说。我们知道，“情感”是梁启超美学思想的核心概念之一，也是19世纪与20世纪之交中国美学思想中最具民族特色的审美范畴之一。对于艺术情感问题，梁启超有非常精辟且较为系统的论述，这些论述不仅与梁启超的整个美学思想体系具有深刻的内在联系，而且在20世纪中国现代美学思想发展的历史进程中具有极为重要的先导意义。在该文中，著者一方面以主要笔力细致、具体地论析了梁启超“情感”说的丰富内涵、核心观点、理论贡献；另一方面也敏锐地指出，梁启超的“情感”说并不是无懈可击的，比如对于情感本质的理解，梁启超就表现出某种自相矛盾的倾向，他既认为艺术情感应与真善相联系，同时又认为艺术情感具有“神秘性”，是理智无法解释的。著者这样的分析，是冷静、客观、全面的，也是有深度的。《论梁启超的崇高美理念》一文，论析梁启超关于崇高美的看法，也是很注意抓住其本质和核心。著者认为，对于艺术崇高之美的审美鉴赏与理论表述，是梁启超崇高美理念的集中体现。正是在具体的艺术审美实践与理论批评中，梁启超高度肯定了艺术崇高的美学价值，阐释了自己对崇高型艺术的美学理想。在上述对梁启超崇高美理念整体把握的基础上，著者充分总结了梁启超崇高美理念独特的理论品格：首先，梁启超的崇高美理念与对中华民族现状的思考紧密相连；其次，梁启超的崇高美理念与对西方文学的比较和对传统文学的批判紧密相连；再次，梁启超的崇高美理念与悲剧精神具有密切的联系。由上我们可以看出，著者对梁启超美学思想的研究和阐释已经达到了非常准确、非常深刻、非常全面的程度。

我们继续看其下编。下编包括 7 篇论文，主要是展开进行梁启超与其他几位著名美学家美学思想的比较研究。《“境界”与“趣味”：王国维、梁启超人生美学旨趣比较》一文，深入比较中国现代美学两位奠基人梁启超和王国维的美学旨趣。“境界”在王国维的诗学与美学体系中，既是一个本体认知范畴，回答着“什么是诗”的问题；也是一个价值意义范畴，回答着“什么是好诗”的问题。梁启超以“趣味”这个范畴为核心，提出了趣味人格建构与趣味人生建设的问题，构筑了“化我”型的诗性人格范型和审美超越之路。著者在深入、细致分析的基础上，做出了如下评价性的小结：“境界与趣味，无我与化我，王国维的哀情和梁启超的豪情，呈现了民族美学和谐蕴藉的人生情致在中国现代的衍化与分化、深入与拓展，在生命的体验、情感的意义、价值的追求等多个方面起到了重要的探索、奠基、开掘的作用，是在现代性冲击下、从痛苦和毁灭中寻求超越的中国现代人生论美学精神自觉的重要始源。尽管梁启超、王国维的具体观点有着个人和时代的种种局限，但其精神旨趣所达到的深度与高度，在今天这个实利化、技术化的时代仍具有重要的启益。”著者这段带着情感的评价，既是理性的、客观的，也是充满情趣的、富有审美特点的，可谓用“美文”写美学著作。《“趣味”与“情趣”：梁启超朱光潜人生美学精神比较》一文，着重以后期梁启超（主要是 20 世纪 20 年代）和前期朱光潜（主要是 20 世纪 20—40 年代）的美学思想为主要研究对象，侧重梳理比较两位美学家以远功利而入世为核心旨趣，以审美艺术人生相统一为主要路径，以关注现实、关怀生存为重要特色的人生论美学思想精神的基本内容、特点与特质。著者在深入论析的基础上明确肯定：“从‘趣味’到‘情趣’，从‘无所为而为’到‘无所为而为的玩索’，从‘生活的艺术化’到‘人生的艺术化’，较为清晰地凸显了梁启超、朱光潜这两位中国现代美学大家之间的某种承续与衍化，也从一个侧面比较集中地呈现了中国现代人生论美学精神传统的某些特点特征。”著者对梁启超、朱光潜两位中国现代美学大家各自贡献和特点的把握及对两者之间传承与发展关系的描述，真正做到了高屋建瓴，清晰明白。《趣味与情调：梁启超宗白华人生美学情致比较》一文，在系统论析的基础上指出，梁启超的“趣味”范畴与宗白华的“情调”范畴是同中有异。相同之处在于，两者都主张真善美的统一，主张出世与入世、有为与无为、感性与理性、个体与众生、物质与精神、创造与欣赏、有限与无限等对立面的相洽。两者的相异之处在于，梁启超的“趣味”说以“知不可而为”与“为而不有”的统一突出了美善的关联，更倾心于诗性生命的高度提升；宗白华的“情调”说则以“至动”与“韵律”的相谐突出了真美的关联，更倾心于诗性生命的深度体认。总之，梁启超、宗白华以生命实践及其诗性超越为旨归的人生美学情致，是中国现代美学精神留给我们的最为重要的也是最为动人的方面之一。著者这样层层深入的分析，让我们清晰地窥见了梁启超“趣味”说与宗白华“情调”说的奥妙所在及两者之间的异同。

综合起来看，我认为，金雅这部著作的上、中、下三编组成了一个有机交融的整体，上编为中、下二编提供了理论基础，提供了前提；中、下二编则为上编提供了实际案例，提供了扎实的支撑材料，使上编的理论基础更为可信，更有说服力。

从上述这样的意义上，我认为，金雅的这部著作可以说是一部美学理论著作，也可以说是一部美学史著作，或者更准确地说是一部美学理论与美学史相交融的著作。

2021 年 10 月 9 日稿毕于岳阳市南湖畔

原刊《武陵学刊》2022 年第 2 期。作者单位：湖南理工学院

美学研究如何“接着讲”？
——读金雅教授《中华美学：民族精神与人生情怀》

郭玉生

作为学科的美学在20世纪初引入中国之后，美学家们在介绍西方美学方面做了大量的工作，推动了美学研究的现代转型，并在借鉴和吸收西方美学的基础上提出了富有创造性的美学观点。不过，一些美学家又常常忽略西方美学所具有的“西方”特性，有意或无意地把产生于西方文化和艺术实践基础上的美学理论视为普遍范式，甚至盲目崇拜，由此“西方美学”被看作了“世界美学”，使百年来的美学研究不时出现面对西方美学“照着讲”的倾向。然而，不同民族在思维方式和审美观念方面往往存在着鲜明的差异，所以生搬硬套西方美学解释中华美学和艺术实践，很难获得具有较大学术价值的成果。如何在美学研究民族化、本土化的基础上“接着讲”，实现中华美学走向世界并与世界美学深度对话互鉴是目前美学研究仍然需要深入思考和切实解决的问题。金雅教授所著的《中华美学：民族精神与人生情怀》（中国社会科学出版社2017年版）对此做出了重要的学术努力，并提供了诸多富有启发的洞见。

在金雅教授看来，中华文化和哲学具有不同于以认识论和科学论为基础的西方文化的特征，即人生论的传统。在中华文化和哲学影响下产生的中华美学的特点也不同于西方美学，表现为关注审美、艺术、人生的关系，包含着极为丰富的人生论美学思想。即使20世纪后百年来的美学研究呈现出了学科意识的确立与发展以及话语体系的革新，但关注生活、追求诗性、重视艺教的中华美学精神仍然绵延不断。因此中华美学的精髓，金雅教授认为可以概括为人生论美学。金雅教授在深入研究中西美学历史演进状况的基础上，从民族美学寻找资源，完整系统地阐发了人生论美学的内涵在于“将审美与人生相统一，以美的情韵与精神来体味创化人生的境界”；[①] 提炼了人生论美学所包含的“审美艺术人生动态统一的大审美观”“真善美张力贯通的美情观”“物我有无出入诗性交融的审美境界观”，认为这是“迄今为止中国美学发展最具特色和价值的部分”。[②] 如果美学研究不是从中华美学的概念范畴、理论形态和思维方式出发，那么，总结先秦以来的中华民族的审美经验，进而开发民族美学资源就是美学研究无法完成的使命，而人生论美学集中体现了中华美学精神，贯通了古典美学、现代美学、当代美学的发展进程，也是中国美学未来的发展趋向，因此，金雅教授对于人生论美学的全方位论述有助于实现美学研究的民族化、本土化，进而为美学研究“接着讲”提供具有可行性的思路。

虽然中国古典美学具有鲜明的人生论美学特质，但并未对于人生论美学进行自觉的理论建构。中国现代美学的代表人物梁启超、朱光潜、宗白华、丰子恺等，为人生论美学的理论建构奠定了重要基础。不过，与西方美学和中国古典美学研究相比，学术界对于中国现代美学的研究不够充分，中国现代美学所具有的人生论美学精神也长期不被重视，因而中国现代美学与传统文化之间的关系，中国现代美学的精神特质、中国现代美学的创新性等重要理论问题，一直不能得到很好的阐述，严重制约着当代美学研究。金雅教授的著作通过比较分析梁启超与王国维、朱光潜、宗白华、丰子恺等人的美学思想，指出了他们所表现出的中国现代美学重视人生并落实于人生的共同特点，揭示了中国现代美学在继承古典美学的基础上丰富和发展了人生论美学的民族意趣。这样一来，金雅教授的研究把中国古典美学与现代美学有机联系起来，打通了中华美学从古至今的血脉，阐明了中国现代美学在中华美学精神的创造性转化方面提供的视角与观念，由此美学研究“接着讲”就不能只是重视来自西方美学和中国古典美学的资源，还应吸收中国现代美学的思想成果。

---

① 金雅：《中华美学：民族精神与人生情怀》，中国社会科学出版社 2017 年版，第 54 页。
② 金雅：《中华美学：民族精神与人生情怀》，中国社会科学出版社 2017 年版，第 9—26 页。

金雅教授长期坚持不懈地系统研究梁启超美学思想，在细致分析大量文献资料的基础上提出，梁启超的美学思想具有人生论美学的特质。他“确立了‘趣味’的范畴，建构了‘趣味’美论，并将其具体化为‘生活的艺术化’的人生美学理想及其实践方向”。① 梁启超的美学思想长期被认为属于功利主义美学，与王国维、朱光潜、宗白华、丰子恺等人的美学思想有着本质差别。在百年来的美学研究中长期存在着“以西释中”的倾向，基于此，一些研究者把中国现代美学区分为功利主义美学与非功利主义美学。毋庸讳言，中国现代美学是在20世纪初西学东渐的历史背景中产生的，体现了西方美学的学科意识，其精神旨趣、话语体系、范畴命题都深受西方美学的影响。所以一些研究者把西方美学例如康德的审美无利害原则看作中国现代美学存在的根基，也是中国现代美学区别于古典美学的重要标志。审美无利害原则强调审美关系独立于实用关系与伦理关系，突出审美的自由性，使审美具有了现代性特征。不过，审美无利害原则要求审美与日常生活保持距离，使审美对于现实人生的影响越来越弱。因而，审美固然有着独立特性，但完全脱离现实人生的审美是缺乏生命力的。基于此，金雅教授以人生论美学作为线索分析梁启超的美学思想，超越了简单地区分功利主义美学与非功利主义美学来研究中国现代美学的偏执僵化的思维模式；同时金雅教授以梁启超美学思想为中心深入探讨中国现代美学，剖析中国现代美学蕴含的人文传统、诗性特征与践行品格，进而阐明中国现代美学对于当代中国美学在全球化背景下实现中华美学精神的创造性转化所具有的理论价值和现实意义，揭示了美学研究应当在体悟、关注和思考人的存在价值和生命意义的过程中“接着讲”。

当代美学研究对于正义、伦理、启蒙、理性等形而上观念常常采取冷落的态度，转向聚焦于时尚、身体、欲望、消费等形而下问题的分析，研究的选题趋向于细小，着力于分析各种形式、技巧、风格等，呈现出精细化、技术化的学术研究特征。然而，当代美学研究由此产生了学术视野狭窄，缺乏理论高度和脱离现实的问题。所以当代美学研究虽然著述不断，观点迭出，却难以为美学研究“接着讲”提供具有原创

① 金雅：《中华美学：民族精神与人生情怀》，中国社会科学出版社2017年版，第193页。

性的新观念和新方法。在这样的美学研究背景中，金雅教授把人生论美学作为理解中华美学的核心钥匙，分析“美情”的学理品格和当代意义，不仅激活了民族美学思想资源，而且立足于现实弘扬发展中华美学的人文精神，为美学研究“接着讲”提供了值得借鉴的观念和方法。

金雅教授从中西美学的差异出发，在分析中国现代美学的民族历史文化根基的基础上，创造性地阐述了“美情”的观念和情趣。中国现代美学的代表人物例如梁启超、朱光潜等尽管吸纳了西方美学，但并没有脱离中华美学传统而全盘接受西方美学崇尚的“纯粹美”，强调美与真善的联系，主张在审美和艺术中实现真善美的统一。“美情”意味着审美以“情”为中心贯通“真”和“善”，体现了中国现代美学对于中国古典美学美善统一论的拓展，奠定了人生论美学的理论基础，成了中华美学精神的标识。金雅教授对于“美情”观的构建和阐述，可以看作对于当代美学研究所存在问题的纠偏补弊。当代美学研究中常见倾向是追求技术的完美和逻辑的严密，重视事实和经验，却常常忽略甚至否定价值判断，审美的超越性特质被漠视，由此不能真正揭示审美与人生的关系，难以产生具有重大影响的创新性美学理论。这昭示着，美学研究不能忽视价值立场，应当关注审美对于人生的意义。金雅教授在论述“美情”的过程中，就体现了这样的学术风格。“美情”具有挚、慧、大、趣等特征，表现了中华美学追求现世精神超越的诗性品格。“美情”观崇扬真善美，使审美经验的范围扩大，延伸到艺术、自然、社会诸多领域，追求在此岸世界实现身心统一，获得生命的自由。基于美不再与真、善统一，而是趋向于表层化和娱乐化的令人堪忧的现状，金雅教授指出，“当下，面对技术人、工具人、物质人、欲望人等种种人的异化和单面化，我们应当高度重视这种富有民族特色的人生审美精神，发挥其独特的育人功能”。①

金雅教授的著述及其观点，揭示了直面现实人生，重视审美的价值维度，以真善美的贯通推动美学研究“接着讲”的必要和可能。

作者单位：黑龙江大学

① 金雅：《中华美学：民族精神与人生情怀》，中国社会科学出版社2017年版，第49页。

人生论美学传统与当代中国美学原创性理论体系的建构

——评金雅《中华美学：民族精神与人生情怀》

蔡欢江

20世纪80年代以来，由于西方美学的大规模引入，中国美学取得了长足的发展。但毋庸讳言，当代中国美学也存在一些不容忽视的问题。目前的研究成果更多地停留于对西方美学理论的介绍和描述，习惯于运用西方美学的立场、观点和方法开展美学研究，对中国自身的美学思想和传统缺少发掘和提炼，至于能够基于中国自身的问题、立场、观点和方法的原创性美学理论则更为少见。因此，建构一套具备理论原创性的美学理论体系就成为摆在中国美学界面前的理论难题。金雅教授的《中华美学：民族精神与人生情怀》一书重点梳理了以梁启超等人为代表的现代人生论美学传统，构建了以一套比较完整的人生论美学理论体系，为建构具有中国原创性的当代美学理论体系作出了有益的尝试。

一

美学作为一门人文学科，不同于自然科学，它不仅要求理论的普适性，更要求理论的民族性。因为人文学科所要探求的不是世界的客观真理，而是人生存的价值和意义。对价值和意义的回答总是多元的，不同的民族总有基于自身历史和生活环境的独有思考，无法强求一律。相反，如果理论缺乏民族特质，那也就意味着理论脱离了自身的根脉，就只能依附于其他民族的理论进行思考，成为其他民族理论的跟班。因此，要建构具有理论原创性的美学理论体系首先就应具备鲜明的民族特质，并进而在此特质的基础上将理论提升到人类的生存和命运的高度进行审视，以实现理论的民族性和普适性的统一。而金雅教授在《中华美学：民族精神与人生情怀》一书中提出的人生论美学理论，就既有十分鲜明的民族特色，又有较强的理论普适性。

从中西比较的角度来看，西方古典美学的哲学基础是认识论，它把美视为纯粹独立的认识对象。所要解决的主要问题是美的本质是什么？美感有何独特性？因此，本质论和美感论就成为西方古典美学研究的主要方向。柏拉图第一次提出了“美是什么”的问题，认为美的理念是一切美的事物的本质，一切美的事物都是由于分有了美的理念而显得美。柏拉图对美的追问确立了西方古典美学的基本研究范式。到了近代，西方美学的研究方向从本体论转向了认识论。鲍姆嘉登提出了建立美学学科的构想，而美学在他看来实际就是“感性学”，他认为美学是研究感性这种低级认识方式的科学。此后，康德侧重于以理性思辨的方法探究美的科学原则，而黑格尔则侧重从艺术来探究审美的规律。因此，西方古典美学从本质上看都是思辨型的理论美学。中国美学从不视美为单纯的认识对象，而是倾向于把审美活动和人生实践紧密地结合起来。孔子对美善和谐的追求，庄子对逍遥境界的追求，魏晋名士越名教而任自然的人生态度，李贽、公安“三袁”等人对“童心”“性灵”的提倡，都体现了审美活动和人生实践统一之向往。到了近现代，王国维提出的“境界”论，梁启超提出的“趣味”论，朱光潜提出的“情趣”论，以及丰子恺提出的“真率”论等，也无不是把审美、艺术和人生有机地结合在一起。金雅教授《中华美学：民族精神与人生情怀》一书在梳理以梁启超等人为代表的中国现代美学的人生论美学思想时，深刻地把握了中华美学传统自身鲜明的民族特色。“根本固者，华实必茂；源流深者，光澜必章。”正是由于扎根于民族传统的沃土，《中华美学：民族精神与人生情怀》一书也自然取得了十分丰硕的理论成果。

当然西方美学进入现代以来，既有延续传统认识论路线的科学主义的美学思潮，也出现了以叔本华、尼采以及海德格尔、法兰克福学派等关注人的生存的美学家和美学流派。后一类美学批判了资本文化及其世俗人生，认为其中充斥着功利主义气息，人为工具理性所统治，人在把外在的自然都变成商品的同时也把自身变成了商品，“人的人性和物的物性，都分化为一个在市场上可计算出来的市场价值”。[①] 他们主张用审美来对抗功利主义和工具理性的统治，要求在现实人生之外建立一个独立的审美空间，使人的精神得以安顿。与之相反，金雅教授认为人生论美学“不仅将审美活动引向了广阔的人生、绚烂的生命、多姿的生活，也将审美活动确立为人生超拔、生命升华、生活提升之引领”。[②] 也就是说，审美和艺术并不与现实人生相对抗，而是要介入现实人生，升华现实人生。显而易见，西方现代美学采取的是一种与现实人生相对抗的姿态，而人生论美学则强调对现实人生的介入和引领。西方现代美学看到了人生荒诞、悖谬、阴暗的一面，这是一种深刻的片面。而金雅教授则认为庸俗、阴暗并非现实人生的全部，现实人生本身就包含美的可能，关键在于人是否生成高情美趣，进而将现实人生创化为美的人生。金雅教授在著作中提出的人生论美学理论，也是对西方现代美学的一种补充与纠偏，它引领人不是以一种绝望的姿态来对抗现实人生，而是在承认现实生活的黑暗面的同时，以一种充满希望的乐观姿态推进生活，用美的精神引领生活。这对于解决现代人所普遍面临的精神焦虑、痛苦、空虚等精神问题，提供了有益的启示。

二

20 世纪 80 年代以来，中国美学界逐渐意识到建构民族美学理论体系的必要性，也出现了一些高质量的成果。如叶朗、朱良志等人提出的“意象美学”，曾繁仁提出的“生生美学”等。但他们所侧重发掘和继承的主要是中国古典美学的传统，而金雅教授《中华美学：民族精神与人生情怀》一书则侧重发掘和继承以梁启超等人为代表的融会中西古今之现代中国美学传统。这体现出该书十分独到、开阔、前瞻的学术眼光。

---

① ［德］海德格尔：《诗·语言·思》，彭富春译，文化艺术出版社 1991 年版，第 104 页。

② 金雅：《中华美学：民族精神与人生情怀》，中国社会科学出版社 2017 年版，第 20 页。

首先，金雅教授挖掘了现代中国美学对中国古典美学优良传统的承化。金雅教授指出，与西方美学的科学主义指向不同，中国古典美学具有温暖的人间情怀和深厚的人生情韵，相对于宇宙的真理，它更为关切人的现实生存。中国古典美学强调美善相济，注重体验教化，审美活动与艺术实践、人生践履密不可分。现代中国美学强调审美艺术人生的统一，与古典精神一脉而承，又有光大推进。梁启超认为美是人生极为重要的要素，主张个体生命要超越“小我”对成败得失的执着，涵养“知不可而为”主义与“为而不有”主义相统一的“趣味”精神，把“小我”融入宇宙的大化流行之中。王国维的“境界”说、“大词人”说等，强调了艺术审美品鉴与人生审美品鉴的有机统一。朱光潜、宗白华、丰子恺等人的理论，也无不强调审美、艺术与人生的统一。

中国古典美学既强调对人生的现实关切，体现出强烈的入世情怀，也神往于高远超逸的空灵境界。儒家既强调个体在现实生活中要“克己复礼”，文学艺术要“发乎情，止乎礼”，发挥“厚人伦，美教化，移风俗”的道德教化功能，也向往“从心所欲不逾矩”的自由境界。与儒家思想有所不同，道家思想更为强调超尘脱俗的高远情致，但道家并不主张脱离现实人生，而是要求在现实人生之内实现一种内在的超越。金雅教授认为，现代中国美学既强调将审美活动引入广阔而丰富的现实人生，也不忘将审美活动作为引领、升华现实人生的重要途径。她肯定梁启超的纯粹之“为”，即实践是人生的基础，有“为”才有创造，才有人生的生生不息，但个体之“为”与众生和宇宙的运化之间不免存在对立、冲突，相对于众生和宇宙的运化也总是不圆满的，因此，个体应以“知不可而为”的精神破除成功之妄念，以“为而不有”的精神驱除得失的执着，专注于实践和创造本身，最终达到不有之为的趣味境界。赞同王国维强调的“有我”与“无我”的统一，赞同对待现实人生应做到既“须入乎其内，故有生气”，又“须出乎其外，故有高致”的审美化态度。

其次，金雅教授梳理了现代中国美学对西方美学优秀成果的吸纳。中国古典美学强调美善的统一，儒家自不必说，道家美学究其实质也是一种美善统一论。只不过道家所追求的“善”不是社会人伦之善，而是整个宇宙大化流行之善。而美善统一论必然导致人们过于关注艺术的社会功能，而忽视情感在艺术和审美中的本体意义，无法正视审美和艺术在社会和生活中的独立价值。金雅教授指出，现代中国美学吸收了以康德为代表的西方美学的理论成果，形成了真善美张力贯通的美情观。康德美学确立了情感独立地位，同时也确立了审美活动的独立地位，从而为现代美学的发展奠定了理论基础。20 世纪初，康德的审美无功利和情感独立的思想首先由王国维、蔡元培等人引入中国。但王国维却将康德的审美无利害的命题转化为“无用之用”的命题，将康德对审美的本体属性问题的探讨转化为对审美活动价值和功能的探讨，从本体论、认识论转向了人生论。同时王国维又把康德的审美无利害思想和叔本华的意志解脱思想以及本土文化相融合，从而形成了以“境界”为代表的人生论美学思想。这样，王国维就在吸收西方美学思想的基础上，突破了中国古典美学以善为美的德情观，解除了道德对于审美情感的束缚，开出了艺术品鉴与审美品鉴相交融的现代人生审美的新境界。总体来看，中国现代人生论美学既吸收了西方美学情感独立的理论成果，突破了中国古典美学的德情观，又反对把审美情感当作纯粹的绝缘的存在，而主张真善美张力贯通的美情观。比如梁启超所主张的“趣味”美、朱光潜主张的“情趣”美、宗白华主张的“情调”美，都是如此。

最后，金雅教授指出，以梁启超等人为代表的现代中国美学立足于现代社会人的生存现状，是为解决现代社会中人的生存困境而提出的审美解决方案，具有强烈的现实品格和问题意识。对于当代中国美学的建设来说，相对于古典美学具有更强的现实意义和价值。中国古典美学形成于前现代的中国社会，在这种社会中，个体缺少独立性，更多的是作为社会共同体的一员进行活动。人自身的感性与理性之间的矛盾，个人与社会之间的矛盾以及人与自然的矛盾都尚未得到充分发展。因此，中国古典美学是以优美为主要形态的和谐美学。进入现代社会之后，随着市场经济的发展，个体逐渐脱离社会共同体而走向独立，人自身的感性与理性之间的矛盾，个人与社会之间的矛盾以及人与自然的矛盾都逐渐尖锐化。因此，现代美学理论必须针对这一新的社会现实提出相应的解决方案。金雅教授则认为，以梁启超等人为代表的现代中国美学就是以承认人生的矛盾、对立、痛苦、无奈为前提，它的理论指向就在于用审美和艺术的精神来实现对人生矛盾、痛苦的超越，为现代人的生存构筑一个理想的精神家园。王国维认为，人生的本相就是痛苦与悲剧，而艺术的任务就在于描写人生的痛苦并使人脱离因欲望而引起的争斗从而获得解脱。因此他主张以“无我”为艺术的最高境界。而梁启超所主张的“知不可而为”与“为而不有”相统一的“趣味”精神，也是以承认现实人生不圆满，与外界存在不可调和的矛盾为前提，并寻求通过扬弃成败得失的计较以求超越这一困境而走向人生的自由境界。

三

金雅教授《中华美学：民族精神与人生情怀》一书所提出的人生论美学，已不仅是一种理论或概念的倡导，而是通过发掘、反思、提炼中国现代人生论美学资源，形成了一套比较完整的美学理论体系。

首先，任何美学理论体系的建立都必须以基本范畴为基础，基本范畴的确立是理论建构的逻辑起点，整个理论体系都必须围绕基本范畴而展开。因此，任何完整的理论体系都必须有自身核心的范畴或范畴体系。以鲍姆嘉登、康德为代表的西方经典美学主要是以感性、美与崇高等为基本范畴。而中国古典美学则主要有道、气、有、无、韵、味、象、境等基本范畴。金雅教授的《中华美学：民族精神与人生情怀》一书，则以美情、趣味、境界、情趣、情调、真率、无我、化我等为核心范畴群。正是这一范畴群的形成，为人生论美学奠定了坚实的理论基础，形成了人生论美学注重审美、艺术与人生相统一，既高度关怀现实人生，又提倡高情雅趣以超越现实人生的理论特质。

其次，美学理论体系的建构还需在基本范畴的基础上形成基本的理论命题。西方经典美学主要围绕美是什么、崇高是什么、审美经验、审美教育等理论问题而展开。中国古典美学则提出了诸如尽善尽美、气韵生动、比德、养气、虚静等命题。金雅教授的《中华美学：民族精神与人生情怀》一书，则提炼了“美术人”说、“大艺术”说、“出入”说、“看戏演戏”说、“生活—人生艺术化”说等为代表的命题群。这些命题既体现出中国美学关注人生和实践的传统取向，又吸收了西方美学强调审美和艺术独立的理论成果，着眼于以审美和艺术的精神引领和升华现实人生，从而形成了以审美实践涵容艺术活动与人生实践的宏阔理论视野。

最后，美学理论体系的建构还需形成自身独有的美学精神。西方经典美学把美视为纯粹的认识对象，推崇冷静、思辨、科学的认识方法，割裂审美与生活之间的原有联系，从而形成了具有浓厚思辨性和理论性的美学精神。中国古典美学则重视美善相济，主张天人合一，倡导诗教乐教，从而形成了以人的德情美的教化为中心的伦理美学精神。金雅教授的《中华美学：民族精神与人生情怀》一书，强调立足人生、关怀人生、升华人生的立美创美审美相融、真善美贯通、知情意行相洽的现代美学精神。这种人生论美学精神既不同于唯美主义把艺术理解为形式，而追求装饰性、新奇性和感官享受等外在的东西，也不同于后现代“日常生活审美化”思潮放弃人生的理想，沉溺于感官的享乐。金雅教授的人生论美学，突出强调了美和艺术对现实的反思和批判功能，将美的艺术与生命涵养、人格涵育相统一，最终强调的是关怀人，关爱人，美化人，是回到人自身。

作者单位：华东交通大学

美学的呼吁和反思

——读金雅教授《中华美学：民族精神与人生情怀》

熊宁辉

金雅教授是当代研究中国现代美学的顶尖学者，尤其对梁启超的美学思想有独到的见解，为学界所瞩目。但她为人低调，话也不多。几次参加研讨会，我一直想着向她求教，但没有合适的机会。

近日阅读金雅教授的著作《中华美学：民族精神与人生情怀》，颇多感触，就以读书笔记的方式，与她在书里交流，似乎也是一种不错的方式。这部著作的封面，印有各种“美”字的历代书法，浮凸的质地有一种被时空打磨之感，翻阅起来，纸张似乎有一种温度，像“素描纸”做的，我待在家里的小工作间里，读书的感觉刹那间又回来了。

我是搞绘画创作的，研究方向是联觉，也就是研究跨感官的艺术表达理念和规律，将听到的音乐转化为绘画的色彩与造型，或将闻到的气味转化成视觉色彩和音乐等，一种国际上正在探索的新艺术流派。在创新表达方面，需要了解心理学和神经科学的一般性原理和联觉人的个体反应的经验；同时也需要了解艺术认识论方面的经验和知识，尤其是美学方面。我曾经与杭师大的丁同俊副教授一起参加 2015 年在西班牙举行的第五届科学与艺术国际联觉大会，我们的论文是《概述中国古代艺术与音乐中的联觉》，为了这个业余课题，我们翻阅了不少中国古代音乐和绘画方面的理论文献，这算是我第一次接触中国古典美学吧。我是典型的实用主义者，读书没有什么系统，这种边学边实践的方式有好的方面，但非常不全面，理解也多有偏颇之处。另外，我对现代中国美学，几乎没有接触过。在欧美，美学属于哲学范畴，研究者多为大学哲学系的师生，与我合作过的意大利米兰理工设计学院的 Dina Riccò 教授告诉我，凡美术类的学生都是必修课，如著名的米兰 Brera 美术学院，而艺术设计或建筑类的学生属于选修，但关于美学素养的培养，在各个专业都有所涉及，因为这关系到人的思维的重要方面。对于一个文明社会的每一个人，都是必要的。在欧洲，即使是普通人的审美能力都是不错的，这并不只是体现在言谈举止吃饭穿衣，更主要的是公共场所和网络环境，社会文明水准便可一目了然，于个人就是他们的精神气质。在当今中国，强调基础美育教育就是一个重要环节。问题是美学理论过于艰深，各种思想流派如天上的星星，哪些是一般人需要的呢？现在，仔细研读金雅教授这部论文集，是一种很好的指引。

《中华美学：民族精神与人生情怀》分成三编，上编主要是金雅教授阐述中华美学及其精神的特点、意义，中编是她对梁启超美学思想的研讨，下编主要是她对若干中国现代美学代表人物的思想对比研究。这么多文章该如何阅读？对于像我这种非美学专业的门外汉，要了解中国现代美学，也许可直接从这本书的中编开始。中编前四篇可以作为了解梁启超美学的导读：《梁启超“趣味”美学思想的理论特质及其价值》《梁启超的“情感”说及其美学理论贡献》《论梁启超“力”与“移人”范畴的内涵与意义》《梁启超“趣味”论和“生活的艺术化”说的人生论品格及影响》；中编紧接着的两篇也很重要：《梁启超“三大作家批评”与 20 世纪中国文论的现代转型》《论梁启超的崇高美理念》，其中研讨了梁氏对屈原、陶渊明和杜甫艺术的解读，给我们树立了梁氏美学的精神高度。非常有意思的是下编开始的那三篇：《“境界”与“趣味”：王国维、梁启超人生美学旨趣比较》《“趣味”与“情趣”：梁启超朱光潜人生美学精神比较》《趣味与情调：梁启超宗白华人生美学情致比较》；在这里，金雅教授将梁启超的美学思想与王国维、朱光潜、宗白华的美学思想进行对比剖析，这不仅可以更立体地认识梁启超美学的特点和价值，而且也使其他几位大家的思想特点更为鲜明地呈现给我们，给我的印象极其深刻。

全书读后，我有几点感触较深：

第一，美学给一般人一种望而生畏或空洞抽象之感，读了金雅教授的著作，感觉梁启超的“趣味”普通人也不难接受。古人说“羊大为美”，意思是羊肉肥美好吃，想起来就要流口水吧，这可以说是一种淳朴的趣味，也是一种生活的向往。当然，人生还有更多趣味，按照金雅教授提炼的梁氏美学的说法，趣味就是生活，生活就是趣味，为趣味而忙碌是“人生最合理的生活”，是“有价值”的生活。与之相反，那些“石缝的生活”“沙漠的生活”就是无趣。无论是做学问、搞艺术，还是劳作，都能建构趣味生活。趣味生活的内质，金雅教授把它概括为“情感的激扬”（底层）、“生命的活力”（中层）、“创造的自由”（顶层）。[①] 梁启超的“趣味”精神，正是金雅教授所着力倡扬的。

我认为，尽管不是所有人都能够达到创造的自由，但努力做到情感的激扬和生命的活力还是有可能的。做学问或搞艺术毕竟是少数人，但即使是从事普通工作的，里面也是有许多意义，“有趣”会驱使我们去观察、去创造，展现生活中的美和智慧，给予人以方便，给社会带来价值。而“无趣”之害，其实有许多例子，重大社会事件我不举了，就我经历的一个例子，我曾经负责某公共空间的标识整改，发现餐厅二层的厕所有很好的残疾人无障碍设施，可是却没有方便残疾人上来的电梯。这不仅是设计者、施工人员的失误，更是社会资源的浪费，“无趣”的体现。如果我们都这样“无趣”下去，浑浑噩噩地活着，那一旦发生重大危机，那损失的不仅是社会财富，更是人的生命。然而，如果我们每个人都能从自身做起，改造人生，将责任转为兴味，外在的功利追求转化成内在的情感需求，也就是共情之心，这个社会就会发生积极转变。

第二，正如金雅教授所说，“人生情怀”在梁启超的美学思想中是非常突出的。梁启超所处的是一个动荡变革的社会，他亲身经历了戊戌变法、武昌起义，腥风血雨让国人远离了宁静与和谐，他晚年退出政坛，反思什么是美，我们需要什么样的美，怎样才能通过文化革新来救

① 金雅：《中华美学：民族精神与人生情怀》，中国社会科学出版社 2017 年版，第 146—147 页。

国，这是我们这代人很少考虑的问题。金雅教授在书中讲到，在梁启超看来，与时代和民族命运相呼应的美，就是力之美，是变、动、兴、立、进、创、刚、强、破、改之美，是与守旧、闭塞、保守、怯懦、静止、因袭、愚弱相对立的美。他期待“横刀阔斧，以辟榛莽而开新天地”的英雄问世，期待“知责任”“行责任”的大丈夫问世，期待有“活泼之气象”“强毅之魄力”“勇敢之精神”的豪杰问世。[①] 这令我想起了“以刀当笔”的王琦木刻版画，也是鲁迅先生大力倡导的中国新兴木刻运动，这种极具艺术传达表现形式的黑白和线条，给国人带来极大的精神力量，尤其是在抗战时期。更不用说《义勇军进行曲》的传播，让日寇胆战心惊。这就是艺术的力量之所在！美的力量之所在！有人说艺术是奢侈品，用巨资炒艺术品，追求网红流量，歌舞升平，但有多少是深入人心？我们的美学指导在哪里？起到什么作用？为什么在一百年后的今天要回顾梁启超的美学思想，这的确是需要认真思考的地方，在书中尤其在上编，我看到了这种呼吁和反思！

第三，在这本书中，我还看到许多对当代艺术与科学探索富有启发的论述，主要来自金雅教授对梁启超、朱光潜等现代大家的解读与总结。尤其是梁先生的“四力”与“移人”、朱先生的“玩索”等，这对我个人的创作和研究，都带来了启发。

梁先生的“四力”，金雅教授在书中是这样解读的：“四力”为“熏”“浸”“刺”“提”，其中前三者来自外力，“熏”实质上是“烘染”，不知不觉为之吸引；“浸”实质上是“化”，潜移默化的作用；“刺”实质上是“骤觉”，是由“刺激”而产生的感情异化和动情；“提”才是目的，此时主体和对象已经界限无存，物我两忘，身临其境而感同身受，精神世界上得到熏染和提升，也就是最终起到了“移人”的作用。[②] 梁启超这种对艺术认知过程机制的解读，非常有意思，在艺术创作中如何用好联觉，如何科学地把握观众的神经心理，其实是当代的神经营销学的范畴，其科学性不言而喻。艺术创作要掌握观众的接受渐进过程，不仅在中国古代古典艺术或经典小说中可以看到，在贝多芬

① 金雅：《中华美学：民族精神与人生情怀》，中国社会科学出版社 2017 年版，第 226 页。
② 金雅：《中华美学：民族精神与人生情怀》，中国社会科学出版社 2017 年版，第 179 页。

的钢琴奏鸣曲、普契尼的歌剧《蝴蝶夫人》、柬埔寨吴哥窟的设计思想、波提切利的《春》、达·芬奇的《最后的晚餐》中，也都可以发现这种神奇功效。

而朱先生的“玩索”，金雅教授是这样解读的：与梁启超的那种带血带泪的刺痛和决绝的壮美不同，朱光潜的“无所为而为的玩索”，即生命活动中创作与欣赏的和谐与统一才是美的最高实现，“要创作，要欣赏”，“人生乐趣一半得之于活动，也还有一半得之于感受”，“世界上最快活的人不仅是最活动的人，也是最能领略的人”，领略需要静出。[①] 这说明美是需要咀嚼的，再好的东西也是需要时间消化的。记得小时候我一直很喜欢西方西洋古典音乐，非常具有色彩感，但相比中国戏曲和古琴音乐，却感到单调许多，其实是需要花时间体会的。如在创作《流水》系列油画时，因为要理解管平湖演奏的琴曲《流水》，我断断续续花了几个月的时间，按曲谱指引分段，逼着自己画分段“音乐联觉鱼骨图”（我自创的一种分析音画联觉的工具）；而当我将它们进行纵向比较时，才明白了其中的意境迥然不同，接下来的小图构思就容易许多。原来，西洋音乐与中国音乐的欣赏感受的点是完全不一样的，后者更注重流线、速度、浓淡、冷热的变化，如同水墨书法，以此反映音乐或戏曲中的冲突和情趣，而前者更以和声、调性、器乐或人声的变化见长，以此反映出色彩与块面形体。的确，在艺术欣赏过程中，要领略到其美，是需要认知转换和培养，才能达到朱光潜先生的“物我交感共鸣”的那个点，这也完全符合当代神经科学的认知原理。我觉得，为什么许多好艺术并不是我们立刻就能够欣赏的，其中应该有这个原因。文化需要多样性，艺术思维需要百花齐放，不存在“唯一性”，不能因为不理解而贬低，要保持开放和探索的心态，搞创作要敢字当头，这正是进入“创造的自由”的必经之路。

《中华美学：民族精神与人生情怀》这部学术专著内容极其丰富，它不仅展示了中国现代美学的“美丽星空”，而且设计了可以参照的“星图坐标”，以此引导我们进一步理解和体会大师之趣，理解和体会中华美学的民族情趣，进而贯通到当下的自觉践行中。审美教育是启

---

① 金雅：《中华美学：民族精神与人生情怀》，中国社会科学出版社 2017 年版，第 369 页。

蒙，如何让这些优秀的美学思想深入人心，普及与实践是关键，要打破固有僵化思维，实现这种转变，而这正是体现我们每个人的责任和价值的时候，这也是金雅教授此著既微且宏的一个宗旨。

2021 年 9 月于北京望京工作室

作者单位：杭州师范大学

植根民族文化传统　提升中华美学精神

——评金雅《中华美学：民族精神与人生情怀》

李　梅

中国现代美学学科的确立与发展，离不开20世纪初社会大变革的现实土壤，以及西方美学理论在研究范畴上的启蒙和中西美学思想融合创新的变革。近现代美学研究之旅的开启，被认为是植根于中国哲学文化思想和民族文化传统，利用“新思维”推动中国美学学理体系和审美实践的革新，在传承和弘扬中华美学精神的历史进程中意义重大。21世纪初迄今，金雅教授集中开掘、提炼和推进对中国近现代美学思想的相关理论研究，她从人生论美学切入，以中国现代美学名家研究为主线，逐步扩展到对中华美学精神与艺术实践的深度融合研究，着力推动中国近现代美学思想的学理创新。至今已出版专著《梁启超美学思想研究》《人生艺术化与当代生活》，主编《中国现代美学名家文丛》《中国现代美学名家研究丛书》《中国现代美学与文论的发动》《蔡元培梁启超与中国现代美育》《人生论美学与中华美学传统》等，取得了丰硕的研究成果，丰富和完善了中国现代美学思想的研究，在学界引发广泛关注。

在研究路径上，金雅教授从梁启超美学思想出发，沿着“个案—群体—原理”的研究轨迹，梳理挖掘了中国现代美学思想的“人生论”思想资源，并从学理上予以系统化的建设，形成了独具风格的研究特点。一方面，其研究成果为我们全面系统地展现了梁氏美学思想的理论价值和现实意义，她提出的“梁启超美学思想构筑了一个以趣味为核心、情感为基石、力为中介、移人为目标的人生论美学思想体系”，深入准确地揭示了梁氏美学核心思想的连贯性；另一方面，虽然其学术研究的轨迹启于梁启超，但并不拘泥于个案，而是延伸到其他中国现代文艺美学家，包括王国维、朱光潜、宗白华、丰子恺等在内的群体。其研究手段表现为，针对中国现代美学史上具有典型代表的思想家，既做个案审视，又做横向比较，更做学理建设，不仅取得了较为客观、系统、深入的把握，同时深化了对中国现代美学群体特征、时代特质的把握，和对中华美学民族精神的理论总结，在整体上呈现出由演绎到归纳到建构的递进式研究路径。

2017 年 5 月，由中国社会科学出版社出版的金雅教授的个人文集《中华美学：民族精神与人生情怀》，是她在中国现代美学思想研究和对中华美学精神探究的学术之路上，所取得的理论成果的一次集中展示，也是她对中华美学的人生论学理特质和民族精神的集中发掘。论文集共收录理论文章 34 篇，分上、中、下三编。上编收录了对中国美学学科建设和中华美学精神特别是人生论美学传统的理论价值和实践意义的相关论述文章 13 篇，明确指出审美艺术人生动态统一的“大美”观是人生论美学的理论基础，真善美张力贯通的“美情”观是人生论美学的理论核心，物我有无出入诗性交融的“美境”观是人生论美学的理论指向。其富有诗意和哲思启示的叙述，揭示了中华美学精神区别于西方美学传统的独特民族性。中编集中收录了对梁启超美学思想的审美范畴及文论思想的提炼和阐述文章 14 篇，视野开阔，跨度较大，涉及梁氏文艺美学思想的多个方面。一是着重对梁氏“趣味”说、“情感”说、“力”、“移人”、“人生艺术化”说等的深度解读与分析；二是通过对梁启超美学思想发展分期及演化特征的分析，总结凸显了梁氏美学“变而不变”“不有之为”的理论特点和精神特质；三是于 20 世纪中国文论的历史视域下，阐述了梁启超以屈原、杜甫、陶渊明为具体研究对象的“三大作家批评”，在中国文论现代转型中的历史性意义和巨大推动作用；此外，另有 2 篇关于梁启超的小说理论和美育思想的理论成果，扩展了梁氏美学的研究范围。上述研究既包含具体范畴的解读，又有宏观理论上的把握，更有站在时代与历史维度上的提炼与总结，彰显了作者敏锐的学术洞察力和深邃的思维创造力。下编收录了梁启超与其他现代文艺美学家美学思想范畴及学理主张的比较分析文章7篇，作者通过对梁启超的“趣味”范畴与王国维的“境界”范畴、朱光潜的“情趣”范畴、宗白华的“情调”范畴的对比和剖析，深刻揭示了人生论美学思想在20世纪中国现代美学进程中的共同旨趣。

“人生论美学”的学理渊源与民族传统，是金雅教授研究中国现代美学的基本理论立足点。她将梁启超美学定位于人生论美学，解决了传统研究忽略现代美学思想中的民族精神特质的显著而重要的问题，其研究基础建立在典范个案及群体观照之上，对理论的阐述明晰而具体，有着独特的研究路径和方式，显示出作者逻辑的缜密性和视野的开阔性。

在“人生论美学”研究中，金雅教授提出了诸多富有深刻理论内涵的洞见。例如：“人生论美学不仅仅是一种理论上的建构，它也必然是一种价值上的信仰和实践中的践履。它要解决的不仅是审美的学理问题，也是人生的状态与意义问题，追求的是生命的诗化和向美攀升”；“人生论美学是对现代文化工具理性指征的一种人文反思，也是对后现代文化放逐意义价值的一种人文守护”；等等。上述论述阐发并提炼了人生论美学的学理价值和精神意义，其对人的关注、对人文的守护、对人的信仰的践履等方面的论述，引人深思和玩味。

“美情”论是金雅教授在中华美学精神与人生论美学研究中提出的重要学说之一。她从中国先秦典籍出发，探寻了“美情”的概念渊源，指出在传统文献中，“美情”主要是伦理学意义上的，与今天讲的美学意义上的含义有别。金雅教授有创见性地指出，“情”与“道”、“性”、“命”相关联的宏大视野，“情”需“美”可“美”的价值意向，都为中华美学的“美情”思想，提供了重要的观念基础。进一步的，她从中国近现代美学思想的代表人物王国维及范寿康等的著作和学说出发，认为王国维大概是较早直接从美学角度谈论“美情”的，但是王氏的理论框架更偏于形式美的探讨，忽略了“美情”的情感美学维度；范氏使用的“美的情感”有接近民族美学中美的情感的意味；其他如梁启超、蔡元培等美学家的著作及学说中，虽没有提出明确的“美情”概念，但却是美情思想的坚决拥趸。她深入挖掘了“美情”论的民族文化渊源，指出了审美与情感的本质联系，明确了情感美学的价值和意义，彰显了“美情”说的美学价值和人学意义。

“人生艺术化”作为20世纪上半叶中国现代思想中的重要命题，在金雅教授的美学研究中，被引入了深入的理论渊源探究和学理标准的界定与确立。金雅教授在《人生艺术化：学术路径与理论启思》一文中，提出“人生艺术化”的相关理论表述孕育于20世纪20年代前后，田汉在给郭沫若的信中较早提及了“生活艺术化”的概念；宗白华提出了“艺术的人生观”与“生活艺术化”的相关概念；梁启超奠定了中国现代“人生艺术化”学说的核心精神，即不有之为的趣味精神；1932年朱光潜发表《谈美》，专列了“慢慢走，欣赏啊——人生艺术化”一节。自此，“人生的艺术化”的理论表述成型。这样的概念沿革的明晰梳理，展现了作者对“人生艺术化”理论脉流的辨析发掘，也推进了“人生艺术化”命题在人生论美学维度上的理论创新。金雅教授认为，从本质上讲，“人生艺术化”和“人生论美学”的学理渊源，深植于中华美学深厚的民族文化传统，其自身就蕴藏着民族文化血脉的根基。金雅教授的研究，将“人生艺术化”的民族内涵和精神特质，予以明确界定，揭示了其在中国美学承前启后、传承创化交会点上的突出贡献和理论价值。

《中华美学：民族精神与人生情怀》这一文集及其研究成果，不仅开掘推进了美学学科发展及美学研究的若干基础理论问题，也有利于引领推进民族美学资源的传承、发掘与创新。

金雅教授的研究，植根于民族美学资源的沃土，萌发于对民族美学理论问题的洞察和探索，以“个案—群体—原理”为路径，以“人生论美学”为主线，以“人生艺术化”为指向，以“美情”论为支撑，是深入探讨提升中华美学精神和艺术精神的高水平理论著作，其内容是恢宏而丰富多彩的，而这些，则只有将自己置身于民族文化的新时代演进中，在提升中华美学精神的理论与实践的浩瀚海洋中，才能够了解和发现。

作者单位：浙江理工大学

“趣味”美育的宁馨儿

——评金雅的梁启超美学研究及其他

李　弢

2005 年，同门大师姐金雅老师所承担的国家社科基金青年项目“梁启超美学思想研究”终期成果，以同名著作的形式在商务印书馆出版，导师王元骧先生在序言里评说：“这大概是我国系统研究梁启超美学思想的第一部著作。”他认为，这部专著对梁启超的美学思想作出了全面系统的梳理，同时把梁启超前、后期的美学思想作为一个整体来研究，“潜心发掘其内在的思想脉络与逻辑联系，对于梁启超美学思想中的许多重要成果作出了深入的开掘与阐发，并对学界所存在的有争议的问题发表了自己中肯、有创见、有说服力的见解，……达到了相当高的学术水平”。并肯定它的出版“不仅是对梁启超美学思想研究的一大推进，也丰富了我国近现代美学思想史的研究，是我国近现代美学思想史研究上一项可喜的收获”。①

我们高兴地见到，在这个领域，金雅再接再厉，从 2007 年选题动议至 2009 年校订付印，她又主编了六卷本的《中国现代美学名家文丛》（初版于浙江大学出版社、2017 年再版于中国文联出版社），主要遴选了六位中国现代美学家——梁启超、王国维、蔡元培、朱光潜、宗白华、丰子恺的相关论著，此可谓国内首次将中国现代美学卓具代表性成就的名家做集中文献整理的版业盛举。金雅自道这一美学资料的整理

① 金雅：《梁启超美学思想研究·序二》，商务印书馆 2005 年版，第 4 页。

工作一直是其强烈心愿，它既凝聚了编者多年从事相关研究所积累的感情应力，更有随着对研究现状的深入了解而体现出的此等铺路之劳作的必要性和意义价值。中国现代美学的研究在业内本身处于一个相对薄弱的环节（如资料清理十分欠缺等），但这部分在中国美学的整体发展进程中又非常重要而不可或缺。这一阶段当是中国美学学科自觉的开端，有着承前启后的意义，同时美学的人文特殊性，以及中国现代美学所孕生的特定背景，使该时期的美学思想浸染了浓郁的个人情怀、凸显出独到的思想锋芒，其美学意趣精神对于今天人们的现实生活，日益彰显出愈久弥新的指导意义。①

"中国现代美学留给我们的精神财富，一方面是它对于西方美学学科及其思想理论、观念方法、术语形态等的积极学习和吸纳，另一方面也是它传承民族美学的优秀传统、融会中西古今滋养而试图建构起来的解决民族自身问题的独特话语及其精神特质。学术与人生的贯通，知识与信仰的融会，开放与新创的激情，不仅构筑了中国现代美学的精神特质，也使它至今仍有启益民族美学学术与国人精神生活的方面。"② 金雅分析并指出，"积极的美育指向"是中国现代美学传统的突出特征之一，也是其人生论精神的重要落脚点。而《文丛》提及的六位大家，都有倡导把美学研究的成果贯彻到教育之中、把思想与理论落实到育人之上，强调并重视美育的情感功能，主张用艺术教育来改造国民性的共同思想意向和相通的实践路径。

金雅指出，王国维可能是在现代中国最早提出"美育"之问题的，其影响主要在于学术界；蔡元培则在中国现代教育史上第一个把美育确立为国家教育的方针之一；而梁启超也是20世纪中国较早致力于美育的思想家和倡导者，他明确提出了"趣味教育"和"情感教育"的理念。金雅强调，"趣味"是梁启超美学思想的核心范畴和本体范畴，"趣味美"是梁启超美学精神的标识；"趣味教育"，是梁启超最为重要而具特色的美育理念；梁启超也是中国现代第一个倡导和力行"趣味教育"的美学家。

---

① 金雅主编：《中国现代美学名家文丛·梁启超卷·初版总跋》，中国文联出版社2017年版，第525页。

② 金雅主编：《中国现代美学名家文丛·梁启超卷·序论》，中国文联出版社2017年版，第3页。

在《梁启超美学思想研究》中，金雅将梁启超美学思想的发展划分为1896—1917的萌芽期和1918—1928的成型期两个阶段，揭示了其变而非变的整体特征。对其1918年以后的论著作了甚为全面的梳理，认为主要可以分为两大类：一是围绕“趣味”的命题，通过对美的本质的体认、感悟来探讨人生观、价值观问题，主要包括《“知不可而为”主义与“为而不有”主义》《趣味教育与教育趣味》《学问之趣味》《什么是文化》《敬业与乐业》《为学与做人》《人生观与科学》《知命与努力》《美术与生活》《美术与科学》等名篇；另一类是文学作品及古代诗人的分析，从文艺层面来探讨艺术中的“情感”问题及其与美和审美的关系，主要包括《中国韵文里头所表现的情感》《情圣杜甫》《中国之美文及其历史》《屈原研究》《陶渊明》等。[1]

在金雅2012年修订再版的《梁启超美学思想研究》一书中，于初版的第三章“梁启超的文艺思想和艺术美论”之后，增加了第四章“梁启超与中国现代美学精神”的内容，并分为“趣味”与“境界”、“趣味”与“情趣”、“趣味”与“情调”三小节，这三小节又分别对应梁启超与王国维、与朱光潜、与宗白华三位中国现代美学代表性人物，进行了深入的比较研究。之所以有这样的章节安排，用作者自己的话来说，一方面，可以突出梁启超美学思想的创构对中国现代美学精神传统之发生和发展所不容忽视的影响；另一方面，着眼于这个阶段中国现代美学的主要开创者与重要建设者们，既有学科建构与理论建设的探索，更有直面人生与关注时代的激情，而不是简单移植、复制西方美学的独特贡献。金雅指出，在以梁启超等为代表的中国现代美学的开拓者和初创者身上，凸显出既不同于西方经典美学，也不同于中国古典美学的民族化理论特征与精神面貌。

金雅强调，中国现代美学精神传统中最为突出的方面之一，是“中国式的艺术审美超越或曰审美人生的建构”。这集中表现为“审美艺术人生相统一”，“真善美相贯通”，“以美的艺术精神与情韵为标杆、以诗性超越为旨趣、远功利而入世的人生美学精神”。[2] 在创化中西文

① 金雅：《梁启超美学思想研究》，商务印书馆2012年版，第58—59页。

② 金雅：《梁启超美学思想研究》，商务印书馆2012年版，第212页。

化与审美传统、孕育富有民族特征的美学理论诉求与审美价值旨趣之上，前有梁启超、王国维等的开掘，后有朱光潜、宗白华等的丰富。金雅把梁之美学思想的"趣味"范畴，和王的"境界"、朱的"情趣"、宗的"情调"等范畴相比照，揭示出梁启超在中国现代美学精神传统孕化中的独特意义，并提供给我们梳理、考量这一美学精神传统发展演化的历史图谱和特殊视角。金雅认为，中国现代美学"融审美艺术人生为一体的人生美学精神"，呈现出"理论诉求与人生诉求相谐的致思路径"。而"审美与人的生活的紧密联系"，也"直接决定了审美教育的人生向度和人文意义"，所以"美育的人生向度在根本上就是以关注人为中心，注重美育与生命完善、生活美化的联系"。[①]

美育从"启智""辅德"到走向金雅教授力倡力行的"人生"的"大美育"，是对美育性质之认识的深化与回归。美育的人生向度把培育趣味化的审美人格作为核心追求，在这一点上，美育人生论既是中西美育理论传统的当代传承与发展，也是从当下时代特点和现实需求出发而倡导的一种美育实践意趣。[②] 在 2017 年出版的《美育与当代儿童发展》一书的"内容提要"里，金雅等针对时下"以技能训练和艺术考级为目标和价值追求的实用美育观"的种种弊端，特别提出当"以大美育观为依托，依据以人为本的儿童发展观"，同时结合儿童发展的客观阶段和具体目标，来"研究和论析美育的人生向度及其对当代儿童发展的现实意义和人文价值"。该书中第五章"中西儿童美育思想资源与借鉴"的第一节"中国儿童美育思想与启示"，即以梁启超的"趣味教育"说与"情感教育"说为开端，揭示了 20 世纪初特定的时代背景之下，我国审美教育开始走向自觉的进程中，诸多中国现代美育家以丰沛的理论生机和思想活力，浓郁的人文情怀、社会使命感和人生责任感，对儿童美育的倾力思考与创新探索。

《中国现代美学名家文丛》之"梁启超卷"，在该卷《梁启超及其美学》的长文里，金雅令人信服地评说道，梁启超作为中国现代美育思想的重要先驱之一，完善健全的现代人格之塑造始终是他关注的中心

① 金雅、郑玉明：《美育与当代儿童发展》，浙江少年儿童出版社 2017 年版，第 60 页。
② 金雅、郑玉明：《美育与当代儿童发展》，浙江少年儿童出版社 2017 年版，第 23 页。

问题，他明确提出过，教育就是“学做现代人”的主张。梁是从塑造完整的现代人的立人理想出发，构筑趣味教育的思想与情感教育的理论，但在现实生活中，并非人人都享有趣味，我们则需要通过对趣味的载体——美的审美实践来开展趣味教育。在“趣味”之教育的目标、方式和原则上，梁启超把趣味主义人生态度的建构作为这一教育的根本目标，此中，艺术又是趣味教育的主要内容与形式，而实施趣味教育还应以引导与促发为其基本原则。[①] 以上，常与现代启蒙主义的理想紧密相连，体现出了西方人本主义美育思想的深远影响。

金雅敏锐地指出，中国现代美学也最大限度地传承和发扬了中国传统文化中艺术—审美的诗性情怀。中国现代美学家们努力融会中西思想、理论和方法，[②] 借以转化中国古代艺术—审美之境界，使现代的人生理想与精神品格得以重构。金雅认为，这突出的表现之一就是“以出世来入世的‘人生艺术化’思想与学说”。[③] 她强调，“人生艺术化”并不是以艺术来出世、游世或厌世，而是要求以艺术之精神来塑造生命、提升人格，超越小我来达成大化，整体追求生命过程的非功利性和生命意义的诗意性。[④] “人生艺术化”也许是某种带有乌托邦性质的艺术理想、审美理想和人生理想，但正像中国现代美学是孕生于民族苦难、文化落后、民众麻木的特定历史背景一样，这一学说是在苦难的现实中升华起来的理想诗意的光芒；它“作为对于当时国人萎靡人性和委顿生命的批判与启蒙，作为对于现实中世俗物欲和功利主义的批判，作为对于现代社会工具理性和机械理性对人性分裂和束缚的否定”，无论昔日还是今天，都有其积极而独特的意义。[⑤]

---

① 金雅主编：《中国现代美学名家文丛·梁启超卷·导读》，中国文联出版社 2017 年版，第 22—24 页。

② 梁启超曾用异质文化的“化合”与“结婚”之论期许能为中国文化养育“宁馨儿”，参见梁启超《论中国学术思想变迁之大势》（夏晓虹导读，上海古籍出版社 2001 年版，第 8 页），笔者认为，在其美学思想的方法论上亦可作如是观。

③ 金雅主编：《中国现代美学名家文丛·梁启超卷·序论》，中国文联出版社 2017 年版，第 7 页。

④ 金雅主编：《中国现代美学名家文丛·梁启超卷·序论》，中国文联出版社 2017 年版，第 9 页。

⑤ 金雅主编：《中国现代美学名家文丛·梁启超卷·序论》，中国文联出版社 2017 年版，第 12 页。

金雅认为，梁启超的人生观和美学观，坚持两个主义及其统一，两个主义是“知不可而为”主义和“为而不有”主义，二者的统一即“趣味主义”，梁自己称之为“无所为而为主义”，“也可以说是生活的艺术化，把人类计较利害的观念，变为艺术的、情感的”。[①] “趣味主义”与“功利主义”相反对，是生活、劳动等生命活动的艺术化，在这里，梁把“趣味化”的生命境界涵括为“生活的艺术化”，倡导通过学术、游戏和劳动等生命实践活动，尤其是艺术审美活动来涵养趣味人格。金雅将梁启超的这种“趣味主义”精神以“不有之为”相表述，指出梁启超的美学“是融审美、艺术、人生为一体的大美学，是融趣味、生命、审美为一体的人生论美学”。[②]

劳动、生活和艺术的审美，都能给予人丰富而独特的愉悦，人在审美愉悦中也能获得理性的领悟和充实，从而强化实践意志、陶冶升华人格，这可谓美育的整体功能。在审美中，自由纯粹的审美愉悦不仅能涵养人的情感世界、提升人的情感能力，还能因情感在人的心理系统中的重要动力功能和桥梁功能，而使人的认知、意志等因素也活跃起来，进一步激发、贯通和强化审美对象中包孕的思想与道德等内蕴。金雅指出，关注审美对人的根本意义和独特价值，是美育研究基本而重要的内容，也是引领当代儿童全面、和谐、自由发展的具体而关键的途径。[③]

“趣味”美育和“人生论美学”的题旨，在我们当下以经济与技术为前提的全球化语境中，在高度重视技术、物质和效益的社会中，无疑更彰显殊为不同的人文深意。金雅教授的美学研究及其思想意趣，对于我们思考推进改造外部世界和塑造主体自我相统一的现实实践，激活优秀民族文化遗产，主动应对当今时代日新生活的诸多挑战，都具积极的启益。

作者单位：同济大学

① 金雅主编：《中国现代美学名家文丛 · 梁启超卷 · 序论》，中国文联出版社 2017 年版，第 10 页。

② 金雅主编：《中国现代美学名家文丛 · 梁启超卷 · 导读》，中国文联出版社 2017 年版，第 6 页。

③ 金雅、郑玉明：《美育与当代儿童发展》，浙江少年儿童出版社 2017 年版，第 13 页。

筚路蓝缕　真性真识
——评金雅教授《梁启超美学思想研究》

周世玉

春风化雨，娓娓道来；拜读其文章，如见其为人。在《梁启超美学思想研究》这一美学专著中，金雅教授秉客观公正之态度，以还原梁启超美学思想的本来面貌与公允地位为旨归，主要通过解决梁启超美学的思想事实、思想脉络、思想价值等三个方面的问题，系统而深刻地呈现了梁启超美学思想的原貌，并对其进行了特质发掘和价值定位，呈现了作者筚路蓝缕的学术开拓和真性真识的思想洞见。

一

面对繁芜杂冗之学术状况，金雅教授统揽全局，穷搜博采，在诸多前人研究的基础和广泛使用的资源上，鉥心刿目，抽丝剥茧，力探梁启超美学之思想事实，深入辨析诸多似是而非的误读，准确把握、审慎量定了梁启超美学思想的客观面貌。

客观地看，梁启超的美学思想本身充满复杂性。20 世纪 80 年代后，美学界思想新潮迭起。21 世纪以来，学界对 20 世纪初期美学思想越来越重视，新一轮的美学风暴席卷而来。然而，梁启超著作颇丰，涉及广博，且没有明显的思想体系式阐述，以致 21 世纪初期鲜有学者对其美学思想进行系统的研究，而 21 世纪以往的研究则由于立场和方法的种种限制，或限于局部和前期，或政治立场前置，结论粗疏片面。金雅教授的《梁启超美学思想研究》初创于21世纪初，该著初版于2005年。针对以上学界现状，金雅教授以梁启超文学和史学为基础，着重从哲学美学与艺术美学的角度予以整理，展开对梁启超美学思想全面又有重点的观照。

《梁启超美学思想研究》主要选取了梁启超美学思想中的“趣味”“不有之为”“力”“移人”等范畴和命题作为重心展开研究，准确地反映出梁启超美学本身的基本理论内涵。金雅教授认为：“梁启超美学思想是以自己独特的言说方式勾连了一个不同于我们所见习的西方经典学术显性逻辑模式的潜在逻辑话语体系。”① 她精辟地提出，“趣味”是梁启超美论的本体范畴，“不有之为”是梁启超美论的核心理念，梁启超通过“趣味”“情感”“力”“移人”等范畴完成了美对人生和社会的介入。梁启超的趣味，浸透着个人丰沛、能动、向外扩展的生命力。这种生命力就是生命的一种在场和体验，是鲜活的自我存在，是一种主观的意志，是同“命”的一种抗衡。因此，趣味的获得，须主体亲自去领略、去感悟。金雅教授细致地阐明了，梁启超“趣味”的这种在场性、多边性、差别性、可导性。主体打开心扉，全身心的投入，去切实领略一刹那的生命妙味，超越现实生活，实现心灵的沟通，达至生命的春意。人置身于天地之间，于一阴一阳之中，“趣味”自生，意蕴自成。但并非人人都能识得趣味，创化趣味，享有趣味。由此，审美教育是推动人走向趣味的重要之径。为了更加清晰地呈现梁启超的美育思想，金雅教授从趣味主义人生态度的建构、艺术美育的方式、引导促发趣味的方法等方面，展开论述。针对学界对梁启超“趣味”和“情感”范畴的异同所存在的疑惑，金雅教授认为，趣味是梁启超美学思想体系的核心，情感则是梁启超所理解的审美活动的必要条件，是趣味达成的基础条件。情感和环境是趣味的两个基础要素，也是美的建构的两个不同层面。“趣味”美论作为本书的理论重点和难点，金雅教授凭借她的睿识和韧性，筚路蓝缕，万悃如一，最终在思想的丛林中，拨开荆棘，清晰地呈露出对梁启超美学思想精准深刻把握的理性之花。

金雅教授融合中西滋养，深入阐释梁启超的趣味论人生美学精神。

---

① 金雅：《梁启超美学思想研究》，商务印书馆2012年版，第12页。

她敏锐地指出：首先，梁启超是以中西文化为底版的，从中汲取“趣味”这一艺术和美学的范畴，加以自己的创造，注入了一种潜蕴审美精神的生命意趣。其次，梁启超吸纳了康德、柏格森等人的情感、生命力、主观创造意志等理念，以“不有之为”的根本原则为生命立基。再次，梁启超倡导的“趣味”说和“生活的艺术化”理想，是通过主张个体生命以众生宇宙之“迸合”，来扬弃自身的得失之执和成败之忧，创化体味大化“化我”的矛盾；梁启超通过强调有无相成、追求诗性超越的人生审美精神，试图在根本上解决人与自我、与他人、与外部世界的现实冲突，并使其诗性升华；梁启超是承认人生的矛盾、对立、毁灭、苦难、失落、无望的，正如此，他的审美精神才是对人生矛盾、痛苦与不完美的艺术化超越及其达成的诗性和谐。最后，梁启超将“趣味”提升到生命之本体高度，放置于人生实践之境界，以“趣味”为核心，贯通“情感”“力”“移人”等重要范畴，而形成其独特的趣味主义人生论美学。

对于梁启超美学思想的实质，学界一直存在不同的看法。长期以来，一直有人把梁启超美学思想视作所谓的功利主义美学。金雅教授不赞同这个观点。她认为，梁启超的美学是一种人生论美学，体现了一种趣味主义的人生论美学精神。梁启超吸纳了中国哲学和文化的人生论精神，也吸纳了西方现代哲学与文化的情感论、生命学说，把审美、艺术、人生相统一，主张超越艺术小美的人生大美，以之介入和观照现实实践，引领人生创化和生命美化，提倡“美术人”的涵育。同时，金雅教授也总揽全局，辩证看待梁启超美学思想的局限，指出了梁启超的美学言说，激情而不够严密，敏锐而时有粗疏等不足，给予了公允的评价和定位。

二

与以往对梁启超美学思想前后期予以割裂的研究不同，金雅教授从其思想事实出发，对梁启超美学的思想脉络，予以了宏观整体的观照梳理。

金雅教授认为，从生平和思想轨迹看，梁启超经历了“乡人”—

“国人”—“世界人”三个发展阶段。由乡人到国人再到世界人，梁启超完成了由传统士大夫到政治改良家再到先进中国知识分子的蜕变，走过了由启蒙志士到文化智者的人生轨迹。梁启超将爱国之心，忧世之志，自觉同民族命运和人类前景相结合。作为民族新文化建设的方法论，梁启超富有创造性地提出文化“三论”，即文化“结婚论”、文化“化合论”、文化“系统论”。在推进民族学术方面，“梁启超主张启蒙‘新民’、学用相谐的学术宗旨，除心奴反依傍、自由独立的学术原则，化合结婚、为我所用的学术方法”。[①] 由“乡人”、“国人”到“世界人”，梁启超完成了由制度革命到文化开拓的思想旅程。

金雅教授进而对梁启超美学思想的纵向发展特点予以了分析提炼。她提出，梁启超美学的纵向发展是一个“变而非变”的脉络。“前期他更倾向于政治‘启蒙’，后期则更多学术意味，但‘致用’的路径始终未曾偏离。”[②] 她认为，“乡人”“国人”时期是梁启超美学思想的萌芽时期，他在这一时期美学思想的贡献主要蕴含在对“三界革命”的理论倡导中。通过“革命”来“新民”——改造旧的国民性，塑造新的国民性。金雅教授认为，这一时期梁启超对美的问题的理解相对狭隘，对美学问题的思考实质上是同文学问题相交杂，在其著述中鲜有纯粹形而上的美学探讨；赴欧西游是梁启超观念上的“世界人”时期，亦是梁启超美学思想发展的成型期。放眼世界，带着“求一点学问”“拓一拓眼界”的目的，梁启超的学术更进一境界。金雅教授认为，梁启超美学思想发展之萌芽期主要是美学问题同文学问题的交杂思考，但已开始呈现出对纯粹形而上的美学问题思考的转向。关于此，金雅教授说：“梁启超对小说社会功能的肯定不是以文学以外的经史为标准，而是真正从文学自身的艺术特点、审美特征出发的，由此，他所给予小说的‘文学’定位，在根本上不是外部界定，而是本体界定。”[③] “《论小说与群治之关系》和《惟心》是梁启超前期美学思想的代表性作品。《惟心》实质上是梁启超的美之本体论，《论小说与群治之关系》则是梁启

---

① 金雅：《梁启超美学思想研究》，商务印书馆 2012 年版，第 27 页。

② 曾繁仁：《美育十五讲》，北京大学出版社 2012 年版，第 322 页。

③ 金雅：《中华美学：民族精神与人生情怀》，中国社会科学出版社 2017 年版，第 235 页。

超的美之功能论。”[①] 到梁启超美学思想发展之成型期，则其美学思想进一步发展而更富有思想深度和理论色彩。究其美学成果，对当代美学界颇有影响的“趣味”说，便是在这一时期开出的花朵。

金雅教授认为，“梁启超前、后美学思想在研究视野上有开拓，研究目标上有深化，研究内涵上有发展，但以审美介入人生，注重审美实践、艺术实践、人生实践相统一的基本学术取向始终如一”。[②] 梁启超前后两个时期的美学思想在继承中不断深化发展，呈现出“变而非变”的基本演化特征，在思想变动中蕴含着不变的家国情怀和审美内蕴，成为中国现代人生论美学精神开拓的一面旗帜。

三

面对多元变化之学术潮流，面对浩瀚繁多之学术文献，金雅教授笃行致远、稽古振今，探源溯流、提要钩玄，梳理梁启超美学之思想事实和思想脉络，搭建梁启超美学思想的潜逻辑骨架，定位其美学思想的特点和价值，为研究探析梁启超美学思想的民族精神特质引领方向。

金雅教授通过横向的交叉和纵向的延展两个维度，考量了梁启超美学的思想价值。她以真性真识，富有勇气地提出了梁启超美学思想的体系性、变异性、功利性这三个一直以来存在争议的重要问题。透过这三个问题，金雅教授提纲挈领，对梁启超美学思想在古今中西文化传承与交会中的历史转型意义、理论价值、精神特质，给出了精要的总结和公允的评价。

其一，金雅教授认为，梁启超美学思想推进了古典伦理美学向现代人文美学的转型，并为其注入新元素。金雅教授着重探究梁启超美学思想本身的学术理论史意义。金雅教授认为，无论是在中国美学思想发展、美学精神建构等方面，还是在美学学科建设的创新开拓、承启转型等方面，梁启超的美学都具有其独特的意义。梁启超是中国古典美学思想向现代转型的重要人物，是中国现代民族新美学的开创者和奠基者之

① 金雅：《中华美学：民族精神与人生情怀》，中国社会科学出版社 2017 年版，第 236 页。
② 金雅：《中华美学：民族精神与人生情怀》，中国社会科学出版社 2017 年版，第 231 页。

一。她指出，梁启超美学思想的理论贡献在于：梁启超美学思想是中国古典伦理美学向现代人文美学转型的重要阶梯，其美学思想体现了新的美学意识的萌芽。梁启超美学坚持美和人生的关系，肯定感性生命的意义，强调美和真的联系，对西方美学的借鉴和融合为中国传统和谐论美学注入了新的元素。他的趣味教育、情感教育开创、丰富了中国现代美育的新内涵。

其二，金雅教授认为，梁启超美学思想具有重要的现实性和当下指导意义。她强调，梁启超美学的当代启迪，在于他的精神、理论、方法对于新世纪民族美学与民族学术文化建设的普遍精神启迪与方法启迪。首先，梁启超的人生论美学思想体系，是从现实问题到人生问题发问，从人生哲学的视域中确立美和审美的具体问题。因此，他的美学体系呈现一种潜隐性和开放性，这为后来研究者的学术开放和包容意识提供了借鉴。其次，中国社会的现实需要、近代特定的社会环境、西方思想文化的冲击和融入，构成了梁启超美学思想变动的客观条件。而其对强民富国之路的不息探寻是其美学之“变”的助推器，更是其美学思想的价值根基。虽然梁启超积极地寻求纯粹的学术研究，但在客观现实之下，梁启超主张将学术与社会人生结合。因此，梁启超的学术是具有民族性、现实性、当下性的。最后，无论前期提倡美的社会功能，还是后期突出美的趣味精神和人文关怀，都是与梁启超一贯的关心民族命运与国家前途的立场不可分割的，这为当代学者立根研究中西美学树立了立场典范。

其三，梁启超的“趣味”通过“做事”与人生紧紧连在一起。当代之社会和处在此社会之众生，多处于目的与手段相互冲突的状态中。在整个生活状态上，人们或处于“石缝的生活”，或处于“沙漠的生活”，即整个的人生处于无趣的生活之中，不是紧缩的拥挤的，就是干瘪的枯燥的。而所以会有这样一种人生，更多的在于行为主体对“有”“用”“为”等关系的态度和社会所提供的条件、所营造的环境。人要“做事”，在“做事”中呈现出有趣、无趣，有味、无味。“做事”中有汲汲于功利者、有趋趋于名声者，而很少有“无所为而为”者、“为而不有”者。若果能如此，整个人生将会解放出来而有一新境界。无论梁启超之美学思想，还是金雅教授对梁启超美学思想的深度发掘，在某种程度上，都希图对此种“即心即事”的艺术化人生的书写增一分光彩，发一分光芒。生命与趣味的联结将使自身所拥有的占有冲动和创造冲动得到化解，使自身从孤独伸展到群体之中，使现在之当下贯穿于古今中外。因而，在“趣味精神”中，生命得到创化。这对我们现时代快节奏、干枯化的人生无疑会有大的裨益。“时代的艰苦使人对于日常生活中平凡的琐屑兴趣予以太大的重视，现实上很高的利益和为了这些利益而作的斗争，曾经大大地占据了精神上一切的能力和力量以及外在的手段。”[①] 趣味之美学精神恰于这种琐屑和贫乏中开辟出一条通往“艺术化人生”的光明大道，让人有一当下即可进入的“做事”之法、“致用”之则。

金雅教授特别欣赏任公提出的，“人类固然不能个个都供给美术的‘美术人’，然而不可不个个都做享用美术的‘美术人’”。[②] “问人类生活于什么，我便一点不迟疑答道‘生活于趣味’。”[③] 金雅教授以生命之活创，生命之韧性，发生命之光与热，切身实践、明心净性、去芜求精，她以自我之实现，观审自然宇宙人生，终得人生审美之大境界。

“人心惟危，道心惟微。惟精惟一，允执厥中。”金雅教授的真性情与真学识必将启悟吾辈青年在美学之路越走越远。吾辈自当以时代之所需，撷取硕果，含英咀华。以吾辈之创建，在美的领域耕耘劳作，为人类美的殿堂再添一抹璀璨的灯光。

审美、人生、艺术三位一体，以美育人，以美化人，于人生艺术之熏陶、审美境界之提升、生活情感之点燃、意蕴情趣之生发等方面，具有现实性和指导性意义。

作者单位：河北大学

① ［德］黑格尔：《哲学史讲演录》，贺麟、王太庆等译，商务印书馆 2016 年版，第 1 页。
② 梁启超：《饮冰室合集》第 5 册文集之三十九，中华书局 1989 年版，第 22 页。
③ 梁启超：《饮冰室合集》第 5 册文集之三十九，中华书局 1989 年版，第 24 页。

现代中国民族美学精神的发现与探究

——评金雅《梁启超美学思想研究》

尹一帆

金雅教授多年潜心研究成果《梁启超美学思想研究》（商务印书馆2012年版）是现代中国民族美学精神研究的一次重要突破。全书分为五个章节，通过对梁启超美学思想的逻辑梳理、范畴探究、理论渗析、比较研究和价值研判，全景式呈现了梁启超助推现代中国美学发生的机制、路径和精神特质，并以此为线索深挖民族美学在现代中国的新形态和新意义。

在以新文化运动和"五四"运动为契机所展开的西学热潮影响下，哲学美学、心理学美学和马克思主义美学等域外知识资源的运用整合，以及西方政治学、社会学、教育学等不同学科资源的渗透，逐渐成为早期现代中国美学建构的显著特征。本书从这一中西古今撞击转换的历史语境切入，将寻找民族美学现代创化的路径和重扬中华文化的现代价值，看作梁启超推动民族美学与文化新构的中心论题，体现出宏阔的视野和深湛的眼光。

生于19、20世纪之交的梁启超，自觉探索中华民族摆脱落后愚昧困境之出路，或高举"变法图强"的大旗奔走于政治运动之中，或以"民族振兴"为己任致力民族文化建设，这些探索实践无疑为梁启超美学留下了独特的时空印记和个性取向。该著以梁启超"开放新构"为核心的文化三论（结婚论、化合论和系统论）为依据，指出不同于同时代学者对西方文化的全盘接受，梁启超对中学西学的接受态度是辩证的。作者抽丝剥茧，层层递进，论证了梁启超的美学思想不仅深植于儒道传统文化的沃土之中，也蕴含着康德、柏格森等西哲的智慧。著作精辟地指出，梁氏美学是既与文以载道的传统政教论审美理念相区别，又与旧式文人借艺术以自慰或寄情的纯审美观相区别，是关于美的尚实理性与人文理想的“梁式化合”。

纵观全书，不难发现，关于梁启超美学思想发展演化的书写并非是简单的历史线性描述。作者深入分析梁启超美学思想的发展分期与演化路径中“变而非变”的属性，打破了已有研究中对梁启超美学思想由功利到超功利的“一刀切”的割裂认识，主张应视梁启超前后期的美学思想为内在逻辑脉络相勾连的整体。本书以全局意识推动历史研究方法的具体运用，更有利于观照梁启超美学思想脉络的连续性和整体性，也不至于将研究落入“一孔之见”的窠臼之中。在此基础上，作者积极整合梁启超前后期思想脉络，富有创造性地将梁启超美学进一步归结为“以趣味为核心、以情感为基石、以力为中介、以移人为目标的人生论美学”，同时呼吁学界关注梁启超美学思想的“趣味”论对中国现代美学精神演化的重要意义。

在中国近现代的文学史上，梁启超不仅以“新小说”之名掀起了著名的“小说界革命”，还主张在中国开展“诗界革命”和“文界革命”等文艺运动。在中国传统的文艺形态中，小说长久以来都是处于末流的，梁启超试图在近代中国的舞台上通过鼓吹小说的艺术价值和社会功能，以期实现其政治理想。不仅如此，梁启超还对“新诗”提出了具体的要求，认为“新意境”、“新语句”和“古人之风格”是“新诗”的三要素，并指出中国翻译事业的目的主要在于“播文明思想于国民”等。值得注意的是，本书强调梁启超“三界革命”的美学意义，并富有创见地将“三界革命”的历史价值定位于以西方先进理论助推中国文艺审美意识的更新。

尤须注意的是，该著以丰富的资料和翔实的论证，揭示了欧洲游历归来的梁启超，逐渐将人生的重心由政治实现转到了学术实现。脱离政治舞台以后，梁启超撰写了一系列探讨美学和文艺问题的文章，诸如《中国韵文里头所表现的情感》（1922）、《美术与科学》（1922）、《美术与生活》（1922）、《趣味教育与教育趣味》（1922）、《屈原研究》

(1922)、《情圣杜甫》(1922)等。著作深入挖掘了梁启超从早期文艺功能论逐渐向后期情感趣味论的转换,并指出,梁启超认为趣味不仅是艺术的本质和作用,也是人类生活的原动力,而如何实现这种趣味,关键在于情感的陶养。梁启超强调情感趣味主义的人生论美学观念,这可以理解为他与简单政治功利主义的一种决裂,也可以理解为梁启超对西方近代情感美学和中国传统趣味美学的一次有机整合。情感和趣味这两个范畴,在中国传统审美文化中自古有之,梁启超所树立的情感与趣味大旗,与中国传统文化的历史积淀息息相关,但从更大意义上来说,梁启超所言的“情感”和“趣味”无疑带有鲜明的现代意义。

为了更加清晰地呈现梁启超人生论美学对民族美学精神的继承与发展,本书还在展开个人历史书写的同时,增添了梁启超与同时代美学家思想观念的比较和关系研究,进一步将现代中国民族美学思想精神的转换发展看作承前启后、继往开来的中国美学大事件。诸如,从梁启超的“趣味”与王国维的“境界”谈起,讲述个体在整合中西资源后对生命诗意追求的不同路径和价值选择。又如,以梁启超之“趣味”和朱光潜之“情趣”相类比,展现“生命的观审”与“生命的创化”两种人生论美学的生命态度和美学旨趣。再如,尝试建立梁启超的“趣味”范畴与宗白华“情调”范畴的关联,以美善结合与美真结合的双维度探索共同再现现代中国美学的民族诗性审美品格。这种拓展关联式的视角,为梁启超的美学思想研究提供了更为广阔纵深的时空范畴。在纵横视域的立体观照下,审视建构梁启超的人生论美学思想体系,是对梁启超也是对中国现代美学历史价值的一次有意义的重估。

诚然,中华美学的现代转换不仅包含着西学资源的渗透和转换,还应将现代中国的历史使命纳入考量的范围。回望现代中国美学的发展进程,不论是梁启超从“新一国之民”的功能论到“生活于趣味”的价值论转换,还是蔡元培主张的“陶养感情”与“美育救国”二者并重,抑或是吕澂的“美的人生”和丰子恺的“艺术的生活”等观念,均可见出现代中国美学的落脚点始终是走向现实人生。换言之,强调文学艺术的现实人生指向是现代中国知识分子在救亡图存、民族危难之际所选择的美学价值取向。由此可进一步推断,本书作者所提示的“人生论美学”,更大意义上来说,不仅揭示了梁启超以美学关涉艺术世界和现实人生的价值选择，亦反映了民族美学精神在现代中国的独特印记。本书最为难得和精要之处，恰恰就在于此。

《梁启超美学思想研究》是《中国现代美学名家研究丛书》（由汝信先生和聂振斌先生担任学术委员会主任，金雅教授主编完成）系列研究的主要成果之一。尽管本书出版于九年前，但历久弥新，时至今日读之仍令人获益良多。重新翻阅这本书，不仅为思考和审视民族美学的现代转换提供了良好的契机，也为中华美学精神的当代传承弘扬和发展新构带来了现实思考和理论范例。

作者单位：浙江理工大学

返本开新，探源续脉

——读金雅《人生艺术化与当代生活》

何淑芳

一

人生是个复杂的命题。从西方古希腊东方先秦开始，不管时代语境如何变化，关于人生的探讨绵延不断。“人只要还没有死，他就还是在人生之中。”① 没有人生美学，生命只是随便活着。

不只是大哲先贤专家学者，就算具体到每个普通人，都会发出关于人关于自己为什么活怎么活的思考，只是哲学思考更系统，更自觉。圣人并不是因为做了什么特别的事情才成为圣人，他不可能也不需要施行神迹。圣人也是普通人，经历的也是凡人寻常的经历，区别就在于他对所做的事有高度的理解。“寻常人在蒙昧状态中做事，圣人则是在完全自觉（觉而又悟）的状态中做事。”② “人生艺术化”就是这样一种难能可贵的“完全自觉”的生命状态。但是这种状态很难表达，从古至今，产生了非常多相关的表述和命题。

金雅先生在其专著《人生艺术化与当代生活》中，从中国现代“人生艺术化”四个代表人物——梁启超、朱光潜、宗白华、丰子恺的核心范畴出发，对“人生艺术化”作出了具体的界定，从中西美学中梳理辨析一些貌合神离的思想理论，并探讨了“人生艺术化”在当今

---

① 冯友兰：《中国哲学简史》，新世界出版社 2004 年版，第 3 页。
② 冯友兰：《中国哲学简史》，新世界出版社 2004 年版，第 300 页。

时代的现实意义以及实践路径。金雅论述的魅力在于，对“人生艺术化”这一中华文化的精神守望与深耕，并将其纳入当代文化语境中重新阐释与重构。

二

在梁启超思想研究过程中，金雅发现这个学界一向有偏见的人物身上有其自身蓬勃旺盛的生命力。正是在民族危难和个人命运交织的历史进程中，梁启超生成了“知不可而为”和“为而不有”的趣味主义人生观。金雅将梁启超的“知不可而为”和“为而不有”归纳总结为“不有之为”。更精准地深化了梁的学说，她强调问题的焦点不是“为”的“有用”和“无用”的问题，而是“为”的“有”和“不有”的问题；这个问题的实质，不是“为”的目的性问题，而是“为”的根本姿态和基本原则问题；不是“为”的结果问题，而是在肯定这个结果之后的超越性，是如何超越个体之“有”而达成众生宇宙之“有”，终而实现个体生命的自由超拔的问题。

中国现代“人生艺术化”思想是一种集体化成，并不是某一个人的话语。在金雅看来，梁启超导引出以趣味为核的“生活的艺术化”，到朱光潜正式定名为以情趣为核的“人生艺术化”，包括丰子恺、宗白华等，也以真率、哲诗等情韵充实丰富了这一命题，使其更多维地贴近现实，更富有实践的拓展性。

金雅一直致力于中国现代美学思想的研究，不仅是第一个将美学思想从梁启超整个思想体系中擢取提炼出来的，她也召集了国内一批重要理论研究者对中国现代时期的多位代表美学家开展成系列的资料梳理和专题研究。她主持了大型资料汇编《中国现代美学名家文丛》，并选编了其中的《梁启超卷》。《中国现代美学名家文丛》是中国现代美学研究的重要资料集成，不仅为后来的学者搭建了一个中国现代美学的重要基础资料库，提供了研究上的方便，更是为中国传统美学理论从现代向当代的过渡做了重要的衔接。这本身是一个复杂费力的工作，总要有人坐在冷板凳上耐心专注地做学问，为后人铺路搭桥。此后，金雅又对与梁启超同时代的几位著名美学大家和当时学界的主要思考，即审美、人生、艺术的关系，做了大量的资料收集、提炼、辨析和建构的工作。

在《人生艺术化与当代生活》一书中，金雅专门对梁启超、朱光潜、丰子恺、宗白华这四位美学大家，在人生、艺术、审美的关系这一层面从各个角度进行了理论阐发、比较、辨析，从他们的思想中提取了其人生艺术化的核心范畴，用梁启超的“趣味”、朱光潜的“情趣”、丰子恺的“真率”、宗白华的“哲诗”，精确地概括了他们的人生论美学命题。从这些概念的提取，让我们可以窥一斑而观全身。

三

金雅看出，尽管每个人对人生艺术化的解读不尽相同，但放在一个时代整体中，中国现代人生艺术化命题是有自己特定的理论内涵与精神品格的。[①]“人生艺术化”并不是凭空创造的概念，而是梁启超等人化合中西方文化，使它们结婚酿出的“宁馨儿”。金雅认为，它不是“在中国的西方美学”，而是中国现代美学建设者对西方美学的一种中国式改造，以求为我所用。中国现代美学顽强地贯穿着中华民族文化传统的人生情结，即“一切思想学说最终都被兼容并包到对于人生问题的解决之中”。[②]

“人生艺术化”虽然萌发于民族命运危机、民族矛盾与阶级矛盾激烈的历史背景下，其触及的却是整个人类的公共处境，每个人都有过对生命意义的追问。这是作为人最根本性的问题，是对哲学三大基本问题“我是谁”“我从哪儿来”“我到哪儿去”的思考与回答。中国现代人生艺术化这一命题，承载了重大的使命。不仅在于思想理论的建设，还在于人格精神的启蒙，在于对人类宇宙的文化发展与文明前景的思考与渴盼。

艺术的目的是将社会的感觉情绪融于一致：当我们享受诗和艺术的同时，我们是在领略诗人和艺术家的情感和生命体验，也就是在身临其境、设身处地地“享受他的生命”。[③] 这时也就跳出了小我的范围，化

---

① 金雅：《人生艺术化与当代生活》，商务印书馆 2013 年版，第 180 页。

② 金雅：《人生艺术化与当代生活》，商务印书馆 2013 年版，第 101 页。

③ 朱光潜：《谈美·超以象外，得其环中》，《朱光潜全集》第 2 卷，安徽教育出版社 1987 年版，第 67 页。

入于社会大我和全人类的情绪感觉“一致颤动”。[1] 人生艺术化就是这样一种人生境界，是一种“我见世界如画，世界视我亦美”的生命至境，不沉湎于一己小我，而是在大宇宙中创化和观照自己，在小我生命和众生宇宙中融会贯通，达到一种通透明净的境界。

艺术命题表现为如何将这一“生”呈现出来，美学命题则致力于如何过好这一“生”。中国现代人生艺术化思想从人出发，以人为本，终极目的是人生，把人生过好，而不只是停留在艺术美的层面。最终要建设美的人生，而不只是美的艺术。美的艺术从根本上来说，是为人生服务。艺术创作和艺术欣赏本身就是生活的一个片段，来源于生活又为人生提供范本。美的艺术是涵养人格、培养情感、陶养境界的人生组成之一。

生活对人类来说，意味着重复与轮回，如果人们在蒙昧中被生活驱使，成为物质的奴隶，就会生出麻木不仁的状态，生活必将成为沉重的负担。审美意识从被压抑的状态调整为人生艺术化，人们对生活的情感就会从“煎熬”的负担变为有节奏的享受。我们在艺术的生活中瞥见“无限”的姿态，可以认识“永劫”的面目。即可以体验人生的崇高、不朽，从而发现人生的意义和价值。这也是金雅之所以发掘梁启超的“生活的艺术化”到朱光潜的“人生艺术化”的根本所在。“生活”是作为生物的本能，不仅仅是人类，其他动植物等生物也会有此类需求。而“人生”是仅仅为人所享有的，体现了人的本质存在。人生艺术化就是要人呈现出专注并升华自身生命的形态。

特定的历史时代，特定的一群人，遇合了“人生艺术化”这一独特的思想文化产物。他们举起了这个精神武器来对现实进行反动，矛头直指社会人心、国民人格的涵养，直指个体生命和民族精神的重振。企图建设具有审美意味的诗性主体，这是中国传统文化与哲学的重要命题之一。具有审美意味的诗性精神是自由的，它意识到“我”可以成为什么样的“我”，是庄子的鲲能化为鸟，怒而飞。人生艺术化要创化彻底的生命自由、心灵自由，直入现实而不被现实束缚。这种崇高的理

---

① 宗白华：《艺术生活——艺术生活与同情》，《宗白华全集》第 1 卷，安徽教育出版社 1996 年版，第 318 页。

想，在国家和民族处于水深火热的困境时，具有强烈的震撼人心的效果。

中国现代人生艺术化理论，其实就像梁启超说的令“我的思想行为和我的生命融合为一”“我的生命和宇宙融合为一”，[①] 是在关注自身、具备生命自觉的基础上，打造既脱俗而又入世的生活，追求出世与入世的和谐自由及其本质上的诗性逍遥。

四

美学具有内生性和有机性，人生艺术化精神的生长演进有其内在脉络、流变理路和科学规律。金雅先生重提“人生艺术化”的努力，也正是这一历史进程中浓墨重彩的一笔，既是对传统的丰富与继承，也是对进步思想家追求思想解放的回应与推进。

从重提“人生艺术化”出发，作者当然也一针见血地指出了这一思想的乌托邦意味。知识分子为了拯救民族、拯救国家，试图从很多的途径突围，最终都不约而同地把眼光投向艺术投向人的精神世界。“在中国现代文化语境中，它（人生艺术化）并非纯粹的审美，而是融审美与启蒙为一体，重在关注艺术之美对人的精神与人格的濡染、唤醒与提升。”[②] 然而过分强调精神的作用与审美救世的功效，使这一思想始终蒙着一层理想主义的面纱。事实上，他们的根本目的还是在启蒙。不得不说，正是因为这种启蒙的目的，知识分子的眼光格局才能更宏大，跳出自身而关注整个国家，乃至整个世界。“艺术小技的能不能，在大人格上是微不足道的。”[③] 这样的启蒙功利性，正是生成于中国传统文化的君子理想，在西方文化大肆入侵的时候，还能站在传统文化的角度迎战，也是根源于民族文化的自信。

当前科技飞速发展，中国大踏步迈向现代化，追求美的欲望也更强烈，社会文明的进步使审美的影响力逐渐增强。“艺术”不再为少数人

① 梁启超：《评胡适之中国哲学史大纲》，《饮冰室合集》第5册文集之三十八，中华书局1989年版，第60页。

② 金雅：《人生艺术化与当代生活》，商务印书馆2013年版，第6页。

③ 丰子恺：《我与弘一法师》，《丰子恺文集》第6卷，浙江文艺出版社1990年版，第402页。

所享受，而是进入了寻常百姓的日常生活。艺术与生活的界限越来越模糊，无数的艺术片段构成了我们的人生。

然而，也正是这种高速运转的物质财富生产的时代，使人为了生存而忙碌，变成异化的人，无暇观照自己本身。朱光潜就曾劝告人们要有“慢慢走，欣赏啊”的心境。慢是让人停下来得以观察自省，是让人将形形色色的生活场景艺术化，是让人将自己从生存困境中救拔出来。

崇尚形式和感官的这一类艺术化的生活实践，是日常生活水平提升与审美欲望强化的一种现实。换一个角度看，其实是一种警醒，提醒我们对此要抱有一种合宜的分寸与尺度。

金雅对王尔德的唯美主义行径进行了批评，认为他及追随者们过分美化而使生活失去天然本色，矫揉造作，令人觉得精致甜腻到腐败。王尔德将人的美的真谛，表现为青春的容颜。当下整形美容行业兴起，大肆宣扬冻龄、逆龄、少女感容颜，将执迷于外形塑造宣传为所谓的“精致生活”。只注重耳目感觉的快适，是艺术上的一种浅薄表现，把所谓漂亮的、时髦的、摩登的形式称为艺术，这只是工匠式的流行，并不是纯正的美的趣味。快适的艺术只为了享乐，在理念里不能留下痕迹，短暂的快乐之后便陷入永久的虚无，人的精神因此由慢而钝。世俗美难免会陷入标准化单一化的困境，艺术的对象也逐渐变得讨厌，再没有任何美感可言。

所以，唯美主义的生活艺术化虽然标榜超越平庸生活，但其实并不能摆脱平庸，人只能暂时从一种感官境遇中获得短暂的刺激性快感，并不能真正改变现状。人的生命过程中，平庸、浅薄、丑恶、功利的东西更多，单靠这种表面的容易使人产生审美疲劳的美感，并不能超拔人生。唯美主义不能作为从根本上提升生活境界的武器，没有激励战场上怯懦的人。人生艺术化则携着一股反思、批判、启蒙的浪潮，拍打着清醒的人。反思和批判生活，是为了更好地改变境遇和创造新生活。

因此说，我们不否定形式和技巧，但是其中，必须要蕴藏着精神，这样才能避免生活流于庸俗自私。不管过着什么形式的生活，都不能失去自己。任何一种生活，我们都可以由自己给予它深沉永久的意义。

金雅在重构当代生活中的人生艺术化时，接引了马克思主义的美学观。人生艺术化并不是要超拔于物质生活，而是要超越于人的个体的物质功利追求。朱光潜说“绝我而不绝世”。要使现在的世界换过面孔，使罪恶苦痛无由而生，而我则精神超拔，不泥滞于己身。

当代人生艺术化，需要科学理性精神和人文艺术精神的双重搭建，“弥合人性前行与归家的焦灼与分裂”，[①] 从而实现生命的归真、和谐和翔舞，完成自然向人的本质生成。科学理性不仅能帮助我们清楚地认识世界，认识宇宙，还使人类在反观自身的时候更清醒。“认识我自己”是每个人一生的必修课。认识了我自己，才能在现实片段的人生里完成自觉。世界与人生渐趋最高的和谐，世界给予人生以丰富的内容，人生给予世界以深沉的自己。[②] 宇宙本身就是各种生命的共同在场，它有自己的节奏、规律、和谐。在和谐的秩序里极度的紧张是常态，回旋着力量，满而不溢。

人生艺术化强调的不是单纯的形式美，不是日常生活的感官刺激，但是并不是说要去架空现实的日常的美，而是要求人在日常生活中避免被这些形式的美束缚，哪怕无力改变生活的窘迫和磨难，也能将人生置换在宇宙中，对自身生命做艺术化的观赏处理，是日常态的涵养内心，使人无论处在何种环境，都能实现超拔自由。

与逃避现实不同，人生艺术化要求将生存、生活、生命的整个人生过程，以及其中的每一个小的片段都视为艺术品，要用创作和欣赏的态度去生活，进行创化和升华。逃避现实指向的是萎靡不振、对事物提不起任何兴趣的状态。人生艺术化在趣味、情趣上琢磨，重在涵养情感，陶冶境界，培育进取的人生精神，进而发出有力的生命回声。这样，我们才能在庸常不快的人生体验中找到些许清凉，才能实现自由奔放的生命情境。世界上有趣的事多了，烦闷、苦恼、懊丧就少了，哪怕是苦痛，亦是可以艺术化、可赞美、可讴歌的！人生该拼搏，该淋漓而尽致！

金雅重提“人生艺术化”，是当代知识分子的人文关怀，是当下语境的艺术观念与精神追求，是溯源同时也是续脉，是守望同时也有建

① 金雅：《人生艺术化与当代生活》，商务印书馆 2013 年版，第 404 页。

② 宗白华：《歌德之人生启示》，《宗白华全集》第 2 卷，安徽教育出版社 1996 年版，第 15 页。

构。也如她在本书最后的呼吁：需要几代人追随先哲，潜心从平凡的生活中创化体会人生的趣味。因为，“历史还在生成中，人仍在路上”![1]

作者单位：杭州春伟展览展示有限公司

① 金雅：《人生艺术化与当代生活》，商务印书馆 2013 年版，第 17 页。

在"倦怠社会"中做一个有"趣味"的人

——读金雅教授《人生艺术化与当代生活》有感

赵　璞

最近，韩裔德国思想家韩炳哲所著的一本名为《倦怠社会》的哲学小书在互联网上受到热捧。尽管不少人读完大呼上当，但不可否认的是，在一个言必称"内卷"，动不动就"躺平"的时代里，"倦怠社会"这一提法本身就已经击中了人们的痛点。无论做出何种选择，我们都好像无法获得一种真正的宁静和满足感，常常是"卷"也卷得无力，"躺"也躺得不安。焦虑的、抑郁的情绪，弥漫在整个社会中间，不断地消耗着我们的精神能量。无边的、无名的疲倦裹挟着我们，我们甚至不再感到自己是一个完整的人。

不知金雅教授在写《人生艺术化与当代生活》（商务印书馆 2013 年版）一书时，是否已预见一个"倦怠社会"的到来？但她对梁启超、朱光潜、丰子恺、宗白华这四位民国大师的"趣味人生""情趣人生""真率人生""哲诗人生"的提炼，对"热爱生命、讲求责任、注重情感、重视理想、弘扬生命、追寻意义"的"人生艺术化"境界的描绘，对"生命之归真""生命之和谐""生命之翔舞"的诗性构象，确实可以让处于倦怠期的我们受到启发。我们可以用很多种方式来命名我们当下的世界——倦怠社会、消费社会、功利社会、娱乐社会等，但我们并不打算像要建立理想国的柏拉图一样，将诗人驱除出我们的国度。我们也并非不再赞颂艺术、美和"趣味"，并非不再相信有一种惊世的美丽是可以引发旷日持久的信仰。恰恰相反，我们比任何时代都要喜欢它们，比任何时代都要大声地歌颂它们，比任何时代都要迫切地接近它们：我们深深相信一个成功的现代人，应该兼具“有趣的灵魂”和“美丽的皮囊”，然后毫不犹豫地为之付出大量的精力、时间和金钱；我们会花很多很多的心思来让自己看起来更精致、更时尚，并努力购置漂亮的设计品来填满目之所及的生活环境；我们也让各种各样的艺术展、音乐会、戏剧演出、影视节目等占领着我们的假期，然后再不惜成本地将孩子送进五花八门的艺术培训机构去接受所谓的艺术的洗礼；我们还看到，越来越多的年轻人投入艺术和设计的领域。没有人敢说，这是一个不尊重艺术，不追求趣味的时代。

但正如金雅教授在书中所尖锐追问的，艺术和美对于当代人生创化的“双刃剑”。很多时候，我们对艺术的孜孜以求似乎并没有给我们带来期盼的幸福，往往是，我们在追求趣味的路途上，就已被消费主义和成功学的宣传裹挟得疲于奔命。如果我们要诚实地面对自己的感受，我们就应该发现，我们的灵魂并没有变得更完整、更幸福、更自由，反而更破碎、更分裂、更感疲倦。这是为什么？有没有可能，我们从头到尾就误解了“趣味”？误解了我们对生活、对艺术的真正需要？或许真的是这样。阅读金雅教授的《人生艺术化与当代生活》，从她笔下民国大师们的人生和艺术思想之中，从金雅教授对古今中西生活艺术化思潮的辨析反思中，我们或许会悟出这样一个结论：真正的艺术化人生，其实并不只是风花雪月与莺歌燕舞。

跟随金雅教授的笔触，我们可以首先将目光投向身体力行“趣味人生”的梁启超先生——这也是金雅教授最为用功之所在。梁启超先生极为重视“趣味”，并写作了一系列的专题论文及演讲稿来阐发它。在金雅教授看来，梁启超先生的趣味精神，并不只是赏悦和享受艺术，而是一种神圣的、贯穿于所有生活实践中的人生信仰。金雅教授指出，梁启超从没有把趣味限定在艺术的层面，也不鼓吹艺术是某种成功人生的“标配”，而是主张“人生能从自己的职业中领略出趣味，生活才有价值”，[①] 建议“每日除本业正当劳作之外，最少总要腾出一点钟，研

① 金雅主编：《中国现代美学名家文丛·梁启超卷》，浙江大学出版社2009年版，第26页。

究你所嗜好的学问”。[1] 所以他所信仰的“趣味主义”不仅在艺术和游戏之中，也在职业生活与追求学问中，是以超功利之心行功利之事的专注与享受，是不计较个人成败得失的无畏与宏阔。其最终目的，是创化一种大美的人格和生命。正如金雅教授所总结的，是“要培养一种饱满的生活态度与健康的完善人格，保持对生活的激情、进取心与审美态度，在现实的生命实践活动中获得人生的乐趣，达到人性的完美”。[2]

艺术可以拯救人生吗？这显然不是一个简单的问题。造就一批又一批疲惫的现代人的原因，是多方面、多层次的。金雅教授在书中反思批判了中西古今几种代表性的艺术化生活思潮，提出了当代语境中艺术“双刃剑”的命题，对以形式性、技巧性、精神性为标识的艺术性的三个层面予以了总结与辨析。金雅教授在书中提问：“卡拉OK、街头舞蹈、装饰艺术、狂欢派对，这些还是艺术吗？艺术还需要坚守精神和信仰吗？艺术还需要呈现优美和崇高吗？在资本文化、商业原则、大众口味和实用主义、利益原则、感官享乐等种种五色斑斓的生活景观和现代做派中，人生艺术化，这份民族思想文化的资源，如何传承？如何扬弃？如何推进？如何在当代生活语境中重构和应对当下新生活的挑战？”[3]

在当代生活中，重构人生艺术化，这正是金雅教授本书的价值所在。在“倦怠社会”中做一个有趣味有情怀有信仰的人，也正是《人生艺术化与当代生活》一书对于我们心灵的召唤。

作者单位：浙江理工大学

① 金雅主编：《中国现代美学名家文丛·梁启超卷》，浙江大学出版社2009年版，第22页。
② 金雅：《人生艺术化与当代生活》，商务印书馆2013年版，第49页。
③ 金雅：《人生艺术化与当代生活》，商务印书馆2013年版，第400页。

史论结合开拓中国现代人生论美学研究新局面

——评金雅等著《中国现代人生论美学引论》

莫小不

根据历史与逻辑相统一的原则进行美学史或者美学思想史的研究，有其认识深刻、史料扎实的独特学术魅力。虽然美学史或者美学思想史的发展，客观上存在着特定美学观念“历史断裂”的事实，但坚持历史与逻辑的统一，在“史论结合”中进行美学史或者美学思想史的透彻研究，仍是非常重要的美学史研究范型。金雅教授及其学术团队所著新作《中国现代人生论美学引论》一书，就是以这一美学史研究范型来对中国现代美学发展的重要民族精神特征，进行观照和深掘的一部成功之作。

认真赏读该书的绪论和结语可知，金雅教授及其团队对“人生论美学”有着长期深入的研究。他们曾先后主办了两次以“人生论美学”为主题的全国学术会议，编选出版过现代人生论美学的基础性文献资料《中国现代人生论美学文献汇编》和《中华人生论美学经典悦读书系》（四册），金雅教授还发表了《人生论美学与中国美学的学理传统》《人生论美学的价值维度与实践向度》《论美情》等文，呈示了扎实的文献资料基础和深厚的学理开掘支撑。难能可贵的是，金雅教授对“人生论美学”的关注有着自觉鲜明的民族文化意识。她从“人生论美学”切入，辨析中华美学与西方美学的特点和异同。以之为出发点，金雅教授聚焦中华美学的人生论精神，关注它从古典向现代的转化演绎，进而选择六位中国现代美学大家来通观“人生论美学”的现代创化，这种立足于理论高点的美学史研究，决定了该书的理论深度；同时，“论”不虚发，以对精心选择的代表性美学家的研究为依凭，来把握中国现代人生论美学的演化发展，决定了该书的厚重感。这两方面结合起来，就形成了该书最为突出的特色：史论的统一。以论带史，使现代美学家的研究不至于零乱无章；论从史出，使所论不至于空泛无当。

另外，每位美学家的思想也不是一下子走向成熟的，有其发展、演化、成熟的过程，该书选择的六位现代美学家也不例外，这决定了他们的美学思想都有其丰富性、复杂性。对这六位美学家“人生论美学”思想的研究，需要研究者对他们的理论观点在整体上有比较客观准确的认识。从该书每章的具体论述来看，作者们应该都对其所研究的美学家下过很深的功夫。因为，非如此做不到驾轻就熟、举重若轻地专论各家的人生论美学观点及其特点。以该书第一章的“梁启超的趣味人生论美学”为例，作者金雅教授早年就对梁启超美学思想进行过长期的精深研究。她的专著《梁启超美学思想研究》已经是梁启超美学思想研究领域的经典著作之一。正是以此为依凭，她以梁启超前后期美学思想的逻辑统一性为出发点，用梁启超后期的核心范畴“趣味”来贯通其整体美学观念，发掘其人生论美学精神，就是独具慧眼的深切精当之论。

该书另一个明显的特色是语言的诗化。“人生论美学”推崇人生的趣味化、艺术化，讨论人生论美学的文字自然也不应干瘪无趣。虽然该书是集体合作的理论著作，不同的学者各有其文字风格，但从精心拟就的章节及各大小点的标题，总体上还是呈现出了明显的“文字诗化”的统一追求。而尤为难得的是，这种诗意文字又高度准确、凝练地把握到了每位美学思想家的独特韵味风范。特别典型的如各章的标题，用“趣味”“境界”“情趣”“哲诗”“真率”“生生”来概括梁启超、王国维、朱光潜、宗白华、丰子恺、方东美的人生论美学思想，准确贴切而生动鲜明，读来印象深刻、余味悠长。长期以来，我国的美学研究论著深受西方美学翻译著作的影响，除少数学养深厚的美学大家能够举重若轻地行文论说，从而其理论文字有自己生动鲜活的个人风格外，太多的学者都操持着一种艰深晦涩、佶屈聱牙的语言，这让不少的美学论著读来非常“烧脑”，缺少阅读快感。《中国现代人生论美学引论》一书的行文风格流畅鲜活，同时认识又客观深刻，这是非常值得称道的。

最后，该书独特的体例安排也值得关注。该书主体部分的六章，每章专门阐发一位现代美学家的人生论美学思想，其体例安排大体一致。就是每章的内容主要分为三节来具体阐述各位美学家的人生论美学思想，即按审美、艺术、人生的逻辑来阐述和勾连。这种章节的安排逻辑严谨，认识全面，呈现出鲜明的理性色彩和丰满的个体色彩。不仅如此，该书每章的最后都还单独设有一节“美典例鉴”。这一节是该章所论美学家的精彩人生论美学论文的评鉴。这个第四节的设计，鲜活了全书作为严肃的理论著作的“高头讲章”风格。从阅读、学习的角度来说，这种体例安排也有利于读者在阅读各家的人生论美学基本观点后，能够借助对第一手文献的阅读体验来加深认识。

该书除以上所提及的值得重视的鲜明特点外，还极大地提升了现代美学研究的意义和价值，这是特别值得关注的。长期以来，近现代美学研究在中国美学研究中不是很受学者们重视。这是因为，近现代美学往往被看作中国古典美学发展到当代美学的中间过渡阶段，其价值和意义仅仅在于实现了中国美学由古典向现代的转化，而当代美学发展已经实现了对近现代美学的扬弃，既已经吸纳其优点，也超越了其弊端。因此，当代美学在总体上要比近现代美学重要，近现代美学研究相比于当代美学研究是从属性的。后来，随着当代美学研究中民族意识的增强，中国古典美学的现代转型对当代美学发展的重要影响和潜在制约才逐渐受到学者们的关注，近现代美学研究才逐渐引人关注变得重要。但这种重要性事实上还远未得到充分的研究发掘。而《中国现代人生论美学引论》一书正是对这个问题的回答。金雅教授认为，融审美、艺术、人生于一体的大美观，真、善、美相贯通的美情观，以及物我、有无、出入诗性交融的美境观，是中国现代人生论美学重要的理论神髓。由此，中国现代人生论美学一方面实现了对古典人生美学思想的现代发展，即把“认识之真”吸纳熔铸进了中国古典人生美学思想的“德情观”中；另一方面，也与西方经典美学推崇“美真统一”，偏重于从哲学认识论的角度认识美的美学思考，有了重要区别。立足于中国美学的历史发展，立足于民族文化的根本立场，中国现代人生论美学的理论创造就具有特别重要的意义。正如金雅教授在书中指出的：“中国现代人生论美学所取得的成果和达到的高度，迄今都是中华民族美学发展的一个高峰，是中国现代美学也是中华美学最富代表性和标识性的重要成果之一。”

当然，该书作为中国现代人生论美学研究的“引论”，也存在继续研究和提升的空间。如何进一步细致呈现中国现代人生论美学发展的全貌？如何进一步揭示中国现代人生论美学的西方影响？如何进一步建构中国人生论美学的民族学理？这些问题，都给未来的人生论美学研究留下了广阔的天地。

作者单位：杭州师范大学

由现代人生论美学探析艺术创新民族化

——评《中国现代人生论美学引论》

宫 富

人生论美学是对古典民族美学精神的传承，儒家的“尽善尽美”、道家的“天地大美”等都是着眼于人生审美化，广涵人的生命与生活以及人与自然、天地，而非西方理论的科学认知。《中国现代人生论美学引论》聚焦六位现代美学大家，通过对其理论思想的深入挖掘、梳理、提炼出了美学范畴，着重探讨20世纪上半叶，中国现代人生论美学的传承意义与当代发展，对中国现代人生论美学语境的新创与发展具有启发意义，这对现代中国艺术创新的民族化发展也具有一定的引导作用。

一 现代人生论美学的民族性

金雅教授在《中国现代人生论美学引论》中紧扣“人生论”这一美学思想，指出“人生论”是中国哲学之中心部分。[①] 中国传统就是“生”的哲学，中国古代思想家认为，大自然是一个含有生命的世界。因此，中国文化自古以来就十分注重人与自然的关系，中国古典美学对现代人生论美学的新创提供了丰富的精神文化。金雅教授认为，现代人生论美学的开创是与中国现代美学的发展共同开启的。20世纪初期，

① 金雅等：《中国现代人生论美学引论》，中国社会科学出版社2020年版，第1页。

中西方美学思想的交流碰撞对中国现代美学的发展产生了直接影响，这一时期的许多美学家立足于中国优秀的古典民族文化，并汲取西方美学思想，产生了与古典、西方不同的时代回音。现代人生论美学在古典民族美学理论体系基础之上，广泛吸纳西方思想理论，聚焦现实人生与生命实践。因此，现代人生论美学是审美、艺术、人生统一的美学观，构筑了与西方不同的美学体系。中国现代人生论美学的发展使中国美学在与西方美学的对话中获得了自身的民族特色与独立性，拓宽了中国美学的领域。

《中国现代人生论美学引论》分为六章，由浅入深，逐个探析梁启超、王国维、朱光潜、宗白华、丰子恺、方东美的理论思想，通过对六位美学大家思想的整合、挖掘、梳理、着重提炼等，积极帮助中国现代人生论美学的话语建构。西方美学与中国美学不能视为同一个理论体系，而是根植于不同的文化背景，具有各自不同的民族特色。金雅教授认为，中国现代美学与古典民族美学虽都以中华文化为土壤，但古典民族美学并不能完全涵盖中国现代美学。美学作为人文学科，是人类情感多元化的呈现，需要积极与西方形成对话互鉴，找寻自身的价值向导，顺应时代的发展和实践的需要，推动中国现代美学的发展。在《中国现代人生论美学引论》中，每一章节逻辑严谨、论证清晰、有理有据。如梁启超“趣味人生论美学”，由大到小探析梁启超的人生论美学，通过梁启超的“知不可而为”与“为而不有”破除成败之执与得失之忧，阐释现代人生论美学注重主体生命精神的建设。金雅教授在《中国现代人生论美学引论》中对中国现代人生论美学有着独到的见解，用富有艺术气息的文字探析了“生活的艺术化”“审美艺术人生”“真善美相贯通”等观念，使读者在氤氲艺术美学的气息中去领略中国现代人生论美学中的民族特色。

中国现代人生论美学是对中国古典美学的现代创化，《中国现代人生论美学引论》遴选的六位美学家所处时代在社会动荡、思想文化变革的20世纪，是中华民族危亡之际的现代背景。同时，均饱受中国传统文化的熏陶（内儒外释），兼有西方现代哲学思想的知识背景，融中西思想贯通。如王国维受叔本华、康德思想的影响，方东美深受柏格森生命哲学的影响，宗白华的人生论更是以哲学为基础，虽论析各有侧重，但内在却是两相兼济。正是在这些因素的作用下，现代美学家们更关注人的生存与生命。金雅教授认为，他们的美学思想由梁启超与王国维作为开掘人，到朱光潜与宗白华的拓展，再到丰子恺与方东美的丰富，金雅教授对此进行的脉络梳理与提炼，凸显了中国美学发展上一脉相承的民族特色。

二　现代人生论美学对艺术创新民族化的启示

自西方现代伊始，工业革命的快速发展，人们开始对现代社会失落与不满，表现为对传统的反叛。20 世纪初，现代性一词由西方传入中国。从美学来看，也是“援西入中”的产物，但一味地照搬西方的理论体系并不适合中国的美学发展，也必然导致缺乏自身的民族自信。金雅教授在《人生论美学传统与中国美学的学理创新》中谈道，“中国古代有丰富的美学思想，但没有‘美学’这个概念和自觉的学科理论体系”。[①] 在《中国现代人生论美学引论》这本书中，对人生论的阐释就是要扎根中国古典民族文化中的人文情怀与诗性情韵，建立中国现代美学的理论自觉。只有从中国审美的历史实践出发，才能够建立起民族美学理论体系。现代人生论美学对当下艺术创新民族化同样具有启发意义，中国艺术同样有自身的古典民族文化与历史发展渊源。

首先，西方现代思想的传入不仅推动了美学理论的发展，对艺术创新的发展也产生了影响。如“85 新潮”运动、厦门达达、政治波普等受西方影响而产生的“西化”运动。中国艺术同美学一样，是具有自身的中国古典文化根基的，无论是刘熙载的《艺概》，还是谢赫的《画品》都是中国优秀的传统艺术理论，具有“天人合一”的诗性境界观，这也是中华古典文化之魂，是我们所应该传承下去的。但现代社会的发展使艺术创新一味西化，照搬西方的艺术实践理论与技巧来进行中国艺术的创新。与此同时，现代经济的发展，同样使艺术市场非常浮躁，商业化、世俗化倾向严重。这种现象的继续发展对中国艺术创新是不利的，艺术实践不能故步自封，也不能“全盘西化”，我们应该立足于中

① 金雅：《人生论美学传统与中国美学的学理创新》，《社会科学战线》2015 年第 2 期。

国优秀的古典文化基础上进行民族化创新，要走具有中国特色的道路。《中国现代人生论美学引论》中谈到宗白华，他受《易传》的影响，秉持“天人合一”的思想观念。书中论述到，宗白华把人生奠基在哲诗之上，他认为生命就是创造，创造才是生命。因此，宗白华也被视为最具原创性的美学家。宗白华的艺术意境观正是对中国传统诗学“情景交融”的拓展。这同样适用于艺术创造，我们不能照搬西方，文化不同、国情不同，我们要走属于自己民族的艺术道路，要拓宽艺术民族化的领域，只有这样才能与西方进行深入对话，新建属于我们自己的艺术民族化发展。

其次，艺术市场的浮躁化、商业化、世俗化的倾向也层出不穷，这也对艺术创新的发展有着不利的影响。快节奏的生活方式使人们充满了功利心，艺术市场变得更为浮躁，这必然导致人们的审美趣味产生俗化的倾向。艺术是要作为人的本质力量的显现，而不是单纯地刺激人的感官来获得无审美的快感。人们需要通过艺术来返回审美的领域，通过艺术来净化心灵。正如《中国现代人生论美学引论》中提到，“生活艺术化”“审美艺术人生”等充溢着关怀人的生命与生存实践的气息，这是自古典以来的文化，至今仍然具有传承性。譬如《中国现代人生论美学引论》中提到丰子恺的“童心”与“绝缘”，他认为，成人与儿童相比已失去了本性，只有儿童心中保持天真，这才是真正的人。而绝缘则是告诫人们要摆脱功利，只有这样才能呈现出师自然和美造化的艺术作品。艺术家们应该保持一颗“童心”，他们的艺术实践应该是最真诚的情感表露，这才是艺术之所以为艺术最本质的特征。西方艺术实践更着眼于一种对传统的全面否定，理性地看待现代社会的发展，从理论走向理论。而中国自古以来就与自然是和谐统一的状态，我们要走属于自己的民族化艺术道路。只有这样才能推动艺术创新的发展，形成与西方积极对话的局面。金雅教授通过对现代人生论美学的整合、梳理，不仅拓宽了美学领域，也对艺术创新民族化具有指导意义。

最后，《中国现代人生论美学引论》聚焦现代美学，金雅教授认为，中国要走具有中国特色的美学之路。尤其是在现代社会，快节奏、机械化的生活方式更容易使人们忽视自身生命实践，功利心逐渐占据人们生活的重心，这更加彰显出审美艺术人生的重要性。中国现代人生论美学在对中国古典文化与西方现代文化的融会中，直面中华民族特色和生存实践，强调美进入人的生活领域，注重对人格的塑造与境界的提升，形成了一种物我有无出入诗性交融的美境观。美学的现代转化为关注人们自身的思考和生存提供了新的方向和宝贵的经验，艺术创新的现代转化同样要关注人们的生命与生存。《中国现代人生论美学引论》谈到王国维的“境界”，他认为的“境界”是艺术作品之所以动人的原因，强调一种“出世精神”，思考如何升华人的人生欲望，涵养宏大的人格风范。现代人生论美学就是强调，在这样一个浮躁的时代提倡慢生活，提倡心灵的休养生息，反思现代人的生命境遇。现代人生论美学给予艺术创新的启示，走中国艺术民族化创新之路要扎根于中国古典文化的土壤，关怀人的生命与生存实践，塑造人格与提升境界。

三　总结

首先，《中国现代人生论美学引论》遴选的六位美学家是现代美学的重要代表人物，也是美学发展的贡献者。几位美学家理论思想的关联性呈现出了中国美学一脉相承的民族特色，金雅及其研究团队对中华民族美学的探研，对六位美学家的思想高度提炼出了统摄其美学理论的范畴，这是全书的点睛之笔。其次，通过对六位美学家的现代人生论美学思想的梳理、整合、提炼，推动了中国现代美学的发展，提高了中国现代美学的话语权，为中国现代美学开拓了新的领域。此外，《中国现代人生论美学引论》中的“美典例鉴”摘选了六位美学家的经典文章，并作了精美的鉴析，为本著增添了新的色彩。

迈入21世纪，在中西美学对话中，要走具有中国特色的美学之路。金雅教授说，本书最初的愿望是从民族特色出发来梳理理论资源，“我们的学术自信来自于我们究竟有什么？我们的民族美学有什么，这是我们应该回答的问题”。“我们的回答应该从自身实际出发，而不是先入为主，以其他既成的理论范式来框范与对号。”中国美学理论建设不能全盘西化，金雅教授关注中华民族特色，把握民族基调，遴选的六位美学大家大都结合生活、艺术、文化等各种具体实践来谈，很少从理论走向理论。《中国现代人生论美学引论》正是对美学民族特色的梳理、整合，根植于中国古典文化，融会西方美学，把真美关系引入了美学的核心领域，这是对古典美学与西方现代美学的突破，同时对建设中国特色美学理论也具有意义。与此同时，本书通过对现代人生论美学的阐释，对当下现代社会生活以及艺术创新民族化也给予了启示。“人生论美学弘扬了积极入世的创造精神和超拔出世欣赏情怀在人生实践中的诗性统一”，对现代人的审美趣味具有积极的导向意义，对当代生活实践与生命境界的建构也具有重要的引领意义。

作者单位：浙江理工大学

人生论美学的历史承接和当代创新

——读《中国现代人生论美学引论》

胡文峻

美学，是一个外来词，源自18—19世纪的德语文化，最早在1750年为鲍姆嘉登所创，继康德、黑格尔等对美之纯理性分析，现代学术意义上的美学应时而生，后学辈出，余响至今。这是古希腊亚里士多德式“本质主义”理性传统的必然产物，同许多看不见、摸不着但又能切实感受到的概念一样，“美”终不例外，要认识其本质，就必须通过理性和逻辑的分析来加以解释。中国没有这一套传统，要谈自己的美学，有两个不可回避的现实问题，或许这也正是金雅教授团队《中国现代人生论美学引论》（中国社会科学出版社2020年版）想要回答的问题：第一，中国古人谈不谈美学？如有，是何面目？第二，现代的中国人谈美学，怎么谈？

前者是有或没有的逻辑问题，按现代学术意义的标准，答案似乎是否定的。但是，若按康德的定义——“审美的本质是一种趣味判断”，那么中国人关于美的或趣味的思想著说，则是高可盈几的。比如先秦老子之“上善若水”，孔子之“乐礼”、庄子之“逍遥游”“鱼之乐”，汉蔡邕书画赞之“三美”、魏晋宗炳、陶潜、竹林七贤山水田园之隐逸、王羲之“流觞曲水”，唐王维“援诗入画，画中有诗”，宋苏东坡“宁食无肉，不居无竹……”，说的都是与美或趣味有关的问题，如《引论·绪论》所指：“老子、孔子、庄子等先哲不是现代意义上自觉的美学理论家，但他们著说中的深邃高逸的人生审美情韵，是人生论美学的重要精神之源。”以此观之，中国古人虽未谈学术意义上的美学，但他们的思想和趣味却又与美学研究的内容有着名副其实的关系，并于实际生活和艺术创作中处处体现。

这是《引论·绪论》所论及的问题之一，即：谈“美”在中国古已有之，只是未成学理系统，但中国美学并非无源之水。于此，《引论》又巧妙地引出了中国美学的核心特色——“人生审美情韵”，而“人生审美情韵”又将《引论》的思考重心导向了对第二个问题答案的追溯。

后者是一个更加复杂的问题。受西学的影响，近现代以来涌现的民族启蒙思想家、美学家、艺术家也开始将美视为一个严肃问题，纷纷谈“美”，并从本土传统艺术文化的长河中探赜索隐，有的还将其平行置于世界文化（主要以西方文化为主）的大视野中，旁征博引并加以对比，以寻求中国传统文艺之生生活力和独特价值。如本书详论的六位大家：梁启超、王国维、朱光潜、宗白华、丰子恺、方东美，还有范寿康、吕澂、邓以蛰、王显诏、郭沫若等。他们的人生经历和实践方法各不相同，侧重不一，要说清楚进入现代的中国人如何谈美之问题，殊非易事，非有高屋建瓴之视野、探骊得珠之智识不能明之。《引论》无疑作出了颇有建树和意义的尝试，并且贡献出一个独特的视角和方案，足供思考。

按第一个问题所引出的“人生审美情韵”，是中国古典美学隐性的民族共性之底色，——说的是“古”；更进一步，《引论》第一章关于“梁启超的趣味人生论美学”，开篇即说：“人生论是中国美学最为重要的精神风范与民族标识之一，这与西方美学的认识论品格具有显著的差别”，此语一矢中的，明确标定中国美学特色——“人生论”的靶心，——说的是“今”。

何谓“人生论”？书中没有给出直截了当的解释，但不妨借著作《绪论》中的话来说：“美的问题不只是纯粹的理性思辨，也不是单纯的艺术问题，而是关乎人的生命、生活、生存的鲜活问题。”[1] 前两句说的是“人生论”美学首先区别于西方纯理性讨论的美学哲理观和唯

---

① 金雅等：《中国现代人生论美学引论》，中国社会科学出版社2020年版，第13页。

美主义的艺术价值观，即，它涉及但不仅限于纯理论的学术问题；末句则进一步解释了“人生论”美学的本意——与人生的互动关系，它也是一种介入生活、指导现实的方法论，更是一种可以实现的终极、向上的人生价值取向。

《引论》正文精要地梳理了近现代学者关于中华美学精神的自觉建构，摭拾了六位哲学思想家、美学家、艺术家的理论和实践，包括梁启超之“趣味”、王国维之“境界”、朱光潜之“情趣”、宗白华之“哲诗”、丰子恺之“真率”、方东美之“生生”等，从各自美学思想理念的萌芽到逐渐的条理化、系统化，及其艺术、生活的方法实践，并条贯出隐藏其内的“人生论”美学精神的线索和他们共同的核心特质：“从中国古典文化和美学中汲取了滋养，也吸纳了西方文化与美学的理论资源，特别是以康德为代表的知、情、意三分的情（美）的独立观和以认识论为根基的对美真关系的科学认知。”[①] 书中多处强调“人生论美学既不同于西方经典理论美学，也不同于中国古典伦理美学，它既不单维地倚重真，也不单维地标举善，而是着力构建真善美的三维张力关系，追求审美、艺术、人生的动态统一和物我有无出入的诗性交融”。[②] 指出人生论美学“反对非理性地、无价值地、纯技巧的美感向度，倡导超越唯美的、纯粹的、小美的、纯艺术的视野”。[③] 总之：“人生论美学追求审美、艺术、人生动态统一的大美观”，“既是对中国古典美学倚重美善二维关系的拓展，也是对西方经典美学审美独立论的超越，特别是突出地体现了以超越小美走向大美为标识的民族美学的核心精神，也突出地体现了美学的人文情怀和价值向度”。[④]

《引论》是金雅教授团队多年来深耕细作，化繁为简，对近世以来具有代表性的中国美学诸家如何谈美及其实践的中华美学精神特色的精准画像，这是本书最难能可贵之处：不仅深刻洞察了中国古典美学的内在根质，也对中国现代美学思想干枝脉络有着清晰的把握，既注意到各家学说的畛域分别，又兼顾彼此之间的内在联系甚至前后的继承转化，

① 金雅等：《中国现代人生论美学引论》，中国社会科学出版社 2020 年版，第 6 页。
② 金雅等：《中国现代人生论美学引论》，中国社会科学出版社 2020 年版，第 3 页。
③ 金雅等：《中国现代人生论美学引论》，中国社会科学出版社 2020 年版，第 3 页。
④ 金雅等：《中国现代人生论美学引论》，中国社会科学出版社 2020 年版，第 3—4 页。

整理出现代中华美学内在理路的自觉建设和有序的发展、传承。本书各章所举对象，各有所长，就学术成就或身份预期来说，梁启超、王国维二位大家不同于稍晚的朱光潜、宗白华、方东美，而画家丰子恺也不同于以上诸家，各自所论、实践的切入点不尽相同：梁以人生美育为主，王国维以艺术境界为主，但都以中国传统文化和古今之对照为视野，至朱、宗、方、丰，则眼界大开，不但学古通今，中西学并用，而且直接置身于西方现代美学研究领域的现场，视野丰富多维。如朱光潜，他很早就负笈英伦，学习西方文学戏剧，后来又投身于西方哲学和美学理论，尤其对康德、黑格尔的美学理论有着极高的欣赏和批判性眼光，既有大量的认识论美学观念，也有大量的人生论美学精论，比如他说“人生本来就是一种较广义的艺术。每个人的生命史就是他自己的作品”,[①] 而他倡导的“人生的情趣化”或“人生的艺术化”观念，又有对梁启超“趣味”、郭沫若“生活的艺术化”等美学观念的继承和发展。总之，对这些复杂群像的微妙共性和鲜明分别，《引论》都有清晰明澈的洞见。

同时，《引论》予人另一珍贵的启示是理解前人与批判性并重的研究态度和方法。作为一种人生观意义上的美学理论及其实践，“人生论”美学实际上是特定时代或出于民族自尊、自强心理的产物，一方面，它连接着“整理国故”——中国传统哲学、艺术的文化脐带，又始终围绕着西学东进、救亡图存、民族独立、民智启蒙等历史语境展开，将这一美学观念和价值行诸生活各领域，具有理论指导现实的积极影响，既有功于改造那个传统文化式微、重拾民族自信的旧时代，也为后世留下了一笔无价的精神遗产；另一方面，本书所举之梁、王、朱、宗、丰、方等大师于中国现代美学理论与实践的自觉、浚发，不可谓不有着厥功至伟的贡献，但在学术话语层面，所谓“人生论”美学并非他们即创，而是今人对他们思想、实践的归纳性研究，属于理论的再理论，或理论对前人朦胧实践的升华，亦是今之学者对历史批判性继承的创新。因此，“人生论美学”实理论萌芽或朦胧实践于民国大师之迹，而终成于当代，也可说是由跨时空的代际合力铸成。本书或许有意无意

① 金雅等：《中国现代人生论美学引论》，中国社会科学出版社 2020 年版，第 168 页。

中揭示了一个微妙的剧情：由“人生论”美学到“人生论美学”的历史性承接和转化。从这个角度看，《引论》一书，无疑具有总结历史和引导当代学术之标杆性作用。

由于“人生论美学”有它内在多源的复杂性和多向的张力，作者指出：“套用现成的任何一种美学思想、学说、理论，都难以框范人生论美学的理论内涵、话语特征、学理精神”，我想这是因为“人生论美学”不仅仅停留在抽象论理，也不是任何意义上的本本主义，更是一种活生生的，于生活细节中可感、可知、可完善的生命进行时状态，具有超越冰冷的理论叙述，实现人生价值多样性的丰富体验。而更复杂的情况是，今之时空大异于百年前的“救亡压倒一切”和“民智待启”，在物质日益满足、技术日新月异，而人心浮荡，普感焦虑的当下，如何进一步发挥、践行“人生论美学”其“艺术、审美、人生的动态统一”的当代价值——如本书第六章方东美《生生之美》引李白诗：“揽彼造化力，持为我神通”，殆是引以为思的现实问题。

总之，《中国现代人生论美学引论》一书从艺术、审美、人生统一的角度，高度凝练现代诸家学说和美学实践的要旨，贯穿起了中国现代美学的“人生论”线索，精准地描画出中国“现代人生论美学”的轮廓，可谓慧眼独具；同时也是对当代中国美学理论建设的巨大创新，对当代美育也具有重要的启示意义。于本人来说，读之顿如拨云见日、雾散花明。回归现实，当以“人生论美学”处处观照之、践履之、传播之。

2021 年暮秋于下沙江滨

作者单位：浙江理工大学

统之有元　汇之有宗

——读《中国现代人生论美学引论》

兰正江

当代中国美学思潮，一方面，高举古典美学的精神旗帜，对以儒、道、禅三家为核心的历代美学思想重作笺注；另一方面，大力引进西方的美学流派，企图吸收不同的阐释思路。但“古”与“今”的悬殊，“中”与“西”的疏远，在时空距离上与当代中国人不免有“隔”。20世纪上半叶是中国现代美学登上历史舞台并走向成熟的特殊时期，其中西古今会融之际的独具特色、自成脉络的美学理论，不论是语言方式，还是命题意趣，较中国古典美学与西方美学更为贴近当代中国人的心灵状态。

长期以来，学界对中国现代美学的成就估计不足，而梳理这一纷繁复杂的美学宝藏并作出简明恰当的概括更是难上加难。金雅教授拈出“人生论美学”为鹄的，以简驭繁，立足于古往之传统，抓住了时代的脉搏，是其数十年学术生涯一以贯之的理论核心。她数十年来深耕厚植，去芜存精，从其早年的《梁启超美学思想研究》（商务印书馆2005年版）到本著《中国现代人生论美学引论》（中国社会科学出版社2020年版，后称《引论》），人生论美学培根固本，枝叶条畅，开花结果。该著在立论高度、逻辑架构、范畴梳理以及现实关怀诸方面，尤为引人注目。

在美学史的追溯中，对单个名家的深入探索已实属不易，而跃出个体，走向总体的把握，以至于形成“流派”式的谱系梳理，这不仅要掌握全面的材料，还需要理论上的精准直觉。《引论》全书以“人生论美学”为思想主线，共分六章，每章对一位美学家进行系统的梳理和客观的评价。全书探讨了梁启超的趣味人生论美学精神、王国维的境界人生论美学精神、朱光潜的情趣人生论美学精神、宗白华的哲诗人生论美学精神、丰子恺的真率人生论美学精神以及方东美的生生人生论美学精神。诸家所论，并非是有意地去建构一个人生论美学的学派脉络，但如本著所揭示的，他们确实都在不同程度上凑泊到这一意向路径。如梁启超之“趣味”精神，是将“知不可而为”主义与“为而不有”主义相统为一，凸显了不执成败，不忧得失的不有之为的人生审美向度；王国维之“境界”精神，是远功利而求真味，去欲望而存赤诚，以审美获得身心主体的自由解放；朱光潜之“情趣”精神，认为美是心物交融，即情趣与意象之统一的结果，提倡将其贯彻于生活，实现生活的情趣化与艺术化。各家所论话语有别，内涵有异，但精神意趣一致。其强调美对生活的介入，艺术对人格精神的提升，可谓同条共贯，归于一旨，即审美艺术人生相统一的人生论美学精神。因此，金雅教授以人生论美学之主旨来打通中国现代美学之脉，既总结了各家的特色，又阐明他们的相通之处，可谓统之有元，汇之有宗，在对 20 世纪前半期美学的研究中独树一帜。

传统中国文化有美学之实而无美学之名，学科意义上的中国美学是中西会通的产物，因此在探索过程中不得不“脚踏两只船”，既需宏大的中西文化视野，又要在各家的美学史料中找到精准的范畴界定，研究难度不小。就中国而言，暧昧是中国语言的特征之一，思想上的研究并不能完全遵循考据家先明字意再明句意的方法，有时恰恰相反，先明句意再来决定字意的确切指向。如《引论》中所标示的梁启超之“趣味”与朱光潜之“情趣”，王国维的“赤子之心”与丰子恺的“童心”等，这些概念有相近的地方，但在每家的语境之中其内涵却又显然不同。另外，书中所列举的六位学者都曾深入地接触西方思想，如朱光潜、宗白华、方东美等都有过留学西方的经历。作为翻译、介绍西方思想的传播者，西方美学理论在其思想的建构中有着不可忽视的地位，而在吸收的过程中难免会发生意义的转换，这也为概念边界的把握带来了难度。如康德思想对王国维美学的启示，康德的“审美无利害”论在王国维处引申为“无用之用”，化纯粹直观为体用合一的人生体验。又如朱光潜的“意象论”，既导源于中国古典意境论的传统，又融入了近代西方美学的直觉说、移情说等理论。《引论》对每家的核心概念及其精准内涵，作出了建设性的梳理、提炼和总结，显示出坚实的思辨功力。全书各章节以概念作为标题的关键词，层级明了，分合有序，严谨地厘清每位美学家的主要思想，并将之串联在人生论美学的体系之内，展现出人生论美学在演进脉络和精神意趣上的丰富性、变化上的连续性、内核上的一贯性。

特别值得注意的是，在一般的认知之中，美学似乎与现实是脱离的，但人生论美学突破了一般美学悬空论本体的讲法，将艺术与人生同样并置到审美的视域内，摒弃了向壁虚造、游谈无根的理论陋习。在《引论》的写作中，处处展示出现实关怀的人文向度。著作极力展示了所遴选的诸位美学家。在时代的迍邅、命运的否泰中超越困境的愿力和观照当下的情怀。著作揭示了中国现代美学特定时空的忧患背景及其深致博大的意识使命。从大者来论，中华民族遭遇千年未有之变局，外有列强环伺，内有军阀混战，“此诚危急存亡之秋也”。至小者论，个人在战乱动荡年岁，颠沛流离，其生命常处于困顿、惊悸、荒凉的状态。如何安顿生命，使个体精神获得自由解放，进而救国家，改时局，这都是中国现代人生论美学思潮在开启之际所暗藏的现实背景。人生论美学，非为“逃避消极”的美学，而是“主动积极”的美学。该著以丰富的材料揭示了诸家美论，不仅阐明美学之知识，亦以美来感人、化人，非机械功利主义，而是要通过超拔个体的生命境界达到净化国民的全体精神，其人生美论中包含了人生美育。《引论》所提示出来的中国人生论美学精神，对当代人类之身心枯槁、声色弥漫的虚无精神困境，无疑是一味清凉剂。正如该著《结语》中所谈到的那样：“中国现代人生论美学的精神创构与理论建设，既是在化合汇融中西古今美学思想基础上的一种创化，也是美学理论和中国现实实践对话的一个结晶。”①《引论》以往昔为史，为现实作镜，极富浓烈的现实人文关怀，旗帜鲜明地高举中华美学的价值风向。

① 金雅等：《中国现代人生论美学引论》，中国社会科学出版社2020年版，第356页。

总之，本书虽集众力而成，而思制如一，视野宏大，逻辑严密，层层推进，文风晓畅，造语清新，读来发人深省。金雅教授及其团队所掘发弘扬的人生论美学，立足于时代精神的需求，从中华传统文化和中国现代美学中吸取营养，与西方美学相参照，努力建构具有本土特色的当代美学话语，提炼阐发中华美学的独特民族精神意趣，推动中西美学的积极对话，有益于推动人类精神之花的多元绽放。从这个意义言，金雅教授及其学术团队所著之《引论》一书，无疑将对当下建构中华本土美学的新热潮有所靖献。

作者单位：浙江理工大学

继往开来，传承与弘扬中华美学精神

——读《中华美学精神的现代创化》

苏嘉豪

伴随中国整体发展的蒸蒸日上，“中华民族伟大复兴”的时代号角顺势吹响。发掘中华传统文化的优秀资源，振奋民族精神，为人类整体文明的发展添砖加瓦，成为时代的共识。如何传承和弘扬中华美学精神成为重要议题。中华美学精神的中心内涵是什么？核心特点有哪些？中华美学精神在现代是如何得以传承的？在当代应该如何推进弘扬？对这些基本问题的认识，是传承与弘扬中华美学精神的基础。这些问题成为当代美学研究的热点，学者们仁者见仁，智者见智，纷纷提出自己的思考和解答。金雅教授的《中华美学精神的现代创化》一书，从人生论美学的角度，给出自己的阐释和建构。

本书由中国社会科学出版社出版，收录了金雅教授自 2003 年以来的相关论文 27 篇。全书脉络清晰，首先，以《中国现代美学对中华精神的传承与发展》开篇，对中国现代美学如何传承并发展中华传统美学精神进行了梳理、概括、分析，认为人生论美学传承自中华传统美学，并成为中国现代民族美学的中心内容。其次，是对中国现代几位最重要的美学家：梁启超、王国维、朱光潜、宗白华、丰子恺的系列个案研究，以充实的证据为前面的论点做出支撑。最后，以《中华美学精神的实践旨趣及当代意义》一文对中华美学精神与人生论美学的关系进行总结掘发，进而提出对中华美学精神当代发展的展望。本书的写作方式充分体现了中华美学精神的妙处：全书既有对中华美学精神、人生论美学理论的辨析、探索，也有对丰富案例的生动解析；既体现了理论探索的周密与深刻，又生动有趣、不显枯燥。全书以优美的语言，将中华美学的独特魅力展示出来。

金雅教授认为，总体上讲，中华美学精神与西方美学精神相比较，最突出的特点是中华美学表现出强烈的实践旨趣。西方美学受科学精神影响，关注现象背后的“真实”，叩问“美的本质”，比中华美学更重学理探究，更热衷于思辨的乐趣。中华美学则自古以来最关注的是“美”之于人的功用与价值，叩问的是“美何为”，与西方美学相比，更关注美与人的生存、生活的关系，更乐于探究美如何让人更诗意地栖居于大地之上。作者指出：“中华美学精神的实践旨趣，指向人的生命和生活，具有突出的人文意趣、美情意趣、诗性意趣。”她认为这种旨趣“构筑了中华美学最为重要的理论内核”，是中华美学贡献给世界美学的“民族瑰宝”。中华美学的“人文意趣”，指的是这种实践旨趣“浸润着浓厚的人文情韵，关爱人，关怀生命，关注生活，关切生存，具体而微地透入了人的生命、生活、生存的方方面面，呈现出温暖浓郁的人生情怀”。金雅教授强调，这种意趣和精神乃是催生“人生（生活）的艺术化”等20世纪以来中国美学重要理论命题的直接因素，同时也是中华民族历来注重美育的重要原因。“美情”是金雅教授高度重视的一个“极具中华美学特色的概念与命题”，她称其为中华美学精神“最为重要的核心标识之一”。金雅教授认为，与西方自康德所强调的由对纯粹美的欣赏而产生的“粹情”相比，“美情”与真善涵容、贯通，浑然一体，构成中国艺术审美和人生审美之核心。“诗性意趣”则体现了中华美学“崇尚天人合一，物我交融，有无相生，出入自由”的总体特征，将美、艺术与人的生活紧密联系在一起。

中华美学的这种实践旨趣，在中国现代美学家那里得以传承和发扬，萌生出极具中国特色的人生论美学的思想学说。金雅教授强调中华文化和哲学的根底就是人生论，她对中国现代美学的发展状况进行了精要概括：“中国现代美学虽思想多元思潮纷纭，但从发展的实际来看，其精神体现的主要方面，如人文情怀、人生视野、美情旨趣、诗性品格、艺教传统、实践向度等，都是从民族文化突出的人文性、诗意性、践行性等基本精神传统传承发展而来，聚焦于审美艺术人生统一的人生论美学精神。”金雅教授认为，理解中国现代美学对中华美学精神的传承，一定要把握这一要点。否则，就不能深刻理解中华美学精神在现代的发展，不能深入理解中国当代美学所取得的成果。这种人生论美学思想学说在中国现代的孕萌发展，集中地体现在梁启超、王国维、朱光潜、宗白华、丰子恺等几位大家的文化探索中。

这几位大家生活的时代，社会新旧交替，中西文化交融碰撞，加之国家生死存亡的窘境，迫使他们广泛学习、思考古今中外各种思想学说，并积极探索能够拯救中国的良方。他们的思想因此呈现出纷繁复杂的特点，如何准确地把握其主流思想，提炼出清晰的脉络，成为颇具挑战性的课题。金雅教授从中国传统文化的核心特征出发，通过对这些名家长期而深入的研究，紧紧围绕“人生论”这一“中国哲学之中心部分”，将这些大家美学思想的关键词分别提炼为：“趣味”（梁启超）、“境界”（王国维）、“情趣”（朱光潜）、“情调”（宗白华）、“真率”（丰子恺）、“生生”（方东美）等。这样的提炼与总结，切中肯綮，体现了一切文化继往开来的基本特征，彰显出中华文化一脉相承又兼容并蓄，因而生生不息、不断创新发展的韧性。金雅教授长期深研梁启超的美学思想，为国内此领域首屈一指的专家。本书的案例研究也以梁启超为主。梁著丰富而广泛，凡涉一题，均可洋洋洒洒千言万语。对其美学思想，殊难概括、把握。金雅教授认为，梁启超的美学思想看似随性而论、分散零碎，实则具有内在贯通的“潜体系”。她拎出“趣味”二字，提纲挈领，勾勒出梁氏人生论美学思想发展演化的清晰脉络与核心特质。

金雅教授指出，梁启超的“趣味”既有中国传统文化的“意趣”，也包含西方审美论的“意涵”。梁启超的宇宙观包含芸芸物质世界，更包含人的生命、精神。人的生命与自然、宇宙万象浩然同流，浑然一体。他认为“宇宙人生是不可分的。宇宙绝不是另外一件东西，乃是人生的活动”。因此，人生存于大地之上，实在是一件乐事。人们在探索自然、认识社会的实践中，应该践行“劳动的艺术化”。尽管前行之路充满艰难险阻，但是人们应该持有一种“知不可而为”的精神，并且不要总算计得失，培养一种“为而不有”的胸怀。将此种精神和胸怀统一起来，以满怀意趣的态度来对待劳动、对待生活，从而进入

“生活的艺术化”的境界。梁启超自己将其称为“无所为而为”，金雅教授则将其概括为“不有之为”，以区别于王国维等其他现代美学家所使用的“无所为而为”，突出了其纯粹实践的大美精神。梁启超的美学思想涉及艺术，但更关注人生，其所推崇的是一种“以人生为对象的大美”。这种大美精神正是中国传统文化几千年来一直追求的鹄的。金雅教授对梁氏的情感理论也进行了深入的探讨，认为它是“生命、情感、艺术的统一”，既有对中国古典诗学“抒情言志”传统的继承，也有对西方现代诗学将情感作为个体生命“表现”的吸纳，体现出鲜明的时代特征和主体个性。金雅教授认为对于情感、艺术、审美，梁启超崇尚的是崇高之美。崇高对于梁启超而言，“既是一种美学理想，也是一种人生理想”。梁启超批评中国传统文学多含蓄温柔之作、多厌世之气，而将具有崇高美的作品奉之为“情感文中之圣”，这种作品采用的是一种“奔迸的表情法”，是作者用生命来书写的真情感、真文学。金雅旗帜鲜明地主张，民族要强盛，国家要强大，当弘扬富有实践意向的崇高之美。这些思想观点，充分体现出金雅教授美学思想的深刻性和前瞻性。

《中华美学精神的现代创化》也精辟地分析了王国维、朱光潜、宗白华、丰子恺等其他中国现代重要美学家的思想学说。如金雅教授指出，王国维将“意境”向“境界”转换，正体现了他在接受西方现代人生哲学影响的情况下，传承并发展了中国传统人生论情韵，具有鲜明的人生论思想倾向。王国维的“大词人”“真感情”等论说，均对20世纪中国人生论美学的发展产生了重要影响。谈丰子恺，金雅教授则认为丰氏“围绕着艺术、美、人生的关系，构建了以‘童心’为本、‘绝缘’为径、‘同情’为要、‘趣味’为旨的中国现代‘人生艺术化’之真率人生的范式”。提出丰子恺认为人，尤其是艺术家要拥有一颗“童心”，此“童心”“不经世间的造作”，“纯洁无疵，天真烂漫”。拥有“童心”的“大儿童”就是艺术家。丰子恺崇尚艺术教育，认为它是“很重大很广泛的一种人的教育”。金雅教授强调另一位现代重要美学家朱光潜聚焦于“情趣”，视“艺术是情趣的表现，而情趣的根源就在人生”，将人生、艺术、审美动态关联起来。而陶醉于美学散步的宗白华，也探索将审美、艺术、人生三者统一起来，建设一种“艺术人生观”。

传承与弘扬中华美学精神，是时代赋予我们的重要使命。掘发阐释中华美学精神的理论内涵，了解它的发展历程，是践行这项光荣使命的必要基础。《中华美学精神的现代创化》一书，理透据实，既可信又可爱，使了解、探索中华美学精神成为一件美事。

作者单位：浙江理工大学

启迪智慧　反哺教学

——读金雅《中华美学精神的现代创化》

周　鸽

我国是拥有五千年历史的世界文明古国之一，有着丰富的文化底蕴，这些文化底蕴构成了中华民族的文化内核，是我国人类发展史、哲学演变史、社会进步史的高度总结和概括，是中华民族独有的瑰宝。中华文化和美学精神的延续和传承，研究者甚多，而金雅先生是以思想者的姿态建立其独有的美学思想，从中华现代美学的内在精神上去思考与发掘其当下价值和意义，对中华传统美学具有创造性转化与创新性发展。

金雅先生《中华美学精神的现代创化》收录了作者多年来极有代表性的一些研究成果。文章微观和宏观相结合的视野，探研中华美学精神现代创化的特点规律、典范呈现、当代价值等，不仅仅是对单一问题的论述，而是把某一具体问题从文化、哲学、美学这三个不同的层面上加以分析，推进了对中华美学精神的历史演进、重要内涵、理论特质、民族风范，特别是现代传承发展的深入理解。书中对中华美学精神、中国古典美学精神与中国现代美学的关系、中国传统美学及文化的影响及发展，和中国现代美学中代表人物梁启超、朱光潜、宗白华、丰子恺等人思想，进行了精深的梳理及透彻解析，金雅先生以独有视角将中华美学精神的现代创化的过程表达得既宏观又独到。金雅先生文章章节之间的安排巧妙，给人以不事雕凿而又环环紧扣之感，用词严谨又生动形象，给人以鲜活的气象，我们由此可领略金雅先生的创新精神和厚实学养。这不仅对普通读者深入了解其美学思想有着重要的裨益，也是中国现代美学传承发展中华美学精神的重要成果，更是推动知、情、意、行合一的当代民族美学与文化精神建设的重要资源，具有重要的理论意义和现实意义。对中国现代美学的研究者来说是一本启迪人智慧，涤荡人灵魂的精神食粮。

一　拓展人生视野

人生，金雅先生的解释是“人生就是人类生命活动（包括人类自身的生育繁衍）的历史过程，这个历史过程是由无数的个体生命活动和无数而又无限的生命活动链条构成的；个体的生命活动很短暂，很有限，而人类的生命活动却是无限的，正所谓‘人生代代无穷已’”。[①] 在世世代代的发展过程中，我们的美学思想既有中国古典美学思想中，就是重视美善相济，注重体验教化等，也有中国现代美学精神追求审美艺术人生统一、真善美贯通的以大美情韵为核心的审美创美相谐的人生论美学精神。

人生视野从字面上讲就是我们人类眼睛能看到的范围，深层次理解就是一个人的思想、知识和志向。说到人生视野，让我想到了井底之蛙说，它的视野决定了它的人生格局。在金雅先生《中华美学精神的现代创化》中，看到拓展人生视野的方法，即看待问题的视野和对人生内涵的理解，看待问题不是从理论到理论，而是直面人生、切入人生，是一种打通生活、艺术、审美的大美视野。[②] 金雅先生在文中谈到了梁启超的“趣味”美、朱光潜的“情趣”美、宗白华的“哲诗”美、丰子恺的“真率”美等，谈到他们对人生的态度，都身体力行，对人生美学视野进行自觉拓展。[③] 从金雅先生书中的观点可知：拓展人生视野的方法即知、情、意、行合一，“知”为“知育”；“情”为“情育”；“意”为“意育”；“行”为“实践”。在教育教学中对知育、情育、意育和实践的相互融合，对当下高校的教育发展及改革有着积极的意义。

① 金雅：《人生论美学与中华美学传统——“人生论美学与中华美学传统”全国高层论坛论文选集》，中国言实出版社 2015 年版，第 59—64 页。

② 金雅：《中华美学精神的现代创化》，中国社会科学出版社 2019 年版，第 6 页。

③ 金雅：《中华美学精神的现代创化》，中国社会科学出版社 2019 年版，第 19—28 页。

知育教人不惑。意思是人要有判断力，而精准的判断力不仅需要有相当的常识，还要有专门的知识，并且能运用这些知识智慧处理事情。梁启超认为，一个孩子最终会走向社会，书本的知识很重要，生活的知识也很重要。因此教书育人，不仅要引导学生学会书本知识，同时也要了解生活常识。因此应打破专业的局限，从大学科的角度学习，博览群书，丰盈和丰富思想和生活，提升综合素养，才可有精准的判断力去做事。

情育教人不忧。做人要通达乐观，即要树立通达、强健的人生观，开阔心胸，培养积极向上的人生态度。一是积极的态度。对待事情要有积极乐观的心态，对待学生要正面引导。让学生有自我感知能力、价值感知力、情绪感知力和人际沟通能力等，可以直面人生，直面问题；二是身心健康。健康才是一切的资本，欲速则不达，养精蓄锐，才能厚积薄发，从而才能养育自己、爱护家人和集体，奉献祖国。

意育教人不惧。就是“从心所欲而不逾矩”，在活得坦荡的基础上，遵从自由意志。说得通俗一点，就是在自律下的自由。对于教育教学，应当制定明确的课程规则，师生合作，让学生在规则下自由发挥。一是充分尊重学生。尊重可以激发学生获得积极的内心体验，当一个学生感受到他人的尊重时，就会产生归属感。二是发挥学生的主体性。课堂上应给学生提供自主学习的机会，同时让学生参与到课堂中来。三是向学生提供思考、合作的机会。从社会生活启发学生，让学生观察自己周边，鼓励他们去思考、去探究。让学生以团队的方式积极讨论，让学生们更客观地认识问题。

实践鼓励人要身体力行。据“学习金字塔”可知，使用不同方式学习，或用不同方式教学，其效果不同。例如听讲座只能记得知识5%；小组讨论学习可以达到50%，而身体力行地去实践可以提高到75%以上。因此，在教育教学中通过师生互动和合作、尊重个人禀赋以及学习方式的多样性，给学生及时反馈等，让学生把他们所学到的知识说出来，写出来，并与已有经验结合，实践于日常学习、生活和工作中去，让教与学更加高效。

知育教人不惑，情育教人不忧，意育教人不惧，实践鼓励人身体力行，人生的视野也就在这个过程中得以拓展。这也阐明了教育的目的不是单纯地灌输知识，而是让其拥有自己的人格和人生观，做个“不惑、不惧、不忧和身体力行”的人。

二　培养诗性品格

诗表达人生之情感，人格之情怀，精神之气象，思想之境界。诗具诚，所表征的才是真的，才是善的。诗性，从希腊语的词源意义上讲是指“诗歌”（poem）和“诗艺”（the art of poety）。在本意上蕴含“塑造”（forming/making）、“创作”（creating）、“生育”（birth）的意义，这是因为诗以美的方式创造美善的作品与意境。诗性的本质是依据美和善的原则，向美向善的创作生活。[①] 诗性就是创造美的冲动、愿望、热情、气质，就是拥有创造美善的心灵，是一种精神的追求和探索，是诗人的个体生命中那些从内心和灵魂深处中引爆的感情火花和刻骨铭心的痛彻思考。金雅先生认为，诗性的品格是中华传统美学人文情怀的核心韵致。也正是因为诗性的品格，中华传统美学追求物我、有无、出入之间的张力和谐，构筑了虚静、妙悟、玄览等一系列即虚即实的审美方式，注重的不是语言、色彩、线条等外在形式方面的品鉴，而是一种对整体意境、意趣、意韵的领悟，由此去构筑一方物我一体的诗意心灵天地。正如郭熙在《林泉高致》中对山川的诗性表达：“春山淡冶而如笑，夏山苍翠而欲滴，秋山明净而如妆，冬山惨淡而如睡。”“诗性”品格从诗画言，是指画家对客观物象转换到诗画形象的观察、提炼、概括等能力，除有学养积累、生活经历、才情灵气、悟性思考以外，最主要的是自信、宽容、感恩、爱心等品质，从而创造出属于他们自己的“诗意境界”。

从金雅先生对诗性品格的内涵的理解，可知诗性品格有两层含义，一是自我教化；二是化育他人。作为教育工作者，要始终牢记“品格”是教师的核心素养。习近平主席一再强调，广大教育工作者要做学生锤炼品格的引路人，做学生学习知识的引路人，做学生创新思维的引路人，做学生奉献祖国的引路人。引导学生“锤炼品格”和“创新思

① 金生鈜：《诗性、教心与“诚”的统一——论黄济教授的诗性之诚》，《清华大学教育研究》2021 年第 3 期。

维”，正凸显了对教师的品格的要求。作为教师自己，应不断夯实专业功底，逐渐完善自己，从“学会教学”走向“学会教育”；在教育教学上，不断追寻教育的初心和本真，在教授知识的同时引领学生走向自信、自主、自立和自强；在文化和价值观的建设上，在有限的环境中，创设自由、宽容、和谐、亲和的教学氛围。

作为教育工作者，拥有诗性的品格需要我们对待世界、生活、自我及他者时的诚挚、诚恳、诚朴、真实。只有自己做到真挚、通达、友善，才能将真善美合一，才能引领学生的心灵转向：崇真、向善、求美。以感通之共鸣合于天道，以心声感应于世界，与天道万物人事共鸣，产生共情同感，从而去构筑金雅先生所说的构筑一方物我一体的诗意心灵天地。

三　增强辩证思维

辩证思维是用观点来提升分析性思维和评价性思维的一门艺术。[①] 辩证思维在人类生活中有着重要的作用。“辩证思维，与其说它是对事物生成变化规律的逻辑总结，不如说它是对事物生成变化规律的本体洞悉。”[②] 金雅先生强调中华文化是高度重视辩证思维的文化，从《周易》为源头讲到中国现代美学家王国维、宗白华、朱光潜和梁启超美学思想中所蕴含的辩证思维。她强调美学思想中辩证思维既宏观把握又洞烛幽微、既肯定优点又把捉缺点的特点，力求找到核心问题，突破局限，解决问题。

思维是智力和能力的核心，是课堂教育教学中最为本质的活动之一。通过对金雅先生关于辩证思维的解读，领悟有二。其一，辩证思维是过程性的。辩证思维过程性的体现：第一步是引导学生发现问题，问题能有效提升学生的分析、推理和评价能力；第二步是让学生在思考问题中品评知识，通过“存疑—质疑—寻疑—解疑”，在“咀嚼”和“品

① 郭熙：《林泉高致》，山东画报出版社 2021 年版，第 26 页。

② ［美］琳达·埃尔德、理查德·保罗：《批判性思维概念与方法手册》，董焱宁译，外语教学与研究出版社 2019 年版，第 2 页。

味”知识中掌握知识间的逻辑关系，进而增长见识，提升品格；第三步是通过学生探究知识过程，提升思维的系统性、深刻性、严密性和灵活性；最后，辩证思维最终的目标是引导学生厘清问题的意识和提高判断力，能做到辨别是非，即既能把握宏观和洞察细微，又能坚持全面、系统、普遍地认识事物。通过此达到社会所需求的具有博学之、审问之、慎思之、明辨之、笃行之等综合品格的人才。其二，辩证思维具有人文情怀。在金雅先生的辩证思维中，还包含着人文情怀，蕴含着由道德追求向审美精神贯通，是智慧，而非仅把握知识的能力。辩证思维能力作为一种可持续发展能力，具有综合性和复杂性，这时需要将具体的案例和问题植入生活场景，让学生身临其境，仔细去品味，慢慢去品悟，学生才有可能体会到自己的行为对他人造成的影响，增强其辩证思维能力。

格式塔心理学创始人韦特海默强调，思维是以思考、品味、顿悟开始的，创造思维的过程就是对问题的顿悟，获得新的前所未有的解决方法的过程。[①] 辩证思维的过程性和人文情怀特点，给教育者们提供了更广阔的思考空间。习近平主席在 2019 年讲话中指出，“要学习掌握唯物辩证法的根本方法，不断增强辩证思维能力，提高驾驭复杂局面、处理复杂问题的本领”。这就需要大家不断思考行之有效的教学方法和传播方式，为社会培养专业复合型人才。

四　再悟理性精神

理性精神最常见的含义是指具有理性精神的公民在利益平衡和价值选择以及重大事件面前，能够从实际出发，从大众利益出发，不为个人情绪和偏见所左右。[②] 理性精神，在中国古典美学中所强调的是美善相济，现代美学受到西方文化的影响，金雅先生说现代理性精神主要表现为科学论和认识论维度上的“真”，并以现代美学大师梁启超、宗白华、朱光潜思想进行寻根溯源。梁启超 1922 年 4 月在北京美术学校发

① 金雅：《中华美学精神的现代创化》，中国社会科学出版社 2019 年版，第 3 页。

② 李朝宝：《“思·品”教学主张：涵育品格的有效范式——以道德与法治课程为例》，《江苏第二师范学院学报》2020 年第 6 期。

表了题为“美术与科学”的讲演，明确提出了“真美合一”的命题。[①]宗白华认为“艺术的里面，不只是‘美’，且饱含着‘真’”。[②] 朱光潜认为，“科学的活动也还是一种艺术的活动，不但善与美是一体，真与美也并没有隔阂”等。[③] 金雅先生认为，这里的“真”是最高意义上的，也是具象的理性和秩序，“真”始终是与善与美相连。这对于我们大众对于当下的民族美学中理性精神的再理解，提供了考量的标准和依据。

金雅先生强调审美意义上的理性精神，是真美善一体的。一个富有理性精神的人，能够客观对人、事或物，有强大的心理素质，自信果敢，冷静谨慎，还有独立自主、勇敢担当的人格，能将真善美和谐统一。邱震海先生在《中国如何培养理性精神》一文中说：“理性精神，与其说是一种精神，还不如说更多是一种思维方式。”[④] 这种思维方式归纳起来就是：培养对终极知识的追求兴趣及随之而来的怀疑能力、强调直达问题核心并剥离其周边的情绪化因素、超越并克服自身（包括民族文化上的）弱点、强调实证而非感觉等。邱震海先生所倡导理性精神，也是在说“求真”的重要性。

作为教育工作者以“真善美”为方向，在掌握基本常识的前提下，善于运用概念、判断和推理研究日常教育教学生活中遇到的理念、理论、模式、经验、现象和问题等，并进行由表及里、由浅入深、由现象到本质的探寻，去伪存真。引导学生尊重事实、建立清晰的逻辑思路，善用科学思维方式把握焦点、解决问题。始终引领正确的价值导向，传递教育价值、渗透理性精神，促进学生独立思考和积极实践。

五　重构实践向度

实践的核心是人类自觉自我的一切行为，人类文明的进步是在实践中不断发展的。金雅先生认为：中华美学精神的实践向度，与人文情

① 张文显：《法理学》，高等教育出版社 2011 年版，第 3 页。

② 宗白华：《略谈艺术的“价值节奏”》，《宗白华全集》第 2 卷，安徽教育出版社 1996 年版，第 72 页。

③ 朱光潜：《谈美》，《朱光潜全集》第 2 卷，安徽教育出版社 1987 年版，第 95—96 页。

④ 邱震海：《中国如何培养理性精神》，《华人世界》2007 年第 1 期。

怀、人生视野、艺教传统和诗性品格紧密相连，使创美审美的美学实践活动直接成为生命和生活的自觉践行。① 这种实践向度，是推动中华民族不断进步、不断发展、不断繁荣的内在动力，也推进了中华美学知、情、意、行合一的人生论美学精神的创化。

人文意趣的实践，让教育更有温度。“人文意趣”在金雅先生的美学思想中，是浸润着浓厚的人文情韵，关爱人，关怀生命，关注生活，关切生存，具体而微地透入了人的生命、生活、生存的方方面面，呈现出温暖浓郁的人生情怀。② 金雅先生的人文意趣对人文关怀的本质精神的诠释，不仅仅关注到人本身，即生理和心理两个维度，其诠释的意义包含到人、生命、生活及生存，浸润着中华文化、美学、美育思想的独特智慧。这也正是我们当下教育教学思政的重要方向。如在设计实践中，引领学生在关注实用性如舒适、便利、弹性、耐用、节省空间等因素外，更加关注生命、生活和生存。特别是在当下，疫情肆虐，更体现其积极的社会意义。

“美情”意趣的实践，让文化更有生机，让教育更有大美情韵。在金雅先生的美学思想中，她强调“美情”是中华美学精神最为重要的核心标识之一。③ 在《“美情”与当代艺术理论批评的反思》中，具体说明了“美情”在中国文化中的意义及地位：“美情”要求对日常情感进行审美升华，重视美的情感与真善之贯通，是传承弘扬中华美学以真善美贯通为要旨的大美情韵。其引领推动更好去观审、照亮艺术实践，提升和建构美的艺术。在当下的教育中对传统文化元素盲目应用的现象很多，在应用传统文化元素时，没有深入理解文化元素背后的内涵以及寓意，仅仅是为了体现设计形式的某些民族感，最终导致设计内容存在偏差，影响着设计的整体效果。金雅先生强调，要“传承弘扬中华美学以真善美贯通为要旨的大美情韵”。④ 这让我更深刻地认识到要传承的不仅是技巧体现的外在形式，而是内在真善美的精神。

诗性意趣实践，让教育不仅关注教育者和被教育者本身，关注其与

---

① 金雅：《中华美学精神的现代创化》，中国社会科学出版社 2019 年版，第 11 页。
② 金雅：《中华美学精神的现代创化》，中国社会科学出版社 2019 年版，第 327 页。
③ 金雅：《中华美学精神的现代创化》，中国社会科学出版社 2019 年版，第 329 页。
④ 金雅：《“美情”与当代艺术理论批评的反思》，《中国文艺评论》2018 年第 5 期。

社会万物的动态关系。在金雅先生的美学思想中，其诗性意趣是这样描述的，以物我、有无、出入之关系为核心，体现了动态的、张力的、超越的美思哲趣，这在中国现代美学思想中有着较为丰富具体的呈现。[①]“天人合一”思想，就其理论实质而言，是关于人与自然统一的问题。它关注人类行为与自然界的协调问题，强调人与自然的统一。另一方面，自然界对于人类，也不是一个超越异己的本体，不是宰制人类社会的神秘力量，而是可以认识、可以为我所用的客观对象。

六　弘扬艺教育人

金雅先生认为，中国美学高度重视艺术教育及其社会功能，即艺教育人。从“六艺”之“诗教”、“乐教”到中国现代美学家王国维、梁启超、蔡元培、丰子恺等具体的文字及论证，揭示了中国古典美学到中国现代美学一以贯之的主张，即通过审美、艺术来涵养人的整体生命与人格境界。王国维第一个把“美育”的概念引进来，认为健全的教育应是体智德美全面发展；梁启超提出了“情感教育”与“趣味教育”的美育指向，其核心的目标是培养一种饱满的生活态度与健康的完善人格，保持对生活的激情、进取心和趣味主义的人生态度。[②] 蔡元培在中国教育史上第一次把美育确立为国家教育方针之一。丰子恺主张艺术是“人生的教育，心灵的事业”。丰子恺曾这样阐释艺术教育的主旨和目的：“图画科之主旨，原是要使学生赏识自然与艺术之美，应用其美以改善生活方式，感化其美而陶冶高尚的精神（主目的）：并不是但求学生都能描画（副目的）而已”；“音乐科之主旨，原是要使学生赏识声音之美，应用其美以增加生活的趣味，感化其美而长养和爱的精神（主目的）：并不是但求学生都能唱歌（副目的）而已”。[③] 丰子恺主张通过学习音乐图画等艺术而感悟美与爱的精神，从而实现以美育人的目标。金雅先生在文中多次谈到，艺术教育的目的不只是技能技巧的习

① 金雅：《中华美学精神的现代创化》，中国社会科学出版社 2019 年版，第 331 页。

② 金雅：《中华美学精神的现代创化》，中国社会科学出版社 2019 年版，第 156 页。

③ 丰子恺：《音乐与文学的握手》，《丰子恺文集》第 3 卷，浙江文艺出版社、浙江教育出版社 1990 年版，第 52—53 页。

得，更是情感、趣味、人格的涵育。这种艺术教育的启蒙导向和人学指向，是具有中国特色、中国精神、中国风格的，也是我们培育具有气质，坚毅、踏实、精益求精的中国工匠精神的价值指引。

金雅先生倡导美育的宗旨是情感教育，美育的主要途径与形式是艺术教育。丰子恺说，艺术教育的任务，“既不是艺术本身，也不是艺术作品，而是审美体验，通过艺术教育，人们越来越富有创造力，越来越思维敏捷，他们将在任何可能适应的环境中运用他们的艺术经验”。[①]这样的经验不仅可以给人艺术的常识，更重要的是由艺术传达人生，提升我们的生命智慧和活力，涵泳我们的生命情致和美感。

金雅先生《中华美学精神的现代创化》一书，强调知、情、意、行合一，关注的不仅是美本身，而是重视“美”与人的生命、生活、生存的现实关联。我们应该领悟其精神要旨并将之注入教育教学中，激发新的活力，推动知识与方法走向“灵活开放”，唤醒学生的参与兴趣，释放个性，塑造品质，锻炼深味中华美学精神的优秀人才。

孔子言：“知之者不如好之者，好之者不如乐之者。”[②] 在教育教学中，应将中华美学精神以润物细无声的方式传递给学生，使学生乐学善思，愉快地达到教学目标，达成知、情、意、行和谐美的人格的涵育和生成。推动学生的探究性学习与自主活动的热情，主动参与生活，体验社会，以理性视野看待问题，以理性精神约束行为，实现思想升华与美德内化，成为未来社会发展所需的德才兼备的最美人才，将当下核心素养的教育目标落到实处。

作者单位：郑州工商学院

① 丰子恺：《卅十年来艺术教育之回顾》，《丰子恺文集》第4卷，浙江文艺出版社、浙江教育出版社1990年版，第57—58页。

② 尹小林译注：《论语》，国际文化出版公司2018年版，第34页。

信仰与思辨
——评金雅教授新著《说艺论美》

李文浩

一

1735年，鲍姆嘉登在《对诗的哲学沉思》中造出“美学”（Aesthetic）一词。1750年，他以“Aesthetic”一词为题出版了美学史上第一部专著《美学》，显示出美学研究的雄心，使美学作为哲学分支的学科属性得以确认。如此算来，美学作为一门独立的科学自诞生至今不过三百年，但“美学思想却与人类历史一样的古老”。[①] 也许早在原始社会的器具制造、祭祀仪式中，美感就已经转化为人类的本能。这种本能经由文学、绘画、雕塑、音乐的繁盛，幻化为思想的灵韵，呈现在毕达哥拉斯、苏格拉底、柏拉图等先哲的著述中，融会成一条涌动智慧之光的美学思想长河，朝美的方向前行。金雅教授的新著《说艺论美》（南京大学出版社2021年版）就是一朵在这长河中闪耀的浪花。

作为金雅教授的第三部文集，《说艺论美》既爬梳了美学在中国的发生与流变，又勾勒出中国美学的精神向度与人生情怀；既实现了美学理论的学理创新，又做到了立足美学精神与艺术实践的深度融合；既是一串美学探索道路上的足音，又是一种承前启后的美学思想备忘录；既记录了学术耕耘过程中的艰辛，又承载着摘取智慧硕果的喜悦。

---

① 朱光潜：《美学拾穗集》，漓江出版社2011年版，第8页。

《说艺论美》中收录了金雅教授1985—2021年间的近40篇文章，其中最早的一篇《古诗文今译为何不如原文有味》发表于1985年，是作者眼中“第一篇有点理论意味的文字”。[①] 最后一篇为《中国美学研究的拓荒者：我的学术忘年交聂振斌先生》，创作于2021年。作者在该文中细数求学、治学、论学过程中和聂振斌先生相处的点滴，呈现了一种令人羡慕的真挚情谊。读罢全集，一幅历时35年的学术长卷深印在读者的脑海之中，让人感慨于金雅教授对美学研究的信仰之坚、情谊之深与思辨之勤。

二

回顾美学的学科属性和发展历程，人们发现美学研究几乎是一项“不可能完成”的任务。人类对美的把握通常来自本能感知与直接经验，美学却尝试用系统分析的方法对观念中的美进行观照与解读。感性体悟与理性分析之间的间隙与区隔，在无形中决定了美学研究的难度，却也对美学研究者们产生了强大的诱惑力。

笔者并不知晓金雅教授缘何将美学研究融入个人的生命体验，但她的字里行间处处透露出整理中国美学资源，建构中国美学学派的雄心。这种独特而崇高的美学信仰，使金雅教授在以西论中的美学潮流中发出了雄浑而悠远的中国声响。

如前所述，美学的学科建设兴起于西方，围绕美展开的著述也较早出现在欧洲。早在美学概念提出之前，柏拉图便在《大希庇阿斯篇》中详细记录了苏格拉底和希庇阿斯围绕“什么是美”展开的争论。这篇文献在美学研究史上具有十分重要的意义，因为它率先触碰到了美学思想，并为西方的美学研究指明了基本方向，即探讨“什么是美”。我们所熟知的围绕美展开的一系列论述，如鲍姆嘉登提出的美是“感性认识的完善”；席勒阐释的美是“活的形象”；黑格尔定义的“美是理念的感性显现”等都是对这一问题的探讨与回应。这些论述围绕美学核心问题展开，渐渐汇聚成一股合力，形成了较为清晰的学科体系，又

---

① 金雅：《说艺论美》，南京大学出版社2021年版，第344页。

伴随西方文化、政治、经济、科技、军事力量的发展渗透至世界的每一个角落，形成了强有力的美学阐释话语权，造成了东方美学的缺席与失语，也造成了东、西方美学探讨的互斥与对立。金雅教授关于中国美学问题的思考便是在西方美学东渐背景下产生的。在《说艺论美》中，她论述中国美学问题的轴心是“美育”。

“以艺涵人、以美化人”是中华文化的基本精神和中华美学的悠久传统。孔子就曾提出过：“兴于诗，立于礼，成于乐”（《论语·泰伯》），较早触及了文学艺术的美育功能。子夏认为：“郑音好滥淫志，宋音燕女溺志，卫音趋数烦志，齐音敖辟乔志”（《礼记·乐记》），荀子说：“夫声乐之入人也深，其化人也速”（《荀子·乐论》），二位均认为艺术对人的性格、意志具有强大的影响力与感染力。不过，中国“美育”概念的提出与确定却是源于近代以来西方美学的输入。1901 年蔡元培在《哲学总论》中引入“美育”概念，提出“以美育代宗教”。1904 年王国维做《孔子的美育主义》，借席勒的美育理论探讨孔子的美育思想。梁启超提倡“趣味教育”和“情感教育”。近代以来，几乎每一位美学大家都关注过美育问题。金雅教授在细致梳理美育理论及其中国化进程的基础上，提出美育的狭义与广义之分，认为狭义的美育作用于人的审美观和审美能力的培养，广义的美育是对人的生命的整体美感的陶冶。狭义美育是广义美育的知识支撑和技能基础，广义的美育则是狭义美育的提升，具有明确的精神指向与人文关怀。注重“以文化人，以美育人”的中国传统美育对美育与德育关系的关注，在一定程度上使美育的感染力与趣味性让位于德育的目的性，美育因此呈现出智育化、技能化和功利化的倾向。

三

金雅教授美学论述的思辨特征体现在她为应对中国美育面临的异化危机，从“横的比较”和“纵的超越”两个方面确定美育研究的坐标，开展学术研究。

“横的比较”是指综合考察中西美育及美学的区别与联系，在此基础上提炼出独具中国特色的美学特征与美育原则，确定美育研究的基点。金雅教授在《大美：中华美育精神的意趣内涵和重要向度》中指出，中华民族旨在“探寻‘美何为’的价值—人生论命题”与西方旨在“叩问‘何为美’的认识—科学论命题”相互映衬，[①] 中华美学的重要价值体现在“大美”之中。不同于西方美学中的“崇高”，“大美”冲破了理性和感性的区隔，象征着“和谐的统一”的“大无畏、大涵容与大自由之美”。[②] 金雅教授以宏阔的视野和精深的笔触勾勒出“大美”对美育道德向度、崇高向度和自由向度的影响，号召研究者重视中华民族美育资源，树立以中论中的文化自信。《中华美学风范与新时代精神》同样关注中华美学的诗性特征和诗意向度。金雅教授指出，不同于西方美学的学理化特征，中华美学在“泛审美、泛艺术”特点的影响下形成了“尚美、立美、弘美”的传统，[③] 更关注美与善的关系，也注重美对人的影响。大美、美情、高趣至境是中华美学的重要品格，理应在当代的美学实践中发扬光大，以促进中西美学对话的形成。

“纵的超越”是指回顾绵延数千年的中华美学史和美育史，展望中国美育研究的未来。金雅教授的学术研究起点是梁启超美学思想研究，但她的研究对象不仅限于任公。翻阅《说艺论美》可以发现，她的中国美学问题阐发是对中华美学传统的全面梳理与提炼。她的“大美”，脱胎于梁启超的“大我”、王国维的“大词（诗）人”、丰子恺的“大艺术家”和方东美的“大人”。她的“美情”，源于中国古典文论的“性情”“情志”“情景”“情理”，梁启超的“情感教育”，宗白华的“情调”和鲁迅的“摩罗诗力”。金雅教授如同《天龙八部》中的王语嫣，深谙各家各派的美学理论与思想，并在此基础上融会贯通，凭借强烈的使命意识与博大的大家境界，聚焦于独具中华文化特质的人生论美学。在《人生论美学与中国美学的学派建设》中，金雅教授细致梳理了中国美学的发展历程，从认识论美学到实践论美学，再到生命美学和生态美学，她发现在众多美学学派之中，人生论美学的根基深扎于中华民族文化的土壤之中。

---

① 金雅：《说艺论美》，南京大学出版社 2021 年版，第 3 页。
② 金雅：《说艺论美》，南京大学出版社 2021 年版，第 4 页。
③ 金雅：《说艺论美》，南京大学出版社 2021 年版，第 24 页。

金雅教授提出，人生论美学强调知、情、意的和谐统一和物我有无出入的诗性交融，既是对中国传统美学纵的继承，又是对西方美学横的移植，是中西美学会融孕育出的“宁馨儿”。她认为人生论美学的核心命题是“从人生论的角度来探讨美对于人生的意义”，这一观点既体现了中国传统美学中的真善美观念，又将抽象的美与具象的社会、人生相结合。金雅教授人生论美学思想的创构，是传统文化基因、西方美学资源和当代审美需要多方融会后的产物，其诸多论题和观点较早涉及了“中华美学精神”和“中华美育精神”等现实话题，对当代中国美学建设具有重要启示。

值得一提的是，近年来，文学理论的“文学化”问题引起了学界的广泛关注与激烈讨论，争论的焦点往往聚焦于文学理论与文学作品的脱节。这一问题的出现，在一定程度上反映出美学评判标准以西论中的有限性。由此反观金雅教授在《说艺论美》中的著述，其中不仅有围绕美的内涵与向度展开的理论探讨与建构，还有大量着意于挖掘文艺作品之美的评论文章。“形而上”的理论思辨与“形而下”的文学批评在她的论述中犹如纸的两面，相互依存。理论研究为文学批评提供评价标准与方法指引，文学批评的实践又佐证着文学理论的价值与作用。

在金雅教授的批评文章中，审美、艺术和人生三者是辩证统一的。这种“人生艺术化”的追求有明显的人生论美学痕迹。在金雅教授的笔下，曾善美、毛阿米们均是她考量人性、生命与美的中介。她分析文学作品中人的命运和美的规律，同时也在探究社会变革对人的影响。这使她的学术思考增添了许多切实的社会观照。在《微时代的审美风尚和生活的艺术化》一文中，她既迎接以数字技术为基础的新时代的到来，又思虑艺术的命运，并最终在中华传统美学根基里找到了答案，展望出了一条立足于“实用和理想、感性与理性、技术和价值、物质和精神之间”的“人生艺术化”通道。[①] 这条通道将通过“美育”走向人，贯穿于人的生命、生活实践之中，构建出中华美学的维度和价值，并完成美育的崇高使命——使人成为人。

作者单位：湖南科技大学

① 金雅：《说艺论美》，南京大学出版社 2021 年版，第 279 页。

“艺”“美”之张力和“大美育”精神的探掘

——评金雅《说艺论美》

邵 迎

金雅教授的文集《说艺论美》收录其跨越40年学术生涯中的部分论文与随笔散记，围绕中华美学（育）的核心问题，多角度探寻“艺”“美”两端充满张力的现实发展路径，为构建“大美育”的中华诗性文化精神传承的内在思想脉络、中华美学传统的现代价值提供了更为精准的学理参照。

金雅教授多年来致力于中华美学自身话语体系的建构，她的《中华美学：民族精神与人生情怀》《中华美学精神的现代创化》《人生艺术化和当代生活》等著作，初步勾勒出旨在弘扬民族美学精神的人生论美学（育）的民族话语体系。《说艺论美》则用美·思、艺·探、境·寻三个具体的主题板块，以学理探索、文本分析、名家访谈等形式，对以中华美学（美育）为载体的中华优秀文化传统的人生论价值与品格这一内核展开了深度拓展。透过“趣味”“人生艺术化”“诗性情韵”等问题的学术性发掘，标举了“情感”的美育价值，彰显出诗意人生的“大美育”主张。在当代美育视域下，这一主张无疑具有开疆拓土的理论价值和现实意义。该著对如何以“情感美育”“趣味美育”纠正当下美育中的现实偏离，具有积极的社会意义。文集中一些相对活泼和意趣丰富的内容表达，也充分体现了其“感性进入”、“感性激活”、追求人性和谐的新时代“大美育”主张。

一

轴心时代，人类先哲努力寻找文明之秩序和世事之智慧，探求人类精神境界的悟进和家园。今天，人类日益绑缚在科技文明的“工具理性”之上，“人”的价值怅然若失。终究，体认“人”的存在，在乎内在情感的开启。18 世纪下半叶，美学作为独立学科出现。但西方经典美学用科学描摹人文，虽提供了一种认知的范式，却困闭于自我循环论证，无法在科学逻辑内找寻人的精神旨归。细读《说艺论美》，金雅教授理性而智慧地抉发了中华美学的理趣和涵养，搭建了中华诗学“情”“志”网络纵贯的骨骼框架，它绝非二元对立，更似缺一不可的基因纠缠。作为诗学智慧丰沛的中华文明，如何从体悟感觉式的精微思想之“道”，提炼建构起人生本体认知的逻辑之“理”，这已然成为摆在中国全面发展道路上的一块界碑。以史为鉴告诉我们，片面追随西方势必失去自我。那么，回归中国文化的价值系统，建构当代中华民族的审美精神，并以日常生活和大众人生的诗性美趣为实践旨归，这可以说是《说艺论美》的精要，体现了金雅教授把握“美”“艺”之张力、创构“大美育”观的整体意趣。

《说艺论美》以“大美”和“美情”的概念，提炼、概括中华美学（育）精神的核心内容。文集开篇第一部分（“美·思”篇）从学理角度对中华美学与美育精神的核心命题做了更为精致的理论研究。

首篇是应《中国文艺评论》之约所作。这篇《大美：中华美育精神的意趣内涵和重要向度》确立了“大美”这一中华美育命题的“诗性”和“大我”的人格，突出了中华美学（育）的启蒙意义，也阐发了“大美”概念的道德与情感的双向度。而传承弘扬中华美育的“大美”意趣则具有重要现实意义和针对性，对于摒弃当代性别审美的病态异化、树立时代风尚具有积极的引导作用。作者选择了梁启超、王国维、丰子恺、方东美等中国现代美育的先驱人物的学术观点进行中华美育“大美”精神的理论阐释，这一纵观中西的理论阐发，是基于作者清晰地认识到西方近现代艺术理论发展与中国传统美学思想演化之间存在互促互斥的复杂影响关系。中华美学中的美和艺术的关系，不是孤立的，而是与整个社会理想与认知同属一源。所谓"大"美，凸显的是中华美学中精神性的意向维度。如商周时期的礼器，在造型中纳入了对天地万物宇宙关系的认知、想象乃至观念。大道孕育大美，并孕育着以美情高趣至境为追求的内在民族审美意趣主体。所谓"大美"，亦可以理解为一种关注美育社会功用的取向，强调中华传统文化中精神性的彰显，一种带有超越性的艺术精神。与源自古希腊的西方文化命题不同，中华美学中对于外物自然的认知是追求和谐的精神统一、灵性的浑然天成、与天地万物的诗性共生，进而超越对人本身的执着，追求自然和合的写意情怀与进退自如。而在西方文化中，理性在美的艺术中是关键问题。而生发于自然的艺术一旦被智性统御，那么终究会走向一种规则化的艺术形式。如西方学院派艺术在与强调自然灵感的精神性艺术碰撞后，逐渐被现代主义思潮颠覆，似乎成为一种必然。而在与自然天性谋求和谐的艺术思想中，蕴藉在中国美学中的"天人合一"等境界无疑更具有自我适应性，甚至可以说更具现（时）代性，这正是书中倡导的美的诗性根柢及其终极意趣。

该文还对以康德为代表的西方现代美学中的崇高美感与中国美学"诗性""大我""至美"的境界做了比较。西方崇尚"追求理性内容压倒和冲破感性形式"，而中国美学则基于自然之道——诗性大我的体悟与运化随行。此"大美"，儒家认为是道德规律——"大德敦化""四时行焉，百物生焉，天何言哉?"[①] 道家主张"大道"即"大美"——庄子"天地有大美而不言"。[②] 儒道之共同点，就是强调一种属于自然的精神性。而这种诗性的根本上成立，使中国美学的内在活力趋于永恒，调和了美与艺术、思想与实践之间的紧张关系，使凸显精神性的中国美学与天地自然有了同韵的呼吸节奏。而值得注意的是，这里的精神性，虽然根植于社会与历史这样的大的自然体系中，但是它是"无我"之大趣味，是实现个体精神与宇宙"迸合"的艺术化的大我之趣，这正是金雅教授所揭示的梁启超美育思想的核心命题——"趣味教育"化的"大我"美。这就避免了过分强调社会功利性和目的性而窄化"趣

① 陈成国点校：《四书五经》上册，岳麓书社 2002 年版，第 55 页。
② 陈鼓应注译：《庄子今注今译》中册，中华书局 1983 年版，第 158 页。

味”美育。王国维以“境界”定义这种精神性，“大诗（词）人”是他的一种理想；丰子恺则将生活定义为“大艺术品”，将人的外在概念舍弃，将生活的艺术化视为美育工作的重点。这些精要的观照，体现了金雅教授对大美育观的精神性解读。

在“艺·探”篇的后续文章中，可以看到作者的这一观念系统日益完备。如结合十九大报告中“新时代”概念的《新时代·新文化·新美学》一文，金雅教授构建了中华美学品格的基本框架。尤其是《“美情”与当代艺术理论批评的反思》一文，金雅教授创设性地提出了“美情”这一命题，旨在提升文学审美的情感功能，将美育人生理想的理论路径更加立体清晰地加以阐释，也使她一直聚焦的中华美学这一话语体系渐趋丰盈圆熟。

二

艺术之美是“美”“艺”关系的另一维度。在文集第二部分中收录的一系列对具体文本进行细读分析的论文，正是从这一维度出发，展开对精神性的美与物质化的艺之间互动关系的理论思考，并在这种互动中探讨中华美学、美育的深层规律，这就对艺术的形式化、物质化研究构成了超越。或许这就是作者将之命名为“艺·探”的原因——以求在艺术中总结美之所在。

《艺术“空白”浅探》是作者第一篇正式发表的学术论文，用一种近乎直觉的敏感度发掘中国传统艺术的精神内涵。中国历代文人艺术家总是寄望通过笔墨表征精神性，所谓“诗情画意”，就是在艺术语言表达中隐喻人格理想，延伸精神修养。中国的精英文人阶层独特的社会存在方式，使他们在各抒胸臆的过程中偏于含蓄、抽象，更为注重精神性。这一点也使“诗情画意”的修养，内化为一种人格的内在构成，突出体现了中国艺术系统的发展轨迹和意趣面貌，也体现了中国艺术精神表达走向超越现实生活的写意具象和复道体认。该文发表于 1987 年，呈现出金雅教授走上学术道路之始，对中国传统艺术及其美学特质的敏好，以及把握艺术美学原理性问题的敏感。

《大众传媒时代的文学变迁及其价值功能再认识》一文从文学作品

的观照方式改变出发，展开思考。金雅教授认为，大众传媒时代，“由艺术品成为消费品，由鉴赏的对象成为消遣对象”的变化驱动，使文学功能发生巨大改变，“文学的诗意功能有所消解”，因此，特别需要重视文学价值的重要标杆——审美性——在满足精神消费的同时，也要倡导情感提升。

延续着“大美”这一概念的内在逻辑，在《“人生艺术化”与人的和谐生成》一文中，金雅教授提出“人生艺术化”就是“倡导主体以美的艺术精神来濡染提升个体的人格情致与生命境界，从而建构诗意的人格和美的人生，实现并享受生命、人生的意义与韵味”。①她通过分析梁启超、朱光潜、宗白华等为代表的中国现代“人生艺术化”美学大家的思想观点，指出建构诗意人格和美的人生并非仅只是一种美学探讨，而是一种人性启蒙和民族文化精神的核心思想与话语建构。中华文化中对现实生命的尊重和超拔，也是一种人生实践中的人格情致与生命境界的诗意建构和自由翔舞，由此抵达人生的艺术化。透过文章，作者所言的“人生艺术化”，不仅对中国美育实践具有重要意义，更是人类当下共同面对的文化生存困境的一种解决之路。

极具特色的是，文集收录了《“美丽中国”的人文关怀维度与生活品质建构》《生态美学视野下的现代宜居城市》等文章。金雅教授将学术焦点下沉到对实用艺术与人居环境艺术的关注上，创造性地提出实现“美丽中国”城乡建设的人文路径，并以宜居城市的生态美学规划为实例。艺术设计的思想先驱约翰·罗斯金，曾在其著名代表作《建筑的七盏明灯》中，特别强调艺术在促进社会物质和精神共同发展中的特殊作用和重要地位。他认为“能够跨越时间，战胜遗忘的媒介只有‘诗’与‘建筑’两种”。②拉斯金的艺术教育思想对后来几代世界现代主义设计大师产生了深远影响，也为转型发展中的欧美社会提供了一定的精神价值导引。艺术教育思想的积极探索，对一个国家和社会进行全方位发展建设的意义不言而喻。作为聚落环境，今日中国城乡建设注

① 金雅：《说艺论美》，南京大学出版社 2021 年版，第 238 页。

② 孔铎：《“原物”与“如画”——约翰·拉斯金建筑保护思想的文化价值启示》，《遗产与保护研究》2018 年第 3 期。

定是重视精神和文化的内在属性的。偏离人文的单纯物质集合，不足以形成民族的文化凝聚力，城乡面貌的个性化人文化展现，早已成为人类文明发展的标志和国家文化输出的窗口。联合国教科文组织曾提出，“文化的繁荣是发展的最高目标”，“脱离人或文化背景的发展是一种没有灵魂的发展”。① 在当今世界的可持续发展理念共识中，对人文环境的保护也被列为一种标准。对生活中美的关注、推进美的教育，不仅是人的个体发展的保证，也是社会全面进步的基础。

从精神指向到人生美育，金雅教授《说艺论美》所收录的系列论文，建构起作者对艺术、美育以及中国文化体系化的深度思考。习近平总书记多次提出传承弘扬“中华美学精神”和“中华美育精神”，而金雅教授系统观照、深入梳理研究 20 世纪初倡导并践行中国现代美育的先驱们的精英思想，通过对“艺”“美”复杂互动关系的探讨，呈现出中华美学、美育精神的宏大而独特的意趣内涵、精神追求与社会想象，并最终指向当下，体现出一种珍贵的关注现实的学者情怀。

在文集第三部分，收录了金雅教授与恩师钱中文、王元骧以及汝信、聂振斌、仲呈祥等几位先生的对谈和散记。这些文章虽非系统性论文，却别有一种美的情怀；思想之火花流露纸间，使读者通过金雅教授的笔墨可以近距离体会先生们的儒雅睿智和人格魅力，深沉厚重的学术情怀和对后辈情真意切的关心，而这，或许也是金雅教授力行人生论美学的一个生动的注释。

作者单位：天津师范大学

① 汪涌豪：《回归城市精神性本质的软实力发展之路》，《探索与争鸣》2021 年第 7 期。

构建新时代中国儿童美育的人生论立场和理论体系

——谈《美育与当代儿童发展》的价值意义和出版理念

陈力强

一　不负使命，从问题入手寻找美育初心

2013 年 4 月，金雅教授的国家社科基金项目成果《人生艺术化与当代生活》由商务印书馆出版，获得美学界泰斗汝信、文艺理论家钱中文、美学家凌继尧等业界专家的一致好评。我和金雅教授是多年好友，对她所关注的美学、艺术等问题也一直很感兴趣，特别赞同她关注现实、关怀人生、从问题切入的学术立场和价值取向。2014 年，反映小升初升学焦虑的《小别离》在作家出版社出版，映照了当下考生和家长的教育困境。2016 年，同名电视剧的热映，再次搅动了千万家庭对培养孩子的初心目标、实施过程、方法路径等的思考和困惑。随着素质教育的倡导和寻找中国孩子的“童年梦”日益成为中国当代教育的主题词，儿童美育也逐渐成为中小学教育的显学和热门话题。基于此，我约请金雅教授就这个主题，写一部专门的著作。她欣然应约，开始了长达四年的研究和写作。

《美育与当代儿童发展》从儿童发展的生理、认知、情感、德性的辩证统一以及情感的枢纽地位，从儿童发展的健康、个性、情感、创造的和谐提升的目标及其情感的核心意义，这两大维度来系统探研美育促进当代儿童发展的基础意义与特殊意义。其中美育与体育、智育、德育

的横向联系，以及艺术美育、自然美育，特别是人生美育的新概念及其面向中小学生的当代人生论美育教育架构，为当代中小学艺术教育、素质教育、生命教育、人生信念教育，提供了最新的理论和方法，有着很强的实践性和切实的理论指导意义。

该著《导论》就体现了强烈的问题意识，提出了当代儿童美育“智育化、技能化、德育化、功利化、贵族化”等异化问题。[①] 其中，有关智育化和德育化的现象，作者在第一章的基础建构中，通过辨析美育与智育、德育的区别与联系，揭示出了美育的独特地位和价值。美育与智育、德育互相联系但又相互区别，三者并不能等同，但如今的美育大多与智育、德育混为一谈，以智育、德育的方式教授美育，明显背离了美育的初衷。德国古典美学家席勒首次提出了“美育”的概念，其著作《审美教育书简》是在看到丑恶的人性和腐朽、粗野的人的形象后创作而成的，其目的是恢复人的天性的完整。席勒强调：“只有当人是完全意义上的人，他才游戏；只有当人游戏时，他才完全是人。”[②]“游戏”在这里指的是审美活动，席勒认为，游戏冲动可以把人身上的感性冲动和理性冲动两者产生的矛盾进行调和，强调了美育特殊的价值和无法替代的地位。针对美育技能化、功利化、贵族化的异化现象，《美育与当代儿童发展》的作者在第七章通过反思当代儿童发展中存在的突出问题，提出了现实目标和长远目标、科学指标和人文指标、实践维度和价值维度的三重统一，明确指出，“审美活动在本质上是超功利的，它对于儿童发展的促进作用主要是在‘润物细无声’中逐渐实现的，其终极目标是瞄准着培养‘审美人’的长远目标”。[③] 著作对当下家庭、学校、社会中儿童美育的异化现象和方法手段进行了反思批评。在当下，美育似乎变成了艺术职业技能的教育，其目的是为了培养艺术技艺，这样的思维过于狭隘和功利。著作倡导，艺术和美并不是专门艺术从业者或富足人家的专属，而是每个人都可以发现和享受的；真正的美育是广义的美的教育，艺术是其中的主体部分，但不是唯一部分；美

---

① 金雅、郑玉明：《美育与当代儿童发展》，浙江少年儿童出版社 2017 年版，第 14—15 页。

② ［德］弗里德里希·席勒：《审美教育书简》，冯至、范大灿译，北京大学出版社 1985 年版，第 80 页。

③ 金雅、郑玉明：《美育与当代儿童发展》，浙江少年儿童出版社 2017 年版，第 216 页。

育最终美的是具体的人，而不是抛开人本身，只关注人之外的物质享受和功利追求。著作尖锐地指出，美育的异化，一个重要的原因是为时代的功利和效益的泥流所裹挟。

《美育与当代儿童发展》一书充分把捉了当代美育异化的严峻问题，提倡在儿童时期就应当注重审美教育，开展合理而正确的美育方法。著作强调，要矫正当代美育中的错误观念，推崇人生论美育的新概念，回归美育的初心和使命。这是《美育与当代儿童发展》的一大重要贡献和价值。

二　立意高远，从人生论美育确立当代中国儿童美育走向

金雅教授是人生论美学和中华美学（育）精神研究的著名学者，她站在宏观前沿的学术视野上，将美育的初心和当代中国儿童的发展实际相联系，从人生论美育的立场探索中国儿童美育理论和实践的历史传承及其当代走向，提出人生论美育对当代儿童发展的重要而深刻的意义，细致具体地建构当代儿童美育的系统立体的理论构架，以实现当代儿童美育研究的高端配置。

金雅教授长期浸润于中国近现代美学艺术大家思想资源的发掘整理和美学艺术理论的基础研究，成果丰硕，且每有开掘。其创新性的观点和深挚的人文情怀，获得学界同人和广大读者的一致好评。金雅教授宽广的学术视野、理论的高度和深度、思想的敏锐和力度，也在本著写作中，得到了很好的体现。著作对儿童美育的论述，从中西儿童美育的经典资源及其合理借鉴中徐徐展开，特别是从王国维、梁启超、蔡元培、丰子恺、陈鹤琴等中国近现代美学和文化大家的思想论著中，提炼出儿童美育的人生论意趣，进而延展探讨当代语境下中西儿童美育思想的融会贯通及其人生论意义，这种开放的立场和聚焦的意向，使该著呈现出很深的理论积淀功力、思想独创性、理论开拓性。

《美育与当代儿童发展》的第五章，涉及了众多中西儿童教育的理论资源，作者通过对这些资源的整理分析，总结出了其中相一致的重要观点，就是人生美育观。著作指出，在中国近现代美学家中，梁启超是个主张“趣味教育”的人，他说：“我们主张趣味教育的人，是要趁儿

童或青年趣味正浓而方向未决定的时候，给他们一种可以终生受用的趣味。”① “趣味教育”的目标是要让“趣味”和人生相伴，并不局限于眼前的行乐和欲望的满足，而真正能践行下去的“趣味”不能完全依靠理性强制来实现，“用理解来引导人，顶多能叫人知道哪件事应该做，哪件事怎样做法，却是与被引导的人到底去做不去做，没有什么关系。有时所知的越发多，所做的倒越发少。用情感来激发人，好像磁力吸铁一般，有多大分量的磁，便引多大分量的铁，丝毫容不得躲闪”；情感“是人类一切动作的原动力”。② “情感”不受人的理性控制，却是人类最深层的动力源。对于年幼的儿童来说，他们拥有更多的感性思维和情感本能，“情感教育”可以为儿童美育提供具体可行的方法和启迪。丰子恺高度关注人生和审美的结合，他的“童心说”的“童心”，“实质就是艺术心，就是艺术化审美化的人格精神”。③ 丰子恺看到了“童心”的本质，也看到了艺术的本质，即以审美的心态面对人生，珍惜眼前的美好风景，追求艺术化的美丽人格。雷家骏的儿童艺术生活观和陈鹤琴的“生活艺术化”儿童艺术教育理想，都确切要求艺术教育要实现人生的艺术化、审美化，强调艺术审美教育不等于专业化的艺术职业教育。作者指出，这些近现代名家，他们所讲的艺术教育实则是广义的美育，主张的是以美育人、育人格、育人性，最终以审美的人格实现审美的人生，儿童美育如果能将人生论美育观从头贯彻，那么当下很多儿童身上发生的痛心悲剧，就能够找到针对性的症结和解决的方案。著作也挖掘吸纳了国外儿童教育思想的积极滋养。著作指出，德国幼儿教育之父福禄培尔主张在游戏中促进儿童发展，进行艺术性的手工创造活动，但其中儿童所采用的艺术方式和表现的艺术内容并不是主要的，这样的活动目的是释放孩子的天性和本能，是培养孩子的人格、人性。而美国著名教育家杜威的儿童美育观是“将美育融入了整个大教育中，始终提倡教育的艺术化和艺术的教育化”；“始终把美育和生活联系在一起，推崇生活艺术化、艺术生活化”。④ 著作认为，这些西方教育家

① 金雅主编：《中国现代美学名家文丛·梁启超卷》，浙江大学出版社2009年版，第18页。
② 金雅主编：《中国现代美学名家文丛·梁启超卷》，浙江大学出版社2009年版，第102页。
③ 金雅、郑玉明：《美育与当代儿童发展》，浙江少年儿童出版社2017年版，第158页。
④ 金雅、郑玉明：《美育与当代儿童发展》，浙江少年儿童出版社2017年版，第184页。

的思想中，具有人生论美育的内在倾向。

著作通过对国内外美育思想资源的整理、分析，针对具体问题，提出解决途径，为当代儿童美育的实施探索有效有益的可行道路。作者提出的人生论美育，是一种以整个人的滋养涵育为根本目标的大美育观，强调的是儿童美育的眼界不能只触碰到眼前或短期的收益，美育也不是一件一蹴而就、急于求成的事，要将儿童美育看作长期的分阶段进行的美人、育人的过程。日益快节奏的时代，让人生活在阴霾、焦虑、忧郁的日子里，就连儿童也被卷入其中，但人生论美育的提出和倡导，可以让人慢下来，关爱自身，倾听内心，滋养感受生命，而不是匆忙地路过人间。

三　会通源头，面向未来，构建当代儿童美育体系

《美育与当代儿童发展》将美育与当代儿童发展相联系，以现实问题为导向，体现了强烈的时代感、现实针对性、反思意识、理论水准。著作广泛借鉴吸纳了中西儿童美育思想的优秀资源，对中国现代儿童美育思想资源及西方现代儿童美育思想资源，予以有重点的介绍阐发，广涉梁启超、丰子恺、雷家骏、朱允宗、陈鹤琴及卢梭、裴斯泰洛齐、福禄培尔、杜威、罗恩菲尔德、加德纳等，并以大美育观为依托，从一般发展、全面发展、和谐发展、自由发展的多元维度，首次立体构建了人生论儿童美育的理论体系和中国话语。

作者结合多年的教学经验与扎实的理论积淀，运用深入浅出的文字，配合精选的插图，面对当下中国儿童美育存在的智育化、技能化、功利化等现象，提出儿童美育的三大领域和四个目标，即自然美育、艺术美育、生命美育等三大领域，一般发展、全面发展、和谐发展、自由发展等四个目标，可以说，系统触及了当下家庭、学校、社会等儿童美育的综合思考和具体实践。

首先，作者强调了自然美育的重要意义。

人与自然不可分割，人本身就存在于大自然中，与自然融合为一，儿童天生活泼好动，对世界充满好奇，大自然就成了最好的老师。作者提出，自然美育对儿童发展的意义就在于“唤醒儿童的生命主体意

识”，“培育儿童的生活情趣”以及“推动儿童的道德发展”这三方面。[①] 自然是生机勃勃的存在，崇山峻岭、碧水蓝天、日月星辰、花草树木等或优美或壮美的自然景物，以及春夏秋冬四季、风雨雷雪气象无不展示着生的活力，对自然的观赏就是对生命的观赏。自然也是广阔的存在，蕴含着丰富多彩的形式，作者在书中总结出其有着“山水之美、时光之美、动植物之美和宇宙之美”，在列举了大量有关自然美景诗词的同时，作了简明凝练的分析，从中可以看出自然不仅“美”，还有“趣”，有“韵”，这样的“趣”和“韵”在小小的房间里是感受不出的，在大大小小的电子屏幕上也感受不出，是要通过切实真切地走入自然才能感受得到。著作中谈到，朱允宗倡导种植花草树木以美化校园，陈鹤琴提出“活教育”，卢梭提出“自然人”，福禄培尔提议在大自然中学习，都是着重自然美育的活的教育。同时，自然可以涵养儿童“善”的品质，“梅花香自苦寒来”“大雪压青松，青松挺且直”“予独爱莲之出淤泥而不染，濯清涟而不妖”等意象所呈现的坚韧高洁的意志品格，可以通过自然欣赏，从自然中观察体味，接受潜移默化的淘染。著作指出，自然美育有利于当代儿童“感受力”“想象力”“创造力”的培养，这是美育所要塑造的审美人所应该具备的能力，也是一个完整的人所应该拥有的能力。自然在人身边，但人往往忽略它。儿童天性好奇，往往能捕捉到不一样的精彩。奇妙无比的大自然，往往比人的想象更丰富。自然美育是儿童美育中不可或缺的一部分。

其次，作者尤其重视艺术美育的核心意义。

艺术美是“广义的美”的核心，艺术美育对儿童的发展有着明显的积极作用。作者认为，“艺术美育的可感性、生动性、具体性更契合儿童的天性，使儿童在愉悦中接纳”。[②] 的确，儿童时期是极具感知力和想象力的时期，艺术最典型的特征就是形象性，任何艺术门类都离不开具体可感的形象，如此，儿童对艺术的接受就会更直接。作者指出，“艺术作品和艺术活动以情为核心的知情意的贯通，使得艺术美育是一

---

① 金雅、郑玉明：《美育与当代儿童发展》，浙江少年儿童出版社 2017 年版，第 50—52 页。

② 金雅、郑玉明：《美育与当代儿童发展》，浙江少年儿童出版社 2017 年版，第 84 页。

种由情达智通意的和谐的生命教育”。[①] 情感是艺术的阀门，艺术是情感的表现。作者强调，艺术中的情感“是一种审美化的高级情感，是一种美的情感”，是“美情中内蕴着理性和道德，是真善美的统一”。[②] 它不同于日常生活中的情感表达，也不同于纯粹的绝对的理论上的情感，在艺术美中，真善美达到了统一，真情即是善情即是美情。作者指出，“艺术美育对儿童主体意识的培养有着重要意义”。[③] 艺术活动从来不是被动的，而是积极主动的创造，在艺术活动中，儿童可以充分发挥自己的想象力、创新创造力，充分调动自己的情感、个性去认识世界、认识自我，从而培养艺术化的视角和思维，完善儿童的审美人格。作者明确批判了艺术美育中的思想误区和价值误区，认为在艺术教育中必然要传授一定的艺术知识或技能，但这不是唯一目标和终极目标，艺术教育更要重视的是儿童的世界观、价值观、人生观的培养和涵育，艺术教育不能过于功利地追求技能、技巧的学习，而是要重视“趣味”的养成，不过于看重艺术竞技比赛的证书、奖状或是单纯的考级证书，要以创造、欣赏为主，陶冶个性情操和美感素养，提升儿童的“主体性”、“创新性”和“和谐性”。艺术美育是儿童美育的主要路径，但是当代艺术美育大有忘记初心之虞，追求功利目标，甚至当作致富捷径，著作既有反思，也提供了相应的方法论，纠偏正误。

此外，作者特别突出了生命美育的深刻意义。

著作所提倡的自然美育和艺术美育的最终指向就是生命美育，这也是美育最终的价值指向，就是对生命的重视和对审美化生命的倡扬。生命美育首先是生命教育，它的意义在于教会人珍视生命，理解生命的意义以及积极创造自身的生命价值。儿童生命美育不仅要教会儿童珍视自己的生命，也要珍视他人和他物的生命。长期以来，儿童生命教育被忽视，并未形成有意识的引导和教育，加之以智育和德育为重，尤其是智育的偏重，导致大多数儿童并未形成健康的生命观。现今，一些小学生初中生因琐事或挫折自杀屡见报道，让人唏嘘小小年纪的他们，竟如此

① 金雅、郑玉明：《美育与当代儿童发展》，浙江少年儿童出版社 2017 年版，第 85 页。
② 金雅、郑玉明：《美育与当代儿童发展》，浙江少年儿童出版社 2017 年版，第 86 页。
③ 金雅、郑玉明：《美育与当代儿童发展》，浙江少年儿童出版社 2017 年版，第 87 页。

地漠视生命，对生命没有关爱和尊重的意识。生命教育是长远的教育，也是当务之急。

以生命美育推进生命教育，是本书的一大特色。儿童的情感能力和感性能力突出，相较于干涩的理性教育，形象生动的生命美育更能让儿童接受并践行。生命是人存在的基础，应当让儿童充分认识到生命的美好、可贵、价值和意义。生命美育必将成为新时代的一种共识。“青少年教育的重大课题，那就是，在新的世纪里，人类应该如何审美地生存，应该如何将我们的后代培养成审美生存的一代。”[①] 著作强调，“生命美育并不局限于抽象的精神领域，儿童的生命意识最终要落实到现实生活中，通过儿童的健康人格和自由人性体现出来”。[②] 著作这一观点的提出，将生命美育与当下实践联系起来，为实际生活践履生命美育提供了指导、帮助，不论对家庭、学校还是社会美育都有着积极的引导意义，尤其是著作将生命美育与儿童的生活教育、人格培育、人性涵育以及挫折教育相结合，更是提供了直接具体的教育内容和教育路径。生命美育的价值旨趣，是在关爱珍重生命的基础上，涵育审美化的生命，是通过生命美育的方式滋养儿童的审美人格和健康人性。

著作以一章篇幅展开“基础建构”的讨论，将美育与当代儿童的生理发展、认知发展、道德发展相关联。再以三章的篇幅展开“立体建构”的研讨，通过自然美育与当代儿童的全面发展、艺术美育与当代儿童的和谐发展、生命美育与当代儿童的自由发展的三个专题的深入讨论，助之以中西儿童美育思想资源与借鉴、当代儿童美育方法与问题、美育和当代儿童发展的反思与探索等专题，系统构建了会通源头、面向未来的当代儿童美育的人生论话语体系，体现出鲜明的学术开拓和敏锐的思想活力，也体现了作者知行合一、思辨情怀共存的学理旨趣。

《美育与当代儿童发展》观念超前，思考深入，逻辑严谨，文字明晰，表述生动鲜活，具有很好的理论性和可读性。该著既反思了当下儿童美育现象，也探索了儿童美育的新理念与相应的实践路径。作为国内首部从自然、艺术、生命视域和基础建构、立体建构的广阔视野，系统

① 王立科：《生命美育：青少年教育的一个重大课题》，《中国青年研究》2003 年第 9 期。

② 金雅、郑玉明：《美育与当代儿童发展》，浙江少年儿童出版社 2017 年版，第 124 页。

探讨人生论儿童美育的理论著作和人文读本，该著是中华人生论美学视域下，关于儿童美育的当代理论思考和实践反思，是从重建未成年人的精神美、道德美、生命美、人格美的整体维度对中华民族人生论美学精神的传承和发展，也是构建新时代中国儿童美育理论体系和教育体系的先行性的理论探索。该著的出版，也是我们以出版少儿文学创作类作品为主的专门的少儿著作出版部门，所进行的一次有意义的尝试与探索。

在著作成书和出版的过程中，我们和金雅教授及其团队，就相关问题和理念，展开讨论，辩诘驳难，感受了思想的乐趣和学者的情怀，体味了朱光潜先生说的“慢慢走，欣赏啊”的人生趣境和学术韵致。

作者单位：浙江少年儿童出版社

从美出发，抵达美

——读《美育与当代儿童发展》

郑春霞

我向来是不怕读理论书的。在我看来，那一块块如砖头般厚重、枯燥的理论书，它的味道犹如砖茶是需要一点点掰下来，一点点泡出来的。所以，我捧起这本由金雅教授、郑玉明博士合著的《美育与当代儿童发展》的理论书的时候，我是做好了看不明白、看不下去，又挣扎着自我挑战告诉自己一定要看下去的心理准备的。而事实上，它完全刷新了我对理论书的阅读体验，我竟看得毫无阻碍，可以说是一泻千里，身心愉悦。想想也是，谁说理论书不能像散文一样好看耐读呢？谁说理论必须是乏味无趣而不是让人看得津津有味的呢？当然，难能可贵的是，它在好看、好读、好理解的同时，又兼具了理论高度和指导意义。从这个角度来说，这是一本又厚实又精巧，令我相当惊艳的理论书。或者可以这么说，这是一本理论前瞻、逻辑严谨又风光旖旎的理论散文。

本书从儿童美育的基础建构到立体建构，逐层深入，以自然美育、艺术美育、生命美育三个方面作为切入口，对当代儿童美育的全面发展、和谐发展、自由发展均作出严谨细密又深入浅出的阐述，并通过中西儿童美育思想资源与借鉴的条分缕析，当代儿童美育方法与问题的追寻与叩问，美育和当代儿童发展的反思与探索，为全球化语境之下，后工业文明时期，高科技与市场经济飞速发展的当下的儿童美育做出了理论上的引领与推动，从而也指导了我们关于儿童美育方面更广泛意义上的探究与实践。

本书是一本教育论著，因此收入并解析的古今中外的教育家及其教育理念是最大看点之一，从中我们可以得到诸多指导及启发。单就第五章——“中西儿童美育思想资源与借鉴”来说，就讲到并分析了梁启超的“趣味教育说”与“情感教育说”、雷家骏的儿童艺术生活观、朱允宗的小学校美育训练法、丰子恺的“童心”说与学堂艺术教育论、陈鹤琴的儿童美育论以及国外的卢梭、裴斯泰洛齐、席勒、福禄培尔、杜威、罗恩菲尔德、加德纳等教育大家的儿童美育核心内涵及实施准则。章节之后附录有蔡元培《美育与人生》、王国维《论小学校唱歌科之材料》、丰子恺《儿童画》、雷家骏《儿童的艺术生活》、陈鹤琴《幼稚生应有的习惯和技能表》等儿童美育经典名篇。

与大多数理论书的刻板与教条完全不同，该著作为一本探讨美育的专业书，它字里行间时时处处珠玑散落，可以说它本身就是对美的一次践行，一次兑现，从美出发，又抵达了美。全书充满散文与诗歌般的气息，诗意叮咚，比比皆是。我以为这才是全书真正的最大的看点。

在谈到“自然美育可以唤醒儿童的生命主体意识”时，作者引用乌申斯基曾说过的：“美丽的城郊、馥郁的山谷、凹凸起伏的原野、蔷薇色的春天和金黄色的秋天，难道不是我们的教师吗？我深信美丽的风景在青年气质的发展上所具有的那种巨大的教育影响，对于教师的影响来说，是很难和它竞争的。”这与我们古人所说的“以天地为师”是同样的道理。而欧洲的“大自然幼儿园”或称“森林幼儿园”便是在此种理念下应运而生的。

在谈到中国儿童美育思想与启示时，作者非常推崇梁启超的“趣味教育”说与“情感教育”说。作为中国现代美学重要的开拓者之一，梁启超涉及美育的重要论著有《趣味教育与教育趣味》《学问之趣味》等，他不仅将“趣味主义”奉为信仰，而且身体力行，在对子女的教育中处处贯彻趣味的精神。他的家书生动地呈现了与子女们的“趣味”互动和对子女们的“趣味”引导。梁启超称幼子梁思礼为“老白鼻”，“白鼻”是英文“baby”的译音。他在家书里写道“老白鼻”种种可爱有趣之事：“老白鼻一天一天越得人爱，非常聪明，又非常听话，每天总逗我笑几场。他读了十几首唐诗，天天教他的老郭念，刚才他告诉我，老郭真笨，我教他‘少小离家’，他不会念，念成了‘乡音无改把猫摔’。”

在谈到自然美育与儿童的感受力时，作者写道：“人的感受力具有相通性。人的各种感受力，并不是孤立的。七窍相通，各种感受力之间是可以互相影响的。一种感受可以引起另外一种感受，心理学上称为‘联觉’，文艺学里称为‘通感’。”并用了不少的笔墨精妙地分析了法国象征主义诗人波德莱尔的名作《感应》。

尤其在谈到有利于儿童身心发展的多样化的自然审美形态时，作者列数了山水之美、时光之美、动植物之美、宇宙之美。从《诗经·蒹葭》讲到中国山水诗，讲到贺知章《咏柳》、杜甫《江畔独步寻花》、孟浩然《春晓》、王维《鸟鸣涧》、杨万里《晓出净慈寺送林子方》，讲到杜牧《山行》、李商隐《对雪二首》、白居易《暮江吟》、王冕《白梅》、李白《南轩松》，屈原《天问》、曹操《观沧海》、陈子昂《登幽州台歌》、苏轼《水调歌头》等，是一堂结结实实的诗词鉴赏课无疑了。

就我本人而言，这些年一直以来都在小范围地做着“美育与当代儿童发展”的小实验。由我所著的《中国妈妈的亲子课》《中国妈妈的唐诗课》《中国妈妈的国学课》《中国妈妈的文学课》《中国妈妈的电影课》《中国妈妈的作文课》等，也是充分利用了唐诗、国学、文学、电影这些艺术形式与精神养料，给予孩子爱的熏陶、美的教育。

《中国妈妈的国学课》选择中国古代国学作品作为阅读阐释的对象，秉承文史哲不分家的传统，让孩子们从国学经典、古代汉语中感受中华传统文化之精神，去理解唐诗宋词中蕴藉的中国哲学和审美。《中国妈妈的文学课》则选取了中外24篇儿童文学作品进行解读。以母子对话的形式呈现，既有妈妈的睿智，又有孩子的童趣，通俗易懂、妙趣横生，引发儿童对美、对爱和对世界的思考。

给孩子讲唐诗的时候，我告诉孩子，唐诗里面有鸟鸣，唐诗里面有月落，唐诗里面有远游，唐诗里面有送别，唐诗里面有故乡。在一千多年后的今天，在互联网+时代，唐诗用依然鲜活的词汇触摸着我们的内心深处。我始终认为，被唐诗熏陶和喂养的中国孩子，他的血液里是满满的盛唐气象，深深的诗情画意，浓浓的诗心快意。他的人生是有底气的，温暖而雄厚的底气。

我也始终认为，教育并不是说，哦，我要教育你了，你过来，站直了，给我好好听着。教育是有心而无痕的，好的教育并不知道是什么时候进行的，悄无声息地你就被教育了，我也忘了是我教育了你。好的教育不用亲自去教育，我们可以请大自然教育我们的孩子，请唐诗宋词教育我们的孩子，请《寒鸦戏水》《渔舟唱晚》教育我们的孩子，请《千里江山图》《富春山居图》教育我们的孩子。

诚如当代教育家叶澜在其著作《教育学原理》开篇所言："对于人生而言，所谓旅程，既有身体之旅，即从一个空间到另一个空间的转换游动，沿途的场景物象一一入眼入心；也有思想之旅、精神之旅，种种观念以文字的形式会聚成长长的画卷，思想的风景同样能够摄人心魄，甚至惊心动魄。"因此，我们的教育原理便是要通过丰富多彩的教育活动促进一个个鲜活的生命体有意思地有意义地成长，助其美妙地完成属于他们自己的身体之旅、思想之旅。

令我欣喜与感动的，是《美育与当代儿童发展》与我一以贯之的教育理念有着惊人的相似、巧妙的暗合。作为一本儿童美育指导书，它郑重其事而又摇曳多姿地告诉我们：有美的地方皆是教育，而教育本身，也首先是一种美。

作者单位：浙江艺术职业学院

人生论美育观的开掘和立体建构

——读金雅《美育与当代儿童发展》

刘振华

美育，是近现代西学东渐以来引入的现代学术概念。对我国现代教育而言，美育已经纳入我国教育发展的战略目标。2019 年，中共中央、国务院印发的《中国教育现代化 2035》明确提出：增强综合素质，树立健康第一的教育理念，全面强化学校体育工作，全面加强和改进学校美育，弘扬劳动精神，强化实践动手能力、合作能力、创新能力的培养。在这样的背景之下，对于儿童美育的研究需要深入和创新。金雅先生与郑玉明博士出版于 2017 年的《美育与当代儿童发展》一书，正是对儿童美育极具前瞻性的理论开掘和建构。

首先，《美育与当代儿童发展》率先提出了以人生论美育为价值视野的大美育观，对大美育观首次进行了系统性的理论建构。美育有狭义和广义之分。对于广义的美育，仁者见仁，智者见智。该著则认为，广义的美育，指通过对自然、艺术、生活等审美实践活动，培育个体的审美态度，提升其审美趣味，陶冶其审美人格，涵育审美化的生命。其中，"审美趣味""审美人格"等关键概念，是涵育着现代美学内涵的美学范畴。"审美趣味"是著者研究梁启超美学思想基础之上提出的核心美学范畴。"趣味"这一美学范畴在中国现代美学史上第一次由梁启超提出。"在梁启超那里，趣味是一种广义的生命意趣，是一种特定的审美生命精神和据以实现的审美生命状态（境界）。趣味不仅是对审美情趣和艺术情趣的品鉴，也是对生命品格、人格襟怀、人生境界的品鉴。”[①] 而“审美人格”则是“一种远功利而入世、融小我入大化的诗性人格。它追求以无为精神来创构体味有为生活，着意于生命过程的诗性自由”。[②] 在此种意义上的大美育观，必然昭示美育的人生向度，也就是该著提出的人生论美育。

人生论美育，源自金雅的人生论美学观。人生论美学观是该著作者金雅在探究中华民族文化和美学承续，梳理辨析中西美学精神基础之上，提炼得出的具有开创性的美学理论观念。人生论美学观植根于深厚的民族文化土壤，碰撞于近代西学东渐的西方本体论美学，创生了以大美、美情、美境为核心理论根基的民族化美学思想体系和话语系统。它“聚焦为审美艺术人生动态统一的大审美观、真善美张力贯通的美情观、物我有无出入诗性交融的审美境界观”。人生论美学以对中国美学民族特色和价值的彰显，明显“区别于以康德、黑格尔等为代表的西方经典美学的学理特质与精神意趣”；特别是“其审美艺术人生动态统一的大审美观，大大拓展了审美的领地，不仅将艺术也将广阔的人生纳入了审美的视域，使得审美的问题不只是理论上的自娱自乐，或单纯的艺术问题，也是关乎人、关乎生存、关乎生命、关乎生活的鲜活问题，从而有效提升了美学理论的思想品格和人文内涵，加深了审美对艺术和人生的深度融入，强化了审美活动的实践品性和生存关怀”。[③] 著者的人生论美学观，以宏阔的人生视野为出发点，以现代认识论美学的学理机制为突破口，区别于西方经典美学的哲学思辨特质，也区别于学院派专注于艺术审美的观审特点，而是把审美意趣直指普遍意义上的人生，把审美的理论指向人生实践。在这个意义上，人生论美学也必然走向人生论美育。当美育指向人生，也就意味着美育的内涵及外延相应地发生变化，也由此走向一种区别于传统美育以艺术技能教育为中心的“大美育”。[④] 著

---

① 金雅：《“境界”与“趣味”：王国维、梁启超人生美学旨趣比较》，《学术月刊》2012 年第 8 期。

② 金雅：《审美人格与当代生活》，《光明日报》2012 年 12 月 18 日第 11 版。

③ 金雅：《人生论美学传统与中国美学的学理创新》，《社会科学战线》2015 年第 2 期。

④ 笔者认为，大美之根本，在于对中华民族生生不息、与天地大化浩然同流的生命气韵与精神气象的激扬赏会。中华美育的大美意趣，最终体现在对大美生命的涵育上，体现在真善美和融正大的人格化成上，体现在小我大我会通迸合的自由升华上。参见金雅《大美：中华美育精神的意趣内涵与重要向度》，《中国文艺评论》2020 年第 8 期。

作以此出发，构建了严密的理论体系，对儿童美育展开深入的创新性的研究，无疑在儿童美育研究领域具有开疆拓土之意义。本著作者富有创建性地提出“美育的人生向度既是中西美育理论传统的当代传承发展，也是从当下时代特点和现实需求出发而倡导的一种美育实践主张。它着眼于审美对人的情感涵育和人性涵育，倡扬在审美艺术生活的互融共进中促成当代儿童的健康全面成长，体现了把美育与生命教育、生活教育紧密相连的实践意向，也体现了把儿童发展和儿童整个生命的健康成长相联系的人文视野”。①

儿童美育，顾名思义，是针对儿童的审美教育，需要针对儿童的生理心理特点，从客观、科学的立场进行阐释和建构。但儿童作为成人之初，更要从人文关怀的角度出发，“美育从‘启智’‘辅德’到走向‘人生’，是对美育性质认识的深化与回归”。②《美育与当代儿童发展》正是从这样的客观角度进行阐释，自然地厘清了美育和体育、智育以及德育的关系。尤其是美育和德育的关系，自古以来，古之圣贤大多认为美善合一，即使到了现代，美育和德育的关系仍纠缠不清，“都肯定地把德育作为美育的目的或者核心，把美育作为德育的基础来加以强调；而对美育功能的理解也多偏向于使情感‘高尚’、‘纯洁’，使趣味‘脱俗’、‘防卑劣’等等，其中的道德意味显而易见”。③ 该著则明确指出，“美育和德育各有自己的特点和规律，不能相互替代或从属”；“两者之间有着密切的联系，特别是在德育中积极渗入美育的因子，可以促进德育发挥的成效，推动儿童教育的全面科学发展”。④ 这样，美育和德育的关系明晰起来，凸显出美育与智育、德育、体育并举而独立的教育意义。

人的一生，始终身处于两个世界，即物质世界和精神世界。金雅的人生论美学观“关注生活、关切生存、关怀生命的突出品格，凸显了内在的美育指向和深沉的人文意向，必然使其走向具体的生命活动和现

① 金雅、郑玉明：《美育与当代儿童发展》，浙江少年儿童出版社 2017 年版，第 23 页。
② 金雅、郑玉明：《美育与当代儿童发展》，浙江少年儿童出版社 2017 年版，第 21 页。
③ 杜卫：《审美功利主义——中国现代美育理论研究》，人民出版社 2004 年版，第 184 页。
④ 金雅、郑玉明：《美育与当代儿童发展》，浙江少年儿童出版社 2017 年版，第 44 页。

实的生活实践，走向审美教育与艺术教育，聚焦到人对自我的美化与涵成”。[①] 关注生活实践，走进自然，继而介入审美教育和艺术教育，最终指向“人对自我的美化与涵成”，这是人生论美学的精要，也是人生论美育的旨趣。显而易见，要走向和实现人生论美育，也必然地要触及生活实践，走进自然。因此，儿童美育也必然从自然美育出发。《美育与当代儿童发展》强调了自然美育对于儿童美育的重要性，并进行了严密的论证。著者认为，“直接走向大自然去欣赏自然万物的美，通过欣赏描绘自然美的艺术作品来间接地体验感受自然万物的美，都是自然美欣赏的重要方式”。[②] 提出了“自然美育以其生动具体的可感性、丰富的形象和形态，让儿童的感受、想象、创造的能力得到全面的培育，是以审美教育来引领儿童发展的重要渠道”的重要观点。[③]

针对儿童的生理、认知特点，儿童美育除了以着眼于儿童物质世界的自然美育为主要举措之外，也要从儿童的精神世界切入，那就是最适合儿童的一种审美教育方式——艺术美育。通过艺术的滋养，抑或说通过艺术的熏陶，让儿童获得身心健康成长。“不是每一个儿童都将会成为专门的艺术家，但是，每个儿童都需要艺术的滋养，通过艺术活动，体验种种丰富、奇妙、难以言说的美妙感觉，获得身心的舒展和心灵的陶冶。”这就是艺术审美的作用，“它突出的以情感为中心的综合功能，能有效促进儿童身心的协调成长，在儿童生命的主体性、创新性、和谐性的发展中，有着独特而重要的作用”。[④] 可见，艺术美育是儿童一生成长过程中重要的教育历程，是促进儿童身心健康成长的必要手段。

人通过认识世界、改造世界，进而认识自身。人生论美学的落脚点，在对人的“人生审美至境的追寻”，[⑤] 也就必然涵纳人的生命审美态度，反映在儿童美学上，就是生命美育观的提出。在《美育与当代儿童发展》中，著者提出，“生命美育是一种情趣高尚、情理合一的生命情感涵育和生命精神教育”。生命美育对于儿童美育而言，其重要意

---

① 金雅：《人生论美学传统与中国美学的学理创新》，《社会科学战线》2015 年第 2 期。
② 金雅、郑玉明：《美育与当代儿童发展》，浙江少年儿童出版社 2017 年版，第 71 页。
③ 金雅、郑玉明：《美育与当代儿童发展》，浙江少年儿童出版社 2017 年版，第 81 页。
④ 金雅、郑玉明：《美育与当代儿童发展》，浙江少年儿童出版社 2017 年版，第 99 页。
⑤ 金雅：《人生论美学传统与中国美学的学理创新》，《社会科学战线》2015 年第 2 期。

义在于“在审美愉悦中潜移默化地陶冶儿童的生命情感，使其养成对生命的热爱和尊重，并逐渐去体味生命的本质和本义，引导他们逐渐自觉去追求生命的价值和意义”。[①] 生命美育对于人生论美育而言，是极为重要的维度之一。只有对儿童的生命审美教育到位，才能实现人生美育，也才能使儿童美育落到实处。

特别值得注意的是，《美育与当代儿童发展》并没有把儿童美育的以上三个维度割裂开来，而是认为三者是一个有机整体，故曰“立体建构”。这就更深入地阐释了人生论美育的深刻内涵。正如金雅所言，“自然美育、艺术美育、生命美育的立体架构，相互促进，能够有效地助推儿童的健康发展”。[②] 这正是人生论美育的理论品质。那么人生论美育是一个封闭的理论体系吗？当然不是，人生论美育除了立足人生的理论建构之外，也批判地吸收借鉴中外美育思想，如著作中提及的梁启超、丰子恺、卢梭、席勒、加德纳等的美育思想。这也是人生论美学观涵纳万千，聚焦人生的理论特质。

基于人生论美育的儿童美育理论体系的建构，最终目的是儿童美育的实践与运用。该著立足儿童发展的视角，从家庭、学校和社会三个维度，全面地提出有针对性的美育方法论。结合当下教育背景，提出家庭儿童美育，要围绕“艺术和审美之心融入生活，从而给儿童全面的无所不在的生机勃发的美的滋养”，[③] 学校美育“要加强整体性设计和系统性规划，课内课外兼重，校内校外结合，教师学生合力，循序渐进，正确引导，使其在整个学校教育中发挥积极独特的作用”，[④] 指明了社会美育首先要“引导儿童对社会主流审美价值观的接受”。[⑤] 对于教育，家庭、学校和社会本就需要三位一体，对于儿童美育，更是如此。

儿童美育对于当下教育有着极为重要的现实意义。就当前中共中央、国务院发布的关于义务教育“双减”的政策而言，无疑在教育健康发展的方向上为儿童美育的践行迎来一道曙光。《美育与当代儿童发

① 金雅、郑玉明：《美育与当代儿童发展》，浙江少年儿童出版社 2017 年版，第 82 页。
② 金雅、郑玉明：《美育与当代儿童发展》，浙江少年儿童出版社 2017 年版，第 116 页。
③ 金雅、郑玉明：《美育与当代儿童发展》，浙江少年儿童出版社 2017 年版，第 197 页。
④ 金雅、郑玉明：《美育与当代儿童发展》，浙江少年儿童出版社 2017 年版，第 206 页。
⑤ 金雅、郑玉明：《美育与当代儿童发展》，浙江少年儿童出版社 2017 年版，第 211 页。

展》在最后一章，从美育的角度对儿童的当代发展进行了深刻的反思和深入的探索，提出要以美育推动当代儿童发展的实践维度和价值维度的良性互动，认为“在美育实践中培养儿童的审美人格，是儿童美育的终极价值”。[①] 从教育的意义上来说，对儿童审美人格的培养，就是关注儿童一生的发展，是以人生论美育观观照当代儿童发展的深度呼吁。这种呼吁，正是对当前教育异化现象的警示，也是一种对当前儿童美育观的深度建构，更是对当前“双减”政策下儿童美育理论空白的填补。

综观《美育与当代儿童发展》全书，以人生论美育为价值视野的儿童美育观，不仅有着丰富的前瞻性的理论意义，而且对于当前教育、美育现状都有着极具时代感的实践意义。该著不仅适于美育理论工作者参考借鉴，更适于一线教育教学工作者阅读学习。

作为一本当前儿童美育研究的扛鼎力作，《美育与当代儿童发展》应该说当之无愧。

作者单位：杭州市采荷第一小学

① 金雅、郑玉明：《美育与当代儿童发展》，浙江少年儿童出版社 2017 年版，第 232 页。

“大美育观”和儿童美育研究的人生论立场

——读金雅《美育与当代儿童发展》

潘玲妮

有人请教毕加索：“如何去欣赏艺术？”毕加索回答：“为何不先去了解鸟儿的歌声？去爱这朵花，去爱围绕身边的一切事物，试着了解它。”凡·高也说过：“人应该去聆听自然的语言，而不是画家的语言，对真实事物本身的感受要比作画的感受重要得多。”

而当下的教育严重限制了孩子与大自然的互动，让孩子越发丧失了感受自然、体验情感、触摸灵性的能力。越来越多的孩子开始沉迷电视动画，家长不知该如何疏导他们。很多家长虽然感觉到自己的孩子对艺术，对自然感兴趣，却苦于不知如何引导他们。

金雅教授与郑玉明博士鼎力合作，历时五年精心撰写完成的《美育与当代儿童发展》一书，以“大美育观”为基石，以“人生论美育”为基本立场，依托自身对“人生论美学”的理论建构，结合了多年的美育实践和艺术教学经验，在书中以深入浅出的文字，触及了以儿童生命的全面发展为指向的当代儿童美育理论的系统建构，展开了对家庭、学校、社会各个领域审美实践的问题、路径、方法等的具体反思和深入观照，引领父母、教师、儿童工作者们该如何带领孩子们进入美的殿堂，以最大可能最佳状态引领儿童生命的健康发展。

《美育与当代儿童发展》确立了人生论美育的价值视野，建构了以自然美育、艺术美育、生命美育等为立体构架，以情感美化、趣味提升、创造激发、个性涵育、人性和谐等为重要内涵，以全面、和谐、自由的生命发展为核心目标，以生动、愉悦、幸福的生命体验为核心价值的当代儿童美育理论。著作既探索了当代儿童美育的新理念，也反思了以技能训练和艺术考级为目标的实用儿童美育观及其带来的种种问题。金雅教授一针见血地指出，当下儿童美育存在智育化、技能化、德育化、功利化、贵族化等现象，这是美育的异化，对儿童天性的健康发展是不利的。该著着重从儿童美育的三大具体领域——自然美育、艺术美育、生命美育——入手，探索建构儿童美育的立体路径。

该著认为，自然美育更符合儿童的天性。真实的自然环境，山水之美和时光之美，能为孩子提供广阔多彩的天地，不仅可以更好地锻炼孩子的体能和运动技能，也能更好地促进儿童生命力、感受力、创造力、想象力的发展。引导儿童走进大自然，使其在四季更替的景色变化中，在蓝天白云、杨柳拂堤等自然美景中，去感受体味万物的生机，有着不容忽视的深刻意义。随着经济的发展，很多儿童活动的场地也越来越高级。现代化的基础设施如人工草坪，塑胶跑道让孩子们离大自然越来越远。如校园中的攀登架，阶梯间的距离都是相等的，儿童无须特别认真的探索和发现，但自然中的山地、灌木丛、洞穴等则不然，穿越和攀爬不仅能很好锻炼儿童的体能，更能刺激孩子的感觉和想象，提升认知和肢体的灵敏反应和综合技能。

该著认为，以情感体验为中心的艺术美育，对儿童而言，不仅更具可操作性，特别是在促进儿童个性的和谐发展上有着独特深刻的意义。儿童是天生的艺术家。儿童的感受力、想象力往往比较丰富，对于那些符合他们欣赏水平的艺术作品，儿童往往有着极为敏锐的审美感知和强烈的审美体验。相比于奥数，音乐、绘画、舞蹈等更加契合儿童的天性。以这些艺术样式为载体，艺术美育比其他教育方式更容易激发儿童的兴趣，更容易为儿童接受，也更有可操作性。如教幼儿园的小朋友学习 10 以内的数字，单纯的学习，孩子们不一定有兴趣，但是学唱儿歌《数鸭子》他们可能就会感兴趣。“门前大桥下，游过一群鸭。快来快来数一数，二四六七八。……”在听、唱儿歌的过程中，2，4，6，7，8 等数字，自然而然地就刻进了孩子们的脑海中。艺术美育以情感贯通知意，推动了儿童想象、个性、创造等能力的提升，促进了情感的美化和情商的提升，具有内在的人文意义。

金雅教授还特别提出了生命美育，强调要全面关怀人的生理生命、社会生命、精神生命的成长。她认为，尽早接受生命美育，形成热爱生命、体味生命、创化生命的积极生命意识，对一个人的生命成长意义深远。反之，如忽视生命美育，漠视自我及他人生命的存在，不仅无法尽情感受生命的爱与美，严重的也可能会形成反社会反人类的畸形人格。金雅教授指出，长期以来，我国儿童教育相对忽视生命教育，缺少对儿童作为身、心、灵完整的生命个体的关注。公园鲜花盛开，常被人随意攀折。地上的小蚂蚁，空中的花蝴蝶，河里的鱼儿虾儿，常被人随意采捉。一些成年人对儿童这种行为不以为意，甚至有些还以尊重儿童爱玩的天性为借口来鼓励这种种行为。其实，这里面存在着严重的漠视生命，不尊重生命的问题。儿童生命美育应努力引导儿童形成对生命的热爱、尊重和珍惜，鼓励儿童追求生命意义和生命价值的成长和实现。自觉科学的生命美育，应该从人的幼儿时期开始，持续一生。生命美育开始越早，对儿童一生的积极影响就会越大。

《美育与当代儿童发展》一书，也借鉴了中西方儿童美育的重要思想资源，对家庭儿童美育、学校儿童美育、社会儿童美育的具体方法与实践路径进行了深入探研，系统提出了美育与当代儿童发展的现实目标和长远目标、科学指标和人文指标、实践维度和价值维度的关系问题。强调在家庭儿童美育中，家长要有意识地引导儿童欣赏艺术，不断挖掘适合家庭儿童美育的游戏；在学校儿童美育中，要加强整体性设计和系统性规划，课内课外兼重，校内校外结合，教师学生合力，循序渐进；在社会儿童美育中，要大力建设并充分利用面向儿童的社会公共文化服务体系，有序规划儿童文化娱乐机构并加强监管引导，注意社会城乡环境的美化，营造趣味纯正的社会审美文化氛围。

《美育与当代儿童发展》在儿童美育的理念创新、观点确立、现象反思、路径考量等方面，进行了系统的思考探索，首次以“大美育观”和“人生论立场”来统领儿童美育的理论话语建设，对当代儿童美育研究的理论深化、系统化以及价值立场的引领，具有重要的开掘和推进。

作者单位：惠乾（上海）环保科技有限公司

自然美育与儿童成长

——读《美育与当代儿童发展》有感

闫亮有　刘鹏伟

大自然是一部无与伦比的美育教材，是美育的源头活水。金雅、郑玉明所著《美育与当代儿童发展》（浙江少年儿童出版社 2017 年版）一书，把自然美育视为引导当代儿童发展的重要载体之一，在自然美育与儿童发展的关系上做出了积极有益的探索，丰富了当代儿童美育的理论内涵和思想意趣。

一

金雅教授认为大自然与儿童的天性十分契合，这是自然美育培养儿童全面发展的重要根基。她指出："儿童的神经系统发育和认知能力发展是一个长期的过程，儿童的人生经验也不丰富，让他们接受美和艺术中复杂的精神文化内容存在相当的难度。"① 金雅教授认识到儿童缺乏一定的审美理解、审美认知以及科学文化基础知识，对于美感的体验大多通过五官的直接感知，五官的感受是他们进入审美世界的大门。山、水、花、石是联结自然美与儿童感官最好的媒介，由此金雅教授指出，具有简洁、直观的形式美特征的审美对象，更能打动、吸引儿童，大自然是儿童审美的重要对象。玩具、书籍、课程等对象，虽然艺术文化内

① 金雅、郑玉明：《美育与当代儿童发展》，浙江少年儿童出版社 2017 年版，第 24 页。

容更加丰富，但对于不同的儿童来说，接受程度不一定都适宜；相比之下，大自然中所具有的审美元素，花儿鲜艳的色彩和诱人的芳香，鸟儿动听的声音和优美的倩影等自然风光，能够让儿童置身于其中，在头脑中形成生动而又形象的画面，从而接受美的熏陶。

金雅教授的儿童美育理论，视野宏阔，广泛吸收、借鉴了中西方儿童美育的相关资源。她详细地对丰子恺、梁启超、卢梭、杜威等人的美育思想进行了梳理和阐释，特别是对梁启超美育思想的研究，让她意识到情感问题对于儿童美育的重要性。她从梁启超的“趣味教育”和“情感教育”出发，讨论儿童情感尤其是有趣味的审美情感涵育的重要性，突出了儿童情感充沛、丰富、纯真的天性特点。相比于理性，梁启超认为情感更容易激发人的行动力，使人充满兴趣而积极主动去做事情。金雅教授指出，“梁启超的‘情感教育’说虽非专门针对儿童教育，但他对情感力和理解力的比较，以及主张情感力优先的思想，是很契合儿童心理规律的”。① 金雅教授紧抓“儿童的天性往往是活泼好动的”特点，指出儿童的世界如朝阳般温暖纯净，感性思维在很长的一段时间中都占据主导作用，而感性思维和情感有着直接的联系，儿童感性思维越丰富，情感越丰沛，所观察到的自然界也就越广阔、越深入。②“活泼好动”的天性，使儿童具有充沛的情感并直接影响着感性思维，从而对自然产生强烈的好奇心，积极主动地同雨滴游戏，和大树拥抱，为蚂蚁让路，进而遨游自然、对话自然、悦览自然。金雅教授赞同卢梭“回归自然”的主张，认为“回归自然就是要解放天性，就是要顺应儿童的自然生理、心理需求”。③ 她突出了儿童天性和自然美育的内在联系，强调自然美育的出发点是充分理解、尊重儿童的天性，以儿童健康快乐成长为目的，实现儿童与自然的愉悦对话，最终实现自然美育的目的——培养出富有情趣、热爱生命的健全人，这为我们探究自然美育的生命精神和价值意义提供了重要的导向。

① 金雅、郑玉明：《美育与当代儿童发展》，浙江少年儿童出版社 2017 年版，第 150 页。
② 金雅、郑玉明：《美育与当代儿童发展》，浙江少年儿童出版社 2017 年版，第 150 页。
③ 金雅、郑玉明：《美育与当代儿童发展》，浙江少年儿童出版社 2017 年版，第 169 页。

二

金雅教授认为，实施“自然美育”的材料不局限于动植物的标本、山川河流的图画、地理生物课堂等，主要的自然美育课堂应该是原生的自然界。她倡导走出书本，走出校园，开展丰富、生动、多彩的自然美育。金雅教授提出了四种基本的自然审美形态，即“山水之美”“时光之美”“动植物之美”“宇宙之美”。《美育与当代儿童发展》中说：“自古以来，中国人对山水就情有独钟，形成内蕴深厚的山水文化。幽静深远的山水，是古代文人士大夫远离尘嚣、修身养性的所在，也是僧人道士参禅祈神之所在。艺术创作、科学考察、情志激发都和山水息息相关，山水已经深深融入到中国人的文化血脉里”；[①] 而“时光之美”，无论春夏秋冬四季还是晓暮昏晨，都充满了生机与变化，带给人无限诗意；在审美的丰富实践中，“植物因其形象、颜色、香味、生长特性等而具有一定的审美价值。在长期的生活实践和审美文化发展中，特别是在艺术美的创造和欣赏中，各种植物的审美内涵变得丰富而深刻，这使它们成为了人类审美的重要对象”，[②] 譬如被中国人称为花中“四君子”的梅、兰、竹、菊，因其外表形态或生长习性，使人常常联想到人的品德或命运，因而让人产生了移情或比德，焕发出灿烂的美感；书中感叹：“宇宙本身就是至美。渺无边际的宇宙，是真正的辽阔和永恒所在。日月星辰，在无限中闪烁，既巨大又渺小，既遥远又贴近。仰望星空，既浪漫，更庄重，足以让每一个个体生命去感悟和超越。”[③] 金雅教授吸纳了中国传统文化“天人合一”的思想观念，将时光、宇宙等对象纳入审美的视野，倡导儿童走向辽阔的原野、巍峨的山脉、郁葱的森林、浩瀚的海洋、广阔的宇宙，感受人与自然和谐相融之审美意蕴，体悟自然的博大多姿。

值得注意的是，金雅教授提出的山水、动植物、时光、宇宙等审美

---

① 金雅、郑玉明：《美育与当代儿童发展》，浙江少年儿童出版社 2017 年版，第 56 页。

② 金雅、郑玉明：《美育与当代儿童发展》，浙江少年儿童出版社 2017 年版，第 69 页。

③ 金雅、郑玉明：《美育与当代儿童发展》，浙江少年儿童出版社 2017 年版，第 69 页。

形态，不只是形貌绚烂、恢宏、瑰丽等景物，也不只是名山大川、乡间田野、小泉丛林等同样蕴含着能够让儿童感受的美的生动世界，能够让儿童通过它们来亲近鲜活的生活。当今世界，高楼大厦，钢筋丛林，鳞次栉比，我们很难回归自然的世界去感受美、体悟美。金雅教授提出，我们非常需要引导儿童去具体感受身边各种各样的美，包括自然的美，在家门口，在阳台，在校园，我们可以和孩子们一起，仰望闪烁在夜空的星星，让儿童体味超越时空之限、人与万物相融的美感；也可以和孩子们一起，近距离接触自然界的各种小生命，培育儿童感知生命、关爱生命的同情和爱意。

金雅教授将美育的视野下沉到儿童发展，关注儿童的心理心灵的建设，将审美、艺术和生态伦理、宇宙情怀相连接，这种自然美育的思想理论构建，具有前瞻的深刻意义。

三

金雅教授从人生论美学的“大美育”观立论，将美育的人生向度与儿童的全面发展结合起来，认为自然美育可以推动儿童的道德发展，这就区分了自然美育的形式层和内涵层，推动了自然美育理论认识的深化。以往的自然美育观多注重自然山水的形式层，即自然山水的形式感给人带来的审美愉悦，但金雅教授在论述自然美育时，并没有仅仅停留在形式层面的审美快感，而是通过对“畅神”说与“比德”说的对比，并吸纳了康德关于自然美与道德关系的理论，将自然美育深入到儿童心理人格的提升上，从儿童美育的研究中探入了自然美育的主体道德建设意义。书中指出：“‘比德’自然审美观中审美主体关注的是自然事物的道德象征意义，而‘畅神’自然审美观中审美主体把注意力集中到了自然事物本身上。从美育的角度来说，‘比德’自然审美观突出了自然美对审美者的道德感染作用。”基于儿童纯真的天性和“比德”审美观的特点，著作指出：“相较于艺术美育和社会美育，自然美育在推动儿童的道德发展方面有其特殊的作用。”①

① 金雅、郑玉明：《美育与当代儿童发展》，浙江少年儿童出版社 2017 年版，第 53 页。

金雅教授认为，在自然美育活动中去培育儿童的道德感，更加契合儿童的生命本性，也更能得到儿童的心理内在认同。书中指出，“从儿童的认知特点来看，儿童往往不是以‘主客二分’的理性方式看待万事万物，而是以‘推己及物’的同情方式来把握周围世界。他们与小草小花对话，把小狗小猫当成小伙伴来对待，这种‘同情’地把握事物的态度，使儿童的认知思维易于呈现出一定的道德色彩”。[①] 金雅教授抓住儿童本身的生理特性和思维特点，从儿童本身特点出发探讨自然美育对培育儿童的同情心、爱心的意义。当代儿童大部分时间停留于室内生活环境，这使儿童很少能够接触到鲜活真实的大自然。当代儿童性情中的戾气、缺乏爱心、暴力等问题，促使儿童教育者不得不予以反思。但以道德说教为主的习以为常的儿童教育方式，可能会引起儿童反感，甚至恰得其反。金雅教授自然美育中论及的道德向度，无疑为儿童教育探索了更加适合的方法途径。

长期以来，不管是学校还是家庭，在我国基础教育中，美育包括自然美育似乎都显得越来越不“自然”，也离孩子们的生活似乎越来越远。金雅教授将自然美育纳入和艺术美育、生命美育等同等重要的“大美育”框架中，充分挖掘了自然美育的独特意义和丰富价值，对当代儿童教育的智育化、技能化、功利化倾向提出了质疑，为当代儿童的健康成长和美好发展大力呼吁，意义深远。

作者单位：浙江理工大学

① 金雅、郑玉明：《美育与当代儿童发展》，浙江少年儿童出版社 2017 年版，第 42 页。

论金雅《美育与当代儿童发展》对小学书法艺术教育的指导意义

孟群星

《美育与当代儿童发展》一书为金雅、郑玉明所著，这是一本以学理结合现实问题，构建儿童美育理论的专著。第一作者金雅教授是人生论美学的倡导者，她从人生论美学立场审察当代儿童美育发展问题，为广大美育教育工作者带来了深刻的理论启示和思想启迪。该著以人为本，提出了自然美育、艺术美育、生命美育的当代儿童美育立体网络，倡导引领儿童全面、和谐、自由的生命涵育。

一

金雅教授力主"人生论美学"。她认为"人生论美学"是审美艺术人生的知行统一，是具有人文情怀的美学思想，它的终极目标必然走向美育，回到对人自身的美化之上。

《美育与当代儿童发展》一书贯彻了这一思想理念，认为儿童美育的发展应该回到儿童本身，以人为本，关注儿童个体的成长。书中提出，"以人为本，应是一切儿童发展观的科学前提和价值前提"。[①] 儿童美育如果脱离了儿童本身，脱离了人，只强调技能训练，知识强化，那无疑是儿童美育发展的异化。儿童美育以人为出发点，才能有效实现儿

① 金雅、郑玉明：《美育与当代儿童发展》，浙江少年儿童出版社 2017 年版，第 6 页。

童生命的全面成长。《美育与当代儿童发展》认为儿童发展的整体美育目标是生活能力、人格追求和生命成长，以情感、独立、创造为表现，其中最为理想的目标是以儿童创造性生命的成长为宗旨。就如哈佛大学心理学教授伯顿所提出的“创造一种气氛，使每个儿童都作为一个人来看待，使他受敬重，并作为集体的一名成员受到重视”。[①]

《美育与当代儿童发展》系统阐述了当代儿童美育的发展不应仅仅局限于将美育与体育、智育、德育相联系，而是要以更广阔更深邃的视野拓展美育与自然、艺术、生命之间的联系，建构起自然美育、艺术美育、生命美育的立体网络。该著认为，自然美育可以唤醒儿童的生命主体意识，培育儿童的生活情趣，推动儿童的道德发展。在经济社会迅速发展的今天，儿童走进大自然的机会越来越少，大自然中的山水、时光、动植物、宇宙，这些变化万千的美景美物，可以“敏锐儿童的感官，丰富儿童的情感，开阔儿童的心胸，完善儿童的个性”。[②] 而艺术美育是审美教育中最为重要的载体之一，在儿童美育发展中必不可少，诗歌、文学、音乐、舞蹈、绘画等艺术形式滋润着儿童的世界，让儿童在艺术中感受生活，理解他人，把握世界。而生命美育的深刻意义在于，当代儿童在长期偏重智育的教育模式下，对生命缺乏敬畏之心，轻视自己的生命，漠视他人的生命，这样的案例常有发生。该著强调，生命美育引导儿童去发现、感受、热爱生命之美，在当下极为重要。

儿童美育的最终目的是要落到儿童本身。那么，当代美育究竟应该将儿童培养成什么样的人?《美育与当代儿童发展》给出的答案是，全面、和谐、自由发展的人。自然美育将儿童带入大自然中，全面激发儿童的创造力、想象力以及感受力；艺术美育让儿童感受艺术，体验艺术，在艺术作品的感受与实践中，感受生活，借助审美，促进自我意识的觉醒，在保持创造力的基础上，提升创新意识，达到感性与理性的和谐发展。生命美育使儿童意识到自我的主体性特征，以生命的积极性特征陶冶儿童的人格，感受生命中的美与爱，保护其“童心”，使其在积极性体验中自由发展。

---

① 姚全兴：《儿童文艺心理学》，重庆出版社 1990 年版，第 183 页。

② 金雅、郑玉明：《美育与当代儿童发展》，浙江少年儿童出版社 2017 年版，第 71 页。

二

就艺术美育而言，《美育与当代儿童发展》作出了贴近现实问题的理论阐述，批判了只重技能训练不重趣味陶冶，只重艺术竞技不重审美鉴赏的艺术教育导向，对当下小学书法艺术教育具有重要的指导意义。

当前，小学书法艺术教育面临着一些亟待解决的问题。首先是师资结构不合理。现阶段书法艺术教育越来越受到重视，以广东省中山市为例，中山市教体局发布了2021—2022学年度九年义务教育学校课程计划安排的通知，通知中明确提出加强书法教育，“小学三至六年级每周一节毛笔书法课；初中阶段每周一节书法课”。并将书法课安排至课程表内，由此可见，中小学书法艺术教育逐渐走向普及教育。但当前书法教师队伍结构却不理想，能够胜任书法教学的专任教师短缺，一些学校书法课甚至由语文教师担任，非专业书法教师缺乏系统理论知识及专业技能训练，导致对书法课常常是应付了事。师资结构不合理，只能勉强满足学生技能训练，有些甚至是无法完成技能训练，想要带领学生在书法艺术中获得审美体验，真切感受这一线条艺术之奥秘，更是难上加难。

其次是教学形式单一。纵观当下教育部审核通过的小学书法教材，无论是北师大版、人美版还是湘美版，教材大多是从笔画开始教学，笔画延伸到字，从笔画到偏旁的学习，这也符合书法学习的特性。但由于课程反复重复相类似的学习内容，今天学横及与横相关的字，明天学竖及与竖相关的字，后天学撇及与撇相关的字，在天性好动的儿童眼中，每一节书法课都离不开字，笔画偏旁无论如何变，课程的大致目标方向没有变。这样的学习形式容易造成课堂内容呆板，教学形式单一，很难激发大部分儿童的学习潜力。

最后是课堂重技法轻审美。这是学校艺术教育中普遍存在的现象，书法艺术教育也不例外，这种现象的存在原因是多方面的。在学生家长方面，低年级段家长往往更重视孩子的书法教育，因其可强化孩子的书写技能，是为书法的实用功能所驱使，这类家长往往无法接受除楷书以外的其他字体，家长自身不认可的情况下，自然无法带领孩子进行书法艺术审美。在学校方面，学校虽有普及书法教育的职责，但中小学学校评估中，艺术类学生参赛获奖的成绩才是考核重心。于是学校设立各类艺术社团，突击训练学生技能，目的就是使学生在竞赛中获得更好成绩，而不是关注审美能力的提升。在教师方面，教学课程离不开学校总体部署，在专业教师短缺的情况下，如何既能普及书法教育又能培养优秀学生，迫使教师将教学重心放在学生的技能培养上，而忽视审美教育。

《美育与当代儿童发展》对小学书法教育的指导意义，在于从长远的高度和深度，来看待以艺术教育为重要途径的审美教育的根本性价值和对儿童的人学意义。首先，著作强调要用趣味教育来激发陶冶儿童的审美趣味。著作认为，“趣味是儿童生活的重心，也是儿童艺术最为重要的特征之一”。[①] 这里的趣味虽是指对美好生活的根本追求，但对实际教学恰恰具有深刻的启示。书法课堂存在教学形式单一的现象，儿童天真烂漫的特性注定不能适应呆板的课堂，没有趣味的书法课堂，对儿童来说便味如嚼蜡，无法激起儿童的兴趣。“趣味是生活的原动力，趣味丧掉，生活便成了无意义。”[②] 儿童需要有趣的事物来引起自己的兴趣，进而才能陶冶趣味。这需要教育工作者在面对书法课堂时，放慢脚步，不急于技能训练，思考如何将趣味融入课堂。或许一个有意味的小故事，一个生动的小动画，或一张深刻的图画便能激发学生学习潜力，进而在课堂渗透趣味陶冶，以便培养儿童积极的人生观价值观。

其次，著作强调要用情感教育来培养儿童的艺术审美感觉。书法艺术教育不应只重视儿童的技能竞赛，儿童只知其知识技能，自身却无法自主审美鉴赏各体书法的美，实则是在培养片面发展的人。《美育与当代儿童发展》批判了唯竞技至上的艺术教育，其中包括书法考级竞赛，并以书法为例指出，儿童学习书法艺术不应以考级参赛为目标，而是以“有浓厚的书写兴趣，能够领略各体书法作品的美；在学习生活中，自己书写能够满足相应需求，能写漂亮美观，悦己娱人，这才是儿童书法学习者应有的基本追求”。[③] 将过于重视竞技转向技能与审美鉴赏结合，在艺术鉴赏中感受生命，才能真正实现美育的目的，将儿童培养成具有

---

① 金雅、郑玉明：《美育与当代儿童发展》，浙江少年儿童出版社 2017 年版，第 96 页。

② 金雅主编：《中国现代美学名家文丛 · 梁启超卷》，浙江大学出版社 2009 年版，第 18 页。

③ 金雅、郑玉明：《美育与当代儿童发展》，浙江少年儿童出版社 2017 年版，第 99 页。

一定审美鉴赏力，能在艺术作品中感受生活，理解生命，提升个人的艺术情感，让儿童认识世界感受人生，是当前书法艺术教育应该努力的方向。

特别重要的是，著作认为，儿童美育的目的是培养儿童成为全面、和谐、自由发展的人。书法艺术教育作为儿童美育的重要载体之一，应该自觉发挥其美育功能。这需要家长、教师、学校多方面共同更新观念，去除实用主义立场，将书法艺术教育作为儿童美育的基本内容，以书法艺术为载体，在识字中锻炼儿童的观察力，在模仿练习中培养儿童坚韧的耐力，在结体造字中感受古人的智慧，在欣赏笔墨线条中领悟生命的张力。只有将其教育目标落在儿童的性格培养、情感美化、人格陶冶中，才能真正发挥其美育的作用，实现当代儿童的美好发展。

作者单位：中山市龙瑞小学

审美人生

美学美育的传播者

——记我所认识的金雅老师

杨利伟

透过她那银铃般的声音，你能感受到青春靓丽的气息。她身材不高，但是干练、标致，双眸清澈，阳光爽朗、快人快语，充满活力；一袭黛色裙装与典雅丝巾相配，一展传统与现代的美，可以说我认识她就是从“美”开始的。

记得2009年4月，我陪同我国著名导弹火箭控制系统专家梁思礼院士来到杭州，参加“‘中国现代美学的资源与实践’全国高层论坛暨《中国现代美学名家文丛》首发式”。她到机场接我们，下飞机后，见到她的第一面就给我留下了本文开篇所述的印象。她就是浙江理工大学教授，从事中国近现代美学文艺思想史和美学文艺学基础理论研究的著名学者金雅老师。

这次论坛主要有三项议题：一是为中华美学学会中国美学研究基地挂牌；二是《中国现代美学名家文丛》首次发行；三是围绕“中国现代美学的资源与实践”暨《中国现代美学名家文丛》举行专家座谈。金雅老师是《中国现代美学名家文丛》的主编，也是本次活动主要策划人之一。

我记得梁思礼院士在座谈会上发言，他首先祝贺本次论坛顺利召开，并高度评价了《中国现代美学名家文丛》编辑和出版发行，他认为这是为中国现代文明发展和社会主义文化建设做了一件大好事。然后他谈道：加强文化建设，美育是文化建设的重要支柱之一，建设小康社会不仅要有强大的物质基础，同时也应具有现代化的精神文明。现代化的中国需要由大量的德智体美全面发展的公民组成，他们应该是以追求真、善、美为己任者。因此加强德育、美育研究和行为培养是当务之急。在实践过程中，美学美育有着巨大的发展空间，美学美育专家、学者任重而道远。他勉励大家认真开展美学美育研究，将中国现代美学美育推上一个新的高度。

金雅老师作为《中国现代美学名家文丛》主编致答谢词，感谢与会领导和专家的大力支持和鼓励，相信有领导和专家们的关注与指导，中国美学美育领域理论研究和实践成果一定会有新的发展和提升。

我原来工作在中国航天科技集团公司科技委，任办公室主任兼梁思礼院士的助手。梁思礼是中国科学院院士、国际宇航科学院院士，曾任航天工业部总工程师、国际宇航联合会副主席、中国航天科技集团公司科技委顾问，是我国著名导弹火箭控制系统专家、中国航天事业的开拓者和奠基人之一。他参加了中国航天事业的初创，任控制系统研究室副主任，当过导弹教导大队教官，参加过多个航天重大型号的仿制和研制，曾经头顶原子弹忘我工作，实现了我国导弹和原子弹“两弹”结合试验，在航天控制及许多相关领域提出了自己独到的见解并是开创者之一，培养了众多人才，奠定了航天技术发展基础。他为中国航天事业奋斗60余年，历经成功的喜悦与失败的磨砺，成就非凡、贡献重大，获得多项国家奖励。

梁思礼也是我国近代著名启蒙思想家梁启超先生最小的儿子，他从小受父亲、家庭和学校教育，接受中国传统和现代文化，以及西方文化的熏陶，但爱国主义思想终生根植于血脉，流淌不息，梁启超的“人必真有爱国心，然后方可以用大事”这句话，支撑了梁思礼一生的追求。毫无疑问，爱国是真美、是大美！

“趣味主义”是梁启超的人生哲学，这一哲学同样影响了梁思礼的生活。梁思礼也是乐观主义者，不仅在航天科学领域做出重大贡献，他还是音乐、体育、摄影、游泳、象棋等广泛兴趣的爱好者，是科学与艺术、形象思维与抽象思维相结合的实践者，有着色彩斑斓的人生；梁思礼积极倡导宣扬真、善、美，厌恶摒弃假、恶、丑；以奉献为荣，以“苟利国家生死以、岂因祸福避趋之”为座右铭，欣赏萧伯纳名言：

“人生不是一支短短的蜡烛，而是一只由我们暂时拿着的火炬，我们一定要把它燃得十分光明灿烂，然后交给下一代的人们。”这是梁思礼美的人生的真实写照，他始终践行着自己的理想信念。

在美学美育研究领域耕耘者，能够得到像梁思礼院士这样美的大家的支持和鼓励是荣幸、是信心，也是动力，金雅老师得到了。她敬仰梁思礼院士，不无感慨地说：“梁思礼先生一直大力支持我的美学研究，给我很大的鼓励和帮助，是我的忘年至交！”是啊，我又何不与金雅老师有同感呢？长期在梁思礼院士身边共事，他的言谈举止、所行所做，都无形中潜移默化地深深影响着我，也令我十分敬仰，我们之间交流无阻，他常常对我说：“小杨，我们俩可以说是忘年之交、莫逆之交啊。”得到他这样的信任我很为之自豪，同时激励我更加积极主动做好每一项工作，这也许是美的动力。所以我特别理解金雅老师的感慨。

梁思礼院士引领我参加了一场研究美学美育的盛会，使我认识了研究美学美育的金雅老师，因此我说，认识金雅老师就是从“美”开始的。金雅老师把她的《中国现代美学名家文丛》（梁启超、王国维、蔡元培、朱光潜、宗白华、丰子恺共六卷）、《梁启超美学思想研究》和《中国现代美学与文论的发动》等著作赠送给我拜读，我们有了进一步的交往。

因为我在梁思礼院士身边工作，所以对梁启超有一定的了解和认知。梁启超（1873 年 2 月 23 日—1929 年 1 月 19 日），字卓如，号任公、饮冰室主人等。清朝光绪年间举人，中国近代思想家、政治家、教育家、史学家、文学家。戊戌变法（百日维新）领袖之一、中国近代维新派、新法家代表人物等众多头衔，不一而足。自鸦片战争始，外敌入侵、朝廷腐败，使中国社会乃至中华民族近乎陷入亡国灭种的深重灾难，无数仁人志士起来寻求救国救民之道。救国先救文化、强国先强文化。在中西文化强烈撞击中，思想先驱、文化精英们经历了惨败、迷茫、沉沦、争论、探索、觉醒、奋起的抗争历程，这是中华民族思想文化先行者脱胎换骨的历程，也是中华民族文化自强新生破茧化蝶的历程。梁启超正是其中一位“论著遍传九州，声名远腾四裔”的承前启后、开创风气之人。他一生留下了 1400 余万字的宏富著述，内容涉及哲学、政治、教育、法律、宗教、经史、文学、美学、经济、新闻、地理、算学、考古、金石等诸多领域。国内外对梁启超的学术研究、理论研讨文章、著作多如牛毛，涉猎甚广，从方方面面探讨研究论述，试图以求他对中国近现代、当代乃至未来社会发展的影响。

作为一个研究中国近现代美学文艺思想史和美学文艺学基础理论的学者，金雅老师从美学美育的开阔视野研究探讨梁启超的美学思想文化，做出了具有相当深度的分析和阐述。她认为，大约从 1896 年至 1928 年间，既是中华民族文化在中西古今的交会中寻求新生与重构的历史转折期，也是中国美学直接接受西方美学的影响，而初步开拓与建设自己现代学科体系的奠基期。这一阶段，梁启超主要思考了什么是美、如何构建审美的人格与审美的人生观、如何开展审美实践与审美教育、如何实现审美的生存与现实的生存的统一等问题。从美学思想活动实绩与影响来看，梁启超是中国现代美学这一初创与奠基期的代表性人物之一。实际上梁启超美学思想的核心命题就是美、艺术、人生之间的关系问题。他的美学思想以哲学人生观为根基，把人生精神、美学精神、艺术精神的探讨内在地联系在一起。在关于民族新文化建设的基本目标上，他深刻而富有远见地提出了物质文明建设与精神文明建设的关系问题，这和今天我们建设有中国特色社会主义强国的内在要求是一致的，可以说他的美学思想是一种人生大美学。梁启超一生涉足领域众多，其苦苦思索与孜孜追求的理想人格与理想人生，唯有其自己所界定的趣味主义才能予以最恰当的诠释与展现。从中国美学思想建设来看，美学思想是梁启超整个思想文化创构中的一个有机组成部分。

梁思礼院士在给金雅老师的一封贺信中说道：我身上存在着父亲梁启超的爱国主义和趣味主义的基因。在创建中国航天事业过程中，我们不仅在物质文明上取得了举世瞩目的成就，而且在精神世界中，我们也获得了美的享受。我们航天人正是以我们对祖国的深厚情感，以我们不认输、不怕苦的生命活力，发挥着团队协同战斗的创造精神，用尖端科技铸就了保卫祖国、为国争光的“大美”。梁思礼院士的话语印证了金雅老师的研究成果。

2016 年 4 月 14 日，梁思礼院士不幸逝世，我把这一不好的消息告诉了金雅老师，她悲痛万分，怀着极其沉痛的心情，第一时间从杭州赶到北京前来梁老家中吊唁，并慰问梁老夫人赵菁老师，三天后参加了梁思礼院士的遗体告别式，深切表达了她对失去梁老的无限惋惜与怀念之情。

2016 年秋天，金雅老师邀请天津梁启超故居纪念馆周美玲馆长来到北京，我们一同讨论商量拟在天津成立一个梁启超的思想文化研究机构，以浙江理工大学的学术力量为支撑，发挥天津梁启超纪念馆的优势，深入研究和普及传播梁启超的思想文化，但是后来由于天津河北区文化部门领导调整，以及 2020 年 5 月周美玲馆长突然病逝，此事搁下了。

我不懂也不是研究美学的，但是与金雅老师交往，粗粗读了金雅老师的著作很有启发、受益良多，她是美学美育的传播者。从人生对美的追求的角度来说，我认为金雅老师的研究成果不仅有历史意义也有现实意义。现代文明与当代文明密切相关，我们显然是站在中国现代美学精神传统根基之上。前辈们在中西文化惨烈的历史碰撞中，披荆斩棘、奋力求索，构筑起中国现代美学的闪亮灯塔，相信它也能照亮当代中国人开拓进取通向美好未来的道路。新冠疫情暴发对人类社会影响深远，世界正处在“百年未有之大变局”中，各种文化的碰撞不可避免，坚定中华民族文化自信至关重要，奋进两个一百年，实现全国人民共同富裕，进而实现中华民族伟大复兴，仅仅创造强大的物质文明是不行的，一定还要有强大的精神文明做支撑。正如梁启超所说：“文明者，有形质焉，有精神焉。求形质之文明易，求精神之文明难。精神既具，则形质自生。精神不存，则形质无附。”从某种意义上说，在世界深刻转型时，美的人生更应该成为当代中国人追求的价值目标。

2021 年 8 月 23 日

作者单位：中国航天科技集团公司科技委

“同年”金雅

朱　琦

人们怀念20世纪80年代，许多美好的记忆，仿佛都是从那个时候开始；许多美好的梦想，也都是在那个年代长上了翅膀。那时，人们连夜排队买书，渴望获得知识；年轻人愤世嫉俗，为一个哲学问题争论不休；录音机播放的邓丽君歌曲，让每个人内心都变得多愁善感。高考在煎熬着每个学子；朦胧诗、流行音乐、少林武术、凡·高故事、哥德巴赫猜想，占据着年轻人的心房。这样的现象，如同大地回春，令临海这座江南小城，也迅速蓬勃发展起来。我与金雅，就相识于这样一个时空背景下。

我们大概有四五年的时间，共事于临海北固山麓的台州师范专科学校。这是一所以培养中学师资为目标的大专院校，我在那儿读了三年专科英语，然后留校工作，与从杭师院读完四年本科中文系分配来的金雅成为同事。那时候，我们都刚满二十岁，与同期的许多青年教师比起来显得青涩，当人家忙于成家立业、结婚生子时，我们依然懵懵懂懂，好像书还没有读完，学生还没有做够。留校工作后，我被安排在学校图书馆，分管教师阅览室（也称外文阅览室），每天的工作很简单，有大量的时间看书。当时的工作环境十分包容，年轻人爱读书是积极向上的表现，受到老同志的爱护。而金雅便是这个阅览室的常客，也是最勤奋的阅读者，我记得许多借书卡上都有她的名字。

金雅不仅勤奋，而且有教师范儿。她个子不高，嗓门却像她的眸子一样大而明亮，无论走到哪儿都不会被忽略。上课时，一帮与她年龄相仿的学生，被她小喇叭一样的嗓门镇住，也被她桃杏般的模样吸引，很少有走神或开小差的情况。我虽没有听过她的课，但对她在课堂上的表现是略有耳闻的。而且，单从读书这件事上，从她的认真劲儿看，相信她的课也一定很精彩。她所在的中文系当时是有几个大佬的，很有一言九鼎之势，而她初执教鞭即能赢得一席之地，实属不易。

因为总有继续深造的愿望，学院青年教职员中就有金雅和我等数人，很早就萌生考研究生的念头。那时候的考研实属不易，能有资格招收研究生的学校不多，招收的数量更是少之又少，且专业方向不定，今年这专业招一个，明年那专业招两个，都没个准。而且，就我等师范院校毕业生而言，按照当时的土政策，必须工作满五年才能考，否则还要向单位赔钱。如此一来，原来跃跃欲试的几人中，就有若干个知难而退，能坚持到进考场且成功考取的，可谓凤毛麟角。金雅与我都很幸运地考上了，这次考试比之高考，对于人生更有决定性的意义。

在省城读研期间，我与金雅还时有往来，我们所在的浙江美院（今中国美院）和杭州大学（今浙江大学）相距不过半小时自行车程。但毕业后联系就少得可怜，印象中最近一次的见面还是在十四五年前，当时金雅来京参加学术会议，我在一家胡同小馆请她吃饭，谈到了她的出版事宜。

过去十多年来，我多次收到金雅寄赠的著作，这些大部头作品，是她长期以来孜孜不倦勤于耕耘的回报。板凳一坐十年冷，研究生毕业迄今三十年了，这期间经历改革浪潮的冲击，价值观念的变迁，还有几人能耐得住书斋的寂寞呢。金雅的研究集中在梁启超等人的美学思想方面，与我侧重的中国近现代美术有一定的关联。研究中国近现代文化史，很容易为民国文人超然而又入世的人生态度所感染，为“艺术的人生”或“人生的艺术”这类命题所吸引。我没有就此与金雅交流过，但她沉浸学海数十年，乐此不疲，倡导并深耕人生论美学，知行合一，身心相融，想必也对梁启超等大师的恢宏心灵和审美人生心生共鸣，这亦是中国近现代文化史带给研究者的一种精神回馈。

金雅天生有做学问的潜质，加之数十年来勤思深研，笔耕不辍，相信她的学问一定能存之久远，对推动相关领域研究做出应有贡献！

作为“同年”老友，我诚祝她新著新思频出，人生旅程璀璨！

作者单位：中国驻芝加哥总领馆

金生丽水　雅颂文章

——记美学家金雅教授二三事

胡一峰

回想起来，第一次见到金雅教授应该是在中华美学学会的某次学术会议上。当时，我供职的《中国文艺评论》杂志创办不久，找稿子是我的头等任务。因此，每当发现有价值的学术会议，总想法去旁听；见到有水平的学者，也总想加个微信。从那以后，和金教授的来往就多起来。

2016年8月，中国文艺评论家协会、陕西省委宣传部、西北大学，在西安创办“中国文艺长安论坛”。按照当时的设想，“长安论坛”以传统文化与艺术中的重大命题为主题，邀请重要学者共同研讨。首届论坛由西北大学文学院承办，在西安南郊丈八沟的陕西宾馆举行，主题是“文化自信：中华美学与当代表达”。我承担了一些会务组织工作，邀请了金教授出席会议，聆听了她关于人生论美学的高论。

次年6月，金教授在杭州主办“人生论美学与当代实践”高层论坛，我和编辑部同事陪同当时杂志的主编参加了会议。那次会议上，见到了美学界的许多老师，特别是王元骧、聂振斌、陈望衡、高建平、王杰等诸位先生。这次会议的规模虽不大，但规格很高。金教授作为策划者，运筹帷幄，指挥若定，带着她的团队，精心操持，几天的研讨井井有条，既确保了学术含量，又令与会者心情舒畅。而让我始料未及的是，金教授搞突然袭击，在我到达会场当天下午，通知我第二天上午需主持一场学术研讨，而那一场的发言人，竟有王元骧等学界名宿，这一下子令我焦虑不已，直至在忐忑心情中勉强完成任务，才松下了一口气。

不过，也借此机会认识了王先生。后来，在金老师的帮助下，约请浙江工业大学的郑玉明教授为《中国文艺评论》撰写了一篇关于王元骧先生的专访《把理论思辨与现实情怀统一起来》，受到学界广泛好评。王先生治学极为严谨，对访谈稿清样逐字逐句反复修改、精益求精，令我感佩不已。

这几年，金教授本人也为《中国文艺评论》赐稿三篇，分别为《人生论美学与中华美学精神——以中国现代四位美学家为例》（2017）、《“美情”与当代艺术理论批评的反思》（2018）和《大美：中华美育精神的意趣内涵和重要向度》（2019），作为文章的责任编辑，三篇佳作我都曾反复阅读，受益良多。金教授每有新著出版，也常赠我学习。说老实话，我读本硕博时所学是政治学和中国近现代史，加上天生五音不全，遇艺术如路人，自嘲为“艺残”，对于美学更是一窍不通。走出校门后，多年从事共青团工作，又曾在陕西乡村工作，奔走揾食，忙于实务琐事，学问大半荒废。后来，因缘巧合，到中国文艺评论家协会工作了七个年头，又做了文艺理论评论刊物的编辑，自己也开始学写一点文艺评论，于是，硬着头皮恶补了一点美学方面的书，深知此道艰深，故也是浅尝辄止。但是，金雅教授的书和文章，却叫我喜读。

我想，一方面，或许是因为金教授每有立论，总建基于中国美学史特别是中国近现代美学史之上。比如，在前文提到的《“美情”与当代艺术理论批评的反思》中，金教授说到了梁启超 1922 年在清华大学的演讲《中国韵文里头所表现的情感》。她指出，这篇文章“对以韵文为代表的中国艺术的表情方法率先进行了理论性的梳理总结。该文近四万字，迄今都是我国学者研究艺术情感问题的鸿篇之一，也是我国文论最早以现代理论方式具体研究艺术情感问题的专论之一”。进而提出，此前学界关于此文的研究，大都将重点放在解读梁启超对艺术表情方法类型划分的理论贡献上，实际上在这篇文章中，梁启超针对中国艺术表情方法的总体特点，提出了一个非常重要而深刻的关键性问题：“我讲这篇的目的，是希望诸君把我所讲的做基础，拿来和西洋文学比较，看看我们的情感，比人家谁丰富谁寒俭？谁浓挚谁浅薄？谁高远谁卑近？我们文学家表示情感的方法，缺乏的是哪几种？先要知道自己民族的短处去补救它，才配说发挥民族的长处。这是我讲演的深意。”金教授认为，在这里，梁启超希望艺术家向内要修养提挈自己的情感，向外要打进别人的“情阈”，从而引领“人类的进步”。“由此，将艺术情感的美化与民族精神的陶养，直接联系在一起，赋予艺术情感问题以宏阔的视域和高远的目标。”

拈出一个“情”字，作为进入中华美学的入口，确是找到了一把金钥匙。尤其是在这个变动的时代，市场大潮、外来文化以及方兴未艾的网络文明，对文化人心最深层之冲击，即在于情。因而，无论就个体还是群体而言，涵育抒扬一种博大温厚的情感，对于接续文脉，思通未来，都是急务。对此，我十分赞同。而且，金教授这种“论从史出”的治学风格，以及对近现代思想家的“体悟式解读”，和我所受专业训练和固有的知识底子十分契合。蔡元培、王国维、梁启超、丰子恺、宗白华等，既是美学史上的大家，也是中国近现代史上绕不开的人物。更何况，王国维、梁启超两位前贤，名列清华国学院四大导师。我是清华大学历史系的毕业生，对前贤大师的学问和思想，不敢说有多么了解，却自然多了一份亲切。从这个意义上说，金教授为我研读美学打开了一条隐秘的暗道，于学术之路上，烛照颇多。

另一方面，或许也是更重要的，还在于金教授文章洁而雅的文风。以我观感，金教授个子娇小，却能量充沛，双目炯炯，言谈干脆，做事利落，南人之形而有北人之心。所谓文如其人，她的文章感情饱满又直白晓畅，给人以大道至简之感。作为一名不合格的文字工作者，我一直认为文章既是写给人看的，就需尽量让人读懂、爱读，文风可以有多种，晦涩从来不是好文风；而作为一名曾经的编辑，职业病更是让我喜欢清晰而坚定的观点，平实而深刻的表述，就我读过的金教授的著述而言，这也正是她的风格。

仍以我担任过责编的文章为例，在《大美：中华美育精神的意趣内涵和重要向度》一文中，金教授这样写道：“与西方自古希腊以来叩问‘何为美’的认识—科学论命题相映衬，中华民族自先秦以来就探寻‘美何为’的价值—人生论命题。自前学科的古典思想形态始，到学科意义上的现代理论形态，美与人的生命、生存、生活的价值关联，在中华美学中始终占据着极其重要的位置。崇扬大美，是中华文化与中华美学的重要价值旨趣。中华之大美，既是对象的刚健超旷之美，也是主体超越小我之束缚、与天地宇宙精神往还和合的诗性美。”这一段不长的文字，从中西文化对比的高度，寻根溯源，清晰阐明了崇扬“大美”，乃是中华美学旨趣所在的观点。据说印度《吠陀经》里有这样的话：天下的真理只有一个，哲人只是用不同的方式把它说出来。那么，我想，最好的方式，一定是最易懂的。而能操持最好方式的，也一定是优秀的哲人。

2014 年，习近平同志在文艺工作座谈会上提出了中华美学精神的命题，2016 年，他在给中央美术学院老教授回信时，又提出了弘扬中华美育精神的重任。这些年，一股“美学热”“美育热”在神州大地蓬勃兴起。金教授是人生论美学的倡议者和力行者，从这个学术视角来看中华美学精神和中华美育精神，美学实际上是一种在生活中践行的学问，甚至人生律令。同样，由此出发的美学思想和论述，必然是源自体悟而明白晓畅的。更何况，金教授除了美学研究，还从事文学和艺术评论，这无疑也有助于其在治学之路上实现理性与感性之协和统一。

金雅教授和我都是浙江人，她籍台州，我隶余杭。古人有“金生丽水”的说法，丽水，是指一切美好的水；宋诗又有“雅颂文章顺化风，馨香不必在芳丛”之句。金教授定居的杭州，正是一个多水的美丽城市，也是宋文化的光大之地，金教授又是一位以美学美育为人生职业的风雅之士。当我写这些文字的时候，自然想到了古人的这些文辞，便挪用来作了文章的标题，也以此祝愿金雅教授学术长青，在美学道路上再获丰收。

写于 2021 年 9 月 10 日
作者单位：中国文联理论研究室

探索生命与美学的丰富意蕴

——金雅的审美人生

王雪瑛

她以专业的脉络梳理、诗意的思考，来阐发对“人生艺术化”的理解，将审美、艺术、人生有机融合；她以多年的教学实践与人生践履，倡导主体以美的艺术精神来濡染提升个体的人格情致与生命境界，从而建构诗意的人格和审美的人生。

我说的是浙江理工大学教授金雅，我与她相识于中国文艺评论家协会组织的会议。中评协是全国文艺评论家的家园，会聚着各个艺术门类的专家和学者。我们有时在不同的会议上相遇。这些在会议中的相遇，往往是仓促的，交流是有限的，而当我阅读她的文章，在阅读中展开想象又是从容的，内心的对话是开阔的。比如阅读她的“人生艺术化”的文章，让我思接千载地联想到了王羲之和他的《兰亭集序》：“天朗气清，惠风和畅。仰观宇宙之大，俯察品类之盛，所以游目骋怀，足以极视听之娱……”这是王羲之提笔书写他们在崇山峻岭、茂林修竹之间，群贤毕至，少长咸集与美相遇的经历——清流激湍，映带左右，引以为流觞曲水，列坐其次。虽无丝竹管弦之盛，一觞一咏，亦足以畅叙幽情。虽然时光已越过千年，但是因为王羲之直抒胸臆的真切叙写，我们不但可以感受他们当年流觞曲水、吟咏畅叙的风雅，还赏悦了《兰亭集序》这颗书法史、文学史、文化史上的夺目明珠。

生命是在时光中展开的过程，一次次真实的经历构成人生的篇章。如何以审美的目光观赏山水草木，如何以审美的心意创化日常生活，如何在与天地精神的往来中超越有限的自我？在人生中发现美，创造美，相遇美，欣赏美，体悟美，是对个体生命的升华，也是构建丰美的人生意境。这是金雅教授的学者生涯中孜孜以求的重要命题，也是我在人生之旅中常常思索的命题。

王羲之当年的流觞曲水，吟咏畅叙，他们一方面真切细腻地感受具体生活之曼妙，一方面以艺术的方式留存了实际生活中的美好，艺术与生活的融合，提升了生命的意境，构成了审美的人生。

由此我想到了美学家朱光潜先生提倡的“人生的艺术化”：在自己的生活实践中有意识地追求审美的人生，向最高的层面提升自己的人生境界。要说审美的人生，堪称千古典范的是苏东坡。苏轼诗词文中名篇佳作多，能朗朗上口的也不少，让我一见倾心，过目不忘的是《赤壁赋》中的佳句，“且夫天地之间，物各有主，苟非吾之所有，虽一毫而莫取。惟江上之清风，与山间之明月，耳得之而为声，目遇之而成色，取之无禁，用之不竭，此造物者之无尽藏也，而吾与子之所共适”。那种开阔的意境，旷达的情怀，清俊的文气，流畅的音韵，竟然是他被贬黄州时所作。东坡先生多次到城外的赤壁山流连徜徉，呼吸山间清风，目送大江东去，驱散内心郁积，留下了《赤壁赋》、《后赤壁赋》和《念奴娇·赤壁怀古》等千古名作，在苍茫山水之间，在自然大美之中，他感悟天地之间的生命，“寄蜉蝣于天地，渺沧海之一粟。哀吾生之须臾，羡长江之无穷。挟飞仙以遨游，抱明月而长终”。自然的浩瀚，雄浑和力量，让他超越自我有限的时间和空间，超越人生的障碍和困苦，放弃了那种“非如何不可”的悲剧感。黄冈成为他精神的高地，成就他生命的崛起。无论顺境还是逆境，他都活出生命的意蕴，无论得意还是失意，他都欣赏身边的风景。他在赤壁赏月，他在西湖种柳；他贬谪黄州能“长江绕郭知鱼美”，他贬谪惠州也能“日啖荔枝三百颗”，所有的日子，无论哪一种境遇，都因他心灵审美的能力而充实和丰富。一个如此丰富而顽强的灵魂，一个以审美的方式面对贬谪与磨难，活出诗意审美人生的人，让我们领悟了最生动的审美人格。

“审美人格以诗性赋予了有限生命以无尽、现实生命以深沉、物质生命以超越，使个体生命的鲜花绽放而涵纳人生和宇宙的全景。”由此，成就“那个最丰沛、最充盈、最自由、最淋漓的自我”。[①] 这段话不是我的概括，而是倡导“人生艺术化”的金雅教授在论述审美人格时的精要概括，让我读来尤感欣喜。

我和她以两种不同的“语言方式”相遇，都是生命体验与审美的碰撞，汇入我们共同关注的“人生艺术化”的命题。我偏重于感性，从具体的自然山水、艺术作品、人物情怀来滋养自己的心灵，生发自己的创作；而金雅教授是从美与艺术的学理、审美与艺术的理论来建构和阐释，是我的“感性之眼”特别瞩目的“学理之境”。感性与学理的互为镜像，让我体验到更透彻的对审美人格的理解。

金雅的美学论述不是为了炫理，不是走向为理论而理论的抽象和艰涩，而是在宏观把握中有具体深入且生动诗性的阐释。如金雅教授谈到，梁启超的趣味，是以扬弃小有达成大化来超越有无的矛盾。朱光潜的情趣，则是通过将有转化为玩索来通向心灵的洞明。宗白华以意境为中心，通过讨论艺术意境、生命情调、宇宙韵律的关系，诗意深沉地回答了审美人格建设的问题。梁启超的趣味，朱光潜的情趣，宗白华的意境，或突出创造本身之纯粹，或倾心省思观照之意味，各从不同的侧面将生命的实践命题转化为人生的美学命题。他们从艺术之美化入，发掘了生命的坚守与大气、深沉与灵动、自由与超越。他们共同体现了对于艺术之美的内在精神的把握，体现了对于人格情致与生命境界的诗性理想。在充分认识他们的美学思想的异同后，金雅教授对他们殊途同归的人生美学精神的精要概述，更体现出她的学养的深湛与敏锐的识见。

金雅的研究既有中西文化的开阔视野，又有对中华美学精神的理解和坚守；既有着对历史的回溯，更有着对当下的体认。她认为，西方现代美学孕生的原初使命，就是对于长期被科学世界忽视的人的感性之维的关注，而对于审美人格的向往与追求，是中华文化的重要传统之一。她梳理了儒家审美人格的精髓是仁乐，道家审美人格的精髓可以说是道游。孔子依仁达乐所主张的以美善相济使生命获得永恒意义的理想，庄子达道逍遥所主张的以精神翱翔来实现生命本真自由的理想，在根本上

---

① 金雅：《中华美学：民族精神与人生情怀》，中国社会科学出版社 2017 年版，第 141 页。

都是要使人的现实生命获得形而上的安顿。在生命的安顿处，中国的哲学、美学、艺术融通为一，而具有审美意味的诗性人格，正是在这种泛文化建构中，得以孕生和生长。

在互联网多媒体的现代社会里，城市的各种公共空间里，随处可见揣着手机，投入信息和资讯之海的低头族，现代人在过度的信息包围中，如何保持心灵对美的敏感，如何修复心灵的倦怠，提高自我创新的能力？在一个正被天量信息产能深刻变革的文化生态里，如何保持自我与天地万物沟通的能力？在对现代技术的不断追求中，我们如何与古人对话和聊天？

我常常会手握书卷穿越时空，与历史中的人物对话，在清风明月，或云舒云卷时，在困顿艰辛，或乐而忘忧时，从苏轼、王阳明，到鲁迅、瞿秋白，从梁启超、蔡元培到弘一法师、丰子恺……他们的人生故事，他们的思想情怀引导着我的精神向度，成为我体悟人生美学与审美人格的重要资源和方式，将人生艺术化，这真是一个意蕴丰厚的命题，值得我们以自己的人生去践行。

金雅将目光投向“人生艺术化”的中国现代群体资源，又直面当代文化语境，回应现实审美实践和人生实践中生成的问题，她认为：在科技因素、实用理性占据重要地位的现实生活中，人生艺术化的理想及其精神具有独特的意义。人生艺术化在本质上是从生存的事实超向生命的意义：突出个体生命在现实生存中情感、理想、诗意超越这些富有意义而又常常被忽略的维度，同时对这些维度的建构、反思、倡扬，体现了对于现实实践中科学与艺术、理性与情感、物质与精神、尚实与超越的和谐共生的期待，对于人的知情意全面和谐生成的期待。

金雅的人生论美学思想始终坚持审美、艺术、人生贯通的学术视野，既重真善美统一的理论建构，又重知、情、意、行合一的实践引领，她以诗性超拔与张力和谐为内核的精神旨趣，是审美超越性和人文实践性的融合，体现了对于审美人格与人生美学的文化反思和诗性理想。

窗边的秋阳泛着柔光，我离开电脑，走向阳台，夕阳散射的光芒，让香樟树绿得柔和。我想起在北京大学参加文艺理论学会第 14 届年会的时候，我拿着手机给金雅照相，在初冬夕阳的余晖中，在我们心仪的北大校园里，金雅干练而优雅，沉静中透出知性的美。她将生命投入美学的研究中，充满生命的活力和创造的追求。创造的人生，审美的人生，是有意境的人生，这是我们都向往的人生。

作者单位：《文汇报》社

金雅教授的学术人生和“中国情结”

苏宏斌

关于金雅教授美学思想的专题研究文集，将要出版了，真是可喜可贺！这些年来，金雅教授的学术人生可谓风生水起、硕果累累。早在2007年，她就在杭州师范大学成立了“中国美学与文论研究中心”，随后召开了多次全国性的学术会议，编辑出版了《中国现代美学名家文丛》《中国现代美学名家研究丛书》等两套丛书，对梁启超、朱光潜、王国维、丰子恺、宗白华、蔡元培等六位美学名家进行了系统的研究和介绍，在国内学界产生了广泛的影响。2010年，她又移师浙江理工大学，成立了“中国美学与艺术理论研究中心”，从文艺学拓展到艺术学，并继续潜心于中华美学民族资源的掘发和理论的研究。近十几年来，她著述日丰，由她领衔的《中国现代人生论美学引论》《中华人生论美学经典悦读书系》《中国现代人生论美学文献汇编》等著作和她的《论美情》《人生论美学传统与中国美学的学理创新》等论文相继问世，成果也多次获奖，尤其是在人生论美学方面的研究已经卓然成家。对金雅教授的美学历程和学术特点进行梳理研究，可谓水到渠成，正当其时也。

金雅教授早年在王元骧教授门下求学，是我的嫡亲师姐。我于1990年秋入学，她则早我一年，是1989年的硕士。记得当年王老师在课上讲的是他的《美学原理》，这部著作与他的《文学原理》一样，都是从马克思主义的基本原理出发，系统地阐发和建构自己的理论体系，结构非常严谨，分别论述了美的本质、审美主体、审美客体、审美创造、审美教育等问题，与国内现行的同类著作相比有着鲜明的特色。可惜王老师对自己的研究精益求精、过于苛责，至今也未出版这部著作。王老师的讲课风格类似于德国的学院派教授，讲稿就是完整的书稿，课上基本上是照本宣科，很少提问或讨论，加上他是浙江玉环人，口音较重，所以我上课时总是在忙着做笔记，与其他同学交流很少。不过我还清晰地记得，上课的地点是在文艺学教研室狭小的办公室里，大家围坐在由几张课桌拼成的一张狭长的大桌周围。金雅是课上唯一的女性，总是坐在靠近门口的位置，身形娇小，面容清秀，一双眼睛大而有神。由于男女生分住不同的宿舍楼，我们又分属不同年级，因此课下接触极少，只知道她与王老师是同乡，是王老师那些年门下仅有的女弟子。

毕业之后金雅师姐去了杭州师范大学任教，我则留在杭州大学中文系工作，我们虽然同住一市，平日里却极少往来，大家都忙着各自的事情，只有碰到王老师生日之类的盛事，大家才会相聚去看望恩师。数年之后，听说师姐又重返师门，跟从王老师攻读博士学位，论文选题是“梁启超美学思想研究”。我那时已经醉心于现象学美学，因此对师姐的研究并未多加关注。数年之后，她的博士论文以同题在商务印书馆出版，蒙她惠赐一本，翻阅之下不觉心惊，因为这本大著有多位名家为其作序，足见其已获得了学界的高度认可。此后数年间，金雅师姐从梁启超思想中掘发出了人生论美学这一关键词，由此开启了自己的理论探索和建构之路。十多年来，她始终心无旁骛，在这片学术园地中辛勤耕耘，取得了丰硕的成果。她围绕着“人生艺术化”这一主题，从梁启超扩展到朱光潜、王国维、丰子恺等其他现代美学名家，进而梳理出了一条中国现代美学的精神传统。在此基础上，她出版了自己的专著《人生艺术化与当代生活》，系统地探讨了“人生艺术化”的基本内容和价值旨趣，并且把这个问题与当代文化研究中的热门话题“日常生活审美化”联系起来观审反思，提出了在当代语境中“重构”人生艺术化的命题。她把人生艺术化的精神内涵归结为生命之归真、生命之和谐、生命之翔舞等三个层面，敏锐地洞悉了艺术和美之于人生的“双刃剑”，明确提出在当代生活中重构践行人生艺术化，首先需要为艺术为人生“确立大美之品格”和“动态的张力场”，以生命之“自由生成时和诗性实践态”为美的终极意趣，初步地建立了自己的理论体系。此后，她的《论美情》《人生论美学传统与中国美学的学理创新》《中华美学精神的实践旨趣及其当代意义》《大美：中华美育精神的意趣内涵和重要向度》等系列成果的发表，进一步完善深化了其理论思考。她的相关研究成果多次被《新华文摘》转载，已经获得了广泛的关注。

纵观金雅教授多年来的学术研究，不难发现她心中始终有一个“中国情结”。她所发表的所有文章，几乎都在致力于阐释和建构中国的美学传统和话语体系。浏览她的著述，会发现她的学术视野并不狭窄，对于全球化等时新话题也有所涉猎，但她学术研究的目标和指向始终是传承和发展中华传统的美学精神和民族文化。值得赞赏的是，她的这一选择完全是出于自身内在的精神追求，而非为了趋时附势。只要她始终坚持这一初心，我相信她未来的学术之路必定会越走越宽，她的人生之路也必然会景致灿然！

作者单位：浙江大学

因“人生论美学”结缘的金雅老师

胡　海

我与金雅老师结缘，一句话，就是因为“人生论美学”。当然，具体说起渊源，那得从她的博士后合作导师钱中文先生说起。1988 年我到中国人民大学读中文系，感觉一些《文学概论》教材观点陈旧，论说简单，譬如文学艺术的劳动起源说，和中学的社会发展简史讲得差不多。钱先生的《文学发展论》则令人眼前一亮，书中认为劳动起源说既宽泛又狭隘，宽泛就是没有具体说明起源过程，狭隘就是不能兼容其他诸种文艺起源观。2002 年回到人大读博，学科负责人金元浦老师是钱先生的博士，让我预先就有了好感。金元浦老师理论视野开阔，对学术、教学以及学生充满热情。他让我们旁听“多元对话时代的文艺学建设：新理性精神与钱中文文艺理论研究”学术研讨会，到燕莎大酒店吃自助餐。2004 年人大承办中外文艺理论学会年会，他让我们都成为会员。2013 年，年会在湖南师范大学召开，我第一次认识了金雅老师。当时多次耳闻金雅老师很厉害，拿过国家社科基金青年项目又拿了一般项目，有什么成果之类，不过真正让我想要打招呼的动因还是钱先生。因为和她打招呼的人很多，所以那次我认识了她，但她还没有记住我。明证是，次年我到她工作的浙江理工大学参加由她主持的“人生论美学与中华美学传统”全国高层论坛，她对我说，看到你的论文《人生论美学渊源论要》，以为是个老先生。

钱中文先生和金元浦老师是我与金雅老师学术交往的引子，真正的纽带还是“人生论美学”。首先，金老师的“人生论美学”研究和我的研究有交集，甚至可以说与我的兴趣点相关。我的博导袁济喜先生从其成名作《六朝美学》开始就经常论及人生、生命问题，我的博士论文也是如此。我与师弟秦秋咀合写的《中国美学通史·魏晋南北朝卷》中，用到了“人生美学”“生命美学”等提法。在我印象中，中国当代美学关注以政教为中心的社会实践课题，不一定能够认同古典美学对人生、生命之类形而上问题的关注，隐隐有被“歧视”为钻故纸堆的感觉。当我看到“人生论美学与中华美学传统”全国高层论坛的征稿函时，意识到古今学术的相通性是大家都会认识到的。办会不易，金雅老师能够就此专题组织一个全国性论坛，令人钦佩。这个话题也让我对自己的研究多了几分信心，不禁又有些感动。我去查阅金雅老师的文章，发现人生论美学本来就是中国现代美学的一个重要维度，梁启超、王国维、朱光潜、丰子恺等都注重从古代美学中发掘人生与艺术方面的思想资源。金雅从中国现代美学家那里发掘出“人生艺术化”的论题，发表了好多论文，“人生艺术化”正是六朝美学和文论的特点。我很想参加这个论坛，不只是因为慕名，而是因为学术趣向。那时金雅老师研究梁启超着力最多，我对梁启超的了解只是停留在小说与群治、美学与启蒙的一面，忽略了其扬个性、重情感、尚趣味、推崇生活艺术化的另一面。对于丰子恺，我只知道是一个儿童漫画家，没有想过金雅老师所揭示的丰子恺的真率之趣和艺术化之真率命题对现代美学的独特贡献。有关现代美学的话题，我难以参与讨论。但金老师的《论中国现代美学的人生论传统》让我找到了结合点。这篇文章认为，中国现代人生论美学传统既兼容又区分于西方经典理论美学和中国古典伦理美学，以审美艺术人生之统一为标志，突出艺术品鉴与人生品鉴统一、真善美贯通、远功利而入世的诗性价值指向，建构起审美活动、艺术实践、人生践履三维交融的大审美大艺术大人生的诗性情致。那么我的会议论文就可以从古代文论入手谈一谈人生论美学的渊源，是对金雅老师研究的一个呼应，也希望能够提供一些我比较熟悉的古代材料，算是一个慕名者的无声支持。

当时“人生论美学”在学界还是一个新提法，所以这次论坛人不多。当然论坛的特点就是规模相对于研讨会要小，应该说是量力而行吧。大概也是因为考虑到多数老师经费紧张，所以会务安排两人一个标间。与我同屋的王建疆老师，大概怕自己打呼噜吵着我，就在我睡着后再睡，没想到我累了也打呼噜，于是他就没睡好。会议是在西湖边的一个宾馆开，过了马路就是雷峰塔等景点。第二天中午我们谁也不好意思先睡，干脆就去灵隐寺。回宾馆后，王老师先回房间，我独自坐在大厅，等茶歇再进会议室。金雅老师经过看见了，似笑似嗔说了句："开会去吧。"我领会的意思是，不要贪玩不开会呀。

通过这次开会，我发现自己对"人生论美学"理解不足。传统学术研究在使用人生美学、生命美学时，只是需要一个阐发某人某书思想的理论视角，或者是对某人某书内容类型或特征的一个描述，即其美学思想是关注人生、生命主题的；不大关注"人生美学""生命美学"本身是什么，概念越宽泛，阐发空间越大。1999 年，郑元者在《文学评论》第 1 期发表《美的探寻与人生觉醒——蒋孔阳人生论美学思想述评》，在《复旦大学学报》（社会科学版）第 4 期发表《蒋孔阳人生论美学思想述评》，还没有将"人生论美学"作为一个特定理论范畴和命题。2001 年，张玉能在《东方丛刊》第 2 辑发表《审美人类学与人生论美学的统一》，开始将这一术语专门化了。到金雅老师在《梁启超美学思想研究》中明确提出梁启超的美学思想是一个人生论美学思想体系以及发表《人生论美学的价值维度和实践向度》等专文讨论时，初步实现了理论建构，明确了"人生论美学"是一种有其自身传统的美学理论形态。我想，钱先生的理论高度和创新意识，大概影响到了金雅老师。当然，也可能是她本来就有创新的意识和努力。而自惭形秽的是，我的博导是名师，博士后合作导师詹福瑞先生也是名师，但自己创新意识不足，努力不够呢。

会后，金雅老师说向某权威刊物推荐我的论文，我自然高兴。可能因为偏于古代文论，风格不合，或者因资历水平不够，未果。金雅老师负责到底，推荐给《湖州师范学院学报》，作为她主持的浙江省高校重大人文攻关规划重点项目"中国现代人生论美学的民族资源与学理传统研究"的研究成果发表，也算是进入人生论美学的"学术共同体"了。

2017 年，金雅老师又组织了"人生论美学与当代实践"全国高层论坛。我当然是要去的。到会后大吃一惊，竟然有这么多读其书未见其人的美学家到场。比如陈望衡先生，每次翻阅他的三大卷《中国古典美学史》，就觉得是在与古圣先贤对话；想到作者的功夫，有点望洋兴叹的感觉。现在看到老先生健谈、随和，觉得学术研究真的是有修行、修身养性之功啊。接待这么多人，金雅老师主要还是派她的研究生负责会务。研究生们待人接物大方得体，处事得心应手，显然是经过了历练。金老师主编的《中国现代美学名家文丛》新版也出版了，参会者获赠了新书，真是开心。我也带了自己的《中国美学通史·魏晋南北朝卷》送她，以表敬意。

所谓一回生二回熟，此后我和金雅老师就在彼此朋友圈了。金老师出书，常常寄赠我，我也先后给她的《中华美学：民族精神与人生情怀》《中国现代人生论美学引论》撰写了书评，在书评写作的过程中，我们也就人生论美学的话题辩难切磋，求同存异，也算学术之一乐。金老师也先后两次来过河北大学。一次是仲呈祥、王一川老师召集的全国艺术学理论课程建设征集意见的高端会议，那是 12 月份，天气极寒。金老师低调，没有告知我。我是会后，有一次和金老师通电话聊天，才知晓的。另外一次，是我们文艺学举办“艺海论道”名家论坛系列活动，我邀请金老师来做了一个讲座“梁启超与中华美学精神的现代创化”。在座多数师生对中国现代美学不大熟悉，对梁启超，则是以为很熟悉，当金雅老师讲起任公的“知不可而为”主义与“为而不有”主义的统一、“责任”与“兴味”的统一、“生活于趣味”……才知道并不熟悉。金老师为我们呈现出一个全新的、审美的、生活艺术化的梁启超，展示了作为伟人的梁启超的丰满形象和思想的发展，也使大家从而懂得，梁启超投身群治和政治的一个重要内在目标，就是希望全体国民都拥有这样的趣味化艺术化的人生。金老师娓娓道来，学生热烈提问互动，有的同学向金雅老师要了签名。顾云白同学告诉我，听完报告后她们班还讨论来着；以前一提梁启超，大家可能就是想起他的《少年中国说》和一些历史事件，金雅老师从美学层面切入梁启超，挺长知识的；贯穿整个讲座的“趣味”，在大视角里又有中心点，跟剥洋葱一样，层层深入。特别是金老师在互动环节说了一句话，她印象蛮深刻的：“对情感的研究是很重要的，但很难。”宋宏燕同学说，她很想和金雅老师交流，只是不懂美学，不敢说话；以前多是从历史、政治层面了解梁启超，现在有了不一样的认识。学科负责人张进红老师做了三点总结发言，大体可以概括这场讲座给予我们的收获：第一，对梁启超的理解和认知有了深入，从家国责任的伟人扩展到钟情“趣味”的凡人；第二，对“情”的理解和认识更深入，并让人思考“情在哪里”“如何美情”；第三，提出了一些值得学者和学生思考的问题，如人生的向度，快乐与超拔，学问之美，等等。金老师还带来了她主编的4卷本的《中华人生论美学经典悦读书系》，赠予我们。一场讲座下来，可谓师生尽欢。现在进红老师去了学校规划处任职，本专业学术活动仍然是他的最爱。李进书老师接任进红老师担任学科负责人，继续组织讲座。在大家共同努力下，文艺学发展势头很好。金雅老师来作报告是公事，私下我和爱人请她到只此一家别无分店的闫家驴肉品尝正宗地道的驴肉火烧，游览考察保定总督府和古莲花池。这个时候，金雅老师也会流露出小女生喜欢美食、风光的一面，拍了好多照片。古莲花池不大，当时在文广新局兼职的傅林老师，给我们找了一个非常棒的导游，用历史文化内涵让每一处楼馆、每一幅字画、每一块碑记、每一处山石鲜活起来。于是，金雅老师作为小女生的照片，也变得更加灵动。给金老师送行时，我们的车子经过巨力大桥，金雅老师惊讶而兴奋地对我们说，北方的桥下没有水，南方的高桥下面都是水。现在已经成为中学老师的我的学生张森对我说，金雅老师总是用好奇的、审美的眼睛关注万事万物，难怪她对生活、人生有那么丰富的体悟。我想，这也是她能够切身投入人生论美学研究的一个因由吧。

在学术交往之外，我有时会叫金雅老师“金姐”，除了是亲切感使然，还有个原因是：我的祖母姓金，我的母亲也姓金，所以我有很多姓金的亲戚。

我曾从绍兴到杭州与一位浙江工商大学的老师同行，他请我吃饭时说道，浙江高校优势资源集中在浙江大学，制约了其他高校发展。因此我觉得金雅老师在浙江理工大学，能做出这样的成绩真是不易。那位老师还说，浙江高校的待遇不错，杭州也是一个好地方，他每周日都去西湖边打牌。我深以为然，我去过杭州四五次吧，骑车绕过西湖一周，真正是风光如画，游人如织。我还在夜晚的大运河边走过一大圈，河边有人弹琴，有人唱歌，有人跳舞。一位女子伴着《月满西楼》起舞，让行人纷纷驻足围观。金雅老师在这么美好的地方，一直潜心致力于学术，让“人生论美学”真正建构起来，活跃起来，还多次举办吃力难讨好的学术会议，这种心气，这种能量，这种创新的智慧，大概也是杭州的灵气所赋予吧。宜居城市并不让人贪图安逸，相反会让人因为生活的美好，而更有动力去追求梁启超、王国维等大师们所说的更高更美好的人生境界，亦谓美哉。

作者单位：河北大学

人生因为自己的美学品味而动人

——记与金雅先生的学术来往

姚时珍

时间一晃，与金雅教授相识、来往，已是十年多了。

2004 年 6 月，我们成立了湖南益阳“三周”研究会，研究、宣传出生于益阳的三位现代文化名人周谷城、周扬、周立波。深感光靠我们自己的力量不足以研究出大的成果，必须走出去，请进来，请国内一些教授、学者来参加研究。2005 年我们到北京、太原拜访了学者顾骧、艾斐。后来请了武汉华中师大教授张永健、张卫中来益阳，商讨举办周立波学术研讨会。2006 年 8 月，中国新文学学会第二十二届年会暨周立波文学创作与当代中国乡土小说研讨会在益阳召开。100 多位教授、学者从全国各地前来并不是旅游景区的小城益阳参加会议。作为这次学术研讨会的会务人员，我对到会的几位女性学者董之林（中国社科院）、赵树勤（湖南师大文学院）和金雅自然格外关注。那时的金教授，看起来还是一个小妹妹，穿着桃红色小花朵连衣裙，戴了一副眼镜，显出学者的文质彬彬。金雅教授在会上高度赞扬周立波的小说，特别是《山乡巨变》的美学品位，给我很深的印象。这是我第一次见到金雅教授。会议安排参观周立波故居，在故居地坪，我和金雅教授交谈，自然聊起了周立波 20 世纪 30 年代对西方文论的译介，我感到金教授对周立波的了解是很深的。我从心底里敬佩这位才华横溢、热情活泼的年轻学者。

自此后，我与金教授保持着信息、微信、邮件等的通信联络。2009

年底，我收到了金教授寄给我的她主编的《中国现代美学名家文丛》梁启超卷、王国维卷、蔡元培卷、朱光潜卷、宗白华卷、丰子恺卷，共六大本。她在文末说，这是一套美学资料库，也是一套人文读本。梁启超的“趣味”美，王国维的“境界”美，朱光潜的“情趣”美，宗白华的“情调”美，丰子恺的“真率”美，还有蔡元培对“合美丽与尊严”之美感价值的呼吁，读之会涵慧养性，启智益心。这套《文丛》各卷在编排上采用上、下编的体例，我感到是很有匠心与眼光的。上编为选主对美与艺术的基本观念的论述，下编为选主对艺术、审美等具体问题的论述。这样的《文丛》，不仅成为学者做学术研究的经典文献，也成为更多的像我这样的普通读者的人文读本。

后来，我又收到金教授寄给我的她主编的《中国现代美学名家研究丛书》。我深感，金雅教授完成了中国现代美学建设的一项重大工程。正如金教授所言，中国文艺理论界美学界的研究重点先是中国古代，后是西方，中国现代美学研究曾长期沉寂。金教授和她的团队对开启了中国现代美学进程，构建了中国现代美学理论大厦的六位中国现代美学名家的系列研究，包括6册《名家文丛》和6册《研究丛书》，其意义不容小觑。正如刘悦笛先生所说，从《中国现代美学名家文丛》到《中国现代美学名家研究丛书》，金雅女士是功不可没的。她的《梁启超美学思想研究》弥补了国内梁启超美学系统研究的空白，是该领域国内外第一部正式出版的专著。两套丛书作为中国现代美学建设的重大工程，在当今，在将来，都会具有其重大价值。我们在“三周”研究过程中深知，一项重大文化工程的完成，难度甚至会比一项经济建设项目的难度还要大。这里不只是资金问题，更难的是学术水平、学术眼光等方面的问题。

2010年8月25—28日，中国新文学学会在河南南阳市召开第二十六届年会暨姚雪垠长篇小说《李自成》研讨会。我和金雅教授又见面了，四年一别，金雅一头短发，戴着一副深度眼镜，但神采奕奕，更显学者风度。会上，金雅教授宣读了论文《论姚雪垠的小说美学思想》。会议主持者张永健教授称赞这篇论文“别出新意”。开会的三天里，一有空，我们就在一起聊生活，聊文学。好多年，我都记着金雅书中的一句话：“生命因为有艰难有困惑有痛苦有喜悦而丰满而明艳，生命也因为我们自己的欣赏品味而动人而美丽。”

两年后，2012 年 8 月，我和金雅教授又在益阳见面。中国新文学学会与益阳“三周”研究会在益阳联合举办“周立波研究与文化繁荣”学术研讨会。金雅作为中国新文学学会副会长前来益阳参加会议，她在会上宣读了论文《周立波的文学思想及其现实意义》。论文中，金教授说：在周立波看来，文学的承担也是给予人生温暖与照亮。文学并不是实际的人生，文学也不是改造世界的基本物质力量。但是，“一切伟大的诗人都有一种共同的特质，就是乐观与和谐”。他们的作品，像“明亮的阳光一样的温暖”，“纵令是在可怕的失望的最黑暗的时机”，也能“给予人们安慰与希望”。周立波曾分析过中国现代文艺思想史上“为艺术而艺术”和“为人生而艺术”的不同思潮，他自己显然属于后一类阵营。在文学的内容与形式的关系上，他主张崇高内容与优美形式的统一，反对艺术的形式化、职业化。在文学的现实主义和浪漫主义的关系上，他主张两者的结合，反对自然主义倾向，指出文学是在现实基础上的“浪漫主义的幻想”，它与“主观主义的空想”是不同的，这种源自现实的幻想是有生活气息与生命力的。尽管周立波是中国当代文学史上现实主义创作的重要代表作家，但他始终把献身精神、爱、信仰、理想等看成作家的核心素养，正是在这个基础上，文学的现实精神和理想情怀是可以贯通的，文学也能够穿越一切黑暗、虚无、痛苦、悲郁、寂灭，昭示希望和方向。金雅关于周立波文学作品中现实精神和理想情怀的贯通，文学能穿越一切黑暗、虚无、痛苦、悲郁、寂灭而昭示希望和方向的论述，抓住了周立波作品的精髓。

金雅教授在中国美学研究领域耕耘多年，贡献很大。她主持完成了三个国家社科基金项目，组织召开了多次全国性研讨会。2012 年 11 月，金雅组织召开了“蔡元培梁启超美育艺术教育思想与当代文化建设”全国学术研讨会。受她盛情邀请，我前往杭州参加这次盛会，还在会上宣读了我的粗浅论文《梁启超的文界革命论及其当代意义》。会议开幕式上，主办方浙江理工大学校长裘松良先生在致辞里说了一段话，让我更加了解金雅教授的工作和贡献。裘校长说，一直以来，学校高度重视人文社科学科的建设。近几年来，为更好适应经济社会发展需要，学校加大人文社科学科建设力度，先后成立马克思主义学院、人文社科办公室以及校社会科学联合会、中国美学与艺术理论研究中心（即金雅教授负责的中心）等，在政策制定、搭建平台、人才引进、学科建设等各个方面给予大力支持。目前，我校人文社科专业、师生人数等已占据学校的半壁江山，人文社科学科贡献率和社会影响力与日俱增，越来越成为学校事业发展的重要力量。如金雅教授也是本次会议的组织者之一，是学校前几年引进的教授，她来了之后为学校的学科建设、学位点申报等做出了很大贡献，取得了很明显的成就。

在这次会议上我认识了许多学者，其中胡经之先生对我谈到他在20世纪50年代曾作为周扬先生的学术秘书，协助周扬在北京大学开办文艺理论讲习班一事。我听了为之一振，当即约请胡先生把这一过程书写出来，供我们《三周研究》杂志刊用，胡先生欣然应诺。年底，我们收到胡先生大作，分两期刊载于《三周研究》。这是我到杭州参会的意外收获。

我是第一次到杭州，会后我游览美丽的西湖、西溪湿地国家公园、梅岭7号，参观西泠印社、雷峰塔、断桥、胡雪岩故居、杭州中国丝绸博物馆等景点。金雅教授请杭州师大美术学院教授莫小不先生陪我游览参观，莫先生是研究美术的学者又是杭州本地人，他的讲解使我对杭州的美丽与文化底蕴有了较深的了解。

参观游览了杭州，感受了杭州之美，我也更加理解金雅教授为什么对美的理解如此之深，为什么会把梁启超美学定位为人生论美学。山川资俊杰，时势造英雄。金雅生长在一个美丽的地方，成长于一个伟大的时代。

与学者往来，回忆是美好的。一路走来，看见的是大海，是高山，是星空。

2021年8月20日

作者单位：湖南省益阳市文联

精致女学者

戴冠青

金雅很精致。

身材小巧玲珑，一直没变；短发一丝不苟，从来不乱；衣着得体，笑容优雅，与其名字一致。

她在研究“人生艺术化”“生活艺术化”“趣味与情调”，一直在打捞梁启超、王国维、宗白华等前辈美学家的人生美学旨趣，并且付诸自我实践。

21世纪初期，在湘西凤凰美学考察之际，我们同居一室。那时她似乎还没读博，但已经在践行精致与情调的理念了。考察一回来，她马上就钻洗漱间，把自己洗得干干净净后靠在民宿的大床上敷面膜。当时我还不知面膜为何物，等我也洗完澡出来差点被她那张白森森的面膜脸吓出了心脏病。然后她才一身干净整齐且香喷喷地去吃晚饭，把最精致的一面留给了大家。

她也喜欢拍照，但不随便拍。不过如果碰上让人惊艳的代表性景点，那她一定不会漏过。不仅反复拍，而且一定要拍好，要求极其严格。我是研究艺术美学的，当然也包括摄影艺术美学，自信自己的摄美能力还行，也颇受同行者赞美。但在好几次为她拍照时也被折腾得够呛，幸好末了她还是比较认可，让我一颗悬着的心才轻轻落地。

印象最深刻的是我俩都参加了2010年8月在北京大学召开的第18届世界美学大会。这次大会可谓声势浩大，300多位来自世界各国的美学家与400多位国内学者齐聚北大，围绕“美学的多样性”主题展开热烈讨论和交流。有人谓之“群贤毕至，少长咸集”，“迄今为止国际美学界规模最大，学术水准最高的会议”。

我俩依然同居一室，就住在北大的招待所。第一天晚上刚住进去，金雅就勤快地开始烧水准备烫杯子，她刚把那壶开水端进洗漱间，一声“啊”的惨叫把我的魂也吓出来了！我疾冲进去，见她龇牙咧嘴，说是烫到手了！那可是刚烧开的水呀！我惊得赶快拧开水龙头，让她把伤手放在凉水下使劲冲，问她去不去医院，她说看看再说。开会期间受伤了那可真是麻烦大了，正六神无主间，忽然想到民间有一秘方，说烫伤了涂酱油会好。马上说，我去买瓶酱油，拿上钱就匆匆跑出门。我这人天生路痴，又刚到北大，到处找不着北，不知哪里可以买到酱油？急火攻心间，有一学生说，不远有间地下超市，你去那看看。功夫不负有心人，虽在地下，超市还不小，很快就买到了一瓶高级酱油。

回屋看见金雅正安然地端坐床沿，我急急忙忙准备开瓶，她却镇静地说，你放那，我自己来。第二天一早，我问她，她说，好了，没事了。这么快！是涂了酱油吗？还是烫得并不厉害？可我看那瓶酱油完好无缺，好像并没启盖。

临散会前，这瓶酱油又给我们带来新的麻烦，我俩谁都不愿意带它回家，何况还不知道能不能带上飞机？丢了又浪费，这可是整整一瓶高级酱油啊！幸好那天晚上，在中央民族大学任教的同学来看我，我赶紧把那瓶酱油送她，说，反正煮菜用得着。她含笑收下，总算帮我解决了难题。

跟所有同宿舍女生一样，临睡前我俩免不了家长里短地聊天。毕竟一年最多就碰一次面，感觉想说的话都要挤在这几个晚上说完。金雅说得最多的是她的儿子和老公，看得出她很爱家，爱儿子，爱老公，爱生活。我挺佩服她，学问做得好，家庭也打理得好，不像有些女学者，做起学问来就顾不了家。于是我想，是不是她的“生活艺术化”直接实践在了日常生活中，才让她的家庭生活如此和谐美好？

在会议期间，除了参加各自组别的学术发言和讨论外，我俩每天晚上和清晨都在北大溜达，几乎把北大的美好大地逛了个遍。一天早晨，北大图书馆早早开门，里面正举办北大教授杨辛的书法绘画展，杨辛教授亲自在场讲解，我痴迷其中，流连忘返，幸好金雅提醒，否则差点误了开会。傍晚去未名湖拍照，金雅非让我穿上那条粉色连衣裙，我说，太粉嫩了，不适合我哈！她说，好看，显年轻，就适合。果然，拍出来的照片美美的，在黄昏有些朦胧的光晕下，粉色成了墨绿色湖水和灰色博雅塔那浓重色调中的一个亮点，让我不得不佩服金雅的美学眼光。尽管那件连衣裙我再也没有机会穿，但那张照片却留给我许多北大的美好记忆。

我一直在想，做文艺学美学的人，如果自己不修边幅，衣着草率，举止无章，生活潦草，那怎么能说服学生呢？可以说，在这里，精致的金雅教授以其精致的生活态度证明了自己美学的“趣味与情调”。我相信，金雅的研究和践行也一定会促进当今女学者们更加充满“趣味与情调”地生活。

2021年8月9日草于寸月斋

原刊《东南早报》2022年2月24日。作者单位：泉州师范学院

与美同行

王　泉

我的研究领域是中国现当代文学，在2010年南阳理工学院承办的中国新文学学会第26届年会上，经过朋友的介绍，我认识了研究文艺美学的金雅教授，从此，我发现我的思维变得更加活跃了。这也许是美带来的力量。

金雅是典型的浙江人，有着江南女子特有的温婉与雅致。她平时的话并不多，但一旦谈及审美与人生，往往就句句珠玑。这令我想起了1990年夏在中国作协鲁迅文学院新诗讲习所学习期间认识的一个浙江诗友，她当时19岁，在十三陵水库游览时，我注意到她在寻找蒲公英放到嘴边吹，那陶醉的神情至今还留在我的记忆里。后来经过同行的杭州诗友丁惠敏介绍，说她是陆苏，来自富阳。可见，金雅是我认识的第三位浙江籍女士，她有着自己的性情与爱好。

记得2012年夏在益阳召开“周立波研究与文化繁荣”的学术研讨会，会后在资江边散步，我无意间提到一篇自己创作的童话《露珠和蚂蚁》，谈到当代大学生学习中的问题。对于大学生不知道一只小蚂蚁为何为了一颗美丽的露珠而奋不顾身，她说，这是由于他们缺少对于美的认识。她认为，美是一种无形的力量，会使人付出超出想象的力量。我对这一点感同身受。

其实，我对文艺之美的最初感受，来源于自己的新诗创作。我觉得诗之美，是生活之流与诗人心灵撞击出来的火花，尽管有时显得信马由缰，微不足道，甚至难以捕捉，但它带给人的审美冲击却能化作人生的动力。人生之美又何尝不是如此？人生充满了许多偶然，而这些偶然往往导致了必然。一个苹果从树上落到地面，这是生命衰老的自然现象，但躺在苹果树下的牛顿却由此发现了自己苦苦思索的万有引力定律。诗人徐志摩则从偶然中发现了爱情的真谛。金雅从梁启超、宗白华、王国维、丰子恺、朱光潜等人的美学观出发，提出了化真为美和以美养心、润志、怡情的人生审美观，这既顺乎自然之道，也反映了人生的必然选择。这一点，从她后来的许多文章中都可以找到。

生活的快捷把人类从繁重的体力劳动中解放出来，但许多人并没有因此获得身心的愉悦。因为过多的信息干扰了人的思维，使他们在眼花缭乱的世界中失去了对于美的把握。但大自然是无私的，植物、动物以各自的方式存在于这个世界，唤起人类对于美的畅想。中国传统文人的惜春、伤秋，正是自然之美在心理上投射的结果。竹笋破土而出，让人看到了春天的力量；如血的夕阳，则令人思绪万千，想到峥嵘岁月，想到暮年。可见，由美触发的人生感慨是多么的丰富！

2017 年 6 月，金雅邀请我参加在杭州举行的“人生论美学与当代实践”高端论坛，我当时有点犹豫，因为我主要研究现当代文学，对美学知之甚少。她在电话中鼓励我说，可以写一篇相关的文章。我经过半个月的思考，写出了一篇论述蒋勋的美学观的文章，并在会上宣读。在这一次会议上，我聆听了许多当代文艺美学家的精彩发言，感到了自身研究的不足，也进一步发现了美学与人生须臾不可分离的关系。

美的发现是一个选择的过程，当一个人或者某件事物，让人觉得愉快而难忘，这表明，此人或物已经成为审美的对象，而感受美的过程则是美妙的。所谓润物细无声，便是美的浸润过程。美，是人生驿站中的灯塔，总在不知不觉中让你感到跋涉的乐趣与奋斗的目标。在我看来，与美同行，不仅仅是感受美的过程，而且与人生命运息息相关。作家木心先生在《论美貌》中描写了“上帝”对英国浪漫主义诗人拜伦的“偷窥”，显得幽默而风趣。“上帝”看见拜伦穿着指挥官军服，显得很漂亮，就化作一只金丝雀停在枝头。“拜伦叹道：‘唉唉，地下天上，瘸子只要漂亮，还是值得偷看的！’，树上的金丝雀‘唧’的一声飞走了。”① 这恰

① 木心：《哥伦比亚的倒影》，广西师范大学出版社 2006 年版，第 42 页。

似一出寓言，拜伦对“上帝”不屑一顾地进行嘲讽不无道理，因为美是自然的呈现，拒绝伪装，也无须所谓的“上帝”的赞美。这里的“上帝”代表的是世俗的眼光，而诗人拜伦则是自由美与智慧美的化身。在现实生活中，有许多人追求美，但不知如何追求。有的弄巧成拙，有的因嫉妒别人而毁人美丽，有的靠偷窥来满足对美的渴望。木心以这样的一篇近似喜剧的短文直指世人的心病，道出了美的真谛。可见，美是自然的呈现，任何矫情只会伤害美。在商业文化无孔不入的年代，金雅坚守中华传统美学的精神，以丰硕的成果给读者带来了清新、活泼的话语。

与美同行，是友谊滋长的过程，也记录了我个人成长的踪迹。经过十年来与金雅女士的交往，我经常阅读美学著作，思考有关的美学问题，我发现，我原来急躁的性格也慢慢变了，开始变得稳重而洒脱。同时，我的文学研究境界也得到了提升。我不再局限于文学作品的单一评论，而开始涉足更多的艺术美与人生美关系的探讨，视野变得更为开阔。

2021 年 7 月 24 日

作者单位：湖南城市学院

文人气和学术味

——记小师妹金雅

陈建新

金雅是黄岩人，与我太太张玲燕同乡。她俩不仅是同乡，说得更深入一点，我太太的嫂子还是金雅初中的英语老师，更巧的是，金雅还和张玲燕的妹妹一度是初中同班同学。所以，我最早听到金雅的名字，是我大三暑假第一次去黄岩太太家（当然那时候我太太还是我女朋友），大概是 8 月中旬了，1981 级的高考生已经陆续收到了录取通知书，有一次她嫂子喜滋滋地告诉我们说，她一个学生，也考上了杭州大学中文系，成了我们的小师妹。当年浙江省高考，文科考生除了少数人能够上重点大学，杭州大学就是浙江省最好的文科学校，而中文系则是文科里面第一首选专业，能考上杭大中文系，的确是一件大喜事。由此，我们也记住了金雅这个小师妹的大名。从在校时间上说，我们 78 级和 81 级有一年同校，但当时中文系 77—79 级三届同学都在浙江省工会干校的小院子里学习生活，从 80 级开始，都进入校本部学习生活。进入毕业季的我们正忙于实习和等待分配，78 级的大哥哥大姐姐和 81 级的新生几乎没有任何交集，我在这一年中没有见过金雅。1984 年我考上研究生重回杭大中文系，研究生学习生活也在杭大本部，但已经囿于自己的小圈子，基本上与本科生没有交往，所以，我也没有见过金雅。

第一次见到金雅，一直要到我研究生毕业后在省电大任教，大约在 1990 年前后，省电大教工中间突然兴起了跳交谊舞的热潮，校工会聘请了少年宫的两位舞蹈专业教师来校教大家跳舞，校工会每周六晚上在学校举办舞会。我们读本科时学校也兴起过交谊舞热，但那时我们时髦一阵后并没有学会，后来就淡了。没想到这时候倒真的学会了，于是每周六我们夫妻都把舞会当作辛苦一周后的放松调剂，几乎每次必到。我们的儿子刚读小学，因为电大教工子女中有同班同学，他也喜欢跟着我们到电大玩。有一次舞会刚开始不久，我的电大同事王琦，她也是81级的中文系小师妹，突然领着一位与她差不多年龄的女生过来，对我介绍说：这是我的同学金雅，现在是王元骧老师的研究生，今天来参加舞会。啊，你就是金雅啊，我说。赶紧把我太太叫过来相认。她俩虽然是老乡，居然一直没有机会认识。我站在旁边打量这位小师妹，个子不高，长得眉清目秀，一副小鸟依人的模样。最引人注意的是那副大镜框近视眼镜，厚厚的镜底，衬托得那双躲在眼镜后面的眼睛特别大。看来她对跳舞也不是很熟稔，令我不由得想起大嫂对她的评价：读书很用功，但不太善于与人交往。记忆中王琦也不太喜欢跳舞，所以这次在舞场上现身，大约也是为了这位同学的缘故。作为老大哥，我与金雅跳了两次，感觉她跳起来有些生硬，但还能跟得上舞步。这次舞会，算是我正式认识了金雅。

自那之后，我开始注意金雅。很巧，我太太学校有一位在同一个教研室工作的81级小师弟，读本科时，金雅是他们这些小男生心目中的女神，所以他比较关注金雅的现状。我太太和他聊天中有了一个共同话题：金雅。我常常从太太口中辗转知道了一些金雅的近况。她研究生毕业了，从台州师专调到了杭师院任教。她的研究成果得到学界的高度重视，她又师从王元骧老师，在职攻读文艺学博士学位，等等。金雅读博，是在我1994年初调入杭大中文系任教之后吧，记得有时还能在中文系看到她来上课，或者到中文系资料室查阅资料，因为不是同一个专业，所以并不了解她具体在研究什么。王元骧老师的主要学术兴趣在美学上，我猜想金雅肯定也在这方面努力。

2000年，浙江省写作学会筹划帮学会会员出一套丛书，定名为文心丛书，并和东北的时代文艺出版社签了约。这套书由金健人和我主编，记得签订合约后不久，金健人去了日本访学，编书的任务基本上由我承担。十本书稿很快确定，其中就有金雅的一本《诗意共舞——迈向文学至境》。记得我最初审读的感受，这是这套书里理论色彩相对比较浓郁的一本。后来和金雅聊起，她说：这是她的第一本专著，她的基本思想，她对艺术、文学根本精神的理解，文学、艺术、审美与人生的关系，在这本书里已初步形成。金雅在这时期加入了浙江省写作学会。介绍她入会的，必定是陈为良老师和金健人，他们两人当时是省写作学会的正副会长。

金健人是我的本科同学兼同事，专业主要是文艺学，和王元骧老师同在文艺学研究所，他对金雅更了解一些。记得他和我说过金雅的研究方向，好像是在中国近现代美学领域，对王国维、梁启超、宗白华、丰子恺等近现代学人展开研究，尤其对梁启超美学思想有深入的研究，发表了不少论文。她还入选了浙江省“151”人才第一层次。2010 年，浙江理工大学将金雅从杭师大引进过来，也是那一年浙江省写作学会进行学会领导层的改选，金雅被选为副会长，我们有机会多次开会相遇，彼此有了更多的了解。每次学会年会，她都参与会议的主持，坐在主席台上，她的风貌，她的讲话，都让人感觉她的文人气和学术味。前几年，她把她主编的《中国现代美学名家文丛》寄赠给我，我才理解，她在这个独特的领域，开拓已经多么深了。

金雅有钻研精神，自从读博进入了中国近现代美学研究领域，她就紧紧抓住不放，深入其中，从一点向多面拓展，把这个领域整成了一片富矿。看到她的学术成就，我深为她高兴，拉拉杂杂写下上述话，也算我对她的祝贺吧。

作者单位：浙江大学

“被朋友”的好朋友

莫小不

我认识金雅并成为朋友，大概是在2004年前后。

因为不擅长，我很少主动结交朋友。但有时会突然有人介绍我认识某人，之后竟也情投意合，多少年一直交往下来，成为朋友甚至好朋友。我至今不能明白，为什么某人他有这种本领，在他分别认识了A，又认识了B之后，就能断定A与B是可以成为朋友的。当时我校人文学院有个书法史论专家陈根民老师来美术学院兼课，又和我一起编《历代行草精选》系列法帖，多有来往。有一回碰到，他开口就问我：“介绍你认识个人，如何?”我颇感意外，说：“这样啊？要不试试吧。”于是，见到了金雅教授。

其实我不懂美学，只是有好奇心，也有点向往。我是研究书法篆刻的，也做教学、创作。书法、篆刻，怎么算好？一直是众说纷纭，莫衷一是。于是我渴望懂点美学原理或形式美规律什么的，在审美判断上能多几分独立思考。但后来发现，金雅并不太关心这个。她潜心研究的，是中国近现代美学名家的思想及其当代意义，关注审美与艺术、人生的关系。尽管这样，我还是感到认识她是很幸运的。我协助她主办一些高层美学会议，接待当代美学名家，还安排小型报告会、参观游览等，也一起外出参会。也曾给她的学生做过讲座，主持过毕业论文答辩，给她著作的封面设计提参考意见，等等。更多的，是当她学术报告的摄影者或忠实听众。当然，偶尔也会一起品茶聊天、享用美食。我给金雅的，有玺印式标志，也有篆刻和书法作品，让她装点自己的研究中心、会议室和书籍。

不过仅此，还算不上好朋友。

金雅做人生论美学研究，着重钻研梁启超的美学思想，她提出梁启超美学思想的核心是“趣味主义”。这让我格外地感兴趣，也让我收获裨益无穷。她给我最珍贵的礼物，便是她的学问本身。

我家姐弟六个，多有专长。小时候，我妈就不止一次与人提起，说我是六个孩子中最凭兴趣做事的。当时不知这是褒是贬，或许是称赞我做某些事特别来劲特别灵光，或许是嫌我偷懒不愿做另一些事。不过我还是我行我素。一直以来，我常可以不为什么目的而开开心心的甚至在自己都没有觉察的情况下认真做事，有时还做得挺成功，挺开心的。因为不去勉强做自己不喜欢做的事情，于是也很少有心情沮丧或苦闷的时候。如果遇到不乐意做又不得不做的事，就最大限度地去发现并享受其中存有的趣味。

现在，专家在身边，我认真地读起梁启超来，边读也边重新认识自己，认识趣味之于人生的意义。

梁启超也是个凭兴味做事的人。他主张“生活于趣味”，他信仰“趣味主义”，他的人生观“拿趣味做根柢”。他说，如果化分自己并把其中的“趣味”原素抽去，怕就只剩个“〇”了。又说：“我觉得天下万事万物都有趣味，我只嫌二十四点钟不能扩充到四十八点，不够我享用。我一年到头不肯歇息，问我忙什么？忙的是我的趣味。我以为这便是人生最合理的生活。我常常想运动别人也学我这样生活。”原来世上还有这样生活着的伟人，而且振振有词、理直气壮。

跟着金雅，学习、做事，心目中梁启超和趣味主义也日渐立体起来。梁启超努力发现并宣扬人类各种活动，如劳作、游戏、艺术和学问等的趣味，指出了尝学问趣味的几条路径：“无所为”、不息、深入的研究、找朋友；他指出了趣味有高雅与低俗之分；他强调趣味要与责任相贯通；特别是他主张趣味的“‘知不可而为’主义”和“‘为而不有’主义”相统一的原则。我和金雅常常切磋。这启迪自己不断发现、判断和享用身边之趣味，也不断地为心仪的趣味擦亮眼睛，努力保有一颗纯粹的心灵，持续走生活趣味化之路。若能重新做回儿时的我，也算是“不忘初心”了。

因为根民老师，我与金雅“被朋友”，一晃十七年了。后来好朋友金雅给到我的，不知根民是否先知先觉。也或许纯属巧合，那便是缘！

作者单位：杭州师范大学

做有趣味的学问

江富军

很多朋友的缘分来自另一个朋友，就像读一本书时看到书中引用到另一本书而与之相识。如此缘续，人生丰富起来。这让我联想到“缘缘（堂）”。

金雅教授因其爱人是我老朋友而相识。那是80年代，我还单身，他们恋爱了。我真羡慕朋友找了个大才女，爱情与学问双丰收，后来他们夫妻双双成为浙大博士，在杭城过着美好生活。如今她已成为全国著名的人生论美学家，是梁启超趣味主义人生论美学、中华美学人生论精神、人生艺术化思想等的重要研究专家。我在农村扎根教书，在思考、研究着阅读与成长的主题，也乐在其中。而我在金雅朋友那里“得到的缘分”不比我那个理工男老朋友少，比如最近我买的一本梁启超《致“新新青年”的三十场讲演》就是在她的推荐下得到的，并且我也推荐给学生，广结书缘。借着金雅友主编的一套《中国现代美学名家文丛》，更深入地认识了丰子恺和他的《缘缘堂随笔》，还有朱光潜、宗白华等，我不止一次地向中学生推荐金雅教授主编的《中华人生论美学经典悦读书系》，也推荐了她撰写的《人生艺术化与当代生活》与《中华美学：民族精神与人生情怀》等美学专著，这些书籍既给了我的阅读与成长主题，乃至整个生活一个重要的思考支点，也让我“借光”照亮学生。

我们平常接触也不多，主要在假期，他们一同回到老家，我便有机会“借光”，与他们聊些大学话题，聊聊文学、哲学。在她家，也在我家，也在散步的路上。当年我也做着自己的青春文学梦，内心的小秘密还是他们能理解支持。那时她已经是大学中文系教师，青春靓丽，才华横溢，热情活泼，她向我说些老子庄子，彼时的我听来似懂非懂也津津有味。我难免自惭，或有奋起直追的念头，顺势而为，写起教学小论文，居然时有发表，难免沾沾自喜，比照着朋友，仿佛相“望”于江湖。我们一直这样过来的，比如我现在拿着自己的两本阅读理论的小书，也会与她的诸多大作相“望”，还有点欣慰，关键是我觉得有趣味。在研究梁启超趣味主义之前，金雅朋友就是有趣味的人。我也是吧。

20 世纪 90 年代末，我去了一所私立学校，公私比较让我对教育有了更多的思考。私立学校抓得紧，学生不堪重负，“不懂事”的家长与“懂事”又无奈的教师，把教育模式引向了窄道，我开始探索学生心理精神，也观察到更多具体的反教育现象，包括公立学校。记得当时提出建设花园、学园、乐园的“三园式”校园，而实际上我们却深深感受到学生“无趣”的生活，我也写文章分析，试图改变，没想到现在这情况愈演愈烈。这是后话。当时金雅兼任《浙江教育报》编辑，向我约稿，这一约启示了我，我就连续写了若干篇文章，描述私立学校学生心理状态，在当时私立刚刚开始阶段，具有实际意义，也为我后来分析学生阅读与成长心理打下了基础。不久，她就读博士于浙江大学，师从美学名家王元骧教授，研究起梁启超趣味主义美学。我则在不断思考研究快乐教育、校园生活多元化，思考研究叶圣陶生活作文观与杜威的教育即生活等观点。

金雅教授的理论不仅在校园，也在更多的生活和人生空间展开，形成了“人生论美学”“美情论”“大美论”等具有前沿性和现实感的学术话语体系。生活的审美化和人生的艺术化，正合时代要求，十九大提出实现“人民美好生活”的要求，现在不断重视的乡村振兴计划，乡村文化礼堂建设，以及国民幸福感等，都有人生艺术化的底蕴。可谓学术“得风气之先”，引领时代文化。在她签赠予我的《美育与当代儿童发展》（与郑玉明合著）一书中有这样的论述：“今天，生活的审美化和美丽乡村的建设，使得我国城乡的面貌越来越美。而随着博物馆、美术馆、剧院、音乐厅、图书馆等公共文化服务体系的不断完善，社会美育的途径也不断丰富。”“可以说，社会儿童美育在当代比以往任何一个时代都更为重要。”可见儿童美育（教育）问题首先在社会美育（教育）。就像近些日子讨论中小学生晚托暑托的不利因素一样，暑期是社会教育时间，不能由学校教育替代。同样，“人民美好生活”中一定要包括中小学生也应该有美好的生活，拥有充满趣味的灿烂童年，以艺术化的人生获取更多的生活质量。

不断地从金雅教授的文章中受到熏陶，我在少儿阅读环境建设的讨论中也强调了艺术化，强调乡村文化礼堂建设，推崇孔子“游于艺”的生活等。金雅论述的梁启超趣味主义，有力地支撑了我的阅读观。比如我以为阅读起跑线上，重要的是阅读兴趣培养，其误区是识得多少字，读了多少书。《人生艺术化与当代生活》中“梁启超的趣味人生从不逃避生活及其生活的责任”，“体验不是求知”，“体验的目的是要领略真生命”，“宇宙就是生生相续的动相”等论述，《美育与当代儿童发展·导论》中说的“以生命的全面、和谐、自由的成长为整体目标，以主体的愉悦、幸福的感受体验为核心价值的独特途径与方法远未充分发掘”等观点，支持了我对阅读力与感受力的关系定位，是感受力强弱决定自己面对词语能否快速转码的能力，这是阅读力的重要组成部分。

目前多提整本书阅读与名著阅读。我从趣味主义出发，推崇毛姆的享受阅读观，认为中小学生在名著与普通读物之间三等分为好，三分名著，三分时令报纸杂志，三分普通书籍，这样能了解时代，深入生活，也让阅读有兴趣。至于整本书阅读的提法，不要太过，至少在我的书房中，大部分书我没整本读完的。有时我会由着兴趣，如毛姆说的同时读三五本书。

没有玩乐的童年是残缺的童年。在片面应试教育严重的今天，我们更需要推广趣味人生、艺术化人生。习总书记说：“做好美育工作，要坚持立德树人，扎根时代生活，遵循美育特点，弘扬中华美育精神，让祖国青年一代身心都健康成长。”再读金雅《中华美学：民族精神与人生情怀》一书，在思考研究中小学生阅读与精神成长时，进一步感受到金雅教授给了我思想资源。如今金雅担任了多个国家和省里的学术领导职务，她也是浙江省写作学会副会长，我是写作学会会员，我们更近一步了，是朋友兼上下级了。我们手机通着，微信通着，也在同一个群中，每天相“望”。

近年，我经常向学生描述生涯规划，人生历程，我经常举例，有我从前的学生，有朋友，有经商的，有学术的，有从政的，有普通的上班族，我经常推荐金雅教授，让学生对自己阅读与学术研究发展有个纵向的整体的认识，让他们能够在自己面对未来时，积极乐观，兴致勃勃，趣味盎然。希望学生在将来的人生道路上经商、打工、从政时不太在意盈利与位置，而要做得津津有味。

这是我对金雅友，也是对整个学术精神的敬佩。

我把自己的书房称为“乘凉室”，知识是乘凉用的，乘凉重在好风味，读书写作重在兴趣。清风徐来，回味人生，回味友谊，人生越老越有味。

原刊《温岭日报》2021 年 9 月 25 日第 2 版。作者单位：温岭市新河中学

相聚不易　默念在心

苏亦李

在没有“闺蜜”一词流行的年代，我们用在一群要好朋友上的词，是“×人帮”。哈哈，那真是一个深深烙下我们青春印记的词。没有什么灰暗的色彩，只是形容亲密程度而已。20世纪80年代，跨出大学校门的我们——四位二十出头的姑娘，经常在晚饭后相约，只为了逛和聊。

我们——金雅、薇、多、我，都来自蜜橘之乡黄岩，工作地是当时台州州府所在地临海。四人三单位，我在党校，薇在法院，雅和多均在台州师专。三家单位依着一座小山坡上下分列。法院在最高处，我在山腰，师专在山脚下。最高处的能看山腰上的房子，山脚下的则隐在众多的房屋之中。说起来，雅比我们年轻两岁，来到临海的时间自然也比我们晚。但似乎就是她到来后，我们的活动才频繁起来。

我们四人均是文科出身。我与雅更有缘。小学、中学、大学均是校友。我读中学时，因作文较好而获语文老师的青睐。大学放暑假时，我去看望高中语文老师，老师说：“我现在教的班级里，有个学生叫金雅，作文也写得很好，风格与你很像。”说这话时，老师满脸笑容，笑声呵呵，蒲扇轻摇，这一画面至今清晰映现在眼前。我很不好意思：“我哪来什么风格呀。”从此便记下了金雅这个名字。更没想到的是，在我入学两年后，金雅也来到了杭州大学中文系就学。只是当时的杭州大学由于恢复高考后，办学的硬件设施一时满足不了，77—79级的教学与生活，均借浙江省工会干部培训学校，与住校本部的学生没有多的接触机会。两年中，我与金雅最多也就是二三次的偶遇吧，我记住了这位眼睛大大的，身材小巧的，爱笑的姑娘。

倒是工作后，我们来往得多了起来。虽说黄岩与临海相距才几十公里，但因着当时的交通状况，自然不可能每天来回，好在单位都有宿舍分给我们，无论好歹，终究能遮风雨。工作之余、晚饭之后，我们便常相聚在一起，你来我往。雅的宿舍是两人同住，生性酷爱整洁的她，在她的那方天地，整理得山清水秀。桌上仅放着当下阅读的一二本书，一个笔筒，一个杯子，并无杂物。见到雅时，她大都在看书，看到我们来，笑眯眯相迎。

要说当时我们都聊些什么，还真是记不得了，天马行空呗。见到什么说什么，听到什么议什么，读到什么聊什么，年轻，好奇心强，又都是学文的，思维活跃，无拘无束，那时能聊到天边，现在想来却了无痕迹。金雅是其中的活跃因子，能说能想，异想天开的话语常让我们乐得东倒西歪。我们还会逛。但实际上，当时的临海哪来什么商业设施，充其量也就是些柴米油盐布店，至多再加上街边几个设摊卖临海麦饼、绿豆面羹，或再有个把挑担卖时令水果的。但说到底，月工资才 43 元 5 角的我们，又有多少闲钱呢？瞎逛逛，看看市井风情，偶尔掏钱买点零食解解馋而已。

当时我们的穿着也很简单，倒是金雅比我们显得雅致讲究许多。因为她有位十分能干、酷爱织毛衣的外婆。什么流行的织法、花样都能一眼就看会。外婆给心爱的外孙女织了很多的毛衣。尤其令人赞叹，外婆有高超的审美水平，件件毛衣配色清爽、优雅，又都是那么合体，它们衬着金雅的美丽和玲珑，在师专的校园里，在古朴的临海街上，显得那么引人注目。现在想来，金雅在后来的学术研究中，那么关注美学，应该是她的外婆给了她家庭的深厚底蕴吧。

年轻时的快乐时光是那么快就溜走了。我们四位姑娘从当时的天马行空式闲聊，到结婚生子后的天各一方，彼此联系很少，只在心中常常默念。

我与雅倒还曾联系过一段时间。那时，我初入报社，负责副刊编辑。在一次回乡时，遇到了雅。后来便有幸收到了她的多次来稿。那些文章记述了童年趣事，工作中的片刻，夫妻间的融融小事，娓娓道来，笔法细腻，读来是那么温馨，总有一处能让人心动。每次收到她的来信，我心中即充满欢喜。作为一个小编辑，有什么能比好稿在手更得意的呢？从工作上说，我很感谢金雅的鼎力相助；从朋友的情分上讲，我更深深体味到她的幸福如意，以及她为美好生活所付出的努力与不舍追求。

滴滴汗水终有回报。金雅的成就来自她的坚持不懈。

时至今日，我们这个当时的“帮”因种种原因依然没有相聚，欣慰的是我们有了个小小微信群。虽然天各一方，大家在群里发言依然很少，但默念常在，为雅的祝贺更是常现。

雅，我们一定会再相聚的，到时，我们第一个为你举杯。你做得太棒了！

作者单位：《宝山报》社

忆同学少年

夏 吟

我在11岁以前，都生活在城郊，小学三年级的时候，姐从城郊的双宝珠中学考到了县城黄岩中学读高中，因父母都还在乡下，我以“陪读”的身份，从乡下转学到县城东方红小学。姐兴奋地告诉我，“东方红”是最好的小学之一。这所学校的前身曾是清光绪年间由榜眼喻长霖等人创办的黄岩公学和清宣统二年由著名女诗人屈蕙纕等人创办的崇诚女子高等小学堂，后几经更名，1966年称东方红小学，今名锦江小学。

在这所当地最好的学校，我遇到了最好的同学金雅。她在班里年龄最小，个头不高，那条《红灯记》里李铁梅式的大辫子，令我羡慕不已，听说是她的外婆帮她编的，以至于很长一段时间里，我都忌妒她有一个好外婆。学校的课间活动，女同学们有跳皮筋的，经典曲目《北京的金山上》，边唱边跳，一曲下来，酣畅淋漓。也有用沙袋玩“捉子”，从抓到一个直到十几个，看谁抓得多。又或者三五个同学聚在一起轮流讲故事。金雅的故事大多是从连环画等课外书上看来的，她读的书可真多！而我讲的故事则是刚刚几天前从邻居大人那里“贩”来的。那时，没有电视也没有空调，夏日晚上的避暑法宝是搬个小凳子听邻居大人们讲故事，猜谜语，没有《仲夏夜之梦》，也没有《哈姆雷特》，都是些本地民间故事和“一只鸟骑桌上，二只鸟挂荡荡”之类的谜语。有一次上课铃响了，碰巧我的故事没讲完，金雅意犹未尽，微笑着对我说：“等下课了一定要接着讲哦！”金雅是我们班的学霸，门门功课都很优秀，尤其是她的作文，常常被老师当作范文来朗读。而我刚从乡下转过来不久，在乡下虽然捉过泥鳅，掏过鸟窝，但与城里的同学交往，不免有些腼腆和胆怯。她的一句“接着讲”瞬间融化了我的自卑心理，令我信心陡增，她的微笑从此定格在我的记忆中。

快乐的小学转瞬即逝，初中入学按地段划分，我和金雅不在同一学区。到了高中，我俩同时考进了黄岩中学。黄岩中学是百年名校，黄岩文脉在此。其前身是清乾隆五十四年（1789）春创办的萃华书院。1867 年为崇祀南宋丞相杜范（谥号清献，黄岩杜家村人），更名清献书院。据清光绪《黄岩县志》卷八载：“清献书院，旧名萃华书院，在城东双桂巷，乾隆五十四年路令邵创建。”1952 年始称黄岩中学。从这所学校里，走出了“两弹一星”元勋陈芳允等 8 位两院院士和一大批文化名人。

我和金雅虽然同校，但不是同班，在学校的作文和书法展示栏里，经常能看到她的名字。高二年级时，文理分科，我们又都分到文科班。我俩都坐第一排，但没同桌。高中阶段的学习不像小学时那么轻松了，没有游戏，没有故事，老师要求我们学习学习再学习。班主任金翠群老师是我们的政治老师，为了缓解同学们高考前的紧张情绪，他亲自抄写乐谱，课前课后教我们唱“草原之夜”“冰山上的来客”等抒情歌曲，那时刚刚改革开放，这些抒情歌曲学校音乐课难得听到，引来许多隔壁班同学驻足我们教室窗外。那一刻，是我们在高二年级最快乐的时光。

文科班读了一年就毕业了，还没等我回过神来，高考结束了，没考上。我进了国营工厂，非常心满意足。金雅则考上了杭大中文系，从硕士生到博士生，站上了美学的高地。工作了几年以后，得知金雅已经是博士后了，为她感到高兴的同时，我也为自己的安于现状、不思进取而惭愧。人到中年，我开始重拾书本，到故纸堆里探究黄岩地方文史和方言，并参加浙江省地名词典黄岩区部分和黄岩区地名志的编写工作。一路走来，金雅是一个标杆，引领着我，一路前行。

我们的家乡黄岩，在雁荡天台之间，自唐上元二年始设永宁县，唐武周天授元年改名黄岩至今，历经千年。母亲河永宁江（又名澄江，传杜丞相出生时，江水澄清三日故名），滋养着两岸黎民百姓。既有诗情画意，亦有人间烟火，正如黄岩明代大哲学家黄绾诗中写道：“楼开烟雾澄江曲，江北江南相望足。忆昔少年邻舍时，共骑竹马颜如玉。”黄岩蜜橘闻名天下，自唐宋时就被列为贡品。橘树一年四季常绿，每年的四五月间，一树一树的橘花盛开，从原野到城市绿道，空气中弥漫着橘花的芬芳，沁人心脾。秋冬时节，苏东坡的“一年好景君须记，最是橙黄橘绿时”最为应景。黄岩文脉始盛于宋代，南宋一朝有进士达180多位。朱熹提举浙东，在黄岩翠屏山樊川书院讲学，开一代文风，使黄岩有“浙东小邹鲁”之称。历代涌现出诗笔俊爽的江湖诗派领袖戴复古、文史大家陶宗仪、哲学家黄绾等一大批才俊。谢灵运、李清照、朱熹、康有为等许多大咖踏足黄岩抒怀咏志。吾邑文脉健硕，薪火相传，金雅对美学的开疆拓土，不正像澄江滋润下恣意绽放的橘花，佼佼者矣！

2021年盛夏

作者单位：台州市黄岩区地名办

往事只能回味

褚建国

我和金雅老师是小学同学，我称其为老师并不是出于礼貌，她后来真的成了我的老师。

最早留在我儿时记忆中的金雅，端端正正坐在前排，与我们后边的男生很少交集。同桌的男生“三毛”经常要“捉弄”她的小辫子，偶尔也会被她的巴掌狠狠地反击回去。

小学四年级的时候，我又搬了家，这次是搬到县委大院新建的家属楼，终于成了“大院子女”。父母亲生活颠沛，四处租房，搬家成为常态，现如今终于获得了一处安身之所，无异于飞鸟找到了栖息之地。我家是这幢楼里的第一户人家，住进来不久，就遭遇了一场派系武斗，武斗分子全副武装地封锁了县委大院，不时传来的枪声让幼小的我陷入极度的恐惧，爸妈把前后院门用竹帘堵死了，不让我们跨出一步。这时候，我多么盼望有更多的邻居在一起。

武斗事态慢慢平息了，有邻居陆续搬了进来，院子里渐渐地热闹起来。有一天上午，突然传来一阵“叽叽喳喳”的说笑声，有如群鸟归巢的架势，好大的声响，“哗啦啦”来得急，去得也快。我知道又一户新邻居搬进来了。这家有五个女人，怪不得我会产生那样的“错觉”，而且我极惊讶地发现了我的金娅同学，没错的，那时候她的名字就叫“金娅”。于是，我们就又成了邻居。

说起我们的小院子，结构挺简单的，一排二层小楼，上下住了九户人家，前面配了一排小厨房，在主楼和厨房之间，有一条二三米宽的过道。盛夏时节，厨房里过于闷热，各家都把饭桌搬到过道。傍晚，大家用井水先将地面泼凉，大人小孩一边用餐，一边聊各种家长里短。饭后，大大小小的，陆陆续续搬了小板凳，在这相当于院子的过道里乘凉。到八点半，广播喇叭里播报的节目全部结束了，各家就会关门熄灯就寝了。

我和金雅就慢慢有些走动了。金雅的外婆是个热心肠的老人，邻居都尊称她“外婆”或“娅外婆”，她经常“邀请”我到她家玩，小姑娘是不会主动邀请我的。“文革”期间的学生生活真是“逍遥自在”，没有任何学业负担，动不动还会放一个大假，甚至有一学期半天上课半天放假。我们玩的花样够多的，什么摸鱼逮鸟，打弹弓，拍烟壳，转陀螺，能想出来的花样，都有人跟你玩。跟男同学一起玩就比较“野”了，有一次还差点酿成“政治事件”。我们在县委办公室礼堂里打“乒乓球”玩，有个姓梁的同学疯起来不小心撞碎了台上供着的“伟人像”，公安局立马作为“政治事件”追查，梁同学因此被他的局长父亲收拾得满地打爬。跟文绉绉的金同学在一起，当然只能玩些“文”的喽，什么丢沙袋、翻玻璃丝等。有一次，她拿出一盒“弹珠棋”，教我下棋。很不幸，我总是成为她的手下败将，每次我投子认输，她都会激动地手舞足蹈，后来，我拒绝与她玩棋了，我输不起。不过，有时我也会愤愤不平，因为她经常在家跟家人切磋棋艺，赢我不稀奇。

我们俩从小就是爱学习的“好学生”，是“三好学生”光荣榜的常客。但很少会在作业方面“切磋”，那些作业真的是“小菜一碟”。金雅家里还有《红小兵画报》，这真是我们的最爱。《红小兵画报》是当时仅有的儿童期刊，文章以歌颂英雄、批判“牛鬼蛇神”为主，有些文章现在想想还挺“邪门”的，期刊图文并茂，深深地吸引着我们。看着俩小孩头挨着头一起认真地读书，邻居见了，都说“蛮好蛮好”的。

在那个特殊的日子里，干活吃饭都不重要，阶级斗争才是纲，当时有句口号叫什么来着，“以阶级斗争为纲，才能纲举目张”。地方上有派系武斗，动不动打开军火库，拉出机枪大炮，发狠地搞一下，都说是为了“捍卫毛主席”。中央层面则是隔三岔五地来个“文攻”，年年搞“运动”，回回有主题。倒是要谢谢那一场场“运动”，反而提供了我们学习知识的良机。“批林批孔”运动让我们认识了孔圣人“孔老二”，如果不批孔，我们怎能知道《论语》，怎能会背几句“人之初，性本善”？批宋江让我们有幸接触到了《水浒传》。小孩子不懂批孔子、批宋江背后的政治意图，就像看两只公鸡打斗，就是看个热闹。但是被当作反面教材的“毒草”却开阔了我们的阅读视野，提升了我们的认知水平。我的姑父是水产公司的文书，经常搞批判宣传的。他偷偷地拿出了一套新出版线装本的《水浒传》，极神秘地告诉我，这是“毒草”，为了配合运动，上级加印了一批《水浒传》发到部分单位，组织批判性的阅读。还再三叮嘱，很好看的书，但千万不能外传。翻开《水浒传》，我首先被精致的绣像插图吸引了，鲁智深、武松、李逵等章节，都是对照着插图来读的，尽管读得很吃力，似懂非懂的，我还是把它啃下来了。有一次，与金雅闲聊时，我违背了姑父的叮嘱，把《水浒传》“出卖”了，偷偷地带了和金雅同看，把自己看了的故事讲给她听。看着她认真地听我讲梁山好汉的故事，被弹珠棋打败的自信心慢慢地“涨回来”了。

说起讲故事，我们院里的小伙伴们肯定是忘不了王明鉴叔叔给我们讲的《重逢》了。王叔叔在我们院子里学历最高，戴了副“茶杯底”高度眼镜，平时少言寡语，从不和小孩说笑。突然有一天，他在院里做起广告，说今晚在院子里讲故事给我们听，而且强调“大家都来”。晚饭后，几乎所有的小伙伴都搬了小板凳集中到院子里，静候大戏开场。王叔叔清了清嗓子，开始讲起了《重逢》的故事。“文革”后，张扬的《第二次握手》正式出版了，而这部书的前身就是手抄本《重逢》，当时，爱情题材是不能跨越的禁区，写爱情小说是要冒坐牢的风险的，但是追求爱情是人们无法压抑的情感诉求，因此，人们就用手抄的方式将这部小说传播开去。苏冠兰和丁洁琼的爱情故事迷倒了一代人。王叔叔用了三个晚上讲完了故事，很显然，书中男女主人公的真挚的爱情点燃了王叔叔心中的激情之火，竟然敢于冒着风险给我们完整地演绎了童话般的故事。

前几年和金雅聊天时，也聊起了此事，许多往事都随风消散了，但这件事都牢牢地印在我们的记忆里。

动乱年代的童年生活也是天真无忧的，虽然那时候的生活很不易，但孩子们脏兮兮的脸上依然阳光灿烂。冷了可以挤成一团，分成两拨，用力地“挤油”取暖；光着双脚在泥地上撒欢，摔倒了爬起来拍拍身上的泥土继续投入“营救战友”的游戏。但人终归是要长大的，那一年，我们一次次地感受到了大人们脸上的悲伤与无助，聆听了一个个噩耗的传来，我们扎过白纸花，戴过黑色臂带，在举国悲痛的日子里，我们真切地感觉到，快乐的童年已经慢慢地离我们远去了。

我和金雅升学到了东方红小学的附属中学，而且还是同班。我是班长，她是班副。

后来，发生了至今仍然让我“耿耿于怀”的事，我爸做了一个“错误决定”，给我换了一所学校，而且还降了一级。从此，我们再也不是同学了，接触的机会自然也少了，当我们在黄岩中学成为校友时，她已是高中生，我还只是一个初中生，我降格为“师弟”了。每次在院门口不期而遇时，心里总生发出极怪的感觉，双方都只是相视一笑，而交流也更少了。

“青春啊青春，美丽的时光，比那彩霞还要鲜艳，比那玫瑰更加芬芳。”20 世纪 80 年代初，满街都在播放关贵敏的《青春啊青春》这首歌，那是个激情燃烧的岁月，每个人都在为自己的理想而忙碌着。虽然我和金雅已不处在“同一级别”，但仍能通过一些渠道接收到她的信息，她依然是学习上的“佼佼者”。她的习作经常会出现在黄岩中学的“宣传窗”里。黄岩中学的那条梧桐小道，以及那一长排的“宣传窗”成了我们宝贵的青春记忆。当时黄中语文组曾经办过一本刊物《新苗》，老师们选择了二十多篇学生佳作，出版了一本学生刊物，在那个年代算得上很有纪念意义了。

“十年浩劫”结束了，整个社会生活慢慢步入正轨。恢复高考，无疑是我们人生中的一件大事。国家太缺乏人才了，一户人家出了一个大学生，真有“光宗耀祖”的味道。谁能够考上大学呢？在院子里就成为邻居谈论和关注的话题了，邻居们分析来分析去，论学习成绩，院子里这么多孩子也就是我们两个最有希望。“金师姐”在前，自然成为高考攻坚第一人。

就在高考的前一天，我看见金雅面色苍白，被姐姐搀扶着回家，从她家人的脸色来看，不会是开心的事。邻居们都议论开了，说是她读书太辛苦，累倒了，到医院挂针了。邻居们都为她捏了把汗，明天就高考了，可怎么好喔。我虽为木讷男生，但这点怜香惜玉的感觉还是有的，我“弱弱”地向娅外婆打听了大概，还安慰了外婆几句。后来，听说她是打着点滴完成的高考，这么具有传奇色彩的桥段，至今也没正式向她做过考证，但的的确确，金雅老师从此成为我的励志榜样了。

毫不隐晦地说，追赶金雅的脚步，冲击杭大中文系是我高考的最高目标。那年，高考成绩一公布，却给我打了一记大闷棍。填志愿时，金雅给出了她的建议，说我的成绩冲杭大中文系胜算不大，政治系或哲学系还是有戏。看着68分的政治成绩，我感到莫名的不解，至今我都无法搞清我的政治卷面到底发生了什么事，因此对政治产生了强烈的抵触。我还是固执地填报了杭大中文系。

1985年的初秋，我已经是台州师专中文系的大三学生。我的班长是黄岩同乡，校学生会主席，他得知了中文系新分配老师的信息。他告诉我，新来的老师也是黄岩人，名叫金雅。“没搞错吧!”我真的不敢相信自己的耳朵，又跟班长确认了她的样子。我的天哪，从此以后，我要叫她“金老师”了？哦，多么痛的领悟啊!

几个星期后，我敲开了金雅宿舍的门，毕恭毕敬地喊了声“金老师”，两人顿时开怀大笑。两个从小在一起玩，一起学习的小伙伴，长大后却在台州师专以老师和学生的身份相遇，这真是一种奇妙的感受。一个刚站上大学讲台的老师，另一个即将跨出校门的准老师，交谈的再也不是弹珠棋和《水浒传》，我们再也回不到从前，面对即将到来的人生大考，我们都充满了美好的憧憬。金雅不无感慨地说：“你的变化确实很大。”我说：“你何尝不是呢?”我们依稀寻找着彼此过去的印象，但过去已成回忆，只有希望我们都能走好未来的路。

后来，我毕业回到家乡，当了一辈子的普通老师。

再后来，金雅离开了台州师专，回到杭州，开启了她灿烂的人生旅程。

写于2021年7月　台州黄岩

作者单位：台州市黄岩区教师进修学校

那时花开

魏小青

雅，长淮，我们三人不知不觉中都快奔60了，那些封存在心底的青春往事，偶尔也会闪现几个画面，既清晰又模糊，转瞬又被忙碌的工作和琐碎的生活淹没。其实怀旧也是一件奢侈的事，只有岁月静好，心静如水才能将往昔情怀诉诸笔端。多少年了，凡尘俗事已荒芜了我的记忆。

我的前桌

那个年代小学5年，中学4年。我们直接从初二考上了县里最好的高中“黄岩中学”，也不过15岁左右，还算少年吧。1979年夏，暑假回来马上升高二了，报到那天莫名其妙被分到文科班，据说全年级就挑选了一班文科生、一班理科生，其余人都分到了普通班。说是因为语文考得好才选到文科班，心里还是有点小骄傲。开学第一天，老师组织同学清理教室前的草坪，大家互不相熟，各干各的。离我不远处有个小身影在低头拔草，小巧玲珑的，一头短发遮住了她的脸，那个认真样引起了我的注意，我注视她的时候刚好她抬头，一双大眼睛清澈又灵动，微微一笑温润如玉，一下子我就记住了她。回到教室排座位，我的同桌和我一般高，同岁，也是两根长辫子，不过辫子没我长，她叫“钱长淮”，说是取自我国三条河流的首字，长得慈眉善目的，很是热情，一下子就拉近了彼此的距离。巧的是我的前桌就是那个大眼睛女孩，她叫“金娅”，比我们小一岁。后来才知道她本名“金雅”，因“雅”字笔画多才写成“娅”。那时盛行苏联电影，女主角都叫什么“娅”的，我觉得她洋气的长相跟“娅”字很搭。我叫“魏小青”母亲怀我时喜欢吃青菜，所以就叫“小青”。缘分这个东西很奇妙，前后桌4人，偏偏我们三个人很投缘，能聊在一起。

我们班应届生不多，复读生占了一半，那年头考大学还是比较难的，没有现在的二本、三本，应届生考上大学凤毛麟角，复读几年都是常态，所以我们班年龄差距很大。复读生目标明确、压力大，很少跟我们玩在一起的，班里的气氛有点压抑。我们这些应届生也没指望当年就考上大学的，压力自然没那么大，但毕竟也是毕业班了，学习还是比较紧张的，也轻松不到哪去。所以我也只是经常上课用铅笔戳戳“娅”后背，“娅”便回头跟我们窃窃私语，或课间聊聊天，嬉笑一番，很少出去玩的。印象最深的是我们三人去九峰党校玩，“娅”父亲是党校校长，伯父很热情，亲自去食堂买了饭菜招待我们，那红烧肉的味道至今难忘。“娅”爱笑，特别灵气，却有着超出年龄的沉稳。学习很好，每门功课都不错，是班里的尖子生。

我们的班主任老师叫“金萃群”，教政治，后来成为有名的律师。金老师大高个，浓眉大眼的，很绅士，还有点小浪漫。他女儿就在我们班复读，还是我哥的同学。听金老师上政治课一点都不枯燥，他能把政治课讲得深入浅出，很有趣味，所以我的政治成绩一直很好。金老师为了活跃班里的气氛，减少学习压力，利用课间教我们唱歌。记得金老师在黑板上挂上毛笔抄的大歌谱，用他浑厚的男中音一句句教我们哼唱：“美丽的夜色多沉静，草原上只留下我的琴声，想给远方的姑娘写封信，姑娘就会来伴我的歌声……”。多少年了，每当听到这优美的旋律响起，都会拨动我的心弦，让我忆起那时那景，永生难忘！

我这个语文课代表怎么会忘了我们的语文老师呢，他叫“何在田”。我们是文科班，何老师当然是全校最好的语文老师了，他儿子也是我初中同学。何老师中等身材，长得眉清目秀的，很儒雅，讲课的时候眼睛微微向上看，声音很轻柔，是位非常敬业的老师。我的语文成绩自然也不错。我不像“娅”那么全面，我偏科，不喜欢数学，以至于数学老师叫什么，长什么样都忘得一干二净，这个“选择性记忆”还真有哦！

一年时间过得很快，1980 年夏，我们高中毕业了，我和“娅”选择复读，我去了位于临海的“台州一中”，也是我们台州地区最好的中学，“娅”留在母校，长淮不久后工作了。毕业的时候我们三人去照相馆拍了一张合影：“娅”坐 C 位，用丝带在头上扎了个蝴蝶结，很是活泼俏丽。我们三人笑容烂漫，相互依偎，清纯可人。至此，我们沿着各自的人生轨迹去演绎不同的人生。

初二聚会

复读的日子自然是紧张又有压力的，我所在的班都是来自台州各地的学生，成绩都不错。“娅”跟我一样，复读的日子也不轻松。我们三人很少见面，就约定每年“初二”相聚。按当地风俗，“初二”是不能串门的，我们才不管那些。不像现在的年轻人聚会往往是聚餐、旅游或去消费。我们那时没有自行车没有电话也没有什么钱，三人的家，离得不近也不远。一般都是“长淮”先到我家，我俩再结伴去“金娅”家。“娅”家住县政府大院，穿过院里的几棵大梧桐树就到了家属院，“娅”家住平房，打理得非常干净，伯母很热情，每次去都会烧些点心招待我俩。一整天，我们会把三家都玩个遍，一起在街上走走，叽叽喳喳的东一句西一句地聊天。特别单纯，特别开心，那种纯粹的美好成了我人生长河里的唯一。

1981 年夏，“金娅”如愿考上了“杭州大学”中文系，改回原名“金雅”。我不久后参加了“招干”考试，考入“黄岩财政局”。金雅去了杭州，我和长淮也忙着各自的工作，人生算是正式进入了角色，但是我们仍然延续着“初二聚会”的约定。记得“雅”有件黑色毛线开衫，是她外婆织的，我用金色丝线在毛衣上绣了两片枫叶，若干年后我还见“雅”穿过，她一定是喜欢的。我们又照了一张合影，金雅依旧短发 C 位，我一条长辫及膝，长淮双辫盘在脑后，我们微笑着相互牵着手，笑容灿烂，那种无瑕的美丽是青春的模样。

为人师表

4 年后金雅大学毕业，分配到了位于临海的“台州师专”当老师。我去临海看她，在简陋的教师宿舍我见到文雅又端庄的“雅”，像个老师样，她是改什么名就像什么字么。

一年后，我调到了“椒江城建委”工作。“雅”后来又回到杭州读硕士，毕业后留杭任教。我们三人从此天各一方，渐渐的我们的“初二聚会”也不能实现了，靠着“鸿雁传书”倾诉相互的思念。我们三人青春时期的最后一张合影是在九峰的“梅园”拍的。我们一起看梅展，金雅短发依旧，发梢微卷，围了一条漂亮的丝巾，我把长发高高盘起，穿一件紫色滑雪衫。长淮头发也盘在脑后，穿件红格子小袄。阳光明媚，我们青春靓丽，那是一张彩色照片，是我们青春的色彩。

贤妻良母

到了适婚的年龄，长淮和我先后结婚生子。那年“雅”回家探亲，长淮便邀请我们去她家相聚，我带儿子从椒江到了长淮的新家，长淮儿子和我儿子差不多大，非常有礼貌。此时见到的“雅”留起了长发，低马尾，很知性。长淮非常能干，很快就做了一大桌子菜，她用微波炉做的清蒸鱼味道很好。很难想象，眼前这个能干的主妇是我那个温顺的同桌。我们三人谈天说地好不欢喜，谁都想不到，这次相聚后，几十年我们三人再也没有机会聚在一起。

“雅”比我们晚好几年结婚，先生老家在温岭，算是同乡。那年春节，“雅”带儿子去先生老家过节，我刚好在温岭婆家，我就带着儿子去看她，我还是第一次看到她为人妻为人母的样子，甚是贤惠。我们两家人一起去“长屿洞天”玩，“雅”儿子还小抱在手上，我儿子大好几岁，看我抱弟弟就大哭。那天，我们玩得很愉快。

“雅”后来在职念了博士，忽然有一天，“雅”来到“椒江建设局”找我，说和她的导师一起想去椒江的老街采风。老街当时正在修缮不让外人进入，我便找熟人带他们进去，拍了一些照片。我们俩都来不及寒喧，她便匆匆离去。“雅”小小的身躯背着个大包包，红丝绒发箍扎着低马尾，有点女强人的味道，那个“贤惠”的小媳妇呢？

青春记忆

时光荏苒，几十年一晃就过去了，有了手机这个通信工具，又有了“微信”这个联系方式。“雅”便将我们三人建了个群，取名“青春记忆”，大家在群里相互问候。“雅”早已是浙江理工大学中国美学与艺术理论研究中心主任了，在美学领域自有一番成就。朋友圈经常能看到她出席很多学术活动，出了很多的论著著作，美学造诣非常深厚，桃李满天下。长淮呢，相夫教子，贤惠又能干，把贤妻良母做到了极致。我成了一名“城市记忆”的守护者，把自己的青春年华都献给了城建档案事业。“兰台耕耘30载，纵然绿叶也芬芳”，这是我这些年工作的写照。建党100周年我入选台州百年百人事迹画册展，当我举手宣誓、重温入党誓言的那一刻，依然会觉得热血沸腾。我们不负韶华，青春永驻。

金雅、长淮，我可爱的同学、亲密的伙伴、亲爱的朋友！我们彼此青春的见证者。不管经过多少时光，再相聚时依然不会陌生，因为在心里我们从来不曾分开。那个眼里有星辰的大眼睛小姑娘，那个热情又爽朗的同桌，在我心里，你们亦如初见。

2021年7月于椒江

作者单位：台州市椒江区城乡建设档案馆

“一往情深”的小妹金雅

何春晖

“1985 年 7 月载着我们 106 位水手的船靠岸了，106 个水手上岸了，各自去找更大的船，向南极，向新海岸，向新大陆的船。”这是杭州大学中文系 1981 级毕业纪念册的开篇语——“这是一艘船”上的一段话。其中的一个水手就是我的同窗好友小妹金雅，她经过了 36 年的航程，早已找到了自己的新大陆，她扬起了中国美学研究之风帆，凭着自己的不懈努力，已经到达了自己的好望角，这是好大一片让人羡慕的金色的海滩。当年的一个小水手早已不是当年的黄毛丫头了，她已成长为如今大名鼎鼎的金教授了。不过在我心中她还是那个可亲可爱的小妹金雅。

30 余年来，金雅堪称著作等身了。大部头的著作就有《梁启超美学思想研究》《人生艺术化与当代生活》《中华美学：民族精神与人生情怀》《中国现代人生论美学引论》《中国现代美学名家文丛》《中国现代美学名家研究丛书》《中华人生论美学经典悦读书系》等。在《人民日报》《光明日报》《文学评论》《学术月刊》《新华文摘》《中国社会科学文摘》《复印报刊资料》等发表学术论文逾百篇。还兼任中国新文学学会副会长、浙江省写作学会副会长、中国中外文论学会理事、中国文艺理论学会理事、中华美学学会理事等。从本科一直到文艺学硕士、博士、博士后。我一直很好奇，小妹小巧的躯干里何以能积聚如此强大的能量？是什么力量让她扬帆起航画出了如此唯美的画卷？当年我们的毕业纪念册中老先生们的寄语倒是给出了答案。语言学家、敦煌学家蒋礼鸿先生题词“谦以自牧，自强不息”，文学家诗人孙席珍先生的寄语“业精于勤”，而金雅正是106个水手里真正没有辜负先生们之殷殷嘱托的。

认识金雅是从1981年9月15日开始的。40年的时光雕琢了我们彼此的灵魂，或许是她主要从事美学文艺学研究之故，除添了几分知性和优雅，其他仍是一如既往的小巧、伶俐、优雅，一双大眼睛依旧是炯炯有神。还有那齐刘海的童花头，也是当年小妹的标识。她入学时比我们年级的同学普遍小一两岁，加之她个头偏小，是十足的中学生模样，直至她大学毕业4年后重回母校读研，还是当年的模样。因此她是我眼中永远的小妹。当年小妹给我的毕业纪念册题写“东阳女儿还看春晖——小妹金雅敬赠（1985年7月）”，为姐很是羞愧呢，但姐以妹为荣。今天我要回赠“黄岩娇女最是金雅”，你是我们中文系的骄傲，母校杭大的骄傲。

当年能考上大学实属不易，记得1981年能考上大学的高中生大约只有10%。被称为天之骄子实不为过，所以80年代的大学生，求知若渴是共性，而金雅又是同学中最为用功的一位，她是一班我是三班，我们全年级三个班大部分的课都是在一起上的，所以大家彼此还是有不少交集。记得每一次大课她总是背着书包早早在第一排坐定，而且经常要用书包去占位置，但凡好学生都是争坐第一排的，我大部分时间都会坐在她的侧后方，所以不经意间，总能看到她特别认真听课的模样。她那双大眼睛总是会盯着老师或黑板，听课样子特别专注可爱。当年中文系要学得好，认真听课是必须的，更必须的就是记好课堂笔记。特别是那些没有专门教材的课程，没有笔记考试就是抓瞎了。当时中文系有好几位特别有名的教授，比如吴熊和先生、蔡义江先生。他们上课是没有教学大纲的，拿起粉笔，口若悬河，洋洋洒洒，满黑板就是一幅幅美不胜收的作品。我自己当年古代文学的笔记至今也还保存着，以纪念那份美好并致敬我们的老师。小妹金雅的笔记在年级里还是蛮有名的，应该有不少男同学会在考试前夕借她的笔记应付考试。印象中她的笔记可是整整齐齐、密密麻麻、一丝不苟。她的勤奋好学也是蛮有名的，记得她有一件红色格子衣服，在操场的夕阳里，红格子衣服搭配特有标志的童花头，似乎在背英语的场景，至今还历历在目。每门课她的成绩总能名列前茅，活脱脱学霸小妹一枚。大概只有体育课不够理想。大学里我们体育课是男女分班上的，我是体育课代表，每一次报数喊口令时，她总是能应声出列，那报数的声音脆生生的好听。不过当年女生的体育锻炼似乎不够积极，所以每次 800 米的达标测试，对好多女生都是小灾难，大家总会想出很多办法请假。小妹不像我，我可是好动分子，又是体操队，又是排球队，玩得疯疯癫癫的。小妹好学好静不好动，记得有一次跑完 800 米后，她红扑扑的脸蛋加上气喘吁吁的模样便更像一个中学生了。

大学 4 年毕业后，小妹分配去了台州师专。工作四年后，1989 年她以优异成绩考回了母校，攻读著名文艺理论家王元骧先生的文艺学硕士。我因为毕业后一直留在中文系工作，我们俩的更多交往应该是从这时候开始。当然这段时光也没少吃她家乡的黄岩蜜橘，在她三年的硕士学习期间，因为大家都在一个楼里读书办公，所以也经常结伴去食堂用餐，然后便一起在校园里散步聊天。聊天南海北，当然也聊自己的爱情。有一天她很神秘地跟我说，有一个老乡同学在追求她，让我这个为姐的去考察一下。其实她同我说到这个男生时，眼里分明已流露出了几分爱意的。记得我俩还一起去了男生宿舍，还一起愉快地吃饭聊天。金雅初恋的男生，便是这个学城市规划专业的她现在的丈夫江先生。小妹对待爱情的态度与她做学问一样，一旦爱上便忠贞而又专注。兴许正是这种一往情深，也注定了她事业和生活的双丰收。金雅对待生活是一丝不苟、精益求精的，唯美精致表现在生活的方方面面。她刚乔迁运河边的新家时，就邀我去过，家的布置足够彰显女主人的审美，那是一种绝不显山露水，而又富含巧思的美，那装潢和布置处处浸润着她的美学理想，就像她平日的着装，随性而又雅致，别具自己的风范。

一晃即将步入退休的行列了，我们这艘船上的 106 个水手，经历了近 40 余年的远航，又将再一次靠岸了。我相信大家心中那份诗和远方是永恒的，感恩中文系给我们埋下了美的种子，有小妹金雅人生美学的陪伴，让我们携手再起航，一起驶向下一个好望角。

辛丑年 11 月

作者单位：浙江大学

同门“大师姐”

郑玉明

6月中旬，浙江省文艺评论家协会和浙江大学联合主办“社会主义先进文化与‘重要窗口’建设研讨会”，我在会场上遇到了有段日子没见到的金雅教授。金雅教授当年在浙大读博士时是我的同门，我们都是当代著名文艺理论家王元骧先生的学生。浙大那个时候的博士招生，一年有春秋季两次。我是2000年秋季入学。金教授比我早半年，是春季生。由于她入学早，我就很自然地喊她金师姐。一直到现在，习惯已成自然，除非是在很正式的公众场合，我都是如此称呼她。

金师姐并不是王元骧先生最早招收的博士生。在她入学半年前，即1999年秋季，王先生还招过两位师兄，他们才是我们王门博士生真正的大师兄。只是，两位师兄一位是没有工作过的应届生，缺少社会工作阅历，平时耽于读书、科研，较少与同门往来交流；另一位是浙大的在职教师，大概是平时工作压力大，在职读博士要兼顾工作与学习，所以根本没时间与同门们交往，我们对其也不很了解。只有金师姐，虽然当时也是杭州师范学院（今杭州师范大学）的教师，也是在职读博士，而且不和我们一起住校，但她为人热情，是同门中与我们往来较多的一个。

印象比较深的是2004年夏初的一天，金师姐她们那一届博士答辩完，她就招呼了王先生所有在校的博士同门一起去喝茶。大家原本熟悉不熟悉的聚在一起，聊导师聊专业聊答辩聊工作……大家交流信息，增加了彼此的认识和了解，加深了同门之间的感情。金师姐本科就是在杭州大学（今浙江大学）中文系读的。1985 年大学毕业后，在台州学院工作了几年，1989 年她又考取了王先生的硕士研究生，硕士毕业后到杭州师范学院工作。1999 年王先生成了博导，有了招收博士研究生的资格。2000 年春，金师姐又考取了王先生的博士，2004 年春取得博士学位毕业。作为多年在杭州大学、浙江大学读书的学生，金师姐硕士、博士都是王先生的学生，因此她对王元骧先生有很深的了解。而我是在湖北大学读的硕士，后来才考取的王先生的博士研究生，因此虽然我也在王门读了三年书，但对王先生的了解还是远远不够的。正是在金师姐组织的喝茶活动中，我才知道了王先生在讲课时能够随手用粉笔作画的艺术本领，了解了王先生作为严师，对待学生的科研和写论文究竟有多严！

客观地说，博士生的读书生活是比较枯燥的。作为文科生，我们不需要像理工科的学生一样天天去做实验，记录、分析实验数据，但每个人都天天在忙着读书看论文，查资料写论文，即使是同一个专业甚至是同门，彼此之间的交往也不是很多。除了几个平时走得比较近的同学，大家会经常一起去食堂，偶尔一起听听讲座、逛逛书展、爬爬山之外，很少专门去谁那里串门聊天。因为每个人的专业学习并不轻松，大家都难得有“偷得浮生半日闲”，专门在一起轻松聊天交流见闻和生活经验的时间。同门之间，也就是教师节、王先生生日等特殊日子的时候，几个人约在一起去看看导师，彼此之间平时少有交往的机会。所以，对于金师姐主动张罗的喝茶活动，大家内心都非常感谢，我也因此直接将她看作了事实上的同门“大师姐”。

我毕业工作后，同门之间，与金师姐来往联系算是比较多的。因为我博士毕业后留在杭州工作，在同一所城市客观上彼此联系比较方便。最初是帮金师姐代课。金师姐因为一直积极上进，博士毕业后又去中国社会科学院文学所跟随钱中文先生做博士后。当时，杭师院中文系的文艺理论专业教师不多，原来金师姐上的文艺心理学这门课一下子没有合适的老师，金师姐就向系里推荐了我。印象里，每次去上课，我要先赶去文一路杭师院本部，然后乘坐很久的校车到下沙。在陌生的学校，找教学楼，找教室，为陌生的学生执教这门新课——文艺心理学，种种“陌生化”体验直接抵消了奔波教学的疲惫。尤其让我记忆深刻的是，有一次上课期间竟然还遇到了去听课的成立教授。成教授是我博士论文答辩时的答辩委员，他参加我的答辩时已经退休多年。原本我以为，毕业后就再也没机会遇到成老师了——毕竟不是在一个学校工作，没想到在课堂上又见到了老先生。杭州师范学院作为师范院校，对教学工作非常重视；成教授作为德高望重的老教师，当时大概是身负教学督导之责，所以在我上课期间就由教室后门走进了课堂。等我一下课就去和成教授问好打招呼时，他已经笑着向我走来：“原来是你在上课！讲得挺好。”就这样，我总共在杭师院中文系上了两个年级学生的文艺心理学课程，直到金师姐博士后出站。

再后来，与金师姐的来往主要是我在她组织的各种学术活动中敲敲边鼓，为师姐呐喊助威。金师姐对学术兴趣浓厚，勇于开拓，从不松懈。博士后出站后，她回校创建了中国美学与文论研究中心，积极开展前沿学术研究；多次发起、组织中国近现代美学领域的学术会议，推动学术交流和发展。我当时作为刚刚走上工作岗位没几年的年轻教师、学术新兵，抱着开阔眼界、多方面学习的心态，在金师姐组织的各种学术活动中做些事务性工作，趁机也写写论文，参与一些学术论题的研究，受益匪浅。

记得是在2008年春末夏初，中国美学与文论研究中心发起举办由中华美学学会、中国中外文艺理论学会、杭州师范大学等联合主办的“‘中国现代美学、文论与梁启超’全国学术研讨会”。那是金师姐第一次在杭州组织全国性的大型学术会议，有来自全国100余位专家学者参加，会议开得很成功。我做会务工作，感觉很受锻炼。会后，我还协助金师姐整理出版了会议论文集《中国现代美学与文论的发动》（天津人民出版社2009年出版）。集子中50来篇论文反复看下来，基本了解了梁启超美学思想以及中国现代美学研究的大体状况，在学术上收获也很大。

我读硕士研究生时，专业是西方文论与马列文论，读博士的专业方向是文学基础理论，后来博士论文选择了黑格尔美学作为研究对象。因此，我的学术视野相对来说比较狭窄。金师姐的学术重心在以梁启超为中心的中国近现代美学研究。正是在参加金师姐组织的各种学术活动中，我得以对中国近现代美学研究有所涉猎，可以说是补上了中国近现代美学的课，这是应该特别感谢金师姐的。

2010 年，金师姐由浙江理工大学人才引进，过去主持中国美学与艺术理论研究中心的工作，她的学术领域也拓展到艺术。因为自己实在太懒，不愿意另外去关注新的学术领域，所以只是在中国近现代美学及相关研究范围内才参与一些金师姐组织的学术活动，相对疏离了金师姐的学术领导。但金师姐为推动国内人生论美学研究的发展，多次为学术期刊组稿，我都积极参加，得以先后在《社会科学辑刊》《学术界》等发表学术论文。金师姐组织的各种学术活动，为我及在杭同门提供了学术交流的很好机会和途径，这是特别感谢同门大师姐的。

进入新世纪后，人文学科在市场经济社会的边缘化让太多学人内心焦虑。金师姐一直保持乐观的信念，主张人文学科的社会责任与人生向度，也积极发挥自己在各方面人脉深厚的优势，倡导美学理论研究与实践应用的交融互动。我虽不擅长与人打交道，又深受时代风气的一些影响，对人文研究内心悲观，但对金师姐在理论与实践结合方面的探索，深感兴趣。记忆里，我在金师姐的带领下，曾参加过为幼儿识字玩具的应用价值进行的美学理论论证，从康德、席勒的审美游戏理论出发洋洋洒洒写过一大篇文章；也曾为浙江台州黄岩宁溪镇美丽乡村的规划设计，从美学角度写过上万字的规划设计思路。特别是 2011 年，在为黄岩宁溪镇的美丽乡村规划设计进行美学规划时，金师姐带着我们课题组的两位老师，杭州师范学院美术学院的一位老师和我，一起去台州市黄岩区宁溪镇进行实地走访考察，然后一起研究分析美学规划思路，最后课题组写出了上万字的美学规划思路报告。

这些年来，金师姐的学术探索主要聚焦于美学基础理论领域，如中国近现代美学思想、人生论美学、中华美学精神、当代美育理论等，在这些领域她都有屡有开掘和比较深入的探索。特别是在引导当代大众的审美观念、人生观念的变革上，她进行了持续的思考，着力颇多。这些问题，也是我们共同感兴趣的领域。前些年，金师姐与我合著了《美育与当代儿童发展》一书，我们反复磋商、修订，2017 年交由浙江少年儿童出版社出版，应该是第一部用人生论美学理论考察研讨当代儿童美育的专著。后来，她又策划、组织了《中华人生论美学经典悦读书系》的编著，这套书系以人生论美学为主题，对梁启超、朱光潜、宗白华、丰子恺的人生论美学重要文献进行了集中遴选点评，我也参与了其中一本《丰子恺真率人生论美学文萃》（中国文联出版社 2018 年版）的部分评点整理工作。这套书系的编著作者，有十余人，金师姐统筹规划，投入了大量的精力。书系出版后，在学界和社会大众中都获得了良好的口碑。

时光匆匆，感慨良多。我相信，我们的同门大师姐——金师姐，仍一如既往，带头开拓进取！

作者单位：浙江工业大学

简单而温暖

——我认识的金雅师姐

李茂叶

与金雅师姐相识第十六个年头了，犹记与师姐的第一次会面，是在西溪校区西的一个茶馆里。未见之前就已听上两届的同学说师姐的博士毕业论文深得我们导师王元骧老师的赞赏。因为师门同学都知道，王老师要求不是一般的严格，毕业论文能得到王老师的认可与夸奖，那是相当不容易的事。因此，师姐在师门中颇有传奇色彩。王老师并不严厉，也不批评我们，更不会骂我们，但在王老师面前做不好作业就觉得问心有愧。师姐家在杭州，不住学校宿舍，不像我们单身，住学校宿舍一层楼的同学都认识，所以在很长的时间里我都没遇见师姐。

那次见面之时正是我临近毕业焦头烂额之际，那时因一篇学校要求的一级论文迟迟未发表，影响了我的学位证书。当时浙大要求博士毕业生必须发 A 类与一级论文各一篇才能正常毕业，而其他高校要求并没有这么高。大家叫苦不迭，但也无可奈何。无奈之下，决定向已经毕业的师姐取经、求援。初一见面，感觉师姐名如其人：温婉清雅、轻柔恬静，如我心目中典型的江南女子。及至聊起来，才觉得师姐反倒有些北方人的热情和爽快。初次见面就给师姐出这么大的难题，我很是难为情，师姐反倒是不断宽慰我，最后那篇文章还是在师姐的大力推荐下才得以尽快出来。后来才知道，师姐那时与她的爱人前后都在读博士，孩子又小，高校科研压力非常大，平时也是忙碌不堪，可师姐还是不怕麻烦，对我这个初次谋面的师妹热情地伸出援助之手，我很是感激。一直记得师姐当时安慰我的话：那关系到你的“饭碗”呀。在俏皮幽默中化解了我的歉意与尴尬。2006 年毕业后我离开浙大到现在单位工作，与师姐远隔千里，因忙于新的专业，接着怀孕生子，之后一直没有回过杭州看望师姐。感激师姐的帮助之余，仅仅是与师姐保持电话联络，惭愧的是，至今连顿饭也没请师姐吃过。

毕业后我从事的专业直接转向影视艺术，与原来文艺学的方向渐行渐远，慢慢地不再密切关注文艺学的发展与前沿问题。2012 年 11 月，我去杭州参加由中华美学学会、中国中外文艺理论学会、浙江理工大学等联合举办的“蔡元培梁启超美育艺术教育思想与当代文化建设”全国学术研讨会。我到会较晚，会前来不及拜见师姐，当时看到座位前排一个消瘦的背影，竟然一时没有认出来那是师姐，待师姐上台发言才发现师姐比 6 年前消瘦很多。也才了解到浙江理工大美学中心在师姐的带领下，成果非常丰富，在学界产生了巨大影响，这次会议也是在师姐等人的牵头下成功召开。六年过去，师姐的勤奋努力收获了累累硕果，也为“人生论美学”的理论建构，奠定了坚实的基础。其中，师姐的专著《梁启超美学思想研究》在权威的出版社商务印书馆出版，师姐因其成就成为学界研究梁启超美学思想的重要专家和中国近现代美学研究等方面的著名学者，其中的辛苦也不言而喻。我为师姐自豪，也为自己毕业后无所建树而惭愧。师姐不但是严谨治学的学者，也是善解人意的大姐。晚上找师姐聊天话家常、谈学术，师姐不提自己的成就，反而不断宽慰我、开导我、鼓励我，理解我与爱人长期两地分居、工作之外自己带孩子的艰难处境，大大缓解了我焦虑不安的情绪，大有如沐春风之感。

再次与师姐见面，是在 2018 年 11 月“我国当代文艺理论建设暨王元骧教授从教 60 周年学术讨论会”上。不经意中 6 年过去，许多师友也已几年未见。毕业十来年，我依然平淡地上课，偶尔写几篇文章完成任务。但从权威期刊与报纸上不断见到师姐和各位师友的大名，师姐在《人民日报》《文艺报》《学术月刊》《社会科学战线》《文艺理论研究》等顶级期刊、权威报纸上不断发表文章，著作不断出版。由金雅师姐发起的“人生论美学”这一新的话题，不断引起学界的兴趣，受到学界的关注，并逐渐成为一个新的研究方向。会议期间，再见师姐，师姐一如当年的温婉娴雅，但瘦弱的身体却扛起美学界“人生论美学”的大旗，为建构中国美学自己的话语体系和理论体系而努力，也为弘扬中华美学的精神传统而努力，更为呼吁审美、艺术、人生之间建立起可供实践的路径而努力。

师姐多少年前就已经是教授、专家，写篇文章混下去也没人说啥，但师姐没有这么做，反而将学术研究发展为兴趣，长期的思考变成惯性，深入其中根本停不下来。想起浙大文艺学教研室徐亮老师上课跟我们说的一句话：专业是我们吃饭的家伙，但仅仅是吃饭的家伙就可悲了。师姐的研究可谓一种超越：兴趣加思考、勤奋加坚持，才有师姐的新成果不断问世，才换来著作等身。

会议期间，我再次拜访师姐，师姐如六年前一样没有变化。话题自然离不开“人生”，聊起人生的际遇，谈起工作与家庭、职称与孩子，师姐坐在我对面，笑眯眯地耐心地听我这个老讲师“谈人生”，颇有“关公”门前舞大刀之感。我很放松，师姐亦不觉俗气，反倒以过来人的经验指点孩子的教育，说出自己的看法，于是我们都感慨，人这一辈子，有得有失。我作为学术上的懒汉，以阿 Q 精神安慰自己，于是，释然了。

匆匆一面后，一晃三年与师姐又没有见面了。前段日子与师姐在微信上聊了一会儿，我们感慨时间，感慨岁月。算起来，已是与师姐相识的第 16 个年头了。往事悠悠，隔空遥想当年，简单而温暖，感动又珍贵。

作者单位：江苏师范大学

别样的优雅

——记我的老师金雅

金文俊

1999年，专升本的考试热起来了。我刚刚调入到一所新办的民办学校，身边的同事们都已取得本科文凭，有的已是市名师，心里特别恐慌，在专升本的考试中铆足了劲，顺利考上了杭州师范学院汉语言文学专业（函授），寒暑假安排有面授，学习地址在杭州师范学院（现为杭州师范大学），给我们面授的老师全部是杭师院的教授，因为那时函授还很重视，杭师院派出了精英师资队伍。

那是七月一个炎热的日子，我们面授的第一天，也是师生见面会，一位身着白色连衣裙，身材瘦削的儒雅中年女子出现在教室门口，她满脸微笑阔步走上讲台，我坐在前几排，感觉一股清风扑面而来。老师用十分标准的普通话自我介绍，她就是杭州师范学院中文系的金雅老师，是我们的班主任。从她的自我介绍中，得知她是台州黄岩人，正好和我是台州同乡，所以备感亲切。第一讲学习的好像是诗词中的美学，因为这是我大专时从未接触过的课程，因为基础薄弱，对于课程内容停留在朦朦胧胧的阶段，但金老师的优雅讲授，足以让人对她的课印象深刻。

除了函授期间的寒暑假，我们能见到金老师，平时其他交流极少。金老师对班级的大小事务无不关心，对同学的关爱也极其到位。我清晰地记得当时杭城极其闷热，教室、宿舍有空调的极少，金老师就组织班干部采购了冰块，放在教室后面给整个教室降温，这是那个时代一道靓丽的风景，也是我们每个下午最热切的期待。相聚的日子总是短暂的，自从2002年函授毕业后，就再也没见过金老师，但在我的脑海中，老师的那份优雅始终挥之不去。

2008年中的某一天，我去杭州看望朋友，晚上聚餐时，一位特清柔优雅的中年女性坐在我旁边，感觉特别面熟，也特别亲切，当友人介绍这是一位博士后时，我肯定是当年的班主任——金老师无疑了，便冒昧地问了一句“你是不是杭师院的金老师”。于是我们便愉快地交流起当年的往事，交流时的谦逊和优雅永留在我心间。饭后，我就邀请金老师有空去我们学校给老师们开个讲座，也顺便了解一下家乡的基础教育，她当时就爽快地答应了。

2010年12月17日，金老师和另一位教授如约而至，晚上我们到海边的一个小饭馆共进晚餐。不知是谁叫上了已退休的老校长，席间老校长大谈自己的教育理念，而旁边的金老师总是微笑着，认真地听着，从不插一句话，保持着一贯的谦逊和优雅。我本来借此机会想聆听老师的教诲，可是这大好的机会却被搅局了，直到现在还留有深深的遗憾。第二天是学海中学的第二届班主任论坛，主题为：“做一个幸福的班主任。”上午两位老师分别给全体教师作了讲座。金老师在讲座中指出，教育需要理想，教育者需要不断接近理想。一个优秀的教师，除了具备完善的知识结构，先进的教学技能，还需要充满真情和激情。没有真情，很难纯粹投入教育的事业中。没有激情，很难体味到教育工作的快乐。在功利、浮躁的时代，要把职业变成事业，涵养教育的情趣，激活课堂，放飞心灵。十多年过去了，金老师的一席话，在当下依然不过时。这天下午，我们一起爬了江南古长城，领略了家乡的美景，见证了家乡厚重的历史底蕴。

临海一别十多年，我与金老师再也没有见过面。不久老师就给我邮来了她主编的《中国现代美学名家文丛》，之后又给我邮来了她的专著《人生艺术化与当代生活》。拜读后，让我对中华美学和文艺思想的民族瑰宝，有了一个初步的了解。金老师还兼任浙江省写作学会副会长，她多次推荐我参加省写作学会的年会，在会上尤其是中学写作教学的理论探讨，比如情景作文、生活作文、下水作文等各种教学理念对我有很大的启发。尤其有一次在温州的年会，一位特级教师讲下水作文教学，幽默风趣，课堂轻松有效，如此新颖的教学方式我还是首次接触。在以后的教学中，我不断吸收，不断地总结，后来在自己的日常教学中尝试了他们的一些做法，收获颇丰，真的感谢我的恩师。

“教育是一棵树摇动另一棵树，一片云推动另一片云，一个灵魂唤醒另一个灵魂。”我对此感悟深刻，虽然我与金老师见面的时间不多，但她对我的影响却是一生的。她把文学、哲学、美学与生活圆融沟通、相互辉映、相互照见的研究思路，深深影响了我，影响了我作文教学的观点方法，影响了我对文学和人生的感悟。她是我最热爱的老师。

一个人遇到好老师是人生的幸运。我认为，人最大的运气，是在某天你遇到一个人，他打破了你原来的思维，提升了你的认知层次，唤醒了你的生命潜力，进而提升你的境界，这就是你的贵人。金老师是我的大贵人，她指点我眺望星辰大海，我想把领略到的辽阔和灿烂也告诉我的学生，让孩子们感受文学与人生的自由和美好。

作者单位：临海市上盘中学

玉壶存冰心，朱笔写师魂

——记金雅老师

鲍建新

2013 年 5 月，我因访学事宜去杭州拜访浙江理工大学的金雅教授，从此我们认识了，我的人生里也多了一位老师。

作为一名高校美术教师，我一直希望有继续学习的机会，以不断提高自己的专业与学术水平。2013 年 4 月，我得到一次我校教师到国内高校当访问学者交流学习的机会。我对此非常重视，生怕自己把握不住。当时，我的第一目标志愿学校，是中央美术学院实验艺术学院。但听说央美访学导师名下，通常每年只有一两个面向全国的访学名额。而我自己的单位也不会将多次访学机会给同一个人，如果因我自己个人的缘故没有去成，可能近几年访学的机会也就没有了。因此，我想再选一所学校的专业导师作为第二访学志愿。我原本就对美学与艺术理论有很大的兴趣，也有意于艺术美学的学习。通过了解得知，浙江理工大学的金雅教授，多年从事美学教育与研究，成果斐然，在美学界也很有影响力。于是，我想选择金老师作为我的第二访学志愿导师。因为是第二志愿，我心里有点忐忑，怕有负对金老师的敬意。于是我联系了金老师，要求面谈交流，以求获得金老师的理解帮助。五月的一天，我如期在金老师的办公室见到了她。金老师个子娇小，面容清秀，一头短发，说话语音清晰温和，比我印象中的女教授的形象要年轻许多。我如实向她说明我来访的原因与访学申报情况，以及我的意愿，希望能得到她的理解并支持。未曾想她笑着脱口而出说："没关系的，我知道你们画画的都喜欢搞实践的。”同时还跟我分析了去北京访学艺术实践类与在杭州访学美学理论类的不同优劣势，让我很欣喜而心动。她明确而温和地说，支持我去央美访学，如果去不了北京就来她这里。听到她这么说，我真是非常高兴，悬着的心也就落了地。

后来，我也顺利被中央美院实验艺术学院录取为当年的访问学者。虽然，没能跟从金老师学习美学理论。但自那以后，我们就以师生相称，在我心底，她已是我永远的老师。由于我们各处杭州温州两地，较少见面。好在这个网络时代，我们可以在微信上便捷的交流，相互关注彼此在朋友圈发布的动态消息，或点赞，或评论，以这种有时代特征的方式保持着联系，一直到现在。感谢这个技术进步的时代，使我们不因时空而疏远。

2018 年的冬天，我在中国美术学院的岩彩画研究所举办第一次个人作品展，我请金老师为我写几句话，她欣然应允为我的展览写了简评，使我的展览增添了亮点，令我十分感激。我也回赠金老师一组我的“亦非”作品，作为留念。回温州后，我又收到了她所编撰的《中国现代美学名家文丛》和《中华美学：民族精神与人生情怀》等著作。这些美学著作，现在都成了我书架上的珍贵藏书。

时光荏苒，转眼我和金老师相识已近十年。虽然我们都在忙着各自的工作与事业，很少见面，但我们相识的点点滴滴，犹如就在昨天，记忆犹新，并没有因为时空的距离而淡忘。特别是金老师的宽宏大度、温和善雅的学人风范，留给我深刻的印象！

记得有人这么说过，越是有学问有本事的人，就越是宽大和善，诚然是然！

在此，衷心祝愿金老师春华秋实、健康快乐！

辛丑年立秋于温州

作者单位：浙江工贸职业技术学院

知行合一，引领建立审美坐标

——感恩我师金雅

李　琦

从小，我就喜欢艺术，工作后，更是对艺术教育有着深深的向往，希望能够沉下心，认真地研究和实践。但是似乎总是在迷宫里探索，找不到出路，跌跌撞撞地前行，走了几圈，又回到原地。直到有一天，我遇见了金雅老师，从此，在研究和践行的道路上，建立了自己的坐标，有了清晰的方向感。

2012年，我申请参加访学的项目，很冒昧地直接打了金雅老师的电话，希望她能担任我的导师，打电话之前心里忐忑不安，担心会被拒绝。没想到，金老师一听我的请求，就让我在下周一的中午，到她的研究所办公室见面。放下电话，我心花怒放，金老师那温柔的声音让人感觉如沐春风，原来金老师是这样的平易近人，乐于帮助年轻后辈。见到金老师后，我更加明白了，美育对一位学者的滋养，只有有着向美向善的一颗爱心，有着大爱的世界观的人，才会有这样温文尔雅的风度吧。金老师一头短发，一袭黑衣，看起来非常年轻，不施粉黛，温和地笑着，很像从“五四”时期的画中走来的女大学生。研究院深红色的普通办公家具，干净清爽。坐定，金老师就细致问我有什么具体计划，打算如何进行学习，我们聊了好多，金老师给了我很多学习的指导。好像我以前就是她的学生，只是下课来提问答疑。也许，这就是师生缘分早已定吧。

正式访学开始后，我去金老师家拜访，讨论研究选题。一路上，心里默默地想着我想请教的主要的几个问题：今后的发展方向？是否继续考博？如何治学？如何深入研究学问？到了金老师家，刚刚坐下来，很多问题已经有了答案。金老师家的书真多啊，到处都是书山。因为实在太多，书架放不下了，一排排整齐放在地上，看起来非常壮观又不同寻常。我不由得脱口而出："金老师，您家的书也太多了。"金老师笑笑说："做理论研究，这些都是必需的资料，没有大量的资料积累，我们如何能够把握洞悉问题，不断深化和提高呢。"书山中，还有一个炭黑色的跑步机引人注目。金老师说，她身体不是很好，工作强度也比较大，所以每天坚持跑步锻炼，提高体能。应该如何做学问，已经无须多言，金老师用行动告诉了我。

金老师的家，坐落在运河之上，坐在家中的阳台，就可以看见楼下的船只缓缓驶过，是一个闹中取静的好地方。我想，美与审美早已经融入了老师的日常生活中。在暖暖的阳光下，我不由请教金老师，是否继续读博，同时苦恼自己家庭压力比较大，工作也很忙，无法安心读书。金老师说，她也是工作和结婚后，又继续求学的，鼓励我坚持下去，朝着自己的目标努力，一定能达到。现在，我虽然没有完成自己的理想，但是那个下午，受到的鼓励，永远忘不了。正能量满满的金老师，通过温柔而坚定的语言，点燃了我心中的希望。

我向金老师请教孩子的养成与教育方法。金老师告诉我，不要急于求成，顺其自然的发展，适当的引导，培养孩子学习的兴趣最重要。金老师的孩子当时在上海读大学，自主招生入学的。她说，她的孩子从未送过课外学业辅导班，只按照孩子自己的要求，参加过中国象棋的课外兴趣班，小时候得过同年龄段孩子的全省中国象棋的亚军，读小学时，她的孩子和学象棋的小伙伴们一起，跟着象棋教练出省参加全国比赛。后来，升读文澜和杭二，一直是学校象棋社的活跃分子。到上海读大学后，也是学校象棋队的主力。金老师夫妇会在周末抽空去上海看儿子，一起聊天，看画展，品美食。浓浓的母爱和亲情，扑面而来。对比很多孩子，在高中时期，就耗尽了全部力量，考上大学时，已失去了人生的目标。这对于我有很大的启示。让我明白了，作为一个母亲，在整个环境的巨大升学压力下，应该如何正确地滋养和帮助孩子。

2017 年 5 月，金雅老师和郑玉明老师合著的《美育与当代儿童发展》出版了。记得那是一个午后，打开书，我顿时感觉像打开了一扇新的大门，进入了一个全新的世界。这个世界里，清风习习，万物可爱。有山有水，可以感受到万物之美；有诗有画，可以感受到艺术之美；有花有蝶，可以感受到生命之美。我第一次深入了解到梁启超、丰子恺、陈鹤琴、卢梭、福禄培尔等大家的美育思想世界，第一次感觉真正懂得了什么是人生的美育。我明白了，应该如何进行艺术教学，如何保持怡然自得的心态，怎么让孩子能够获得愉悦心灵的成长体验，如何去激发孩子的丰富想象力，如何让孩子在大自然、艺术、生活中体验到赏悦的情感，如何通过以春风化雨的潜移默化引导孩子对生命的认知和提升，懂得生命的价值和意义。这些全新的理论视角，让我如获至宝，反复翻看，爱不释手。

2017 年 6 月，金老师在杭州发起组织召开了“‘人生论美学与当代实践’全国高层论坛”，她鼓励我结合教学撰写相关论文。接触人生论美育理念后，我在教学中进行了大量实践，将工作心得写入论文《人生论美育与职业院校艺术设计教学实践的创新》，在这篇文章里，人生论美育的理论研究与职业院校大学生艺术教育的实践探索相结合，对我的工作有极大促进，我也因此获得了很多教学成果。2020 年，院级精品在线课程《设计概论》结题；同年，完成省访工项目《运河文化在平面设计中的应用》；2021 年，项目《橡皮人工作室》荣获中华人民共和国教育部、四川省人民政府主办的第六届大学生艺术展演活动大学生艺术实践工作坊一等奖。

人生论美学，是一个不断发展、不断成长的理论，它倡导实践与理论的相互促进。做一个有智慧的美学人，让自己的生命能够从容自在；让自己找到人生的幸福坐标，并不断努力前行；人生之美，知行合一，做一个充满智慧不断进步的学者和教师，做一个充满爱心和美意的妈妈，让美育时刻滋养我们的身心，让我们身体力行传播美育的力量。在学习和工作中，感知美，创造美，欣赏美，这是金雅老师教给我的最重要的人生一课。

作者单位：浙江同济科技职业学院

亦师亦姐忆恩师

朱立飞

1988 年 9 月 12 日。临海汽车站。

清晨，我怀着激动与不甘的心情，拖着简单的行囊，挤上了乡村开往城区的班车。汽车一路颠簸，走走停停，喘着粗重的叹息声，缓缓地进站。旅客纷纷挤下车，舒缓下筋骨，又行色匆匆，各自奔赴目的地。

我最后一个下车，发现今天的汽车站与往日不同，显得热闹非凡，站内站外，人声鼎沸；本来就不怎么宽敞的候车厅，格外的拥挤。我随着人流，走出候车厅，发现车站外面的小广场上、马路边，立着几块牌子：上书“热烈欢迎新同学”，下书“台州师专志愿者”。看到书生气的我肩扛手拖行李，便有志愿者前来招呼；正当我打听台州师专怎么走时，人群中，一位个子不高却有双大眼睛、披肩长发、戴着金丝眼镜的非常美丽的“学长”带着两位志愿者来到我身前，面带微笑地问我：你是朱立飞吗？一口流利的普通话，声音悦耳动听，我便点点头，一声“嗯”算作回答。心中纳闷：“学长”怎么一见面就知道我的名字呢？此时，这位美丽的“学长”悦耳的声音又在我耳边响起：欢迎你，朱立飞同学，我是你的班主任，我姓金……。哦，我的天，美丽的“学长”原来是我的班主任！我却误以为是“学长”呢！我顿时感到有点儿局促不安。

一路上，金老师边帮我提行李，边与我话家常，与两学长一起，将我带到学校的宿舍，并安排好床铺。从车站到学校，短短的两公里，面对老师优美动听的话语，我却紧张得要命，满身冒汗！因为面对老师的热情、姐姐般的关心，我只能木讷地重复着回答“嗯”“是”这两个简单的词。不知恩师是否还记得当时的情形，是不是觉得我太没礼貌？我听得懂老师说话的意思，却不能像老师一样用标准的普通话来交流，仿佛以前的老师只教会了我两个词：“嗯”与“是”。说来非常惭愧，从小学到高中，几乎没有一个老师教过我一句普通话。紧张的我，怀着忐忑的心情，大着胆子问金老师是哪个地方的人，当金老师告诉我是黄岩人时，我有点高兴起来，心想那老师临海话应该听得懂吧？

说真的，没想到，刚到大学，语言竟成了交流的一大障碍！记得金老师组织的第一次班会，给每位同学三分钟自我介绍的演讲机会，我只讲了两句话，便满脸通红，竟然怯场了，金老师及时提议同学们掌声鼓励，把我从窘境中解救出来。事后，金老师像大姐姐，勉励我：不要紧，普通话可以慢慢学嘛……。我羞愧地点点头，意识到作为一个大学生，尤其是中文系的大学生，普通话之重要是不言而喻的。于是我便下决心先学会普通话。我买了台“红灯牌”收录机，每天课余时间收听，默默地跟着录音机学。另外还拜同学为师。首先熟悉的是临海籍的同学，班里共有九个，男生就我一个，女生们普通话都说得溜，特别是台州中学毕业的陈瑜玲、徐敏虹，便成为我日常学习普通话的“老师”，我用心倾听，并请同学们及时矫正。尽管我很努力，但毕竟错过了学习语言的最佳年龄，较之“标准”而言，相差甚远，只能说应付得了而已。

到校的第一天，同寝室的同学相互自我介绍认识之后，有几个同学起哄：哇塞，老朱！你什么待遇呀？居然让班主任亲自去接你到学校，你俩原来认识的吧？我们都没有这份荣幸哎，好羡慕啊……。我笑笑，回答不了同学的疑问。其实，我也想过这问题。也许是我比较特殊吧？这“特殊”，是因为我的生理特征，同学们不知道我是台州师专有史以来破例录取的第一个残疾人。有道是：蜀道难，难于上青天。可对我来说，上大学之路堪比蜀道！谁能知道我为上大学而付出的辛酸呢？事后我隐约了解到，就我进师专一事，牵涉面之广，难度之大，是无法想象的。师专几位主要领导，都顶着巨大压力，做了大量工作，这，一直让我铭记于心，感动一生！更难能可贵的是，年轻的金雅老师，与我素昧平生，她挺身而出，力排众议，没有世俗偏见，敢冒风险，接纳了被人当作包袱的我。这，更让饱受歧视与偏见的我，感激涕零！说实在的，当年，如果金雅老师拒绝接受，我就不可能顺利进入台州师专，更不可能有我的今天！

与金老师相处的时间虽短，仅仅一年；金雅老师就因读研离开了师专，但我心里却一直默默地念想着，亦师亦姐地敬着。大二时，我有幸代表台州市残疾人参加省残联、省电视台等单位联合举办的“残疾人演讲比赛”，我曾趁机去杭州大学拜访过金雅老师，这一别就是三十多年。

时光可以改变容颜，但未曾改变老师在我心目中的形象；金老师依然是那么年轻，那么漂亮，中气十足，和蔼可亲，笑容可掬；依然是那么迷人，风采依旧，不减当年。不联系并不代表我已忘记，因通信等因素，与恩师失联几十年，但我的思念之情与日俱增。一个偶然的机会，我参加培训，听专家自报家门，便于课间找他打听金雅老师近况，巧的是他们原来是同事，于是我要了金老师的电话，便想去拜访她，不巧，金老师出差南京，参加学术研讨会去了，我便失去了一次面见恩师的机会。

隔山隔水难隔情。一日为师，终身为父。这份没有血缘关系的师生亲情，随着时光的流逝，愈将浓烈。在今后的人生道路上，金雅老师依然是我的人生导师。

人美，心更美。集美与智慧于一身，这便是我印象中的金雅老师，一位仅仅比我大一岁的“姐姐”恩师。

2021 年盛夏

作者单位：临海市白水洋中学

幸甚，吾有吾师

——记我的人生引路人金雅先生

刘振华

我最初接触美学，是在读大学的时候。那时，就一个专注于文学的中文系学生而言，美学只是一门课程，理论性强，晦涩难懂。读研之后，在金老师的指引下，我踏入了美学的大门。现在回想起这段经历，正应和了路遥在《平凡的世界》中那句经典之言：“人的一生中关键的就那么几步，特别是年轻的时候。”读研是我人生的“关键几步”，我的导师金雅先生则是我人生的关键几步的引路人。

寥寥数语　指点迷津

2007 年，我考入杭州师范大学跟随金老师研读文艺美学。在老师的指导下，我开始研读大量关于美学的著作以及学术报刊，尤其是关于学术前沿的各类文章。杭师图书馆成了我主要的学习场所，在那里，我几乎每天徜徉于学术论文中。那段时光，我惊喜于各个学者对于当时文论的阐述，激扬于各种学术观点的论争，畅怀于课堂上和老师、同学的思维碰撞。读书带给我的快乐，胜于一切。

有一天，我在上网查找资料时，突然发现一条关于学者余虹坠楼自尽的消息。那段时间正读到余虹的一篇论文，于是引起了我的注意，又查看了相关的网络资料，把余虹的著作以及近几年的文章都读了一遍。一边读一边想，这么一位优秀的学者，怎么会选择这样的方式结束自己的生命？坊间有各种传闻，学界也有各种猜测。对于一个刚接触美学的学生而言，这引起了我一次心灵上的震撼。

我只是一个微不足道的读者而已，站在学术的门槛往里看，瞻仰于往圣的绝学，沉浸于学人的文章，恭听于学界的论争。一般的论争性文章，字里行间免不了对对方观点的批驳，或明或暗非此即彼的否定，甚至是充满烟火味的“嘴仗”。余虹的文章读起来让我酣畅淋漓，大有浇胸中块垒之感，即使是论争性的文章，也几乎看不到烟火味。对他的撒手人寰，我莫名地感到一种悲伤，萦绕心头，久久挥之不去。

对于初涉美学的我，第一次遇到了迷津：美学和死亡之间有某种联系吗？我在一次课后，和金老师说起了余虹这件事。金老师和颜悦色地说：“不要想太多，这有他自己的原因，我们都很惋惜，但更需要的是，做好我们自己该做的事，坚守永远比放弃困难，美学的真义首先是美与爱，可能需要我们穷尽毕生去追寻。”金老师的一席话，给了我心灵上的慰藉，那种慰藉，是一个迷路的孩子，在不知所措之时，猛一回头，看到了母亲在朝着自己微笑得到的充满安全感的慰藉。是啊，我现在要做的，是做好自己该做的事，吸纳知识，淘养情怀，自我成长。金老师是研究梁启超美学思想的专家，她一门心思深入钻研，心无旁骛，研究成果蜚声学界。我是一个学生，要学习美学，也要像金老师一样，首先就要寻找心仪的研究方向。身处迷茫的我，茅塞顿开，心绪释然。美学是一门人文学科，它面朝着各个方向，要选择一个符合历史必然和人性理想的方向。于是，在后来的学习中，我读书明确了方向，追随金老师的脚步，我以金老师推荐的叶朗的《中国美学史大纲》为主线，里面涉及的各个朝代的先贤的观点、著作成为我主要的阅读内容，尤其是中国近现代美学大家的专著成了我的主要精神食粮。

至今回想起当时金老师给我开导的情景，都有那种身处一片茫茫大海中找不到方向而迷茫无措时，出现了一位导航人，给我指明方向，然后继续整装出发的宁静和安全感。

严格教导　促我学成

我的金老师在学术上一丝不苟，课堂上谈笑风生。在她的课堂上，总是让人在轻松的氛围中，得到学习的提升。记得有一次，我的课前准备不充分，对老师的提问含糊其词，本来以为找个借口可以蒙混过关，却被老师课后留下严厉批评。不认真读书，论文怎么可能写出来？是啊，在读书这件事上，不能有半点偷懒。与其说是批评，不如说是金老师对我的鞭策。在这种鞭策下，我克服惰性，继续苦读，继续探索。

读到研二，就要确定好毕业论文选题，为毕业论文做准备。在金老师的悉心指导下，我初步确定了研究朱光潜《诗论》的选题。于是，我重点梳理朱光潜的相关文献资料，以及中国传统诗学的相关论著。研三开始撰写论文初稿。那时每天泡在图书馆里，边读边写，每当写作灵感涌来时，总有一种沙里淘金的欣喜，并沉浸在那种欣喜之中。没多久，论文初稿完成了。带着一种自我满足感提交给金老师，自信满满的我期许得到老师的肯定。过了几天，金老师阅读后当面告诉我：“你写的这根本不是论文！就这个样子，过不了关，毕不了业。”金老师的话犹如一瓢冷水浇在我头上，我甚至开始怀疑自己的努力。我拿着被否决的初稿回去后，结合金老师的修改意见静下心来认真反思，重新整理写作思路，深入研究专著。经过反复推敲，我重新写好论文二稿，忐忑不安地再次提交给金老师。这次，金老师基本肯定了论文的框架逻辑，但仍然指出一些问题。好在论文总体框架结构不需要大改，总算长舒了一口气！

论文终稿敲定时，金老师眉开眼笑了，说：“论文写得不错，里面的有些论述挺到位的。”得到老师的表扬，我心里美滋滋的。在盲审结果出来后，金老师还说：“应该是三个A，那个老师评分不是很公道。”听到金老师这么护着我，不由心里感到一阵阵温暖，这是她对我的最大的肯定啊！这篇学位论文，最终被评为校优论文。

时过境迁，现在的我也已为人师，面对自己的学生，更加切身体会到对学生的严格要求是为人师者的责任。现在回想起来，金老师的严格要求，不仅是对我学业的负责，也是一个为人师者的真心真情。

人生艺术化进生命

行文至此，不得不说珍藏在我记忆中的一个故事。那是发生在金老师和我之间的一件在旁人看来微不足道的小事。

那天，我到办公室找金老师，事后我离开时，金老师一把拉住我，拿起办公桌上的一个橘子递到我手里，笑着说："这个橘子你吃了。"我推辞不过，拿着橘子走出办公室。这个橘子黄澄澄的，鲜嫩鲜嫩的，大概是刚上市的吧。橘子嘛，司空见惯的一种水果，谁都吃过，味道酸酸甜甜的，能生津解渴。回到宿舍，我一边上网一边随手剥开橘皮，把橘瓣放进嘴里一咬，顿时，随着四溢的汁液，一股清甜的味道迅速弥漫舌唇，忍不住咽下去，顿感神清气爽。这个橘子味道这么独特！完全颠覆了我以前吃过的橘子带给我的酸酸甜甜的味觉体验。这种独特的清甜，我和同学说起过。同学告诉我应该是黄岩蜜橘，因为金老师的家乡在黄岩。后来我经常有机会吃到黄岩蜜橘，但再也找不到金老师给我的那个橘子带给我的独特的清甜的感觉了。

金老师和学生之间，不是那种古代先生式的刻板教导，也不是那种只是师生之间的教学关系，而是充满了人情味，充满着人文关怀的亦师亦友。她给我"这一个"橘子的体验，让我终生难忘。这种体验超越了生活关怀的感动，成为一种永驻我心中的美好回忆。直到现在，每次和爱人一起吃橘子时，总会和她提起金老师给我的那个橘子，提起那种美的感觉。

金老师的美学研究，不止步于学术研究，已然和她的生活、工作融为一体。有一次，金老师要到浙大图书馆做一次学术报告，我提前赶过去帮忙。只见金老师下了车子，依然和往常一样，步履健快，风度翩翩。走进报告厅，金老师和主办人员交流事情，谈笑风生，有条不紊。看着金老师在讲台上侃侃而谈，激情洋溢地讲着梁启超，讲着梁思礼，在观众席上的我，仿佛又回到了课堂，读书时聆听老师讲课的情景历历在目，再次聆听金老师的课，再次感受老师的风采，何其有幸！讲座结束后，金老师额头上布满了汗珠，面容略显憔悴，但依旧兴致高涨地和主办人员一边走一边交谈。在交谈中，我才知道金老师前不久住院做了一个手术，身体刚康复不久。看着金老师娇小的背影，我忍不住鼻子一酸，自责疏于经常去看望老师……金老师在大病初愈的情况下，不顾身体还进行学术讲座。要知道做一次学术报告，按金老师认真且追求完美的个性，事先一定会做很多细致细碎的准备。而我的金老师，就这样，带病出色完成了。

后来，我劝金老师身体健康最重要，要保重好自己的身体，不要太过操劳了。但金老师依然一直在教育教学岗位上奋斗，笔耕不辍，在美学这片沃土上身体力行，她所研究的梁启超美学思想的“知不可而为”和“为而不有”的“趣味主义”精神，已然成为她自己身体力行的追求，进而她也朝着自己的“人生艺术化”和“人生论美学”的更为宏阔的人生境界不断迈进。

虽然我现在已经不是学生，但我又依然还是学生。学生时代，金老师在课堂上给我教学，让我学业取得进步。现在，金老师仍然在人生“课堂”上给我教学，散发的是她的人格魅力。她那种人生艺术化的身体力行，教育我在人生这条路上，要做的太多太多，而我做得远远不够。虽不能至，心向往之。我将在自己的教育工作中，把这种人生审美的精神贯穿始终，向着金老师前行的方向一步步前进。

幸甚，吾有吾师；美哉，吾有吾师。

作者单位：杭州市采荷第一小学

诗情·师缘：我的启蒙之师金雅先生

张贵君

有人说，好的老师有三种境界：第一种是递锤子，即教你学习文化知识；第二种是变手指，教你掌握点石成金的本领；第三种是开窗户，即为学生打开另外一扇窗，让学生豁然开朗，给学生一个机会，一种可能。这种老师，只有具备渊博的学识，丰富的积淀，智慧的方法，广阔的视野，教育的情怀和博大的胸襟，才能高屋建瓴统筹规划，才能精巧布局指点江山。而我的研究生导师金雅先生，就是这样的一名学者。她是我的启蒙导师，为我的学术和人生打开另外一扇窗的人。

2008 年金秋，我考入杭州师范大学文学院，就读文艺学专业硕士研究生，有幸成为金雅老师的学生。那是一个丹桂飘香的秋天，整个杭城遍布着沁人心脾的花香，初入杭州的我见识了南方城市的秀丽风景及诗意情怀，更是在遇到金雅导师后，见证了江南女子的知性典雅的诗情气质。我很快喜欢上了这个城市，开启了我的三年学习生涯。

金老师是我美学研究学习的启蒙导师。她授课方法新颖，采用启发参与式教学，善于激发学生，教学效果显著。我跟着先生学习的是文艺美学这个研究方向，理论性较强，所以老师平时给我们制定了大量的书目，要求平时到图书馆查阅资料自主研读，待上课时分析讨论、归纳总结并发表自己观点。记忆最深的是研一刚开学后的一次课，老师让我们讨论“当前文艺理论界的热点问题”，其中还涉及“文学是否会消亡”这个论题，当时我对文艺理论这个大问题还比较懵懂，课前在学校图书馆做了大量功课，但依然无法形成系统的观点。课堂中我鼓起勇气表达了自己粗浅的见解，没想到却得到了老师高度的肯定。她表扬我课前资料搜集充分，抓住了要点，同时又温和地对我进行了点拨指导。这次课给了我莫大的鼓舞，从此，文艺理论这个在很多同学看来很枯燥的学科，在我眼中也逐渐变得精妙有趣起来。

金雅老师的合作探究式教学模式，读书时我的主要感觉是每节课知识容量多，有时会涉及跨学科内容，比较能激活学生思维，收获很大，但并未能完全理解老师的教学理念。今年6月，在考察了杭州义务教育阶段一所知名国际学校后，我对金老师的教学理念有了新的理解。这所学校开设的是国家课程体系与IB项目体系融于一体的创新融合课程，聚焦学生素质的全面发展，通过合作探究式学习、跨学科探究、STEM等现代学习方式，激发孩子的自主潜能，培养孩子探索和认知世界的能力。我当时触动很深，也想起了在金老师的课程上，我们围坐在文学院椭圆形的会议桌旁各抒己见的场景。以尊重学生的独立人格为前提，通过多维对话及交互反馈，观点纷呈、质疑论辩、创意迭出。这种包容性、开放性的人才培养思维，既兼顾到了整体教学目标的实现，又关注到了学生个性化的发展。教师的作用看似“无为”，实则“无不为”。这种教学模式，无疑是最为民主，也最能启发培养学生创新能力的！

在治学和工作上，金老师很严谨，可谓精益求精。2008年秋，老师创立中国美学与文论研究中心，我和师妹课余大多数时间就在美学中心学习，受益匪浅。后来老师又指导我们建设美学中心门户网站，在网站平台搭建过程中，老师要求平台形象实现学术与审美的统一，匹配美学的定位和特点。在老师的指导下，我们与设计师经过无数次对接修改，最终才确定框架。还记得有一个“品美园”的栏目，光栏目三个字的图案设计，就经过十多次讨论润色，栏目里面上传的作品和论文也经过反复筛选。其中论文有多个主题栏目板块，老师又指导我们深入关注和辨析前沿问题、重要问题，精心搜集精品力作。每个栏目做到每周上传新内容，及时更新。回首那些日子，每天沉浸在美学知识的海洋中，虽辛苦忙碌但很充实快乐。与其他同学相比，我们见识到了别人未必能接触到的眼界与视野。

金老师在学术上追求极致完美，对学生的学术要求也非常严格。她要求我们论文写作前一定要全面查阅资料，找到理论依据；论文写作时使用学术语言，表述一定要规范，尊重科学事实，不要过于偏激。她对我们论文的要求既有宏观架构的指导，同时也有具体语句的字斟句酌。我研究生毕业论文是关于朱光潜文学教育思想的研究，当时我写到“朱光潜是中国现代美学的开拓者和奠基人”，老师看后给我增加“之一”二字。我写到“最伟大”，她提醒我将“最”字去掉。她告知我做学问要思虑周全，科学严谨，表述精准，不要过于主观化。在老师的思想熏陶及学术指导下，我顺利地完成了毕业论文，还拿到了奖学金。2011 年，我的一篇关于朱光潜文学教育思想的研究论文在《文艺报》发表，获得了第一笔稿费。

金老师执着于学术研究，她多年深耕勤勉，学不停息，成果丰硕。我读研那几年，老师每年都在杭州组织举办全国性的美学学术会议，每一次会议都伴随富有开拓性的著作出版，影响显著，赢得同行的广泛好评。2008 年春举办了“‘中国现代美学、文论与梁启超’全国学术研讨会”，2009 年春举办了“‘中国现代美学的资源与实践’全国高层论坛暨《中国现代美学名家文丛》首发式”。数十年来，金老师致力于研究中国现代美学的精粹，孜孜探求“人生艺术化”的民族精神和“人生论美学”的理论开掘，为中华民族美学的建设开疆拓土，也为当代人生的美化提升身体力行。我多次参与老师在杭州组织的学术活动，也多次跟随她到外地参加学术会议。老师常和专家、友人们一起热烈地讨论着学术问题、人性问题、社会问题，他们精神矍铄，专注投入，或温婉谦逊低调内敛，或幽默风趣自然洒脱。那是一段为学术为艺术的象牙塔般的生活。身为学生，身临其境，聆听睿智卓识，感悟美学和人生的真谛，何其有幸！

2012 年我在浙江理工大学美学中心协助老师做一些行政工作，老师承担了一些重要项目，学术活动较多，我涉猎的事务也比较繁杂。一开始，我缺乏经验，遇到大型学术会议及项目工作安排等，一时理不出头绪。而金老师的组织管理能力很强，总能统筹谋划、合理安排，且思虑周全、认真严谨。我有时也会出错，这时老师总是手把手教我解决问题的方法，和我面对面沟通，客观分析，给予鼓励。她经常说：“你们很能干，在这个年龄，能做到这样，已经很了不起了！”“我们研究的问题，对于学科理论和现实生活，都是很有意义的。”老师看似柔弱，实则内里坚强，她认准了的事，会不断想办法去解决，去达成那个目标。她专注学术，坚持独立思考，不断开掘新领域，攻坚克难，不逐大流！我觉得这是老师能取得丰硕成果，获得学界广泛认可的重要原因。学生时期，个人的眼界和理解都很有限，只看到冰山一角，却难以理解“横看成岭侧成峰，远近高低各不同”的智慧。回想当时老师带我增长见识，扩展视野，给我打开生活和学术的另一扇窗户，不断给我成长的机会，而我当时懵里懵懂，流于当下，目光短浅，终究错失了老师的厚望。

金老师虽有着飘逸雅致的外在形象，内里却有着不同于一般女子的傲骨。也曾有人不解，质疑老师一丝不苟做事的风格。老师一心致力于学术，心无旁骛。她心志高远，乐观笃行，力求学术与生活的统一，将理论和实践相结合。她说我们对中国现代优秀美学资源的整理挖掘，最终是为了美育建设，发挥美育的功能即“美何为”，在实践中解决人的精神层面的问题。她还说：“学术最终是服务于大众走向生活的，既要高雅有一定品味，同时也要走向社会群体，普及更多的人，让更多的人受益，做到雅俗共赏。”这种为艺术、为人生的责任意识与担当，让身为学生的我感到非常骄傲。学术界群英荟萃，不乏像老师一样有才华之人，可真正纯粹将学术作为毕生志业，胸襟开阔，思虑深远，持续坚持做下去的依然是难能可贵！到今年，老师从教已经三十六周年了。她出版了多部开拓性的著作，主编了多套大型丛书，还有不少获得同行好评的论文发表，成果卓著。多年来，她常熬夜写作，奔波操劳。作为学生，我深知在这些光鲜靓丽的成果背后，她为之付出的努力，实在令人敬佩！

仔细研读过金老师作品的，也一定会觉察到她是一个极富有情趣之人。在闲暇时刻，她会带我们一起外出踏青、郊游，赏美景、品美食。还记得 2010 年春天，老师带着我们几个学生一起去紧邻西湖的保俶塔爬山，中午在具有“杭城民间文化地标”之称的纯真年代书吧就餐。那是一个绿树环绕的天然氧吧，特别适合运动、读书、休闲，书吧文化集开放包容与和谐优雅为一体，深受国内文学爱好者的喜爱。老师带着我们在那里一边论学术，一边谈生活，一边品美食，心旷神怡，惬意无穷。杭州是一个宜居的花园城市，春夏秋冬晴雨风雪景色各异，情致独特。老师家处古运河畔，推窗即见京杭大运河，小桥流水，风景秀美。河畔便是由著名国画大师潘天寿的嫡亲外孙朱仁民先生设计的一条仿古美食街，齐聚杭城三十多家知名餐馆。老师常带我们在这里小聚，品尝特色美味，到处都留下了我们的足迹，欢声笑语历历在目。我跟随老师外出时，她也都会带着我一起去欣赏自然风光，了解当地的民俗民情及特色文化，特别是篆刻、雕塑、建筑、美术等，我们一起赞叹大自然的鬼斧神工之妙，欣赏人文景观的巧夺天工。

金老师非常关爱学生，除了学术指导，还经常启发我们如何为人处世。她强调为人美德之重要，做到美德至先，懂美言，体美情。她说美德是一个人的品质和魅力，品德大于能力。我们要学会赞美和欣赏他人，多发现对方闪光点，发挥每个人的优长。她希望同学们和睦相处，善于合作，不居功，珍视彼此的情谊。在老师教导下，我们师兄弟姐妹们都很珍视彼此的缘分。现在有了微信群，大家的联系也更密切方便了。老师新著作问世，常将封面设计发到群里，征求大家意见，师妹还参与担纲了具体设计工作，获得出版社的肯定好评。老师也会时不时在群里，发送美文美照。520，老师在群里转发了中国社会出版社对她著作的推文《今日宜“我爱你”，宜“爱人生”》，我下载保存着。我们离开了校园，但又从未远离老师。我们每天被平凡与琐碎包围，也常常被老师的美趣清泉滋润。

2015 年 6 月，时值老师 50 周岁，我们师兄弟姐妹们相约从全国各地齐聚杭州，一起给老师过了一个特别的生日。那次聚会同学们带来了自己的爱人、孩子，还有恋爱中的另一半。老师询问了每个人的发展现状，我们都特别激动，在老师面前真情倾泻，一个个像孩子一样闹腾，大家轮流讲了个人的恋爱史，动情之处，有的泪流满面。尚未毕业的林师弟带着女友现场来了一段话剧表演，让大家羡慕不已。小师妹变身小魔术师，也让大家忍俊不禁。那天，老师谆谆嘱咐我们要互爱互助，发展好自己的事业，经营好自己的小家庭。审美艺术人生的统一，是老师的一种人生美学理想，也是一种诗意的情怀，一种人生的态度。我想，这也将是我今后不断前进、生活幸福的致胜法宝。

毕业后，我留在了杭州从事中小学教育工作，一直和老师保持着联系，她对我还是如学生时一样宽容、亲切，常常会问及我的家庭、生活、工作，给予勉励。老师家庭幸福，爱人是研究生同学，志趣相投；儿子先后在上海和北京名校深造，毕业后从事政府智慧管理。平时，我经常会针对一些生活上尤其是儿童教育方面的问题，向她请教，每次老师都不厌其烦帮我分析，给予指导。有一次我针对自家孩子幼升小教育焦虑问题，向老师请教育儿之道，她特别提及了兴趣和美育。后来我仔细研读了老师的著作《美育与当代儿童发展》后，更深入地理解了她所说的普及美育的深意。

在师门内，我与金雅老师之间相处的时间应该是最多的，十几年过去，往事如昨日记忆犹新。一段师生缘，一世师生情。老师的人格魅力于我好比一首诗，拥有细腻与雅致的诗意情怀，拥有诗人的智慧与学者的卓见；同时知行合一，追求将艺术化的诗意理想落地。柔美与傲骨统一，才华与情致兼具，把自己的生活过得像诗一般令人艳羡。

作者单位：杭州鸿思达文化艺术有限公司

知性睿智　吾心敬之
——记恩师金雅教授

杨　雪

我的导师金雅教授，人如其名，自带一种风雅之气。2008 年研究生复试，初见金老师，利落的短发，精致的穿搭，说话时声音轻柔，脸上始终洋溢着微笑，给我留下了美好而深刻的第一印象：知性、优雅、蕙质、干练、亲切……那是一种涵养，发乎性情，非学习模仿可得。

作为一位学者，她学养深厚，治学严谨，著述甚丰。金老师师出名门，是我国著名文艺理论家、浙江大学人文学院教授王元骧的弟子。有着“中国当代文艺理论界的康德”之称的王老，年近九旬，仍然潜心治学，身体力行，守正创新。金老师时常跟我们讲跟王老在一起，耳濡目染的治学方法与经历。学术之路本是一条漫长又艰辛的道路，作为一名基础理论研究领域的学者，其苦更甚。传承了王老的学术思想和科研精神的金老师，早已习惯了苦行僧般的研究日常。她不忘初心，秉持着学者的热忱与真诚，始终保持精益求精、严谨创新的治学态度，著书立说，勇攀高峰。

走进金老师家，浓郁的书香气息扑鼻而来，书柜、墙边、桌椅旁堆放着书籍和资料，“其为书，处则充栋宇”。长时间养成的与书打交道的习惯，使金老师不仅腹有诗书气自华，也成就了她熠熠生辉的学术人生。她能一字不漏复述大段经典原著，甚至知道引文出自哪本书的哪一页。她学以致用、知行合一，主持完成国家、省部级课题多项，科研成果也多次获奖。她总是告诫我们：人文学科研究讲的是底蕴和积累，不仅要多多阅读文献，学习他人的科研成果，还要勤奋努力，在原典中脚踏实地，稳步前进。

作为一位师者，她春风化雨，循循善诱，桃李满园。从教30多年，金老师一直活跃在中国近现代美学、美学文艺学基础理论、中华民族美学精神研究的理论前沿和教学前沿，她用至臻至善的言传身教，影响了一批又一批的学生。在金老师身边学习的几年，是人生中充实而幸运的一段时光。还记得2008年9月，研究生刚入学，金老师在《文艺学原理与前沿问题》课堂上，鼓励大家多读原典，实实在在地掌握文本，形成良好的学术习惯，同时广泛阅读文献，了解研究方向的最新动态，并要求我们每周要向她汇报一下自己的研究进展情况。每次轮到我汇报时，要么语无伦次，要么语焉不详……我为自己的才疏学浅而极度自卑和沮丧。

“学之染人，甚于丹春。”金老师鼓励我：“人生是一个马拉松，而不是百米冲刺。只有不放弃，认真执着，总会有收获的喜悦。况且，就你们这一代人来说，基本的学术素养和起点其实相差无几，即使当初毕业的学校有所差距，也并不说明大家在学养上有多么大的差距。我们这个时代，天才很少，至少在当代学术界，很难看到所谓的学术天才。在这种情形之下，勤奋是关键，相信付出总会有回报。”老师温婉有力的话语，帮我走出困境，让我重新振作起来。此后，她带我去参加高规格的学术会议，聆听学界泰斗前沿的学术报告，开拓我的视野和眼界，同时不断地给我布置任务，今天要看什么书，明天要去查哪些资料，我积极参加各种课题研究、学术活动，开启了一段求知之旅。在金老师的严格教益及悉心指导下，读研期间我公开发表学术论文4篇，并参与了3项省级课题。

睿智的金老师不仅科研和教学相得益彰，还拥有一个幸福的精英家庭，可谓事业与家庭“双丰收”的人生赢家。金老师的爱人也是具有博士学位的高知，在政府部门任职。金老师专精于梁启超美学思想研究，在家庭教育方面，她也跟梁公一样和美，有很多值得学习的地方。她言传身教，儿子耳濡目染，从小就学习成绩优异，还是中国象棋的高手，一直都是大家交口称赞的“别人家的小孩”，先后就读于上海和北京的名校，学成后又回来报效建设家乡。

人生路漫漫，十字路口有徘徊，向左向右，但求启蒙。感恩金老师，不仅帮助我播下了科研的种子，还把对我的关爱从学习延展到生活。当我遭遇情感困惑，金老师便在给予我学术指导之余，用身边人的事例鼓励我朝前看，努力成为更好的自己。毕业后，我还常常收到金老师的大礼包，有时是特产，有时是著作，有时是叮咛，有时是祝福……我只知道，除了满满的师恩，还有长姐般的温情。

古语曰："经师易得，人师难求。"大千世界、芸芸众生，能够遇到一位以潜心学术研究、治学育人为人生追求的启蒙导师，是一种可遇不可求的缘分。短短的一篇文章，无法尽述金老师的高尚人格之魅力，更无法表达我对老师的崇敬与感恩之情。在此，我作为金老师永远的学生，向老师道一声珍重。祝愿老师身体健康、平安喜乐！

青山长存，老师不老，得此良师，实乃幸事！

作者单位：广东省惠州市农业局

温情与坚韧

——追随吾师金雅

何淑芳

金雅先生是我的硕士研究生导师。这场开始于2009年的师生因缘，在以后的日子里，不时地引领着我的人生路径。

时间使有些记忆忽远忽近，我像是什么都记得，却又什么都记不清。

当年阴差阳错地闯进文艺学，修习文艺美学，这个并不是我第一志愿的专业，一度令我苦恼。其实在我毕业之后去某事业单位面试，工作人员声称我的专业不符合要求，按要求是汉语言文学专业，他们以为文艺学是艺术类专业，简单粗暴地就取消了我的面试资格。而最初的我，也有这样的社会偏见，后来慢慢认识到了这个冷门专业的“无用”之用，才暗暗庆幸当初的天意。

一开始我对理论研究没有信心，金老师就鼓励我多写多练多发表。她对我的基本要求深刻印在我的骨子里，无论文章写得好不好，最基本的格式不要有问题，最基础的错误不能犯。这也是她一直自我要求的学术准则。如今，这一点也成为我工作中一直遵奉的规范，甚至带有强迫症，见不得错别字、用错的标点和杂乱的排版。我自己如果没有做好，会觉得非常羞愧。很奇妙，我是一个野蛮生长的人，奉行堕甑不顾，休恋逝水，对过去绝不留恋，看似独立自由，然而且行且走，身上都携着他人的印迹。

橘子红了的季节，上课时老师会给我们几个人带一筐她家乡黄岩的特产，我们就在沁人心脾的清香和甘甜里，展开关于美的讨论。半生吃过多少橘子，我却总还记得那时候的，老师看着我们吃橘子开心地笑着，视觉、触觉、听觉、嗅觉、味觉的交替重叠，错综编织成娓娓生动的课堂。我上有一位大师兄和两位师姐，有幸做了一回被宠的小师妹得到照顾，没事就窜到师姐的宿舍里。老师当时正处工作的调任，还要兼顾我的毕业事宜，不知道我当时有没有给她添很多麻烦。我也终究不能永远做被宠的小师妹，我们几个人都分散开去过着各自的人生。相聚时难别亦难，偶尔在记忆里追寻曾经。老师鼓励我“做自己，爱生活”。每次聊天，她都会祝福我，祝福孩子。她告诉我，孩子带来的快乐，是给母亲的福利。我能感受到的，不只是老师对学生的一份关心，更是一种女性对女性的同情和支持。

当代女性各种身份叠加，背负的“我”越来越多，每一个都使人疲累，步履艰难。老师也对女性文学做了很多的研究，时刻关注女性文化和审美人生，她并不是把女性放在男性的对立面，而是寻求一种两性的和谐共长和互补共进。女性的美不仅体现在优美的身姿，健硕的生命，更体现在人格与精神的丰富与完善。女性在很长一段时间里，都生存在男权话语的压力之下，就拿身体来说，其美的标准就打上了深刻的社会和时代的烙印。中国社会或文化对女性的审美，或以瘦为美，或以胖为美，甚至以小脚为美。这些病态的女性审美，都在消解女性作为人的本体特质。希腊文化里歌颂的青春肉体，东方艺术里呈现的生命气韵，都在提醒我们，对身体美的欣赏，不能只留于表面，美不在一时，而是要艺术地去生成。

老师用自己的生命实践，来印证她的女性主义情怀。她向来不施粉黛，发型也只有简单的一种，却气质自然，不被外界的物质装饰困扰，不做生活在魔镜里的女人，女性的优雅自信全在骨子里。她亲近自然和生命，用她在生活中看到的美景，治愈我们。照片里，她像一个调皮的小女孩，潜入花丛，清新素雅，带着曾经的纯真与童心。有些东西比言语更精确，比文字更有说服力和感染力。

记得一开始老师就给我开过美学系列书单，我统共也没读过几本，上课讲的大部分内容，我也差不多都还给她了。我觉得理论的书籍是硬骨头甚是难啃，一看书就犯困，宁肯读小说追剧，也不愿意读苏格拉底柏拉图，所以做出来的作业大都不认真，屡次为上课讨论准备的内容，干瘪的没有自己的想法。彼时我不像其他同学用功，无心读书做学问，一心在各个城市之间悠游辗转。老师并没有阻挠我的“人生实践”，后来她对我说，在她看来，阅历、思想、情怀，对于人文学科来说，在一定意义上，比知识更重要。现在想想，这种不干涉的“放手”于我甚是可贵。当时我们在老师的中国美学与文论研究中心的工作，她亦没有做过多安排，全部放手让我们自己动手干。直到今天，我依然把那时候的工作当作一种宝贵经验。遗憾的是，我在老师几次举办大型美学研讨会的时候，都在外地，错失了一些锻炼的机会。

在人生中，有很多东西比知识更重要。人生冗长复杂，无论多么精英的学者，他/她始终是要回到生活中，找回生命的意义，学术和知识也只是生活的一部分。领悟往往是从学校毕业才真正开始。现在的我，啃起理论觉得有滋有味，再不会把它们当作生硬的教条，那是他人对人生众多经历的提炼，综合起来可以读出如故事一般的情愫。每一部理论著作的写作，都是别人的一段生命史。而我自己和周围的生命无常，正在逐渐向一些前人共鸣重叠。

人生论美学是老师领着我们去深入的。她在梁启超美学思想研究之后，重提20世纪三四十年代的美学论题“人生艺术化”，我极其欣赏她说的要从平凡的生活里去创化和体味人生的趣味。我曾就平凡的生活和宏大的“人生艺术化”主题的关系，向老师请教，每个人身上都有无比复杂矛盾的元素，都有自己独一无二的人生，何以我们可以用“人生艺术化”来照亮和引领？老师回复说，和平年代，我们都是平凡人，过着平凡的生活，但平凡和宏大并不矛盾，因为不管哪一种生活，都少不了一种诗意的张力，引领我们每一个人保持对生命和人生的温情和坚韧！

是啊，温情和坚韧，老师作为一个长辈，活出了我还没到达的通透。我们必须一面彻悟人生的实质，一面满怀生命的热情。每个人都有自己要完成的人生使命，用自己独特的方式完成自己。“我要如何过我的生活？”美是我们共同的追求。美是难的，人生是难的，修习人生是一辈子的功课。再谈到人生，我们便不把形式上的功名利禄，拿来作为人生的标准，世俗所说的“成功”和“磨难”，于人生论美学的研究者们，都是可以拿来参考的人生经验，可以体味出美感、拿来做人生艺术化的素材。我们生存在一个共同的宇宙时空里，经历着共同的历史规则，体验着类似的人类情愫，岁月不过是重复轮回的“永劫”，每个人都踩在前人走出的路上，也重复着他们曾经走过的老路。但每个人究竟怎么去走，又终究不可能是相同的，这才是我们最要去考量的现实。只要在情感里表现为自由、自觉、自然、自足，蕴含着诗意的张力，不管人生处在哪一个阶段，那都是美的艺术的。

吾师金雅，问道向学，著述颇丰，成果卓著。作为女性知识分子，她用自己独特的审美智慧与艺术眼光，引导我们去追随。唯愿以后的时光，老师身体康健，生命继续充满春意！

作者单位：杭州春伟展览展示有限公司

身体力行　生命美境

——忆吾师金雅先生

夏丽芬

和金雅老师的缘分始于2008年，作为文艺学研究生受业老师门下。时光荏苒，转眼十三年过去，近日再读老师主编的《中国现代美学名家文丛》，回忆随着文本慢慢延伸开来。

回想起来，其实，我们这届文艺学的9个学生对老师都是心有畏惧的，每次上课莫名地忐忑。因为老师当时已经在博士后站工作，不仅学养深厚，自带气场，而且要求严格。老师的上课风格多有引导与促发，很好地契合了她对美学趣味教育研究的理念。要想在老师的课堂上偷懒，安安耽耽地听课并不容易。因为她常常抛出一个问题，让大家轮流发言，促使我们不得不在平时多多阅读积累，以便完成课堂上的思考、碰撞。或是她先对理论知识进行解读，再布置主题，让我们课后查找相关资料，整理成案，下次讨论。如果随性准备，很难顺利通过。

一次，金老师布置了一个关于前沿学术问题的探讨。因为不够仔细严谨，也没有前沿意识，我找了一篇不太为人知晓的刊物上的内容乏陈的文章。我发言时，金老师并没有打断我，而是耐心地听我阐述好，然后告诉我，引用不够权威，分析说服力不足。几句短短的话，语调不轻不重，却直指了我的问题所在。接着老师教导我们，讨论学术问题，特别是前沿问题，不论是阅读文献，还是分析文献，都要有经典意识、问题意识、反思意识。读书是在别人思想的帮助下，建立起自己的思想。

一流作品能用生命影响生命，用灵魂唤醒灵魂。站在巨人的肩膀上，可以更好地提高自己的分析鉴赏能力，进而照见内在的自我。

老师的一句提点，纠正了我的思维逻辑，让我在之后的学习道路上受益匪浅，也帮我养成受用一生的好习惯。直到现在我看书的时候，一定会有作者的比对，去看学养深厚的大家的书。也逐渐发现大家的书，读来确是一种享受，真正担得起深入浅出，言简意赅，给我们由厚到薄的呈现，当我们细细品味又回到由薄到厚的思考。回头望去，对老师深表感谢。

老师虽然严格，但对待年轻学浅的我们，更多的是尊重与温厚。每次发言，除去直接的建议，金老师总是会微笑地看着我们，发掘我们的优点，比如准备充分，逻辑清晰，表述完整等，给予初出茅庐的我们，前行的兴趣和信心。这何尝不是趣味教育的一种体现呢？

2009 年，研一，金老师主编完成了《中国现代美学名家文丛》六卷，遴选了"梁启超、王国维、蔡元培、宗白华、丰子恺、朱光潜的相关论著"。[①] 在当时，"对中国现代美学的重要代表人物在同一层面上作集中的文献整理与推出"，"可能是第一次尝试"。[②] 也是在这一年，老师就此书的出版在杭州举办了全国性的学术研讨会议。举国专家学者纷至沓来，事情繁杂琐碎可想而知，老师事无巨细，一一安排，从门口站在哪个位置迎宾，到怎样下发资料都事先和我们交流。当时的我，在人群中，看着老师忙碌、淡定的身影，感受到老师小小的身体里，蕴藏的巨大能量。

当梁启超之子 85 岁的梁思礼老先生上台致辞感谢的时候，我看到了一代一代人的期望在金雅老师这里得到传承，也看到了中国优秀传统文化的不断发扬光大。

在《中国现代美学名家文丛》的总跋中，金老师开篇写到"对中国现代美学作一些资料方面的整理，一直是我的心愿"。[③] 这心愿背后，正是老师对国学深沉的爱意，对美学研究扎实的学养和敏锐的前瞻性眼

① 金雅主编：《中国现代美学名家文丛·梁启超卷》，浙江大学出版社 2009 年版，第 1 页。
② 金雅主编：《中国现代美学名家文丛·梁启超卷》，浙江大学出版社 2009 年版，第 436 页。
③ 金雅主编：《中国现代美学名家文丛·梁启超卷》，浙江大学出版社 2009 年版，第 435 页。

光。在越来越重视中国优秀传统文化的今天，民族智慧和民族精神历久弥新。西方历史学者汤恩比等提出："就中国人来讲，在数千年时间里，他们比世界上任何民族都更加圆满的将数亿民众在政治和文化上团结了起来，而这样的统一恰恰又是当今世界绝对需要的。"① 国学大师南怀瑾先生指出，"无洋不是学，有外才称尊"不应该是中国文化发展的方向。② 弘扬中华优秀传统文化不仅能增强国人的文化自信，更是构建"人类命运共同体"的强大精神力量。

美学看上去是如此宏大的话题，但美学"不只是为了探讨审美的问题，也是为了探讨生命与人生本身"。③ 人到中年，在尘世中修行，当我们细细品味朱光潜的"每个人的生命史就是他自己的作品"；梁启超的"趣味"和"生活的艺术化"；宗白华的"天地诗心"和"宇宙诗心"；当我们从学术的角度抽离出来，回归于日常生活中普通的人，越发看到美学研究作用于生活的可贵。提醒我们记得在庸常的物质生活之上，还有更为迷人的精神的美丽世界，这世界就像夜空中的月亮，静静散发着宁静而又平和的光芒，深深照进我们的心灵。让我们在尘世的负重中，找到心灵的归宿，轻然前行。这大概也是金雅老师的用心之一吧。

金老师说，美与自由的终极归宿，"不在彼岸，即在自身及其生命活动中"。④ 如果说文艺上，美感就是"落到字句上成一首诗，落到颜色上成一幅画"。⑤ 生活中，金老师便是落到每天的一衣一言上，落到一行一态上，自成一种美意诗情。她，齐耳黑亮的短发，白色飘逸的连衣裙，宽筒简约的阔腿裤，款款而来，不急不缓的步履，温和笃定的标志性微笑。作为五位导师中唯一的女性，金老师在男性的阳刚中，恰到好处地展现了柔美干练的力量。

因为喜欢心理学，2020 年我组建了一个心理学习群。抱着试试看的心态邀请金雅老师入群共修。没想到老师很干脆地回答："好的，很

① 汤恩比、池田大作：《选择生命》，商务印书馆 2017 年版，第 354 页。

② 南怀瑾：《静坐修道与长生不老》，复旦大学出版社 2016 年版，第 12 页。

③ 金雅主编：《中国现代美学名家文丛 · 梁启超卷》，浙江大学出版社 2009 年版，第 9 页。

④ 金雅主编：《中国现代美学名家文丛 · 梁启超卷》，浙江大学出版社 2009 年版，第 5 页。

⑤ 金雅主编：《中国现代美学名家文丛 · 梁启超卷》，浙江大学出版社 2009 年版，第 20 页。

好啊。我对心理学也感兴趣，这和美学美育也蛮有联系，我先在群里听听，学习一下。”阔别许久，老师并没有任何生疏，也不因为博学多闻而婉言拒绝。她依然亲切率真，博大谦虚，毕生所见所行都与所爱所志紧紧相连。

毕业十年，再忆吾师。深深地体悟了老师所言：“美不是不食人间烟火的”，“谈美恰恰是为了更好的创造并追求生命的美境”。[①] 这生命美境，在金雅老师的身体力行中，无限延伸，给我辈温暖的指引。

衷心祝福老师及全家安康顺遂！幸福喜乐！

2021 年秋

作者单位：湖州新世纪外国语学校

① 金雅主编：《中国现代美学名家文丛·梁启超卷》，浙江大学出版社 2009 年版，第 10 页。

向美而生

——记金雅导师

郝　赫

2012年我考入金雅老师门下攻读硕士，2015年毕业参加工作，一晃，与老师相识已近十年。望着藏区纯净的蓝天，让我感慨时光流逝。翻开电脑中与老师的合影，跟着老师读书时的情景，感觉还是昨天发生的事。电脑文件夹里还珍藏着跟着老师参加过的大大小小学术会议的会议记录，还有老师当年给我改过的文章，帮我发表过的文章，太多了。等我完成援藏工作后，一定要去看看老师。

金老师对我的引领与影响，是深深地扎根于我的灵魂的，一刻也没有分开过，这种浸润在灵魂中的东西已成为我整个人生的一部分。随着在人生路上漫漫散步与采撷，随着在这个世界中体验与沉淀，自己在大美中修炼自己，自己也在成就着自己的那份美好，这种知足感、充实感、喜悦感、幸福感是我的导师——金雅先生引领我进入的。幸甚至哉，我的导师引领我入门，让我认识了宗白华先生，让我接触了古代近代现代当代的美学大家，让我此生在人生论美学的精神感染下，向美而生。

跟着导师读书的时候，有一段时间在帮着导师处理一些世界美学大会的相关资料。记得当时导师说："你英语好，这些资料你多看看，视野再大一些，别盯着眼前。"那段时间，借着那样的契机，英文资料在读，中文资料也在读，仿佛一下打开很大的一个空间，大到我有点害怕，我开始重新看《西方文论史》《西方美学史》，然后又由这两本书展开，看了各种各样的文献，关于历史的、宗教的、艺术的等。从那时起，我就想，人生一场，既然我从这些文字中汲取了营养，那我一定要走出去好好地看一看。后来毕业了，我带着金老师曾给我心里埋下的种子“视野再大一些”，背起行囊，用这十年，去了一些国家、一些地方，认识了一些人，看了我曾在书里看到过的文化。我去了日本的京都、奈良，泰国的清迈、甲米、曼谷，我曾在柬埔寨暹粒的吴哥窟里徜徉。如果当时研二没有看那些书，可能在诸多艺术作品面前也体会不到那样的震撼。后来我又去了法国、德国、奥地利、瑞士、捷克，在那些国家的城市，我走入大大小小的博物馆、艺术馆，我曾整整在卢浮宫待了三天，睁大眼睛走马观花地看遍了每一个角落，我也曾在奥赛博物馆静静地看着凡·高的画作出神。我也曾在布拉格的查理大桥上，耳机里听着斯美塔那的《伏尔塔瓦河》，看着桥下的伏尔塔瓦河静静流过。后来去希腊访学，对于古希腊文明那种真切的体会又有一种似曾相识的感觉。是的，这种对于世界的真切体会，缘起于导师曾在我心中埋下的那粒种子——视野再大一些。在塞纳河畔晨跑时，在莱茵河畔出神时，在爱琴海畔散步时，在素贴山上朝圣时，我曾不止一次地想到我的导师，如果没有那样的读书时光，可能也就没有我在各处各地各种作品前那种敏感、独特又厚重的审美体验。这种体验独属于我，那种内心的富足也独属于我。这十年，我在杭州安了家，工作之余常在周边自驾，虽非仁者、智者，但也常感山水之乐。我下班后，长跑、健身、拉小提琴，也会去固定的爵士酒吧听听音乐，常与三五好友饮酒小酌但从不让自己大醉。遇到一些戏剧、交响乐、舞剧的演出，我也必去现场体验。生活之美、艺术之美时时刻刻在一起，我觉得我是受益者。我尽量让自己维持一个比较好的状态，俗称少年感。虽有坎坷，但心藏稚拙，趣味生活，这不就是曾在读书时读到过的审美人生状态吗？记得读书时常感叹金老师的整个状态很年轻，如今想来，原因自解。对于生活的态度，对于世界的体验，金老师影响了我，这是最为深刻的。我发自心底感谢她。

“‘一日为师，终身为父。’殊不知当今也有一日为师，终身为母。又有古语说‘严师出高徒’。我虽不是师门中的高徒，但我感恩导师如严师慈母般对我的谆谆教诲和苦心栽培。”这是我毕业论文最后致谢中的一段话。老师对我们是很严格的，有时甚至是严苛。但在老师的严格后面，我们知道那是她对我们的苦心栽培。跟着老师读书的时候，也常帮忙处理美学中心的事务，记得老师那时常说："从我师门毕业出去，你们都是要独当一面的，现在不历练，难道工作了再历练？那就晚啦。"我那时比较稚嫩，有未经世事的不成熟。老师常说："你要有自己的立场和站位，否则就容易人云亦云，随波逐流。"当时，对于这些我不是很能理解。老师说："你们现在可能懂不了，理解不了，等你经历过、体验过，才能更好理解我说的话。"是的，经历了，才会懂。工作后，每每遇到问题，我总能想到老师曾对我们说过的一些话，事实验证了老师的睿智与深刻。跟着老师的那段时光，让我成长了许多，以至于后来毕业后步入工作能立刻得心应手。

我们年轻的时候，常常自认为羽翼丰满了，总想振翅远飞，离开家，远离长辈，离开父母，离开老师，但最后发现，兜兜转转，自己的灵魂中，影响你最深的还是自己的父母、老师。这种情感与精神的联结，是深入骨髓的，会跟你一辈子。我感谢能遇到金雅老师，这种情感的牵念弥足珍贵。

愿我亲爱的金老师，身体健康。

写于 2021 年 10 月 7 日凌晨　甘孜

作者单位：杭州天地实验小学

回忆我心中的金雅教授

林李龙

在遇到金雅先生之前，我先遇上了她的美学课。

2011年秋，大三的我思考着未来的方向，选上了金老师从杭师大来到浙理工之后，给汉语言文学本科生开设的美学课。那时候的金老师身形没有现在这么瘦弱，剪了一头短发，像是戴着眼镜的主持人鲁豫，但比鲁豫更多一分读书人的古雅之气。我在这门课上不仅接触到了美学的基本原理，更是感受到了金老师把美学课建在美情之上，从中国传统文化中走来，从真善美相统一中走过，向艺术人生走去的学术身影。这大概也是金老师所推崇的人生论美学的缩影。

我想第一次接触到美学的人总会有心中的古希腊之问——“美是什么”？在美学课后我找金老师答疑解惑，她耐心细致地为我梳理基础知识点。那时新传学院的蔡堂根教授让我们背《道德经》，我还半开玩笑地问金老师，道德经中说“天下皆知美之为美，斯恶已”，那搁在美学身上，是否能通过“天下皆知丑之为丑，斯美已”来界定美的本质？金老师先是一愣，随后咯咯笑了。她鼓励我多加思考，多读多写多尝试，坦言她自己一开始也并非就钻到美学的天地里，而是在不断地思考探索之中，找到了自己最喜欢的学术方向。

经历过美学课的熏陶后，大三下学期的我毫不犹豫地选择金雅教授作为我的大三学年论文指导老师，并于2012年尝试写了第一篇与美学相关的小论文——《论苏轼绘画中的人生论美学思想》。我印象特别深的是，当我满怀欣喜地把成稿发到金老师的邮箱后，等来的是金老师在电话中的一连串批评。我至今还能记得金老师说，在中国传统思想中有着大量的人生论美学思想资源，但如果苏轼的绘画思想中没有你也不能硬扯。可能是电话那头的金老师感受到了我的低落情绪，最后温和地说了一番勉励的话。她说："你能想到从苏轼的绘画思想中去挖掘，也是很好的尝试，他应该也是有的，可能只是你尚未发现能够有力支撑的材料。继续保持这种探索精神，就一定会有新突破的。"这番话重新点燃了我的学术火苗，并于2015年读研期间，重新改写了这篇论文，这篇论文后来还正式发表了。

跟着金老师攻读硕士研究生时，金老师主持的浙江理工大学美学中心经常举办全国性学术活动。有一次，老师让我给学术论坛的会议文集校稿，要求通篇阅读查看文稿中是否有错别字或者标点符号错误。一开始我很不理解，虽然口头上答应了这项工作，但心想这不是出版社要干的事情吗，为什么要我来做呢？面对几百页的论文，看着在寝室里欢乐游戏的室友，我心想，反正出版社肯定还要再校对一次，我简单应付应付也未尝不可。完成后，老师可能也从中看出了我的态度，便语重心长地跟我说："做这一份有点累人的校对工作，一方面相当于你阅读了大量的最新文献，也是一种学术的积累，同时把我们校对无误的文稿拿出去，既能体现我们工作的高标准，也能减少对别人的麻烦。"从老师的话里，我总结出了两点，一是对自我做事的高标准，二是在合作中尽量减少对他人的麻烦。这两点心得，让我工作后受益匪浅，并将终身践行下去。

我去老师家的次数很多，老师家中最常见的就是书了。不止书房，连客厅的电视、沙发、窗户边，也堆着一摞摞的书。每次到老师家，只要有了新书，临走前她都会想着送我一本，并在扉页写上寄语。我的研究生室友是建工学院学土木的，上孔夫子二手书网上一搜，金老师签字的书都比原价高出一两倍，他时常开玩笑说："我导师怎么就没送我几本，好让我发家致富呢。"

金老师本硕博都在浙大度过，从她身上我能感受到浙江大学一以贯之的求是精神，我有时还会跟认识的浙大朋友开玩笑说，这是我与你们浙大最密切的联系了。时间一晃，距离我硕士毕业也有五年了。这五年里，我成家立业，有了一个非常可爱的女儿，经历过若干个事业单位的工作，最后还是回到高校，成为一名老师。每每整理书柜时，我都忍不住把老师的赠书翻出来翻阅几页，老师著作的封套上都印着“审美·艺术·人生”六个烫金的玺印文字，这也勾起了很多跟老师之间的回忆，令我的内心在繁杂的工作琐碎中，想起曾经读书时的自己，换得片刻的宁静。

跟着老师求学的经历，是我这一生难能可贵的回忆，我不仅受用终身，还会将人生论美学的精神传播给更多学生，以证师道。

作者单位：浙江科技学院

永葆初心的金老师

陈冰冰

我是在研究生二年级时，进的金老师的门下。相比其他人，我一开始对金老师的了解仅限于课堂那一点点的时间，直到正式进入师门，才逐渐对老师有进一步的了解。

是金老师帮助我厘清研究生期间的学习任务应该是什么。最初学习艺术学理论，我的目标却仍然执着于表演专业，与理论专业课的内容并不十分贴合，在毕业论文选题与日常作业中，都表现出一定的偏执。我特别喜欢舞蹈和话剧，选择学习艺术学也是为了触及自己的艺术理想。所以在学术研究上一直没有从技术审美层面转移到理论研究层面。老师发现了我这个问题，再三提醒我的选题框架不能停留在感性的认知层面，研究生学习的内容要有更多的理性认知。无奈当时的我无法认清理性与感性的区别，原先的学习习惯没办法一下子转化，以至于我开始的时候论文的方向越来越偏。直到论文的第一阶段推进不下去，求助到老师时，她才又一次语重心长地和我说："你要做一件事前，一定要先清楚自己的目的是什么，它是否清晰明确，是否合适你的现状，是否能够有到达的方法，而这个方法对于你是否可行，都需要做一个全面的判断，判断清楚之后，才能成为你开始行动的指导思想，这个判断中不一定只有'喜欢'这一个原因。"

这个道理，在当时，我是遵照去做了，却也不十分明白，直到进入职场这些年，我才逐渐明白，一个人要成为一个优秀的职场人，首先要学会理性判断自己的职业目标，这是一切事物出发的核心。目标不合适，所有的努力可能都是无效的，甚至会导致你离目标越来越远。金老师其实不止一次提醒过我，只是当初年少轻狂，似乎年轻就有天马行空的特权，直到现在才明白金老师话中的深意。目标的设定，无论短期长期，都应该从实际出发，不要空想大于实际，要踏踏实实做好每一个环节的工作。

定好了一个能进行下去的选题后，万里长征也不过就是定了个目的地而已。说来惭愧，我必须要承认自己的理论研究能力是很薄弱的。在论文写作的过程中闹了很多的笑话，但是每一次金老师都会跟我分析得非常仔细，大到论文的框架，小到用词是否准确，都会和我仔细地解释彼此之间的区别。金老师是很严格的老师，对于我的论文从不因为我基础差就降低了她的要求与标准。从第一稿的论文到最后一稿，中间至少改过几十稿，每一稿老师都认真看过，每一次都像是第一次看似的，对每一个细节提出疑问和修改意见。每一次的修改意见，都需要我在图书馆连续待上好些天，两耳不闻窗外事才能安静地好好修改完。一稿接一稿地改，不断地丰富，不断地修正，才有了最后的成果呈现。时到今日，我从心底里是非常感激金老师的，因为越是对你严格的老师，越是代表了她内心对你的期待。而且在我的印象里，金老师对自己更是严格，每一年都给自己定下了好多的工作，并且要保质保量地完成。记忆中，我见她时，永远在工作，或者在工作的路上。这一点，我们这些所谓的年轻人，都没有这样的干劲，特别是态度，想到这里我不禁惭愧。

金老师对我的教诲，不仅仅在做学问上，生活上也给了我不少激励。三十岁时，我放弃了稳定的工作，开启了带着孩子创业的人生。这当中确实出现了非常多的困难和挫折，有一段时间一眼望不到尽头，更没有结果。每每撑不下去的时候，我就想起读书的时候，金老师鼓励我们的话："人生的路，只要目标明确，慢慢走，总会走到的，是迟早的问题而已。我读博士生，做博士后，年龄老大不小了，节奏往往比别人慢，但我的收获，不一定少。人生的路，走得快走得慢，都能一步步走向自己的理想。只要你坚持住，不放弃。"我记得她还说了很多鼓励我们的话，具体怎么说的，记不太清楚了，但大致的意思是，人生最美妙的地方，从来不是终点，而是一路上你经历的风景。这些风景最终会塑造你这个人，成为什么样的人。你真切地体味到这些风景后，你才是真正的富有，这些富有远比那些身外之物更为重要。

年轻的时候，总是想要的很多，但是能付出的，就未必了。在遇到困难的当下，确实对自己的能力、耐力、智力，都是一重重新的挑战。但是正如老师说的，“坚持住，不放弃”。不放弃，就意味着不害怕失败。金老师似乎永远充满信念与激情，在自己追求的道路上，勇往直前，没有什么困难能打败她。知识不够，就去积累；技能不够，就去深造；能力不够，就去锻炼。最重要的是，金老师在前进的道路上，永远不忘记自己的初心，不做无谓的比较，认真而专注。我想，我也要像金老师一样，专注于做好手上的事情，最后静待花开。

去年有段时间，我情绪非常低落，自我认同价值非常低。刚成为妈妈，身份的转变，繁杂的事务，让我得了严重的产后抑郁症，治疗了近一年的时间。当时，为了重拾自我价值，我非常想再回学校读书，于是，我又找到了金老师。许久未见金老师，依旧是我当年见到的那个又飒又利落的样子，充满活力和自信感。我当下就又受到了鼓舞，然后向老师说明来意。老师很高兴，她鼓励我任何时候，学习向上都不会是坏事。她为我考量了升读博士的进修方向，还为我找了好多离家近的博士招生点的信息。虽然我因为个人工作原因，没有顺利考上，但我没有放弃，希望能有空余的时间，再给自己做一些提升和进步。不以任何目的为前提的单纯的学习，看书也好，写文章也好，都在我的情绪非常糟糕的时候，让自己的心情获得了一丝缓解的余地。金老师对我的帮助和关怀，在当时无疑是一道光，更让我鼓起勇气，努力摆脱当时的困境。再回忆起这段经历，想到读书的时候，金老师也是不遗余力地帮助我学习，还经常关心我的生活。那时候每次出去吃饭，金老师也总是记得我爱吃米饭，打趣着和店员说：“她要吃米饭的，你们先给她整上一碗。”整桌师兄妹都乐得不行，场面好笑又亲切。

想象着过些年，劳模般的老师，也会退休了。晚年的生活，想必是恬淡如菊，安宁喜乐的样子。也愿老师能种花，养鱼，爬山，旅游，拥有丰富多彩的生活。不仅有“采菊东篱下，悠然见南山”的惬意；也有“闲看庭前花开花落；去留无意，漫随天外云卷云舒”的潇洒。

希望金老师能够想做什么，就能做什么，抛开工作的压力和外来的束缚，更尽情地享悦人生的每时每刻！也相信，金老师让美学融入生命、让审美融于生活的“美情”主张和“人生论美学”思想，会进一步地被传播、了解、丰富、展开！

作者单位：杭州初丁托育服务有限责任公司

真挚儒雅的金雅导师

卜凌冰

2014年，我考入浙江理工大学，师从金雅老师攻读艺术学理论硕士。当时，我是我们专业唯一一个工作了三年的往届生。我本科是设计专业的，毕业后在设计单位工作，本想选择更具有实践性的艺术创意产业、艺术教育等专业方向，但金老师专攻艺术美学，这种偏哲学的研究方向对于我来说比较晦涩难懂，怕发挥不了自己艺术实践的专长，一度没有信心，非常焦虑。导师了解了我的情况之后，跟我聊了多次，开导我："不要觉得理论和实践是割裂的，你的实践经验正是你的长处，对艺术理论研究很有价值的，理论的学习也可以从根本上提升你对技巧技能的理解，静下心来多看书，补上理论短板，你会找到自己的路子的……"后来，我慢慢地入了门，也渐渐体会到了美和艺术的无用之"大用"。

金老师笑容温润又不失儒雅，但她对治学的严谨和对学生的严格是众所周知的。研究生入学伊始，她就开列了一份详细的书单给我们，告诫我们多读书，把基础打好，不要急功近利。她反复强调做学术一定要看一手文献资料，保持自己独立的见解与判断。研究生的课堂主要是小班授课，一节课大都是七八个人，我们上课的地点在金老师美学研究中心的办公室，围坐一圈。因为人数少，我们有更多的机会发表自己的观点，而且常常出现争论。金老师总是微笑着听完我们的辩论，然后再谈自己的见解。

周末的时候，我们师兄妹几个会"组团"去金老师的家。老师的家在京杭大运河畔，我们从武林广场码头乘坐水上巴士，沿河顺流而下，从拱宸桥码头下船。码头周边是历史文化街区，我们边走边逛，不知不觉就走到了老师家小区门口。小区很安静，植被很多，弯弯绕绕的像一个小公园，老师的家就在曲径通幽处。第一次去老师家，便惊叹于老师藏书之多，就连客厅和阳台都摆满了书，每次临走的时候，老师都会送我们几本，扉页写上对我们的寄语。那时，每个学期我们都会有师门的集体聚会，老师还会时不时地邀请已经毕业的大师哥大师姐一起参加，谈谈自己毕业后的工作、生活及感受，给我们答疑解惑。大家其乐融融，老师就像一位慈爱的大家长，看着我们这群孩子嬉笑打闹，充满了家的那种温情。现在，每每忆及老师当年的教诲，忆及与老师和师兄妹们的相聚，我都会感慨万分，怀念当初老师给我们传道授业解惑的美好时光。

对于研究生来说，最重要的莫过于学位论文了。金老师希望我们的研究生生涯不仅仅是为了一纸文凭，而是真的在学术上有所得。我们师门很早就在金老师的指导下，开始了论文写作的筹备工作，当其他同学还在为选题方向纠结时，我们的论文几乎已经完成了大半，这样很大程度上避免了我们因时间的关系，最后匆忙应付，整个过程中看文献做思考也会从容很多。在论文的写作中，金老师从选题到大纲到基本格式都对我们严格要求和把关，教导我们的时候严肃认真又温和亲切。犹记得在一开始的选题中，我执拗于所谓的兴趣，非要选一个自己感兴趣但经不起推敲的题目，老师语重心长地跟我说："你既然选择了我作为你的导师，我就要对你这三年负责，这个选题太大了不是你硕士阶段可以完成的，而且这也不是我擅长的领域，恐怕无法给予你最好的指导，你原来做设计，可以看看丰子恺啊这些艺术家兼理论家，看看有没有你感兴趣的，或许你能有自己的体会。"后来，我认真研阅了中国近现代几位艺术大家的著作，其中丰子恺先生的艺术创作实践和其美学观点，果然深深吸引了我，于是决定围绕丰子恺先生的艺术人生观展开了研究。这个选题得到了金老师的认可。

毕业论文从开题到中期到最后定稿，金老师每次的指导都切中肯綮且精益求精，甚至细化到每一个词语的表达是否准确、标点符号的运用是否符合规范、引用出处是否权威等，某些章节有时会来来回回地修改七八遍。看着论文中满页的红色批注，我的室友羡慕极了："你们导师改得也太细了吧，快借我看一下。”等待盲审成绩的那个寒假，是我研究生生涯的最后一个寒假，也是最难熬的寒假。在提交盲审之前，导师就反复提醒我：“丰子恺的艺术人生观是什么？这个一定要在绪论里就讲清楚。不要把艺术人生观简单替换成人生艺术化，这是两个不同的概念。”盲审意见出来后，果然被一位盲审专家指出了同样的问题。导师给我打电话，首先恭喜我通过盲审，然后又再三叮嘱我：“丰子恺的艺术人生观到底是什么？这是你论文能否立住的关键。估计答辩时，专家还是会提出这个问题。你要用自己的话表述出来，做学问不能有一丁点的侥幸心理。”开学之后，其他同学都开始开开心心地准备毕业，我还在苦思冥想，如何回答好这个问题。毕业答辩的时候，犹记得金老师开心地站起来，给我拍照，从她的眼神里，我看到了她的赞许和肯定，这对我是莫大的鼓励，我的研究生生涯也圆满落幕。

金老师著作颇丰。毕业前夕，恰逢老师主编的四卷本《中华人生论美学经典悦读书系》即将出版，老师邀请我和出版社一起共同设计著作的封面。起初，我感觉自己难当大任。金老师鼓励我：“你的设计水平我很认可，之前为咱们美学中心设计的名家展板、活动海报，效果都很不错啊!”在跟金老师讨论封面设计方案和修改的具体过程中，我看到老师除了严谨的一面，还十分有创造力，提出的一些想法往往让我眼前一亮，十分受益。《书系》出版后，我已毕业回到家乡，金老师仍在扉页写下寄语邮寄给我，让我留作纪念。在研究生毕业的时候，金老师提议我继续升学考博或在杭州找一家研究所工作，权衡再三我还是选择了回到家乡。临行之前向金老师告别，赠送了我精心挑选的摆件和手写信，据师弟师妹说，老师一直珍藏在自己办公室的书柜橱窗中。我曾借120周年校庆之际回过一次母校，可惜金老师刚好去安徽参加学术论坛，很遗憾没有见到，但收到了老师新出版的特意留赠给回校同学们的著作。

中国哲学向来关注生命、生存、生活，金老师专注于梁启超、朱光潜、宗白华等大师的思想研究，倡扬纯粹实践、不执成败得失的人格神韵，倡导人生论美学和“审美·艺术·人生”的贯通。前阵子，我出差去外地，跟几位校长共同探讨了学校创新教育的发展路径，大家普遍反映如今的基础教育太“苦”了，唯分数论导致家长焦虑，校外辅导班“拔苗助长”，孩子也不快乐。纠其根本原因，还是得失心太重，功利心太强，缺乏了对人生价值和审美维度的思考。这也使我对老师的研究和学问，有了更深的感悟和思考。

一晃毕业已经 4 年多了，我们的师门微信群不断有新的师弟师妹加入，导师也时常会在群里分享一些思想文字俱佳的文章，抑或是她新书封面的设计请大家出谋划策。每当这时，师兄弟姐妹们你言我语，好不热闹，恍若自己还在学校里。

师从金老师学习，这是我一生都难能可贵的一段回忆。祝愿老师身体健康，万事顺意！

作者单位：歌尔创客数字创意科技有限公司

严格的金老师也是有趣温柔的

潘玲妮

一

“你选我啊？我可是很严格的。”我还记得2014年研究生入学选导师时，金老师笑着对我说的这句话。

我本科在台州学院读的英语专业，跨专业考到浙江理工大学。陌生的学校，陌生的学院。学院一楼的走廊里有各位导师的简介以及他们的大致研究方向。在看到金老师的出生地是台州黄岩时，这是当时唯一让我觉得熟悉的字眼。大概没人知道我之所以选择金老师，只是因为“台州”这两个字，冥冥之中好像一切已经有所安排。

后来事实证明，老师那句话真不是随口一说。每当我们想要松懈的时候，老师就会适时地鞭策我们，让我们知道所完成的还远远不够。在学术上，她从来不对我们打马虎眼，会直截了当地指出我们所犯的错误。有问题及时指出，及时纠正，而不是等到最后一刻，赶鸭子上架去解决。现在想来，我写的毕业论文初稿，简直羞愧难当，内容一塌糊涂，连最基本的标点符号、绪论等基本格式也错误不少。一个暑假拼凑出来的论文，非常明显我并没有好好把它当回事。老师阅过后，几乎每一页都有红笔的修改意见。小到标点符号，大到章节的内在逻辑，等等。满页的红色笔记修改的不仅仅是文字，更是指出了作为一名研究者对待论文应该有的态度。在老师的耐心教导下，我的论文慢慢成形，有了最终的成果。从老师身上我也学到了很多道理。

金老师言行一致，她是个完美主义者，对学生要求严格，对自己更加严苛，而且似乎总是有用不完的精力。研一的时候，学位点承办了“人生论美学与中华美学传统”全国高层论坛。那无疑是一场重要的大型学术会议。金老师一边指导我们分工承担会务，她自己也尽己所能参与到各种琐碎的事情中，主题演讲，邀请专家，会议宣传，餐点准备，等等，大事小事，亲力亲为。那段时间，老师经常半夜两三点了，还在忙活着，第二天的早课以及学术点的会议等，也没耽误。

有人说，眼睛是一个人脸上永不改变的部位。从孩提时一直到老年，眼睛始终是一个模样。老师看上去就是从小“三好学生”的模样，与她接触过的人，相信都会有这样的感觉，事情交给她准没错，肯定可以放心。“金老师啊，她是个女强人。”在上学院莫小也老师课的时候，金老师路过门口，看到我们，点头微笑，莫老师如此评价她。

二

但如果你就此认为金老师只是个严肃刻板的人，那可就错了。她常常会灵感频现，跳出个让人出其不意的点子，满溢着趣味。犹记得学位点四周年庆，老师突然有一天就让我们自行组织一场文艺表演。当时我和一同入师门的卜凌冰可头大了。我们并不是艺术生，不会十八般武艺，唱歌唱歌不行，跳舞跳舞不行，好像没有什么能上得了台面的东西。“军令”如山，时间定了，来观看演出的领导和学位点的老师们也都通知了，而且还发布了海报，我们只能硬着头皮上。最终我和冰冰决定表演双簧。那时每晚都会在学院空荡的一楼进行排练，其他人有的朗诵，有的跳舞，有的唱歌，有的穿着道具服装演话剧，等等，真的是百花齐放。在紧张的排练中，我们也是有说有笑。演出的那一天，师门中的人既是演出者，也是幕后的导演、场务，忙里忙外。站在舞台上的那一刻，之前的焦虑与害怕一扫而空，我心中只有一个想法：尽量演好。双簧的内容早已淡忘，但一起排练的时光，以及舞台上同学们发光的样子，永远记得。我和学位点同级的其他同学关系很好，有一部分也源于此，因为我们曾经在一个“战壕”战斗过。

这场学位点周年庆，有一个彩蛋，是我们意想不到的：金老师和其他导师的合唱！这是老师们准备的小“惊喜”，估计他们没有好好排练过，在舞台上生涩地唱着，时不时地传递着话筒。在那一刻，我们的角色不是学生，而是观众，是评委。空气中有一种奇怪的和谐感，老师们回味在自己的青春中，而我们在畅想着未来的样子。

每个学期开始和结束，金老师也经常会组织师门聚餐，让大家聊一聊近期所学所感以及生活琐事，等等。有时候也会邀请已经毕业的师兄师姐一道参与。在师门聚餐的时候，老师时不时地会提起她的求学时代。她如何在简陋粗糙的生活中创造出美的仪式。从西湖周边的山上摘来花，用玻璃瓶装着，摆放在桌上。还有她和她的老师们的故事。每当老师提起这些往事的时候，时光像是重叠了一般，我们仿佛看见了几十年前的她，老师的青春和奋斗，她的温情和执着。

老师家在京杭大运河边，聚餐基本在老师家附近，结束后，我们总会在大运河边一起散散步，也会拍一些照片留念。这样的时候，老师是如此温柔有趣。她是如此的不一样，好像朋友一般。

三

毕业四载，学校的生活渐行渐远，但老师的教诲，我始终牢记心中。老师经常会和我们分享梁启超的一些思想。“诸君为什么进学校?”“求学问为的是学做人。”1922 年，梁任公在一场演讲上说道。而老师也一直贯彻着这种理念，比起知识储备，她更注重一个人的内在品质，先做人，再求学。“要成为一个不惑不忧不惧的人。”简单的一句话，包含着大智慧。那时候，经常会拜读老师的著作《梁启超美学思想研究》，总是为老师精练的文字以及深刻的分析所折服。虽然没有选择在校园里继续深入做研究，但这些思想的种子已埋下，在工作中，我也一直遵循，以此为鉴，时不时的自我反省。“路漫漫其修远兮，吾将上下而求索。”

师门微信群里，老师也常会分享一些精彩读物和她自己的研究成果。忙碌的工作之余，每每收到这些消息，心中总会回想起读研的学术时光。每一年都会有新的师弟师妹，老师依然孜孜不倦，认真严格地指导他们的学业，也依然时不时地带领大家一起创造惊喜，享受趣味。

对老师的记忆，仿佛会永远停留在那些春光似的画面。老师像是永远在研究着，准备着，规划着。

每一天都是一种开始。希望老师往后的日子，更加精彩！

作者单位：惠乾（上海）环保科技有限公司

与金雅教授的“半路”师生缘

田　瑞

2016年，我结束了在西安的本科学业，来到浙江理工大学艺术与设计学院攻读艺术学理论专业硕士学位。我在启程赴杭开始我的硕士学业之前，曾写下这样的诗句：长安繁华未尽阅，钱塘潮头一苇杭。我当时从未想到过，在钱塘江畔“苇杭”得遇恩师金雅老师，竟会对我的学术生涯乃至人生道路产生如此之大的影响。

我其实算是金老师门下半路“冒”出来的学生。为什么会这样说呢？一切还要从我刚来到浙江理工大学时说起。入校时，我对西方艺术理论颇感兴趣，因而在导师双选时便选择了主攻西方文化与文论研究的何卫华老师。何老师当时人在德国不莱梅雅各布大学交流访学，受限于时差、公务等因素，我入学时的很多工作都是他委托作为学位点负责人的金雅老师来处理的。在这一段日子里，我与金老师在公共课堂之外有了更多的接触。研究生一年级的第二学期，何卫华老师因工作调动去往华中师范大学任教，无法再担任我的硕士导师。为了保证我的学业正常完成，何老师经过深思熟虑，决定将我转入金雅老师门下继续完成硕士阶段的学习。我还记得何老师当时在跟我聊到转导师相关事宜时，他曾这样说道：“金雅老师是学位点的负责人，是学科领域的顶尖学者，出了不少重要成果，你去她那里继续攻读学位，我很放心，我相信你跟着金老师一定能顺利完成学业。”就这样，我“半路出家”，正式成为金雅老师门下的学生。在对接转导师事宜时，金老师还打趣地跟我说，她在我们刚入校的时候就想收我为徒，奈何我当时醉心于何卫华老师的研究方向，我们就这样阴差阳错地与这段师生缘“失之交臂”。谁曾想，兜兜转转没多久，我们还是续上了这段好似命中注定的师生缘。现在回头想想，还是很感谢何卫华老师的举荐，也感谢金雅老师对我的信任，我能在硕士学位阶段拥有两位如此优秀的导师，确实是我修来的福分。其实，在何老师决定将我转入金老师门下、金老师也决定接收我之时，中间还发生了一个小插曲。当时金老师的研究生名额已满，学院表示金老师当时不能再增加研究生名额，但是何老师调动在即，为了保证我这一年学业的正常开展，金老师便亲自和学院多次协调，最终决定暂时由金老师和另一位老师联合培养，转导师的事情才算是尘埃落定。直到一年多以后，金老师那里空出了名额，我才真正彻底成为金老师门下的弟子。在我硕士毕业后，每每和金老师闲聊，我们总是会忆起这段既阴差阳错又曲折离奇的经历，感叹我们师生间奇妙的“半路”缘分。

正式成为金老师的学生，我的心里还是十分忐忑的。在科研方面，金老师是国内人生论美学方面的权威，在中华美学精神与中国现代美学领域的研究获得了学界的广泛认可，在教学方面，金老师对学生要求严格，门下桃李在校期间成果奖项频出，毕业后更是皆为行业内翘楚。我自知天分不足，生怕自己不能完美地完成相关学术任务，辜负了老师的一片信任。但是金老师的帮助与鼓励让我很快打消了这样的念头。犹记在一堂研讨课上，轮到我主讲丰子恺艺术美学，我在梳理介绍丰子恺相关思想的同时，给老师同学展示了我在丰子恺故居桐乡石门研学的见闻照片，还向大家赠送了印有丰子恺画作的书签，课堂氛围十分活跃。金雅老师在课后先是指出了我的课件的几处失当之处，然后又肯定了我实地考察的研学方式，表示我的桐乡之旅不仅追寻了丰子恺的足迹，也在丰子恺家乡见到“童心说”的现实践履。金老师认为对于我来说，这与其说是一次学术调研，倒不如说是一场涤净心灵的人生审美实践。金老师的称赞让我觉得受之有愧，不过这确实激励我让我更加脚踏实地、勤勉力行地进行我的学术探索。金老师一向鼓励我们在课堂学习之外，积极参加各类学术会议与项目申请，扩展自己的学术视野、锻炼自己的研究能力。在金老师的鼓励下，我积极参加各类学术活动，学术论文曾多次入选相关学术会议并进行发言，也在论文竞赛中取得了一定的成绩。一次偶然的机会，我看到国际潮学研究会正在进行第十届潮汕历史文化研究博士硕士论文资助计划的征集活动，我的硕士论文方向正好与之契合，我心怀忐忑地想要试一试。在得知我有意向申请这项资助后，金老师十分欣喜，打消了我的种种顾虑，并爽快地帮我写下了推荐信，让我大胆地尝试。诗言“世上无难事，只怕有心人”，这话一点都没错。不久后，资助名单正式公布，我作为唯一一位双非院校的研究生，同来自复旦大学、中山大学、华东师范大学等知名高校的学子共同入围该资助项目。金老师得知此事之后，看上去似乎比我还要高兴，并跟我说早就知道我有这样的实力，让我戒骄戒躁，再接再厉。金老师常常说，我们作为硕士生，不能每天闷在书本里学习，也应多多参与一些其他事务来积累人际交往技巧与日常工作经验。于是在学业之余，我在金老师的推荐与支持下接受了一些其他工作。金老师得知我有视频剪辑制作的技术背景，便希望我能为学位点拍摄制作一部形象宣传片。在金老师的指导下，经过多方努力与反复磨合，学位点宣传片最终呈现出的效果受到了老师同学的一致好评。此外，金老师语重心长的鼓励让我彻底卸下了思想负担，担任起艺术学理论师生联合党支部副书记一职，将支部工作打理的有模有样。没有金老师作为“伯乐”，我可能不知多久才会发现我身体里能够蕴藏着这么大的能量。

刚入学不久，我就有了继续考博深造的打算，我也早早将我的意向同金老师沟通过，她当即就对我表示强烈的支持。金老师曾稍显遗憾地表示，她门下不少学生拥有很强的学术能力，但都因为种种原因未能延续学术道路。她看到我对学术比较感兴趣，所以希望我趁着年轻能一鼓作气地读下去，不仅对我以后的学术道路大有裨益，也为师弟师妹做一个表率。为了给我充分的时间复习备考，金老师把本该安排给我的相关工作都委托给了其他同学。当金老师得知我有意向跟随上海师范大学陈伟老师攻读博士后，也多次在学术会议上与陈伟老师相见时积极引荐我。2019 年，我从浙江理工大学毕业，获得艺术学理论硕士学位后，成功考取上海师范大学美学专业的博士研究生。从我毕业前赴沪考试开始，金老师就不厌其烦地叮嘱我考试时要注意的事项，考试结束后，她也第一时间询问我的考试情况。在我看来，这时的金老师就像一位慈爱的母亲一样，心情忐忑地期待自己孩子的成绩。好在一切天遂人愿，我虽愚笨，但最终没有辜负金老师的期待。

博士入学第一年，我曾从上海来到金老师杭州的居所看望她。那一次，我们望着运河的风景，品着杯中的青茗，促膝长谈了一下午。临走时，金老师还专门给我塞了一书包她家乡的柑橘，说这个味道很好，让我也尝尝。博士的学业确实繁重，曾想着再多去杭州看望金老师，却因诸多琐事和疫情限制数次耽搁，只是在平时与老师发几句微信，打几通电话聊表问候。今年 3 月，金老师的新著《说艺论美》由南京大学出版社出版。在收到金老师的赠书后，我便如获至宝般地细细品读。在书中，金老师将她三十五年来的学术历程用“艺”与“美”两个字概括。我猛然发现，我早已在不经意间跟随着金老师的脚步，一步一步地向前。在去年疫情居家期间，我曾受到本科老师邀请，希望我能用优秀校友的身份，以一场线上讲座来向学弟学妹们传授我考研考博的经验和这些年在外求学的经历。我为这场讲座定下的题目是《寻真、谈艺、求美》。也许是师生间冥冥中的默契，也许是受到了金老师学术研究的深切影响，我也在“艺”与“美”引领下，进行着我的学术研究和人生践履。师恩难忘，金老师对我的帮助与提携我铭记于心，我无以为报，只能更加发奋学习，踏实走好学术长路，躬身寻探艺美微光。

又一年教师节将至，遥记起 2018 年的那个教师节，我同群星、明慧，在金老师运河畔的家中，与老师一起，大家自己动手，烧了满满一桌饭菜。我们师生同聚，共话家常。大家笑着闹着，好不快活。群星、明慧还临时起意，饭后拉着老师，捧着花束，摆着各种 pose 照相。虽然那段日子已经过去，但那份回忆却从未减淡。愿金老师在今后的日子里，身体康健、事事顺意，永远像那个教师节一样开心。

2021 年 7 月

作者单位：上海师范大学

学问与生活的相契

——忆吾师金雅教授

李明慧

时隔硕士毕业两年，时间过得很快，怀着感恩和敬爱之心回望研究生曾经与老师相处的时光，珍惜而又美好，很多片段至今想来依然记忆深刻，仿若昨日，非常怀念。我很感谢我的导师金雅教授。

金老师是一位对学术研究极其严谨认真的人，很注重学术的规范和细节。她对我们的学习要求也很严格，会直接指出我们存在的问题，并给予我们悉心的教导与点拨，不厌其烦，尽心尽力。可以说，我现在的一些学习方法和习惯，正是硕士阶段在老师不断的督促中养成的。也正是她的严格要求让我能够在学术研究中发现自己的不足，不断获得进步和成长。除了严格要求，老师对我们也是慈爱的，她对我们的生活也很关心，常常会与我们聊天，了解我们的动态，给予帮助和关怀。在毕业后也时常会问起我们在学习、工作、生活上的发展情况。

一

金老师有很强的人格魅力，她对生活的态度，为人处世的方式，都带给我很深的影响。可以用一句话来形容老师，她真正地把“人生艺术化”“生活艺术化”的思想理论践行于日常的生活中。记得每逢节假日，老师会邀请我们没有回家的学生们一起与她过节。一次中秋节晚上，老师约我们一起吃晚饭，饭后，老师带我们来到杭州运河的岸边散步赏月，在夜晚灯光的映照下，运河两岸的风景很美。老师与我们边散步边谈人生，关心地询问我们每个人的生活，了解我们的兴趣爱好。走到小河直街的地方，老师向我们推荐了附近几个很不错的博物馆，她说旅行、摄影、书法、逛博物馆、看艺术展览等，都是很不错的陶冶性情的方式，鼓励我们在课余时间也要多多去感受和发现生活中的美好和趣味，要善于观察生活的美，养成浓厚的兴趣去看、去听、去感受、去思考，用审美的心灵去看世界，而不只是埋头故纸堆，毕竟生活是艺术的源泉，与做学问并不矛盾，而是会互相促进，会带来很多灵感。这不禁让我想起了宗白华“散步的美学”，金老师带给我们的也正是这样一种艺术人生的方式。

老师常常以中国现代美学大家的思想引导我们的学业，浸润我们的生活。记得她常以王国维的“入乎其内，出乎其外”教导我们在学术研究中要能全身心投入进去，同时也要能从中跳脱出来，不要把自己绕进去钻入牛角尖中，否则会走入死胡同，限制了视野和思维的发展。这对我们当时写作硕士论文有很大帮助。

还有一件事对我影响很深，在准备博士考试期间，我压力很大，老师发现了我的紧张状态，把我叫去家中悉心疏导，让我去除杂念，专注于学习本身，不要去想成败的后果。她以梁启超的“知不可而为”和“为而不有”的人生哲学对我耐心引导，让我在迷茫中豁然开朗，深受启发。从老师的教诲中我也能感受到她的人生境界。可以说，当我在学习和生活中遇到挫折时，是金老师的谆谆教诲和鼓励，让我重拾战胜困难的勇气和信心。在今天的学习和生活中，我也受益匪浅。

二

金老师的课堂是很生动活跃的，不只是理论的简单教授与讲述，她把课堂的主动权和话语权放到我们手里，让学生成为课堂的主角。老师常会围绕学科特点引出一个个实实在在有意义的论题和现象，让大家展开针对性的讨论和思考，通过这种方式，使我们在充分的思考讨论中获得了学习的乐趣，同时打开了学术写作的思路。有时候，老师也会分享自己的生活经历，让我们讲述自己生活中印象深刻的事，引导我们从生活的细节和感悟中思考学术与人生。金老师常说做学问也要贴近生活，真实而细腻地去感悟和思考生活中的情与理，才会做出与人共情的学术，而老师自己也正是这样做的，她把美学理论与生活实践联系在一起，带给我们很多启思。从金老师的身上，我看到了教学也可以是一种情趣化的美育，无论是阅读、学习，还是生活都可以是艺术的、审美的。

金老师也有很可爱的一面。犹记得一次与老师聊天，老师与我们分享了她童年时一个有趣的故事。小时候，老师家里养了一些小动物。有一回，她觉着松鼠嘴巴中间有颗牙齿太长显得有些突兀，就请求她父亲帮助小松鼠修整牙齿。读小学时，她养了一群母鸡，早上上学前她会按照外婆教的方法，到母鸡们的屁屁上先去探探鸡蛋。这些生活的片段，很生动也很熟悉，是我们父母亲辈都会有的生活经历。老师讲的过程中，洋溢着开心的笑容，与她平时表现出的严肃的一面有些不同，很真率，也很平易近人。我发现，原来金老师小时候也是一个活泼可爱、富有童趣的小女孩。

三

金老师在生活中是爱“美”的人，她喜欢拍照，喜欢旅行，非常热爱生活。虽然工作比较繁忙，也常会出去走走，她说，希望可以走遍这大千世界，看尽美丽的风光。

在一次机缘巧合下，我知道了老师很喜欢古琴。或许这是金老师的学生中只有我知道的秘密。毕业后的半年时间，我留在杭州备考。有一次老师约我去西湖边的宝石山转转，在返途时路过半山腰，看到这里有一家名为纯真年代的书吧。老师说书吧的老板是一个有故事的人，经常会在这里举办一些有意义的活动，所以常有一批文艺青年会聚在这里。在书吧门口，听旁人说中午方文山刚刚来参加过活动，顿时觉得这家书吧应该很有吸引力。虽然错过了方文山，但我们遇上了当晚的古琴沙龙活动，机缘巧合地与秋夜的琴语相遇了。我和老师一起在这里感受了一段穿越时空的古琴风雅，《酒狂》《梅花三弄》《良宵引》的韵调，现在还能隐隐感受到其中的余音。记得当时金老师听得很是开心，还向我叙说了她对古琴的喜爱与感受。她说：“古琴文化在中国是源远流长，博大精深的。而古琴是为我们这个年纪的人准备的乐器，音调沉郁，可以让心安静下来，给人以心灵的慰藉，让人慢慢地感受生活，从中找寻生命中的澄澈和隽永……”我们伴着这悠远深沉的琴音，漫谈人生，度过了一个美好的夜晚。

2019 年 12 月，有幸跟随老师去台州临海开会，老师对临海有一种特别的深情，这里不仅是老师的家乡也是她第一次登上讲台做老师任教的地方。会议间隙，她和当地一位许久不见的友人相聚，带着我一起去了巾山公园，也去了她曾任教的台州学院，我们在台州学院老校区的大门口、老师住过的宿舍楼下合影。夜幕降临，我们漫步在临海的大街小巷，老师们慢慢走着，一边交谈一边欣赏着身边的风景，当他们回忆起曾经走过的青春岁月时，金老师喜悦之情溢于言表，有些许激动。我在一旁默默地听着他们的故事，时不时也与老师们交谈几句，感觉很是惬意。从老师友人的口中，得知原来金老师学生时代就是一个对自己要求很严格的人，我不由得从心底发出敬佩的感叹，也知道了她对我们严格要求的良苦用心。那次临海之行让我更进一步了解了我的老师，我也有幸感受到临海这座安静的城市中浓浓的人文风情。

2020 年初疫情期间，金老师在家中的阳台上种植了草莓，还记得她当时把草莓开花、结果的照片发到群里分享给我们看时，隔着屏幕都能感受到老师的欣喜和她对生活的情趣。在压抑沉闷的防疫生活下，老师的“草莓图”给我们也带来了一丝希望的欣慰和欢喜。从生活的很多细节中，都能感受到老师早已把她所倡导的人生论美学思想融入了自己人生艺术化的生活实践中。

四

在金老师门下，我的收获绝不仅仅是上了几门课、做了一篇硕士论文这么简单，更重要的是培养起了我对学问的热爱，还有从学问中获得的人生哲学，和从老师身上学到的艺术化的人生态度。虽然硕士毕业后我不在杭州，但我和老师常有联系，时间空下来我也会去看望老师，老师也经常会询问我的学业发展情况。当我在学业和生活中遇到困惑时，也自然会去找老师聊一聊，老师也是一如既往地给予我帮助和关怀。

看着金老师开掘的以“人生论美学”与“人生艺术化”为代表的中国现代美学领域的研究，在学界产生的影响力和关注度，我知道老师在背后付出了很多艰辛的努力，真心为老师感到高兴和骄傲。每每看到老师又有新的著作和论文问世，知道她又不断地获得了新的学术进展和成果，我都会为之感到欣喜和激动，老师的成功也已经在我的潜意识里成为鼓励与鞭策自己不断前行的动力。

金老师以她的专注、执着、真诚和关怀，收获的不仅是学术上的成果，还有作为桃李的我们对她的敬爱和感恩。老师也希望我们在各自的领域里能有所建树。祝愿老师能在学术研究上不断取得新的成果，再登高峰，也祝愿老师身体安康，顺心如意！

怀着对老师的敬佩和感恩之心写下此文，也诚恳地祝福我所有的师弟师妹们！

2021 年 7 月 22 日

作者单位：扬州大学

金老师帮“小小”的我 解“大大”的困惑

余骏迪

提笔写这篇随笔时，不由想起来，自己工作也有两年了，要不是经过读研期间学术上的磨砺，现在要在工作岗位上撰写各类文章，一定会有不小的难度吧，这就不由自主想起我的导师金雅教授，感谢她在学业、工作、生活等方面为我指明了方向。

考研对我而言是场难忘的体验，混杂着复杂的情感。本科毕业之际，在选择就业还是继续深造的思虑中，我的方向逐渐明确。但毕竟是第一次，总有那么些迷茫、未知伴随恐惧和心虚。我习惯准备充分些，至少这段经历回想起来不会是苦涩的，那个冬天捧着热可可，窝在自习室努力学习的我，好像还在那个位置上坐着。选择专业，意向导师也是场缘分，连专硕、学硕，定向、非定向的概念，都没分清，就一股脑想着要考研了，“嗯，这个头开得也是醉了”。好在知道自己的兴趣在哪里，揪着这条线索找寻，层层删减后，终于是找到了，在浙江理工大学校园官网导师介绍一栏，不知怎的就被金雅老师的研究方向吸引，艺术的意义和价值，我想知道。

第一次见到金老师是在复试面试的时候，我仍记得那个教室在 D 区三楼走廊的尽头。看着考生一个个进去，然后一个个出来，我心中忐忑，高年级的师兄在外场规范入场次序，向我们简单介绍学位点情况，还时不时打个趣，缓和一下我们紧张的心情。轮到我了，推门进去，金老师坐在中间，身形较小的她和边上的几位男导师形成鲜明对比，虽然矮了半个头，但老师身上散发的学术自信足以镇住全场。因为本科是设计专业出身，虽然是艺术方向，但理论文字写作能力仍是未知，老师明显发现了这点，向我提问：“是否有自信完成3万字的学术论文?”思索片刻，我点头：“有自信，可以完成。”金老师回复了我一个和蔼的微笑。面试结束，走出校园，我只觉得那天天气蛮好，回家的步伐也不由变得轻盈。

要说读研期间最为焦灼的日子，那必定是论文选题和磨合初稿那阵子了。通过对大量理论著作的研读，我的基础逐步跟上了，但要从这好似汪洋的学海中找出一个航向，始终令我踌躇。有的内容不足以支撑一篇学术论文，有的主题容易写偏，有的内容过多把持不住。老师专门把我们同年级的叫到一起，探讨选题的问题，鼓励我们寻找自己的兴趣点，同时建议我们从理论人物、概念范畴、理论命题等角度切入，寻找突破的方向。幸运的是，在之后不久，我便被吕澂“美的人生”的概念吸引，通过初步搜索整理文献及相关内容，预判足够支撑完成学位论文，我正式开始着手论题的准备工作。

通过反复研读原著，对比近似观点，逐字逐句剖析，我的论文思路逐渐丰满，条块逐渐清晰起来，但语言表述的弱点也暴露了出来，表达不够普适，文字抽象，表述晦涩难懂，成为完成论文的一个瓶颈。老师及时点醒我，“要偶尔切换维度来看文章，不能沉浸在自己的世界，论文最后还是要给大众看的”，这才使我在文章表述上有了一定的好转。当局者迷，旁观者清。这句话，用在老师对我的指导上，再恰当不过。深入进去了，思路就容易单一，就会想在写的时候面面俱到，任何概念只要能支撑论题的都不想放过，这就导致我在构思论文各级标题时，受制于吕澂本人提出的概念。在我纠结于取舍吕澂的概念做标题时，老师果断出手，帮我排除迷瘴，简明扼要地将我想表述的重点提炼为“艺术作品观”“艺术社会观”“艺术活动观”，一下子就把我文章里纷繁芜杂的内容提挈起来了。当时收到老师的修改意见，我也只能用“大为震惊”“顶礼膜拜”来形容当时的感受，震惊的是，还能这样操作！膜拜的是，老师也太厉害了！至此，我也明白了，文献研究，终究是要化为自己的东西，这才是论文研究的结果和价值，要是过于拘泥原始材料本身，只能算是文献梳理罢了。

在我的印象里，老师一直很擅长因材施教，能够根据我们的性格，充分挖掘每个人的所长，给予相应的机会，让我们每个人用实践的锻炼来开拓自己的道路。因为我擅长摄影，老师会带我一同前往参加各类学术研讨会。2017 年，安徽大学举办“纪念朱光潜、宗白华诞辰 120 周年国际学术研讨会”，这是我第一次和老师一同出差。由于从没接触过会议摄影，第一次拍出的效果并不好。老师敏锐地看出了我的局促，认为我还没有放松心态。老师指出，在拍摄会议照片时，要站在工作的立场，尽可能展现现场情况，体现会场主体，必要时可以抓准时机近距离拍摄。不用过多在意参会人员的眼光，保证高质量完成工作才是重点。这使我对如何树立正确的工作观念，把握问题的重心，有了新的认识。

研究生的生涯很快就要结束，又到了要做选择的时候。在与老师谈论未来工作方向时，我表明自己还不能确定是否要继续从事设计工作。为此，老师借着我在暑假留校磨砺论文的机会，推荐我到浙江省建筑设计研究院实习，也是经过此次实习，我才能更好地定位自己的状态，选择适合自己的工作道路。

和室友一起，我们有时会笑着谈到高中时期文科生、理科生、艺术生等相互瞧不起的奇怪关系，作为一名艺术生，这点我是感同身受的，因为有过被名校老师当面歧视的经历，这也成了我的一个心结。也是在和金老师参加安徽大学的学术会议期间，晚饭后和老师在翡翠湖畔散步，我不经意间谈到了这个话题。老师研究梁启超美学思想，提倡“人生艺术化”，也主张“非功利”的生活观念，倡导“趣味人生”。她和我说，“那个歧视你的人，一味趋向功利，以偏概全，不配做老师，骏迪，你也要跳出当事人的立场，来看这件事，不用对这件事抱有负面情绪，耿耿于怀，我们自己积极的心态不应该被这种人这种事影响”。记得那晚，我和老师走了很久。从黄昏的苇荡悠悠摇摆，散步的行人渐渐变多；到粼粼湖面折射对岸高层斑驳霓虹，歌声渐渐响亮。我和老师不止聊学业，也聊了很多工作的、生活上的问题，老师的教诲对我影响深刻。后来我才知道，老师身体不好，实际上不应该走那么久的路，老师在我心中的形象，也由此更为温馨。事实上，少有老师会和学生如此细致无间地谈论生活，小、初、高，至于大学，可能都不一定遇到。

执笔至此，虽然还不饿，但饭点到了。虽然现在从事基层政务工作，逐渐远离了曾经的校园和学术，但老师的教诲和思想，一直影响着我的处事方式。工作中，每次写稿的时候，我就会自然地去知网查查资料，找找案例，寻寻灵感，就会想到自己当时学位论文的打磨，往事翻涌而出，因为经历深刻——那些和老师相处的日子。

2021 年 6 月 28 日

作者单位：浙江省象山县丹西街道办事处

带我走出学术研究的“牛角尖”

——忆与金雅老师二三事

孟群星

第一次见到金雅老师，是2016年春，在研究生复试的教室里，老师坐在评委中间。当她听到我最喜欢的一本书是朱光潜的《谈美》时，饶有兴致地笑了，像朋友之间谈话一样，跟我聊了一些美学的话题，教室里的氛围，变得轻松愉快，我也从紧张的情绪里放松下来。我想，这应该是位很慈祥的老师吧。这是我对金老师的最初印象。

此后，我渐渐发现金老师不止有慈祥，更引人注目的，是她对工作学术的严谨和高效率。犹记得，2017年6月，由中华美学学会与浙江理工大学联合主办的“‘人生论美学与当代实践’全国高层论坛暨《中国现代美学名家文丛》新版发布仪式”在杭州召开，我们学位点作为承办方，我和同学们有幸参与会务，在各项准备工作中，金老师细致入微，全局和细节的把控都非常严谨，她用身体力行，教导我们凡事都要用心去做，才能做得完美。

研二的这一年，我开始担任16级艺术学理论班的班长，各种工作上的事务多了起来，与金老师的接触也逐渐多了。我实际经验不太丰富，刚接手时，也许是不够上心，也许是对自己的相关能力不自信，有时就直接将工作转给其他同学去完成。金老师得知情况后，跟我说，“在工作中，既要把控工作进度和环节，保证工作质量，也要在这个过程中锻炼自己，发挥自己的作用和价值，而不是简单将工作都交与他人”。这些话我一直还记着，它也时刻提醒着我应该持哪种态度去对待工作。

毕业论文选题之前，金老师推荐我阅读方东美的著述，也鼓励我尝试撰写关于方东美的研究论文，起初我是非常感兴趣的，方东美提到的“纯美”“至善”等词，能让我反复阅读好几遍，但是越深入挖掘，深入思考方东美的美学奥秘，越发现这位大哲学家是我无法企及的。我在他的美学观念里绕来绕去，怎么也找不到出口。一个小节我需要花费至少十天才能阅读完成，反复思考，但思来想去却不得要领，最后勉强撰写完成了草稿。金老师看了我的草稿后，知道我在里面迷路了。她说，“你不要钻牛角尖，总是在一两个细部上，来来回回的绕，把自己都绕进去了，你需要跳脱出来，把每一个小的点，像一颗颗珍珠一样串成一条线”。金老师的话，警醒了我，她不仅是在教我做学术研究，也是在教我做人做事的道理。金老师知道我是一个爱纠结的学生，总喜欢在一件事上钻牛角尖，她对症下药，一针见血指出了我的问题，我非常感激，金老师也让我感受到了一个老师真心为学生好，希望学生越来越好的那份诚挚和纯粹。

正式选择学位论文选题时，我像是跟自己较劲一样，还是想从方东美这个人物入手。我考虑缩小范围，选取了方东美“纯美”这个点作为题目。金老师看过我的题目和思路后，还是那句话，让我“不要钻牛角尖”。我原来曾写过王国维的文章，金老师便建议我再阅读王国维的文献，尝试从王国维这个人物上找一些突破点。当时我有些不理解老师的建议，我想自己在方东美这个人物上，已经花费了较多的时间精力。幸在老师的及时提醒，并给予了切实可行的建议，才让我少走了弯路，避免了不顾自身实际的“钻牛角尖”。在重新查阅文献后，我在方东美与王国维之间，找到了他们悲剧理论的一些共同点。这个选题，得到了金老师的肯定，最终确立了我的学位论文选题。在这个过程中，我也真正明白了，金老师为何反复劝诫我“不要钻牛角尖”，在学术研究中，进得去，出得来，才能找到突破点。事后，我也领悟到了，老师因材施教，深知每个学生的特点，她给我的建议，是最适合我的。

说实话，人的习性不是一下子能改的。进入学位论文具体撰写工作后，虽然我时刻提醒自己，但免不了时不时还要钻钻牛角尖。金老师对我们的学位论文要求严格，她每看我一稿，我们就约在一起讨论。大到框架结构，小到标点错别字。比如，是用“解脱”还是“超越”，老师就和我谈了很多。在老师的一步步指导下，我的论文得到了完善，我也如期毕业。如果老师对我的问题视而不见，坐视不管，没有劝诫我，让我及时修正，我也许都没有办法完成我的学位论文。

研究生期间，很幸运遇到一位能真诚为学生考虑的老师。从研究生复试的那个教室里走出来，我便有意倾向选金老师为导师，事实证明，我的选择没有错。在工作中，金老师能细致入微，对自己要求极高，用切身行动影响着我们。在学术研究中，她有敏锐的观察力和前沿的思想，带领我们不走弯路。“不要钻牛角尖”，这是她对我说得最多的话，她总是在我即将走上弯路的途中，把我拦下来，不厌其烦，让我认识到自己的问题，及时调整方向。直到毕业以后，我都一直记着老师说的这些话。走出校门的毕业，是暂时的。老师的教导，会伴随我的人生。

感恩，遇见。

作者单位：中山市龙瑞小学

传递美的力量

——我的美学之师金雅

李祎罡

第一次见到金雅老师，是在 iPad 的屏幕上。2020 年一场突如其来的疫情，阻挡了无数人向前的步伐，也阻挡了本该前往学校参加复试的我们，于是只能通过网络的形式，面对着数字屏幕，千里连线进行复试。复试的那个早上，我心里紧张万分。在等候考试的时间，我不停地读王维的诗，“人闲桂花落，夜静春山空。月出惊山鸟，时鸣春涧中”，努力让自己放松。终于到我了！我深吸一口气，接通连线，屏幕中老师们坐在一间挂着书法和照片的教室里，我看不清楚每位老师的面孔，只听见一位齐耳短发的女老师清脆响亮又带着温柔和蔼的声音说，“李祎罡同学，你好”。当无比紧张的我听到这个声音的那一刻，焦虑的心情忽然缓和了下来。我的名字中后两个字比较陌生，已经习惯了初识叫错名字的情况，当听到老师字正腔圆又和蔼地叫出我的名字时，突然觉得对面的老师仿佛与我相识已久，陌生的感觉少了一大半。屏幕上本来严肃的老师们瞬间让我有种真实、贴近的感觉。考完试后我揣度，那位老师应该就是金雅老师。在准备复试前，我就有了解过学校导师们的信息，金雅老师针对人生论美学、中国现代美学的研究方向引起了我的兴趣，因此也留意了金老师的相关资料和学术成果。在读过金老师的一些文章后，我被老师独到的学术视角和精妙的文笔打动，不由升起敬仰之心，同时憧憬着能有一日受教于她。这次复试终于和老师有所交流，感觉距离又近了一步，也使我更期待和老师的真正相逢！

9月，我来到浙江理工大学，选择了艺术学理论专业下的艺术美学方向，正式拜入金雅老师门下。入学前，在读老师的文章时，我经常时不时地想象老师的具体形象。现在，老师的形象终于鲜活丰满了。老师非常喜欢穿长款宽松的服装，白色的长衬衫、褐色的宽长裙、宽筒的阔腿裤，大多以棉麻材质为主，设计都很简约，看起来既飘逸又大方，衬着老师黑亮的齐耳短发，温柔知性中又带着一丝干练的气息。这俨然成为老师的个人审美风格。我想，这就是“女先生”的气质！

老师是个非常严谨认真、心思细腻的人，一个细微的问题都会斟酌很久。这点在老师的文章中就可见一斑，老师文章的建构总是逻辑严谨，论点独到，论据翔实，我相信读过老师文章的人都会有此共识。老师强调我们做研究时，一定要认真仔细，留心发掘每一个有用的材料。老师撰写的《论美情》一文中，将“美情”命题的提出追溯到战国时期的《郭店楚简》中，这虽然是老师在一次偶然的情况下发现《楚简》中出现的“美情”的字词，但我想，这与老师严谨细致的学问性格是分不开的。老师主编的由商务印书馆出版的《中国现代美学名家研究丛书》的封面上，每本都有一个凸印的、无色的“美”字，这一个小小的“美”字，里头可有大讲究。这套丛书包括梁启超、王国维、蔡元培、朱光潜、宗白华、丰子恺六大名家，封面的这个“美”字出自相应的这六大名家之手。这套丛书，封面是该名家亲笔书写之“美”，内容是该名家思想之“美”，这样一个“内外呼应”，足以见得老师作为主编的精巧用心。

老师对待学术工作非常勤勉敬业，在我的印象中，老师一直都很忙。老师的身影总是穿梭在上课、组会、其他各项工作中。有次帮老师整理论文著作目录，整理出了一长串，真的让人心生敬佩。老师发表过近百篇美学艺术学的论文，出版过7部美学著作，主编过4部美学文集和3套美学系列丛书，这些成果不仅需要丰厚扎实的理论素养，也需要勤勉敬业的学术态度。记得老师外出出差，我发消息向老师请教问题，收到老师的回复，才知道她出差在外地。我不禁感叹老师的辛苦，也情不自禁地想起老师平日里匆匆但踏实又笃定的身影！

“师者，传道授业解惑也”，从这个角度来说，金雅老师绝对称得上一声“先生”，老师对我的点拨、启发、批评，常常让我豁然开朗、受益匪浅。老师教给我的不仅仅是学问和知识，也是思想和情怀。

刚入学的时候，老师很耐心地指导我们如何选课，如何安排以后的学习，怎么面对以后的研究生生活。老师很尊重每位同学的想法，强调发挥学生的个性。记得最开始我的选课和一位同学的选课完全一样，因为我们既是室友又是同门，想着每次能一起同行上课，沟通起来也方便。但老师发现了问题，指出我们应该按照自己的学习情况和兴趣意向选课，不要为了追求“步调一致”而丢失了自己的个性特点和独立思想。老师的话让我深思，或许我们就是在人生许多“从众”的脚步中，慢慢地褪去了自身的光亮，也失去了精神中最敏锐的部分，我们真的需要在某一刻仔细审视自己。老师的课堂上也很注重学生的自主性，针对某一个问题鼓励我们每个人说出自己的想法，也鼓励有不同想法的人互相辩驳。这极大地戳中了我的兴趣点，我觉得自己有点“杠精”属性，喜欢和人交流辩论不同的想法观点，所以非常喜欢上老师的课，因为老师总是鼓励我们在课堂踊跃发言，积极讨论。老师说，“只有在观点思想的碰撞中，才会不断更新自己的固有认知，也才能有新的想法出现，这就是人文学科的独特魅力和价值!”所以我们的课堂总是非常有趣，同时又获益颇丰。有次上课讲到席勒的“感性”与“理性”，老师让我们谈谈自己的想法，然后聊着聊着就开始“八卦”起一位同学的感情史，我们从“感性”“理性”的角度帮那位同学分析，深究其在感情中的心路历程，以及该如何面对和解决情感的困惑，大家七嘴八舌地讨论着、思考着，那节课真的是令人印象深刻！老师的美学思想标举审美艺术人生的统一，当然也不希望我们只是局限于理论中，而是主张将美学理论知识与人生实践结合起来，能通过美学的学习真正实现人生审美的观照。老师开放包容、海纳百川的学问态度和胸襟，也让我们体会到了人文学科对人的格局和境界的影响。

老师的学术能力炉火纯青，她也悉心教会了我们很多在科研方面很好的方法，对我们开展学术研究和撰写科研论文特别受用。比如，老师布置我们每人选择3—4个感兴趣的美学范畴关键字，然后从中国古代艺术文学哲学等典籍中，从中国现代美学家的理论著作中，查找记录相关范畴出现的原文、出处。不得不说，这是一个细致又烦琐的工作，刚开始做的时候，难免会觉得无聊和枯燥。可是慢慢的，在查找梳理这些范畴的过程中，我发现了很多有意思的美学选题。如某个范畴的演化及流变，意义的转换和丰富，经过这么一梳理，一下子就豁然开朗起来。例如在整理中，我发现了王国维的“大”的独特的美学意义，以及围绕“大”的许多子范畴，“大诗人”“大词人”“大文学家”“大诗歌”等，都非常具有深入研究的可能和价值。这些梳理出来的思路与结果，被我运用在论文写作中，既丰富了文章的内容，也获得了老师的认可。老师教导我们，科研和论文写作就是学—悟—用的过程，先学习好基础理论知识，吸收大家名家的思想观点，然后自己去思考、辨析、体悟，形成自己的观点和想法，然后针对自己要解决的具体问题，将自己的观点和想法清楚明白地表达出来，要让别人能读懂、能理解。老师用精练的三个字，概括了科研和写作的关键步骤，言简意赅、准确恰当，令我不得不佩服老师披沙拣金、掇菁撷华的学术能力。

金老师除教给我们学问，也时不时地提醒我们去发现现实生活里的美。9 月中旬开始，杭州的桂花进入开花期，走在校园里，到处都能闻到桂花沁人心脾的香味。有一天上课，老师对我们说：“杭州的桂花开了，随处都能闻到花香，你们要多出去走走，看看风景，适当地放松一下。我们不光要学习美的知识，也要发现生活中美的事物。”那个时候我刚入学，面对新环境还带有一些焦虑的情绪，对周围的事物似乎还没有很敏锐的感知，只是陷在自己的世界中，对花香美景也不甚留意。听老师这么说，我想我应该多留心一下了。有一天晚上，月光清朗，我从图书馆出来，穿过一片花坛的小径，微风吹动着花坛里的草木沙沙作响。蓦地，一阵渺渺若无，清清还来的桂花香钻入鼻腔，我瞬间被打动，心里震颤了一下，诗句“桂子飘香月下闻”大概就是这个景象！

说了这么多，突然想到我和老师之间发生的趣事也很多哩！老师很能洞察我的心思，我的有些“小九九”经常被老师“识破”。有次上课老师让同学们交流论文提纲，因为前一天实在忙，所以我的提纲只在晚上用了十几分钟草草了事，但我又着意“修饰”了一番，让它看起来“精致”一些。第二天上课大家交流讨论的时候，我的论文提纲还是被同学们提出许多问题。这时老师说：“你自己其实知道你的提纲里的问题，你也知道交上来会被大家质疑，所以你就把里面的论调和措辞包装得看起来很厉害，以为这样能唬住大家。”我内心顿时又惊又愧，有种小把戏被拆穿的感觉，老师真的是太厉害了！

老师出版的著作封底，都有一枚“审美·艺术·人生”的篆刻印章，我相信，这枚印章一定也寄托了老师的学术理想和人生理想！而老师对我的教导、点拨、表扬、批评，我和老师的讨论、辩论，这样可贵的师生缘分，也是“审美·艺术·人生”的一个写照。老师著作《人生艺术化与当代生活》的后记中，有一句话很打动我，“我很欣慰我的职业包容了我的爱好。在有限的生命时空中，能做一点自己喜欢做的事，对于人生，未尝不是一种怡境”。读着这句话，也让我感受到了老师的情趣与诗意。老师对待学问、对待工作、对待人生都是秉持积极的、审美的态度，这种态度不正是圆融了老师的人生经历和她的人格境界吗？老师文字的力量传递给我，令我不由心向往之，或许我难以望其项背，但却是我前进的动力和勇气！

何其幸运遇到吾师！衷心祝愿金雅老师，身体健康！生命美丽！

2021 年季夏

原刊《中国研究生》2021 年第 9 期。作者单位：浙江理工大学

我与金雅老师的相遇

王潇宁

2020年的夏末秋初，我与金雅老师相会了。

经过一年的“浴血奋战”，终于有了继续读书的“通行证”。其实在入校之前，我就知道了金老师，从网上下载了老师厚厚一沓“人生论美学”的文章，费尽心思寻得几本老师的著作，暑期时常拿来研读学习。虽是理论论著，但在文字中仍然感受到了老师散发出来的某种厚重温和的能量熏染，虽然当时也没有什么理论功力，对老师的著作实际上读得一知半解，但还是被一种难以言说的厚重温暖的力量打动了。我的生日在八月的盛夏，记得那年的生日愿望就是“拜托拜托，希望可以成为金老师的学生！”甚至在情感突然溢出之时，还发了微博表达了自己的向往。如今回想起当时的情景，不禁有些发笑，若那时的我知道现在已经愿望成真，怕是要一跳八丈高的“俄罗斯遁地旋转”了！哈哈！

对老师的直观印象还是第一次接通电话时老师的那声“喂～”，由于自告奋勇选做了班长，所以在和老师本人还未见面时，和老师先有了电话联系的机会，这一个电话开场，在后来还有好多次，可以说是标志性的“喂～”了，第一印象就是“好温柔，好慈祥”！

对老师更多的了解，在研究生学习生活开始后，才拉开了帷幕。从中原地区这种一向注重礼节规范的北方城市来，出于从小的受教方式以及对金老师的敬仰之情的缘由吧，使我这个“人来疯”“自来熟”的话痨，刚开始在老师面前简直就是大气不敢喘、僵硬拘谨到不行。老师一直是笑脸盈盈，温温柔柔地面对我们这群“小朋友”的，一直跟我们讲："放开点，不要紧张""想说什么说什么"，有一种魔力般的亲和力，让人不禁想要亲近。

老师是一个很温暖很细心的人。开学后没多久就是中秋节了，老师喊着师门的小伙伴们一起吃饭，用美学中心漂亮的提袋，装好了精致的各个口味的月饼，还给每个人都准备了她签名的新出版的著作《中华美学精神的现代创化》。吃饭聊天的时候，老师给我们讲述自己的求学经历和生活成长经历，又询问我们的生活趣事，相互之间也有了更多的了解，氛围越来越轻松，也使我们对老师的认知更加丰满生动了，让当时初来乍到的我们感受到了家一样的温暖！平时，老师也会处处细心关照到我们在校生活的点滴细节，就像她所说的："我就是把你们当自己的小孩一样看待的。"此后的每一个佳节与开学、放假的时间，老师都会与我们相约聚在一起，热热闹闹的"过个节"，让我们时不时地感受到老师的细致与用心，也让我们几个来自五湖四海的"新人"，感受到了江南水乡的柔情、美丽与温馨。

老师是一个追求完美又精致能干的女性，也是一个性情朴素不追求消费主义的人，两方面相辅相成毫不冲突。作为美学界的一位"大佬"，不仅在美学思想理论的造诣上成就斐然，在美的"形式"层老师也可谓将内容与形式完美统一。首先，老师的衣着就有自己的一套风格，不论春夏秋冬，都主打清雅之风，就如老师的名字一般。印象中，老师的衣着风格都是较低饱和度与较淡的配色，质地以舒适干净的棉麻为主，多是飘飘然然的，裙衫、罩衫配着阔腿裤，洗涤得干干净净，每一处衣褶都是规规整整的，很有中国文化天真素朴的那一份雅致与韵味在其中，给人一种清风拂面的舒适之感，配着一头整齐洋气的短发，每一根发丝都被打理得服服帖帖。可以看出老师是一个非常讲究而细致的女性，不管是在学术上、装扮上还是与人交往上，都是如此的一丝不苟，整整齐齐又带有自己那种雅致与趣味的一种伶俐，想必老师在家庭的经营上，也是如此完美而细致。其次，老师对细节完美的追求，还体现在做事之上。2020 年的最后一天，老师收到一个技术企业的邀请做讲座。她带上我们几个"新人"，去"见见世面"。为了让活动更丰富，老师鼓励我们准备几个小节目，实际上刚开始大家就是觉得到时表演一下没什么难的，但在活动的前几天，老师在有各种会议日程的前提下，专门叫了我们来排练，不仅针对节目的表演，还有主持人的串词，一直到舞台的走位，再到每个人的表情与姿态，老师都非常认真地逐个审定，直到完全满意，我们的排练方才“通过”。还有老师新出版了她的第三本论文集《说艺论美》，封面设计从颜色、排版、字体等的细节，都同大家反复商榷，直到修改出最满意、最契合题旨的版本为止，我们也有幸每人近水楼台得了一本成品，真就是一个精心孕育的“艺术品”。老师这种认真的态度，深深地感染了我们。金老师是一个有着“做大事”格局与能力的人，但她不会因大忘小。老师的精致完美，不仅体现在工作上，还有生活学习以及娱乐闲暇等的所有细节，能够长期的、持久地、精致地对待每一件事，真正体现出融入生命中的一种修养了，让人不禁感慨成功优秀的人真的是各个方面都很超出常人呐！老师的言传身教，给我带来了太多启发与感叹，也让我对自身的学习与生活进行反思，立志要努力学习老师的人生态度。

老师很自律，不论是饮食还是生活健康方面；老师又很全能，相处过程随时可以感受到她生命力与创造力之强大，这两方面也是相辅相成的。2020 年至 2021 年的跨年夜，我们同老师与师公还有两位教授一起吃“年夜饭”。老师的眼睛炯炯有神，热热闹闹地跟我们聊家常、聊生活、聊学习，有时想法出现分歧，老师表达起自己的观点可谓铿锵有力、思路清晰、无懈可击！随着接触的增多，老师电话里的那声“喂～”，我也渐渐品出了另外的意蕴，不仅有初听到的带着江南女子软软糯糯的拖声和温柔慈祥，也有了其中蕴含的一丝笑意与力量，很神奇又很自然地糅合在一起，且中气十足！哈哈，这都是随着接触的逐渐加深，我收获的更加全面鲜活的老师的印象，确实如巴尔扎克所说：“一个人的灵魂，看他持手杖的姿势，便可以知晓。”聊起身体健康的话题，老师说她前两年生了很重的病，当时走路说话都需要停下来喘口气休息一下，后来就是一边听医生的话，一边自己琢磨着把药量一点一点减下来，然后在生活中靠自己的锻炼和饮食的调配，竟然一点点的最后彻底好了。这真的令我非常震惊，难以想象在那样的情况下老师还是在持续的研究和输出自己的思想，并且现在仍然中气十足、精力旺盛，真的是惭愧我们还称自己为“年轻人”。我认为真正的年轻，不是具体的年龄数字所告诉你的，而是不管在什么时候都愿意去接受新的事物、新的观点，带着开放包容和学习的态度，对世界永远的好奇心以及不断创造做事的动力与趣味，这才是真正的年轻，老师就以自己的人生实践和生活态度充分展示了她无限的创造力与生命力。前几天，我们组会之时，老师把我们前一天提交的论文每一篇都认认真真、事无巨细地修改完成并做了细致的批注，得知老师前一晚就睡了三个小时，第二天连续开了六个小时的组会，并且后边似乎还有别的会议与事情要忙，真的是非常惭愧自己还有什么借口说“很忙”，老师就像她研究的梁启超一样，兴味淋漓地生活，趣味盎然地做事，积极认真地处理生活中的每一件事。

从老师的学术成果就能看出她的理性思维逻辑真是非常扎实深厚，同时老师的感性思维与能力又极其敏锐，概括来讲就是情商智商都很在线！从老师的健谈与亲和力就能感受到她的“社交能力”优越，这种既是天生性格气质带来的，更有后天努力习得的成分。每次不论是上课还是组会，我深知自己的观点或是交出来的任务实在非常单薄，但是老师每次都会非常认真地听我们的发言，敏锐地指出我们的优缺点是什么，先给我们好多的鼓励和信心，再提出自己的建议，使我既受教又心服口服，这就是“情商”与天赋呐。老师的感性思维很活跃还体现在一个侧面，这不是一个死板教条光要说教的老师！老师有时刹那间变成了爱“八卦”的小姑娘！诶，说到这儿，我都能想象到老师那笑起来脸颊上的小浅窝了，既能在课堂上正正经经地给我们传教“审美·艺术·人生”的深刻思想与精神指引，又会在闲谈之时关注学生们的“情感问题”，甚至还能将两者完美地融合在一起，给我们留下难忘的一课。记得有一次上课，探讨席勒理论中的感性与理性的关系问题，老师一如既往地叫我们每个人分享自己的观点，提出自己的困惑，结果不知怎么的谈到个人情感话题上去了。老师说：“这个问题蛮重要的，大家来聊聊，我们可以深入讨论一下！说不定可以用席勒的论点，来解析你们的具体个案呢。”同学们也是看热闹不嫌事儿大的兴致勃勃，一边的马玉兰已经笑得人仰马翻了，我和成蹊在老师的“鼓励”下说出了自己的故事，老师全程兴致勃勃地刨根问底，整个课堂里洋溢着快乐学术思辨结合着八卦的气息。这种开放性的课堂，真的是给寻常乃至枯燥的理论教学，带来了别样的风采。每个人在老师的课上，都被她灵敏的思维调动着，每个人都不停地进行着逻辑思辨和头脑风暴，时不时地还能发起一场论辩之战，又时不时地加点这样“八卦”调节的“小节目”，每节课都充满了未知的趣味与惊喜，记得我自己还发过微博表示：“刺激！就是刺激！情绪高度紧张，思维飞速运转，原先没动的脑子在这一天的课程中十倍安排！还能收获老师的精华和干货。”上老师的课，当真是收获满满的畅快淋漓。以至于好几个没选此门课程的同学心生羡慕，感慨：“你们好有趣啊！我也好想去！”哈哈，弄得我都替我们导师小“骄傲”了一把，这就是“狐假虎威”喽。

虽然跟随老师学习的时间不算长，但老师带给我的成长、温暖与惊喜，实在太多。老师平日里那样忙碌，每次沟通交流时还是能感受到她的毫不局促、用心与耐心，也在老师身上感受到了太多的正能量和美好。最打动我的，是老师常对我们讲的：“从心所欲，不逾矩。”随着阅历的一点点增长，我越发体味到这句话的深刻与意义，帮助我逐渐去把握好生活学习中的许多困境与迷茫，也为我带来了重要的指引与导向。老师还有太多对我起到醍醐灌顶般作用的教诲，让我不禁感慨，遇此恩师，真是我人生的一大幸运！老师不仅是我学术上的导师，也是影响我人生的重要导师。或许就像老师说的，一切事情在冥冥之中就是一种“缘”，茫茫人海，可以让我与金雅老师相遇，这么想来，或许真的有冥冥之中的某种“力”，带我走到了这里！千遇千寻，注定会让我成为这个幸运儿。希望接下来的日子里，可以继续跟随雅致美丽又充满魅力的金老师，循着人生与学术的趣味走下去。

作者单位：浙江理工大学

著述年表

金雅教授主要著述年表（1991—2021）

1991：

12 月，《杭州大学学报》（哲学社会科学版）1991 年第 4 期发表《庄子美学本体观释论》。

1994：

9 月，《杭州师范学院学报》1994 年第 5 期发表《略论美育的本质和美育的建设》。

1995：

9 月，《杭州师范学院学报》1995 年第 5 期发表《文艺的商品属性与审美属性》，第二作者李咏吟。

1998：

7 月，《浙江社会科学》1998 年第 4 期发表《革新与复归：“模仿说”及其在西方文论中的发展》。

9 月，《杭州师范学院学报》1998 年第 5 期发表《叙事者的生命观照——1997 年浙江中篇小说述评》，第二作者李咏吟。

2000：

1 月，《杭州师范学院学报》2000 年第 1 期发表《内蕴密集化：现代小说艺术变革管窥》。

《当代文坛》2000 年第 1 期发表《现代女性迷失何方——评〈婚姻相对论〉中的女性形象》。

5 月，《当代文坛》2000 年第 3 期发表《生命的崇高与纯真的执著——读池莉小说〈云破处〉》。

2001：

5 月，《杭州师范学院学报》（人文社会科学版）2001 年第 3 期发表《梁启超小说思想的建构与启迪》。

《当代文坛》2001 年第 6 期发表《“阿米哲学”与女性命运的反思——评王方晨小说〈毛阿米〉》。

12 月，《复印报刊资料·文艺理论》2001 年第 12 期全文转载《梁启超小说思想的建构与启迪》。

《文艺报》2001 年 12 月 15 日发表《女性命运的文学风标——二十世纪中国文学与女性解放》。

时代文艺出版社出版专著《诗意共舞——迈向文学至境》。

2002：

2 月，《复印报刊资料·中国现代、当代文学研究》2002 年第 2 期全文转载《女性命运的文学风标——二十世纪中国文学与女性解放》。

7 月，《当代文坛》2002 年第 4 期发表《社会转型·爱情文化与女性形象——评何玉茹中篇小说〈素素〉》。

11 月，《河南师范大学学报》（哲学社会科学版）2002 年第 6 期发表《论文学功能系统与特质》。

2003：

1 月，《江西社会科学》2003 年第 1 期发表《文学审美的情感功能》。

3 月，《文艺理论与批评》2003 年第 2 期发表《梁启超“三大作家批评”与 20 世纪中国文论的现代转型》。

《浙江学刊》2003 年第 2 期发表《重化合·创新变·扬个性——梁启超美学思想的理论风貌》。

《浙江教育学院学报》2003 年第 2 期发表《论梁启超小说理论的基本特性》。

《江汉论坛》2003 年第 3 期发表《论文学功能系统与特质》。

5 月，《云梦学刊》2003 年第 3 期发表《文学革命与梁启超对中国文学审美意识更新的贡献》。

6 月，《绍兴文理学院学报》（哲学社会科学版）2003 年第 3 期发表《梁启超美学思想的精神特质》。

7 月,《杭州师范学院学报》(社会科学版)2003 年第 4 期发表《体系性·变异性·功利性——梁启超美学思想研究中的三个问题》。

《复印报刊资料·中国现代、当代文学研究》2003 年第 7 期节选《文学革命与梁启超对中国文学审美意识更新的贡献》。

8 月,《复印报刊资料·中国古代、近代文学研究》2003 年第 8 期全文转载《文学革命与梁启超对中国文学审美意识更新的贡献》。

9 月,《复印报刊资料·美学》2003 年第 9 期全文转载《体系性·变异性·功利性——梁启超美学思想研究中的三个问题》。

《复印报刊资料·文艺理论文摘卡》2003 年第 3 期摘编《论文学功能系统与特质》。

10 月,《学术月刊》2003 年第 10 期发表《梁启超的“情感说”及其美学理论贡献》。

12 月,《复印报刊资料·文艺理论文摘卡》2003 年第 4 期摘编《重化合·创新变·扬个性——梁启超美学思想的理论风貌》。

2004:

7 月,《杭州师范学院学报》(社会科学版)2004 年第 4 期发表《梁启超学术思想的特质与启迪》。

8 月,《中国文学年鉴》2003 卷刊发论文摘要《论文学功能系统与特质》。

《文艺报》2004 年 8 月 17 日发表《梁启超与中国美学的现代转型》。

9 月,《浙江学刊》2004 年第 5 期发表《论梁启超美学思想发展分期与演化特征》。

11 月,《文艺理论与批评》2004 年第 6 期发表《论梁启超对中国女性文学的贡献》。

12 月,《复印报刊资料·美学》2004 年第 12 期全文转载《论梁启超美学思想发展分期与演化特征》。

2005:

3 月,《文学评论》2005 年第 2 期发表《梁启超“趣味”美学思想的理论特质及其价值》。

5 月,《浙江学刊》2005 年第 3 期发表《论梁启超“力”与“移人”范畴的内涵与意义》。

6 月，商务印书馆出版专著《梁启超美学思想研究》。

8 月，《中国社会科学文摘》2005 年第 4 期摘要转摘《梁启超“趣味”美学思想的理论特质及其价值》。

2006：

1 月，中国社会科学出版社出版的《美学前沿》第 3 辑发表《梁启超文艺美学思想及其当代启思》。

2 月，《广州大学学报》（社会科学版）2006 年第 2 期发表《梁启超文论创构与当代文论建设》。

3 月，《中国文学年鉴》2004 卷刊发论文摘要《梁启超“三大作家批评”与 20 世纪中国文论的现代转型》。

5 月，《浙江学刊》2006 年第 3 期发表《论梁启超的崇高美理念》。

10 月，《复印报刊资料·文艺理论》2006 年第 10 期全文转载《梁启超文论创构与当代文论建设》。

2007：

7 月，《杭州师范大学学报》（社会科学版）2007 年第 4 期发表《大众传媒时代的文学变迁及其价值功能再认识》。

10 月，《广州大学学报》（社会科学版）2007 年第 10 期发表《丰子恺的真率之趣和艺术化之真率人生》。

12 月，《文艺报》2007 年 12 月 18 日发表《促进人生艺术化》。

2008：

1 月，《文艺争鸣》2008 年第 1 期发表《“人生艺术化”的中国现代命题及其当代意义》。

3 月，《文艺争鸣》2008 年第 3 期发表《梁启超美学思想及其价值启思》。

4 月，《复印报刊资料·文艺理论》2008 年第 4 期全文转载《大众传媒时代的文学变迁及其价值功能再认识》。

5 月，《社会科学战线》2008 年第 5 期发表《中国现代文论精神之发掘与传承——关于文学现状、文论建设及其策略的一种思考》。

《社会科学报》2008 年 5 月 22 日发表《建构“趣味”精神》。

6 月，《复印报刊资料·美学》2008 年第 6 期全文转载《梁启超美育思想及其价值启思》。

9月,《文学评论》2008年第5期发表《全球化语境与“人生艺术化”命题的当代意义》。

2009:

1月,《天津社会科学》2009年第1期发表《“人生艺术化”的中国现代命题与“美的规律”的启示》。

3月,《浙江社会科学》2009年第3期发表《“大词人”与“真感情”——谈〈人间词话〉的人生美学情致》。

浙江大学出版社出版主编的《中国现代美学名家文丛》(6卷)。

天津人民出版社出版主编的《中国现代美学与文论的发动——“中国现代美学、文论与梁启超”全国学术研讨会论文选集》。

4月,《社会科学报》2009年4月9日发表《现代美学的基本走向》,第二作者聂振斌。

5月,《复印报刊资料·文艺理论》2009年第5期全文转载《全球化语境与“人生艺术化”命题的当代意义》。

6月,《光明日报》2009年6月9日发表《“人生艺术化”与人的和谐生成》。

9月,《社会科学战线》2009年第9期发表《“趣味”与“生活的艺术化”——梁启超美论的人生论品格及其对中国现代美学精神的影响》。

11月,《安徽大学学报》(哲学社会科学版)2009年第6期发表《中国现代美学的精神传统》,第二作者聂振斌。

12月,《复印报刊资料·文艺理论》2009年第12期全文转载《“人生艺术化”与人的和谐生成》。

2010:

1月,《杭州师范大学学报》(社会科学版)2010年第1期发表《中西文化交流与梁启超美学思想的创构》,第二作者郑玉明。

4月,《学术月刊》2010年第4期发表《人生论美学的价值维度与实践向度》。

10月,《复印报刊资料·文艺理论》2010年第10期全文转载《人生论美学的价值维度与实践向度》。

2011：

1 月，《社会科学辑刊》2011 年第 1 期发表《梁启超趣味人生思想与人生美学精神》。

3 月，《中国社会科学报》2011 年 3 月 29 日发表《梁启超：以趣味超拔人生》。

5 月，四川大学出版社出版的《中外文化与文论》第 21 辑发表《马克思主义与民族文化的建设》。

6 月，《文艺报》2011 年 6 月 20 日发表《文学教育及其情感功能》。

11 月，《艺术百家》2011 年第 6 期发表《关于艺术学理论学科属性和价值维度的思考》。

12 月，《复印报刊资料・文艺理论》2011 年第 12 期全文转载《文学教育及其情感功能》。

《文艺报》2011 年 12 月 14 日发表《文化开放与民族承担》。

2012：

8 月，《学术月刊》2012 年第 8 期发表《"境界"与"趣味"：王国维、梁启超人生美学旨趣比较》。

9 月，《社会科学辑刊》2012 年第 5 期发表《趣味与情调：梁启超宗白华人生美学情致比较》。

《武陵学刊》2012 年第 5 期发表《理想・情感：论萧殷文艺思想的现实意义》。

《鄱阳湖学刊》2012 年第 5 期发表《生态美学视野下的现代宜居城市》，第二作者郑玉明。

10 月，《文艺报》2012 年 10 月 15 日发表《文艺理论的使命与承担：文艺理论家王元骧访谈》。

11 月，商务印书馆出版主编的《中国现代美学名家研究丛书》（6 册）。

商务印书馆出版专著《梁启超美学思想研究》（修订版）。

《艺术百家》2012 年第 6 期发表《为什么重提"人生艺术化"》。

人民日报出版社 2012 年出版的《当代文艺学的变革与走向：钱中文先生诞辰 80 周年纪念文集》发表《为学・为人・为事：我的老师钱中文先生》。

12 月，《光明日报》2012 年 12 月 18 日发表《审美人格与当代生活》。

《复印报刊资料·文艺理论》2012 年第 12 期全文转载《“境界”与“趣味”：王国维、梁启超人生美学旨趣比较》。

2013：

3 月，《中山大学学报》(社会科学版) 2013 年第 2 期发表《“人生艺术化”：学术路径与理论启思》。

《中国社会科学报》3 月 22 日发表《人人都做“美术人”》。

4 月，商务印书馆出版专著《人生艺术化与当代生活》。

5 月，《新华文摘》2013 年第 10 期论点摘编《“人生艺术化”：学术路径与理论启思》。

7 月，《社会科学战线》2013 年第 7 期发表《“趣味”与“情趣”：梁启超朱光潜人生美学精神比较》。

9 月，《复印报刊资料·文艺理论》2013 年第 9 期全文转载《“人生艺术化”：学术路径与理论启思》。

《艺术百家》2013 年第 5 期发表《梁启超美育思想的范畴命题与致思路径》。

《安徽大学学报》(哲学社会科学版) 2013 年第 5 期发表《论中国现代美学的人生论传统》，第二作者聂振斌。

10 月，《新华文摘》2013 年第 20 期论点摘编《“趣味”与“情趣”：梁启超朱光潜人生美学精神比较》。

11 月，《鄱阳湖学刊》2013 年第 6 期发表《“美丽中国”的人文关怀维度与生活品质建构》。

2014：

2 月，中国社会科学出版社出版的《第十八届世界美学大会论文集》发表《梁启超的美学思想及其趣味精神》。

6 月，《复印报刊资料·文艺理论》2014 年第 6 期全文转载《梁启超美育思想的范畴命题与致思路径》。

中国言实出版社出版主编的《蔡元培梁启超与中国现代美育——“蔡元培梁启超美育艺术教育思想与当代文化建设”全国学术研讨会论文选集》，第二主编聂振斌。

9 月，《东南大学学报》(哲学社会科学版) 2014 年第 5 期发表《加强艺术学理论民族学理的建设》。

11 月，《艺术百家》2014 年第 6 期发表《微时代的审美风尚和生活的艺术化》。

12 月，《复印报刊资料 · 文艺理论》2014 年第 12 期全文转载《加强艺术学理论民族学理的建设》。

浙江大学出版社出版的《文艺学的守正与创新：王元骧先生八十寿辰暨从教五十周年纪念文集》发表《学问人生：我的老师王元骧先生》。

2015：

2 月，《社会科学战线》2015 年第 2 期发表《人生论美学传统与中国美学的学理创新》。

3 月，《光明日报》2015 年 3 月 18 日发表《论中华人生审美精神》。

4 月，《文艺报》2015 年 4 月 20 日发表《以中华美学精神提升当代批评实践》。

6 月，《新华文摘》2015 年第 11 期全文转载《人生论美学传统与中国美学的学理创新》。

《浙江日报》2015 年 6 月 26 日发表《中华美学精神的价值意义》。

7 月，《文艺报》2015 年 7 月 13 日发表《美学研究的世界视野与中国实践——美学家汝信访谈》。

9 月，《中国艺术报》2015 年 9 月 9 日发表与仲呈祥的对话《中华美学精神：理论与实践》。

10 月，《复印报刊资料 · 美学》2015 年第 10 期全文转载《美学研究的世界视野与中国实践——美学家汝信访谈》。

中国言实出版社出版主编的《人生论美学与中华美学传统——"人生论美学与中华美学传统"全国高层论坛论文选集》，第二主编聂振斌。

11 月，《艺术百家》2015 年第 6 期发表《宗白华的"艺术人生观"及其生命诗情》。

12 月，《中国艺术报》2015 年 12 月 9 日发表《推进中华美学和艺术精神的理论自觉》。

2016：

1 月，《人民日报》2016 年 1 月 18 日发表《中国美学须构建自己的话语体系》。

2 月，《人民周刊》2016 年第 3 期摘编《中国美学须构建自己的话语体系》。

3 月，《艺术百家》2016 年第 2 期发表《加强中华美学精神与艺术实践的深度交融》。

4 月，《新华文摘》2016 年第 7 期论点摘编《中华美学与艺术精神的特质》。

12 月，《社会科学战线》2016 年第 12 期发表《论美情》。

2017：

3 月，《新华文摘》2017 年第 5 期全文转摘《论美情》。

《高等学校文科学术文摘》2017 年第 2 期全文转摘《论美情》。

5 月，中国社会科学出版社出版个人文集《中华美学：民族精神与人生情怀》。

中国文联出版社出版主编的《中国现代美学名家文丛》（6 卷）。

浙江少年儿童出版社出版专著《美育与当代儿童发展》，第二作者郑玉明。

6 月，中国社会科学出版社出版编选的《中国现代人生论美学文献汇编》，第二编者刘广新。

9 月，《中国文艺评论》2017 年第 9 期发表《人生论美学与中华美学精神——以中国现代四位美学家为例》。

《中国纪检监察报》2017 年 9 月 22 日发表《以情蕴真涵善育美》。

10 月，《社会科学战线》2017 年第 10 期发表《人生论美学与中国美学的学派建设》。

11 月，《文艺报》2017 年 11 月 13 日发表《践行文艺“三讲”反对文艺“三俗”》。

12 月，《中国艺术报》2017 年 12 月 22 日发表《新时代·新文化·新美学》。

2018：

1 月，《人民论坛》2018 年 1 月发表《艺术理论批评语言的美学尺度》。

2 月，《学术月刊》2018 年第 2 期发表《中国现代美学对中华美学精神的传承与发展》。

中国文联出版社出版主编的《中华人生论美学经典悦读书系》（4 册）。

3 月，《文艺报》2018 年 3 月 14 日发表《中华美学风范与新时代精神》。

4 月，《社会科学战线》2018 年第 4 期发表《朱光潜对中华人生论美学精神的传承创化及其当代意义》。

5 月，《高等学校文科学术文摘》2018 年第 3 期全文转摘《中国现代美学对中华美学精神的传承与发展》。

《中国文艺评论》2018 年第 5 期发表《“美情”与当代艺术理论批评的反思》。

中国社会科学出版社出版主编的《人生论美学与当代实践——“人生论美学与当代实践”全国高层论坛论文选集》，第二主编聂振斌。

8 月，《中国艺术报》2018 年 8 月 24 日发表《传承优秀民族文化精神　推动当代文艺创新发展》。

11 月，《社会科学辑刊》2018 年第 6 期发表《中华美学精神的实践旨趣及其当代意义》。

12 月，《文汇报》2018 年 12 月 7 日发表《真率之趣构筑的大人格》。

2019：

8 月，中国社会科学出版社出版个人文集《中华美学精神的现代创化》。

2020：

8 月，《中国文艺评论》2020 年第 8 期发表《大美：中华美育精神的意趣内涵和重要向度》。

10 月，中国社会科学出版社出版专著《中国现代人生论美学引论》，与朱鹏飞、郑玉明、李瑞明、李梅、刘广新合作。

2021：

3 月，南京大学出版社出版个人文集《说艺论美》。

（李祎罡、田瑞　整理）

编　后

美的力量

1985 年 7 月，刚刚度过 20 周岁生日的金雅教授，迈上了高校的讲坛。底下坐着的，是一群和她年龄相仿的青春勃发的学生。自此，金雅教授走上了这条再也不曾离开的学术之路和教育之旅。

很荣幸，我们在金雅教授的人生旅程中与她相遇，不仅真切地感受了她对美对艺术的挚爱，也见证了她对生命对生活的挚性。

三十多年来，金雅教授孜孜不倦，宁怀静笃。她在校园中阅读、思考、教学、写作，但她的目光从未离开火热的时代，她的心从未远离社会和生活。她从高校讲台，走入公共图书馆，走向企业读书会，走进乡村中学，也走上各种学术研讨和学术活动的讲坛。她的美学思想，溯源往今，融中会西，从实践来，到人生去。她尚美立美弘美，从中华优秀美学传统“接着说”，凸显了自觉的理论意识和鲜明的文化立场，清醒而理想。她力倡力行审美、艺术、人生之统一，追求真、善、美的贯通和知、情、意、行的和融。她信仰美的温度和力度，倡扬美情、大美、美境之创化，崇扬超拔小我的大我、无我、化我之诗情，温润而深情。她用自己理性而灵动的文字和著述，探索创构人生论美学的当代中国话语，一往情深地传播美的思想与精神，也用自己无怨无悔的身体力行传递美的信念和力量。

金雅教授生于浙东之滨蜜橘之乡台州黄岩，工作生活于西子湖畔钱塘江岸杭州。她的身影娇小而明柔，一头几无修饰的短直发，搭配简朴而个性的穿着，透着女性的温婉和内在的坚定。长期的学术熏染，骨子里的人文情怀，使她举手投足中，言谈举止间，浸润了满满的学问气与学术味，流溢着温情和洞明，既率真、认真、较真，又睿识、睿趣、睿行。

爱美是人类的天性。金雅教授的学术研究和学问人生，正是对这句箴言的美好写照。这本集子，也是对金雅教授三十多年美丽人生和美学硕果的一个剪影。

秋天是收获的季节。碧空共秋水，白云伴清风。感谢积极为本集赐稿、大力支持本集编撰出版的专家学者、社会贤达和金雅教授的亲朋好友们！感谢中国社会科学出版社和郭晓鸿主任的支持关注！

天地大美，因人而彰！向美而行，美美与共！

编　者

2021 年秋